鸢尾花数学大系
从加减乘除到机器学习

统计至简

概率统计全彩图解 + 微课 + Python编程

姜伟生 著

清华大学出版社
北京

内 容 简 介

数据科学和机器学习已经深度融合到我们生活的方方面面，而数学正是开启未来大门的钥匙。不是所有人生来都握有一副好牌，但是掌握"数学＋编程＋机器学习"的知识绝对是王牌。这一次，学习数学不再是为了考试、分数、升学，而是投资时间、自我实现、面向未来。为了让大家学数学、用数学，甚至爱上数学，在创作时，作者尽量克服传统数学教材的各种弊端，让大家学习时有兴趣、看得懂、有思考、更自信、用得着。

本书是"鸢尾花数学大系——从加减乘除到机器学习"丛书中数学版块——"数学三剑客"的第三册，也是最后一本。"数学"板块的第一本《数学要素》是各种数学工具的"大杂烩"，可谓数学基础；《矩阵力量》专门讲解机器学习中常用的线性代数工具；本册《统计至简》则介绍机器学习和数据分析中常用的概率统计工具。本书的核心是"多元统计"，离不开第二册《矩阵力量》中介绍的线性代数工具。本书内容又可以归纳为7大板块——统计、概率、高斯、随机、频率派、贝叶斯派、椭圆。本书在讲解概率统计工具时，会穿插介绍其在数据科学和机器学习领域的应用场景，让大家学以致用。

本书读者群包括所有在工作中应用概率统计的朋友，尤其适用于初级程序员进阶、大学本科数学开窍、高级数据分析师、机器学习开发者。

图书在版编目(CIP)数据

统计至简：概率统计全彩图解＋微课＋Python编程 / 姜伟生著 . —北京：清华大学出版社，2023.10（2024.5重印）
（鸢尾花数学大系：从加减乘除到机器学习）
ISBN 978-7-302-64356-2

Ⅰ.①统… Ⅱ.①姜… Ⅲ.①概率统计－普及读物 Ⅳ.① O211-49

中国国家版本馆 CIP 数据核字 (2023) 第 148570 号

责任编辑：栾大成
封面设计：姜伟生　杨玉兰
责任校对：胡伟民
责任印制：杨　艳

出版发行：清华大学出版社
　　　　网　　　址：https://www.tup.com.cn，https://www.wqxuetang.com
　　　　地　　　址：北京清华大学学研大厦 A 座　　　　　　　　邮　　编：100084
　　　　社 总 机：010-83470000　　　　　　　　　　　　　　邮　　购：010-62786544
　　　　投稿与读者服务：010-62776969，c-service@tup.tsinghua.edu.cn
　　　　质 量 反 馈：010-62772015，zhiliang@tup.tsinghua.edu.cn
印 装 者：涿州汇美亿浓印刷有限公司
经　　销：全国新华书店
开　　本：188mm×260mm　　　　印　　张：38.75　　　　字　　数：1260 千字
版　　次：2023 年 10 月第 1 版　　　印　　次：2024 年 5 月第 3 次印刷
定　　价：258.00 元

产品编号：101992-01

前言

感谢

首先感谢大家的信任。

作者仅仅是在学习应用数学科学和机器学习算法时，多读了几本数学书，多做了一些思考和知识整理而已。知者不言，言者不知。知者不博，博者不知。由于作者水平有限，斗胆把自己有限所学所思与大家分享，作者权当无知者无畏。希望大家在 B 站视频下方和 GitHub 多提意见，让"鸢尾花数学大系——从加减乘除到机器学习"丛书成为作者和读者共同参与创作的优质作品。

特别感谢清华大学出版社的栾大成老师。从选题策划、内容创作到装帧设计，栾老师事无巨细、一路陪伴。每次与栾老师交流，都能感受到他对优质作品的追求、对知识分享的热情。

出来混总是要还的

曾经，考试是我们学习数学的唯一动力。考试是头悬梁的绳，是锥刺股的锥。我们中的绝大多数人从小到大为各种考试埋头题海，学数学味同嚼蜡，甚至让人恨之入骨。

数学给我们带来了无尽的"折磨"。我们甚至恐惧数学，憎恨数学，恨不得一走出校门就把数学抛之脑后，老死不相往来。

可悲可笑的是，我们很多人可能会在毕业的五年或十年以后，因为工作需要，不得不重新学习微积分、线性代数、概率统计，悔恨当初没有学好数学，走了很多弯路，没能学以致用，甚至迁怒于教材和老师。

这一切不能都怪数学，值得反思的是我们学习数学的方法和目的。

再给自己一个学数学的理由

为考试而学数学，是被逼无奈的举动。而为数学而学数学，则又太过高尚而遥不可及。

相信对于绝大部分的我们来说，数学是工具，是谋生手段，而不是目的。我们主动学数学，是想用数学工具解决具体问题。

现在，本丛书给大家带来一个"学数学、用数学"的全新动力——数据科学、机器学习。

数据科学和机器学习已经深度融合到我们生活的方方面面，而数学正是开启未来大门的钥匙。不是所有人生来都握有一副好牌，但是掌握"数学 + 编程 + 机器学习"的知识绝对是王牌。这次，学习数学不再是为了考试、分数、升学，而是投资时间、自我实现、面向未来。

未来已来，你来不来？

本丛书如何帮到你

为了让大家学数学、用数学，甚至爱上数学，作者可谓颇费心机。在丛书创作时，作者尽量克服传统数学教材的各种弊端，让大家学习时有兴趣、看得懂、有思考、更自信、用得着。

为此，丛书在内容创作上突出以下几个特点。

◀ **数学 + 艺术**——全彩图解，极致可视化，让数学思想跃然纸上、生动有趣、一看就懂，同时提高大家的数据思维、几何想象力、艺术感。

◀ **零基础**——从零开始学习Python编程，从写第一行代码到搭建数据科学和机器学习应用。

◀ **知识网络**——打破数学板块之间的壁垒，让大家看到代数、几何、线性代数、微积分、概率统计等板块之间的联系，编织一张绵密的数学知识网络。

◀ **动手**——授人以鱼不如授人以渔，和大家一起写代码、用Streamlit创作数学动画、交互App。

◀ **学习生态**——构造自主探究式学习生态环境"微课视频 + 纸质图书 + 电子图书 + 代码文件 + 可视化工具 + 思维导图"，提供各种优质学习资源。

◀ **理论 + 实践**——从加减乘除到机器学习，丛书内容安排由浅入深、螺旋上升，兼顾理论和实践；在编程中学习数学，学习数学时解决实际问题。

虽然本书标榜"从加减乘除到机器学习"，但是建议读者朋友们至少具备高中数学知识。如果读者正在学习或曾经学过大学数学 (微积分、线性代数、概率统计)，那么就更容易读懂本丛书了。

聊聊数学

数学是工具。锤子是工具，剪刀是工具，数学也是工具。

数学是思想。数学是人类思想高度抽象的结晶体。在其冷酷的外表之下，数学的内核实际上就是人类朴素的思想。学习数学时，知其然，更要知其所以然。不要死记硬背公式定理，理解背后的数学思想才是关键。如果你能画一幅图、用大白话描述清楚一个公式、一则定理，这就说明你真正理解了她。

数学是语言。就好比世界各地不同种族有自己的语言，数学则是人类共同的语言和逻辑。数学这门语言极其精准、高度抽象，放之四海而皆准。虽然我们中大多数人没有被数学"女神"选中，不能为人类对数学认知开疆拓土，但是这丝毫不妨碍我们使用数学这门语言。就好比，我们不会成为语言学家，我们完全可以使用母语和外语交流。

数学是体系。代数、几何、线性代数、微积分、概率统计、优化方法等，看似一个个孤岛，实际上都是数学网络的一条条织线。建议大家学习时，特别关注不同数学板块之间的联系，见树，更要见林。

数学是基石。拿破仑曾说："数学的日臻完善和国强民富息息相关。"数学是科学进步的根基，是经济繁荣的支柱，是保家卫国的武器，是探索星辰大海的航船。

数学是艺术。数学和音乐、绘画、建筑一样，都是人类艺术体验。通过可视化工具，我们会在看似枯燥的公式、定理、数据背后，发现数学之美。

数学是历史，是人类共同记忆体。"历史是过去，又属于现在，同时在指引未来。"数学是人类的集体学习思考，她把人的思维符号化、形式化，进而记录、积累、传播、创新、发展。从甲骨、泥板、石板、竹简、木牍、纸草、羊皮卷、活字印刷、纸质书，到数字媒介，这一过程持续了数千年，至今绵延不息。

数学是无穷无尽的**想象力**，是人类的**好奇心**，是自我挑战的**毅力**，是一个接着一个的**问题**，是看似荒诞不经的**猜想**，是一次次胆大包天的**批判性思考**，是敢于站在前人臂膀之上的**勇气**，是孜孜不倦地延展人类认知边界的**不懈努力**。

家园、诗、远方

诺瓦利斯曾说："哲学就是怀着一种乡愁的冲动到处去寻找家园。"

在纷繁复杂的尘世，数学纯粹得就像精神的世外桃源。数学是一束光、一条巷、一团不灭的希望、一股磅礴的力量、一个值得寄托的避风港。

打破陈腐的锁链，把功利心暂放一边，我们一道怀揣一份乡愁，心存些许诗意，踩着艺术维度，投入数学张开的臂膀，驶入它色彩斑斓、变幻无穷的深港，感受久违的归属，一睹更美、更好的远方。

Acknowledgement

致谢

To my parents.
谨以此书献给我的母亲父亲。

How to Use the Book

使用本书

丛书资源

本系列丛书提供的配套资源有以下几个。

◀ 纸质图书。

◀ PDF文件，方便移动终端学习；请大家注意，纸质图书经过出版社五审五校修改，内容细节上会与PDF文件有出入。

◀ 每章提供思维导图，纸质图书提供全书思维导图海报。

◀ Python代码文件，直接下载运行，或者复制、粘贴到Jupyter运行。

◀ Python代码中有专门用Streamlit开发的数学动画和交互App的文件。

◀ 微课视频，强调重点、讲解难点、聊聊天。

在纸质图书中，为了方便大家查找不同配套资源，作者特别设计了以下几个标识。

 数学家、科学家、艺术家等语录

 代码中核心Python库函数和讲解

 思维导图总结本章脉络和核心内容

 配套Python代码完成核心计算和制图

 用Streamlit开发制作App

 介绍数学工具、机器学习之间的联系

 引出本书或本系列其他图书相关内容

 提醒读者格外注意的知识点

 每章配套微课视频二维码

 相关数学家生平贡献介绍

 每章结束总结或升华本章内容

 本书核心参考文献和推荐阅读文献

微课视频

本书配套微课视频均发布在B站——生姜DrGinger。

◀　https://space.bilibili.com/513194466

微课视频是以"聊天"的方式，和大家探讨某个数学话题的重点内容，讲解代码中可能遇到的难点，甚至侃侃历史、说说时事、聊聊生活。

本书配套微课视频的目的是引导大家自主编程实践、探究式学习，并不是"照本宣科"。

纸质图书上已经写得很清楚的内容，视频课程只会强调重点。需要说明的是，图书内容不是视频的"逐字稿"。

App开发

本书配套多个用Streamlit开发的App，用来展示数学动画、数据分析、机器学习算法。

Streamlit是个开源的Python库，能够方便快捷地搭建、部署交互型网页App。Streamlit简单易用，很受欢迎。Streamlit兼容目前主流的Python数据分析库，比如NumPy、Pandas、Scikit-learn、PyTorch、TensorFlow等。Streamlit还支持Plotly、Bokeh、Altair等交互可视化库。

本书中很多App设计都采用Streamlit + Plotly方案。此外，本书专门配套教学视频手把手和大家一起做App。

大家可以参考如下页面，更多了解Streamlit：

◀　https://streamlit.io/gallery

◀　https://docs.streamlit.io/library/api-reference

实践平台

本书作者编写代码时采用的IDE (Integrated Development Environment) 是Spyder，目的是给大家提供简洁的Python代码文件。

但是，建议大家采用JupyterLab或Jupyter Notebook作为鸢尾花书配套学习工具。

简单来说，Jupyter集"浏览器 + 编程 + 文档 + 绘图 + 多媒体 + 发布"众多功能于一身，非常适合探究式学习。

运行Jupyter无需IDE，只需要浏览器。Jupyter容易分块执行代码。Jupyter支持inline打印结果，直接将结果图片打印在分块代码下方。Jupyter还支持很多其他语言，如R和Julia。

使用Markdown文档编辑功能，可以在编程的同时写笔记，不需要额外创建文档。在Jupyter中插入图片和视频链接都很方便，此外还可以插入LaTex公式。对于长文档，可以用边栏目录查找特定内容。

Jupyter发布功能很友好，方便打印成HTML、PDF等格式文件。

Jupyter也并不完美，目前尚待解决的问题有几个：Jupyter中代码调试不是特别方便。Jupyter没有variable explorer，可以在线打印数据，也可以将数据写到CSV或Excel文件中再打开。Matplotlib图像结果不具有交互性，如不能查看某个点的值或者旋转3D图形，此时可以考虑安装 (Jupyter Matplotlib)。注意，利用Altair或Plotly绘制的图像支持交互功能。对于自定义函数，目前没有快捷键直接跳转到其定义。但是，很多开发者针对这些问题正在开发或已经发布相应插件，请大家留意。

大家可以下载安装Anaconda。JupyterLab、Spyder、PyCharm等常用工具，都集成在Anaconda中。下载Anaconda的地址为：

◀ https://www.anaconda.com/

JupyterLab探究式学习视频：

代码文件

鸢尾花书的Python代码文件下载地址为：

同时也在如下GitHub地址备份更新：

◀ https://github.com/Visualize-ML

Python代码文件会不定期修改，请大家注意更新。图书原始创作版本PDF(未经审校和修订，内容和纸质版略有差异，方便移动终端碎片化学习以及对照代码)和纸质版本勘误也会上传到这个GitHub账户。因此，建议大家注册GitHub账户，给书稿文件夹标星 (Star) 或分支克隆 (Fork)。

考虑再三，作者还是决定不把代码全文印在纸质书中，以便减少篇幅，节约用纸。

本书编程实践例子中主要使用"鸢尾花数据集"，数据来源是Scikit-learn库、Seaborn库。要是给"鸢尾花数学大系"起个昵称的话，作者乐见"**鸢尾花书**"。

学习指南

大家可以根据自己的偏好制定学习步骤，本书推荐如下步骤。

学完每章后，大家可以在社交媒体、技术论坛上发布自己的Jupyter笔记，进一步听取朋友们的意见，共同进步。这样做还可以提高自己学习的动力。

另外，建议大家采用纸质书和电子书配合阅读学习，学习主阵地在纸质书上，学习基础课程最重要的是沉下心来，认真阅读并记录笔记，电子书可以配合查看代码，相关实操性内容可以直接在电脑上开发、运行、感受，Jupyter笔记同步记录起来。

强调一点：**学习过程中遇到困难，要尝试自行研究解决，不要第一时间就去寻求他人帮助。**

意见和建议

欢迎大家对鸢尾花书提意见和建议，丛书专属邮箱地址为：

◀　jiang.visualize.ml@gmail.com

也欢迎大家在B站视频下方留言互动。

Contents

目录

Introduction
绪论
图解 + 编程 + 实践 + 数学板块融合

0.1 本册在全套丛书的定位

　　"鸢尾花书"有三大板块——编程、数学、实践。数据科学、机器学习的各种算法都离不开数学，因此"鸢尾花书"在数学板块着墨颇多。

　　本册《统计至简》是"数学三剑客"的第三本，也是最后一本。"数学"板块的第一本《数学要素》是各种数学工具的"大杂烩"，可谓数学基础；第二本《矩阵力量》专门讲解机器学习中常用的线性代数工具；本册《统计至简》则介绍机器学习和数据分析中常用的概率统计工具。

　　《统计至简》的核心是"多元统计"，离不开《矩阵力量》中介绍的线性代数工具。在开始本册内容学习之前，请大家务必掌握《矩阵力量》的主要内容。

　　在完成本册《统计至简》学习之后，我们便正式进入"实践"板块，开始《数据有道》《机器学习》两册的探索之旅。

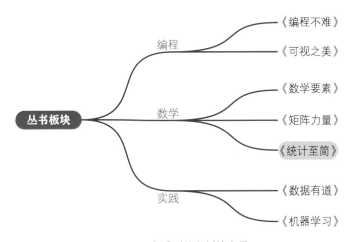

图 0.1　本系列丛书板块布局

0.2 结构：七大板块

本书可以归纳为七大板块——统计、概率、高斯、随机、频率派、贝叶斯派、椭圆。

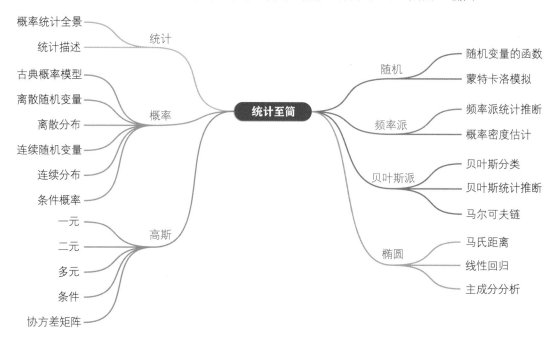

图 0.2 《统计至简》板块布局

统计

第 1 章可能是整个"鸢尾花书"系列中"最无聊"的一章。这一章首先给大家出了一个线性代数的小测验，如果顺利通过测验就可以开始本册内容学习了。如果不顺利，建议大家回顾《矩阵力量》一册的相关内容。然后，这一章总结了《统计至简》一册中重要的公式，大家可以把这些内容当成"公式手册"来看待。学习本册时或学完本册后回看参考时，大家可以试着给每个公式配图。

第 2 章介绍统计描述。这一章用图像、量化汇总等方式描述样本数据重要特征。学习这一章时，建议大家回顾《矩阵力量》第 22 章的相关内容。

概率

概率是统计推断的基础数学工具。"概率"这个板块将主要介绍离散、连续两大类随机变量及常见的概率分布。

第 3 章介绍古典概型，重中之重是贝叶斯定理。本书"厚"贝叶斯派，"薄"频率派，因此本书中很多内容都在展示贝叶斯定理的应用。希望大家从第 3 章开始就格外重视贝叶斯定理。

第 4、5 两章介绍离散随机变量、离散分布。第 6、7 两章介绍连续随机变量、连续分布。第 4、6 章特别用鸢尾花数据为例讲解随机变量，建议大家对比阅读。第 8 章特别介绍离散、连续随机变量的条件期望、条件方差。学习各种分布时，请大家格外注意它们的 PDF、CDF 形状。二项分布、多项分布、高斯分布、Dirichlet 分布这几种分布将会在本书后续章节发挥重要作用，希望大家留意。

学习这个板块时，请大家注意理解概率质量函数、概率密度函数无非就是对 1（样本空间对应的概率）的不同"切片、切块"和"切丝、切条"方式。

高斯

"高斯"是数据科学、机器学习算法中如雷贯耳的名字，大家会在回归分析、主成分分析、高斯朴素贝叶斯、高斯过程、高斯混合模型等算法中遇到高斯分布。因此本书中高斯分布的"戏份"格外重要。

"高斯"这一板块分别介绍一元（第 9 章）、二元（第 10 章）、多元（第 11 章）、条件（第 12 章）高斯分布。几何视角是理解高斯分布的利器，大家学习这几章时，请特别注意高斯分布、椭圆、椭球之间的联系。第 13 章则介绍高斯分布中的重要组成部分——协方差矩阵。

这个板块，特别是在讲解多元高斯分布、协方差时，大家会看到无所不在的线性代数。

随机

第 14 章介绍随机变量的函数，请大家特别注意从几何视角理解线性变换、主成分分析。第 15 章讲解几个蒙特卡罗模拟试验，请大家掌握产生满足特定相关性的随机数的两种方法。这两种方法分别对应《矩阵力量》一册中介绍的 Cholesky 分解、特征值分解，建议大家在学习时回看《矩阵力量》一册的相关内容。

频率派

本书中有关频率派的内容着墨较少，这是因为在机器学习、深度学习中，贝叶斯统计应用场合更为广泛。第 16 章介绍常见经典统计推断方法，请大家务必掌握最大似然估计 MLE。第 17 章讲解概率密度估计，请大家特别注意高斯核概率密度估计。

贝叶斯派

这个板块用五章内容介绍贝叶斯统计的应用场景。

我们先从贝叶斯分类开始。第 18、19 章介绍如何利用贝叶斯定理完成鸢尾花分类，请大家掌握后验概率、证据因子、先验概率、似然概率这些概念。在贝叶斯分类算法中，优化问题可以最大化后验概率，也可以最大化联合概率，即"似然概率 × 先验概率"。注意，《机器学习》一册会深入介绍"朴素贝叶斯分类"算法。

第 20、21 章讲解贝叶斯统计推断。贝叶斯统计推断把总体的模型参数看作随机变量。贝叶斯统计推断所体现出来的"学习过程"与人类认知过程极为相似，请大家注意类比。贝叶斯推断中，后验 ∝ 似然 × 先验，这无疑是最重要的比例关系。此外，请大家务必掌握最大后验概率 MAP。

第 22 章简单介绍 Metropolis-Hastings 采样，并讲解如何使用 PyMC3 获得服从特定后验分布的随机数。

椭圆

本书最后一个板块可以叫"椭圆三部曲"，因为最后三章都与椭圆有关。这三章也开启了下一册《数据有道》中的三个重要话题——数据处理、回归、降维。

第 23 章讲解马氏距离，请大家特别注意马氏距离、欧氏距离、标准化欧氏距离的区别，以及马氏距离与卡方分布的联系。

第 24 章中，我们将从最小二乘法 OLS、优化、投影、线性方程组、条件概率、最大似然估计 MLE 这几个视角讲解线性回归。这一章相当于是《数学要素》一册第 24 章的扩展。

预告一下，《数据有道》一册将铺开介绍更多回归算法，如多元回归分析、正则化、岭回归、套索回归、弹性网络回归、贝叶斯回归 (最大后验估计 MAP 视角)、多项式回归、逻辑回归，以及基于主成分分析的正交回归、主元回归等算法。

第 25 章以概率统计、几何、矩阵分解、优化为视角介绍主成分分析。在《数据有道》一册中将会深入讲解主成分分析，以及典型性分析、因子分析。

0.3 特点：多元统计

《统计至简》一册最大特点就是"多元统计"。

当前多数概率统计教材都侧重于"一元"，而数据科学、机器学习中处理的问题几乎都是多特征，即"多元"。从一元到多元有一道鸿沟，能帮助我们跨越这道鸿沟的正是线性代数工具。这就是为什么一再强调大家要学好《矩阵力量》一册之后再开始本书的学习。

概率统计是个庞杂的知识系统，本书只能选取机器学习中最常用的数学工具。"大而全"的数学公式手册范式不是本书的追求，这也就是本书书名"至简"二字的来由。本书"至简"知识体系骨架足够撑起丛书后续的数据科学、机器学习内容，也方便大家进一步扩展填充。

本书"繁复"的一点是丰富的实例和可视化方案，它们可以帮助大家理解常用的概率统计工具，力求让大家学透每一个公式。学习《统计至简》时，请大家注意使用几何视角，提升自己的空间想象力。

阅读本册时，大家注意两个"斯"——高斯、贝叶斯。高斯分布可能是最重要的连续随机变量分布。本书把高斯分布从一元扩展到了多元，关键在于掌握多元高斯分布。

此外，全书每个板块几乎都有"贝叶斯定理"投下的"影子"。请大家务必理解条件概率、后验概率、证据因子、先验概率、似然概率在贝叶斯统计推断中的应用。

"图解 + 编程 + 机器学习应用"是"鸢尾花书"的核心特点，本册也不例外。这套书用"编程 + 可视化"取代"习题集"。为了达到更好的学习效果，希望大家一边阅读，一边编程实践。

大多数概率统计的图书给大家的印象是公式连篇。为了打破这种刻板印象，《统计至简》尝试直接给核心公式"配图"，以强化理解。这也是本册的一种尝试，效果好的话再版时将推广应用到"鸢尾花书"其他分册。

此外，鸡、兔、猪这三个"小伙伴"也会来到《统计至简》客串出演，帮助大家理解复杂的概率统计概念。

"有数据的地方，必有统计！"

在《统计至简》这本书中，大家会看到微积分、线性代数、概率统计等数学工具"济济一堂"，但是没有丝毫的违和感！

下面，我们就开始"数学三剑客"的收官之旅！

01

Section 01

统　计

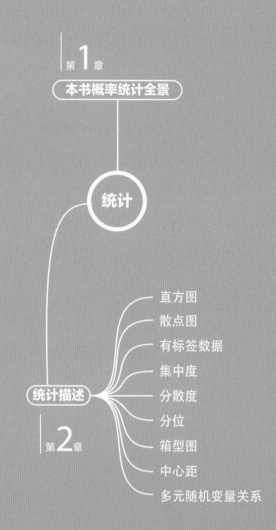

第 **1** 章

本书概率统计全景

统计

直方图

散点图

有标签数据

集中度

统计描述
分散度

分位

箱型图

第 **2** 章
中心距

多元随机变量关系

学习地图 第 **1** 板块

01

Landscape of Statistics and Probability
概率统计全景
公式连篇，可能是"鸢尾花书"最枯燥无味的一章

概率论作为数学学科，可以且应该从公理开始建设，与几何、代数的思路一样。
The theory of probability as mathematical discipline can and should be developed from axioms in exactly the same way as Geometry and Algebra.

—— 安德雷·柯尔莫哥洛夫 (Andrey Kolmogorov) | 概率论公理化之父 | 1903—1987年

1.1 必备数学工具：一个线性代数小测验

本书前文提到，《统计至简》一册的核心特点是"多元"。《矩阵力量》一册中介绍的线性代数工具是本书核心数学工具。因此，在开始本书阅读之前，请大家先完成本节这个小测验。

如果大家能够轻松完成这个测验，那么欢迎大家开始本书后续内容学习；否则，建议大家重温《矩阵力量》一册中介绍的相关数学工具。

数据矩阵

给定数据矩阵 X，如何求其质心、中心化数据、标准化数据、格拉姆矩阵、协方差矩阵、相关系数矩阵？

协方差矩阵

给定 2×2 协方差矩阵 Σ，且

$$\Sigma = \begin{bmatrix} \sigma_1^2 & \rho_{1,2}\sigma_1\sigma_2 \\ \rho_{1,2}\sigma_1\sigma_2 & \sigma_2^2 \end{bmatrix} \tag{test.1}$$

什么条件下 Σ 是正定矩阵？

定义二元函数

$$f(x_1, x_2) = x^{\mathrm{T}}\Sigma x = \begin{bmatrix} x_1 \\ x_2 \end{bmatrix}^{\mathrm{T}} \begin{bmatrix} \sigma_1^2 & \rho_{1,2}\sigma_1\sigma_2 \\ \rho_{1,2}\sigma_1\sigma_2 & \sigma_2^2 \end{bmatrix} \begin{bmatrix} x_1 \\ x_2 \end{bmatrix} \tag{test.2}$$

① 相关性系数 $\rho_{1,2}$ 的取值范围是什么？上述二元函数的图像是什么？
② 当 σ_1 和 σ_2 均为 1 时，这个二元函数等高线形状随 $\rho_{1,2}$ 如何变化？

Cholesky分解

对协方差矩阵 Σ 进行 Cholesky 分解，有

$$\Sigma = R^{\mathrm{T}}R \tag{test.3}$$

① 矩阵 Σ 能进行 Cholesky 分解的前提是什么？
② 上三角矩阵 R 的特点是什么？如何从几何角度理解 R？

特征值分解

对 Σ 进行特征值分解，有

$$\Sigma = V\Lambda V^{\mathrm{T}} \tag{test.4}$$

① 等式右侧第二个矩阵 V 对应转置运算，为什么？
② 矩阵 V 有什么特殊性质？如何从向量空间角度理解 V？
③ 矩阵 Λ 有什么特殊性质？什么条件下，Σ 特征值中有 0？

④ 如果协方差矩阵为2行、2列方阵，把 V 写成 $[\boldsymbol{v}_1, \boldsymbol{v}_2]$，上式可以如何展开？

将式(test.4) 写成

$$\boldsymbol{V}^{\mathrm{T}} \boldsymbol{\Sigma} \boldsymbol{V} = \boldsymbol{\Lambda} \tag{test.5}$$

① 把 V 写成 $[\boldsymbol{v}_1, \boldsymbol{v}_2]$，式(test.5)如何展开？

② 几何角度来看，上式代表什么？

奇异值分解

① 奇异值分解有哪四种类型？每种类型之间存在怎样的关系？

② 数据矩阵 $\boldsymbol{X}$ 奇异值分解可以获得其奇异值 s_j，对 $\boldsymbol{X}$ 的格拉姆矩阵 $\boldsymbol{G}$ 特征值分解可以得到特征值 λ_{G_j}。奇异值 s_j 和特征值 λ_{G_j} 存在怎样的量化关系？

③ 对 $\boldsymbol{X}$ 的协方差矩阵 $\boldsymbol{\Sigma}$ 进行特征值分解可以得到特征值 λ_j。奇异值 s_j 和特征值 λ_j 又存在怎样的量化关系？

④ 奇异值分解和向量四个空间有怎样联系？

多元高斯分布

多元正态分布的概率密度函数PDF为

$$f_\chi\left(\boldsymbol{x}\right) = \frac{\exp\left(-\dfrac{1}{2}\left(\boldsymbol{x}-\boldsymbol{\mu}\right)^{\mathrm{T}} \boldsymbol{\Sigma}^{-1}\left(\boldsymbol{x}-\boldsymbol{\mu}\right)\right)}{(2\pi)^{\frac{D}{2}} \left|\boldsymbol{\Sigma}\right|^{\frac{1}{2}}} \tag{test.6}$$

① $\left(\boldsymbol{x}-\boldsymbol{\mu}\right)^{\mathrm{T}} \boldsymbol{\Sigma}^{-1}\left(\boldsymbol{x}-\boldsymbol{\mu}\right)$ 的含义是什么？

② $(2\pi)^{\frac{D}{2}}$ 的作用是什么？$\left|\boldsymbol{\Sigma}\right|^{\frac{1}{2}}$ 的含义是什么？

③ 什么情况下，上式不成立？

④ 马氏距离的定义是什么？马氏距离和欧氏距离差别是什么？

测验题目到此结束。

本章下面先用数学手册、备忘录这种范式罗列本书中100个核心公式，每一节对应本书一个板块。而本章之后，我们就用丰富的图形给这些公式以色彩和温度。

本书不就上述题目给出具体答案，所有答案都在《矩阵力量》一册中详细说明，请大家自行查阅。

1.2 统计描述

给定随机变量 X 的 n 个样本点 $\{x^{(1)}, x^{(2)}, \cdots, x^{(n)}\}$，$X$ 的样本均值为

$$\mu_X = \frac{1}{n}\left(\sum_{i=1}^{n} x^{(i)}\right) = \frac{x^{(1)} + x^{(2)} + x^{(3)} + \cdots + x^{(n)}}{n} \tag{1.1}$$

X的样本方差为

$$\frac{1}{n-1}\sum_{i=1}^{n}\left(x^{(i)}-\mu_X\right)^2 \tag{1.2}$$

X的样本标准差为

$$\sqrt{\frac{1}{n-1}\sum_{i=1}^{n}\left(x^{(i)}-\mu_X\right)^2} \tag{1.3}$$

对于样本数据，随机变量X和Y的协方差为

$$\mathrm{cov}\left(X,Y\right)=\frac{1}{n-1}\sum_{i=1}^{n}\left(x^{(i)}-\mu_X\right)\left(y^{(i)}-\mu_Y\right) \tag{1.4}$$

⚠️ _____
注意：除非特殊说明，本书一般不从符号上区分总体、样本的均值、方差、标准差等。

对于样本数据，随机变量X和Y的相关性系数为

$$\rho_{X,Y}=\frac{\mathrm{cov}\left(X,Y\right)}{\sigma_X\sigma_Y} \tag{1.5}$$

1.3 概率

古典概率模型

设样本空间 Ω 由n个等可能事件构成，事件A的概率为

$$\Pr\left(A\right)=\frac{n_A}{n} \tag{1.6}$$

其中：n_A为含于事件A的试验结果数量。

A和B 为样本空间 Ω 中的两个事件，其中 $\Pr(B)>0$。那么，事件B发生的条件下事件A发生的条件概率为

$$\Pr\left(A|B\right)=\frac{\Pr\left(A,B\right)}{\Pr\left(B\right)} \tag{1.7}$$

其中：$\Pr\left(A,B\right)$为事件A和B的联合概率；$\Pr(B)$ 也叫B事件边缘概率。

类似地，如果$\Pr(A)>0$，事件A发生的条件下事件B发生的条件概率为

$$\Pr\left(B|A\right)=\frac{\Pr\left(A,B\right)}{\Pr\left(A\right)} \tag{1.8}$$

贝叶斯定理为

$$\Pr\left(A|B\right)\Pr\left(B\right) = \Pr\left(B|A\right)\Pr\left(A\right) = \Pr\left(A,B\right) \tag{1.9}$$

假设 A_1, A_2, $\cdots$, A_n 互不相容，形成对样本空间 Ω 的分割。$\Pr(A_i) > 0$，对于空间 Ω 中的任意事件 B，全概率定理为

$$\Pr\left(B\right) = \sum_{i=1}^{n}\Pr\left(A_i,B\right) \tag{1.10}$$

如果事件 A 和事件 B 独立，则

$$\begin{aligned} \Pr\left(A|B\right) &= \Pr\left(A\right)\\ \Pr\left(B|A\right) &= \Pr\left(B\right)\\ \Pr\left(A,B\right) &= \Pr\left(A\right)\Pr\left(B\right) \end{aligned} \tag{1.11}$$

如果事件 A 和事件 B 在事件 C 发生的条件下条件独立，则有

$$\Pr\left(A,B|C\right) = \Pr\left(A|C\right)\cdot\Pr\left(B|C\right) \tag{1.12}$$

离散随机变量

离散随机变量 X 的概率质量函数满足

$$\sum_{x}p_X\left(x\right) = 1, \quad 0 \leqslant p_X\left(x\right) \leqslant 1 \tag{1.13}$$

离散随机变量 X 的期望值为

$$\mathrm{E}\left(X\right) = \sum_{x}x\cdot p_X\left(x\right) \tag{1.14}$$

离散随机变量 X 的方差为

$$\mathrm{var}\left(X\right) = \sum_{x}\left(x - \mathrm{E}\left(X\right)\right)^2\cdot p_X\left(x\right) \tag{1.15}$$

二元离散随机变量 (X, Y) 的概率质量函数满足

$$\sum_{x}\sum_{y}p_{X,Y}\left(x,y\right) = 1, \quad 0 \leqslant p_{X,Y}\left(x,y\right) \leqslant 1 \tag{1.16}$$

(X, Y) 的协方差定义为

$$\begin{aligned} \mathrm{cov}\left(X,Y\right) &= \mathrm{E}\left(\left(X - \mathrm{E}\left(X\right)\right)\left(Y - \mathrm{E}\left(Y\right)\right)\right)\\ &= \sum_{x}\sum_{y}p_{X,Y}\left(x,y\right)\left(x - \mathrm{E}\left(X\right)\right)\left(y - \mathrm{E}\left(Y\right)\right) \end{aligned} \tag{1.17}$$

边缘概率 $p_X(x)$ 为

$$p_X(x) = \sum_y p_{X,Y}(x,y) \tag{1.18}$$

边缘概率 $p_Y(y)$ 为

$$p_Y(y) = \sum_x p_{X,Y}(x,y) \tag{1.19}$$

在给定事件 $\{Y=y\}$ 条件下，$p_Y(y)>0$，事件 $\{X=x\}$ 发生的条件概率质量函数 $p_{X|Y}(x|y)$ 为

$$p_{X|Y}(x|y) = \frac{p_{X,Y}(x,y)}{p_Y(y)} \tag{1.20}$$

$p_{X|Y}(x|y)$ 对 x 求和等于1，即

$$\sum_x p_{X|Y}(x|y) = 1 \tag{1.21}$$

在给定事件 $\{X=x\}$ 条件下，$p_X(x)>0$，事件 $\{Y=y\}$ 发生的条件概率质量函数 $p_{Y|X}(y|x)$ 为

$$p_{Y|X}(y|x) = \frac{p_{X,Y}(x,y)}{p_X(x)} \tag{1.22}$$

$p_{Y|X}(y|x)$ 对 y 求和等于1，即

$$\sum_y p_{Y|X}(y|x) = 1 \tag{1.23}$$

如果离散随机变量 X 和 Y 独立，则有

$$\begin{aligned} p_{X|Y}(x|y) &= p_X(x) \\ p_{Y|X}(y|x) &= p_Y(y) \\ p_{X,Y}(x,y) &= p_Y(y) \cdot p_X(x) \end{aligned} \tag{1.24}$$

离散分布

$[a, b]$ 上离散均匀分布的概率质量函数为

$$p_X(x) = \frac{1}{b-a+1}, \quad x = a, a+1, \cdots, b-1, b \tag{1.25}$$

伯努利分布的概率质量函数为

$$p_X(x) = p^x(1-p)^{1-x} \quad x \in \{0,1\} \tag{1.26}$$

其中：p 的取值范围为 $[0, 1]$。

二项分布的概率质量函数为

$$p_X(x) = \mathrm{C}_n^x p^x (1-p)^{n-x}, \quad x = 0, 1, \cdots, n \tag{1.27}$$

多项分布的概率质量函数为

$$p_{X_1,\cdots,X_K}(x_1,\cdots,x_K; n, p_1,\cdots,p_K) = \begin{cases} \dfrac{n!}{(x_1!) \times (x_2!) \cdots (x_K!)} \times p_1^{x_1} \times \cdots \times p_K^{x_K} & \text{when } \sum\limits_{i=1}^{K} x_i = n \\ 0 & \text{otherwise} \end{cases} \tag{1.28}$$

其中：x_i $(i = 1, 2, \cdots, K)$ 为非负整数；p_i取值范围为 $(0, 1)$，且 $\sum\limits_{i=1}^{k} p_i = 1$。

泊松分布的概率质量函数为

$$p_X(x) = \frac{\exp(-\lambda)\lambda^x}{x!}, \quad x = 0, 1, 2, \cdots \tag{1.29}$$

其中：$\lambda > 0$。λ既是期望值，也是方差。

连续随机变量

连续随机变量X的概率密度函数满足

$$\int_{-\infty}^{+\infty} f_X(x)\mathrm{d}x = 1, \quad f_X(x) \geqslant 0 \tag{1.30}$$

连续随机变量X的期望为

$$\mathrm{E}(X) = \int_x x \cdot f_X(x)\mathrm{d}x \tag{1.31}$$

连续随机变量X的方差为

$$\mathrm{var}(X) = \mathrm{E}\left[(X - \mathrm{E}(X))^2\right] = \int_x (x - \mathrm{E}(X))^2 \cdot f_X(x)\mathrm{d}x \tag{1.32}$$

给定 (X, Y) 的联合概率分布$f_{X,Y}(x,y)$，X的边缘概率密度函数$f_X(x)$ 为

$$f_X(x) = \int_y f_{X,Y}(x,y)\mathrm{d}y \tag{1.33}$$

连续随机变量Y的边缘概率密度函数$f_Y(y)$ 为

$$f_Y(y) = \int_x f_{X,Y}(x,y)\mathrm{d}x \tag{1.34}$$

在给定$Y = y$的条件下，且$f_Y(y) > 0$，条件概率密度函数$f_{X|Y}(x|y)$ 为

$$f_{X|Y}(x|y) = \frac{f_{X,Y}(x,y)}{f_Y(y)} \tag{1.35}$$

给定 $X = x$ 的条件下，且 $f_X(x) > 0$，条件概率密度函数 $f_{Y|X}(y|x)$ 为

$$f_{Y|X}(y|x) = \frac{f_{X,Y}(x,y)}{f_X(x)} \tag{1.36}$$

利用贝叶斯定理，联合概率 $f_{X,Y}(x,y)$ 为

$$f_{X,Y}(x,y) = f_{X|Y}(x|y) f_Y(y) = f_{Y|X}(y|x) f_X(x) \tag{1.37}$$

如果连续随机变量 X 和 Y 独立，则

$$\begin{aligned} f_{X|Y}(x|y) &= f_X(x) \\ f_{Y|X}(y|x) &= f_Y(y) \\ f_{X,Y}(x,y) &= f_X(x) f_Y(y) \end{aligned} \tag{1.38}$$

连续分布

区间 $[a, b]$ 的连续均匀分布概率密度函数为

$$f_X(x) = \begin{cases} \dfrac{1}{b-a}, & a \leqslant x \leqslant b, \\ 0, & x < a \text{ 或 } x > b \end{cases} \tag{1.39}$$

一元学生 t-分布的概率密度函数为

$$f_X(x) = \frac{\Gamma\left(\dfrac{\nu+1}{2}\right)}{\sqrt{\nu\pi} \cdot \Gamma\left(\dfrac{\nu}{2}\right)} \left(1 + \frac{x^2}{\nu}\right)^{\frac{-(\nu+1)}{2}} \tag{1.40}$$

其中：$\nu > 0$。

指数分布的概率密度函数为

$$f_X(x) = \begin{cases} \lambda \exp(-\lambda x), & x \geqslant 0 \\ 0, & x < 0 \end{cases} \tag{1.41}$$

其中：$\lambda > 0$。

Beta(α, β) 分布的概率密度函数为

$$f_X(x; \alpha, \beta) = \frac{\Gamma(\alpha+\beta)}{\Gamma(\alpha)\Gamma(\beta)} x^{\alpha-1} (1-x)^{\beta-1} \tag{1.42}$$

其中：α 和 β 均大于 0。这个 PDF 也可以写成

$$f_X(x; \alpha, \beta) = \frac{x^{\alpha-1} (1-x)^{\beta-1}}{\mathrm{B}(\alpha, \beta)} \tag{1.43}$$

其中：Beta函数 $\mathrm{B}(\alpha,\beta)$ 为

$$\mathrm{B}(\alpha,\beta) = \frac{\Gamma(\alpha)\Gamma(\beta)}{\Gamma(\alpha+\beta)} \tag{1.44}$$

Dirichlet分布概率密度函数为

$$f_{X_1,\cdots,X_K}(x_1,\cdots,x_K;\alpha_1,\cdots,\alpha_K) = \frac{1}{\mathrm{B}(\alpha_1,\cdots,\alpha_K)}\prod_{i=1}^{K}x_i^{\alpha_i-1}, \quad \sum_{i=1}^{K}x_i=1, \ \ x_i\geq 0 \tag{1.45}$$

其中：$\alpha_i > 0$。

Beta函数 $\mathrm{B}(\alpha_1,\cdots,\alpha_K)$ 为

⚠️ 注意：对于Dirichlet分布，本书后续常用变量 θ 代替 x。

$$\mathrm{B}(\alpha_1,...,\alpha_K) = \frac{\displaystyle\prod_{i=1}^{K}\Gamma(\alpha_i)}{\Gamma\left(\displaystyle\sum_{i=1}^{K}\alpha_i\right)} \tag{1.46}$$

条件概率

如果 X 和 Y 均为离散随机变量，给定 $X=x$ 条件下，Y 的条件期望 $\mathrm{E}(Y|X=x)$ 为

$$\mathrm{E}(Y|X=x) = \sum_y y \cdot p_{Y|X}(y|x) \tag{1.47}$$

$\mathrm{E}(Y)$ 的全期望定理为

$$\mathrm{E}(Y) = \mathrm{E}\big(\mathrm{E}(Y|X)\big) = \sum_x \mathrm{E}(Y|X=x) \cdot p_X(x) \tag{1.48}$$

给定 $Y=y$ 条件下，X 的条件期望 $\mathrm{E}(X|Y=y)$ 定义为

$$\mathrm{E}(X|Y=y) = \sum_x x \cdot p_{X|Y}(x|y) \tag{1.49}$$

$\mathrm{E}(X)$ 的全期望定理为

$$\mathrm{E}(X) = \mathrm{E}\big(\mathrm{E}(X|Y)\big) = \sum_y \mathrm{E}(X|Y=y) \cdot p_Y(y) \tag{1.50}$$

给定 $X=x$ 条件下，Y 的条件方差 $\mathrm{var}(Y|X=x)$ 为

$$\mathrm{var}(Y|X=x) = \sum_y \big(y-\mathrm{E}(Y|X=x)\big)^2 \cdot p_{Y|X}(y|x) \tag{1.51}$$

给定 $Y=y$ 条件下，X 的条件方差 $\mathrm{var}(X|Y=y)$ 为

$$\mathrm{var}(X|Y=y) = \sum_x \big(x-\mathrm{E}(X|Y=y)\big)^2 \cdot p_{X|Y}(x|y) \tag{1.52}$$

对于var(Y)，全方差定理为

$$\mathrm{var}\left(Y\right) = \mathrm{E}\left(\mathrm{var}\left(Y \mid X\right)\right) + \mathrm{var}\left(\mathrm{E}\left(Y \mid X\right)\right) \tag{1.53}$$

对于var(X)，全方差定理为

$$\mathrm{var}\left(X\right) = \mathrm{E}\left(\mathrm{var}\left(X \mid Y\right)\right) + \mathrm{var}\left(\mathrm{E}\left(X \mid Y\right)\right) \tag{1.54}$$

如果X和Y均为连续随机变量，在给定X = x条件下，条件期望 E(Y|X = x) 为：

$$\mathrm{E}\left(Y \mid X = x\right) = \int_{y} y \cdot f_{Y \mid X}\left(y \mid x\right) \mathrm{d}\, y \tag{1.55}$$

条件方差 var(Y|X = x) 为

$$\mathrm{var}\left(Y \mid X = x\right) = \int_{y} \left(y - \mathrm{E}\left(Y \mid X = x\right)\right)^{2} \cdot f_{Y \mid X}\left(y \mid x\right) \mathrm{d}\, y \tag{1.56}$$

在给定Y = y条件下，条件期望 E(X|Y = y) 为

$$\mathrm{E}\left(X \mid Y = y\right) = \int_{x} x \cdot f_{X \mid Y}\left(x \mid y\right) \mathrm{d}\, x \tag{1.57}$$

条件方差 var(X|Y = y)的定义为

$$\mathrm{var}\left(X \mid Y = y\right) = \int_{x} \left(X - \mathrm{E}\left(X \mid Y = y\right)\right)^{2} \cdot f_{X \mid Y}\left(x \mid y\right) \mathrm{d}\, x \tag{1.58}$$

1.4 高斯

一元高斯分布

一元高斯分布的概率密度函数为

$$f_{X}\left(x\right) = \frac{1}{\sqrt{2\pi}\sigma} \exp\left(\frac{-1}{2}\left(\frac{x - \mu}{\sigma}\right)^{2}\right) \tag{1.59}$$

标准正态分布的概率密度函数为

$$f_{Z}\left(z\right) = \frac{1}{\sqrt{2\pi}} \exp\left(\frac{-z^{2}}{2}\right) \tag{1.60}$$

二元高斯分布

如果 (X, Y) 服从二元高斯分布，且相关性系数不为 ±1，则 (X, Y) 的概率密度函数为

$$f_{X,Y}(x,y) = \frac{1}{2\pi\sigma_X\sigma_Y\sqrt{1-\rho_{X,Y}^2}} \times \exp\left(\frac{-1}{2}\frac{1}{\left(1-\rho_{X,Y}^2\right)}\left(\left(\frac{x-\mu_X}{\sigma_X}\right)^2 - 2\rho_{X,Y}\left(\frac{x-\mu_X}{\sigma_X}\right)\left(\frac{y-\mu_Y}{\sigma_Y}\right) + \left(\frac{y-\mu_Y}{\sigma_Y}\right)^2\right)\right)$$

(1.61)

X 的边缘概率密度函数为

$$f_X(x) = \frac{1}{\sigma_X\sqrt{2\pi}}\exp\left(\frac{-1}{2}\left(\frac{x-\mu_X}{\sigma_X}\right)^2\right)$$

(1.62)

Y 的边缘概率密度函数为

$$f_Y(y) = \frac{1}{\sigma_Y\sqrt{2\pi}}\exp\left(\frac{-1}{2}\left(\frac{x-\mu_Y}{\sigma_Y}\right)^2\right)$$

(1.63)

多元高斯分布

多元高斯分布的概率密度函数为

$$f_\chi(x) = \frac{\exp\left(-\frac{1}{2}(x-\mu)^{\mathrm{T}}\Sigma^{-1}(x-\mu)\right)}{(2\pi)^{\frac{D}{2}}|\Sigma|^{\frac{1}{2}}}$$

(1.64)

其中：协方差矩阵 Σ 为正定矩阵。

条件高斯分布

如果 (X, Y) 服从二元高斯分布，且相关性系数不为 ±1，则 $f_{Y|X}(y|x)$ 为

$$f_{Y|X}(y|x) = \frac{1}{\sigma_Y\sqrt{1-\rho_{X,Y}^2}\sqrt{2\pi}}\exp\left(-\frac{1}{2}\left(\frac{y-\left(\mu_Y+\rho_{X,Y}\frac{\sigma_Y}{\sigma_X}(x-\mu_X)\right)}{\sigma_Y\sqrt{1-\rho_{X,Y}^2}}\right)^2\right)$$

(1.65)

条件期望 $\mathrm{E}(Y|X=x)$ 为

$$\mathrm{E}(Y|X=x) = \mu_Y + \rho_{X,Y}\frac{\sigma_Y}{\sigma_X}(x-\mu_X)$$

(1.66)

条件方差 $\mathrm{var}(Y|X=x)$ 为

$$\mathrm{var}(Y|X=x) = \left(1-\rho_{X,Y}^2\right)\sigma_Y^2$$

(1.67)

如果随机变量向量χ和γ服从多元高斯分布，即有

$$\begin{bmatrix} \chi \\ \gamma \end{bmatrix} \sim N\left(\begin{bmatrix} \mu_\chi \\ \mu_\gamma \end{bmatrix}, \begin{bmatrix} \Sigma_{\chi\chi} & \Sigma_{\chi\gamma} \\ \Sigma_{\gamma\chi} & \Sigma_{\gamma\gamma} \end{bmatrix} \right) \tag{1.68}$$

其中

$$\chi = \begin{bmatrix} X_1 \\ X_2 \\ \vdots \\ X_D \end{bmatrix}, \quad \gamma = \begin{bmatrix} Y_1 \\ Y_2 \\ \vdots \\ Y_M \end{bmatrix} \tag{1.69}$$

给定$\chi = x$的条件下，γ服从多元高斯分布，即

$$\{\gamma | \chi = x\} \sim N\left(\underbrace{\Sigma_{\gamma\chi} \Sigma_{\chi\chi}^{-1} (x - \mu_\chi) + \mu_\gamma}_{\text{Expectation}}, \quad \underbrace{\Sigma_{\gamma\gamma} - \Sigma_{\gamma\chi} \Sigma_{\chi\chi}^{-1} \Sigma_{\chi\gamma}}_{\text{Variance}} \right) \tag{1.70}$$

给定$\chi = x$的条件下，γ的条件期望为

$$E\left(\gamma | \chi = x\right) = \mu_{\gamma | \chi = x} = \Sigma_{\gamma\chi} \Sigma_{\chi\chi}^{-1} \left(x - \mu_\chi\right) + \mu_\gamma \tag{1.71}$$

协方差矩阵

随机变量向量χ的协方差矩阵为

$$\begin{aligned} \text{var}(\chi) = \text{cov}(\chi, \chi) &= E\left[\left(\chi - E(\chi)\right)\left(\chi - E(\chi)\right)^{\text{T}} \right] \\ &= E\left(\chi\chi^{\text{T}}\right) - E(\chi)E(\chi)^{\text{T}} \end{aligned} \tag{1.72}$$

样本数据矩阵X的协方差矩阵Σ为

$$\Sigma = \frac{\left(X - E(X)\right)^{\text{T}} \left(X - E(X)\right)}{n - 1} \tag{1.73}$$

合并协方差矩阵为

$$\Sigma_{\text{pooled}} = \frac{1}{\sum\limits_{k=1}^{K} \left(n_k - 1\right)} \sum_{k=1}^{K} \left(n_k - 1\right) \Sigma_k = \frac{1}{n - K} \sum_{k=1}^{K} \left(n_k - 1\right) \Sigma_k \tag{1.74}$$

其中：$\sum\limits_{k=1}^{K} n_k = n$。

1.5 随机

随机变量的函数

如果Y和二元随机变量(X_1, X_2)存在关系

$$Y = aX_1 + bX_2 = \begin{bmatrix} a & b \end{bmatrix} \begin{bmatrix} X_1 \\ X_2 \end{bmatrix} \tag{1.75}$$

Y的期望、方差为

$$\mathrm{E}(Y) = \begin{bmatrix} a & b \end{bmatrix} \begin{bmatrix} \mathrm{E}(X_1) \\ \mathrm{E}(X_2) \end{bmatrix}, \quad \mathrm{var}(Y) = \begin{bmatrix} a & b \end{bmatrix} \underbrace{\begin{bmatrix} \mathrm{var}(X_1) & \mathrm{cov}(X_1, X_2) \\ \mathrm{cov}(X_1, X_2) & \mathrm{var}(X_2) \end{bmatrix}}_{\Sigma} \begin{bmatrix} a \\ b \end{bmatrix} \tag{1.76}$$

如果$\chi = [X_1, X_2, \cdots, X_D]^{\mathrm{T}}$服从$N(\boldsymbol{\mu}_\chi, \boldsymbol{\Sigma}_\chi)$，则$\chi$在单位向量$\boldsymbol{v}$方向上投影得到$Y$，即

$$Y = \boldsymbol{v}^{\mathrm{T}} \chi \tag{1.77}$$

Y的期望、方差为

$$\begin{aligned} \mathrm{E}(Y) &= \boldsymbol{v}^{\mathrm{T}} \boldsymbol{\mu}_\chi \\ \mathrm{var}(Y) &= \boldsymbol{v}^{\mathrm{T}} \boldsymbol{\Sigma}_\chi \boldsymbol{v} \end{aligned} \tag{1.78}$$

χ在规范正交系V中投影得到$\boldsymbol{\gamma}$，有

$$\boldsymbol{\gamma} = V^{\mathrm{T}} \chi \tag{1.79}$$

$\boldsymbol{\gamma}$的期望、协方差矩阵为

$$\begin{aligned} \mathrm{E}(\boldsymbol{\gamma}) &= V^{\mathrm{T}} \boldsymbol{\mu}_\chi \\ \mathrm{var}(\boldsymbol{\gamma}) &= V^{\mathrm{T}} \boldsymbol{\Sigma}_\chi V \end{aligned} \tag{1.80}$$

1.6 频率派

频率派统计推断

随机变量X_1，X_2，$\cdots$，X_n独立同分布，则$X_k \, (k = 1, 2, \cdots, n)$的期望和方差为

$$\mathrm{E}(X_k) = \mu, \quad \mathrm{var}(X_k) = \sigma^2 \tag{1.81}$$

这 n 个随机变量的平均值 $\bar{X}$ 近似服从正态分布

$$\bar{X} = \frac{1}{n}\sum_{k=1}^{n} X_k \sim N\left(\mu, \frac{\sigma^2}{n}\right) \tag{1.82}$$

最大似然估计的优化问题为

$$\hat{\theta}_{\text{MLE}} = \arg\max_{\theta} \prod_{i=1}^{n} f_{X_i}(x_i; \theta) = \arg\max_{\theta} \sum_{i=1}^{n} \ln f_{X_i}(x_i; \theta) \tag{1.83}$$

概率密度估计

概率密度估计函数为

$$\hat{f}_X(x) = \frac{1}{n}\sum_{i=1}^{n} K_h\left(x - x^{(i)}\right) = \frac{1}{n}\frac{1}{h}\sum_{i=1}^{n} K\left(\frac{x - x^{(i)}}{h}\right), \quad -\infty < x < +\infty \tag{1.84}$$

核函数 $K(x)$ 满足两个重要条件：① 对称性；② 面积为 1。即有

$$\begin{aligned} K(x) &= K(-x) \\ \int_{-\infty}^{+\infty} K(x)\mathrm{d}x &= \frac{1}{h}\int_{-\infty}^{+\infty} K\left(\frac{x}{h}\right)\mathrm{d}x = 1 \end{aligned} \tag{1.85}$$

1.7 贝叶斯派

贝叶斯分类

利用贝叶斯定理分类，有

$$f_{Y|X}\left(C_k \mid x\right) = \frac{f_{X|Y}\left(x \mid C_k\right) p_Y\left(C_k\right)}{f_X(x)} \tag{1.86}$$

其中，$f_{Y|X}(C_k \mid x)$ 为后验概率，又叫成员值；$f_X(x)$ 为证据因子，也叫证据，取值大于 0；$p_Y(C_k)$ 为先验概率，表示样本集合中 C_k 类样本的占比；$f_{X|Y}(x \mid C_k)$ 为似然概率。

贝叶斯分类优化问题

$$\hat{y} = \arg\max_{C_k} f_{Y|X}\left(C_k \mid x\right) = \arg\max_{C_k} f_{X|Y}\left(x \mid C_k\right) p_Y\left(C_k\right) \tag{1.87}$$

其中：$k = 1, 2, \cdots, K$。

贝叶斯统计推断

模型参数的后验分布为

$$f_{\Theta|X}\left(\theta\,|\,x\right)=\frac{f_{X|\Theta}\left(x\,|\,\theta\right)f_{\Theta}\left(\theta\right)}{\int_{\vartheta}f_{X|\Theta}\left(x\,|\,\vartheta\right)f_{\Theta}\left(\vartheta\right)\mathrm{d}\vartheta} \tag{1.88}$$

后验 $\propto$ 似然 $\times$ 先验，最大化后验估计的优化问题等价于

$$\hat{\theta}_{\mathrm{MAP}}=\arg\max_{\theta}f_{\Theta|X}\left(\theta\,|\,x\right)=\arg\max_{\theta}f_{X|\Theta}\left(x\,|\,\theta\right)f_{\Theta}\left(\theta\right) \tag{1.89}$$

1.8 椭圆三部曲

马氏距离

马氏距离的定义为

$$d=\sqrt{\left(\boldsymbol{x}-\boldsymbol{\mu}\right)^{\mathrm{T}}\boldsymbol{\Sigma}^{-1}\left(\boldsymbol{x}-\boldsymbol{\mu}\right)} \tag{1.90}$$

D维马氏距离的平方则服从自由度为D的卡方分布，即

$$d^{2}=\left(\boldsymbol{x}-\boldsymbol{\mu}\right)^{\mathrm{T}}\boldsymbol{\Sigma}^{-1}\left(\boldsymbol{x}-\boldsymbol{\mu}\right)\sim\chi^{2}_{(\mathrm{df}=D)} \tag{1.91}$$

线性回归

多元线性回归可以写成超定方程组，即

$$\boldsymbol{y}=\boldsymbol{X}\boldsymbol{b} \tag{1.92}$$

如果$\boldsymbol{X}^{\mathrm{T}}\boldsymbol{X}$可逆，则$\boldsymbol{b}$为

$$\boldsymbol{b}=\left(\boldsymbol{X}^{\mathrm{T}}\boldsymbol{X}\right)^{-1}\boldsymbol{X}^{\mathrm{T}}\boldsymbol{y} \tag{1.93}$$

主成分分析

对原始矩阵$\boldsymbol{X}$进行经济型SVD分解，有

$$\boldsymbol{X}=\boldsymbol{U}_{X}\boldsymbol{S}_{X}\boldsymbol{V}_{X}^{\mathrm{T}} \tag{1.94}$$

其中：$\boldsymbol{S}_{X}$为对角方阵。

> ⚠️ 注意：这部分公式实际上来自《矩阵力量》一册；此外，我们将会在《数据有道》一册用到这些公式。

利用X的格拉姆矩阵可以展开为

$$G = V_x S_x^2 V_x^{\mathrm{T}} \tag{1.95}$$

式(1.9.5)便是格拉姆G的特征值分解。

对中心化数据矩阵X_c进行经济型SVD分解有

$$X_c = U_c S_c V_c^{\mathrm{T}} \tag{1.96}$$

而协方差矩阵Σ则可以写成

$$\Sigma = V_c \frac{S_c^2}{n-1} V_c^{\mathrm{T}} \tag{1.97}$$

相信大家在上式中能够看到协方差矩阵Σ的特征值分解。请大家注意式 (1.96) 中奇异值和式 (1.97) 中特征值的关系，即

$$\lambda_{c\_j} = \frac{s_{c\_j}^2}{n-1} \tag{1.98}$$

同样，对标准化数据矩阵Z_x进行经济型SVD分解有

$$Z_x = U_z S_z V_z^{\mathrm{T}} \tag{1.99}$$

相关性系数矩阵P则可以写成

$$P = V_z \frac{S_z^2}{n-1} V_z^{\mathrm{T}} \tag{1.100}$$

式 (1.100) 相当于对矩阵P进行特征值分解。

学完本册《统计至简》后，再回过头来看本章罗列的这些公式时，希望大家看到的不再是冷冰冰的符号，而是一幅幅色彩斑斓的图像。

Descriptive Statistics
统计描述
用图形和汇总统计量描述样本数据

统计学是科学的语法。
Statistics is the grammar of science.

—— 卡尔·皮尔逊 (Karl Pearson) | 英国数学家 | 1857—1936年

◀ joypy.joyplot() 绘制山脊图
◀ numpy.percentile() 计算百分位
◀ pandas.plotting.parallel_coordinates() 绘制平行坐标图
◀ seaborn.boxplot() 绘制箱型图
◀ seaborn.heatmap() 绘制热图
◀ seaborn.histplot() 绘制频数 / 概率 / 概率密度直方图
◀ seaborn.jointplot() 绘制联合分布和边缘分布
◀ seaborn.kdeplot() 绘制 KDE 核概率密度估计曲线
◀ seaborn.lineplot() 绘制线图
◀ seaborn.lmplot() 绘制线性回归图像
◀ seaborn.pairplot() 绘制成对分析图
◀ seaborn.swarmplot() 绘制蜂群图
◀ seaborn.violinplot() 绘制小提琴图

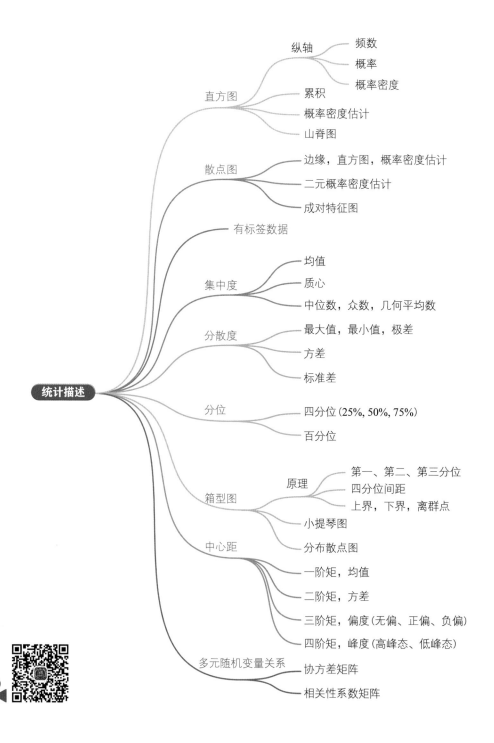

2.1 统计两大工具：描述、推断

如图2.1所示，本书中统计版图可以分为两大板块——描述、推断。

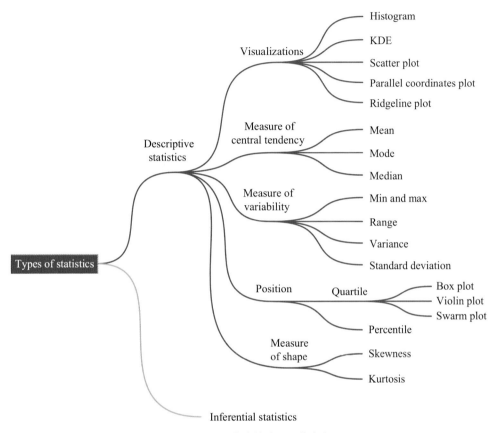

图2.1 两大类统计工具的分类

统计描述 (descriptive statistics) 是指对数据进行整体性的描述和概括，以了解数据的特征和结构。统计描述旨在通过一些表格、图像、量化汇总来呈现数据的基本特征，如中心趋势、离散程度、分布形态等。统计描述通常是数据分析的第一步，可以帮助我们了解数据的基本情况，判断数据的可靠性、准确性和有效性。

统计推断 (statistical inference) 是指根据样本数据推断总体特征。统计推断是在对样本数据统计描述的基础上，对总体未知量化特征作出概率形式的推断。显然，统计推断的数学基础工具就是概率论。本书后续的概率、高斯、随机这三个板块重点介绍概率论这个工具箱中的常用工具。之后，我们将用频率派、贝叶斯派两个板块介绍统计推断。

本章主要介绍统计描述。常见的统计描述方法如下。

◀统计图表：可视化数据分布情况和异常值，如直方图、箱线图、散点图等。
◀中心趋势：如均值、中位数和众数等，量化数据的集中程度。
◀离散程度：如极差、方差、标准差、四分位数等，描述数据的分散程度。
◀分布形态：如偏度、峰度等，分析数据的分布形态。
◀协同关系：包括协方差矩阵、相关性系数矩阵等，量化多元随机变量之间的关系。

下面，我们开始本章学习。

请大家学习这一章时，重温《矩阵力量》一册第22章，回顾如何从线性代数视角看各种统计量。

2.2 直方图：单特征数据分布

鸢尾花花萼长度的数据看上去杂乱无章，我们可以利用一些统计工具来分析这组数据，如直方图。**直方图** (histogram) 由一系列矩形组成，它的横轴为组距，纵轴可以为**频数** (frequency, count)、**概率** (probability)、**概率密度** (probability density或density)。

《数据有道》一册将专门讲解判断离群值的常用算法。

直方图用于可视化样本分布情况，同时展示均值、众数、中位数的大致位置以及标准差宽度等。直方图也可以用判断数据是否存在**离群值** (outlier)。

图2.2所示为鸢尾花花萼长度数据直方图。直方图通常将样本数据分成若干个连续的区间，也称为"箱子"或"组"。直方图中矩形的纵轴高度可以对应频数、概率或概率密度。

⚠ 再次强调：一般情况，直方图的纵轴有三个选择，即频数、概率和概率密度。

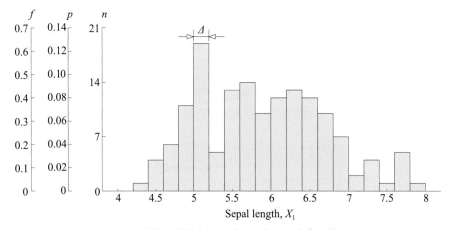

图2.2 鸢尾花花萼长度与频数、概率和概率密度的关系

下面聊聊频数、概率和概率密度分别是什么。

区间

花萼长度的最小值和最大值落在 [4, 8] 这个区间。如图2.3所示，将这个区间等分为20个区间。区间个数称为组数，记作M。每个区间对应的宽度叫作组距，记作Δ。本例中组数$M = 20$，组距$\Delta = 0.2$ cm = 4 cm/20。

图2.3第一列所示为每个组距所在的区间。

鸢尾花书《数学要素》一册第6章介绍过各种不同区间类型，建议大家回顾。

⚠ 注意：一般情况下，除了最后一个区间外，其他区间包含左侧端点，不含右侧端点，即左闭右开区间。最后一个区间为闭区间。大家已经看到图2.3最后一个区间 [7.8, 8.0] 为闭区间，其他区间均为左闭右开。

区间	频数 n	累积频数 cumsum(n)	概率 p	累积概率 cumsum(p)	概率密度 f
$[4.2, 4.4)$	1	1	0.007	0.007	0.033
$[4.4, 4.6)$	4	5	0.027	0.033	0.133
$[4.6, 4.8)$	6	11	0.040	0.073	0.200
$[4.8, 5.0)$	11	22	0.073	0.147	0.367
$[5.0, 5.2)$	19	41	0.127	0.273	0.633
$[5.2, 5.4)$	5	46	0.033	0.307	0.167
$[5.4, 5.6)$	13	59	0.087	0.393	0.433
$[5.6, 5.8)$	14	73	0.093	0.487	0.467
$[5.8, 6.0)$	10	83	0.067	0.553	0.333
$[6.0, 6.2)$	12	95	0.080	0.633	0.400
$[6.2, 6.4)$	13	108	0.087	0.720	0.433
$[6.4, 6.6)$	12	120	0.080	0.800	0.400
$[6.6, 6.8)$	10	130	0.067	0.867	0.333
$[6.8, 7.0)$	7	137	0.047	0.913	0.233
$[7.0, 7.2)$	2	139	0.013	0.927	0.067
$[7.2, 7.4)$	4	143	0.027	0.953	0.133
$[7.4, 7.6)$	1	144	0.007	0.960	0.033
$[7.6, 7.8)$	5	149	0.033	0.993	0.167
$[7.8, 8.0]$	1	150	0.007	1.000	0.033

图2.3 鸢尾花花萼长度直方图数据

频数

频数也叫计数 (count)，是指在一定范围内样本数据的数量。显然，频数为非负整数。如图2.3所示，落在 $[4.2，4.4)$ 这个区间内的样本只有1个。而落在 $[5.0，5.2)$ 这个区间内的样本多达19个。

数出落在第 i 个区间内的样本数量，定义为频数 n_i。图2.3第二列给出的就是频数。

显然，所有频数 n_i 之和为样本总数 n，即

$$\sum_{i=1}^{M} n_i = n \tag{2.1}$$

概率

频数 n_i 除以样本总数 n 的结果叫作概率 p_i，即

$$p_i = \frac{n_i}{n} \tag{2.2}$$

图2.3第四列对应概率。容易知道概率值 p_i 的取值范围为 $[0, 1]$。概率值代表"可能性"。

直方图的纵轴为概率时，直方图也叫归一化直方图。这是因为所有区间概率 p_i 之和为1，即

$$\sum_{i=1}^{M} p_i = \sum_{i=1}^{M} \frac{n_i}{n} = \frac{n_1 + n_2 + \cdots n_M}{n} = 1 \tag{2.3}$$

概率密度

概率 p_i 除以组距 Δ 得到的是**概率密度** (probability density) f_i，有

$$f_i = \frac{p_i}{\Delta} = \frac{n_i}{n\Delta} \tag{2.4}$$

纵轴为概率密度的直方图，所有矩形面积之和为1，即

$$\sum_{i=1}^{M} f_i \Delta = \sum_{i=1}^{M} \frac{p_i}{\Delta} \Delta = \sum_{i=1}^{M} \frac{n_i}{n} = 1 \tag{2.5}$$

⚠️ _____
注意：概率密度不是概率；但是，概率密度本身也反映数据分布的疏密情况。

观察图2.3，我们可以发现频数、概率、概率密度这三个值呈正比关系。不同的是，看频数、概率时，我们关注的是直方图矩形高度；而看概率密度时，我们关注的是矩形面积。

累积

图2.3中第三列和第五列分别为**累积频数** (cumulative frequency) 和**累积概率** (cumulative probability)。累积频数就是将从小到大各区间的频数逐个累加起来，累积频数的最后一个值是样本总数。

类似地，我们可以得到累积概率，累积概率的最后一个值为1。

绘制直方图

图2.4所示为利用seaborn.histplot() 绘制的鸢尾花四个量化特征数据的直方图，纵轴为频数。直方图的形状可以反映数据的分布情况，如对称分布、左偏分布、右偏分布等。直方图可以通过调整箱子的数量和大小来改变分组的细度和粗细，以适应不同的数据特征。直方图也经常与其他统计图表一起使用，如箱线图、散点图、概率密度估计曲线等，以便更深入地理解数据的特征和结构。

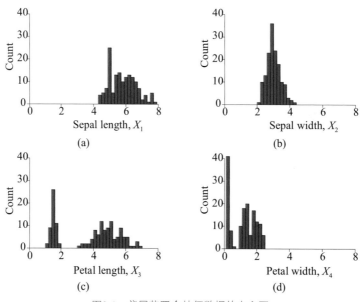

图2.4 鸢尾花四个特征数据的直方图

图2.5所示为同一个坐标系下对比鸢尾花四个特征数据的直方图。图2.5 (a) 中纵轴为频数，图2.5(b) 中纵轴为概率密度。

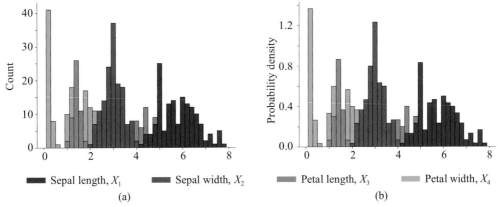

图2.5 直方图，比较频数和概率密度

累积频数、累积概率

图2.6对比四个鸢尾花特征样本数据的累积频数图、累积概率图。如图2.6 (a) 所示，累积频数的最大值为150，即鸢尾花数据集样本个数。如图2.6 (b) 所示，累积概率的最大值为1。

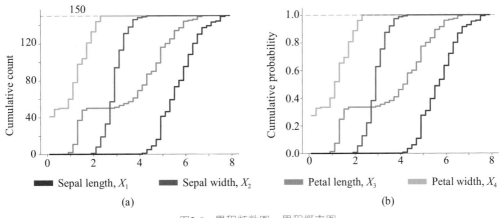

图2.6 累积频数图、累积概率图

多边形图、概率密度估计

多边形图 (polygon) 将直方图矩形顶端中点连接，得到如图2.7 (a) 所示的线图。

核密度估计 (Kernel Density Estimation, KDE) 是对直方图的扩展，如图2.7 (b) 中的曲线是通过核密度估计得到的概率密度函数图像。

⚠

注意：多边形图的纵轴和直方图一样有很多选择，图2.7 (a) 给出的纵轴为概率密度。

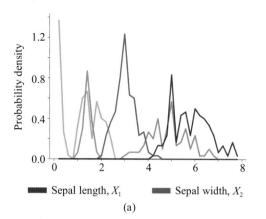
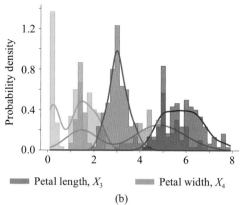

Sepal length, X_1　　Sepal width, X_2　　Petal length, X_3　　Petal width, X_4

(a)　　　　　　　　　　　　　　　(b)

图2.7　比较多边形图和概率密度估计曲线

第9、10章介绍用高斯分布完成概率密度估计，第17章将专题讲解概率密度估计。

概率密度函数描述的是随机变量在某个取值点的概率密度，是描述随机变量分布的基本函数之一。在实际问题中，往往无法直接获得概率密度函数，因此需要通过概率密度估计的方法来估计概率密度函数。概率密度估计可以通过多种方法来实现，如直方图法、参数法、核密度估计法、最大似然估计法等。其中，核密度估计法是最常用的方法之一，它假设数据的概率密度函数是由一些基本的核函数叠加而成的，然后根据数据样本来确定核函数的带宽和数量，最终得到概率密度函数的估计值。

山脊图

山脊图 (ridgeline plot) 是由多个重叠的概率密度线图构成的，这种可视化方案形式上较为紧凑。图2.8所示的山脊图采用JoyPy绘制。

山脊图的基本思想是，将数据沿着y轴方向上的一条带状区间内进行展示，使得数据的分布曲线能够清晰地显示出来，并且不会重叠和遮挡。在山脊图中，每个变量的分布曲线通常用核密度估计法或直方图法进行估计，然后按照一定的顺序进行平移和叠加。

山脊图常用于探索多个变量之间的关系和相互作用，以及发现变量的共同分布特征和异常点。它可以用于可视化各种类型的数据，如时间序列数据、连续变量数据、分类变量数据等。

第20、21章将利用山脊图可视化后验概率连续变化。

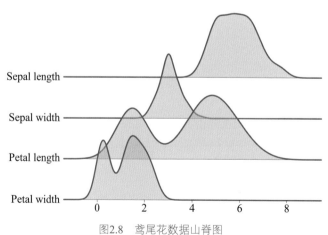

图2.8　鸢尾花数据山脊图

2.3 散点图：两特征数据分布

二维数据最基本的可视化方案是**散点图** (scatter plot)，如图2.9 (a) 所示。散点图常用于展示两个变量之间的关系和相互作用。散点图将每个数据点表示为二维坐标系上的一个点，其中一个变量沿x轴方向表示，另一个变量沿y轴方向表示，每个点的位置反映了两个变量之间的数值关系。

散点图可以用于研究两个变量之间的线性关系、非线性关系或者无关系。如果两个变量之间存在线性关系，那么散点图中的点会形成一条斜率为正或负的回归直线。如果两个变量之间存在非线性关系，那么散点图中的点会形成一条回归曲线或者散布在二维坐标系的不同区域。如果两个变量之间无关系，那么散点图中的点会相对均匀地分布在二维坐标系中。

第24章将介绍线性回归相关内容。此外，《数据有道》一册将专门讲解各种常见回归模型。

散点图常用于探索数据中的异常值、趋势和模式，并且可以发现变量之间的相互作用和关联性。

在散点图的基础上，我们可以拓展得到一系列衍生图像。比如，图2.9 (a) 中，我们可以看到两幅**边缘直方图** (marginal histogram)，它们分别描绘花萼长度和花萼宽度这两个特征的分布状况；图2.9 (b) 增加了简单线性回归图像和边缘KDE概率密度曲线。

边缘概率 (marginal probability) 和**联合概率** (joint probability) 相对应。联合概率针对两个及以上随机变量的分布，边缘概率对应单个随机变量的分布。图2.9中两幅图一方面展示两个随机变量的联合分布，同时展示了每个随机变量的单独分布。大家会在本书后续经常看到类似的可视化方案。

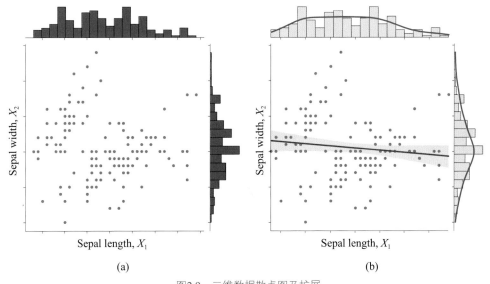

(a)   (b)

图2.9 二维数据散点图及扩展

二维概率密度

我们可以将上一节的直方图和KDE概率密度曲线都拓展到二维数据。图2.10 (a) 所示为二维直方图热图，热图每一个色块的颜色深浅代表该区域样本数据的频数。图2.10 (b)所示为二维KDE概率密度曲面等高线图。

图2.11 (a) 在直方图热图上增加了边缘直方图，图2.11 (b) 在二维联合概率密度曲面等高线图上增加了边缘概率密度曲线。

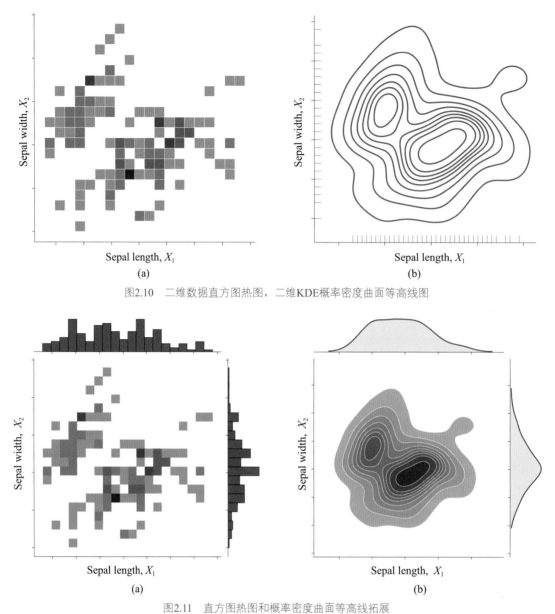

图2.10 二维数据直方图热图，二维KDE概率密度曲面等高线图

图2.11 直方图热图和概率密度曲面等高线拓展

成对特征图

本节介绍的几种二维数据统计分析可视化方案也可以拓展到多维数据。图2.12所示为鸢尾花数据成对特征分析图。鸢尾花书读者对图2.12已经完全不陌生，我们在《数学要素》《矩阵力量》两册中都讲过成对特征分析图。

图2.12这幅图像有 4 × 4个子图，主对角线上的图像为鸢尾花单一特征数据直方图，右上角六幅子图为成对数据散点图，左下角六幅子图为概率密度曲面等高线图。

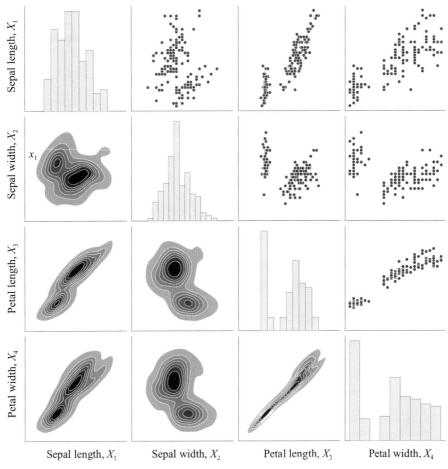

图2.12 鸢尾花数据成对特征分析图

2.4 有标签数据的统计可视化

《矩阵力量》一册中专门区分过**有标签数据** (labeled data) 和**无标签数据** (unlabeled data)，如图2.13所示。

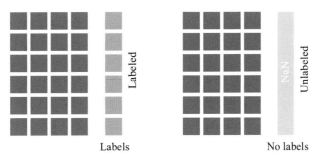

图2.13 根据有无标签分类数据

鸢尾花数据就是典型的有标签数据，有三个标签——**山鸢尾** (setosa)、**变色鸢尾** (versicolor) 和**弗吉尼亚鸢尾** (virginica)。每一行样本点都对应特定鸢尾花分类。

图2.14所示为含有标签分类的直方图。不同类别的鸢尾花数据采用不同颜色的直方图。图2.14的纵轴可以是频数、概率、概率密度。此外，考虑到分类标签，概率、概率密度也可以对应条件概率。举个例子，如果图2.14的纵轴对应"条件"概率密度，则每幅子图中不同颜色的直方图面积均为1。

条件概率中的"条件"听起来很迷惑，实际上大家在生活中经常用到。比如，对于高中二年3班男生的平均身高，"高中二年3班"和"男生"都是条件。不难理解，"条件"实际上就是限定讨论范围。

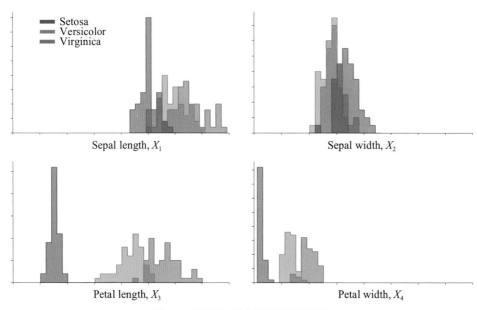

图2.14 直方图 (考虑鸢尾花分类标签)

图2.15所示为考虑分类的山脊图。我们也可以把这种可视化方案应用到二维数据可视化，如图2.16所示。图2.17所示为考虑标签的成对特征图。

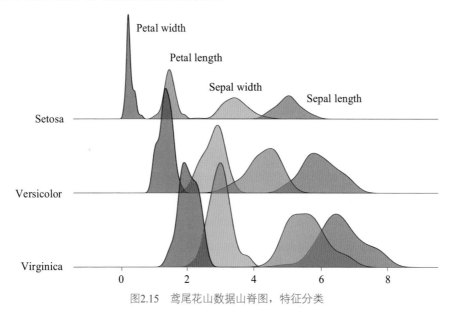

图2.15 鸢尾花山数据山脊图，特征分类

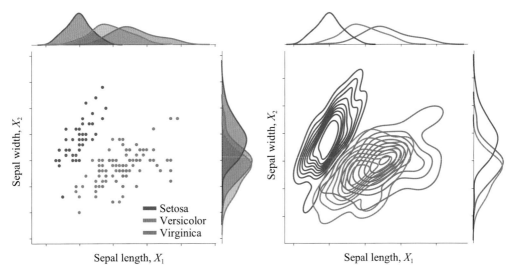

图2.16　二维数据散点图，KDE概率密度曲面等高线图 (考虑鸢尾花分类标签)

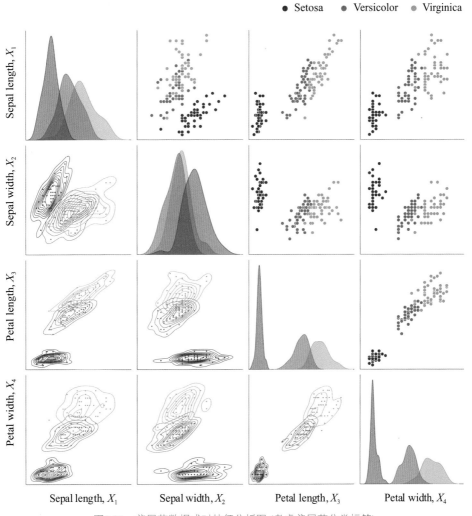

图2.17　鸢尾花数据成对特征分析图 (考虑鸢尾花分类标签)

平行坐标图

平行坐标图 (Parallel Coordinate Plot, PCP) 能够在二维空间中呈现出多维数据。如图2.18所示，在平行坐标图中，每条折线代表一个样本点，图中每条竖线代表一个特征，折线的形状能够反映样本的若干特征。不同折线颜色代表不同分类标签，平行坐标图还可以反映不同特征对分类的影响。

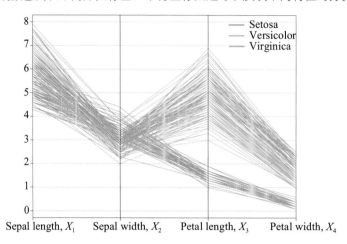

图2.18　鸢尾花数据的平行坐标图

2.5　集中度：均值、质心

本章前文通过图形可视化样本分布，本章后续介绍几种最基本的量化手段，以此描述样本数据。量化样本数据集中度的最基本方法是**算术平均数** (arithmetic mean)，有

$$\mu_X = \mathrm{mean}(X) = \frac{1}{n}\left(\sum_{i=1}^{n} x^{(i)}\right) = \frac{x^{(1)} + x^{(2)} + x^{(3)} + \cdots + x^{(n)}}{n} \tag{2.6}$$

请大家回顾《矩阵力量》一册第22章讲过的均值的几何意义。

如果数据是总体，则算术平均数为**总体平均值** (population mean)。如果数据是样本，则算术平均数为**样本平均值** (sample mean)。

注意：计算均值时，式(2.6)中每个样本的权重相同，都是$1/n$。本书后续大家会发现，对于离散型随机变量，权重由概率质量函数决定。

以鸢尾花数据集为例

鸢尾花四个量化特征，即花萼长度 (sepal length) X_1、花萼宽度 (sepal width) X_2、花瓣长度 (petal length) X_3和花瓣宽度 (petal width) X_4的均值分别为

$$\mu_1 = 5.843, \quad \mu_2 = 3.057, \quad \mu_3 = 3.758, \quad \mu_4 = 1.199 \tag{2.7}$$

图2.19所示为鸢尾花数据集四个特征均值在直方图中的位置。

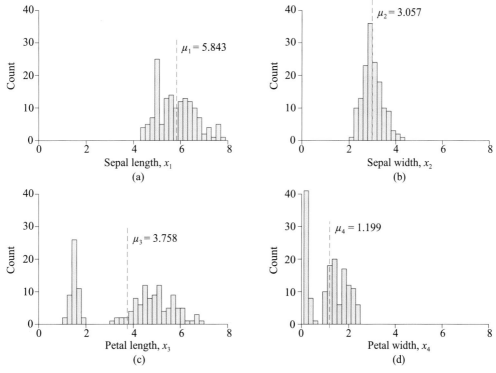

图2.19　鸢尾花四个特征数据均值在直方图中的位置

质心

当然，我们也可以把均值位置标注在散点图上。如图2.20所示，花萼长度、花萼宽度的均值相交于一点 ×，这一点常被称作数据的**质心** (centroid)。也就是说，有些场合下，我们可以用质心这一个点代表一组样本数据。

比如，鸢尾花数据矩阵$\boldsymbol{X}$质心为

$$\mathrm{E}\left(\boldsymbol{X}\right)=\boldsymbol{\mu_X}^{\mathrm{T}}=\left[\underset{\text{Sepal length, } x_1}{5.843}\quad\underset{\text{Sepal width, } x_2}{3.057}\quad\underset{\text{Petal length, } x_3}{3.758}\quad\underset{\text{Petal width, } x_4}{1.199}\right] \tag{2.8}$$

本书中，$\mathrm{E}(\boldsymbol{X})$ 一般为行向量，而$\boldsymbol{\mu}$一般为列向量。此外，本书一般不从符号上区别样本均值和总体均值 (期望值)，除非特别说明。

考虑分类标签

分别计算得到鸢尾花不同分类标签 (setosa、versicolor、virginica) 花萼长度、花萼宽度的平均值为

$$\begin{aligned}
\mu_{1\_\text{setosa}} &= 5.006, \quad \mu_{2\_\text{setosa}} = 3.428 \\
\mu_{1\_\text{versicolor}} &= 5.936, \quad \mu_{2\_\text{versicolor}} = 2.770 \\
\mu_{1\_\text{virginica}} &= 6.588, \quad \mu_{2\_\text{virginica}} = 2.974
\end{aligned} \tag{2.9}$$

图2.21所示为不同分类标签的鸢尾花样本散点，以及各自的**簇质心** (cluster centroid)。

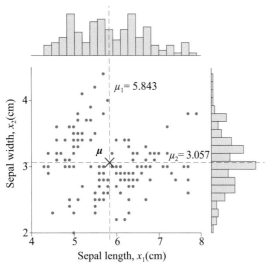

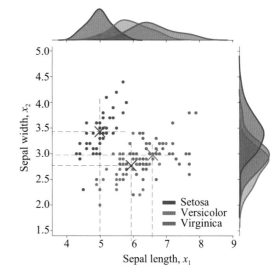

图2.20 均值在散点图的位置　　　　　　　　　图2.21 均值在散点图的位置 (考虑类别标签)

中位数、众数、几何平均数

本书后续将在贝叶斯推断中进一步比较均值、中位数。

　　中位数 (median) 又称中值，指的是按顺序排列的一组样本数据中居于中间位置的数。如果样本数量为奇数，从小到大排列居中的样本就是中位数；如果样本有偶数个，通常取最中间的两个数值的平均数作为中位数。

　　众数 (mode) 是一组数中出现最频繁的数值。众数通常用于描述离散型数据，因为这些数据中每个值只能出现整数次，而众数是出现次数最多的值。对于连续型数据，如身高、体重，由于每个数值只有极小的概率出现，因此通常不会存在一个数值出现次数最多的情况，此时可以使用**区间众数** (interval mode) 来描述数据的分布形态。

　　众数的计算相对简单，只需要统计每个数值出现的次数，然后找到出现次数最多的数值即可。众数的缺点是可能存在多个众数或者无众数的情况，而且当特定极端值出现频率较高时众数受极端值的影响较大。

　　几何平均数 (geometric mean) 的定义为

注意：几何平均数只适用于正数。

$$\left(\prod_{i=1}^{n} x^{(i)} \right)^{\frac{1}{n}} = \sqrt[n]{x^{(1)} \cdot x^{(2)} \cdot x^{(3)} \cdots x^{(n)}} \tag{2.10}$$

2.6 分散度：极差、方差、标准差

本节介绍度量分散度的常见统计量。

极差

极差 (range) 又称全距，是指样本最大值与最小值之间的差距，即

$$\text{range}(X) = \max(X) - \min(X) \tag{2.11}$$

极差是度量分散度最简单的指标。图2.22所示为最大值、最小值、极差、均值之间的关系。注意，极差很容易受到离群值影响。

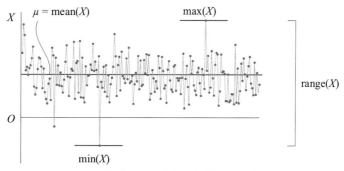

图2.22　最大值、最小值、极差、均值的关系

方差

方差 (variance) 衡量随机变量或样本数据的离散程度。方差越大，数据的分布就越分散；方差越小，数据的分布就越集中。样本的方差为

$$\text{var}(X) = \sigma_X^2 = \frac{1}{n-1}\sum_{i=1}^{n}\left(x^{(i)} - \mu_X\right)^2 \tag{2.12}$$

简单来说，方差是各观察值与数据集平均值之差的平方的平均值。
方差的单位是样本单位的平方，如鸢尾花数据方差单位为cm²。

 请大家注意：本书中样本方差、总体方差符号上完全一致，不做特别区分。

 此外，请大家回顾《矩阵力量》一册第22章介绍的方差的几何意义。

标准差

样本的**标准差** (standard deviation) 为样本方差的平方根，即

$$\sigma_X = \text{std}(X) = \sqrt{\text{var}(X)} = \sqrt{\frac{1}{n-1}\sum_{i=1}^{n}\left(x^{(i)} - \mu_X\right)^2} \tag{2.13}$$

同样，标准差越大，数据的分布就越分散；标准差越小，数据的分布就越集中。鸢尾花样本数据四个量化特征的标准差分别为

$$\sigma_1 = 0.825, \quad \sigma_2 = 0.434, \quad \sigma_3 = 1.759, \quad \sigma_4 = 0.759 \tag{2.14}$$

注意：标准差和原始数据单位一致。比如，鸢尾花四个特征的量化数据单位均为厘米 (cm)。

在图2.23上，我们把$\mu \pm \sigma$、$\mu \pm 2\sigma$对应的位置也画在直方图上。

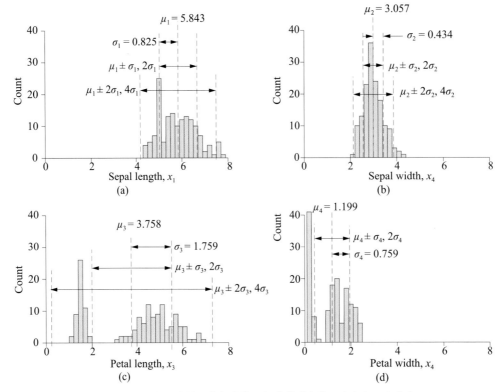

图2.23 鸢尾花四个特征数据均值、标准差所在位置在直方图中的位置

其实，大家在生活中经常用到"均值"和"标准差"这两个概念，只不过大家没有注意到而已。举个例子，想要提高考试成绩，大家平时练习时会尽量提高平均分，并减少各种影响因素让自己发挥稳定。这就是在增大均值，减小标准差 (波动)。

68-95-99.7法则与$\mu \pm \sigma$、$\mu \pm 2\sigma$、$\mu \pm 3\sigma$有关，第9章将介绍68-95-99.7法则。

再举个例子，一个教练在选择哪个选手上场的时候，也会看"均值"和"标准差"。"均值"代表一个选手的绝对实力，"标准差"则代表选手成绩的波动幅度。

教练求稳的时候，会派出均值相对高、标准差 (波动) 小的选手。在大比分落后情况下，教练可能会派出临场发挥型选手。发挥型选手成绩均值可能不是最高，但是有机会"冲一冲"。

2.7 分位：四分位、百分位等

分位数 (quantile)，亦称分位点，是指将一个随机变量的概率分布范围分为几个等份的数值点。常用的分位数有**二分位点** (2-quantile, median)、**四分位点** (4-quantiles, quartiles)、**五分位点** (5-quantiles, quintiles)、**八分位点** (8-quantiles, octiles)、**十分位点** (10-quantiles, deciles)、**二十分位点** (20-quantiles, vigintiles)、**百分位点** (100-quantiles, percentile) 等。

实践中，四分位和百分位最为常用。以百分位为例，把一组从小到大排列的样本数据分为100等份后，每一个分点就是一个百分位数。

同理，将所有样本数据从小到大排列，四分位数对应三个分割位置 (25%、50%、75%)。这三个分割位置将样本平分为四等份，50%分位对应中位数。图2.24所示为将鸢尾花不同特征的四分位画在直方图上。

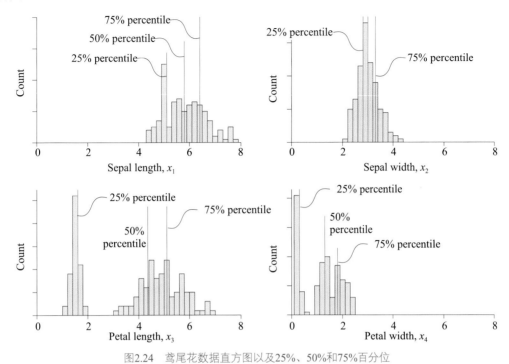

图2.24　鸢尾花数据直方图以及25%、50%和75%百分位

图2.25所示为鸢尾花四个特征数据1%、50%、99%三个百分位位置，1%、99%可以用于描述样本分布的"左尾""右尾"。

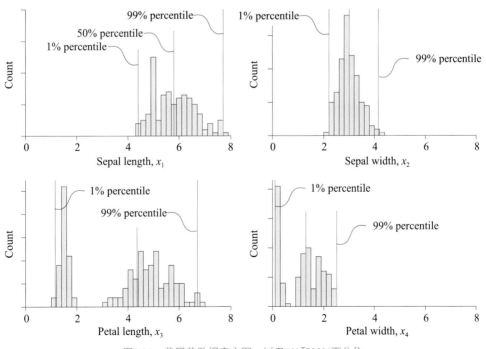

图2.25　鸢尾花数据直方图，以及1%和99%百分位

对于Pandas数据帧df，df.describe() 默认输出数据的样本总数、均值、标准差、最小值、25%分位、50%分位 (中位数)、75%分位。图2.26所示为鸢尾花数据帧的总结，其中还给出了1%百分位、99%分位。

	sepal_length	sepal_width	petal_length	petal_width
count	150.000000	150.000000	150.000000	150.000000
mean	5.843333	3.057333	3.758000	1.199333
std	0.828066	0.435866	1.765298	0.762238
min	4.300000	2.000000	1.000000	0.100000
1%	4.400000	2.200000	1.149000	0.100000
25%	5.100000	2.800000	1.600000	0.300000
50%	5.800000	3.000000	4.350000	1.300000
75%	6.400000	3.300000	5.100000	1.800000
99%	7.700000	4.151000	6.700000	2.500000
max	7.900000	4.400000	6.900000	2.500000

图2.26　鸢尾花数据帧统计总结

2.8 箱型图：小提琴图、分布散点图

图2.27所示为**箱型图** (box plot) 原理。箱型图利用第一 (25%, Q_1)、第二 (50%, Q_2) 和第三 (75%, Q_3) 四分位数展示数据分散情况。Q_1也叫下四分位，Q_2也叫中位数，Q_3也叫上四分位。

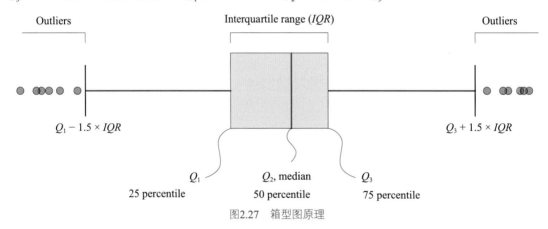

图2.27　箱型图原理

箱型图的**四分位间距** (interquartile range) 定义为

$$IQR = Q_3 - Q_1 \tag{2.15}$$

箱型图也常用于分析样本中可能存在的离群点，如图2.27中两侧的红点。$Q_3 + 1.5 \times IQR$叫作上界 (右须)，$Q_1 - 1.5 \times IQR$叫作下界 (左须)。而在 $[Q_1 - 1.5 \times IQR, Q_3 + 1.5 \times IQR]$ 之外的样本数据则被视作离群点。鸢尾花书《编程不难》介绍过，Seaborn绘制的箱型图左须距离Q_1、右须距离Q_3宽度并不相同。根据Seaborn的技术文档，左须、右须延伸至该范围 $[Q_1 - 1.5 \times IQR, Q_3 + 1.5 \times IQR]$ 内最远的样本点。

数据分析中，四分位间距IQR也常常用于度量样本数据的分散程度。相比标准差，四分位间距IQR不受厚尾影响，受离群值影响小得多。

图2.28所示为鸢尾花数据四个特征上的箱型图。

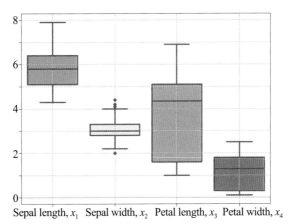

图2.28　鸢尾花数据箱型图

箱型图的变体

箱型图还有很多的"变体"。比如图2.29所示的小提琴图和图2.30所示的分布散点图。图2.31所示为箱型图叠加分布散点图。图2.32所示为考虑标签的箱型图。

箱型图的优点是简单易懂,可以同时展示数据的中心趋势、离散程度和离群值等信息。因此,箱型图经常被用于比较多组数据的分布情况或者发现异常值。

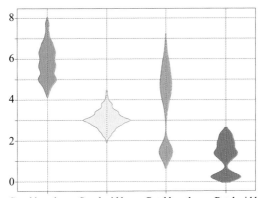

图2.29　鸢尾花数据小提琴图

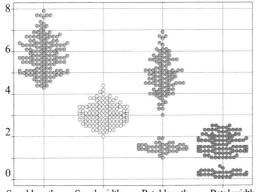

图2.30　分布散点图 (stripplot)

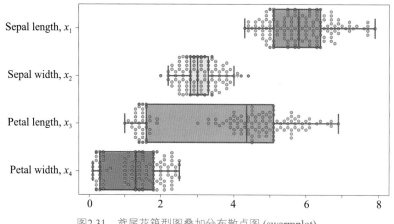
图2.31 鸢尾花箱型图叠加分布散点图 (swarmplot)

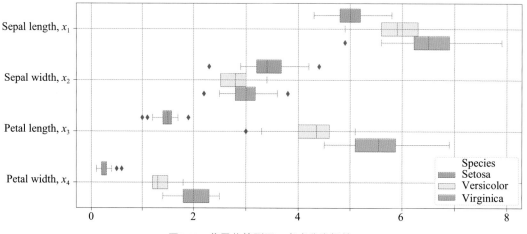
图2.32 鸢尾花箱型图，考虑分类标签

2.9 中心距：均值、方差、偏度、峰度

统计学中的**矩** (moment)，又称为**中心矩** (central moment)，是对变量分布和形态特点进行度量的一组量，其概念借鉴物理学中的"矩"。在物理学中，矩是描述物理性状特点的物理量。

零阶矩表示随机变量的总概率，也就是1。具体而言，常用的中心矩为一阶矩至四阶矩，分别表示数据分布的位置、分散度、偏斜程度和峰度程度，如图2.33所示。

图2.33 期望 (一阶矩)、方差 (二阶矩)、偏度 (三阶矩)、峰度 (四阶矩)

一阶矩、二阶矩

一阶矩为均值，即**期望** (expectation)，用于描述分布中心位置，如图2.33 (a) 所示。前文提过，均值的量纲 (单位) 与原始数据相同。

二阶矩为**方差** (variance)，描述分布分散情况，如图2.33 (b) 所示。方差的量纲为原始数据量纲的平方。一元高斯分布的参数仅为均值和方差。

均值和方差都相同也不能说明分布相同。换个角度，真实的样本数据分布不可能仅仅用均值和方差来刻画，有时还需要偏度 (三阶矩) 和峰度 (四阶矩)。

> ⚠
>
> 注意：量纲和单位虽然混用，但是两者还是有区别。从量纲的角度来看，m、cm、mm都是长度度量单位，含义相同。但是，m、cm、mm 的单位不同，它们之间存在一定的换算关系。

三阶矩

三阶矩为**偏度** (skewness) S。如图2.33 (c) 所示，偏度用于描述分布的左右倾斜程度。

$$S = \text{skewness} = \frac{\frac{1}{n}\sum_{i=1}^{n}\left(x^{(i)} - \mu_X\right)^3}{\left(\frac{1}{n}\sum_{i=1}^{n}\left(x^{(i)} - \mu_X\right)^2\right)^{\frac{3}{2}}} \tag{2.16}$$

与期望和标准差不同，偏度没有单位，是无量纲量。偏度的绝对值越大，表明样本数据分布的偏斜程度越大。

对于完全对称的单峰分布，平均数、中位数、众数处在同一位置，如图2.34 (a) 所示。这种分布的偏度为零。如果样本数服从一元高斯分布，则偏度为0，即均值 = 中位数 = 众数。

正偏 (positive skew, positively skewed)，又称**右偏** (right-skewed, right-tailed, skewed to the right)。如图2.34 (b) 所示，正偏分布的右侧尾部更长，分布的主体集中在图像的左侧。正偏 (右偏) 时，均值 > 中位数 > 众数。

大家可以这样理解平均数、中位数、众数这三个数值的关系。如果在样本中引入少数几个特别大的离群值，则均值肯定增大 (向右移动)，中位数略微受到影响 (样本数量增加)，但是众数 (出现次数最多) 不变。

负偏 (negative skew, negatively skewed)，又称**左偏** (left-skewed, left-tailed, skewed to the left)，如图 2.34 (c) 所示，特点是分布的左侧尾部更长，分布的主体集中在右侧。负偏 (左偏) 时，众数 > 中位数 > 均值。

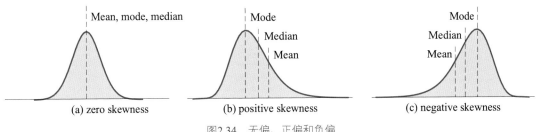

图2.34　无偏、正偏和负偏

> ⚠
>
> 值得注意的是，偏度为零不一定意味着分布对称。如图2.35所示，这个离散分布的偏度计算出来为0，但是很明显，这个分布不对称。

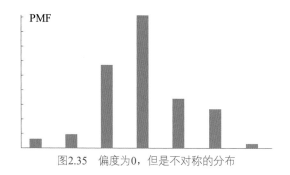

图2.35　偏度为0，但是不对称的分布

四阶矩

四阶矩表示**峰度** (kurtosis) K。如图2.33 (d) 所示，峰度描述分布与正态分布相比的陡峭或扁平程度，有

$$K = \text{kurtosis} = \frac{\frac{1}{n}\sum_{i=1}^{n}\left(x^{(i)} - \mu_X\right)^4}{\left(\frac{1}{n}\sum_{i=1}^{n}\left(x^{(i)} - \mu_X\right)^2\right)^2} \tag{2.17}$$

与偏度一样，峰度也没有单位，是无量纲量。

⚠️
注意：用式(2.17) 计算的话，正态分布的峰度为3。

图2.36所示为两种峰态：**高峰态** (leptokurtic)、**低峰态** (platykurtic)。高峰度的峰度值大于3。如图2.36 (a) 所示，与正态分布相比，高峰态分布有明显的尖峰，两侧尾端有**肥尾** (fat tail)。

图2.36 (b) 所示为低峰态。相比正态分布而言，低峰态明显稍扁。

(a) leptokurtic, kurtosis＞3　　　　　　　　(b) platykurtic, kurtosis＜3

图2.36　高峰态和低峰态

实践中，一般采用**超值峰度** (excess kurtosis)，即式 (2.17) 减去3，即

$$\text{Excess kurtosis} = \frac{\frac{1}{n}\sum_{i=1}^{n}\left(x^{(i)} - \mu_X\right)^4}{\left(\frac{1}{n}\sum_{i=1}^{n}\left(x^{(i)} - \mu_X\right)^2\right)^2} - 3 \tag{2.18}$$

"减去3"是为了让正态分布的峰度为0，方便其他分布与正态分布进行比较。

表2.1总结了鸢尾花数据的四阶矩。在花萼长度、花萼宽度上，样本数据都存在正偏。花萼长度分布存在低峰态，花萼宽度上出现高峰态。

对比表2.1中样本数据分布和四阶矩的具体值，不难发现即便使用四阶矩也未必能够准确描述真实分布。比如，在花瓣长度、花瓣宽度上，样本数据分布存在明显的双峰态。

表2.1 鸢尾花四阶矩

	花萼长度	花萼宽度	花瓣长度	花瓣宽度
均值 (cm)	5.843	3.057	3.758	1.199
标准差 (cm)	0.825	0.434	1.759	0.759
偏度	0.314	0.318	−0.274	−0.102
超值峰度	−0.552	0.228	−1.402	−1.340

2.10 多元随机变量关系：协方差矩阵、相关性系数矩阵

协方差 (covariance) 是用于度量两个变量之间的线性关系强度和方向的统计量。当两个变量的协方差为正时，说明它们的变化趋势同向，即当一个变量增加时，另一个变量也倾向于增加；当协方差为负时，说明它们的变化趋势是相反的，即当一个变量增加时，另一个变量倾向于减少。协方差为0，则表明两个变量之间没有线性关系。

鸢尾花书《数学要素》一册第21章曾图解协方差，建议大家进行回顾。

对于样本数据，随机变量X和Y的协方差为

$$\text{cov}(X,Y) = \frac{1}{n-1}\sum_{i=1}^{n}\left(x^{(i)} - \mu_X\right)\left(y^{(i)} - \mu_Y\right) \tag{2.19}$$

线性相关性系数 (linear correlation coefficient)，也叫**皮尔逊相关系数 (Pearson correlation coefficient)**，是一种用于度量两个变量之间线性相关程度的统计量。它的取值范围为-1~1，数值越接近-1或1，表示两个变量之间的线性关系越强；数值接近0，则表示两个变量之间没有线性关系。

对于样本数据，随机变量X和Y的线性相关性系数为

$$\rho_{X,Y} = \frac{\text{cov}(X,Y)}{\sigma_X \sigma_Y} \tag{2.20}$$

"鸢尾花书"读者对**协方差矩阵 (covariance matrix)**、**相关性系数矩阵 (correlation matrix)** 应该非常熟悉。协方差矩阵和相关性系数矩阵都是描述多维随机变量之间关系的矩阵。

建议大家回顾《矩阵力量》一册中的Cholesky分解和特征值分解协方差矩阵会产生怎样的结果。此外，也请大家回顾协方差矩阵和格拉姆矩阵的关系。

以鸢尾花四个特征为例，它的协方差矩阵为4 × 4矩阵，有

$$\Sigma = \begin{bmatrix} \text{cov}(X_1,X_1) & \text{cov}(X_1,X_2) & \text{cov}(X_1,X_3) & \text{cov}(X_1,X_4) \\ \text{cov}(X_2,X_1) & \text{cov}(X_2,X_2) & \text{cov}(X_2,X_3) & \text{cov}(X_2,X_4) \\ \text{cov}(X_3,X_1) & \text{cov}(X_3,X_2) & \text{cov}(X_3,X_3) & \text{cov}(X_3,X_4) \\ \text{cov}(X_4,X_1) & \text{cov}(X_4,X_2) & \text{cov}(X_4,X_3) & \text{cov}(X_4,X_4) \end{bmatrix} \tag{2.21}$$

其相关性系数矩阵为4 × 4矩阵，有

$$P = \begin{bmatrix} 1 & \rho_{1,2} & \rho_{1,3} & \rho_{1,4} \\ \rho_{2,1} & 1 & \rho_{2,3} & \rho_{2,4} \\ \rho_{3,1} & \rho_{3,2} & 1 & \rho_{3,4} \\ \rho_{4,1} & \rho_{4,2} & \rho_{4,3} & 1 \end{bmatrix} \tag{2.22}$$

第13章将专门讲解协方差矩阵。

图2.37所示为协方差矩阵和相关性系数矩阵热图。

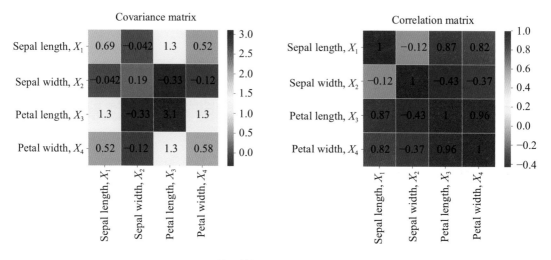

图2.37 协方差矩阵、相关性系数矩阵热图

代码文件Bk5_Ch02_01.py绘制本章几乎所有图像。

　　描述、推断是统计的两个重要板块。本章介绍了常见的统计描述工具。统计分析中，可视化和量化分析都很重要。本章介绍的重要的统计可视化工具有直方图、散点图、箱型图、热图等。此外，也需要大家熟练掌握样本数据的均值、方差、标准差、协方差、协方差矩阵、相关性系数矩阵等知识。
　　统计描述、统计推断之间的桥梁正是概率。从下一章开始，我们正式进入概率板块的学习。

Section 02

概　　率

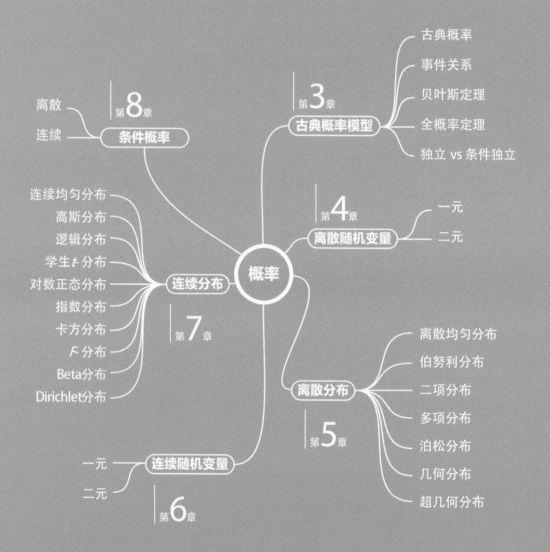

离散
连续
第8章
条件概率

古典概率
事件关系
贝叶斯定理
全概率定理
独立 vs 条件独立
第3章
古典概率模型

连续均匀分布
高斯分布
逻辑分布
学生t分布
对数正态分布
指数分布
卡方分布
F分布
Beta分布
Dirichlet分布
连续分布
第7章

概率

第4章
离散随机变量
一元
二元

离散均匀分布
伯努利分布
二项分布
多项分布
泊松分布
几何分布
超几何分布
离散分布
第5章

一元
二元
连续随机变量
第6章

学习地图 第2板块

Classical Probability
古典概率模型
归根结底，概率就是量化的生活常识

真是耐人寻味，一门以赌博为起点的学科本应该是人类知识体系中最重要研究对象。

It is remarkable that a science which began with the consideration of games of chance should have become the most important object of human knowledge.

—— 皮埃尔-西蒙·拉普拉斯 (Pierre-Simon Laplace) | 法国著名天文学家和数学家 | 1749—1827年

◄ numpy.array() 构造一维序列，严格来说不是行向量
◄ numpy.cumsum() 计算累计求和
◄ numpy.linspace() 在指定的间隔内，返回固定步长的数据
◄ numpy.random.gauss() 产生服从正态分布的随机数
◄ numpy.random.randint() 产生随机整数
◄ numpy.random.seed() 确定随机数种子
◄ numpy.random.shuffle() 将序列的所有元素重新随机排序
◄ numpy.random.uniform() 产生服从均匀分布的随机数

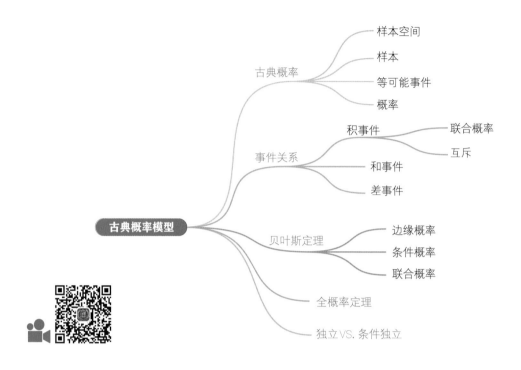

3.1 无处不在的概率

自然界的随机无处不在，没有两朵完全一样的鸢尾花，没有两片完全一样的雪花，也没有两条完全一样的人生轨迹。鸢尾花书《数学要素》一册中曾提过，在微观、少量、短期尺度上，我们看到的更多的是不确定、不可预测、随机；但是，站在宏观、大量、更长的时间尺度上，我们可以发现确定、模式、规律。

而概率则试图量化随机事件发生的可能性。概率的研究和应用深刻影响着人类科学发展进程，本节介绍孟德尔和道尔顿两个例子。

孟德尔的豌豆试验

孟德尔 (Gregor Mendel, 1822—1884年) 之前，生物遗传机制主要是基于猜测，而不是试验。

在修道院蔬菜园里，孟德尔对不同豌豆品种进行了大量异花授粉试验。比如，孟德尔把纯种圆粒豌豆 ○ 和纯种皱粒豌豆 ✿ 杂交，他发现培育得到的子代豌豆都是圆粒 ○，如图3.1所示。

实际情况是，决定皱粒 ✿ 的基因没有被呈现出来，因为决定皱粒 ✿ 的基因相对于圆粒 ○ 基因来讲是隐性。

如图3.1所示，当第一代杂交圆粒豌豆 ○ 自花传粉或者彼此交叉传粉后，它们的后代籽粒显示出3:1的固定比例，即3/4的圆粒 ○ 和1/4的皱粒 ✿。

从精确的3:1的比例来看,孟德尔不仅仅推断出基因中离散遗传单位的存在,而且意识到这些离散的遗传单位在豌豆中成对出现,并且在形成配子的过程中分离。3:1比例背后的数学原理就是本章要介绍的古典概率模型。

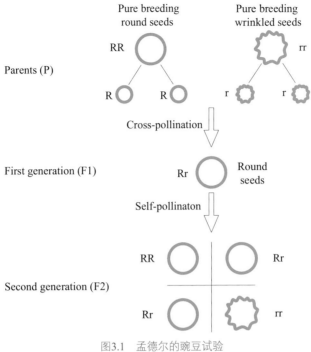

图3.1 孟德尔的豌豆试验

道尔顿发现红绿色盲

18世纪英国著名的化学家**道尔顿** (John Dalton, 1766—1844年) 偶然发现红绿色盲。道尔顿给母亲选了一双"棕灰色"的袜子作为圣诞礼物。但是,母亲对袜子的颜色不是很满意,她觉得"樱桃红"过于艳丽。

道尔顿十分疑惑,他问了家里的亲戚,发现只有弟弟和自己认为袜子是"棕灰色"。道尔顿意识到红绿色盲必然通过某种方式遗传。

现代人已经研究清楚,红绿色盲的遗传方式是X连锁隐性遗传。男性 ♂ 仅有一条X染色体,因此只需一个色盲基因就表现出色盲。

女性 ♀ 有两条X染色体,因此须有一对色盲等位基因,才会表现出异常。而只有一个致病基因的女性 ♀ 只是红绿色盲基因的携带者,个体表现正常。

下面,我们从概率的角度分几种情况来思考红绿色盲的遗传规律。

情况A

如图3.2所示,一个女性 ♀ 红绿色盲患者和一个正常男性 ♂ 生育。后代中,儿子 ♂ 都是红绿色盲;女儿 ♀ 虽表现正常,但从母亲 ♀ 获得一个红绿色盲基因,因此女儿 ♀ 都是红绿色盲基因的携带者。

不考虑性别的话,后代中发病可能性为50%。这个可能性就是**概率** (probability)。它与生男、生女的概率一致。

给定后代为男性 ♂,则发病比例为100%。给定后代为女性 ♀,则发病比例为0%,但是携带红绿色盲基因的比例为100%。反过来,给定后代发病这个条件,可以判定后代100%为男性 ♂。这就是本章后文要介绍的**条件概率** (conditional probability)。

条件概率的概念在概率论和统计学中非常重要，它允许我们在一些已知信息的情况下对事件的发生概率进行更精确的估计和预测。例如，在医学诊断中，医生可以根据病人的症状和体征，计算出某种疾病在不同条件下的发病率，从而帮助医生判断病人是否患有这种疾病。

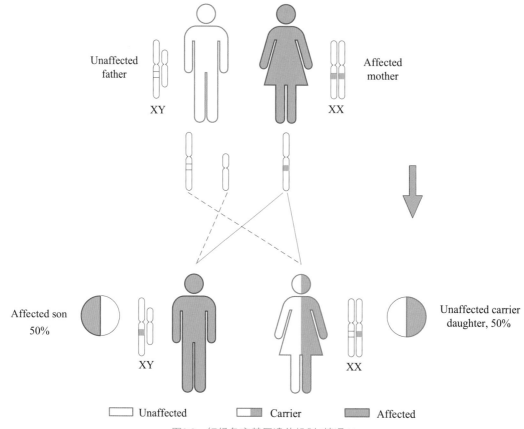

图3.2　红绿色盲基因遗传机制 (情况A)

情况B

如图3.3所示，一个女性♀红绿色盲基因携带者和一个正常男性♂生育。后代中，整体考虑，后代患病的概率为25%。

其中，儿子♂中，50%概率为正常，50%概率为红绿色盲。女儿都不是色盲，但有50%概率为色盲基因的携带者。这些数值也都是条件概率。

情况C

如图3.4所示，一个女性♀红绿色盲基因的携带者和一个男性♂红绿色盲患者生育。整体考虑来看，如果不分男女，则后代发病的概率为50%。

其中，儿子♂有50%概率正常，50%概率为红绿色盲；女儿♀有50%概率为红绿色盲，50%概率是色盲基因的携带者。

换一个条件，如果已知后代为红绿色盲患者，则后代有50%概率为男性♂，50%概率为女性♀。

除了以上三种情况，请大家思考还有哪些组合情况并计算后代患病概率。

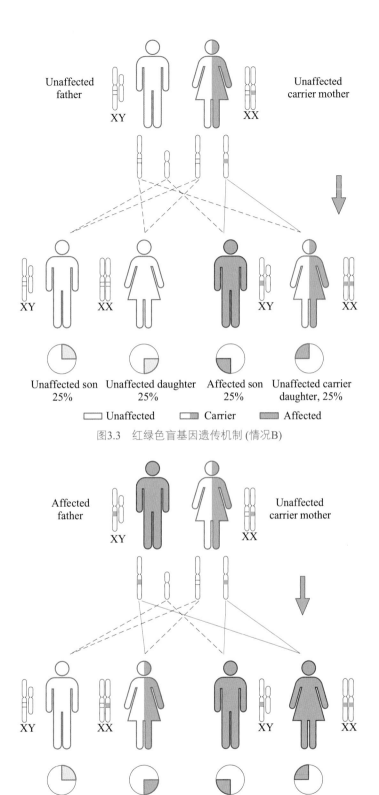

图3.3 红绿色盲基因遗传机制 (情况B)

Unaffected father
XY

Unaffected carrier mother
XX

XY

XX

XY

XX

Unaffected son 25%

Unaffected daughter 25%

Affected son 25%

Unaffected carrier daughter, 25%

☐ Unaffected   ☐ Carrier   ☐ Affected

Affected father
XY

Unaffected carrier mother
XX

XY

XX

XY

XX

Unaffected son 25%

Unaffected carrier daughter, 25%

Affected son 25%

Affected daughter 25%

☐ Unaffected   ☐ Carrier   ☐ Affected

图3.4 红绿色盲基因遗传机制 (情况C)

建议大家学完本章所有内容之后，回过头来再仔细琢磨孟德尔和道尔顿这两个例子。

3.2 古典概率：离散均匀概率律

概率模型是对不确定现象的数学描述。本章的核心是古典概型。古典概型，也叫**等概率模型** (equiprobability)，是最经典的一种概率模型。古典模型中基本事件为有限个，并且每个基本事件为等可能。古典概型广泛应用集合运算，本节一边讲解概率论，一边回顾集合运算。

《数学要素》一册第4章介绍过集合相关概念，建议大家回顾。

给定一个随机试验，所有的结果构成的集合为**样本空间** (sample space) Ω。样本空间 Ω 中的每一个元素为一个**样本** (sample)。不同的随机试验有各自的样本空间。样本空间作为集合，也可以划分成不同**子集** (subset)。

概率

整个样本空间 Ω 的概率为1，即

$$\Pr(\Omega) = 1 \qquad \Omega \qquad (3.1)$$

注意：本书表达概率的符号Pr为正体。再次请大家注意，不同试验的样本空间 Ω 不同。

样本空间概率为1，从这个视角来看，本书后续内容似乎都围绕着如何将1"切片、切块"或"切丝、切条"。

给定样本空间 Ω 的一个**事件** (event) A，$\Pr(A)$ 为**事件A发生的概率** (the probability of event A occurring或probability of A)。$\Pr(A)$ 满足

$$\Pr\left(\overset{\text{Event}}{A}\right) \geq 0 \qquad \overset{A}{\Omega} \qquad (3.2)$$
$$\text{Probability}$$

大家看到任何概率值时一定要问一句，**它的样本空间是什么？**

空集 $\varnothing$ 不包含任何样本点，也称作**不可能事件** (impossible event)，因此对应的概率为0，即

$$\Pr(\varnothing) = 0 \qquad (3.3)$$

等可能

设样本空间 Ω 由 n 个**等可能事件** (equally likely events或events with equal probability) 构成，事件A的概率为

$$\Pr(A) = \frac{n_A}{n} \qquad \text{||||||} \qquad (3.4)$$

其中：n_A为含于事件A的试验结果数量。请大家格外注意，古典概型中，概率为1的事件等价必然事件。

等可能事件是指在某一试验中，每个可能结果发生的概率相等的事件。简单来说，就是等可能事件每个结果发生的可能性是一样的。例如，对于一枚硬币的抛掷，假设正面和反面的出现概率足相等的，因此正面出现和反面出现是等可能事件。同样地，掷一个六面骰子，假设每个面出现的概率都是相等的，因此每个面的出现也是等可能事件。

以鸢尾花数据为例

举个例子，从150 (n) 个鸢尾花数据中取一个样本点，任何一个样本被取到的概率为1/150 (1/n)。

再举个例子，鸢尾花数据集的150个样本均分为三类——setosa (C_1)、versicolor (C_2)、virginica (C_3)。如图3.5所示，从150个样本中取出任一样本，样本标签为C_1、C_2、C_3对应的概率相同，都是

$$\Pr(C_1) = \Pr(C_2) = \Pr(C_3) = \frac{50}{150} = \frac{1}{3} \tag{3.5}$$

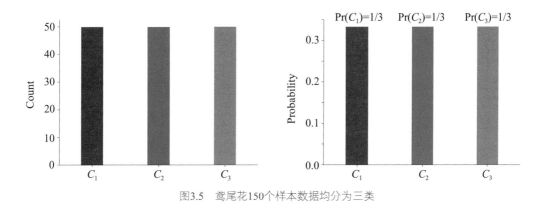

图3.5　鸢尾花150个样本数据均分为三类

抛一枚硬币

抛一枚硬币，1代表正面，0代表反面。抛一枚硬币可能结果的样本空间为

$$\Omega = \{0,1\} \tag{3.6}$$

假设硬币质地均匀，获得正面和反面的概率相同，均为1/2，即

$$\Pr(0) = \Pr(1) = \frac{1}{2} \tag{3.7}$$

把 {0, 1} 标记在数轴上，用火柴梗图可视化上述概率值，我们便得到图3.6。

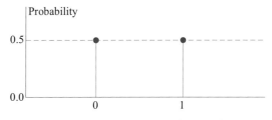

图3.6　抛一枚硬币结果和对应的理论概率值

图3.7所示为反复抛一枚硬币，正面 (1)、反面 (0) 平均值随试验次数的变化。可以发现，平均结果不断靠近1/2，也就是说正反面出现的概率几乎相同。

从另外一个角度，式(3.7) 给出的是用古典概率模型 (等可能事件和枚举法) 得出的**理论概率** (theoretical probability)，也称为公式概率或数学概率，是一种基于理论推导的概率计算方法。它一般基于假设所有可能的结果是等可能的，并使用数学公式计算概率。

而图3.7是采用试验得到的统计结果，印证了概率模型结果。根据大量的、重复的统计试验结果计算随机事件中各种可能发生结果的概率，称为**试验概率** (experimental probability)。试验概率是一种基于实际试验的概率计算方法。它通过多次重复试验来统计某个事件发生的频率，然后将频率作为概率的估计值。

第15章介绍如何完成蒙特卡罗模拟 (Monte Carlo simulation)。

理论概率可以作为试验概率的基础，即在假设所有可能结果是等可能的情况下，理论概率可以预测事件发生的概率，而试验概率则可以验证这一预测是否准确。

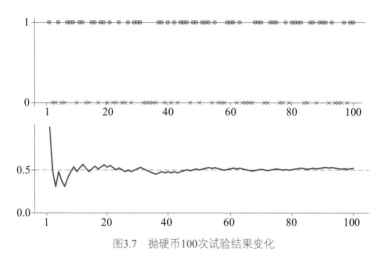

图3.7　抛硬币100次试验结果变化

掷骰子

如图3.8所示，掷一枚骰子试验可能结果的样本空间为

$$\Omega = \{1, 2, 3, 4, 5, 6\} \tag{3.8}$$

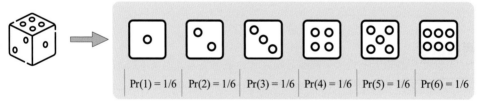

图3.8　投骰子试验

试验中，假设获得每一种点数的可能性相同。掷一枚骰子共六种结果，每种结果对应的概率为

$$\Pr(1) = \Pr(2) = \Pr(3) = \Pr(4) = \Pr(5) = \Pr(6) = \frac{1}{6} \tag{3.9}$$

同样用火柴梗图把上述结果画出来，得到图3.9。这也是抛一枚骰子得到不同点数对应概率的理论值。

然而实际情况可能并非如此。想象一种特殊情况，某一枚特殊的骰子，它的质地不均匀，可能产生点数6的概率略高于其他点数。这种情况下，要想估算不同结果的概率值，一般就只能通过试验。

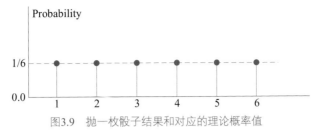

图3.9 抛一枚骰子结果和对应的理论概率值

抛两枚硬币

下面看两个稍复杂的例子——每次抛两枚硬币。

比如，如果第一枚硬币为正面、第二枚硬币为反面，结果记作 (1, 0)。这样，样本空间由以下四个点构成，即

$$\Omega = \begin{Bmatrix} (0,0) & (0,1) \\ (1,0) & (1,1) \end{Bmatrix} \tag{3.10}$$

图3.10 (a) 所示为用二维坐标系展示试验结果。图3.10 (a) 中横轴代表第一枚硬币点数，纵轴为第二枚硬币对应点数。假设，两枚硬币质地均匀，抛一枚硬币获得正、反面的概率均为1/2。而抛两枚硬币对应结果的概率如图 3.10 (b) 所示。

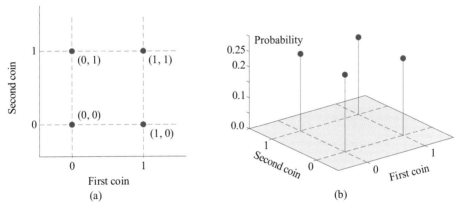

图3.10 抛两枚硬币结果和对应的理论概率值

抛两枚骰子

同理，每次抛两枚骰子，样本空间 Ω 的等可能试验结果数量为 6×6，有

$$\Omega = \begin{Bmatrix} (1,1) & (1,2) & (1,3) & (1,4) & (1,5) & (1,6) \\ (2,1) & (2,2) & (2,3) & (2,4) & (2,5) & (2,6) \\ (3,1) & (3,2) & (3,3) & (3,4) & (3,5) & (3,6) \\ (4,1) & (4,2) & (4,3) & (4,4) & (4,5) & (4,6) \\ (5,1) & (5,2) & (5,3) & (5,4) & (5,5) & (5,6) \\ (6,1) & (6,2) & (6,3) & (6,4) & (6,5) & (6,6) \end{Bmatrix} \tag{3.11}$$

图3.11 (a) 所示为上述试验的样本空间。图3.11 (b) 中，假设骰子质地均匀，每个试验结果对应的概率均为1/36。

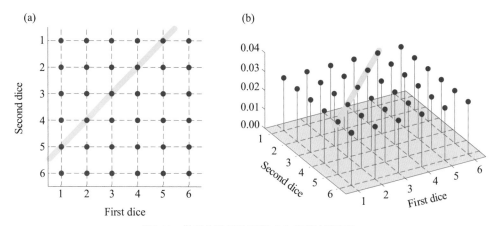

图3.11　抛两枚骰子结果和对应的理论概率值

抛两枚骰子：点数之和为6

下面，我们看一种特殊情况。如图3.12所示，如果我们关心两个骰子点数之和为6，会发现一共有五种结果满足条件。这五种结果为$1+5$、$2+4$、$3+3$、$4+2$、$5+1$。则该事件对应概率为

$$\Pr\left(\text{sum}=6\right)=\frac{5}{6\times 6}\approx 0.1389 \tag{3.12}$$

图3.11 (a) 中黄色背景所示样本便代表抛两枚骰子点数之和为6的事件。

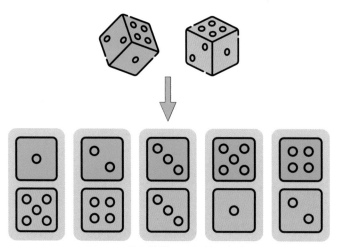

图3.12　投两枚骰子，点数之和为6

编写代码进行10,000,000次试验，累计"点数之和为6"事件发生次数，并且计算该事件当前概率。图3.13所示为"点数之和为6"事件概率随抛掷次数变化曲线。

比较式(3.12) 和图3.13，通过古典概率模型得到的理论结论和试验结果相互印证。

图3.13中的横轴为对数刻度。《数学要素》一册第12章介绍过对数刻度，大家可以进行回顾。

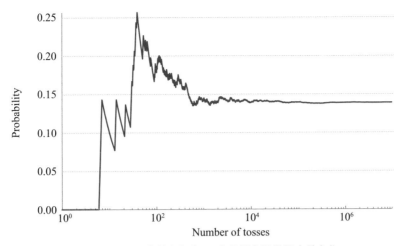

图3.13 骰子"点数之和为6"事件概率随抛掷次数变化

代码Bk5_Ch03_01.py模拟抛骰子试验并绘制图3.13。请大家把这个代码改写成一个Streamlit App，并用抛掷次数作为输入。

抛两枚骰子：点数之和的样本空间

接着上一个例子，如果我们对抛两枚骰子"点数之和"感兴趣，首先要知道这个事件的样本空间。如图3.14所示，彩色等高线对应两枚骰子点数之和。由此，得到两个骰子点数之和的样本空间为{2, 3, 4, 5, 6, 7, 8, 9, 10, 11, 12}。

而等高线上灰色点 ● 的横纵坐标代表满足条件的骰子点数。计算某一条等高线上点 ● 的数量，再除36 (= 6 × 6) 便得到不同"点数之和"对应的概率值。

图3.14 (b) 所示为样本空间所有结果概率值的火柴梗图。观察图3.14 (b)，容易发现结果非等概率；但是，这些概率值也是通过等概率模型推导得到的。

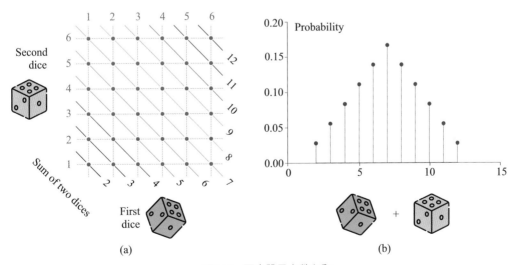

图3.14 两个骰子点数之和

更多"花样"

接着上面抛两枚骰子计算点数之和的试验，我们玩出更多"花样"！

如表3.1所示，抛两枚骰子，我们可以只考虑第一只骰子的点数、第一只骰子点数平方值，也可以计算两个骰子的点数平均值、乘积、商、差、差的平方等。

这些不同的花式玩法至少告诉我们以下几层信息。

◀ 抛两枚骰子，第一枚骰子和第二枚骰子的结果可以独立讨论；换个视角来看，一次试验中，第一枚、第二枚骰子点数结果相互不影响。

◀ 第一枚和第二枚骰子的点数结果还可以继续运算。

◀ 用文字描述这些结果太麻烦了，我们需要将它们代数化！比如，定义第一个骰子结果为X_1，第二个骰子点数为X_2，两个点数数学运算结果为Y。这便是下一章要探讨的**随机变量** (random variable)。

◀ 显然表3.1中每种花式玩法有各自的样本空间 Ω。样本空间的样本并非都是等概率。但是，样本空间中所有样本的概率之和都是1。

表3.1所示为基于抛两枚骰子试验结果的更多花式玩法。请大家试着找到每种运算的样本空间，并计算每个样本对应的概率值。我们将在下一章揭晓答案。

表3.1 基于抛两枚骰子试验结果的更多花式玩法

随机变量	描述	例子											
X_1	第一个骰子点数	1	2	3	4	5	6	1	2	3	4	5	6
X_2	第二个骰子点数	1	1	1	1	1	1	2	2	2	2	2	2
$Y = X_1$	只考虑第一个骰子点数	1	2	3	4	5	6	1	2	3	4	5	6
$Y = X_1^2$	第一个骰子点数平方	1	4	9	16	25	36	1	4	9	16	25	36
$Y = X_1 + X_2$	点数之和	2	3	4	5	6	7	3	4	5	6	7	8
$Y = \dfrac{X_1 + X_2}{2}$	点数平均值	1	1.5	2	2.5	3	3.5	1.5	2	2.5	3	3.5	4
$Y = \dfrac{X_1 + X_2 - 7}{2}$	中心化点数之和，再求平均	−2.5	−2	−1.5	−1	−0.5	0	−2	−1.5	−1	−0.5	0	0.5
$Y = X_1 X_2$	点数之积	1	2	3	4	5	6	2	4	6	8	10	12
$Y = \dfrac{X_1}{X_2}$	点数之商	1	2	3	4	5	6	0.5	1	1.5	2	2.5	3
$Y = X_1 - X_2$	点数之差	0	1	2	3	4	5	−1	0	1	2	3	4
$Y = \lvert X_1 - X_2 \rvert$	点数之差的绝对值	0	1	2	3	4	5	1	0	1	2	3	4
$Y = (X_1 - 3.5)^2 + (X_2 - 3.5)^2$	中心化点数平方和	12.5	8.5	6.5	6.5	8.5	12.5	8.5	4.5	2.5	2.5	4.5	8.5

抛三枚骰子

为了大家习惯"多元"思维，我们再进一步将一次抛掷骰子的数量提高至三枚。

第一枚点数定义为X_1，第二枚点数为X_2，第三枚点数为X_3。

图3.15 (a) 所示为抛三枚骰子点数的样本空间，这显然是个三维空间。比如，坐标点 (3, 3, 3) 代表三枚骰子的点数都是3。

图3.15 (a) 这个样本空间有216 (= 6 × 6 × 6) 个样本。假设这三个骰子质量均匀，获得每个点数为等概率，则图3.15 (a) 中每个样本对应的概率为1/216。

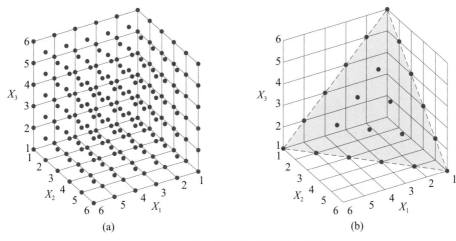

(a)   (b)

图3.15　抛三枚骰子点数的样本空间

定义事件A为三枚骰子的点数之和为8，即$X_1 + X_2 + X_3 = 8$。事件A对应的样本集合如所图3.15 (b) 所示，一共有21个样本点，容易发现这些样本在同一个斜面上。相对图3.15 (a) 所示的样本空间，事件A的概率为21/216。

大家可能已经发现，实际上，我们可以用水平面来可视化事件A的样本集合。如图3.16所示，将散点投影在平面上得到图3.16 (b)。能够完成这种投影是因为$X_1 + X_2 + X_3 = 8$这个等式关系。

> 这种投影思路将会用到本书后续要介绍的多项分布 (第5章) 和Dirichlet分布 (第7章)。

通过这个例子，相信大家已经发现多元统计中几何思维的重要性。

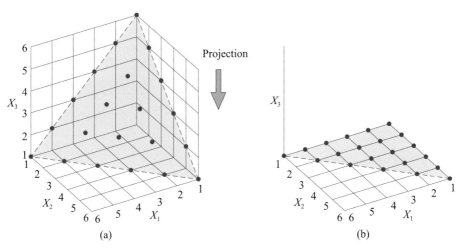

Projection

(a)   (b)

图3.16　将事件A的样本点投影到平面上

3.3 回顾：杨辉三角和概率

杨辉三角

杨辉三角又叫**帕斯卡三角** (Pascal's triangle)，是二项式系数的一种写法。$(a + b)^n$展开后，按单项a的次数从高到低排列得到

《数学要素》一册第20章介绍过杨辉三角和古典概率模型的联系，本节稍作回顾。

$$\begin{aligned} (a+b)^0 &= 1 \\ (a+b)^1 &= a+b \\ (a+b)^2 &= a^2 + 2ab + b^2 \\ (a+b)^3 &= a^3 + 3a^2b + 3ab^2 + b^3 \\ (a+b)^4 &= a^4 + 4a^3b + 6a^2b^2 + 4ab^3 + b^4 \end{aligned} \tag{3.13}$$

其中：a和b均不为0。

抛硬币

把二项式展开用在理解抛硬币的试验。$(a + b)^n$中n代表一次抛掷过程中的硬币数量，a可以理解为"硬币正面朝上"对应概率，b为"硬币反面朝上"对应概率。如果硬币质地均匀，则$a = b = 1/2$。

举个例子，如果硬币质地均匀，每次抛10 (n) 枚硬币，正好出现6次正面朝上对应的概率为

$$\Pr(\text{heads} = 6) = C_{10}^6 \frac{1}{2^{10}} = \frac{210}{1024} = \frac{210}{1024} \approx 0.20508 \tag{3.14}$$

每次抛10枚硬币，至少出现6次正面的概率为

$$\Pr(\text{heads} \geq 6) = \frac{C_{10}^6 + C_{10}^7 + C_{10}^8 + C_{10}^9 + C_{10}^{10}}{2^{10}} = \frac{210 + 120 + 45 + 10 + 1}{1024} = \frac{386}{1024} \approx 0.37695 \tag{3.15}$$

编写代码，一共抛10000次，每次抛10枚硬币。分别累计"正好出现6次正面""至少出现6次正面"两个事件的次数，并且计算两个事件的当前概率。图3.17所示为两事件概率随抛掷次数变化的曲线。这也是试验概率、理论概率的相互印证。

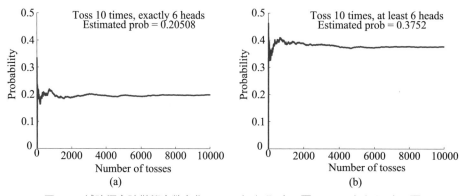

图3.17 试验概率随抛掷次数变化：(a) 正好出现6次正面；(b) 至少出现6次正面

Bk5_Ch03_02.py完成上述两个试验并绘制图3.17。

回忆二叉树

《数学要素》一册第20章还介绍过杨辉三角和二叉树的联系，如图3.18所示。

站在二叉树中间节点处，向上走、还是向下走对应的概率便分别对应"硬币正面朝上""硬币反面朝上"的概率。

假设，向上走、向下走的概率均为1/2。图3.18右侧的直方图展示了两组数，分别是达到终点不同节点的路径数量、概率值。请大家回忆如何用组合数计算这些概率值。

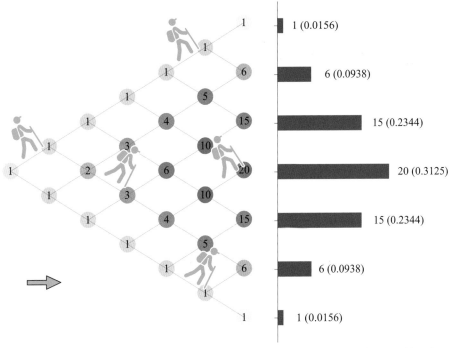

图3.18　杨辉三角逆时针旋转90度得到一个二叉树 (图片基于《数学要素》一册第20章)

3.4 事件之间的关系：集合运算

积事件

事件A与事件B为样本空间 Ω 中的两个事件，$A \bigcap B$ 代表A和B的**积事件** (the intersection of events A and B)，指的是某次试验时，事件A和事件B同时发生。

$\Pr\left(A\bigcap B\right)$ 表示A和B积事件的概率 (probability of the intersection of events A and B或joint probability of A and B)。$\Pr\left(A\bigcap B\right)$ 也叫作A和B的**联合概率** (joint probability)。$\Pr\left(A\bigcap B\right)$ 也常记作 $\Pr\left(A,B\right)$，即

$$\Pr\left(\underbrace{A\bigcap B}_{\text{Joint}}\right)=\Pr\left(\underbrace{A,B}_{\text{Joint}}\right) \qquad (3.16)$$

互斥

如果事件A与事件B两者交集为空，即 $A\bigcap B=\varnothing$，则称**事件A与事件B互斥** (events A and B are disjoint)，或称**A和B互不相容** (two events are mutually exclusive)。

白话说，事件A与事件B不可能同时发生，也就是说$\Pr\left(A\bigcap B\right)$为0，即

$$\underbrace{A\bigcap B}_{\text{Joint}}=\varnothing \quad\Rightarrow\quad \Pr\left(\underbrace{A\bigcap B}_{\text{Joint}}\right)=\Pr\left(\underbrace{A,B}_{\text{Joint}}\right)=0 \qquad (3.17)$$

和事件

事件 $A\bigcup B$ 为A和B的和事件 (union of events A and B)。具体来说，当事件A和事件B至少有一个发生时，事件$A\bigcup B$发生。$\Pr\left(A\bigcup B\right)$ 表示事件A**和**B和事件的概率 (probability of the union of events A and B或probability of A or B)。

$\Pr\left(A\bigcup B\right)$和$\Pr\left(A\bigcap B\right)$之间关系为

$$\underbrace{\Pr\left(A\bigcup B\right)}_{\text{Union}}=\Pr\left(A\right)+\Pr\left(B\right)-\underbrace{\Pr\left(A\bigcap B\right)}_{\text{Joint}} \qquad (3.18)$$

如果事件A和B互斥 (events A and B are mutually exclusive)，即 $A\bigcap B=\varnothing$。对于这种特殊情况，$\Pr\left(A\bigcup B\right)$为

$$\Pr\left(A\bigcup B\right)=\Pr\left(A\right)+\Pr\left(B\right) \qquad (3.19)$$

表3.2总结了常见集合运算维恩图。

表3.2 常见集合运算和维恩图

符号	解释	维恩图
Ω	必然事件，即整个样本空间 (sample space)	
$\varnothing$	不可能事件，即空集 (empty set)	

符号	解释	维恩图
$A \subset B$	事件B包含事件A (event A is a subset of event B)，即事件A发生，事件B必然发生	
$A \cap B$	事件A和事件B的积事件 (the intersection of events A and B)，即某次试验时，当事件A和事件B同时发生时，事件$A \cap B$发生	
$A \cap B = \varnothing$	事件A和事件B互斥 (events A and B are disjoint)，两个事件互不相容 (two events are mutually exclusive)，即事件A和事件B不能同时发生	
$A \cup B$	事件A和事件B的和事件 (the union of events A and B)，即当事件A和事件B至少有一个发生时，事件$A \cup B$发生	
$A - B$	事件A与事件B的差事件 (the difference between two events A and B)，即事件A发生、事件B不发生，则$A - B$发生	
$A \cup B = \Omega$ 且 $A \cap B = \varnothing$ 也可以记作 $\overline{A} = B = \Omega - A$ (complement of event A)	事件A与事件B互为逆事件 (complementary events)，对立事件 (collectively exhaustive)，即对于任意一次试验，事件A和事件B有且仅有一个发生	

3.5 条件概率：给定部分信息做推断

条件概率 (conditional probability) 是在给定部分信息的基础上对试验结果的一种推断。条件概率是机器学习、数学科学中至关重要的概念，本书大多数内容都是围绕条件概率展开，请大家格外留意。

三个例子

下面给出三个例子说明哪里会用到"条件概率"。

在抛两个骰子试验中，事件A为其中一个骰子点数为5，事件B为点数之和为6。给定事件B发生的条件下，事件A发生的概率为多少？

给定花萼长度为5厘米，花萼宽度为2厘米。根据150个鸢尾花样本数据，鸢尾花样本最可能是哪一类 (setosa、versicolor、virginica)？对应的概率大概是多少？

根据150个鸢尾花样本数据，如果某一朵鸢尾的花萼长度为5厘米，它的花萼宽度最可能为多宽？

条件概率

A 和 B 为样本空间 Ω 中的两个事件，其中 $\Pr(B) > 0$。那么，**事件 B 发生的条件下事件 A 发生的条件概率** (conditional probability of event A occurring given B occurs 或 probability of A given B) 可以通过下式计算得到，即

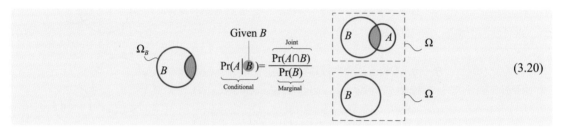

$$(3.20)$$

其中：$\Pr(A \cap B)$ 为事件 A 和 B 的联合概率；$\Pr(B)$ 为事件 B 的边缘概率。

$\Pr(B)$、$\Pr(A \cap B)$ 都是在 Ω 中计算得到的概率值。

⚠️
> 注意：我们也可以这样理解 $\Pr(A|B)$，B 实际上是"新的样本空间"——Ω_B！$\Pr(A|B)$ 是在 Ω_B 中计算得到的概率值。

Ω_B 是 Ω 的子集，两者的联系正是 $\Pr(B)$，即 B 在 Ω 中对应的概率。$\Pr(B)$ 也可以写成"条件概率"的形式，即 $\Pr(B \mid \Omega)$。

类似地，事件 A 发生的条件下事件 B 发生的条件概率为

$$(3.21)$$

其中：$\Pr(A)$ 为 A 事件边缘概率，$\Pr(A) > 0$。

类似地，$\Pr(B|A)$ 也可以理解为 B 在"新的样本空间" Ω_A 中的概率。

联合概率

利用式 (3.20)，联合概率 $\Pr(A \cap B)$ 可以整理为

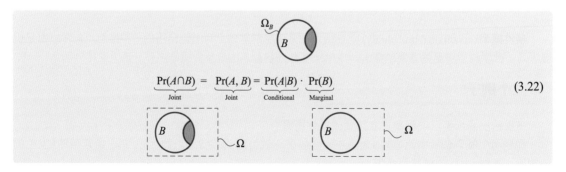

$$(3.22)$$

式 (3.22) 相当于"套娃"。首先在 Ω_B 中考虑 A (实际上是 $A \cap B$)，然后把 $A \cap B$ 再放回 Ω 中。也就是说，把 $\Pr(A \mid B)$ 写成 $\Pr(A \cap B \mid B)$ 也没问题。因为，A 只有 $A \cap B$ 这部分在 B (Ω_B) 中。

同样，$\Pr(A \cap B)$ 也可以写成

$$\underbrace{\Pr(A \cap B)}_{\text{Joint}} = \underbrace{\Pr(A, B)}_{\text{Joint}} = \underbrace{\Pr(B \mid A)}_{\text{Conditional}} \underbrace{\Pr(A)}_{\text{Marginal}} \tag{3.23}$$

举个例子

掷一颗色子，一共有六种等概率结果，即 $\Omega = \{1, 2, 3, 4, 5, 6\}$。

事件 B 为"点数为奇数"，事件 C 为"点数小于4"。事件 B 的概率 $\Pr(B) = 1/2$，事件 C 的概率 $\Pr(C) = 1/2$。

如图3.19所示，事件 $B \cap C$ 发生的概率 $\Pr(B \cap C) = \Pr(B, C) = 1/3$。

在事件 B (点数为奇数) 发生的条件下，事件 C (点数小于4) 发生的条件概率为

$$\Pr(C \mid B) = \frac{\Pr(B \cap C)}{\Pr(B)} = \frac{\Pr(B, C)}{\Pr(B)} = \frac{1/3}{1/2} = \frac{2}{3} \tag{3.24}$$

图3.19所示也告诉我们一样的结果。请大家回顾本章最初给出的孟德尔豌豆试验和道尔顿红绿色盲，手算其中的条件概率。

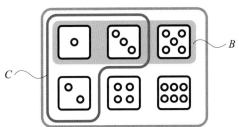

图3.19　事件 B 发生条件下事件 C 发生的条件概率

推广

式 (3.22) 可以继续推广，$A_1, A_2, \cdots, A_n$ 为 n 个事件，它们的联合概率可以展开写成一系列条件概率的乘积，即

$$\begin{aligned}\Pr(A_1 \cap A_2 \cap \cdots \cap A_n) &= \Pr(A_1, A_2, A_3, \cdots, A_{n-1}, A_n) \\ &= \Pr(A_n \mid A_1, A_2, A_3, \cdots, A_{n-1}) \Pr(A_{n-1} \mid A_1, A_2, A_3, \cdots, A_{n-2}) \cdots \Pr(A_2 \mid A_1) \Pr(A_1)\end{aligned} \tag{3.25}$$

式 (3.25) 也叫作条件概率的**链式法则** (chain rule)。

比如，$n = 4$ 时，式 (3.25) 可以写成

$$\begin{aligned}\underbrace{\Pr(A_1, A_2, A_3, A_4)}_{\text{Joint}} &= \underbrace{\Pr(A_4 \mid A_1, A_2, A_3)}_{\text{Conditional}} \cdot \underbrace{\Pr(A_1, A_2, A_3)}_{\text{Joint}} \\ &= \underbrace{\Pr(A_4 \mid A_1, A_2, A_3)}_{\text{Conditional}} \cdot \underbrace{\Pr(A_3 \mid A_1, A_2)}_{\text{Conditional}} \cdot \underbrace{\Pr(A_1, A_2)}_{\text{Joint}} \\ &= \underbrace{\Pr(A_4 \mid A_1, A_2, A_3)}_{\text{Conditional}} \cdot \underbrace{\Pr(A_3 \mid A_1, A_2)}_{\text{Conditional}} \cdot \underbrace{\Pr(A_2 \mid A_1)}_{\text{Conditional}} \Pr(A_1)\end{aligned} \tag{3.26}$$

大家可以把式(3.26)想成多层套娃。式(3.26)配图假设事件相互之间完全包含，这样方便理解。实际上，事件求积的过程已经将"多余"的部分切掉，即

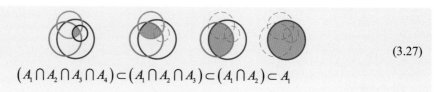

$$(A_1 \cap A_2 \cap A_3 \cap A_4) \subset (A_1 \cap A_2 \cap A_3) \subset (A_1 \cap A_2) \subset A_1$$

(3.27)

3.6 贝叶斯定理：条件概率、边缘概率、联合概率关系

贝叶斯定理 (Bayes′ theorem) 是由**托马斯·贝叶斯** (Thomas Bayes) 提出的。毫不夸张地说，贝叶斯定理撑起机器学习、深度学习算法的半边天。

本书后续内容将见缝插针地讲解贝叶斯定理和应用，特别是在贝叶斯分类 (第18、19两章)、贝叶斯推断 (第20、21、22三章) 这两个主题中。

贝叶斯定理的基本思想是根据**先验概率** (prior) 和新的**证据** (evidence) 来计算**后验概率** (posterior)。在实际应用中，我们通常根据一些已知的先验知识，来计算事件的先验概率。然后，当我们获取新的证据时，就可以利用贝叶斯定理来计算事件的后验概率，从而更新我们的信念或概率。

托马斯·贝叶斯 (Thomas Bayes) ｜ 英国数学家 ｜ 1702—1761年
贝叶斯统计的开山鼻祖，以贝叶斯定理闻名于世。
关键词：· 贝叶斯定理 · 贝叶斯派 · 贝叶斯推断 · 朴素贝叶斯分类 · 贝叶斯回归

贝叶斯定理描述的是两个条件概率的关系，如

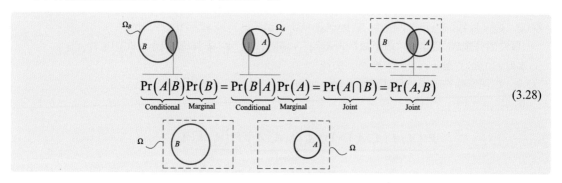

(3.28)

其中：$\Pr(A|B)$ 为在B发生条件下A发生的条件概率 (conditional probability)。也就是说，$\Pr(A|B)$ 的样本空间为 Ω_B。

◀$\Pr(B|A)$ 是指在A发生的条件下B发生的**条件概率**。也就是说，$\Pr(B|A)$ 的样本空间为 Ω_A。

$\Pr(A)$ 是A的边缘概率 (marginal probability)，不考虑事件B的因素，样本空间为 Ω。

◀$\Pr(B)$ 是B的**边缘概率**，不考虑事件A的因素，样本空间为 Ω。

◀$\Pr(A \cap B)$ 是事件A和B的联合概率，样本空间为 Ω。

图3.20所示给出理解贝叶斯原理的图解法。

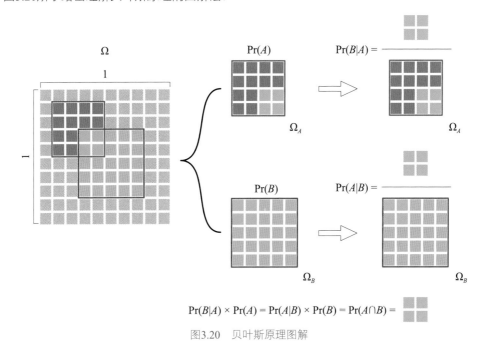

$$\Pr(B|A) \times \Pr(A) = \Pr(A|B) \times \Pr(B) = \Pr(A \cap B) =$$

图3.20　贝叶斯原理图解

抛骰子试验

现在，我们就用抛骰子的试验来解释本节介绍的几个概率值。

根据本章前文内容，抛一枚骰子可能得到六种结果，构成的样本空间为 $\Omega = \{1, 2, 3, 4, 5, 6\}$。假设每一种结果等概率，即$\Pr(1) = \Pr(2) = \Pr(3) = \Pr(4) = \Pr(5) = \Pr(6) = 1/6$。

设"骰子点数为偶数"事件为A，因此$A = \{2, 4, 6\}$，对应概率为$\Pr(A) = 3/6 = 0.5$。

A事件的补集B对应事件"骰子点数为奇数"，$B = \{1, 3, 5\}$，事件B的概率为$\Pr(B) = 1 - \Pr(A) = 0.5$。

事件A和B的交集$A \cap B$为空集$\varnothing$，因此

$$\Pr(A \cap B) = \Pr(A, B) = 0 \tag{3.29}$$

而A和B两者的并集 $A \cup B = \Omega$，因此对应的概率为1，即

$$\Pr(A \cup B) = 1 \tag{3.30}$$

C事件被定义为"骰子点数小于4"，因此$C = \{1, 2, 3\}$，事件C的概率$\Pr(C) = 0.5$。

图3.21展示的是A、B和C事件的关系。

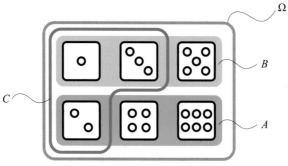

图3.21　A、B、C事件定义

如图3.22 (a) 所示，事件A和C的交集A ∩ C = {2}，因此A ∩ C的概率为

$$\Pr(A\bigcap C)=\Pr(A,C)=\frac{1}{6} \tag{3.31}$$

如图3.23 (b) 所示，事件B和C的交集B ∩ C = {1, 3}，因此B ∩ C的概率为

$$\Pr(B\bigcap C)=\Pr(B,C)=\Pr(\{1\})+\Pr(\{3\})=\frac{1}{3} \tag{3.32}$$

A和C的并集A∪C = {1, 2, 3, 4, 6}，对应的概率为

$$\Pr(A\bigcup C)=\Pr(A)+\Pr(C)-\Pr(A,C)=\frac{1}{2}+\frac{1}{2}-\frac{1}{6}=\frac{5}{6} \tag{3.33}$$

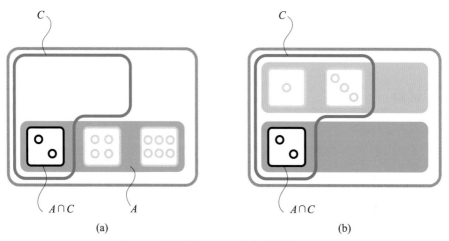

(a)　　　　　　　　　　　　　(b)

图3.22　条件概率Pr(C|A) 和条件概率Pr(A|C)

简单来说，条件概率Pr(C|A) 表示在事件A发生的条件下，事件C发生的概率。用贝叶斯公式可以求解 Pr(C|A)，有

$$\Pr(C|A)=\frac{\Pr(A,C)}{\Pr(A)}=\frac{1/6}{1/2}=\frac{1}{3} \tag{3.34}$$

类似地，在事件C发生的条件下，事件A发生的条件概率$\Pr(A|C)$为

$$\Pr\left(A|C\right) = \frac{\Pr\left(A,C\right)}{\Pr\left(C\right)} = \frac{1/6}{1/2} = \frac{1}{3} \tag{3.35}$$

请大家自行计算图3.23所示的$\Pr(C|B)$和$\Pr(B|C)$这两个条件概率。

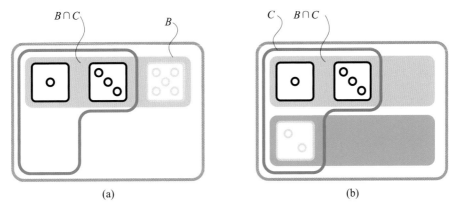

图3.23　条件概率$\Pr(C|B)$和$\Pr(B|C)$

贝叶斯定理是贝叶斯学派的核心工具。

频率学派 vs 贝叶斯学派

贝叶斯学派和频率学派是统计学中两种主要的哲学观点。它们之间的区别在于它们对概率的解释和使用方式不同。

频率学派将概率视为事件发生的频率或可能性，它强调基于大量数据和随机抽样的推断，通过检验假设来得出结论。频率学派侧重于经验数据和实证研究，常常使用假设检验和置信区间等方法来进行统计推断。

而贝叶斯学派则将概率视为一种个人信念的度量，它关注的是主观先验知识和经验的结合，以推断参数或未知量的后验分布。贝叶斯学派通常使用贝叶斯定理来计算后验分布，同时将不确定性视为一种核心特征，因此贝叶斯学派在处理小样本或缺乏数据的情况下表现更加优秀。

虽然贝叶斯学派和频率学派的基本理念和方法不同，但它们在某些情况下是相互补充的。例如，当样本数据较大时，频率学派的假设检验方法可以提供可靠的结果，而在缺乏数据或需要考虑主观经验和先验知识时，贝叶斯学派的方法则更为适用。此外，在一些实际应用中，两种方法可以相互结合，从而得出更为准确的推断结论。

本书后文将分别展开讲解频率学派 (第16、17章)、贝叶斯学派 (第18～22章) 的应用场景。

3.7　全概率定理：穷举法

假设A_1, A_2, $\cdots$, A_n互不相容，形成对样本空间Ω的**分割** (partition)，也就是说每次试验事件A_1, A_2, $\cdots$, A_n中有且仅有一个发生。

假定$\Pr(A_i) > 0$，对于空间Ω中的任意事件B，有

$$\underbrace{\Pr(B)}_{\text{Marginal}} = \sum_{i=1}^{n} \underbrace{\Pr(A_i \bigcap B)}_{\text{Joint}} = \Pr(A_1 \bigcap B) + \Pr(A_2 \bigcap B) + \cdots + \Pr(A_n \bigcap B)$$

$$= \sum_{i=1}^{n} \underbrace{\Pr(A_i, B)}_{\text{Joint}} = \Pr(A_1, B) + \Pr(A_2, B) + \cdots + \Pr(A_n, B) \tag{3.36}$$

式(3.36)就叫作**全概率定理** (law of total probability)。其本质上就是穷举法，也叫枚举法。

举个例子，图3.24给出的例子是三个互不相容事件A_1、A_2、A_3对 Ω 形成分割。通过全概率定理，即穷举法，$\Pr(B)$ 可以通过下式计算得到，即

$$\underbrace{\Pr(B)}_{\text{Marginal}} = \underbrace{\Pr(A_1, B)}_{\text{Joint}} + \underbrace{\Pr(A_2, B)}_{\text{Joint}} + \underbrace{\Pr(A_3, B)}_{\text{Joint}} \tag{3.37}$$

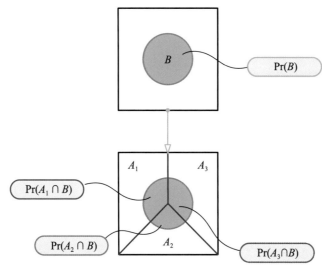

图3.24　A_1, A_2, A_3对空间 Ω 分割

引入贝叶斯定理

利用贝叶斯定理，以$A_1, A_2, \cdots, A_n$为条件展开，有

$$\Pr(B) = \sum_{i=1}^{n} \underbrace{\Pr(A_i, B)}_{\text{Joint}} = \sum_{i=1}^{n} \underbrace{\Pr(B|A_i)}_{\text{Conditional}} \underbrace{\Pr(A_i)}_{\text{Marginal}}$$

$$= \Pr(B|A_1)\Pr(A_1) + \Pr(B|A_2)\Pr(A_2) + \cdots + \Pr(B|A_n)\Pr(A_n) \tag{3.38}$$

图3.25所示为分别给定A_1, A_2, A_3的条件下，事件B发生的情况。

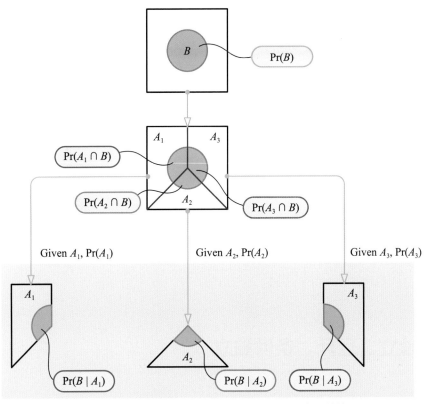

图3.25 分别给定A_1、A_2、A_3的条件下，事件B发生的情况

反过来，根据贝叶斯定理，在给定事件B发生条件下 ($\Pr(B) > 0$)，任意事件A_i发生的概率为

$$\Pr\left(A_i \middle| B\right) = \frac{\Pr\left(A_i, B\right)}{\Pr\left(B\right)} = \frac{\Pr\left(B \middle| A_i\right) \cdot \Pr\left(A_i\right)}{\Pr\left(B\right)} \tag{3.39}$$

利用贝叶斯定理，以B为条件，进一步展开，得到

$$\Pr\left(B\right) = \sum_{i=1}^{n} \underbrace{\Pr\left(A_i, B\right)}_{\text{Joint}} = \sum_{i=1}^{n} \underbrace{\Pr\left(A_i \middle| B\right)}_{\text{Conditional}} \underbrace{\Pr\left(B\right)}_{\text{Marginal}} \tag{3.40}$$

$$= \Pr\left(A_1 \middle| B\right)\Pr\left(B\right) + \Pr\left(A_2 \middle| B\right)\Pr\left(B\right) + \cdots + \Pr\left(A_n \middle| B\right)\Pr\left(B\right)$$

式(3.40) 左右两边消去 $\Pr(B)$ ($\Pr(B) > 0$)，得到

$$\sum_{i=1}^{n} \Pr\left(A_i \middle| B\right) = \Pr\left(A_1 \middle| B\right) + \Pr\left(A_2 \middle| B\right) + \cdots + \Pr\left(A_n \middle| B\right) = 1 \tag{3.41}$$

图3.26所示为给定B的条件下，事件A_1、A_2、A_3发生的情况。

看到这里，对贝叶斯定理和全概率定理还是一头雾水的读者不要怕，本书后续会利用不同实例反复讲解这两个定理。

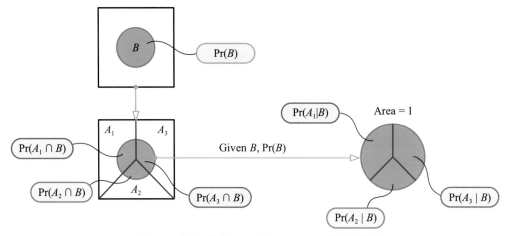

图3.26 给定B条件下，事件A_1、A_2、A_3发生的情况

3.8 独立、互斥、条件独立

独立

第3.7节介绍的条件概率$\Pr(A|B)$刻画了在事件B发生的条件下，事件A发生的可能性。

有一种特殊的情况下，事件B发生与否，不会影响事件A发生的概率，也就是如下等式成立，即

$$\underbrace{\Pr\left(A|B\right)}_{\text{Conditional}} = \underbrace{\Pr\left(A\right)}_{\text{Marginal}} \quad \Leftrightarrow \quad \underbrace{\Pr\left(B|A\right)}_{\text{Conditional}} = \underbrace{\Pr\left(B\right)}_{\text{Marginal}} \tag{3.42}$$

如果式 (3.42) 给出的等式成立，则称**事件A和事件B独立** (events A and B are independent)。

如果A和B独立，联立式 (3.28) 和式 (3.42) 可以得到

$$\Pr\left(A\bigcap B\right) = \underbrace{\Pr\left(A, B\right)}_{\text{Joint}} = \underbrace{\Pr\left(A\right)}_{\text{Marginal}} \cdot \underbrace{\Pr\left(B\right)}_{\text{Marginal}} \tag{3.43}$$

如果一组事件A_1、A_2、$\cdots$、A_n，它们两两相互独立，则下式成立，即

$$\Pr\left(A_1\bigcap A_2\bigcap\cdots\bigcap A_n\right) = \Pr\left(A_1, A_2, \cdots, A_n\right) = \Pr\left(A_1\right) \cdot \Pr\left(A_2\right)\cdots\Pr\left(A_n\right) = \prod_{i=1}^{n}\Pr\left(A_i\right) \tag{3.44}$$

抛三枚骰子

接着本章前文"抛三枚骰子"的例子。大家应该清楚，一次性抛三枚骰子，这三枚骰子点数互不影响，也就是"独立"。

如图3.27所示，第一枚骰子的点数 (X_1) 取不同值 $(1 \sim 6)$ 时，相当于把样本空间这个立方体切成了

6个"切片"。每个切片都有36个点，因此每个切片对应的概率均为

$$\frac{6\times 6}{6\times 6\times 6}=\frac{1}{6} \tag{3.45}$$

也就是相当于把概率"1"均分为6份，而1/6对应第一枚骰子的点数 (X_1) 取不同值的概率。

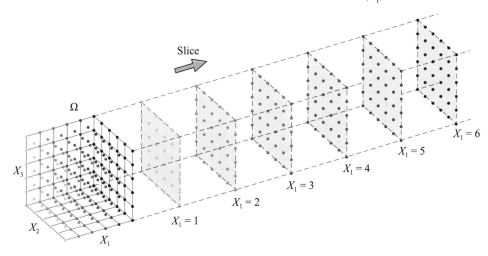

图3.27 X_1视角下的"抛三枚骰子结果"

(3, 3, 3) 这个结果在整个样本空间中对应的概率为1/216。如图3.28所示，1/216这个数值可以有四种不同的求法，即

$$\frac{1}{216}=\underbrace{\frac{1}{6}}_{X_1=3}\times\underbrace{\frac{1}{36}}_{(X_2,X_3)=(3,3)}=\underbrace{\frac{1}{6}}_{X_2=3}\times\underbrace{\frac{1}{36}}_{(X_1,X_3)=(3,3)}=\underbrace{\frac{1}{6}}_{X_3=3}\times\underbrace{\frac{1}{36}}_{(X_1,X_2)=(3,3)}=\underbrace{\frac{1}{6}}_{X_1=3}\times\underbrace{\frac{1}{6}}_{X_2=3}\times\underbrace{\frac{1}{6}}_{X_3=3} \tag{3.46}$$

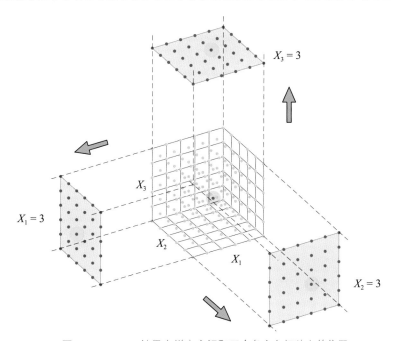

图3.28 (3, 3, 3) 结果在样本空间和三个各方向切片上的位置

再换个角度，图3.29中的立方体代表概率为1，而X_1、X_2、X_3这三个随机变量独立，并将"1"均匀地切分成216份，即

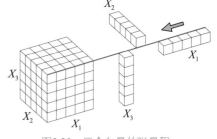

$$\left(\underbrace{\overbrace{\frac{1}{6}+\frac{1}{6}+\frac{1}{6}+\frac{1}{6}+\frac{1}{6}+\frac{1}{6}}^{=1}}_{X_1=1\sim6}\right)\times\left(\underbrace{\overbrace{\frac{1}{6}+\frac{1}{6}+\frac{1}{6}+\frac{1}{6}+\frac{1}{6}+\frac{1}{6}}^{=1}}_{X_2=1\sim6}\right)\times\left(\underbrace{\overbrace{\frac{1}{6}+\frac{1}{6}+\frac{1}{6}+\frac{1}{6}+\frac{1}{6}+\frac{1}{6}}^{=1}}_{X_3=1\sim6}\right)=1 \qquad (3.47)$$

式 (3.47) 体现的就是乘法分配律。从向量角度来看，式 (3.47) 相当于三个向量的张量积，撑起一个如图3.28所示的三维数组。之所以能用这种方式计算联合概率，就因为三个随机变量"独立"。

请大家格外注意，互斥不同于独立。表3.3对比了一般情况、互斥、独立之间的主要特征。

图3.29　三个向量的张量积

表3.3　比较一般情况、互斥、独立

A和B	Pr(A and B) Pr($A \cap B$) = Pr(A, B)	Pr(A or B) Pr($A \cup B$)	Pr($A \mid B$)	Pr($B \mid A$)
一般情况 Pr(A) > 0 Pr(B) > 0	Pr(A) × Pr($B \mid A$) Pr(B) × Pr($A \mid B$)	Pr(A) + Pr(B) − Pr($A \cap B$)	Pr($A \cap B$)/Pr(B)	Pr($A \cap B$)/Pr(A)
互斥	0	Pr(A) + Pr(B)	0	0
独立	Pr(A) × Pr(B)	Pr(A) + Pr(B) − Pr(A) × Pr(B)	Pr(A)	Pr(B)

条件独立

在给定事件C发生条件下，如果下式成立，则称**事件A和事件B在事件C发生的条件下条件独立** (events A and B are conditionally independent given an event C)，即

$$\Pr\left(A \cap B \mid C\right) = \Pr\left(A, B \mid C\right) = \Pr\left(A \mid C\right) \cdot \Pr\left(B \mid C\right) \qquad (3.48)$$

请大家格外注意：A和B相互独立，无法推导得到A和B条件独立。而A和B条件独立，也无法推导得到A和B相互独立。本书后文还会深入讨论独立和条件独立。

古典概率有效地解决了抛硬币、抛骰子、口袋里摸球等简单的概率问题，等概率模型、全概率定理、贝叶斯定理等重要的概率概念也随之产生。随着研究不断深入，概率统计工具的应用场景也开始变得更加多样。

基于集合论的古典概率模型渐渐地显得力不从心。引入随机变量、概率分布等概念，实际上就是将代数思想引入概率统计，以便于对更复杂的问题抽象建模、定量分析。这是下一章要讲解的内容。

Discrete Random Variables

离散随机变量
取值为有限个或可数无穷个，对应概率质量函数PMF

我，一个无数原子组成的宇宙，又是整个宇宙的一粒原子。

I, a universe of atoms, an atom in the universe.

—— 理查德·费曼 (Richard P. Feynman) | 美国理论物理学家 | 1918—1988年

- ◀ `numpy.sort()` 排序
- ◀ `seaborn.heatmap()` 产生热图
- ◀ `seaborn.histplot()` 绘制频数 / 概率 / 概率密度直方图
- ◀ `seaborn.scatterplot()` 绘制散点图

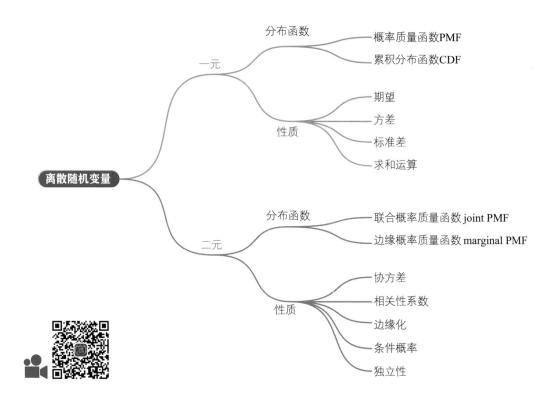

4.1 随机：天地不仁，以万物为刍狗

随机试验

在一定条件下，可能出现的结果不止一个，事前无法确切知道哪一个结果一定会出现，但大量重复试验中结果具有统计规律的现象称为随机现象。

随机试验 (random experiment) 是指在相同条件下对某个随机现象进行的大量重复观测。随机试验需要满足以下条件。

◀ 可重复，在相同条件下试验可以重复进行。
◀ 样本空间明确，每次试验的可能结果不止一个，并且能事先明确试验的所有可能结果。
◀ 单次试验结果不确定，进行一次试验之前不能确定哪一个结果会出现，但必然出现样本空间中的一个结果。

简单来说，随机试验是指在相同的条件下，每次实验可能出现的结果不确定，但是可以用概率来描述可能的结果。例如，投硬币、掷骰子等就是随机试验。

两种随机变量：离散、连续

随机变量 (random variable) 是指在一次试验中可能出现不同取值的量，其取值由随机事件的结果决定。随机变量可以看作一个函数，它将样本数值赋给试验结果。换句话说，它是试验样本空间到实数集合的函数。比如，上一章为了方便表达"抛三枚骰子试验"中三枚骰子各自的点数，我们定义了X_1、X_2、X_3，它们都是随机变量。

随机变量分为两种——**离散** (discrete)、**连续** (continuous)。

如果随机变量的所有取值能够一一列举出来，可以是有限个或可数无穷个，这种随机变量叫作**离散随机变量** (discrete random variable)。

比如，投一枚硬币结果正面为1、反面为0。掷一枚骰子得到的点数为1、2、3、4、5、6中的一个值。再比如，鸢尾花的标签有三种，即setosa (C_1)、versicolor (C_2)、virginica (C_3)。上一章介绍的古典概率针对离散型随机变量。

与之相对的是**连续随机变量** (continuous random variable)。连续随机变量取值可能对应全部实数，或者数轴上的某一区间。比如，温度、人的身高体重都是连续随机变量。再比如，鸢尾花花萼长度、花萼宽度、花瓣长度、花瓣宽度也都可以视作连续随机变量。

字母

本书用大写斜体字母表示随机变量，如X、Y、Z、X_1、X_2、Y_1、Y_2等。

用小写字母表示随机变量取值，如x、y、x_1、x_2、y_1、y_2、i、j、k等。其中，x、y、x_1、x_2、y_1、y_2等通用于离散、连续随机变量，而i、j、k一般用于离散随机变量。

简单来说，X、Y、Z、X_1、X_2、Y_1、Y_2等用于替代描述随机试验结果的描述性文字；而x、y、x_1、x_2、y_1、y_2等相当于函数的输入变量，它们主要用于**概率密度函数** (probability density function, PDF)、**概率质量函数** (probability mass function, PMF) 中。

如图4.1所示，抛一枚骰子试验中，令随机变量X为骰子点数，$X = x$，x代表取值。也就是说，X的取值为变量x。举个例子，$\Pr(X = x)$ 为事件 $\{X = x\}$ 的概率，x表示随机变量X的取值。当然我们可以把数值直接赋值给随机变量，如$\Pr(X = 5)$。

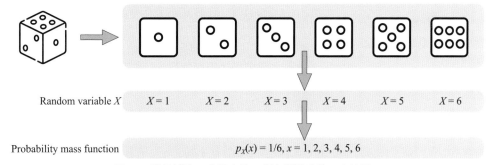

图4.1　随机试验、随机变量、概率质量函数三者关系

两种概率分布函数

研究随机变量取值的统计规律是概率论的重要目的之一。概率分布函数是对统计规律的简化和抽象。图4.2所示比较了两种概率分布函数——概率质量函数PMF、概率密度函数PDF。

白话来说，概率质量函数PMF、概率密度函数PDF就是两种对样本空间概率1进行"切片、切块""切丝、切条"的不同方法。本章后续还会沿着这个思路继续讨论。

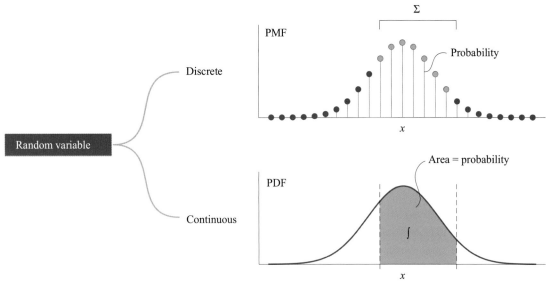

图4.2   比较概率质量函数、概率密度函数

概率质量函数PMF

如图4.2上图所示，**概率质量函数** (Probability Mass Function, PMF) 是离散随机变量在特定取值上的概率。

 注意：很多教材翻译把PMF翻译作"分布列"，本书则将其直译为概率质量函数。

概率质量函数本质上就是概率，因此本书很多时候也直接称之为概率。此外，本书大多时候将概率质量函数直接简写为PMF。

本书用小字斜体字母p表达PMF，如随机变量X的概率质量函数记作$p_X(x)$。下角标 X 代表描述随机试验的随机变量，概率质量函数的输入为变量x。而概率质量函数$p_X(x)$ 的输出则为"概率值"。

与函数一样，概率质量函数的输入随机变量也可以不止一个。比如，$p_{X,Y}(x, y)$ 表示 (X, Y) 的联合概率质量函数。$p_{X,Y}(x, y)$ 的输入为 (x, y)，函数的输出为"概率值"。本章后文将专门以二元、三元概率质量函数为例讲解多元概率质量函数。

 注意：有些资料为了方便，将$p_X(x)$ 简写为$p(x)$，$p_{X,Y}(x, y)$ 简写作$p(x, y)$。

$p_X(x)$ 本身就是"概率值"，计算离散随机变量X取不同值时的概率时，我们使用求和运算。因此，$p_X(x)$ 对应的数学运算符是Σ。

抛一枚硬币

举一个例子，抛一枚硬币试验中，令X_1为正面朝上的数量，X_1的样本空间为 $\{0, 1\}$。$X_1 = 1$表示硬币正面朝上，$X_1 = 0$表示硬币反面朝上。

随机变量X_1的PMF为

$$p_{X_1}\left(x_1\right) = \begin{cases} 1/2 & x_1 = 0 \\ 1/2 & x_1 = 1 \end{cases} \tag{4.1}$$

相信读者对图4.3并不陌生，我们在图像上增加标注，水平轴加x_1代表PMF输入，纵轴改为PMF，$p_{X_1}\left(x_1\right)$ 表示概率质量函数。

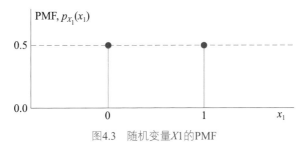

图4.3　随机变量X1的PMF

如果同时定义X_2为反面朝上的数量，X_2的样本空间也是 {0, 1}。$X_2 = 1$代表硬币反面朝上，$X_2 = 0$代表硬币反面朝下。X_2的PMF为

$$p_{X_2}(x_2) = \begin{cases} 1/2 & x_2 = 0 \\ 1/2 & x_2 = 1 \end{cases} \tag{4.2}$$

显然，随机变量X_1和X_2的关系为$X_1 + X_2 = 1$，具体如图4.4所示。显然X_1和X_2不独立，大家很快就会发现这种量化关系叫作负相关。

读到这里大家可能已经意识到，在概率质量函数中引入下角标X_1和X_2能帮助我们区分$p_{X_1}(x_1)$、$p_{X_2}(x_2)$这两个不同的PMF。

注意：本书中随机变量和变量形式上对应，如$p_{X_1}(x_1)$、$p_{X_2}(x_2)$、$p_X(x)$、$p_Y(y)$。

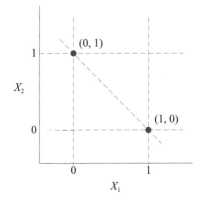

图4.4.　X_1和X_2的量化关系

抛一个骰子

再举一个例子，抛一枚骰子试验，令离散随机变量X为骰子点数。如图4.5所示，X的PMF为

$$p_X(x) = \begin{cases} 1/6 & x = 1, 2, 3, 4, 5, 6 \\ 0 & \text{Otherwise} \end{cases} \tag{4.3}$$

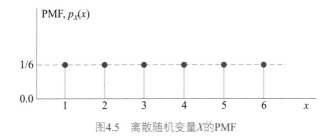

图4.5　离散随机变量X的PMF

随机变量的函数

X为一个随机变量，对X进行函数变换，可以得到其他的随机变量Y，有

$$Y = h(X) \tag{4.4}$$

特别地，如果$h(X)$为线性函数，则从X到Y进行的是线性变换(相当于线性代数中的仿射变换)，比如

$$Y = h(X) = aX + b \tag{4.5}$$

举个例子，本书前文在抛一枚硬币试验中，令随机变量X_1为获得正面的数量，即获得正面时结果为1，反面结果为0。

如果，设定一个随机变量Y，在硬币为正面时$Y = 1$，但是反面时$Y = -1$。那么X_1和Y的关系为

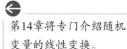

第14章将专门介绍随机变量的线性变换。

$$Y = 2X_1 - 1 \tag{4.6}$$

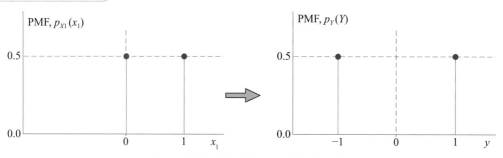

图4.6　随机变量X_1线性变换得到Y的过程

抛两个骰子

第3章讲过一个例子，一次抛两个骰子，第一个骰子点数设为X_1，第二枚骰子的点数为X_2。X_1和X_2可以进行各种数学运算，进而获得随机变量Y。

Y本身有自己的样本空间，样本空间的每个样本都对应特定概率值。利用本章前文内容，我们可以把$Y = y$的概率值写成概率质量函数$p_Y(y)$。

表4.1总结了各种"花式玩法"样本空间，以及概率质量函数$p_Y(y)$。表4.1中概率质量函数图像的横纵轴取值范围完全相同。请大家逐个分析，特别注意概率质量函数的分布规律。

表4.1　基于抛两枚骰子试验结果的更多花式玩法

随机变量的函数	样本空间	样本位置	概率质量函数
$Y = X_1$	{1, 2, 3, 4, 5, 6}		

随机变量的函数	样本空间	样本位置	概率质量函数
$Y = X_1^2$	{1, 4, 9, 16, 25, 36}		$E(Y) = 15.17$
$Y = X_1 + X_2$	{2, 3, 4, 5, 6, 7, 8, 9, 10, 11, 12}		$E(Y) = 7.00$
$Y = \dfrac{X_1 + X_2}{2}$	{1.0, 1.5, 2.0, 2.5, 3.0, 3.5, 4.0, 4.5, 5.0, 5.5, 6.0}		$E(Y) = 3.50$
$Y = \dfrac{X_1 + X_2 - 7}{2}$	{−2.5, −2.0, −1.5, −1.0, −0.5, 0.0, 0.5, 1.0, 1.5, 2.0, 2.5}		$E(Y) = 0.00$

随机变量的函数	样本空间	样本位置	概率质量函数
$Y = X_1 X_2$	{1, 2, 3, 4, 5, 6, 8, 9, 10, 12, 15, 16, 18, 20, 24, 25, 30, 36}		
$Y = \dfrac{X_1}{X_2}$	{0.166, 0.2, 0.25, 0.333, 0.4, 0.5, 0.6, 0.666, 0.75, 0.8, 0.833, 1.0, 1.2, 1.25, 1.333, 1.5, 1.666, 2.0, 2.5, 3.0, 4.0, 5.0, 6.0}		
$Y = X_1 - X_2$	{−5, −4, −3, −2, −1, 0, 1, 2, 3, 4, 5}		
$Y = \lvert X_1 - X_2 \rvert$	{0, 1, 2, 3, 4, 5}		

随机变量的函数	样本空间	样本位置	概率质量函数
$Y = \left(X_1 - 3.5\right)^2 + \left(X_2 - 3.5\right)^2$	{0.5, 2.5, 4.5, 6.5, 8.5, 12.5}	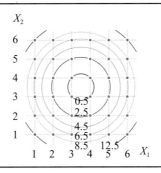	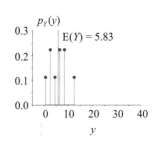

代码Bk5_Ch04_01.py绘制表4.1中的图像。学完本章后续内容后，请大家修改代码计算Y标准差 std(Y)，并在火柴梗图上展示 E(Y) ± std(Y)。

归一律

一元离散随机变量X的概率质量函数$p_X(x)$有如下重要性质，即

$$\sum_x p_X(x) = 1, \quad 0 \le p_X(x) \le 1 \qquad \text{}$$ (4.7)

上式实际上就是"穷举法"，即遍历所有X取值，将它们的概率值求和，结果为1。"穷举法"也叫归一律。

> ⚠ 值得强调的是：概率质量函数$p_X(x)$的最大取值为1。

概率密度函数PDF

与PMF相对的是**概率密度函数** (Probability Density Function, PDF)。PDF对应连续随机变量，本书用小写斜体字母 f 表达PDF，如连续随机变量X的概率密度函数记作$f_X(x)$。

当连续随机变量取不同值时，概率密度函数 $f_X(x)$ 用积分方式得到概率值。因此，$f_X(x)$ 对应的数学运算符是积分符号 $\int$。

举个例子，连续随机变量X服从标准正态分布$N(0, 1)$，其PDF为

> ⚠ 注意：在第20、21章中讲解贝叶斯推断时，为了方便，概率质量函数、概率密度函数都用$f()$。

$$f_X(x) = \frac{1}{\sqrt{2\pi}} \exp\left(-\frac{x^2}{2}\right)$$ (4.8)

其中：变量x的取值范围为整个实数轴；对于标准正态分布$N(0, 1)$，其$f_X(x)$取值可以无限接近于0，却不为0。

当$x = 0$时，$f_X(x)$ 约为0.4，这个值是概率密度，不是概率。只有对连续随机变量PDF在指定区间内进行积分后结果才"可能"是概率。

> ⚠ 注意：联合概率密度函数$f_{X1,X2,X3}(x_1, x_2, x_3)$ "偏积分"结果还是概率密度。$f_{X1,X2,X3}(x_1, x_2, x_3)$ 三重积分结果才是概率值。

> 值得反复强调的是：PMF本身就是概率，对应的数学工具为求和Σ。PDF积分后才可能是概率，对应的数学工具为积分 $\int$ 。

一元连续随机变量X的概率密度函数$f_X(x)$也有如下重要性质，即

$$\int_{-\infty}^{+\infty} f_X(x)\mathrm{d}x = 1, \quad f_X(x) \geqslant 0 \qquad \text{Area} = 1 \qquad (4.9)$$

注意：概率密度函数$f_X(x)$取值非负，但是不要求小于1。本书后续将给出具体示例。

式 (4.9) 也相当于是"穷举法"。

概率质量函数PMF、概率密度函数PDF是特殊的函数，特殊之处在于它们的输入为随机变量的取值，输出为概率质量、概率密度。但是，本质上，它们又都是函数。所以，我们可以把函数的分析工具用在概率质量函数PMF和概率密度函数PDF上。

本章和第5章首先讲解离散随机变量、离散分布。第6、7章讲解连续随机变量、连续分布。

区分符号

这里有必要再次区分本系列丛书的容易混淆的代数、线性代数、概率统计符号。

以下内容主要来自《矩阵力量》一册第23章，仅稍作改动。

粗体、斜体、小写$\boldsymbol{x}$为列向量。从概率统计的角度，$\boldsymbol{x}$可以表示随机变量X采样得到的样本数据，偶尔也表示X总体样本。随机变量X样本"无序"集合为$X = \left\{x^{(1)}, x^{(2)}, \cdots, x^{(n)}\right\}$。很多时候，随机变量$X$样本本身也可以看成"有序"的数组，即向量。

粗体、斜体、小写、加下标序号的$\boldsymbol{x}_1$为列向量，下角标仅仅是序号，以便区分，如$\boldsymbol{x}_1$、$\boldsymbol{x}_2$、$\boldsymbol{x}_j$、$\boldsymbol{x}_D$等。从概率统计的角度，$\boldsymbol{x}_1$可以表示随机变量X_1样本数据，也可以表示X_1总体数据。

行向量$\boldsymbol{x}^{(1)}$表示一个具有多个特征的样本点。

注意：在机器学习算法中，为了方便，$\boldsymbol{x}^{(i)}$偶尔也表示列向量。

从代数角度，斜体、小写、非粗体x_1表示变量，下角标表示变量序号。这种记法常用在函数解析式中，如线性回归解析式$y = x_1 + x_2$。在概率质量函数、概率密度函数中，它们也用作PMF、PDF函数输入，如$p_{X1}(x_1)$，$f_{X2}(x_2)$。

$\boldsymbol{x}$也表示变量构成的列向量，$\boldsymbol{x} = [x_1, x_2, \cdots, x_D]^\mathrm{T}$，如多元概率密度函数$f_\chi(\boldsymbol{x})$的输入。

$x^{(1)}$表示变量x的一个取值，或表示随机变量X的一个取值。

而$x_1^{(1)}$表示变量x_1的一个取值，或表示随机变量X_1的一个取值，如$X_1 = \left\{x_1^{(1)}, x_1^{(2)}, \cdots, x_1^{(n)}\right\}$。

粗体、斜体、大写$\boldsymbol{X}$则专门用于表示多行、多列的数据矩阵，如$\boldsymbol{X} = [\boldsymbol{x}_1, \boldsymbol{x}_2, \cdots, \boldsymbol{x}_D]$。数据矩阵$\boldsymbol{X}$中第$i$行、第$j$列元素则记作$x_{i,j}$。

多元线性回归中，$\boldsymbol{X}$也叫**设计矩阵** (design matrix)。设计矩阵第一列一般有全1列向量。

我们还会用粗体、斜体、小写希腊字母$\boldsymbol{\chi}$ (chi，读作/'kai'/) 表示D维随机变量构成的列向量，$\boldsymbol{\chi} = [X_1, X_2, \cdots, X_D]^\mathrm{T}$。希腊字母$\boldsymbol{\chi}$主要用在多元概率统计中，比如，多元概率密度函数$f_\chi(\boldsymbol{x})$、期望值列向量$\mathrm{E}(\boldsymbol{\chi})$。

4.2 期望值：随机变量的可能取值加权平均

期望值

离散随机变量 X 有 n 个取值 $\{x^{(1)}, x^{(2)}, \cdots, x^{(n)}\}$，$X$ 的**期望** (expectation)，也叫**期望值** (expected value)，记作 E(X)，E(X) 为

$$\underbrace{\mathrm{E}\left(X\right)}_{\text{Scalar}} = \mu_X = x^{(1)} p_X\left(x^{(1)}\right) + x^{(2)} p_X\left(x^{(2)}\right) + \cdots + x^{(n)} p_X\left(x^{(n)}\right) = \sum_{i=1}^{n} x^{(i)} \cdot \underbrace{p_X\left(x^{(i)}\right)}_{\text{Weight}} \tag{4.10}$$

式 (4.10) 相当于加权平均数，边缘PMF $p_X(x)$ 表示权重。

运算符 E() 把随机变量一系列取值转化成了一个标量数值，这相当于降维。如图4.7所示，从矩阵乘法角度，计算期望值E(X) 相当于将 X 这个维度折叠。

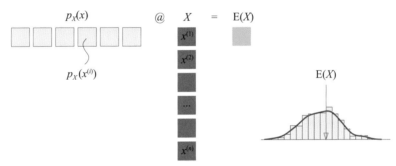

图4.7 计算离散随机变量 X 期望值/均值

为了方便，我们经常把式 (4.10) 简写作

$$\mathrm{E}\left(X\right) = \sum_x x \cdot p_X\left(x\right) \tag{4.11}$$

$\sum\limits_x (\cdot)$ 表示对 x 的遍历求和，也就是穷举。求加权平均值时，权重之和为1，也就是说边缘 PMF $p_X(x)$ 满足 $\sum\limits_x p_X\left(x\right) = 1$。特别是对于多元随机变量，我们也经常把期望值 (均值) 叫作**质心** (centroid)。

举个例子

图4.5中随机变量 X 的期望值为

$$\mathrm{E}\left(X\right) = \sum_x x \cdot \underbrace{p_X\left(x\right)}_{\text{Weight}} = \sum_x x \cdot \underbrace{\frac{1}{6}}_{\text{Weight}} = 1 \times \frac{1}{6} + 2 \times \frac{1}{6} + 3 \times \frac{1}{6} + 4 \times \frac{1}{6} + 5 \times \frac{1}{6} + 6 \times \frac{1}{6} = 3.5 \tag{4.12}$$

大家已经发现式 (4.12) 中随机变量 X 的概率质量函数为定值。这和求样本均值的情况类似。求 n 个样本均值时，每个样本赋予的权重为 $1/n$，即每个样本权重相同。

图4.8所示为投骰子试验均值随试验次数变化。随着重复次数接近无穷大，试验结果的算术平均值 (试验概率) 收敛于3.5 (理论值)。

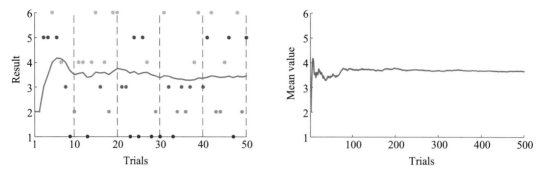

图4.8　投骰子试验均值随试验次数变化

重要性质

请大家注意以下几个有关期望的性质，即

$$\begin{aligned} \mathrm{E}\left(aX\right) &= a\,\mathrm{E}\left(X\right) \\ \mathrm{E}\left(X+Y\right) &= \mathrm{E}\left(X\right)+\mathrm{E}\left(Y\right) \end{aligned}$$

(4.13)

如果X和Y独立，则有

$$\mathrm{E}\left(XY\right) = \mathrm{E}\left(X\right)\mathrm{E}\left(Y\right)$$

(4.14)

此外，请大家注意

$$\mathrm{E}\left(\sum_{i=1}^{n} a_i X_i\right) = \sum_{i=1}^{n} a_i\,\mathrm{E}\left(X_i\right)$$

(4.15)

特别地，当$n=2$时，式 (4.15) 可以写成

$$\mathrm{E}\left(a_1 X_1 + a_2 X_2\right) = a_1\,\mathrm{E}\left(X_1\right) + a_2\,\mathrm{E}\left(X_2\right)$$

(4.16)

式 (4.16) 可以写成矩阵乘法运算，即

$$\mathrm{E}\left(a_1 X_1 + a_2 X_2\right) = \begin{bmatrix} a_1 & a_2 \end{bmatrix} \underbrace{\begin{bmatrix} \mathrm{E}\left(X_1\right) \\ \mathrm{E}\left(X_2\right) \end{bmatrix}}_{\mu}$$

(4.17)

同理，式 (4.15) 可以写成

$$\mathrm{E}\left(\sum_{i=1}^{n} a_i X_i\right) = \begin{bmatrix} a_1 & a_2 & \cdots & a_n \end{bmatrix} \begin{bmatrix} \mathrm{E}\left(X_1\right) \\ \mathrm{E}\left(X_2\right) \\ \vdots \\ \mathrm{E}\left(X_n\right) \end{bmatrix}$$

(4.18)

请大家自己把矩阵乘法运算示意图画出来。

4.3 方差：随机变量离期望距离平方的平均值

方差

随机变量X的另外一个重要特征是**方差** (variance)，记作var(X)。对于离散随机变量X，方差用于度量X和数学期望 E(X) 之间的偏离程度。具体定义为

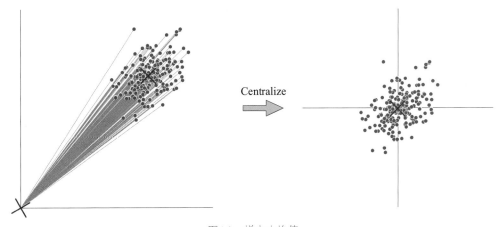

$$\text{var}(X) = \mathrm{E}\left[\underbrace{\left(\underbrace{X - \mathrm{E}(X)}_{\text{Deviation}}\right)^2}_{\text{Expectation}}\right] = \sum_x \left(\underbrace{x - \mathrm{E}(X)}_{\text{Demean}}\right)^2 \cdot \underbrace{p_X(x)}_{\text{Weight}} \qquad (4.19)$$

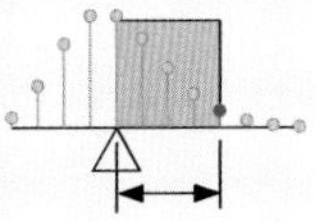

其中：$x - \mathrm{E}(X)$为以期望值 $\mathrm{E}(X)$ 为参照，样本点x的偏离量。

如图4.9所示，$X - \mathrm{E}(X)$代表**去均值** (demean)，也叫**中心化** (centralize)。

Centralize

图4.9　样本去均值

观察，容易发现方差实际上是 $\left(X - \mathrm{E}(X)\right)^2$ 的期望值。就是求$\left(x - \mathrm{E}(X)\right)^2$的加权平均数，权重为$p_X(x)$。从几何角度看，$\left(X - \mathrm{E}(X)\right)^2$表示以 $\left|X - \mathrm{E}(X)\right|$ 为边长的正方形的面积。而对于离散随机变量，$p_X(x)$ 就是权重，体现出不同的样本重要性。

举个例子

图4.5对应的方差为

$$\begin{aligned}
\text{var}(X) &= \frac{1}{6} \times (1-3.5)^2 + \frac{1}{6} \times (2-3.5)^2 + \frac{1}{6} \times (3-3.5)^2 + \frac{1}{6} \times (4-3.5)^2 + \frac{1}{6} \times (5-3.5)^2 + \frac{1}{6} \times (6-3.5)^2 \\
&= \frac{1}{6} \times \left(\frac{25}{4} + \frac{9}{4} + \frac{1}{4} + \frac{1}{4} + \frac{9}{4} + \frac{25}{4}\right) = \frac{35}{12} \approx 2.9167
\end{aligned} \qquad (4.20)$$

注意：本书前文在计算样本方差时，分母除以 $n-1$。而式 (4.20) 分母相当于除以n，这是因为式 (4.20) 是对总体样本求方差。而且，恰好X取$1\sim6$这六个不同值时对应的概率相等。

也就是说，当离散随机变量X等概率时，概率质量函数为

$$p_X\left(x\right)=\frac{1}{n} \tag{4.21}$$

式 (4.19) 可以写成

$$\mathrm{var}\left(X\right)=\frac{1}{n}\sum_x\left(x-\mathrm{E}\left(X\right)\right)^2 \tag{4.22}$$

再次强调，式 (4.22) 是求离散随机变量方差的一种特殊情况 (离散均匀分布)。统计中，样本的方差计算方法类似于式 (4.22)，不过要将分母中的n换成$n-1$。

技巧：方差计算

方差有个简便算法，即

$$\mathrm{var}\left(X\right)=\underbrace{\mathrm{E}\left(X^2\right)}_{\text{Expectaton of }X^2}-\underbrace{\mathrm{E}\left(X\right)^2}_{\text{Square of }\mathrm{E}(X)} \tag{4.23}$$

其中，$\mathrm{E}\left(X^2\right)$为

$$\underbrace{\mathrm{E}\left(X^2\right)}_{\text{Expectaton of }X^2}=\sum_x x^2\cdot\underbrace{p_X\left(x\right)}_{\text{Weight}} \tag{4.24}$$

式 (4.23) 的推导过程为

$$\begin{aligned}
\mathrm{var}\left(X\right)&=\mathrm{E}\left(\left(X-\mathrm{E}\left(X\right)\right)^2\right)\\
&=\mathrm{E}\left(X^2-2X\cdot\mathrm{E}\left(X\right)+\mathrm{E}\left(X\right)^2\right)\\
&=\mathrm{E}\left(X^2\right)-2\mathrm{E}\left(X\right)\cdot\mathrm{E}\left(X\right)+\mathrm{E}\left(X\right)^2\\
&=\mathrm{E}\left(X^2\right)-\mathrm{E}\left(X\right)^2
\end{aligned} \tag{4.25}$$

注意：式 (4.23) 也适用于连续随机变量。

请大家尝试使用式 (4.23) 计算式 (4.20) 的方差。

几何意义

下面我们讲述式 (4.23) 的几何含义。

方差度量离散程度，本质上来说是"自己"和"自己"比较的产物。前一个"自己"是X每个样本，后一个"自己"是代表X整体位置的期望值 $\mathrm{E}(X)$。

如图4.10所示，方差$\mathrm{var}\left(X\right)$代表样本以**质心** (centroid) 为基准的离散程度。

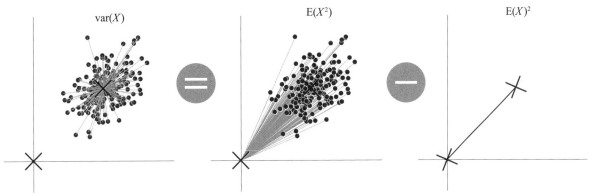

$$\text{var}(X) \qquad\qquad \text{E}(X^2) \qquad\qquad \text{E}(X)^2$$

图4.10 几何视角理解计算方差技巧

式 (4.23) 中，计算方差 $\text{var}(X)$ 有 $\text{E}(X^2)$ 和 $-\text{E}(X)^2$ 两部分。

$\text{E}(X^2)$ 度量X样本以**原点** (origin) 为基准的离散程度。

$\text{E}(X)^2$ 则代表X整体，即$\text{E}(X)$相对于原点的离散程度。$-\text{E}(X)^2$中的"负号"代表将基准从原点移到质心。换个角度来看，散点相对于原点的离散程度 = 散点相对于质心的离散程度 + 质心相对于原点的偏离。

特别地，当X的质心位于原点，即$\text{E}(X) = 0$时，$\text{var}(X)$ 为

$$\text{var}(X) = \text{E}(X^2) \tag{4.26}$$

标准差

标准差 (standard deviation) 是方差的平方根，即

$$\text{std}(X) = \sigma_X = \sqrt{\text{var}(X)} \tag{4.27}$$

方差既然可以用于度量"离散程度"，为什么我们还需要标准差呢？

简单来说，标准差σ_X、期望值 $\text{E}(X)$、随机变量X为同一量纲。比如，鸢尾花花萼长度X的单位是cm，期望值 $\text{E}(X)$ 的单位也是cm，而σ_X的单位对应也是cm。但是，$\text{var}(X)$ 的量纲是cm²。

需要注意的性质

请大家注意以下方差性质，即

$$\begin{aligned} &\text{var}(a) = 0 \\ &\text{var}(X + a) = \text{var}(X) \\ &\text{var}(aX) = a^2\,\text{var}(X) \\ &\text{var}(aX + b) = a^2\,\text{var}(X) \\ &\text{var}(X + Y) = \text{var}(X) + \text{var}(Y) + 2\,\text{cov}(X, Y) \end{aligned} \tag{4.28}$$

其中：$\text{cov}(X, Y)$ 为随机变量X和Y的协方差，本章后续将专门介绍协方差。

请大家注意以下标准差性质，即

$$
\begin{aligned}
\sigma(a) &= 0 \\
\sigma(X + a) &= \sigma(X) \\
\sigma(bX) &= |b|\sigma(X) \\
\sigma(a + bX) &= |b|\sigma(X) \\
\sigma(X + Y) &= \sqrt{\sigma^2(X) + \sigma^2(Y) + 2\rho(X, Y)\sigma(X)\sigma(Y)}
\end{aligned}
\tag{4.29}
$$

汇总

折叠、总结、汇总、降维、压扁 …… 本章及本书后文会用这些字眼形容期望值、方差、标准差。这是因为，计算期望值、方差、标准差时，我们不再关注随机变量样本的具体取值，而是在乎某种方式的**汇总** (aggregation)。

期望值、方差、标准差将"数组"转化成特定标量值。因此，这个特定维度相当于被折叠、总结、降维、压扁 …… 对于多元随机变量，我们可以选择在某个或某几个维度上完成汇总计算。

如果汇总的形式为期望，那么它相当于找到随机变量整体的"位置"。如果汇总的形式为方差、标准差，那么两者都度量随机变量的"离散"程度。

其他常用的汇总形式还包括：**计数** (count)、**求和** (sum)、**四分位** (quartile)、**百分位** (percentile)、**最大值** (maximum)、**最小值** (minimum)、**中位数** (median)、**众数** (mode)、偏度、峰度等。

4.4 累积分布函数（CDF）：累加

对于离散随机变量，**累积分布函数** (Cumulative Distribution Function, CDF) 对应概率质量函数的求和。

对于离散随机变量 X，累积分布函数 $F_X(x)$ 的定义为

$$
F_X(x) = \Pr(X \leqslant x) = \sum_{t \leqslant x} p_X(t)
\tag{4.30}
$$

式 (4.30) 相当于累加概念，累加从 X 最小样本值开始并截止于 $X = x$。

离散随机变量 X 的取值范围为 $a < X \leqslant b$ 时，对应的概率可以利用 CDF 计算，即

$$
\Pr(a < X \leqslant b) = F_X(b) - F_X(a)
\tag{4.31}
$$

图4.5对应的CDF图像如图4.11所示。

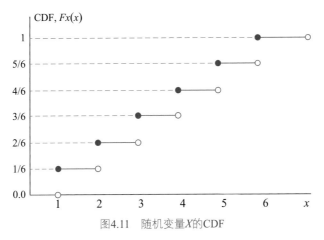

图4.11 随机变量X的CDF

注意：对于离散随机变量，区间端点的开闭会影响结果。

以图4.11为例，请大家比较以下四个不同开闭区间的概率值，有

$$\Pr(1 < X \leqslant 3) = \frac{1}{3}, \quad \Pr(1 \leqslant X \leqslant 3) = \frac{1}{2}, \quad \Pr(1 \leqslant X < 3) = \frac{1}{3}, \quad \Pr(1 < X < 3) = \frac{1}{6} \tag{4.32}$$

对于连续随机变量，就没有区间端点的麻烦了。第6章将展开讲解。

4.5 二元离散随机变量

假设同一个实验中，有两个离散随机变量X和Y。二元随机变量 (X, Y) 的概率取值可以用**联合概率质量函数** (joint Probability Mass Function, joint PMF) $p_{X,Y}(x, y)$ 刻画。

概率质量函数$p_{X,Y}(x, y)$ 代表事件 $\{X = x, Y = y\}$ 发生的联合概率，即

$$\underbrace{p_{X,Y}(x, y)}_{\text{Joint}} = \Pr(X = x, Y = y) \tag{4.33}$$

图4.12所示为二元离散随机变量 (X, Y) 的样本空间 Ω，空间中共有81个点。从函数角度来看，$p_{X,Y}(x, y)$ 是个二元函数。因此，我们可以用二元函数的分析方法来讨论$p_{X,Y}(x, y)$。

再次强调：对于二元离散随机变量，$p_{X,Y}(x, y)$ 本身就是概率值。

《数学要素》一册第13章介绍二元函数，建议大家回顾。

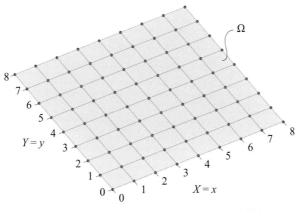

图4.12 二元随机变量的样本空间

取值

图4.13所示为二元联合概率质量函数 $p_{X,Y}(x,y)$ 的取值表格。图4.13同时用热图来可视化 $p_{X,Y}(x,y)$。二元联合概率质量函数 $p_{X,Y}(x,y)$ 也有一条重要的性质，即

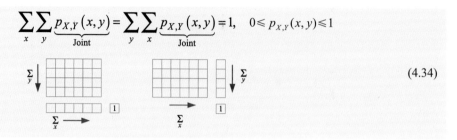

$$\sum_x \sum_y \underbrace{p_{X,Y}(x,y)}_{\text{Joint}} = \sum_y \sum_x \underbrace{p_{X,Y}(x,y)}_{\text{Joint}} = 1, \quad 0 \leq p_{X,Y}(x,y) \leq 1 \tag{4.34}$$

也就是说，图4.13这幅热图中所有数值 (概率、概率质量) 求和的结果为1，与求和顺序无关。

Joint, $p_{X,Y}(x,y)$		$X=x$							
	0	1	2	3	4	5	6	7	8
8	0.0000	0.0000	0.0000	0.0000	0.0000	0.0000	0.0000	0.0000	0.0000
7	0.0000	0.0000	0.0000	0.0001	0.0002	0.0003	0.0004	0.0002	0.0001
6	0.0000	0.0000	0.0001	0.0005	0.0014	0.0025	0.0030	0.0020	0.0006
5	0.0000	0.0001	0.0005	0.0022	0.0064	0.0119	0.0138	0.0092	0.0027
$Y=y$ 4	0.0000	0.0002	0.0014	0.0064	0.0185	0.0346	0.0404	0.0269	0.0078
3	0.0000	0.0003	0.0025	0.0119	0.0346	0.0646	0.0753	0.0502	0.0146
2	0.0000	0.0004	0.0030	0.0138	0.0404	0.0753	0.0879	0.0586	0.0171
1	0.0000	0.0002	0.0020	0.0092	0.0269	0.0502	0.0586	0.0391	0.0114
0	0.0000	0.0001	0.0006	0.0027	0.0078	0.0146	0.0171	0.0114	0.0033

图4.13　概率质量函数 $p_{X,Y}(x,y)$ 取值

火柴梗图

二元联合概率质量函数 $p_{X,Y}(x,y)$ 长成什么样子呢？
火柴梗图最适合可视化概率质量函数，如图4.14所示。

注意：为了展示火柴梗图分别沿 X、Y 方向的变化趋势，图4.14将火柴梗散点连线。一般情况下，火柴梗图不存在连线。

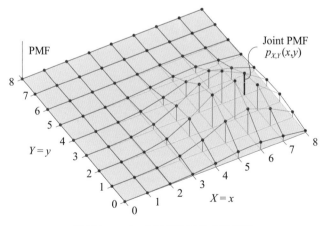

图4.14　$p_{X,Y}(x,y)$ 对应的二维火柴梗图

4.6 协方差、相关性系数

本书读者对协方差、相关性系数这两个概念应该不陌生，本节简要介绍如何求解离散随机变量的协方差和相关性系数。

协方差

二元离散随机变量 (X, Y) 的协方差定义为

$$\mathrm{cov}(X,Y) = \mathrm{E}\big((X - \mathrm{E}(X))(Y - \mathrm{E}(Y))\big) \tag{4.35}$$

如果 (X, Y) 的概率质量函数为 $p_{X,Y}(x, y)$，X 的取值为 $x^{(i)}$ $(i = 1, 2, \cdots, n)$，Y 的取值为 $y^{(j)}$ $(j = 1, 2, \cdots, m)$。则协方差可以展开写成

$$
\begin{aligned}
\mathrm{cov}(X,Y) &= \mathrm{E}\big((X - \mathrm{E}(X))(Y - \mathrm{E}(Y))\big) \\
&= \sum_{i=1}^{n}\sum_{j=1}^{m} p_{X,Y}\big(x^{(i)}, y^{(j)}\big)\big(x^{(i)} - \mathrm{E}(X)\big)\big(y^{(j)} - \mathrm{E}(Y)\big)
\end{aligned}
\tag{4.36}
$$

其中

$$\mathrm{E}(X) = \sum_{x} x \cdot p_X(x), \quad \mathrm{E}(Y) = \sum_{y} y \cdot p_Y(y) \tag{4.37}$$

式 (4.36) 常简写为

$$\mathrm{cov}(X,Y) = \sum_{x}\sum_{y} p_{X,Y}(x, y)\big(x - \mathrm{E}(X)\big)\big(y - \mathrm{E}(Y)\big) \tag{4.38}$$

与方差类似，协方差运算也有如下技巧，即

$$
\begin{aligned}
\mathrm{cov}(X,Y) &= \mathrm{E}(XY) - \mathrm{E}(X)\mathrm{E}(Y) \\
&= \sum_{x}\sum_{y} x \cdot y \cdot p_{X,Y}(x, y) - \left(\sum_{x} x \cdot p_X(x)\right) \cdot \left(\sum_{y} y \cdot p_Y(y)\right)
\end{aligned}
\tag{4.39}
$$

式 (4.39) 推导过程为

$$
\begin{aligned}
\mathrm{cov}(X,Y) &= \mathrm{E}\big((X - \mathrm{E}(X))(Y - \mathrm{E}(Y))\big) \\
&= \mathrm{E}\big(XY - \mathrm{E}(X)Y - X\mathrm{E}(Y) + \mathrm{E}(X)\mathrm{E}(Y)\big) \\
&= \mathrm{E}(XY) - \mathrm{E}(X)\mathrm{E}(Y) - \mathrm{E}(X)\mathrm{E}(Y) + \mathrm{E}(X)\mathrm{E}(Y) \\
&= \mathrm{E}(XY) - \mathrm{E}(X)\mathrm{E}(Y)
\end{aligned}
\tag{4.40}
$$

建议大家也用类似于图4.10的几何视角理解式 (4.40)。

相关性

(X, Y) 相关性的定义为

$$\rho_{X,Y} = \frac{\text{cov}(X,Y)}{\sigma_X \sigma_Y} \tag{4.41}$$

展开得到

$$\rho_{X,Y} = \frac{\text{E}(XY) - \text{E}(X)\text{E}(Y)}{\sqrt{\text{E}(X^2) - \text{E}(X)^2}\sqrt{\text{E}(Y^2) - \text{E}(Y)^2}} \tag{4.42}$$

相关性的取值范围 [-1, 1]。相对于协方差，相关性更适合进行横向比较。

第10章将专门讲解相关性。

协方差性质

请大家注意以下协方差性质，即

$$
\begin{aligned}
\text{cov}(X,a) &= 0 \\
\text{cov}(X,X) &= \text{var}(X) \\
\text{cov}(X,Y) &= \text{cov}(Y,X) \\
\text{cov}(aX,bY) &= ab\,\text{cov}(X,Y) \\
\text{cov}(X+a,Y+b) &= \text{cov}(X,Y) \\
\text{cov}(aX+bY,Z) &= a\,\text{cov}(X,Z) + b\,\text{cov}(Y,Z) \\
\text{cov}(aX+bY,cW+dV) &= ac\,\text{cov}(X,W) + ad\,\text{cov}(X,V) + bc\,\text{cov}(Y,W) + bd\,\text{cov}(Y,V)
\end{aligned}
\tag{4.43}
$$

此外，方差和协方差的关系为

$$\text{var}\left(\sum_{i=1}^{n} a_i X_i\right) = \sum_i a_i^2\,\text{var}(X_i) + 2\sum_{i,j:i<j} a_i a_j\,\text{cov}(X_i,X_j) = \sum_{i,j} a_i a_j\,\text{cov}(X_i,X_j) \tag{4.44}$$

特别地，当 $n = 2$ 时，式 (4.44) 可以写成

$$\text{var}(a_1 X_1 + a_2 X_2) = a_1^2\,\text{var}(X_1) + a_2^2\,\text{var}(X_2) + 2a_1 a_2\,\text{cov}(X_1,X_2) \tag{4.45}$$

看到式 (4.45) 大家是否立刻能够想到我们在《矩阵力量》一册第5章介绍过的二次型 (quadratic form)。

式 (4.45) 可以写成如下矩阵乘法运算，即

$$\text{var}(a_1 X_1 + a_2 X_2) = \underbrace{\begin{bmatrix} a_1 \\ a_2 \end{bmatrix}}_{a}^{\text{T}} \underbrace{\begin{bmatrix} \text{var}(X_1) & \text{cov}(X_1,X_2) \\ \text{cov}(X_1,X_2) & \text{var}(X_2) \end{bmatrix}}_{\Sigma} \underbrace{\begin{bmatrix} a_1 \\ a_2 \end{bmatrix}}_{a} = a^{\text{T}} \Sigma a \tag{4.46}$$

同理，式 (4.44) 可以写成

$$\mathrm{var}\left(\sum_{i=1}^{n} a_i X_i\right) = \begin{bmatrix} a_1 \\ a_2 \\ \vdots \\ a_n \end{bmatrix}^{\mathrm{T}} \underbrace{\begin{bmatrix} \mathrm{cov}(X_1,X_1) & \mathrm{cov}(X_1,X_2) & \cdots & \mathrm{cov}(X_1,X_n) \\ \mathrm{cov}(X_2,X_1) & \mathrm{cov}(X_2,X_2) & \cdots & \mathrm{cov}(X_2,X_n) \\ \vdots & \vdots & \ddots & \vdots \\ \mathrm{cov}(X_n,X_1) & \mathrm{cov}(X_n,X_2) & \cdots & \mathrm{cov}(X_n,X_n) \end{bmatrix}}_{\Sigma} \underbrace{\begin{bmatrix} a_1 \\ a_2 \\ \vdots \\ a_n \end{bmatrix}}_{a} = \boldsymbol{a}^{\mathrm{T}} \boldsymbol{\Sigma} \boldsymbol{a} \qquad (4.47)$$

第14章将从向量投影的视角深入讲解式 (4.47)。

几何视角

对于等式

$$\mathrm{var}(X+Y) = \mathrm{var}(X) + \mathrm{var}(Y) + 2\,\mathrm{cov}(X,Y) \qquad (4.48)$$

即

$$\sigma_{X+Y}^2 = \sigma_X^2 + \sigma_Y^2 + 2\rho_{X,Y}\sigma_X\sigma_Y \qquad (4.49)$$

看到式 (4.49)，大家是否立刻联想到《数学要素》一册第3章介绍的**余弦定律** (law of cosines)

$$c^2 = a^2 + b^2 - 2ab\cos\theta \qquad (4.50)$$

σ_X、σ_Y、σ_{X+Y} 相当于三角形的三个边，$\rho_{X,Y}$ 相当于 σ_X、σ_Y 夹角的余弦值。如图4.15所示，当 $\rho_{X,Y}$ 取不同值时，三角形呈现出不同的形态。

特别地，如果 $\rho_{X,Y}=0$，三角形为直角三角形，满足

另外一个视角就是《矩阵力量》一册介绍的"标准差向量"，请大家回顾。

$$\sigma_{X+Y}^2 = \sigma_X^2 + \sigma_Y^2 \qquad (4.51)$$

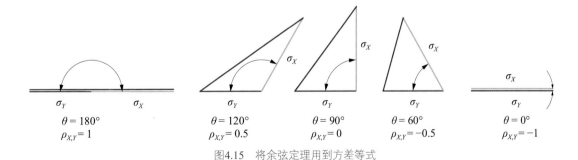

图4.15　将余弦定理用到方差等式

此外，《矩阵力量》一册第22章还专门类比了向量内积和协方差，建议大家回顾。

4.7 边缘概率：偏求和，相当于降维

对于多元离散随机变量，边缘化用到的数学工具为《数学要素》一册第14章讲到的"偏求和"。

边缘概率 (marginal probability) 是某个事件发生的概率，而与其他事件无关。对于离散随机变量来说，利用全概率定理，也就是穷举法，我们可以把联合概率结果中不需要的那些事件全部合并。合并的过程叫作**边缘化** (marginalization)。

边缘概率 $p_X(x)$

根据全概率公式，对于二元联合概率质量函数 $p_{X,Y}(x, y)$，求解边缘概率 $p_X(x)$ 相当于利用"偏求和"消去y，即

$$\underbrace{p_X(x)}_{\text{Marginal}} = \sum_y \underbrace{p_{X,Y}(x, y)}_{\text{Joint}} \qquad (4.52)$$

也就是说，在$X = x$取值条件下，$p_{X,Y}(x, y)$ 对所有y的求和。

从函数角度来看，$p_{X,Y}(x, y)$ 是个二元函数，$p_X(x)$ 是个一元函数。

从矩阵运算角度来看，$p_{X,Y}(x, y)$ 代表矩阵，矩阵沿Y方向求和，折叠得到行向量$p_X(x)$。对行向量 $p_X(x)$ 进一步求和，结果为标量1，对应样本空间概率。反向来看，概率1沿X和Y展开，相当于"切片、切丝"。这个几何视角很重要，本章最后还要聊这个视角。

举个例子

如图4.16所示，当$X = 6$时，将整个一列的$p_{X,Y}(6, y)$ 求和得到$p_X(6) = 0.2965$。请大家自己验算当X取其他值时，边缘概率$p_X(x)$ 的具体值。

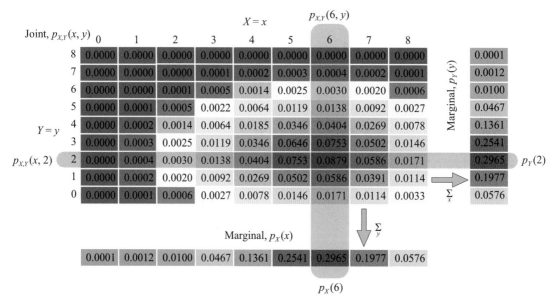

图4.16 利用联合概率计算边缘概率

边缘概率 $p_Y(y)$

同理，$p_{X,Y}(x,y)$ 对 x "偏求和"消去 x 得到 $p_Y(y)$，即

$$\underbrace{p_Y(y)}_{\text{Marginal}} = \sum_x \underbrace{p_{X,Y}(x,y)}_{\text{Joint}} \qquad (4.53)$$

如图4.16所示，当 $Y = 2$ 时，将整个一行的 $p_{X,Y}(x, 2)$ 相加得到 $p_Y(2) = 0.2965$。

从函数角度来看，$p_Y(y)$ 也是个一元离散函数。

从矩阵运算角度来看，矩阵 $p_{X,Y}(x, y)$ 沿 X 方向求和，折叠得到列向量 $p_Y(y)$。这相当于从二维降维到一维。

列向量 $p_Y(y)$ 进一步折叠的结果同样为标量1。

几何视角：叠加

显然，边缘分布 $p_X(x)$ 和 $p_Y(y)$ 本身也是概率质量函数。从图像上来看，$p_X(x)$ 相当于 $p_{X,Y}(x, y)$ 中 y 在取不同值时对应的火柴梗图叠加得到，具体如图4.17所示。同理，图4.18所示为边缘分布 $p_Y(y)$ 的求解过程。

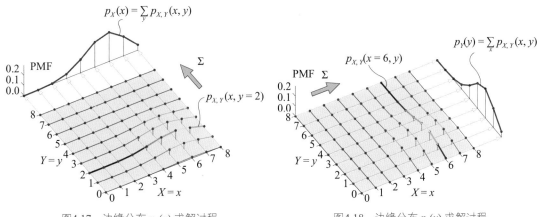

图4.17　边缘分布 $p_X(x)$ 求解过程　　　　图4.18　边缘分布 $p_Y(y)$ 求解过程

4.8 条件概率：引入贝叶斯定理

本节利用贝叶斯定理，介绍如何求解离散随机变量的条件概率质量函数。

联合概率 $p_{X,Y}(x,y)$ → 条件概率 $p_{X|Y}(x|y)$

假设事件 $\{Y = y\}$ 已经发生，即 $p_Y(y) > 0$。在给定事件 $\{Y = y\}$ 条件下，事件 $\{X = x\}$ 发生的概率可以用条件概率质量函数 $p_{X|Y}(x|y)$ 表达。也就是说，对于 $p_{X|Y}(x|y)$，$\{Y = y\}$ 定义了一个样本空间。

利用贝叶斯定理，条件概率 $p_{X|Y}(x|y)$ 可以用联合概率 $p_{X,Y}(x,y)$ 除以边缘概率 $p_Y(y)$ 得到，即

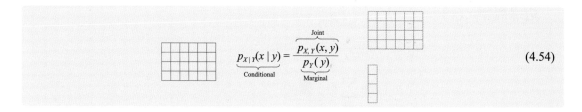

$$\underbrace{p_{X|Y}(x\,|\,y)}_{\text{Conditional}} = \frac{\overbrace{p_{X,Y}(x,y)}^{\text{Joint}}}{\underbrace{p_Y(y)}_{\text{Marginal}}} \tag{4.54}$$

从函数角度来看，$p_{X|Y}(x\,|\,y)$ 本质上也是个二元函数。首先，$p_{X|Y}(x\,|\,y)$ 显然随着 $X=x$ 变化。虽然 $Y=y$ 为条件，但是这个条件也可以变动。$Y=y$ 变动就会导致概率质量函数 $p_{X|Y}(x\,|\,y)$ 发生变化。

从矩阵运算角度来看，$p_{X,Y}(x,y)$ 相当于矩阵，$p_Y(y)$ 相当于列向量。两者相除用到《矩阵力量》一册第4章讲的**广播原则** (broadcasting)。得到的条件概率 $p_{X|Y}(x|y)$ 也是个矩阵，形状与 $p_{X,Y}(x,y)$ 一致。

$p_{X|Y}(x|y)$ 对 x 求和等于1，即

$$\sum_x p_{X|Y}\left(x|y\right) = 1 \tag{4.55}$$

也就是说，$p_{X|Y}(x|y)$ 矩阵的每一行求和结果为1，每一行代表一个不同的"样本空间"。注意：式 (4.55) 的结果实际上是一维数组，$\sum_x(\ )$ 完成 X 方向的压缩，但是 Y 这个维度没有被压缩。

换个视角来看，条件概率的"条件"就是"新的样本空间"，这个新的样本空间对应概率为1。

举个例子

如图 4.19 所示，$Y=2$ 时，边缘概率 $p_Y(Y=2)$ 可以通过求和得到，即

$$p_Y\left(2\right) = \sum_x p_{X,Y}\left(x,2\right) \tag{4.56}$$

$p_Y(2)$ 为定值。给定 $Y=2$ 作为条件时，条件概率 $p_{X|Y}(x|2)$ 通过下式得到，即

$$\underbrace{p_{X|Y}\left(x|2\right)}_{\text{Conditional}} = \frac{\overbrace{p_{X,Y}\left(x,2\right)}^{\text{Joint}}}{\underbrace{p_Y\left(2\right)}_{\text{Marginal}}} \tag{4.57}$$

观察图 4.19，发现 $p_{X,Y}(x,2)$ 到 $p_{X|Y}(x|2)$ 相当于曲线缩放过程。

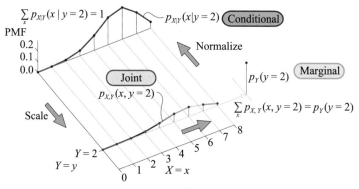

图4.19　求解条件概率 $p_{X|Y}(x|y)$ 的过程

进一步，条件概率 $p_{X|Y}(x|2)$ 对 x 求和得到 1，即

$$\sum_x p_{X|Y}(x|2) = \frac{\sum_x p_{X,Y}(x,2)}{p_Y(2)} = \frac{p_Y(2)}{p_Y(2)} = 1 \qquad (4.58)$$

其中：$p_{X,Y}(x,2)$ 到 $p_{X|Y}(x|2)$ 是一个归一化 (normalization) 过程。也就是说，上式分母中的 $p_Y(y)$ 是一个归一化系数。这样，满足了归一化条件，$p_{X|Y}(x|2)$ "摇身一变" 就成了概率质量函数。

引入贝叶斯定理，边缘概率 $p_X(x)$ 相当于是条件概率的加权平均，即

$$\underbrace{p_X(x)}_{\text{Marginal}} = \sum_y \underbrace{p_{X,Y}(x,y)}_{\text{Joint}} = \sum_y \underbrace{p_{X|Y}(x|y)}_{\text{Conditional}} \underbrace{p_Y(y)}_{\text{Marginal}} \qquad (4.59)$$

条件概率 $p_{X|Y}(x|y) \rightarrow$ 联合概率 $p_{X,Y}(x,y)$

相反，条件概率 $p_{X|Y}(x|y)$ 到联合概率 $p_{X,Y}(x,y)$ 相当于，以边缘概率 $p_Y(y)$ 作为系数缩放 $p_{X|Y}(x|y)$ 的过程，有

$$\underbrace{p_{X,Y}(x,y)}_{\text{Joint}} = \underbrace{p_{X|Y}(x|y)}_{\text{Conditional}} \underbrace{p_Y(y)}_{\text{Marginal}} \qquad (4.60)$$

条件概率 $p_{Y|X}(y|x)$

同理，给定事件 $\{X = x\}$ 条件下，当 $p_X(x) > 0$ 时，事件 $\{Y = y\}$ 发生的概率可以用条件概率质量函数 $p_{Y|X}(y|x)$ 表达，即

$$\underbrace{p_{Y|X}(y|x)}_{\text{Conditional}} = \frac{\overbrace{p_{X,Y}(x,y)}^{\text{Joint}}}{\underbrace{p_X(x)}_{\text{Marginal}}} \qquad (4.61)$$

图4.20所示为求解条件概率 $p_{Y|X}(y|x)$ 的过程。同样，从函数角度来看，$p_{Y|X}(y|x)$ 也是个二元函数。从矩阵运算角度，式 (4.61) 也用到了广播原则，结果 $p_{Y|X}(y|x)$ 同样是个矩阵。

$p_{Y|X}(y|x)$ 对 y 求和等于 1，即

$$\sum_y p_{Y|X}(y|x) = 1 \qquad (4.62)$$

也请大家从降维压缩角度理解式 (4.62)。

式 (4.61) 也可以用于反求联合概率 $p_{Y,X}(y,x)$，即

$$\underbrace{p_{X,Y}(x,y)}_{\text{Joint}} = \underbrace{p_{Y|X}(y|x)}_{\text{Conditional}} \cdot \underbrace{p_X(x)}_{\text{Marginal}} \qquad (4.63)$$

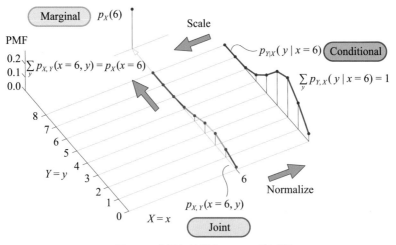

图4.20　求解条件概率$p_{Y|X}(y|x)$的过程

同理，边缘概率$p_Y(y)$也是条件概率$p_{Y|X}(y|x)$的加权平均，即

$$\underbrace{p_Y(y)}_{\text{Marginal}} = \sum_x p_{X,Y}(x,y) = \sum_x \underbrace{p_{Y|X}(y|x)}_{\text{Conditional}}\underbrace{p_X(x)}_{\text{Marginal}} \tag{4.64}$$

式 (4.64) 也是一个"偏求和"过程。

4.9 独立性：条件概率等于边缘概率

独立

如果两个离散变量X和Y独立，则条件概率$p_{X|Y}(x|y)$等于边缘概率$p_X(x)$，下式成立，即

$$\underbrace{p_{X|Y}(x|y)}_{\text{Conditional}} = \underbrace{p_X(x)}_{\text{Marginal}} \tag{4.65}$$

如图4.21所示，X和Y独立，不管y取任何值 (0 ~ 8)，$p_X(x)$的形状均与$p_{X|Y}(x|y)$相同。
式 (4.65) 等价于

$$\underbrace{p_{Y|X}(y|x)}_{\text{Conditional}} = \underbrace{p_Y(y)}_{\text{Marginal}} \tag{4.66}$$

同理，如图4.22所示，X和Y独立时，$p_Y(y)$的形状与$p_{Y|X}(y|x)$相同。这恰恰说明，X的取值与Y无关，也就是条件概率$p_{Y|X}(y|x)$的形状不受$X=x$影响，都与$p_Y(y)$相同的原因。

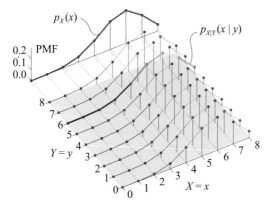

图4.21　X和Y独立，条件概率 $p_{X|Y}(x|y)$
等于边缘概率 $p_X(x)$

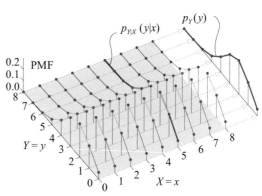

图4.22　X和Y独立，条件概率 $p_{Y|X}(y|x)$
等于边缘概率 $p_Y(y)$

独立：计算联合概率 $p_{X,Y}(x,y)$

另外一个角度，如果离散随机变量X和Y独立，则联合概率 $p_{X,Y}(x,y)$ 等于 $p_Y(y)$ 和 $p_X(x)$ 两个边缘概率质量函数PMF乘积，即

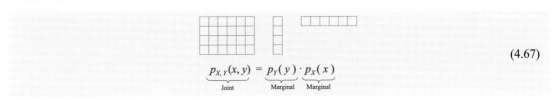

$$\underbrace{p_{X,Y}(x,y)}_{\text{Joint}} = \underbrace{p_Y(y)}_{\text{Marginal}} \cdot \underbrace{p_X(x)}_{\text{Marginal}} \tag{4.67}$$

从向量角度来看，把 $p_Y(y)$ 和 $p_X(x)$ 看成是两个向量，式 (4.67) 相当于$p_Y(y)$ 和 $p_X(x)$ 的张量积。

不独立

我们再来看一下，在离散随机变量X和Y不独立的情况下，$p_{Y|X}(y|x)$ 和 $p_Y(y)$ 图像可能存在的某种关系。图4.24所示为另一个联合概率 $p_{X,Y}(x,y)$ 的图像。

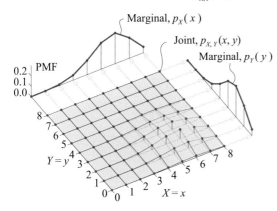

图4.23　联合概率 $p_{X,Y}(x,y)$ 等于 $p_Y(y)$ 和 $p_X(x)$
两个边缘概率乘积，假设独立

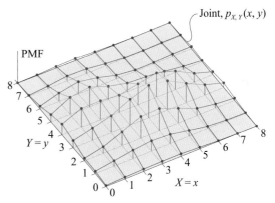

图4.24　离散随机变量X和Y不独立情况下，
联合概率$p_{X,Y}(x,y)$

前文已经介绍，如果X和Y不独立，$p_Y(y) > 0$，则条件概率$p_{X|Y}(x|y)$公式为

$$\underbrace{p_{X|Y}\left(x|y\right)}_{\text{Conditional}} = \frac{\overbrace{p_{X,Y}\left(x,y\right)}^{\text{Joint}}}{\underbrace{p_Y\left(y\right)}_{\text{Marginal}}} = \frac{\overbrace{p_{X,Y}\left(x,y\right)}^{\text{Joint}}}{\sum\limits_x p_{X,Y}\left(x,y\right)} \tag{4.68}$$

如图4.25所示，当X和Y不独立时，条件概率$p_{X|Y}(x|y)$不同于边缘概率$p_X(x)$。

如果$p_X(x) > 0$，则条件概率$p_{Y|X}(y|x)$需要利用贝叶斯定理计算，即

$$\underbrace{p_{Y|X}\left(y|x\right)}_{\text{Conditional}} = \frac{\overbrace{p_{X,Y}\left(x,y\right)}^{\text{Joint}}}{\underbrace{p_X\left(x\right)}_{\text{Marginal}}} = \frac{\overbrace{p_{X,Y}\left(x,y\right)}^{\text{Joint}}}{\sum\limits_y p_{X,Y}\left(x,y\right)} \tag{4.69}$$

如图4.26所示，X和Y不独立时，条件概率$p_{Y|X}(y|x)$不同于边缘概率$p_Y(y)$。

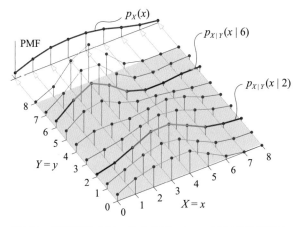

图4.25 X和Y不独立时，条件概率$p_{X|Y}(x|y)$不同于边缘概率$p_X(x)$

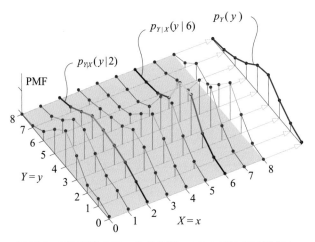

图4.26 X和Y不独立时，条件概率$p_{Y|X}(y|x)$不同于边缘概率$p_Y(y)$

4.10 以鸢尾花数据为例：不考虑分类标签

本章下面两节用鸢尾花数据集花萼长度 (X_1)、花萼宽度 (X_2)、分类标签 (Y) 样本数据为例，讲解离散随机变量的主要知识点。

对于鸢尾花数据集，分类标签 (Y) 本身就是离散随机变量，因为Y的取值只有三个，对应鸢尾花的三个类别——versicolor、setosa、virginica。

而花萼长度 (X_1)、花萼宽度 (X_2) 两者取值都是连续数值，大家可能好奇，X_1和X_2怎么可能变成离散随机变量呢？

两把直尺

这里只需要做一个很小的调整，给定鸢尾花花萼长度或宽度d，然后进行round($2 \times d$)/2运算。比如，鸢尾花花萼长度为5.3，进行上述计算后会变成5.5。

这就好比，测量鸢尾花获得原始数据时，用的是图4.27 (a) 所示直尺。而我们在测量花萼长度、花萼宽度时，用的是如图4.27 (b) 所示的直尺。直尺精度为0.5 cm。而测量结果仅保留一位有效小数，这一位小数的数值可能是0或5。

实际上鸢尾花四个特征的原始数据本身也是"离散的"，因为原始数据仅仅保留一位有效小数位，只不过我们把数据看成是连续数据而已。从这个角度来看，在数据科学领域，电子数据离散、连续与否是相对的。

| (a) | (b) |

图4.27 两把直尺

"离散"的花萼长度、花萼宽度数据

图4.28所示为经过round($2 \times d$)/2运算得到的"离散"的花萼长度、花萼宽度数据散点图。

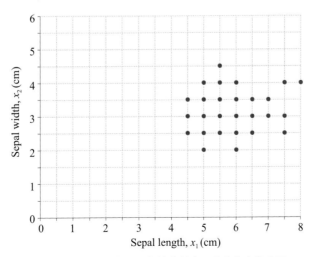

图4.28 "离散"的鸢尾花花萼长度、花萼宽度散点图

花萼长度 (X_1) 取值有8个，分别是4.5、5.0、5.5、6.0、6.5、7.0、7.5、8.0，也就是说 X_1 的样本空间为 {4.5, 5.0, 5.5, 6.0, 6.5, 7.0, 7.5, 8.0}。

花萼宽度 (X_2) 取值有6个，分别是2.0、2.5、3.0、3.5、4.0、4.5，X_2 的样本空间为 {2.0, 2.5, 3.0, 3.5, 4.0, 4.5}。

下一步，我们统计每个散点对应的频数，即散点图中网格线交点处的样本数量。

频数 → 联合概率质量函数 $p_{X1,X2}(x_1,x_2)$

基于图4.28所示数据，我们可以得到图4.29所示频数和概率热图。为了区分频数和概率热图，两类热图采用了不同色谱。

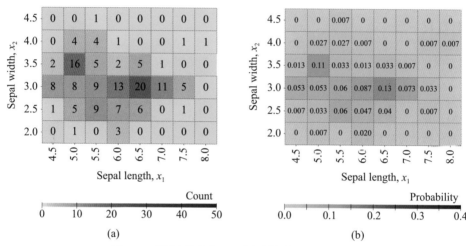

图4.29　频数和概率热图，全部样本点，不考虑分类

图4.29 (a) 中频数之和为150，即鸢尾花样本总数。从频数到概率的计算很简单，如频数为3，样本总数为150，则两者比值对应概率0.02 = 3/150。

翻译成"概率语言"就是，根据既有样本数据，花萼长度 (X_1) 为6.0、花萼宽度 (X_2) 为2.0对应的联合概率为0.02，即

$$p_{X1,X2}(6.0,2.0) = 0.02 \tag{4.70}$$

采用穷举法，图4.29 (b) 热图中所有取值之和为1，即

$$\sum_{x_1}\sum_{x_2} p_{X1,X2}(x_1,x_2) = 1 \tag{4.71}$$

用样本数据来计算的话，式 (4.71) 相当于150/150 = 1。也就是说，图4.29 (b) 所示是对概率为1的某种特定的分割。

花萼长度边缘概率 $p_{X1}(x_1)$：偏求和

图4.30所示为求解花萼长度边缘概率的过程。

举个例子，当花萼长度 (X_1) 取值为7.0时，对应的边缘概率 $p_{X1}(7.0)$ 可以通过如下"偏求和"得到，即

$$p_{X1}(7.0) = \sum_{x_2} p_{X1,X2}(7.0, x_2) = \underbrace{0}_{X_2=2.0} + \underbrace{0}_{X_2=2.5} + \underbrace{0.073}_{X_2=3.0} + \underbrace{0.007}_{X_2=3.5} + \underbrace{0}_{X_2=4.0} + \underbrace{0}_{X_2=4.5} = 0.08 \qquad (4.72)$$

式 (4.72) 相当于，固定花萼长度 (X_1) 为7.0，然后穷举花萼宽度 (X_2) 的所有概率值，然后求和 (压缩、折叠)。

从频数角度来看，式 (4.72) 相当于

$$p_{X1}(7.0) = \dfrac{\overbrace{0}^{X_2=2.0} + \overbrace{0}^{X_2=2.5} + \overbrace{11}^{X_2=3.0} + \overbrace{1}^{X_2=3.5} + \overbrace{0}^{X_2=4.0} + \overbrace{0}^{X_2=4.5}}{150} = \dfrac{12}{150} = 0.08 \qquad (4.73)$$

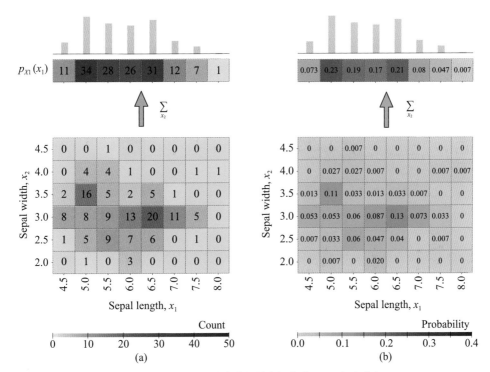

图4.30 花萼长度的边缘频数和概率热图 (不考虑分类)

花萼宽度边缘概率 $p_{X2}(x_2)$：偏求和

图4.31所示为求解花萼宽度边缘概率的过程。

举个例子，当花萼宽度 (X_2) 取值为2.0时，对应的边缘概率 $p_{X2}(2.0)$ 可以通过如下偏求和得到，即

$$p_{X2}(2.0) = \sum_{x_1} p_{X1,X2}(x_1, 2.0) = \underbrace{0}_{X_1=4.5} + \underbrace{0.007}_{X_1=5.0} + \underbrace{0}_{X_1=5.5} + \underbrace{0.02}_{X_1=6.0} + \underbrace{0}_{X_1=6.5} + \underbrace{0}_{X_1=7.0} + \underbrace{0}_{X_1=7.5} + \underbrace{0}_{X_1=8.0} = 0.027 \qquad (4.74)$$

式 (4.74) 相当于，固定花萼宽度 (X_2) 为2.0，然后穷举花萼长度 (X_1) 所有概率值，然后求和。

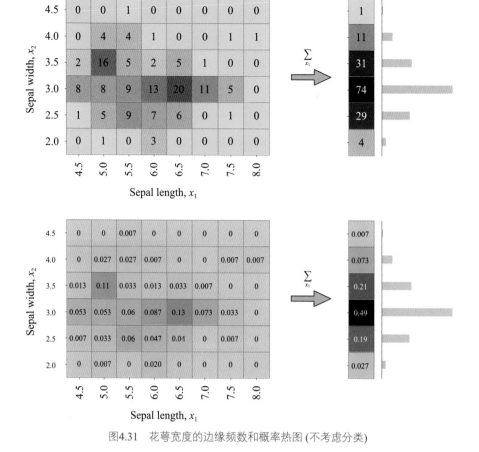

图4.31 花萼宽度的边缘频数和概率热图 (不考虑分类)

期望值、方差

花萼长度X_1的期望值为

$$
\begin{aligned}
\mathrm{E}(X_1) &= \sum_{x_1} x_1 \cdot p_{X1}(x_1) \\
&= \underset{\mathrm{cm}}{4.5} \times 0.073 + \underset{\mathrm{cm}}{5.0} \times 0.23 + \underset{\mathrm{cm}}{5.5} \times 0.19 + \underset{\mathrm{cm}}{6.0} \times 0.17 + \\
&\quad \underset{\mathrm{cm}}{6.5} \times 0.21 + \underset{\mathrm{cm}}{7.0} \times 0.08 + \underset{\mathrm{cm}}{7.5} \times 0.047 + \underset{\mathrm{cm}}{8.0} \times 0.007 \\
&= 5.836 \ \mathrm{cm}
\end{aligned}
\tag{4.75}
$$

请大家自行写出上式对应的矩阵运算式，并画出矩阵乘法运算示意图。

然后，计算花萼长度X_1平方的期望值为

$$
\begin{aligned}
\mathrm{E}(X_1^2) &= \sum_{x_1} x_1^2 \cdot p_{X1}(x_1) \\
&= \underset{\mathrm{cm}^2}{4.5^2} \times 0.073 + \underset{\mathrm{cm}^2}{5.0^2} \times 0.23 + \underset{\mathrm{cm}^2}{5.5^2} \times 0.19 + \underset{\mathrm{cm}^2}{6.0^2} \times 0.17 + \\
&\quad \underset{\mathrm{cm}^2}{6.5^2} \times 0.21 + \underset{\mathrm{cm}^2}{7.0^2} \times 0.08 + \underset{\mathrm{cm}^2}{7.5^2} \times 0.047 + \underset{\mathrm{cm}^2}{8.0^2} \times 0.007 \\
&= 34.741 \ \mathrm{cm}^2
\end{aligned}
\tag{4.76}
$$

由此可以求得花萼长度X_1的方差为

$$\text{var}\left(X_1\right) = \underbrace{\text{E}\left(X_1^2\right)}_{\text{Expectaton of } X_1^2} - \underbrace{\text{E}\left(X_1\right)^2}_{\text{Square of E}(X_1)} = 0.6749 \tag{4.77}$$

结果的单位为平方厘米 (cm²)。

式 (4.78) 的平方根便是X_1的标准差，即

> ⚠️ 注意：式 (4.77) 把数据当作总体的样本数据看待。

$$\sigma_{X1} = \sqrt{\text{var}\left(X_1\right)} = 0.821 \text{ cm} \tag{4.78}$$

请大家自行计算：花萼宽度X_2的期望值、X_2平方的期望值。由此，可以求得花萼宽度X_2的方差，然后计算X_2的标准差。

独立

前文提过，如果假设X_1和X_2独立，联合概率可通过下式计算得到，即

$$p_{X1,X2}\left(x_1, x_2\right) = p_{X1}\left(x_1\right) \cdot p_{X2}\left(x_2\right) \tag{4.79}$$

图4.32所示为假设X_1和X_2独立时，联合概率的热图。

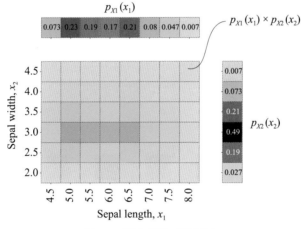

图4.32　联合概率 (假设独立)

这实际上就是《矩阵力量》一册介绍的向量张量积，也相当于如图4.33所示的矩阵乘法。

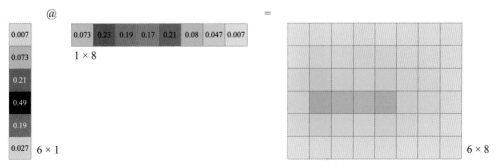

图4.33　X_1和X_2条件独立，矩阵乘法

图4.32中矩阵所有元素之和也是1。寻根溯源，这体现的是乘法的分配律，即

$$\underbrace{\sum_{x_1}p_{X1}(x_1)}_{=1}\cdot\underbrace{\sum_{x_2}p_{X2}(x_2)}_{=1}=1 \tag{4.80}$$

为了配合热图形式，用如下方式展开上式，得到

$$\underbrace{\left\{p_{X2}(4.5)+p_{X2}(4.0)+\cdots+p_{X2}(2.0)\right\}}_{=1}\cdot\underbrace{\left\{p_{X1}(4.5)+p_{X1}(5.0)+\cdots+p_{X1}(8.0)\right\}}_{=1}=1 \tag{4.81}$$

展开的每一个元素对应热图矩阵的每个元素，即

$$
\begin{aligned}
&p_{X2}(4.5)\cdot p_{X1}(4.5)+p_{X2}(4.5)\cdot p_{X1}(5.0)+\cdots+p_{X2}(4.5)\cdot p_{X1}(8.0)+\\
&p_{X2}(4.0)\cdot p_{X1}(4.5)+p_{X2}(4.0)\cdot p_{X1}(5.0)+\cdots+p_{X2}(4.0)\cdot p_{X1}(8.0)+\\
&\cdots+\\
&p_{X2}(2.0)\cdot p_{X1}(4.5)+p_{X2}(2.0)\cdot p_{X1}(5.0)+\cdots+p_{X2}(2.0)\cdot p_{X1}(8.0)=1
\end{aligned} \tag{4.82}
$$

比较图4.32和图4.29 (b)，我们发现假设X_1和X_2独立，得到的联合概率和真实值偏差很大。也就是说，式 (4.79) 这种假设随机变量独立然后计算联合概率的方法很多时候并不准确，需要谨慎使用。

给定花萼长度，花萼宽度的条件概率$p_{X2|X1}(x_2\,|\,x_1)$

如图4.34所示，给定花萼长度$X_1 = 5.0$作为条件，这相当于在整个样本空间中，单独划出一个区域 (浅蓝色)。这个区域将是"条件概率样本空间"，对应图4.34中的浅蓝色背景区域。计算$X_1 = 5.0$条件概率时，将浅蓝色区域的概率值设为1。

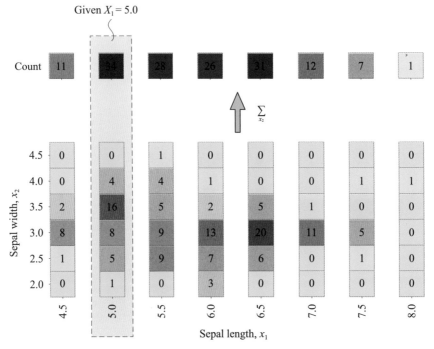

图4.34　给定花萼长度，如何计算花萼宽度的条件概率 (频数视角)

采用穷举法，这个区域中的条件概率有以下几个，即

$$p_{X2|X1}\left(x_2 = 4.5 \mid x_1 = 5.0\right) = \frac{0}{34} = 0$$

$$p_{X2|X1}\left(x_2 = 4.0 \mid x_1 = 5.0\right) = \frac{4}{34} \approx 0.12$$

$$p_{X2|X1}\left(x_2 = 3.5 \mid x_1 = 5.0\right) = \frac{16}{34} \approx 0.47$$

$$p_{X2|X1}\left(x_2 = 3.0 \mid x_1 = 5.0\right) = \frac{8}{34} \approx 0.24 \qquad (4.83)$$

$$p_{X2|X1}\left(x_2 = 2.5 \mid x_1 = 5.0\right) = \frac{5}{34} \approx 0.15$$

$$p_{X2|X1}\left(x_2 = 2.0 \mid x_1 = 5.0\right) = \frac{1}{34} \approx 0.029$$

换个方法来求。如图4.35所示，利用贝叶斯定理，式 (4.83) 中的条件概率可以通过下式计算，即

$$p_{X2|X1}\left(x_2 = 4.5 \mid x_1 = 5.0\right) = \frac{p_{X1,X2}\left(x_1 = 5.0, x_2 = 4.5\right)}{p_{X1}\left(x_1 = 5.0\right)} \approx \frac{0}{0.23} = 0$$

$$p_{X2|X1}\left(x_2 = 4.0 \mid x_1 = 5.0\right) = \frac{p_{X1,X2}\left(x_1 = 5.0, x_2 = 4.0\right)}{p_{X1}\left(x_1 = 5.0\right)} \approx \frac{0.027}{0.23} \approx 0.12$$

$$p_{X2|X1}\left(x_2 = 3.5 \mid x_1 = 5.0\right) = \frac{p_{X1,X2}\left(x_1 = 5.0, x_2 = 3.5\right)}{p_{X1}\left(x_1 = 5.0\right)} \approx \frac{0.11}{0.23} \approx 0.47$$

$$p_{X2|X1}\left(x_2 = 3.0 \mid x_1 = 5.0\right) = \frac{p_{X1,X2}\left(x_1 = 5.0, x_2 = 3.0\right)}{p_{X1}\left(x_1 = 5.0\right)} \approx \frac{0.053}{0.23} \approx 0.24 \qquad (4.84)$$

$$p_{X2|X1}\left(x_2 = 2.5 \mid x_1 = 5.0\right) = \frac{p_{X1,X2}\left(x_1 = 5.0, x_2 = 2.5\right)}{p_{X1}\left(x_1 = 5.0\right)} \approx \frac{0.033}{0.23} \approx 0.15$$

$$p_{X2|X1}\left(x_2 = 2.0 \mid x_1 = 5.0\right) = \frac{p_{X1,X2}\left(x_1 = 5.0, x_2 = 2.0\right)}{p_{X1}\left(x_1 = 5.0\right)} \approx \frac{0.007}{0.23} \approx 0.029$$

其中

$$\begin{aligned}
p_{X1}\left(x_1 = 5.0\right) = &\, p_{X1,X2}\left(x_1 = 5.0, x_2 = 4.5\right) + p_{X1,X2}\left(x_1 = 5.0, x_2 = 4.0\right) + \\
&\, p_{X1,X2}\left(x_1 = 5.0, x_2 = 3.5\right) + p_{X1,X2}\left(x_1 = 5.0, x_2 = 3.0\right) + \\
&\, p_{X1,X2}\left(x_1 = 5.0, x_2 = 2.5\right) + p_{X1,X2}\left(x_1 = 5.0, x_2 = 2.0\right) \\
\approx &\, 0 + 0.027 + 0.11 + 0.053 + 0.033 + 0.007 \approx 0.23
\end{aligned} \qquad (4.85)$$

比较式 (4.83) 和式 (4.84)，发现结果相同。

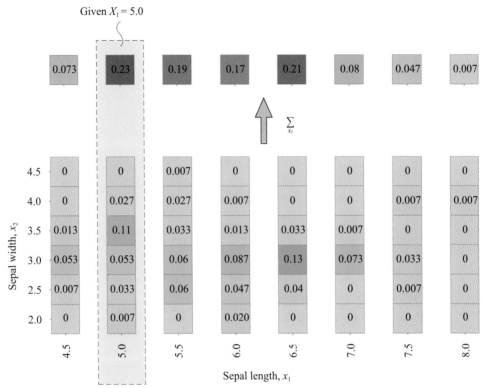

图4.35 给定花萼长度，如何计算花萼宽度的条件概率 (概率视角)

本章前文提过，从函数角度来看，$p_{X2 \mid X1}(x_2 \mid x_1)$ 本质上也是个二元离散函数，具体如图4.36所示。

$$p_{X2|X1}(x_2|x_1)$$

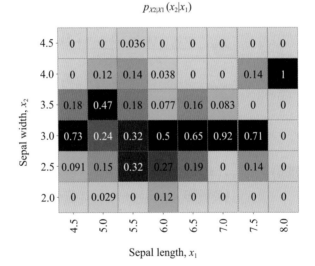

图4.36 给定花萼长度，花萼宽度的条件概率 $p_{X2 \mid X1}(x_2 \mid x_1)$

如图4.37所示，每一列条件概率求和为1，即

$$\sum_{x_2} p_{X2|X1}(x_2 \mid x_1) = 1 \tag{4.86}$$

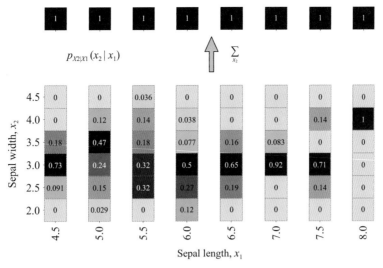

图4.37 给定花萼长度，花萼宽度的条件概率，每一列条件概率求和为1

给定花萼宽度，花萼长度的条件概率$p_{X1\,|\,X2}(x_1\,|\,x_2)$

根据图4.38所示数据，请大家自行计算，给定花萼宽度为3.0时，每个条件概率$p_{X1\,|\,X2}(x_1\,|\,3.0)$的具体值。

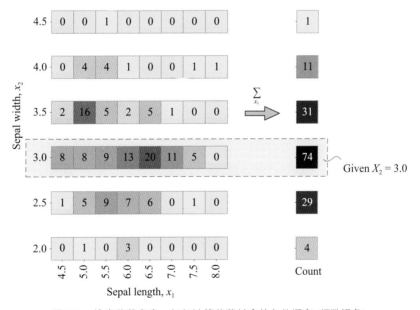

图4.38 给定花萼宽度，如何计算花萼长度的条件概率 (频数视角)

从函数角度来看，$p_{X1\,|\,X2}(x_1\,|\,x_2)$也是个二元离散函数，具体如图4.39所示。

大家是否立刻想到，既然我们可以求得花萼长度的期望值，我们是否可以求得给定花萼宽度条件下的花萼长度的期望、方差呢？

答案是肯定的！

第8章将专门介绍**条件期望** (conditional expectation)、**条件方差** (conditional variance)。

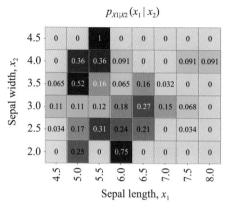

图4.39　给定花萼宽度，花萼长度的条件概率$p_{X_1|X_2}(x_1|x_2)$

如图4.40所示，每一行条件概率求和为1，即

$$\sum_{x_1} p_{X_1|X_2}(x_1|x_2) = 1 \tag{4.87}$$

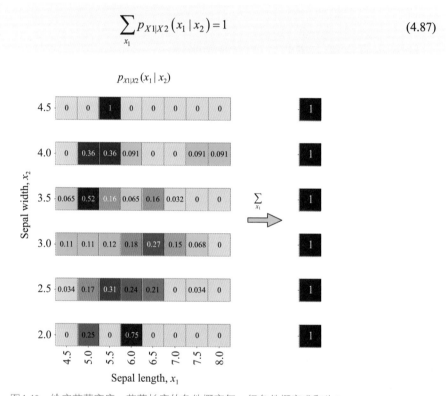

图4.40　给定花萼宽度，花萼长度的条件概率每一行条件概率求和为1

4.11 以鸢尾花数据为例：考虑分类标签

本节讨论在考虑分类标签条件下，如何计算鸢尾花数据的条件概率。

给定分类标签$Y = C_1$ (setosa)

图4.41 (a) 所示为给定分类标签$Y = C_1$ (setosa) 条件下，鸢尾花数据集中50个样本数据的频数热图。图4.41 (a) 中频数除以50便得到图4.41 (b) 所示的条件概率$p_{X1,X2 \mid Y}(x_1, x_2 \mid y = C_1)$热图。

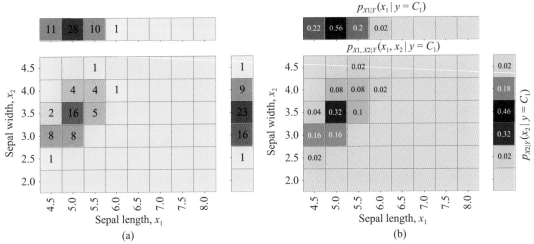

图4.41　频数和条件概率$p_{X1,X2 \mid Y}(x_1, x_2 \mid y = C_1)$热图，给定分类标签$Y = C_1$ (setosa)

此外，请大家根据频数热图，自行计算两个条件概率：$p_{X1 \mid X2, Y}(x_1 = 5.0 \mid x_2 = 3.0, y = C_1)$ 和 $p_{X2 \mid X1, Y}(x_2 = 3.0 \mid x_1 = 5.0, y = C_1)$。

给定分类标签$Y = C_2$ (versicolor)

图4.42 (a) 所示为给定分类标签$Y = C_2$ (versicolor) 条件下，鸢尾花数据集中50个样本数据的频数热图。图4.42 (a) 中频数除以50便得到图4.42 (b) 所示的条件概率$p_{X1,X2 \mid Y}(x_1, x_2 \mid y = C_2)$热图。

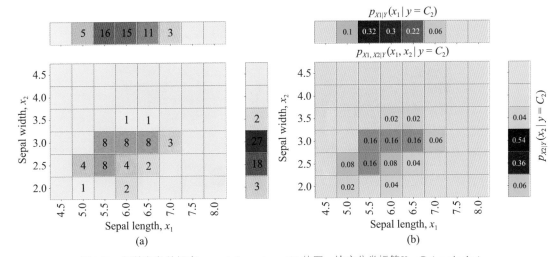

图4.42　频数和条件概率$p_{X1,X2 \mid Y}(x_1, x_2 \mid y = C_2)$热图，给定分类标签$Y = C_2$ (versicolor)

给定分类标签$Y = C_3$ (virginica)

请大家自行分析图4.43。

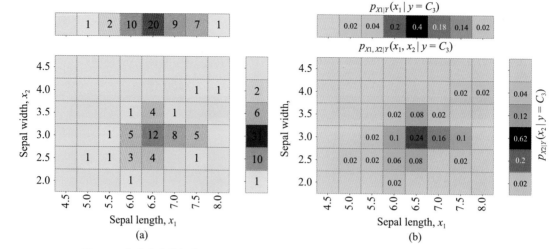

图4.43. 频数和条件概率 $p_{X1,X2 \mid Y}(x_1, x_2 \mid y = C_3)$ 热图，给定分类标签 $Y = C_3$ (virginica)

全概率

如图4.44所示，利用全概率定理，我们可以通过下式计算$p_{X1,X2}(x_1, x_2)$，即

$$
\begin{aligned}
p_{X1,X2}(x_1, x_2) &= \sum_y \underbrace{p_{X1,X2,Y}(x_1, x_2, y)}_{\text{Joint}} \\
&= \sum_y \underbrace{p_{X1,X2 \mid Y}(x_1, x_2 \mid y)}_{\text{Conditional}} \cdot \underbrace{p_Y(y)}_{\text{Marginal}} \\
&= p_{X1,X2 \mid Y}(x_1, x_2 \mid C_1) \cdot p_Y(C_1) + \\
&\quad\ p_{X1,X2 \mid Y}(x_1, x_2 \mid C_2) \cdot p_Y(C_2) + \\
&\quad\ p_{X1,X2 \mid Y}(x_1, x_2 \mid C_3) \cdot p_Y(C_3)
\end{aligned}
\tag{4.88}
$$

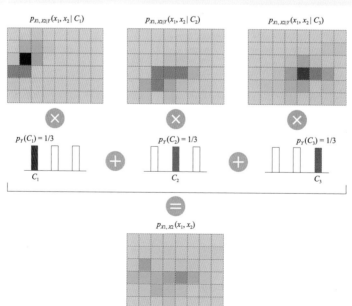

图4.44 利用全概率定理，计算$p_{X1,X2}(x_1, x_2)$

从几何角度来看，联合概率质量函数$p_{X_1,X_2,Y}(x_1, x_2, y)$相当于一个"立方体"。式(4.88)相当于，将立方体在Y方向上压扁成$p_{X_1,X_2}(x_1, x_2)$平面。本章最后将继续这一话题。

条件独立

图4.45所示为给定$Y = C_1$条件下，假设X_1和X_2条件独立，利用$p_{X_1|Y}(x_1 \mid y = C_1)$、$p_{X_2|Y}(x_2 \mid y = C_1)$估算$p_{X_1,X_2|Y}(x_1, x_2 \mid y = C_1)$为

$$p_{X_1,X_2|Y}(x_1, x_2 \mid C_1) = p_{X_1|Y}(x_1 \mid C_1) p_{X_2|Y}(x_2 \mid C_1) \tag{4.89}$$

图4.45也相当于两个向量的张量积，请大家画出矩阵运算示意图。

请大家自行从矩阵乘法角度分析图4.46、图4.47。

将这些条件概率质量函数代入，我们也可以计算得到另外一个$p_{X_1,X_2}(x_1, x_2)$。这实际上是估算$p_{X_1,X_2}(x_1, x_2)$的一种方法。本书后续还会介绍这种方法及其应用。

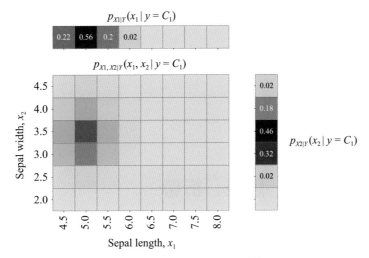

图4.45　给定$Y = C_1$，假设X_1和X_2条件独立，计算$p_{X_1,X_2|Y}(x_1, x_2 \mid y = C_1)$

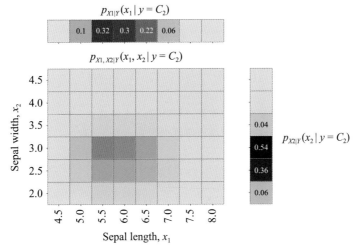

图4.46　给定$Y = C_2$，假设X_1和X_2条件独立，计算$p_{X_1,X_2|Y}(x_1, x_2 \mid y = C_2)$

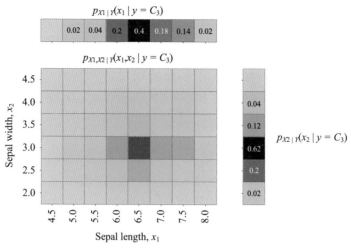

图4.47 给定 $Y = C_3$，假设 X_1 和 X_2 条件独立，计算 $p_{X1,X2 \mid Y}(x_1, x_2 \mid y = C_3)$

代码Bk5_Ch04_02.py绘制前两节大部分图像。

4.12 再谈概率1：展开、折叠

偏求和：压扁

本章前文提到，几何上，$p_{X1,X2,X3}(x_1, x_2, x_3)$ 可以视作一个三维立方体。而偏求和是个降维过程，把立方体在不同维度上压扁。

如图4.48所示，$p_{X1,X2,X3}(x_1, x_2, x_3)$ 在 x_1 上偏求和，压扁得到 $p_{X2,X3}(x_2, x_3)$ 为

$$p_{X2,X3}(x_2, x_3) = \sum_{x_1} p_{X1,X2,X3}(x_1, x_2, x_3) \tag{4.90}$$

如图4.48所示，$p_{X2,X3}(x_2, x_3)$ 代表一个二维平面，相当于一个矩阵。

而 $p_{X2,X3}(x_2, x_3)$ 进一步沿着 x_2 折叠便得到边缘概率质量函数 $p_{X3}(x_3)$，有

$$
\begin{aligned}
p_{X3}(x_3) &= \sum_{x_2} p_{X2,X3}(x_2, x_3) \\
&= \sum_{x_2} \sum_{x_1} p_{X1,X2,X3}(x_1, x_2, x_3)
\end{aligned}
\tag{4.91}
$$

其中：$p_{X3}(x_3)$ 相当于一个向量。

沿着哪个方向求和，就相当于完成了这个维度上数据的合并。这个维度便因此消失。

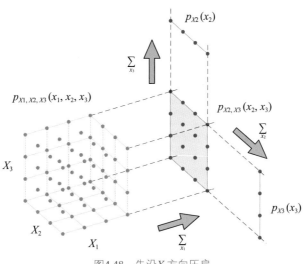

图4.48　先沿X_1方向压扁

换个方向，$p_{X2,X3}(x_2,x_3)$沿着x_3折叠便得到边缘概率质量函数$p_{X2}(x_2)$，即有

$$p_{X2}(x_2) = \sum_{x_3} p_{X2,X3}(x_2,x_3) \tag{4.92}$$

而$p_{X3}(x_3)$和$p_{X2}(x_2)$进一步折叠，便得到概率1，即

$$1 = \sum_{x_3}\sum_{x_2}\sum_{x_1} p_{X1,X2,X3}(x_1,x_2,x_3) = \sum_{x_2}\sum_{x_3}\sum_{x_1} p_{X1,X2,X3}(x_1,x_2,x_3) \tag{4.93}$$

经过上述不同顺序的三重求和后，三个维度全部消失，结果是样本空间对应的概率值"1"。

请大家沿着上述思路自行分析图4.49所示的两幅图，并写出求和公式。

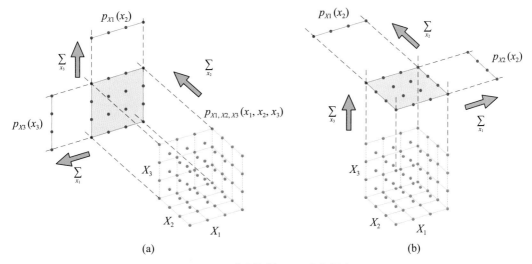

图4.49　分别先沿X_2、X_3方向压扁

此外，请大家自己思考，如果X_1、X_2、X_3独立，如何计算$p_{X1,X2,X3}(x_1,x_2,x_3)$呢？

本节X_1、X_2、X_3均为离散随机变量，因此图4.48中每个点均代表概率值。请大家思考以下几种随机变量组合下，图4.48这个立方体展开、折叠的方式有何变化？

◀X_1、X_2、X_3均为连续随机变量。

◀X_1、X_2为连续随机变量，X_3为离散随机变量。

◀X_1、X_2为离散随机变量，X_3为连续随机变量。

条件概率：切片

如图4.50所示，条件概率$p_{X1,X2|X3}(x_1,x_2|c)$相当于在$X_3=c$处切了一片，只考虑切片上的概率分布情况，而不考虑整个立方体的概率分布。

也就是说，$X_3=c$对应的切片是条件概率$p_{X1,X2|X3}(x_1,x_2|c)$的样本空间。

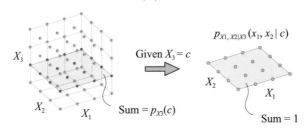

图4.50　给定$X3=c$条件概率

计算条件概率时，首先将切片上的联合概率求和得到$p_{X3}(c)$，有

$$p_{X3}(c)=\sum_{x_2}\sum_{x_1}p_{X1,X2,X3}(x_1,x_2,c) \tag{4.94}$$

然后，用联合概率除以$p_{X3}(c)>0$得到条件概率$p_{X1,X2|X3}(x_1,x_2|c)$为

$$p_{X1,X2|X3}(x_1,x_2|c)=\frac{p_{X1,X2,X3}(x_1,x_2,c)}{p_{X3}(c)} \tag{4.95}$$

大家自己思考，如果给定$X_3=c$的条件下，X_1和X_2条件独立，意味着什么？

第8章将继续这个话题。

　　本章主要和大家探讨了离散随机变量。离散随机变量是指一种在有限或可数的取值集合中随机取值的随机变量。例如，掷硬币的结果只有两个可能的取值，即正面或反面，用0或1来表示。离散随机变量通常用概率质量函数PMF来描述其可能取值的概率。对于二元、多元离散随机变量，大家要学会如何计算边缘概率、条件概率。本章最后的鸢尾花例子全面地复盘了有关离散随机变量的关键知识点，请大家务必学懂。

　　下一章将介绍离散随机变量中的常见分布。

Discrete Distributions
离散分布
理想化的离散随机变量概率模型

究其本质，概率论无非是将生活常识简化成数学运算。

The theory of probabilities is at bottom nothing but common sense reduced to calculation.

—— 皮埃尔-西蒙·拉普拉斯 (Pierre-Simon Laplace) | 法国著名天文学家和数学家 | 1749—1827年

◄　matplotlib.pyplot.barh() 绘制水平直方图
◄　matplotlib.pyplot.stem() 绘制火柴梗图
◄　mpmath.pi mpmath 库中的圆周率
◄　numpy.bincount() 统计列表中元素出现的个数
◄　scipy.stats.bernoulli() 伯努利分布
◄　scipy.stats.binom() 二项分布
◄　scipy.stats.geom() 几何分布
◄　scipy.stats.hypergeom() 超几何分布
◄　scipy.stats.multinomial() 多项分布
◄　scipy.stats.poisson() 泊松分布
◄　scipy.stats.randint() 离散均匀分布
◄　seaborn.heatmap() 产生热图

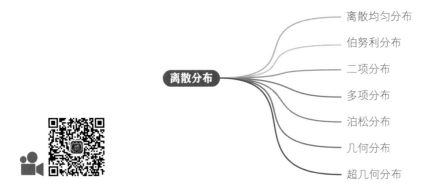

离散分布
- 离散均匀分布
- 伯努利分布
- 二项分布
- 多项分布
- 泊松分布
- 几何分布
- 超几何分布

5.1 概率分布：高度理想化的数学模型

本书前文介绍的事件概率描述一次试验中某一个特定样本发生的可能性。想要了解某个随机变量在样本空间中不同样本的概率或概率密度，我们就需要**概率分布** (probability distribution)。

概率分布是一种特殊的函数，它描述随机变量取值的概率规律。概率分布通常包括两个部分：随机变量的取值和对应的概率或概率密度。

与抛物线$y = ax^2 + bx + c$一样，常用的概率分布都是高度理想化的数学模型。

我们知道随机变量分为离散和连续两种，因此概率分布也分为两类——**离散分布** (discrete distribution)、**连续分布** (continuous distribution)。

图5.1所示为几种在数据科学、机器学习领域常用的概率分布。图5.1中，用火柴梗图描绘的是一元离散随机变量的PMF，曲线描绘的是一元连续随机变量的PDF。

建议大家在学习概率分布时，首先考虑变量是离散还是连续，确定随机变量的取值范围；然后熟悉分布形状以及决定形状的参数，并掌握概率分布的应用场景。

⚠️

再次强调：离散分布对应的是概率质量函数PMF，其本质是概率。可视化一元、二元离散分布的PMF时，建议大家用火柴梗图。连续分布对应的是概率密度函数PDF。对概率密度函数进行积分、二重积分，有时甚至多重积分后，才得到概率值。可视化一元连续分布PDF时，建议用线图，可视化二元连续分布PDF时，可以用网格面或等高线。

本章介绍常见的离散分布，第7章讲解连续分布。建议大家把本章和第7章当成"手册"来看待，以浏览的方式来学习，不需要死记硬背各种概率分布函数。后续应用时，如果遇到某个特定概率分布时，可以再回来查阅"手册"。

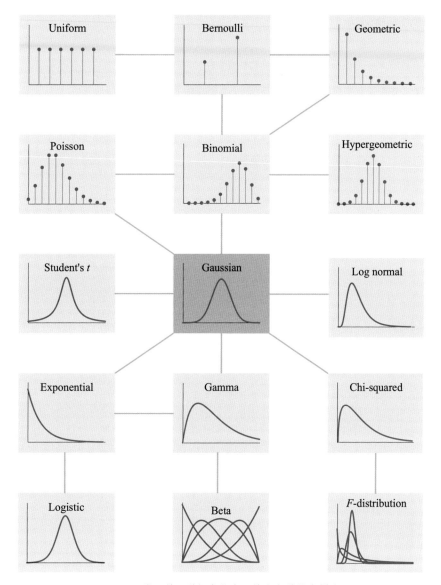

图5.1 常见的几种概率分布，给出多种分布样式

5.2 离散均匀分布：不分厚薄

离散均匀分布 (discrete uniform distribution) 应该是最简单的离散概率分布。离散型均匀分布分配给离散随机变量所有结果相等的权重。本书前文介绍的抛硬币、掷骰子都是离散均匀分布。

离散随机变量X等概率地取得 $[a, b]$ 区间内的所有整数，取得每一个整数对应的概率为

$$p_X(x) = \frac{1}{b-a+1}, \quad x = a, a+1, \cdots, b-1, b \qquad (5.1)$$

⚠ 注意：a、b为正整数。

显然上述概率质量函数$p_X(x)$满足等式

$$\sum_x p_X(x) = 1 \tag{5.2}$$

注意：式 (5.2) 是一个函数能够称作一元随机变量PMF的基本条件。

期望值、方差

满足式 (5.1) 这个离散均匀分布的X的期望值为

$$\mathrm{E}(X) = \frac{a+b}{2} \tag{5.3}$$

X的方差为

$$\mathrm{var}(X) = \frac{(b-a+2)(b-a)}{12} \tag{5.4}$$

抛骰子试验

定义抛一枚骰子结果为离散随机变量X，假设获得六个不同点数为等概率，则X服从离散均匀分布。X的概率质量函数为

$$p_X(x) = 1/6, \quad x = 1,2,3,4,5,6 \tag{5.5}$$

X的概率质量函数图像如图5.2所示。请大家自行计算X的期望值和方差。

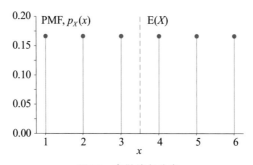

图5.2 离散均匀分布

Bk5_Ch05_01.py代码文件绘制图5.2。

圆周率

我们来看一个《数学要素》一册第1章提到的例子。图5.3所示为圆周率小数点后1024位数字的热图。

热图中的数字看似没有任何规律。但是经过分析发现，随着数字数量的增大，0 ~ 9这些数字看上去服从离散均匀分布。图5.4所示为圆周率小数点后100位、1,000位、10,000位、100,000位、1000,000位0 ~ 9这些数字分布。

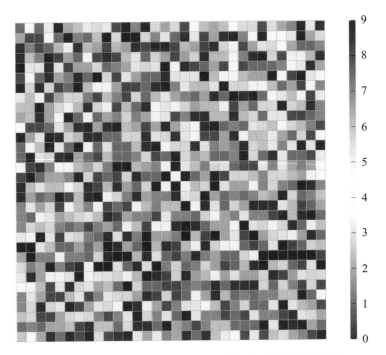

图5.3 　圆周率小数点后1024位热图 (图片来自《数学要素》第1章)

目前没有关于圆周率是否为**正规数** (normal number) 的严格证明。正规数是指在某种进位下，其数位上的数字分布均匀、随机且无规律可循的无限小数。具体来说，对于十进制数，每个数字出现的概率应该是相等的，即1/10。

尽管圆周率被认为是无理数，但它是否为正规数仍然是未解决的问题。在数学上，圆周率和其他著名的无理数，如自然对数的底e和$\sqrt{2}$，都被认为可能是正规数。这些问题是数学研究中的重要问题，至今仍在继续研究中。

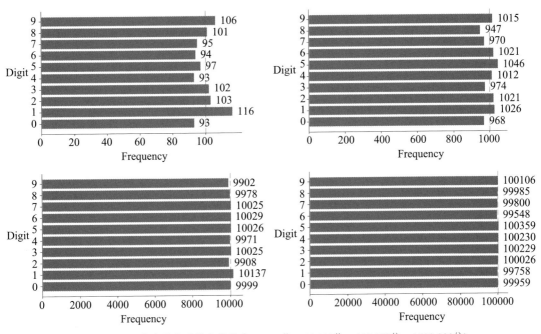

图5.4 　圆周率小数点后数字的分布 (1,000位、10,000位、100,000位、1,000,000位)

代码Bk5_Ch05_02.py绘制图5.3和图5.4。

5.3 伯努利分布：非黑即白

在重复独立试验中，如果每次试验结果离散变量X仅有两个可能结果，如0、1，则这种离散分布叫作**伯努利分布** (bernoulli distribution)，对应的概率质量函数为

$$p_X(x) = \begin{cases} p & x=1 \\ 1-p & x=0 \end{cases} \tag{5.6}$$

其中：p满足$0 < p < 1$。

式 (5.6) 还可以写成

$$p_X(x) = p^x(1-p)^{1-x} \quad x \in \{0,1\} \tag{5.7}$$

请大家将$x=0$、1分别代入式 (5.7) 检验PMF结果。

式 (5.8) 对应的概率质量函数显然满足归一化条件，即

$$\sum_x p_X(x) = p + (1-p) = 1 \tag{5.8}$$

满足式 (5.8) 中伯努利分布随机变量X的期望和方差分别为

$$\begin{aligned} \mathrm{E}(X) &= p \\ \mathrm{var}(X) &= p(1-p) \end{aligned} \tag{5.9}$$

抛硬币

本书前文介绍的抛一枚硬币的试验就是常见的伯努利分布。如果硬币质地均匀，则获得正面 ($X=1$)、反面 ($X=0$) 的概率均为0.5，X的概率质量函数为

$$p_X(x) = \begin{cases} 0.5 & x=1 \\ 0.5 & x=0 \end{cases} \tag{5.10}$$

如果硬币质地不均匀，假设获得正面的概率为0.6，则对应获得背面的概率为$1 - 0.6 = 0.4$。X的概率质量函数为

$$p_X(x) = \begin{cases} 0.6 & x=1 \\ 0.4 & x=0 \end{cases} \tag{5.11}$$

请大家把式 (5.10) 和式 (5.11) 写成式 (5.7) 这种形式。

Python中伯努利分布函数常用scipy.stats.bernoulli()。

抽样试验

从抽样试验角度，伯努利试验还可以看成是只有两个结果的**放回抽样** (sampling with replacement) 试验。放回抽样中，每次抽样后抽出的样本会被放回总体中，下次抽样时仍然有可能被抽到。与之相对的是**无放回抽样** (sampling without replacement)，在这种情况下，每次抽出的样本不会被放回总体中，下次抽样时不可能再次被抽到。

比如，如图5.5所示，10只动物中有6只兔子、4只鸡。每次放回抽取一只动物，取到兔子的概率为0.6，取到鸡的概率为0.4。

> ⚠ 再次强调：伯努利分布是离散分布，只有两种对立的可能结果，即结果样本空间只有两个元素。伯努利分布的参数只有p。

图5.5　从抽样试验角度看伯努利试验

5.4　二项分布：杨辉三角

二项分布 (binomial distribution)也叫二项式分布，建立在伯努利分布之上。

举个例子，一枚硬币抛n次，每次抛掷结果服从伯努利分布，即正面出现的概率为p，反面出现的概率为$1-p$，而且各次抛掷相互独立。进行n次独立的试验，令X为获得正面的次数，X对应的概率质量函数为

$$p_X\left(x\right) = C_n^x p^x \left(1-p\right)^{n-x}, \quad x = 0,1,\cdots,n \tag{5.12}$$

式 (5.12) 所示二项式概率质量函数$p_X(x)$满足归一化，即有

$$\sum_x p_X\left(x\right) = C_n^0 p^0 \left(1-p\right)^n + C_n^1 p^1 \left(1-p\right)^{n-1} + \cdots + C_n^n p^n \left(1-p\right)^0$$
$$= \left(p + \left(1-p\right)\right)^n = 1 \tag{5.13}$$

如果X服从式 (5.12) 中给出的二项分布，则X的期望和方差分别为

$$E\left(X\right) = n \cdot p$$
$$var\left(X\right) = n \cdot p\left(1-p\right) \tag{5.14}$$

质地均匀硬币

为了方便大家理解二项分布，我们假定硬币质地均匀，即$p = 0.5$。

先从$n = 1$说起，也就是说试验中抛1枚均匀硬币。令X为正面为朝上的次数，X的概率质量函数PMF为

$$p_X(x) = \begin{cases} 1/2 & x = 0 \\ 1/2 & x = 1 \end{cases} \qquad (5.15)$$

这本质上是伯努利分布。

当$n = 2$，即抛两枚均匀硬币时，X的概率质量函数为

$$p_X(x) = \begin{cases} 1/4 & x = 0 \\ 1/2 & x = 1 \\ 1/4 & x = 2 \end{cases} \qquad (5.16)$$

抛3枚均匀硬币时，X的概率质量函数为

$$p_X(x) = \begin{cases} C_3^0 \cdot (1/2)^3 = 1/8 & x = 0 \\ C_3^1 \cdot (1/2)^3 = 3/8 & x = 1 \\ C_3^2 \cdot (1/2)^3 = 3/8 & x = 2 \\ C_3^3 \cdot (1/2)^3 = 1/8 & x = 3 \end{cases} \qquad (5.17)$$

试验中，抛n枚均匀硬币，令X为正面朝上的次数，则X的概率质量函数为

$$p_X(x) = \begin{cases} C_n^0 \cdot (1/2)^n & x = 0 \\ C_n^1 \cdot (1/2)^n & x = 1 \\ \cdots & \cdots \\ C_n^n \cdot (1/2)^n & x = n \end{cases} \qquad (5.18)$$

图5.6所示为$p = 0.5$，n取不同值时，二项分布的概率质量函数分布。随着n不断增大，大家仿佛看到了"高斯分布"。请大家特别注意，高斯分布对应连续随机变量，而二项分布对应离散随机变量。

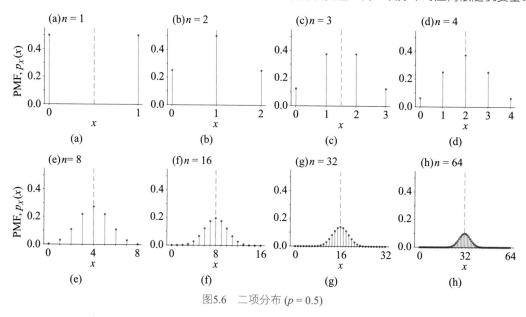

图5.6　二项分布 ($p = 0.5$)

质地不均匀硬币

如果硬币不均匀，假设正面朝上的概率为$p = 0.8$。试验中，抛硬币n次，令X为正面朝上的次数，则X的概率质量函数为

$$p_X(x) = \begin{cases} C_n^0 \cdot 0.8^0 (1-0.8)^n & x = 0 \\ C_n^1 \cdot 0.8^1 (1-0.8)^{n-1} & x = 1 \\ \cdots & \cdots \\ C_n^n \cdot 0.8^n (1-0.8)^0 & x = n \end{cases} \tag{5.19}$$

图5.7所示为$p = 0.8$，n取不同值时，二项分布的概率质量函数分布。

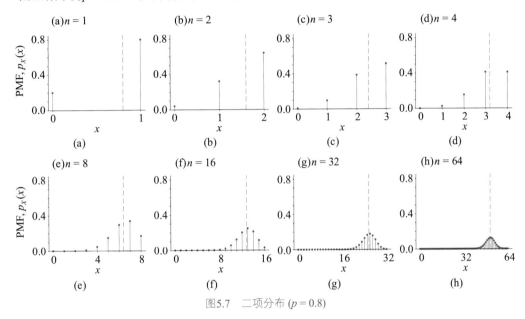

图5.7　二项分布 $(p = 0.8)$

显然，二项分布概率质量函数的形状是由n、p两个参数确定的。容易发现，当$p = 1/2$时，PMF关于$x = n/2$对称。当$p > 1/2$时，PMF图像偏向于n；当$p < 1/2$时，PMF图像偏向于0。随着n不断增大，分布的偏度逐渐变小，而且形状上不断近似于高斯分布。

> ⚠️
> 必须再次强调的是：二项分布对应离散随机变量，而高斯分布对应连续随机变量。二项分布$p_X(x)$为概率质量函数，而高斯分布$f_X(x)$为概率密度函数。

有放回 VS 不放回

总结来说，二项分布是n个独立进行的伯努利试验。二项分布PMF有两个参数——n、p。

从抽样试验角度，二项分布强调"独立"，每次抽取后再放回，这样总体本身不发生变化。还是利用鸡兔作例子，每次抽取时，取得兔子的概率为0.6，取得鸡的概率为0.4。计算$n = 10$次有放回抽取中有5只兔子的概率，用的就是二项分布。

若是不放回抽样，即每次抽样之后不放回，则总体随之变化，分别取得鸡、兔的概率不断变化。二项分布则无法处理无放回抽样，我们需要用到超几何分布。超几何分布是本章后续要介绍的分布类型。

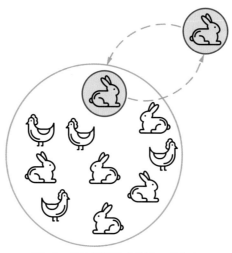

图5.8 从抽样试验角度看二项分布

代码Bk5_Ch05_03.py绘制图5.6和图5.7。

5.5 多项分布：二项分布推广

多项分布 (multinomial distribution)，也叫多项式分布，是二项式分布的推广。多项分布描述在n次独立重复的试验中，每次试验有K个可能结果中的一个发生的次数的概率分布。每次试验的K个可能结果的概率不一定相等。注意，多项分布试验中，有放回，总体不变。

多项分布的概率质量函数为

$$p_{X_1, \cdots, X_K}(x_1, \cdots, x_K; n, p_1, \cdots, p_K) \begin{cases} \dfrac{n!}{(x_1!) \times (x_2!) \cdots \times (x_K!)} \times p_1^{x_1} \times \cdots \times p_K^{x_K} & \text{when } \sum_{i=1}^{K} x_i = n \\ 0 & \text{otherwise} \end{cases} \quad (5.20)$$

其中：$x_i (i = 1, 2, \cdots, K)$ 为非负整数，且$\sum_{i=1}^{k} p_i = 1$。这个分布常记作Mult($\boldsymbol{p}$) 或Mult($p_1, p_2, \cdots, p_K$)。

注意：为了避免混淆，本书中用"|"引出条件概率中的条件，用分号";"引出概率分布的参数。

特别地，如果$n = 1$，多项分布就变成了**类别分布** (categorical distribution)。

举个例子

假设一个农场有大量动物，其中60%为兔子，10%为猪，30%为鸡，如图5.9所示。如果随机抓取8只动物，其中有2只兔子、3头猪、3只鸡的概率为多少？

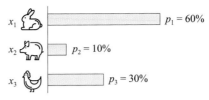

x_1 $p_1 = 60\%$

x_2 $p_2 = 10\%$

x_3 $p_3 = 30\%$

图5.9 农场兔、猪、鸡的比例

计算这个概率就用到了多项分布。当$K = 3$且$n = 8$时，多项式分布的概率质量函数为

$$f\left(x_1, x_2, x_3; p_1, p_2, p_3\right) = \begin{cases} \dfrac{8!}{\left(x_1!\right) \times \left(x_2!\right) \times \left(x_3!\right)} \times p_1^{x_1} \times p_2^{x_2} \times p_3^{x_3} & \text{when } x_1 + x_2 + x_3 = 8 \\ 0 & \text{otherwise} \end{cases} \tag{5.21}$$

其中：x_1、x_2、x_3均为非负整数。

将$x_1 = 2$，$x_2 = 3$，$x_3 = 3$，$p_1 = 0.6$，$p_2 = 0.1$，$p_3 = 0.3$代入式 (5.21) 得到

$$f\left(\underset{x_1}{2}, \underset{x_2}{3}, \underset{x_3}{3}; \underset{p_1}{0.6}, \underset{p_2}{0.1}, \underset{p_3}{0.3}\right) = \frac{8!}{\left(2!\right) \times \left(3!\right) \times \left(3!\right)} \times 0.6^2 \times 0.1^3 \times 0.3^3 \approx 0.0054 \tag{5.22}$$

散点图、热图、火柴梗图

下面，我们分别用三维散点图、二维散点图、热图、火柴梗图可视化多项分布。

给定参数$n = 8$，$p_1 = 0.6$，$p_2 = 0.1$，$p_3 = 0.3$，多项分布的三维散点图如图5.10 (a) 所示。图5.10 (a) 中每一个散点代表一个 (x_1, x_2, x_3) 组合，注意这三个数均为非负整数。由于 $x_1 + x_2 + x_3 = 8$，所以 (x_1, x_2, x_3) 散点均在一个平面上。散点的颜色代表概率质量PMF值大小。

将这些散点投影在x_1x_2平面上，便得到图5.10 (b)。这说明只要给定x_1和x_2，根据$x_3 = 8 - (x_1 + x_2)$，便可以将x_3确定下来。

图5.11所示为上述多项分布的PMF热图和散点图。

图5.12、图5.13和图5.14、图5.15可视化另外两组参数的多项分布，请大家自行比较分析。

二项分布、多项分布、Beta分布、Dirichlet分布 (第7章) 经常一起出现在**贝叶斯推断** (Bayesian inference) 中，这是第21、22章要介绍的内容。

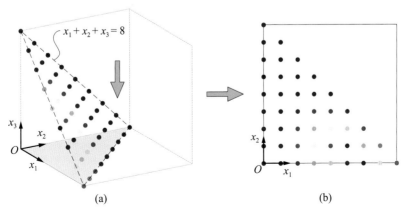

$x_1 + x_2 + x_3 = 8$

(a)

(b)

图5.10 多项分布PMF三维和平面散点图 ($n = 8$，$p_1 = 0.6$，$p_2 = 0.1$，$p_3 = 0.3$)

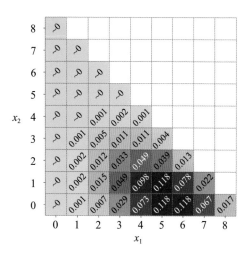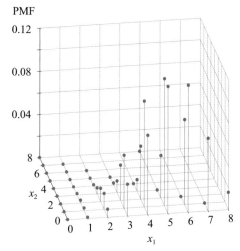

图 5.11　多项分布PMF热图和火柴梗图 ($n = 8$，$p_1 = 0.6$，$p_2 = 0.1$，$p_3 = 0.3$)

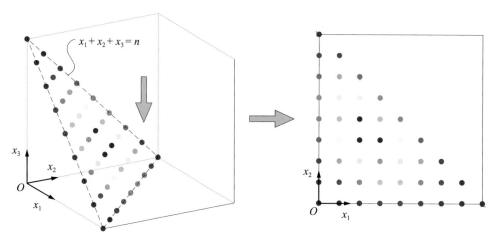

图 5.12　多项分布PMF三维和平面散点图 ($n = 8$，$p_1 = 0.3$，$p_2 = 0.4$，$p_3 = 0.3$)

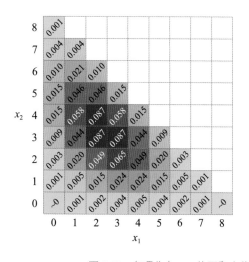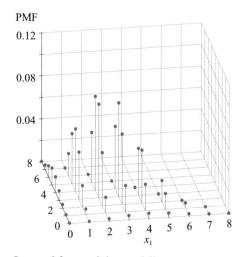

图 5.13　多项分布PMF热图和火柴梗图 ($n = 8$，$p_1 = 0.3$，$p_2 = 0.4$，$p_3 = 0.3$)

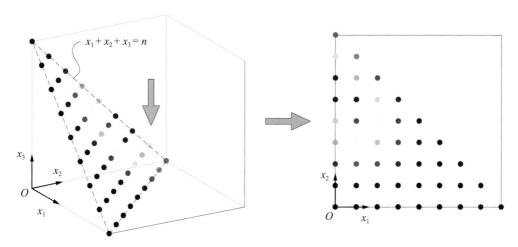

图5.14 多项分布PMF三维和平面散点图 ($n = 8$, $p_1 = 0.1$, $p_2 = 0.6$, $p_3 = 0.3$)

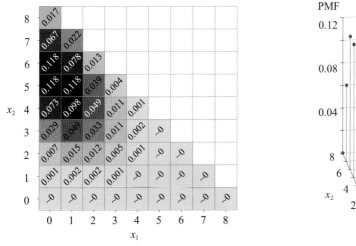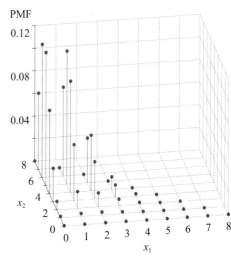

图5.15 多项分布PMF热图和火柴梗图 ($n = 8$, $p_1 = 0.1$, $p_2 = 0.6$, $p_3 = 0.3$)

Bk5_Ch05_04.py代码文件绘制本节图像。

5.6 泊松分布：建模随机事件的发生次数

如果二项分布的试验次数n非常大，事件每次发生的概率p非常小，并且它们的乘积np存在有限的极限λ，则这个二项分布趋近于另一种分布——**泊松分布** (Poisson distribution)。泊松分布是一种离散型概率分布，它描述的是在一定时间内某个事件发生的次数。

泊松分布的概率质量函数为

$$p_X(x) = \frac{\exp(-\lambda)\lambda^x}{x!}, \quad x = 0, 1, 2, \cdots \tag{5.23}$$

图5.16所示为泊松分布概率质量函数随λ的变化情况。

满足式 (5.23) 泊松随机变量的期望和方差都是λ，即

$$\mathrm{E}(X) = \mathrm{var}(X) = \lambda \tag{5.24}$$

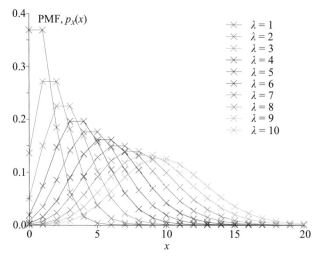

图5.16　泊松分布概率质量函数随λ的变化情况

再次强调：泊松分布的均值和方差相等，都等于λ。这也就意味着，当λ确定时，泊松分布的形态也就确定了。

我们一般用泊松分布描述在给定的时间段、距离、面积等范围内随机事件发生的概率。应用泊松分布的例子包括每小时走入商店的人数、一定时间内机器出现故障的次数、一定时间内交通事故发生的次数等。

代码Bk5_Ch05_05.py绘制图5.16。

5.7 几何分布：滴水穿石

几何分布 (geometric distribution) 也是一个单参数概率分布，几何分布模拟一系列独立伯努利试验中一次成功之前的失败次数。其中，每次试验要么成功要么失败，并且任何单独试验的成功概率是恒定的。

比如，抛x次硬币 (伯努利试验)，前$x-1$次均为反面，在第x次为正面。

在连续抛硬币的试验中，每次抛掷正面出现的概率为p，反面出现的概率为$1-p$，每次抛掷相互独立。令X为连续抛掷一枚硬币，直到第一次出现正面所需的次数。X的概率质量函数为

$$p_X(x) = (1-p)^{x-1}p, \quad x = 1, 2, \cdots \tag{5.25}$$

满足式 (5.25) 几何分布的离散随机变量X的期望和方差分别为

$$\begin{aligned} \mathrm{E}(X) &= \frac{1}{p} \\ \mathrm{var}(X) &= \frac{1-p}{p^2} \end{aligned} \tag{5.26}$$

图5.17所示为当$p = 0.5$时，几何分布的概率质量函数PMF和CDF。

注意，几何分布的随机变量有两种定义：① 获得一次成功所需要的最小试验次数；② 第一次成功之前经历的失败次数。两者之差为1。它们的期望值也不同。

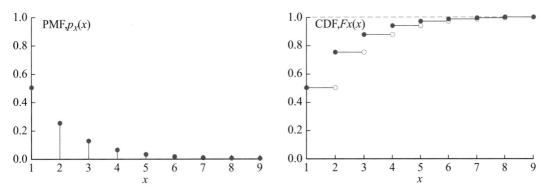

图5.17 几何分布概率质量函数PMF和CDF ($p = 0.5$)

图5.18所示为几何分布概率质量函数PMF随p的变化情况。

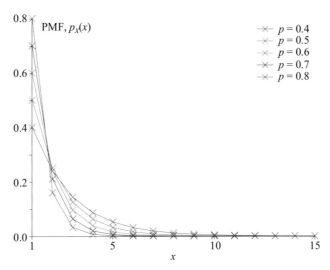

图5.18 几何分布概率质量函数PMF随p的变化情况

代码Bk5_Ch05_06.py绘制图5.17和图5.18。

5.8 超几何分布：不放回

我们在介绍二项分布时，特别强调二项分布在抽样时放回。如果抽样时不放回，我们便可以得到**超几何分布** (hypergeometric distribution)。

举个例子，假如某个农场总共有 N 只动物，其中有 K 只兔子。从 N 只动物不放回抽取 n 个动物，其中有 x 只兔子的概率为

$$p_X(x) = \frac{C_K^x C_{N-K}^{n-x}}{C_N^n}, \quad \max(0, n+K-N) \leqslant x \leqslant \min(K, n) \tag{5.27}$$

这个分布就是超几何分布。

比如，如图5.19所示，有 50 (N) 只动物，其中有 15 (K) 只兔子 (30%)。从 50 (N) 只动物中不放回地抽取 20 (n) 只动物，其中有 x 只兔子对应的概率为

$$p_X(x) = \frac{C_{15}^x C_{35}^{20-x}}{C_{50}^{20}} \tag{5.28}$$

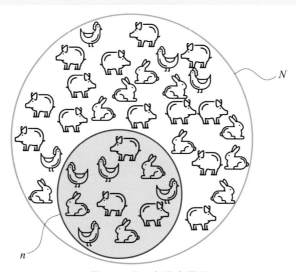

图5.19　超几何分布原理

式 (5.28) 中概率质量函数 $p_X(x)$ 对应的图像如图5.20所示。

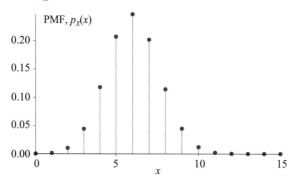

图5.20　超几何分布概率质量函数 ($N = 50$，$K = 15$，$n = 20$)

总结来说，超几何分布的核心是"不放回"。超几何分布PMF的输入有4个，其中N、K描述整体，n、x描述采样。

代码Bk5_Ch05_07.py绘制图5.20。

二项分布 VS 超几何分布

如果总体数量N很大，抽取数量n很小，则不管抽样时是否放回，都可以用二项分布近似。

举个例子，兔子占整体的比例确定为$p = 0.3$ (30%)，而动物总体数量N分别为100、200、400、800条件下，放回抽取 (二项分布)、不放回抽取 (超几何分布) $n = 20$只动物，兔子数量x对应的概率分布如图5.21所示。

观察图5.21中的四幅子图，我们发现当N不断增大时，二项分布和超几何分布的PMF曲线逐渐靠近。

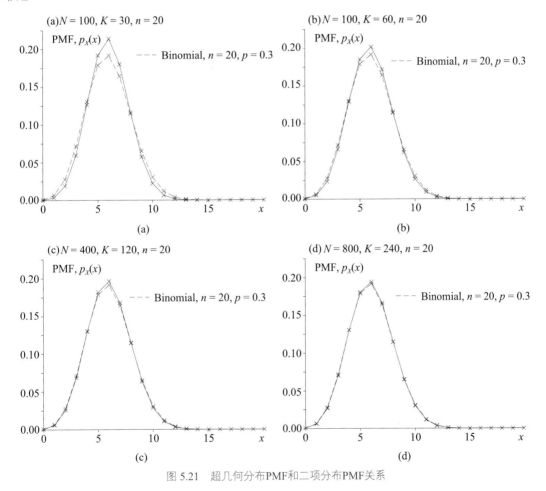

图 5.21　超几何分布PMF和二项分布PMF关系

代码Bk5_Ch05_08.py绘制图5.21。

离散分布是概率论中的一种重要分布类型，描述的是在一定条件下随机变量取值的概率分布情况。离散分布也是高度理想化的数学模型，是一种近似而已。这一章需要大家格外留意二项分布和多项分布，它们在本书贝叶斯推断中将起到重要作用。

　　各种分布之间的联系，请大家参考：

◀ http://www.math.wm.edu/~leemis/chart/UDR/UDR.html

Continuous Random Variables
连续随机变量
PDF积分得到边缘概率密度或概率值

> 上帝不仅玩骰子，他还有时把骰子扔到人类看不见的地方。
> *Not only does God definitely play dice, but He sometimes confuses us by throwing them where they can't be seen.*
>
> —— 史蒂芬·霍金 (Stephen Hawking) | 英国理论物理学家、宇宙学家 | 1942—2018年

◀ matplotlib.pyplot.contour() 绘制平面等高线
◀ matplotlib.pyplot.contour3D() 绘制三维等高线
◀ matplotlib.pyplot.contourf () 绘制平面填充等高线
◀ matplotlib.pyplot.fill_between() 区域填充颜色
◀ matplotlib.pyplot.plot_wireframe() 绘制三维单色线框图
◀ matplotlib.pyplot.scatter() 绘制散点图
◀ scipy.stats.st.gaussian_kde() 高斯KDE函数
◀ seaborn.scatterplot() 绘制散点图
◀ statsmodels.api.nonparametric.KDEUnivariate() 一元核密度估计

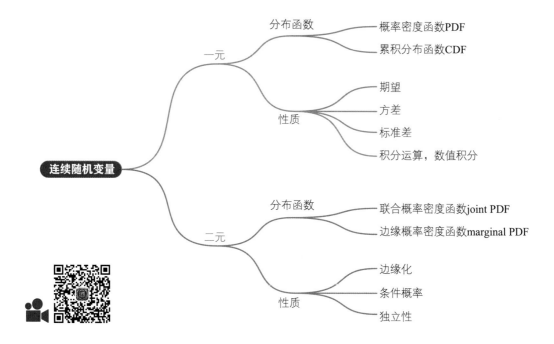

6.1 一元连续随机变量

第4章区分过**离散随机变量** (discrete random variable)、**连续随机变量** (continuous random variable)。如果随机变量X的所有可能取值不可以逐个列举出来，而是整个数轴或数轴上某一区间内的任一点，我们就称X为连续随机变量。

概率密度函数：积分

第4章介绍过，离散随机变量对应的数学工具为求和Σ，连续随机变量对应的数学工具为积分$\int$。对于连续随机变量X，如果存在非负函数$f_X(x)$使得

$$\Pr(X \in B) = \int_B f_X(x)\mathrm{d}x \tag{6.1}$$

则称函数$f_X(x)$为X的**概率密度函数** (probability density function, PDF)。

特别地，如图6.1所示，当B为区间$[a, b]$时，随机变量X的概率对应定积分

$$\Pr(a \leqslant X \leqslant b) = \int_a^b f_X(x)\mathrm{d}x \tag{6.2}$$

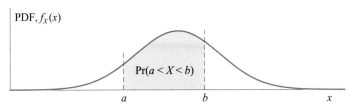

图6.1　定积分常用来计算一元连续随机变量在一定区间对应的概率

此外，本书前文提到过，PMF和PDF的输入都可能是不止一个随机变量，这与多元函数一样。比如，二元连续随机变量 (X, Y) 的联合概率密度函数PDF $f_{X,Y}(x,y)$ 有两个变量，三元连续随机变量 (X_1, X_2, X_3) 的联合概率密度函数PDF $f_{X_1,X_2,X_3}(x_1,x_2,x_3)$ 有三个变量。

概率密度非负，面积为1

概率密度函数 $f_X(x)$ 必须是非负的，即 $f_X(x) \geqslant 0$，且满足

$$\Pr\left(-\infty < X < \infty\right) = \int_{-\infty}^{\infty} f_X\left(x\right) \mathrm{d}x = 1 \tag{6.3}$$

式 (6.3) 常简写为

$$\int_x f_X\left(x\right) \mathrm{d}x = 1 \tag{6.4}$$

如图6.2所示，从图像上来看，$f_X(x)$ 曲线和整个横轴包围区域的面积为1，这也是归一化。换句话说，一个函数要想能当作概率密度函数来使用，就要先满足非负、面积为1这两个条件。

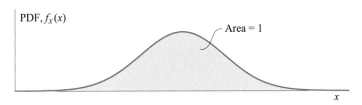

图6.2　$f_X(x)$ 和横轴围成图形的面积为1

单点集合：概率密度非负，但是概率为0

利用数值积分方法，X的取值范围在 $[a, a + \varDelta]$ 对应的概率为：

$$\Pr\left(a \leqslant X \leqslant a + \varDelta\right) = \int_a^{a+\varDelta} f_X\left(x\right) \mathrm{d}x \approx f_X\left(a\right) \varDelta \tag{6.5}$$

当 $\varDelta \to 0$ 时，$\Pr(a \leqslant X \leqslant a + \varDelta) \to 0$。这也说明，概率值为0不代表不可能发生。

也就是说，对于单点集合，$X = a$ 的概率为0，即

$$\Pr\left(X = a\right) = \int_a^a f_X\left(x\right) \mathrm{d}x = 0 \tag{6.6}$$

即便概率密度 $f_X(a)$ 大于0。

区间端点

因此，对于连续随机变量X，区间端点对概率计算不起任何作用，因此以下四个概率值等价，即

$$\Pr(a \leqslant X \leqslant b) = \Pr(a < X \leqslant b) = \Pr(a \leqslant X < b) = \Pr(a < X < b) \tag{6.7}$$

这就好比"单丝不成线、独木不成林"。在这一点上，连续随机变量、离散随机变量完全不同。

概率密度值可以大于1

再次强调$f_X(x)$并不是概率，而是概率密度，因此$f_X(x)$可以大于1。

比如，图6.3所示的在$[0, 0.5]$区间上连续均匀分布的概率密度函数$f_X(x)$。很明显，$f_X(x)$的最大值为2，但是长方形的面积仍为1，即

$$
\begin{aligned}
\Pr(-\infty < X < \infty) &= \int_{-\infty}^{0} f_X(x)\,\mathrm{d}x + \int_{0}^{0.5} f_X(x)\,\mathrm{d}x + \int_{0.5}^{\infty} f_X(x)\,\mathrm{d}x \\
&= 0 + \int_{0}^{0.5} 2\,\mathrm{d}x + 0 \\
&= 2x\big|_{0}^{0.5} = 1
\end{aligned}
\tag{6.8}
$$

⚠️ 反复强调：图6.3中的2不是概率值，而是概率密度。对于一元随机变量，概率密度函数在一定区间内的积分结果才是概率值。概率密度虽然不是概率值，但也可以量化"可能性"。

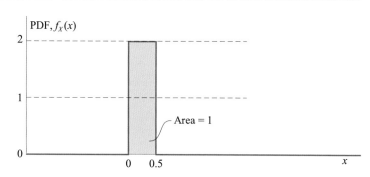

图6.3　概率密度函数$f_X(x)$可以大于1

累积分布函数

本书前文介绍过，给定一元离散随机变量X的概率质量函数$p_X(x)$，求解其CDF时，用的是累加Σ。

以图6.4 (a)为例，对于一元连续随机变量X，求累积分布函数CDF用的是积分，也就是求面积，即

$$F_X(x) = \Pr(X \leqslant x) = \int_{-\infty}^{x} f_X(t)\,\mathrm{d}t \tag{6.9}$$

图6.4 (a)中$f_X(x)$图形的面积对应概率值，而图6.4 (b)中$F_X(x)$的高度对应概率值。

随机变量X在$[a, b]$区间对应的概率可以用CDF计算，即

$$\Pr(a \leqslant X \leqslant b) = F_X(b) - F_X(a) \tag{6.10}$$

再次强调，对于一元连续随机变量，PDF是概率密度，CDF是概率。也就是说，图6.4 (a)和 (b)纵轴虽然都是0到1，但是前者是概率密度，后者是概率值，完全不同。

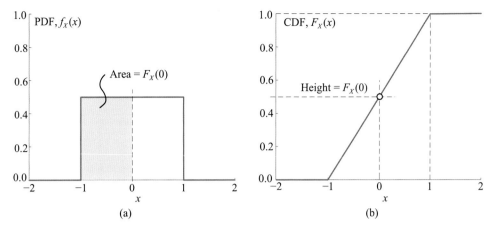

图6.4　连续均匀分布PDF和CDF

6.2 期望、方差和标准差

期望值

连续随机变量 X 的期望定义为

$$E(X) = \int_{-\infty}^{\infty} x \cdot \underbrace{f_X(x)}_{\text{Weight}} \mathrm{d}x \tag{6.11}$$

式 (6.11) 也相当于加权平均。其中，$f_X(x)$ 相当于"权重"。显然，$f_X(x)$ 非负，但是 x 的取值可正可负。这也就是说，$E(X)$ 可正可负。

式 (6.12) 常简写为

$$E(X) = \int_x x \cdot f_X(x) \mathrm{d}x \tag{6.12}$$

权重当然满足 $\int_x f_X(x)\mathrm{d}x = 1$ 。

连续均匀分布

如图6.5所示，如果随机变量 X 在 $[a, b]$ 上服从**连续均匀分布** (continuous uniform distribution)，则 X 的概率密度函数为

$$f_X(x) = \begin{cases} \dfrac{1}{b-a}, & a \leqslant x \leqslant b \\ 0, & x < a \text{ or } x > b \end{cases} \tag{6.13}$$

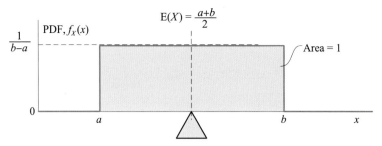

图6.5 随机变量X在$[a, b]$上为均匀分布

X的期望值为

$$\mathrm{E}(X) = \int_a^b x \cdot \frac{1}{b-a}\mathrm{d}x = \frac{1}{b-a}\frac{x^2}{2}\Bigg|_a^b = \frac{1}{b-a}\frac{b^2-a^2}{2} = \frac{a+b}{2} \tag{6.14}$$

随机变量X的取值在$[a, b]$变化，对应的概率密度变化用$f_X(x)$刻画。而求得的期望值$\mathrm{E}(X)$则是一个标量，这个过程相当于总结归纳，也是降维。

几何角度来看，如图6.5所示，计算X的期望值相当于找到一块均质木板的质心在长度方向上的位置。

相比于第4章的离散随机变量求和运算，积分运算可以看作是"极尽细腻"的求和。

方差

连续随机变量X方差的定义为

$$\mathrm{var}(X) = \mathrm{E}\left[\left(X - \mathrm{E}(X)\right)^2\right] = \int_x \underbrace{\left(x - \mathrm{E}(X)\right)}_{\text{Deviation}}^2 \cdot \underbrace{f_X(x)}_{\text{Weight}}\mathrm{d}x \tag{6.15}$$

同样，连续随机变量X的方差也满足

$$\mathrm{var}(X) = \mathrm{E}\left(\left(X - \mathrm{E}(X)\right)^2\right) = \mathrm{E}(X^2) - \left(\mathrm{E}(X)\right)^2 \tag{6.16}$$

其中

$$\mathrm{E}(X^2) = \int_x x^2 \cdot f_X(x)\mathrm{d}x \tag{6.17}$$

举个例子

对于图6.5所示的均匀分布，为了方便计算X的方差，计算X平方的期望值为

$$\mathrm{E}(X^2) = \int_a^b x^2 \cdot \frac{1}{b-a}\mathrm{d}x = \frac{1}{b-a}\frac{x^3}{3}\Bigg|_a^b = \frac{1}{b-a}\frac{b^3-a^3}{3} = \frac{a^2+ab+b^2}{3} \tag{6.18}$$

根据式 (6.15)，X的方差为

$$\text{var}(X) = \text{E}\left(\left(X - \text{E}(X)\right)^2\right) = \text{E}\left(X^2\right) - \left(\text{E}(X)\right)^2$$

$$= \frac{a^2 + ab + b^2}{3} - \frac{(a+b)^2}{4} = \frac{(b-a)^2}{12} \qquad (6.19)$$

数值积分

如图 6.6 所示，随机变量X在 [0, 1] 上为均匀分布。我们通过积分可以很容易得到期望值、方差。但是，并不是所有的概率密度函数都有解析式；此外，即便概率密度函数有解析式，也不代表我们能计算得到积分的解析解，如高斯函数。

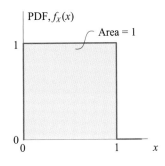 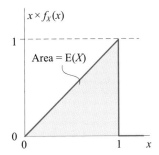 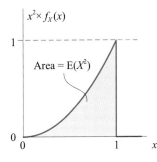

图6.6　随机变量X在 [0, 1] 上为均匀分布

如图6.7所示，这就需要用到《数学要素》一册第18章介绍的**数值积分** (numerical integration)。当然，我们还可以用**蒙特卡洛模拟** (Monte Carlo simulation) 估算面积，这是本书后续要介绍的内容。

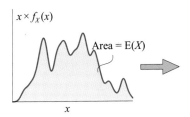 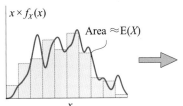 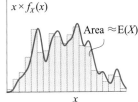

图6.7　数值积分估算期望值

6.3　二元连续随机变量

假设同一个试验中，有两个连续随机变量X和Y，非负二元函数$f_{X,Y}(x,y)$ 为 (X, Y) 的**联合概率密度函数** (joint probability density function或joint PDF)。

本章前文介绍过，对于一元连续随机变量，积分得到的面积对应概率。而二元随机变量计算概率的工具是二重积分，从图像上来看，二重积分得到的体积对应概率。

如图6.8所示，给定积分区域$A = \{(x, y) \mid a < x < b, c < y < d\}$，概率$\Pr((X, Y) \in A)$对应的二重积分为

$$\underbrace{\Pr\left((X,Y) \in A\right)}_{\text{Probability}} = \int_c^d \int_a^b \underbrace{f_{X,Y}\left(x,y\right)}_{\text{Joint PDF}} \mathrm{d}x\,\mathrm{d}y \tag{6.20}$$

体积为1：样本空间概率为1

如果积分区域为整个平面，则二重积分的结果为1，即

$$\int_{-\infty}^{+\infty} \int_{-\infty}^{+\infty} \underbrace{f_{X,Y}\left(x,y\right)}_{\text{Joint PDF}} \mathrm{d}x\,\mathrm{d}y = 1 \tag{6.21}$$

也就是说，图6.8中$f_{X,Y}(x,y)$曲面和水平面围成几何形状的体积为1，代表样本空间的概率为1。式(6.21)本质上也是"穷举法"。

累积概率密度CDF

二元累积概率函数CDF定义为

$$\underbrace{F_{X,Y}\left(x,y\right)}_{\text{Probability}} = \Pr\left(X < x, Y < y\right) = \int_{-\infty}^y \int_{-\infty}^x \underbrace{f_{X,Y}\left(s,t\right)}_{\text{Joint PDF}} \mathrm{d}s\,\mathrm{d}t \tag{6.22}$$

图6.9所示等高线为某个二元累积概率函数$F_{X,Y}(x,y)$。图6.9还绘制了两条边缘CDF曲线。

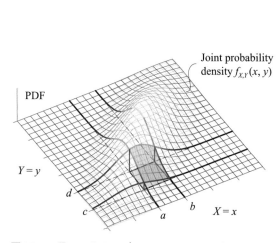

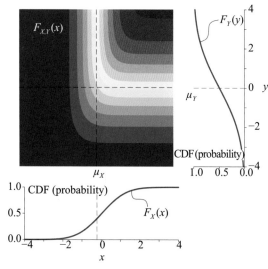

图6.8　二元PDF $f_{X,Y}(x,y)$ 在$A = \{(x, y) \mid a < x < b, c < y < d\}$ 的二重积分

图6.9　CDF函数曲面$F_{X,Y}(x,y)$ 平面填充等高线，边缘CDF

6.4 边缘概率：二元PDF偏积分

图6.10所示为二元概率密度函数 $f_{X,Y}(x,y)$ 曲面和边缘概率曲线的关系。

边缘概率密度函数 $f_X(x)$

如图6.11所示，连续随机变量X的边缘概率密度函数 $f_X(x)$ 可以通过 $f_{X,Y}(x,y)$ 对y "偏积分" 得到，即

$$
\underbrace{f_X(x)}_{\text{Marginal}} = \int_{-\infty}^{+\infty} \overbrace{\underbrace{f_{X,Y}(x,y)}_{\text{Joint}}}^{\text{Eliminate } y} \mathrm{d}y \tag{6.23}
$$

式 (6.23)，相当于消去 (降维、压扁、折叠) 变量y，这与离散随机变量的 "偏求和" 类似。

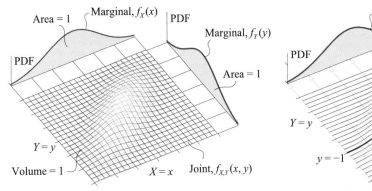

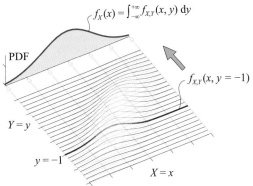

图6.10　二元联合概率密度函数曲面和
　　　　边缘概率密度之间的关系

图6.11　联合概率密度 $f_{X,Y}(x,y)$ 对y "偏积分"
　　　　得到边缘概率密度 $f_X(x)$

式 (6.23) 可以简写为

$$
\underbrace{f_X(x)}_{\text{Marginal}} = \int_y \overbrace{\underbrace{f_{X,Y}(x,y)}_{\text{Joint}}}^{\text{Eliminate } y} \mathrm{d}y \tag{6.24}
$$

图6.12所示为比较 $f_{X,Y}(x,y=c)$ 和 $f_X(x)$ 曲线。当 $y=c$ 取不同值时，我们可以看到 $f_{X,Y}(x,y)$ 和 $f_X(x)$ 曲线形状不同。当 $y=c$ 时，$f_{X,Y}(x,y=c)$ 不是一元连续随机变量PDF，原因就是面积不为1。但是经过归一化之后，它们就变成了一元随机变量PDF。这个归一化的工具就是 "贝叶斯定理"。

⚠️

注意：$f_X(x)$ 还是概率密度函数，而不是概率。也就是说，$f_{X,Y}(x,y)$ 二重积分得到概率，$f_{X,Y}(x,y)$ "偏积分" 得到的还是概率密度函数。

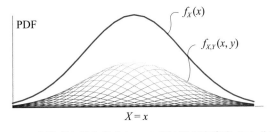

图6.12　比较联合概率密度 $f_{X,Y}(x,y)$ 和边缘概率密度 $f_X(x)$ 曲线

体密度 VS 面密度 VS 线密度

从几何上来看，如图6.13所示，$f_{X,Y,Z}(x,y,z)$ 相当于"体密度"，$f_{X,Y}(x,y)$ 相当于"面密度"，$f_X(x)$ 相当于"线密度"，而概率值就相当于质量。

通俗地说，体密度就类似于"铁块"的密度，计算铁块质量时会用到"体积 × 体密度"。

面密度就类似于"铁皮"的密度。铁皮厚度太薄，不便测量。计算铁皮质量时，我们用"面积 × 面密度"。线密度类似于"铁丝"的密度。关心铁丝横截面面积没有意义，实践中铁丝粗细有特定标准、型号。计算铁丝质量时，我们用"长度 × 线密度"。

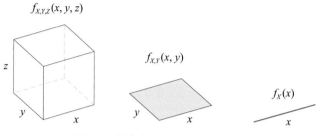

图6.13 体密度、面密度、线密度

边缘概率密度函数 $f_Y(y)$

同理，如图6.14所示，连续随机变量 Y 的边缘分布概率密度函数 $f_Y(y)$ 可以通过 $f_{X,Y}(x,y)$ 对 x "偏积分"得到，即

$$\underbrace{f_Y(y)}_{\text{Marginal}} = \int_{-\infty}^{+\infty} \overbrace{\underbrace{f_{X,Y}(x,y)}_{\text{Joint}}}^{\text{Eliminate } x} \mathrm{d}x \tag{6.25}$$

式 (6.25) 相当消去了变量 x。式 (6.25) 也可以简写为

$$\underbrace{f_Y(y)}_{\text{Marginal}} = \int_x \overbrace{\underbrace{f_{X,Y}(x,y)}_{\text{Joint}}}^{\text{Eliminate } x} \mathrm{d}x \tag{6.26}$$

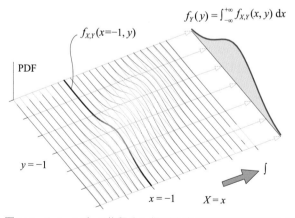

图6.14 $f_{X,Y}(x,y)$ 对 x "偏积分"得到边缘分布概率密度函数 $f_Y(y)$

6.5 条件概率：引入贝叶斯定理

条件概率密度函数$f_{X|Y}(x|y)$

设X和Y为连续随机变量，联合概率密度函数为$f_{X,Y}(x,y)$。利用贝叶斯定理，在给定$Y = y$条件下，且$f_Y(y) > 0$，X的条件概率密度函数$f_{X|Y}(x|y)$为

$$\underbrace{f_{X|Y}(x|y)}_{\text{Conditional}} = \frac{\overbrace{f_{X,Y}(x,y)}^{\text{Joint}}}{\underbrace{f_Y(y)}_{\text{Marginal}}} \tag{6.27}$$

⚠️ 再次强调：式 (6.27) 中，边缘$f_Y(y)$也是概率密度。

图6.15中$f_{X,Y}(x,y = -1)$ 曲线代表$Y = -1$时 (X, Y) 的联合概率密度函数。

$f_{X,Y}(x,y = -1)$ 对x在 $(-\infty, +\infty)$ 积分的结果为边缘概率密度$f_Y(y = -1)$。也就是说，$f_{X,Y}(x,y = -1)$ 曲线面积为边缘概率密度$f_Y(y = -1)$。

下一步，$f_{X,Y}(x,y = -1)$ 经过$f_Y(y = -1)$ 缩放得到条件概率曲线$f_{X|Y}(x|y = -1)$。

⚠️ 注意：$f_{X|Y}(x|y = -1)$ 和横轴围成图形的面积为1，这代表$Y = -1$这个新的样本空间概率为1。

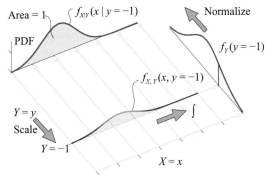

图6.15　给定$Y = y$条件下且$f_Y(y) > 0$，X的条件概率密度函数

图6.16所示为比较 $f_X(x)$ 和y取不同值时条件概率密度函数$f_{X|Y}(x|y)$ 的图像。将这些曲线投影到同一个平面，便可以得到图6.17。注意，图6.17中所有曲线和横轴围成图形的面积都是1。

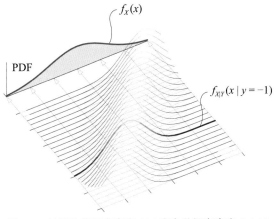

图6.16　比较边缘概率密度 $f_X(x)$ 和条件概率密度$f_{X|Y}(x|y)$

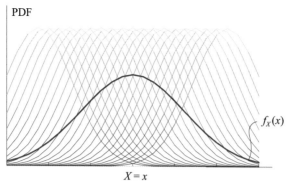

图6.17 比较边缘概率密度 $f_X(x)$ 和条件概率密度 $f_{X|Y}(x|y)$，投影在平面上

条件概率密度函数 $f_{Y|X}(y|x)$

给定 $X = x$ 条件下，且 $f_X(x) > 0$，条件概率密度函数 $f_{Y|X}(y|x)$ 可以通过下式求得，即

$$\underbrace{f_{Y|X}(y|x)}_{\text{Conditional}} = \frac{\overbrace{f_{X,Y}(x,y)}^{\text{Joint}}}{\underbrace{f_X(x)}_{\text{Marginal}}} \tag{6.28}$$

如图6.18所示为当 $X = -1$ 条件下，联合概率密度函数 $f_{X,Y}(x = -1, y)$ 首先对 y 在 $(-\infty, +\infty)$ 积分的结果为边缘概率密度值 $f_X(x = -1)$。下一步，$f_{X,Y}(x = -1, y)$ 经过 $f_X(x = -1)$ 缩放得到条件概率曲线 $f_{Y|X}(y|x = -1)$。

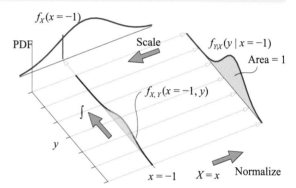

图6.18 给定 $X = x$ 条件下且 $f_X(x) > 0$，Y 的条件概率密度函数

图6.19所示为比较 $f_Y(y)$ 和 x 取不同值时条件概率密度函数 $f_{Y|X}(y|x)$ 的图像。

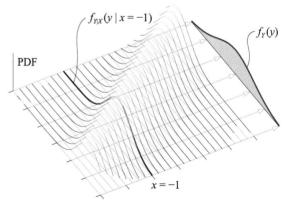

图6.19 比较边缘概率密度 $f_Y(y)$ 和条件概率密度 $f_{Y|X}(y|x)$ 图像

联合概率、边缘概率、条件概率

根据贝叶斯定理，联合概率、边缘概率、条件概率三者的关系为

$$\underbrace{f_{X,Y}(x,y)}_{\text{Joint}} = \underbrace{f_{X|Y}(x|y)}_{\text{Conditional}}\underbrace{f_Y(y)}_{\text{Marginal}} = \underbrace{f_{Y|X}(y|x)}_{\text{Conditional}}\underbrace{f_X(x)}_{\text{Marginal}} \tag{6.29}$$

在式 (6.23) 的基础上，连续随机变量 X 的边缘分布概率密度函数 $f_X(x)$ 可以通过下式获得，即

$$\underbrace{f_X(x)}_{\text{Marginal}} = \int_{-\infty}^{+\infty}\underbrace{f_{X,Y}(x,y)}_{\text{Joint}}\mathrm{d}y = \int_{-\infty}^{+\infty}\underbrace{f_{X|Y}(x|t)}_{\text{Conditional}}\underbrace{f_Y(t)}_{\text{Marginal}}\mathrm{d}t \tag{6.30}$$

同理，连续随机变量 Y 的边缘分布概率密度函数 $f_Y(y)$ 可以通过下式计算得到，即

$$\underbrace{f_Y(y)}_{\text{Marginal}} = \int_{-\infty}^{+\infty}\underbrace{f_{X,Y}(x,y)}_{\text{Joint}}\mathrm{d}x = \int_{-\infty}^{+\infty}\underbrace{f_{Y|X}(y|s)}_{\text{Conditional}}\underbrace{f_X(s)}_{\text{Marginal}}\mathrm{d}s \tag{6.31}$$

6.6 独立性：比较条件概率和边缘概率

如果连续随机变量 X 和 Y 独立，则下式成立，即

$$f_{X|Y}(x|y) = f_X(x) \tag{6.32}$$

图6.20所示为 X 和 Y 独立条件下，条件概率密度函数 $f_{X|Y}(x|y)$ 和边缘概率密度函数 $f_X(x)$ 之间的关系。我们发现条件概率 $f_{X|Y}(x|y)$ 的曲线与 Y 的取值无关。条件概率 $f_{X|Y}(x|y)$ 的曲线形状与边缘概率 $f_X(x)$ 完全一致。这和图6.16的情况完全不同。

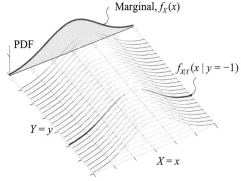

图6.20 X 和 Y 独立，条件概率 $f_{X|Y}(x|y)$ 和边缘概率 $f_X(x)$ 之间的关系

式 (6.32) 等价于

$$f_{Y|X}(y|x) = f_Y(y) \tag{6.33}$$

图6.21所示为 X 和 Y 独立条件下，条件概率 $f_{Y|X}(y|x)$ 和边缘概率 $f_Y(y)$ 的图像完全一致。

独立：联合概率

对于两个连续随机变量X和Y，如果两者独立，则联合概率密度函数$f_{X,Y}(x,y)$为边缘概率密度函数$f_X(x)$和$f_Y(y)$的乘积，即

$$f_{X,Y}(x,y) = f_X(x)f_Y(y) \tag{6.34}$$

图6.22所示为连续随机变量X和Y独立条件下，联合概率$f_{X,Y}(x,y)$曲面。图6.23所示为联合概率$f_{X,Y}(x,y)$的平面等高线。

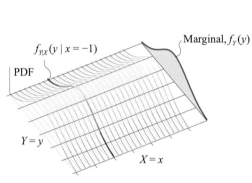

图6.21　X和Y独立，条件概率$f_{Y|X}(y|x)$和边缘概率$f_Y(y)$之间的关系

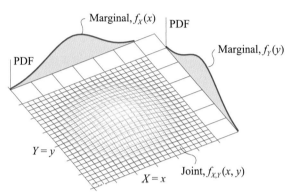

图6.22　连续随机变量X和Y独立，联合概率密度$f_{X,Y}(x,y)$曲面

6.7 以鸢尾花数据为例：不考虑分类标签

本章后续两节还是用鸢尾花数据集花萼长度 (X_1)、花萼宽度 (X_2)、分类标签 (Y) 为例，讲解本章前文介绍连续随机变量的主要知识点。图6.24所示为不考虑分类时，样本数据花萼长度、花萼宽度散点图。这两节采用与第5章5.9、5.10两节一样的结构，方便大家对照阅读。

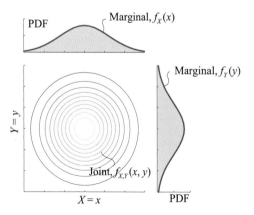

图6.23　连续随机变量X和Y独立，联合概率密度$f_{X,Y}(x,y)$曲面等高线

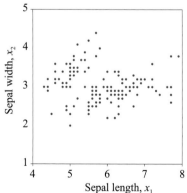

图6.24　鸢尾花数据花萼长度、花萼宽度散点图 (不考虑分类)

概率密度估计 → 联合概率密度函数 $f_{X1,X2}(x_1,x_2)$

基于高斯**核密度估计** (kernel density estimation, KDE)，我们可以得到如图6.25所示的联合概率密度函数 $f_{X1,X2}(x_1,x_2)$。暖色系对应较大的概率密度值，也就是说鸢尾花样本分布更为密集。

核密度估计的基本思想是，通过在每个数据点处放置一个核函数 (如高斯核函数)，以此来估计概率密度函数。这样，在整个数据集上使用核函数后，我们便可以获得一条连续的概率密度曲线，该曲线可以用于估计各种统计量，如均值和方差。

> 再次强调：图6.25仅仅代表 $f_{X1,X2}(x_1,x_2)$ 的一种估计。即便采用相同的KDE，使用不同的核函数、改变算法参数都会导致 $f_{X1,X2}(x_1,x_2)$ 曲面形状变化。第18章将专门讲解核密度估计方法。

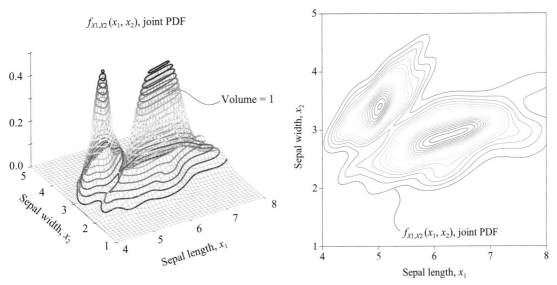

图6.25　联合概率密度函数 $f_{X1,X2}(x_1,x_2)$ 三维等高线和平面等高线 (不考虑分类)

举个例子，花萼长度 (X_1) 为6.5、花萼宽度 (X_2) 为2.0时，联合概率密度估计为

$$\underbrace{f_{X1,X2}\left(x_1=6.5,x_2=2.0\right)}_{\text{Joint PDF}}\approx 0.02097 \tag{6.35}$$

> ⚠️ 注意：0.02097这个数值是概率密度，不是概率。也就是说，我们不能说鸢尾花取到花萼长度 (X_1) 为6.5、花萼宽度 (X_2) 为2.0时对应的概率值为0.02097，即便这个值在某种程度上也代表可能性。

由于 $f_{X1,X2}(x_1,x_2)$ 有两个随机变量，因此对它二重积分可以得到概率值。二重积分就相当于"穷举法"。

采用"穷举法"，图6.25中 $f_{X1,X2}(x_1,x_2)$ 曲面和整个水平面围成的几何形体体积为1，即

$$\iint_{x_2\,x_1} f_{X1,X2}\left(x_1,x_2\right)\mathrm{d}x_1\,\mathrm{d}x_2 = \underset{\text{Probability}}{1} \tag{6.36}$$

联合概率密度函数$f_{X1,X2}(x_1,x_2)$的剖面线

《数学要素》一册第10章介绍过除了等高线，我们还可以使用"剖面线"分析二元函数。

$f_{X1,X2}(x_1,x_2)$本质上是个二元函数。

如图6.26所示，当固定x_1取值时，$f_{X1,X2}(x_1=c,x_2)$代表一条曲线。将一系列类似曲线投影到竖直平面可以得到图6.26 (b)。图6.26 (b)中，这些PDF曲线和整个水平轴围成的面积就是边缘概率$f_{X1}(x_1=c)$，而计算面积的数学工具就是"偏积分"。

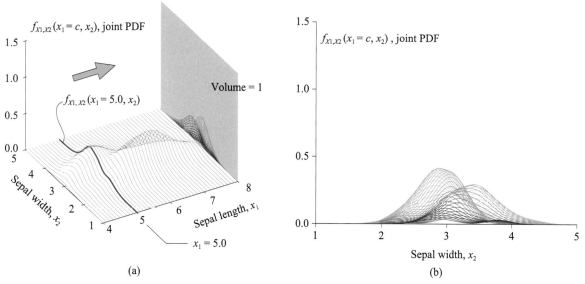

图6.26　固定x_1时，概率密度函数$f_{X1,X2}(x_1,x_2)$随x_2变化

图6.27所示为固定x_2时，概率密度函数$f_{X1,X2}(x_1,x_2)$随x_1的变化。图6.27 (b) 中PDF曲线和整个水平轴围成的面积对应边缘概率$f_{X2}(x_2=c)$。

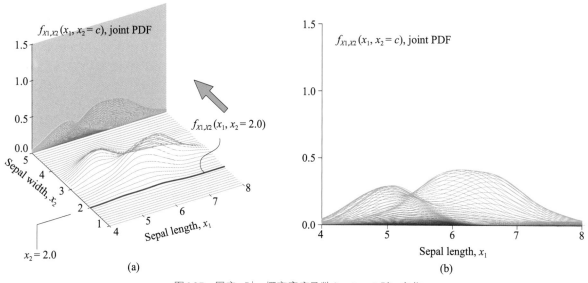

图6.27　固定x_2时，概率密度函数$f_{X1,X2}(x_1,x_2)$随x_1变化

花萼长度边缘PDF $f_{X1}(x_1)$：偏积分

图6.28所示为求解花萼长度边缘概率密度函数$f_{X1}(x_1)$的过程，即

$$\underbrace{f_{X1}(x_1)}_{\text{Marginal}} = \int_{x_2} \underbrace{f_{X1,X2}(x_1,x_2)}_{\text{Joint}} \mathrm{d}\,x_2 \tag{6.37}$$

举个例子，当花萼长度 (X_1) 取值为5.0时，对应的边缘概率密度$f_{X1}(5.0)$ 可以通过如下偏积分得到，即

$$f_{X1}(x_1 = 5.0) = \int_{x_2} f_{X1,X2}(x_1 = 5.0, x_2)\,\mathrm{d}\,x_2 \tag{6.38}$$

图6.28 (a) 中彩色阴影面积对应边缘概率密度，即$f_{X1}(x_1)$ 曲线特定一点的高度。再次强调，$f_{X1}(x_1)$ 本身也是概率密度，不是概率值。$f_{X1}(x_1)$ 再积分可以得到概率。

如图6.28 (b) 所示，$f_{X1}(x_1)$ 曲线和整个横轴围成图形的面积为1。大家可以试着用数值积分计算期望值$E(X_1)$。

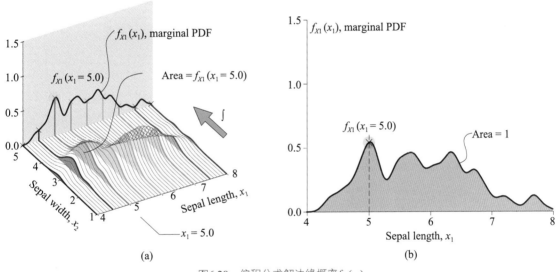

图6.28　偏积分求解边缘概率$f_{X1}(x_1)$

花萼宽度边缘PDF $f_{X2}(x_2)$：偏积分

图6.29所示为求解花萼宽度边缘概率密度函数的过程，有

$$\underbrace{f_{X2}(x_2)}_{\text{Marginal}} = \int_{x_1} \underbrace{f_{X1,X2}(x_1,x_2)}_{\text{Joint}} \mathrm{d}\,x_1 \tag{6.39}$$

举个例子，当花萼宽度 (X_2) 取值为2.0时，对应的边缘概率密度$f_{X2}(2.0)$ 可以通过偏积分得到，即

$$f_{X2}(x_2 = 2.0) = \int_{x_1} f_{X1,X2}(x_1, x_2 = 2.0)\,\mathrm{d}\,x_1 \tag{6.40}$$

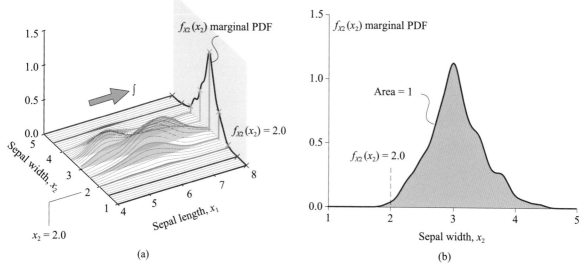

图6.29　偏积分求解边缘概率密度$f_{X2}(x_2)$

联合PDF VS 边缘PDF

图6.30所示为联合PDF与
边缘PDF之间的关系。图6.30
中联合概率密度函数$f_{X1,X2}(x_1,x_2)$
采用高斯KDE估计得到。图
6.30中的$f_{X1,X2}(x_1,x_2)$比较精准地
捕捉到了鸢尾花样本数据的分
布特征。

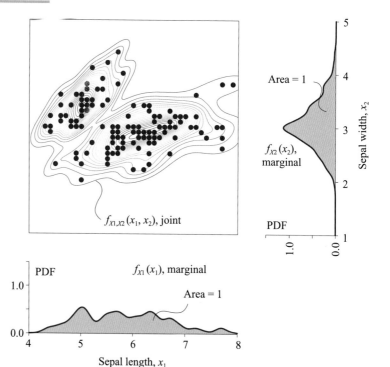

图6.30　联合PDF和边缘PDF之间的关系

假设独立

如果假设X_1和X_2独立，联合概率密度$f_{X1,X2}(x_1,x_2)$可以通过下式计算得到，即

$$f_{X1,X2}(x_1,x_2) = f_{X1}(x_1) \cdot f_{X2}(x_2) \tag{6.41}$$

图6.31所示为假设X_1和X_2独立时$f_{X1,X2}(x_1,x_2)$的平面等高线与边缘PDF之间的关系。

比较鸢尾花样本数据分布和假设X_1和X_2独立时估算得到的$f_{X1,X2}(x_1,x_2)$等高线，很遗憾地发现图6.31这个联合概率密度函数$f_{X1,X2}(x_1,x_2)$并没有合理反映样本数据分布，尽管图6.30和图6.31边缘概率完全一致。

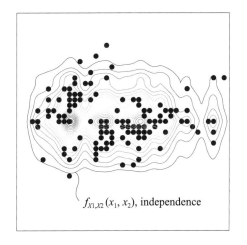
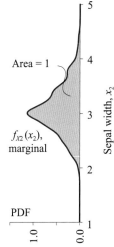
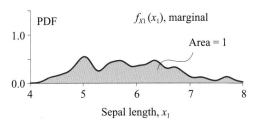

图6.31　联合概率，假设X_1和X_2独立

给定花萼长度，花萼宽度的条件PDF $f_{X2\mid X1}(x_2\mid x_1)$

如图6.32所示，利用贝叶斯定理，条件概率密度$f_{X2\mid X1}(x_2\mid x_1)$可以通过下式计算，即

$$\underbrace{f_{X2\mid X1}(x_2\mid x_1)}_{\text{Conditional}} = \frac{\overbrace{f_{X1,X2}(x_1,x_2)}^{\text{Joint}}}{\underbrace{f_{X1}(x_1)}_{\text{Marginal}}} \tag{6.42}$$

⚠️

注意：式 (6.42) 中 $f_{X1}(x_1)>0$。式 (6.42) 分母中的边缘概率密度 $f_{X1}(x_1)$ 起到归一化作用。

如图6.32 (b) 所示，经过归一化的条件概率密度曲线围成的面积变为1，即

$$\int_{x_2}\underbrace{f_{X2\mid X1}(x_2\mid x_1)}_{\text{Conditional}}\mathrm{d}x_2 = \int_{x_2}\frac{\overbrace{f_{X1,X2}(x_1,x_2)}^{\text{Joint}}}{\underbrace{f_{X1}(x_1)}_{\text{Marginal}}}\mathrm{d}x_2 = \frac{\int_{x_2}f_{X1,X2}(x_1,x_2)\mathrm{d}x_2}{f_{X1}(x_1)} = \frac{f_{X1}(x_1)}{f_{X1}(x_1)} = 1 \tag{6.43}$$

将不同位置的条件PDF $f_{X2\mid X1}(x_2\mid x_1)$曲线投影到平面得到图6.33。图6.33 (b) 中每条曲线和横轴围成的面积都是1。请大家仔细比较图6.26和图6.33。此外，$f_{X2\mid X1}(x_2\mid x_1)$本身也是一个二元函数。图6.34所示为$f_{X2\mid X1}(x_2\mid x_1)$的三维等高线和平面等高线。

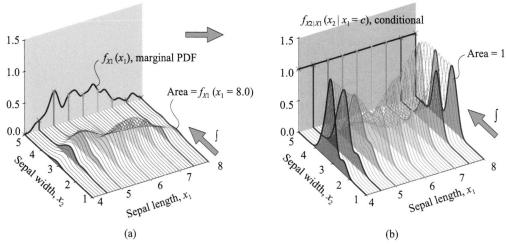

图6.32　计算条件概率密度 $f_{X2|X1}(x_2|x_1)$ 原理

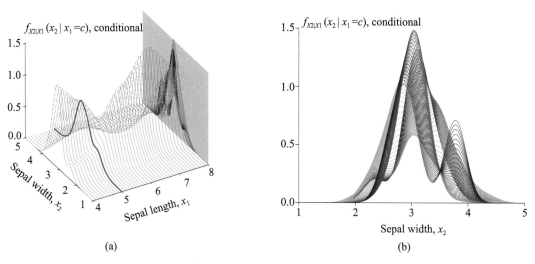

图6.33　$f_{X2|X1}(x_2|x_1)$ 曲线投影到平面

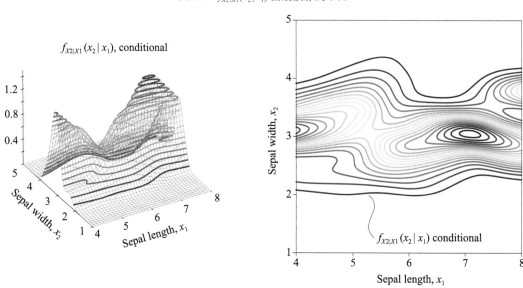

图6.34　$f_{X2|X1}(x_2|x_1)$ 条件下概率密度三维等高线和平面等高线 (不考虑分类)

给定花萼宽度，花萼长度的条件概率密度函数$f_{X1\,|\,X2}(x_1\,|\,x_2)$

如图6.35所示，同样利用贝叶斯定理，条件PDF$f_{X1|X2}(x_1\,|\,x_2)$可以通过下式计算，即

$$\underbrace{f_{X1|X2}(x_1\,|\,x_2)}_{\text{Conditional}} = \frac{\overbrace{f_{X1,X2}(x_1,x_2)}^{\text{Joint}}}{\underbrace{f_{X2}(x_2)}_{\text{Marginal}}} \tag{6.44}$$

注意：式 (6.44) 中 $f_{X2}(x_2) > 0$。类似前文，式 (6.44) 的分母中$f_{X2}(x_2)$同样起到归一化作用。如图6.35(b)所示，经过归一化，$f_{X1\,|\,X2}(x_1\,|\,x_2)$面积变为1，即

$$\int_{x_1} \underbrace{f_{X1|X2}(x_1\,|\,x_2)}_{\text{Conditional}}\mathrm{d}\,x_1 = \int_{x_1} \frac{\overbrace{f_{X1,X2}(x_1,x_2)}^{\text{Joint}}}{\underbrace{f_{X2}(x_2)}_{\text{Marginal}}}\mathrm{d}\,x_1 = \frac{\int_{x_1} f_{X1,X2}(x_1,x_2)\mathrm{d}\,x_1}{f_{X2}(x_2)} = \frac{f_{X2}(x_2)}{f_{X2}(x_2)} = 1 \tag{6.45}$$

将不同位置的条件概率密度$f_{X1\,|\,X2}(x_1\,|\,x_2)$曲线投影到平面得到图6.36。图6.36 (b) 中每条曲线和横轴围成的面积都是1。也请大家仔细比较图6.27和图6.36。

$f_{X1\,|\,X2}(x_1\,|\,x_2)$ 同样也是一个二元函数，如图6.37所示为$f_{X1\,|\,X2}(x_1\,|\,x_2)$的三维等高线和平面等高线。

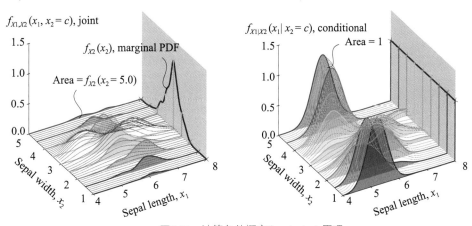

图6.35　计算条件概率$f_{X1|X2}(x_1\,|\,x_2)$原理

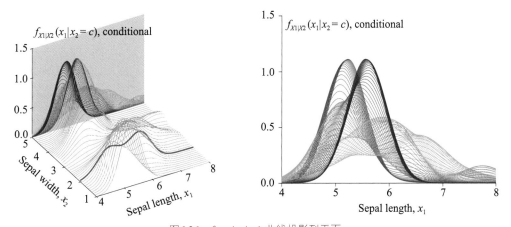

图6.36　$f_{X1|X2}(x_1\,|\,x_2)$曲线投影到平面

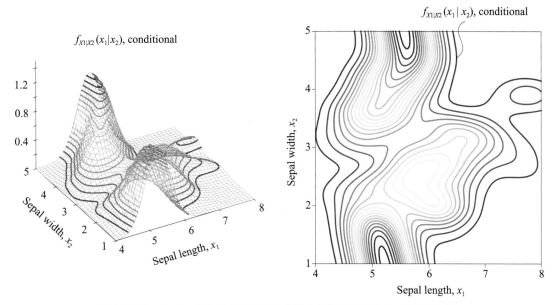

图6.37 $f_{X1|X2}(x_1 \mid x_2)$ 条件下概率密度三维等高线和平面等高线 (不考虑分类)

6.8 以鸢尾花数据为例：考虑分类标签

本节将以鸢尾花标签为条件，继续讨论条件概率。图6.38所示为考虑分类标签的鸢尾花数据散点图。

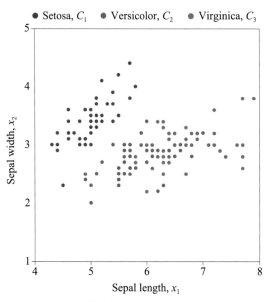

图6.38 鸢尾花数据花萼长度、花萼宽度散点图 (考虑分类)

给定分类标签 $Y = C_1$ (setosa)

图6.39所示为给定分类标签 $Y = C_1$ (setosa) 条件下，条件概率 $f_{X_1,X_2 \mid Y}(x_1, x_2 \mid y = C_1)$ 的平面等高线和条件边缘概率密度曲线。

$f_{X_1,X_2 \mid Y}(x_1, x_2 \mid y = C_1)$ 曲面和整个水平面围成的体积为1，也就是说

$$\iint_{x_2 \ x_1} \underbrace{f_{X_1,X_2 \mid Y}(x_1, x_2 \mid C_1)}_{\text{Conditional PDF}} \mathrm{d}x_1 \, \mathrm{d}x_2 = \underbrace{1}_{\text{Probability}} \tag{6.46}$$

用KDE估算 $f_{X_1,X_2 \mid Y}(x_1, x_2 \mid y = C_1)$ 时，我们仅仅考虑标签为 C_1 的数据。同理，估算条件边缘概率曲线 $f_{X_1 \mid Y}(x_1 \mid y = C_1)$、$f_{X_2 \mid Y}(x_2 \mid y = C_1)$ 时，我们也不考虑其他标签数据。

图6.39中，$f_{X_1 \mid Y}(x_1 \mid y = C_1)$、$f_{X_2 \mid Y}(x_2 \mid y = C_1)$ 分别与 x_1、x_2 围成的面积也是1，即

$$\int_{x_1} \underbrace{f_{X_1 \mid Y}(x_1 \mid C_1)}_{\text{Conditional PDF}} \mathrm{d}x_1 = \underbrace{1}_{\text{Probability}}$$

$$\int_{x_2} \underbrace{f_{X_2 \mid Y}(x_2 \mid C_1)}_{\text{Conditional PDF}} \mathrm{d}x_2 = \underbrace{1}_{\text{Probability}} \tag{6.47}$$

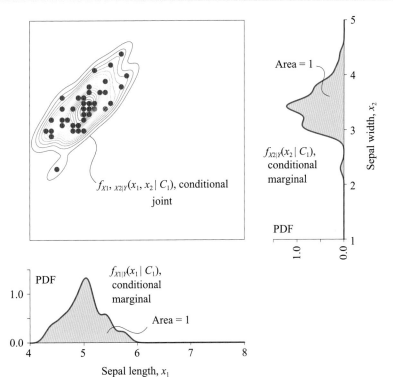

图6.39　条件概率 $f_{X_1,X_2 \mid Y}(x_1, x_2 \mid y = C_1)$ 平面等高线和条件边缘概率密度曲线，给定分类标签 $Y = C_1$ (setosa)

给定分类标签 $Y = C_2$ (versicolor)

图6.40所示为给定分类标签 $Y = C_2$ (versicolor)，条件概率 $f_{X_1,X_2 \mid Y}(x_1, x_2 \mid y = C_2)$ 的平面等高线和条件边缘概率密度曲线。请大家自行分析这幅图。

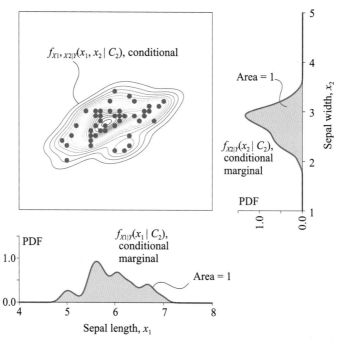

图6.40　条件PDF $f_{X1,X2 \mid Y}(x_1, x_2 \mid y = C_2)$ 平面等高线和条件边缘概率密度曲线，给定分类标签$Y = C_2$ (versicolor)

给定分类标签$Y = C_3$ (virginica)

图6.41所示为给定分类标签$Y = C_3$ (virginica)，条件概率$f_{X1,X2 \mid Y}(x_1, x_2 \mid y = C_3)$ 的平面等高线和条件边缘概率密度曲线。也请大家自行分析这幅图。

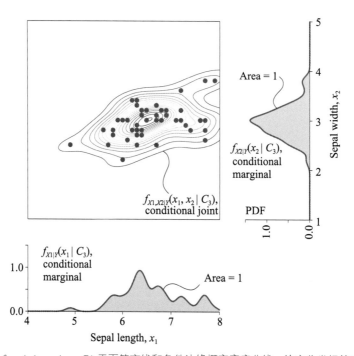

图6.41　条件PDF $f_{X1,X2 \mid Y}(x_1, x_2 \mid y = C_3)$ 平面等高线和条件边缘概率密度曲线，给定分类标签$Y = C_3$ (virginica)

全概率定理：穷举法

如图6.42所示，利用全概率定理，三幅条件概率等高线叠加可以得到联合概率密度，即

$$
\begin{aligned}
f_{X1,X2}(x_1,x_2) = & f_{X1,X2|Y}(x_1,x_2|y=C_1)p_Y(C_1) + \\
& f_{X1,X2|Y}(x_1,x_2|y=C_2)p_Y(C_2) + \\
& f_{X1,X2|Y}(x_1,x_2|y=C_3)p_Y(C_3)
\end{aligned}
\tag{6.48}
$$

此外，请大家思考$f_{X1}(x_1)$、$f_{X1|Y}(x_1|y=C_1)$、$f_{X1|Y}(x_1|y=C_2)$、$f_{X1|Y}(x_1|y=C_3)$四者的关系。

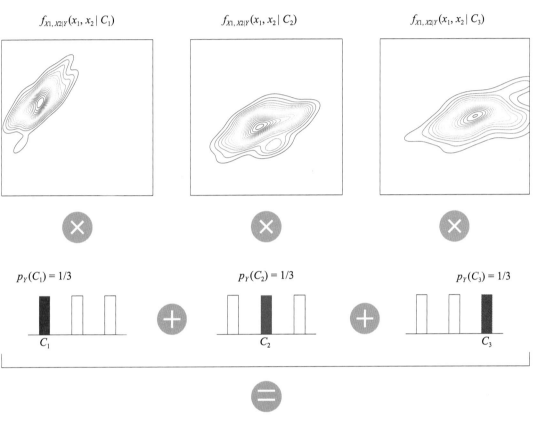

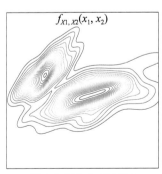

图6.42 利用全概率定理计算$f_{X1,X2}(x_1,x_2)$

给定X_1和X_2，Y的条件概率：后验概率

根据贝叶斯定理，当$f_{X1,X2}(x_1,x_2) > 0$时，**后验** (posterior) PDF $f_{Y|X1,X2}(C_k \mid x_1,x_2)$ 可以根据下式计算得到，即

$$\overbrace{f_{Y|X1,X2}\left(C_k \middle| x_1,x_2\right)}^{\text{Posterior}} = \frac{\overbrace{f_{X1,X2,Y}\left(x_1,x_2,C_k\right)}^{\text{Joint}}}{\underbrace{f_{X1,X2}\left(x_1,x_2\right)}_{\text{Evidence}}} \tag{6.49}$$

从分类角度来看，这相当于已知某个样本鸢尾花的花萼长度和花萼宽度，该样本对应不同分类的概率。请大家修改代码自行绘制不同的后验概率PDF曲面。

第19、20章将从这个角度探讨如何判定鸢尾花分类。

假设条件独立

如图6.43所示，如果假设条件独立，$f_{X1,X2|Y}(x_1,x_2 \mid y=C_1)$ 可以通过下式计算得到，即

$$\underbrace{f_{X1,X2|Y}\left(x_1,x_2 \middle| y-C_1\right)}_{\text{Conditional joint}} = \underbrace{f_{X1|Y}\left(x_1 \middle| y=C_1\right)}_{\text{Conditional marginal}} \cdot \underbrace{f_{X2|Y}\left(x_2 \middle| y=C_1\right)}_{\text{Conditional marginal}} \tag{6.50}$$

同理我们可以计算得到$f_{X1,X2|Y}(x_1,x_2 \mid y=C_2)$、$f_{X1,X2|Y}(x_1,x_2 \mid y=C_3)$，具体如图6.44和图6.45所示。

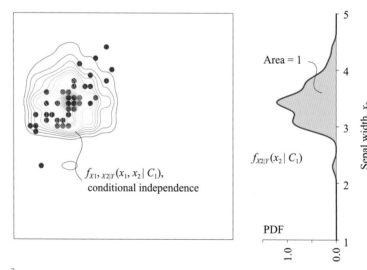

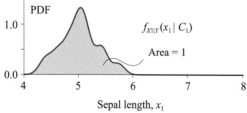

图6.43　给定$Y=C_1$，X_1和X_2条件独立，估算条件概率$f_{X1,X2|Y}(x_1,x_2 \mid y=C_1)$

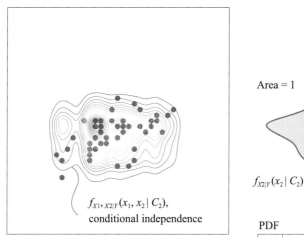

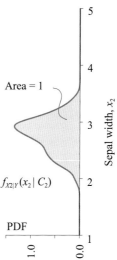

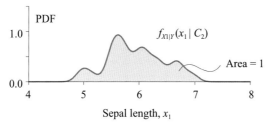

图6.44 给定$Y = C_2$，X_1和X_2条件独立，估算条件概率$f_{X1,X2 \mid Y}(x_1, x_2 \mid y = C_2)$

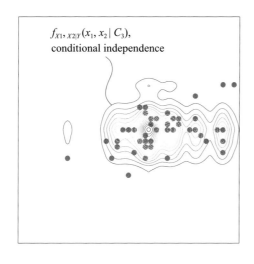

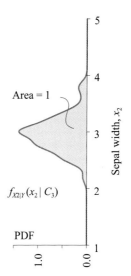

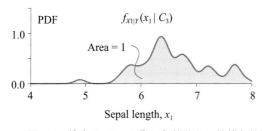

图6.45 给定$Y = C_3$，X_1和X_2条件独立，估算条件概率$f_{X1,X2 \mid Y}(x_1, x_2 \mid y = C_3)$

如图6.46所示，并利用全概率定理，我们也可以估算$f_{X1,X2}(x_1, x_2)$，有

$$
\begin{aligned}
f_{X1,X2}(x_1, x_2) &= f_{X1,X2|Y}(x_1, x_2 | y = C_1) p_Y(C_1) + \\
&\quad f_{X1,X2|Y}(x_1, x_2 | y = C_2) p_Y(C_2) + \\
&\quad f_{X1,X2|Y}(x_1, x_2 | y = C_3) p_Y(C_3) \\
&= f_{X1|Y}(x_1 | y = C_1) f_{X2|Y}(x_2 | y = C_1) p_Y(C_1) + \\
&\quad f_{X1|Y}(x_1 | y = C_2) f_{X2|Y}(x_2 | y = C_2) p_Y(C_2) + \\
&\quad f_{X1|Y}(x_1 | y = C_3) f_{X2|Y}(x_2 | y = C_3) p_Y(C_3)
\end{aligned}
\tag{6.51}
$$

这是**朴素贝叶斯分类器** (Naive Bayes classifier) 的重要技术细节之一。鸢尾花书《机器学习》一册将讲解朴素贝叶斯分类器。

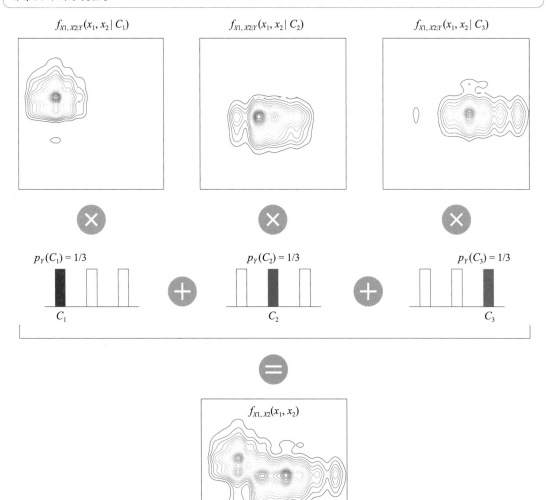

图6.46 利用全概率定理估算$f_{X1,X2}(x_1, x_2)$，假设条件独立

Bk5_Ch06_01.py绘制本章大部分图像。

为了帮助大家更容易发现离散随机变量、连续随机变量的区别和联系，本章最后特地制作了如下表格，请大家逐行对比学习。下一章我们将介绍常见连续随机变量的概率分布。

表 6.1　比较离散和连续随机变量

	离散	连续
随机变量	取值可以一一列举出来，有限个或可数无穷个，如 {0, 1}、{非负整数}	取值不可以一一列举出来，如闭区间 [0, 1] 或 {非负实数}
一元随机变量概率质量/密度函数	概率质量函数PMF，$p_X(x)$ PMF本身就是概率值 $0 \leqslant p_X(x) \leqslant 1$ 计算工具：Σ	概率密度函数PDF，$f_X(x)$ PDF本身为概率密度 $0 \leqslant f_X(x)$ 注意：$f_X(x)$ 可以大于1。 计算工具：$\int$
归一化	$\sum_x p_X(x) = 1$	$\int_x f_X(x)\mathrm{d}x = 1$
概率质量/密度函数图像	火柴梗图	曲线
计算概率CDF	求和 $F_X(x) = \Pr(X \leqslant x) = \sum_{t \leqslant x} p_X(t)$	积分 $F_X(x) = \Pr(X \leqslant x) = \int_{-\infty}^{x} f_X(t)\mathrm{d}t$
期望	$\mathrm{E}(X) = \sum_x x \cdot p_X(x)$	$\mathrm{E}(X) = \int_x x \cdot f_X(x)\mathrm{d}x$
方差	$\mathrm{var}(X) = \sum_x (x - \mathrm{E}(X))^2 p_X(x)$	$\mathrm{var}(X) = \int_x (x - \mathrm{E}(X))^2 \cdot f_X(x)\mathrm{d}x$
常见分布	离散均匀分布，伯努利分布，二项分布，多项分布，泊松分布，几何分布，超几何分布	连续均匀分布，高斯分布，逻辑分布，学生t-分布，对数正态分布，指数分布，卡方分布，Beta分布
二元随机变量联合概率	概率质量函数PMF，$p_{X,Y}(x,y)$	概率密度函数PDF，$f_{X,Y}(x,y)$
归一化	$\sum_{x_1} \sum_{x_2} p_{X_1,X_2}(x_1, x_2) = 1$	$\iint_{x_2\,x_1} f_{X_1,X_2}(x_1, x_2)\mathrm{d}x_1\mathrm{d}x_2 = 1$
边缘概率 求和法则	$p_{X,Y}(x,y)$ 偏求和结果为边缘PMF $p_X(x) = \sum_y p_{X,Y}(x,y)$ $p_Y(y) = \sum_x p_{X,Y}(x,y)$	$f_{X,Y}(x,y)$ 偏积分结果为边缘PDF $f_X(x) = \int_y f_{X,Y}(x,y)\mathrm{d}y$ $f_Y(y) = \int_x f_{X,Y}(x,y)\mathrm{d}x$

	离散	连续
条件概率 $p_Y(y) > 0, p_X(x) > 0$ $f_Y(y) > 0, f_X(x) > 0$	$p_{X\|Y}(x\|y) = \dfrac{p_{X,Y}(x,y)}{p_Y(y)}$ $p_{Y\|X}(y\|x) = \dfrac{p_{X,Y}(x,y)}{p_X(x)}$	$f_{Y\|X}(y\|x) = \dfrac{f_{X,Y}(x,y)}{f_X(x)}$ $f_{X\|Y}(x\|y) = \dfrac{f_{X,Y}(x,y)}{f_Y(y)}$
条件概率归一化	$\sum\limits_x p_{X\|Y}(x\|y) = 1$ $\sum\limits_y p_{Y\|X}(y\|x) = 1$	$\int\limits_x f_{X\|Y}(x\|y)\,\mathrm{d}x = 1$ $\int\limits_y f_{Y\|X}(y\|x)\,\mathrm{d}y = 1$
随机变量独立	$p_{X\|Y}(x\|y) = p_X(x)$ $p_{Y\|X}(y\|x) = p_Y(y)$	$f_{X\|Y}(x\|y) = f_X(x)$ $f_{Y\|X}(y\|x) = f_Y(y)$
随机变量独立条件下的 联合概率	$p_{X,Y}(x,y) = p_X(x)p_Y(y)$	$f_{X,Y}(x,y) = f_X(x)f_Y(y)$
随机变量条件独立的 条件联合概率	$p_{X_1,X_2\|Y}(x_1,x_2\|y) = p_{X_1\|Y}(x_1\|y) \cdot p_{X2\|Y}(x_2\|y)$	$f_{X_1,X_2\|Y}(x_1,x_2\|y) = f_{X_1\|Y}(x_1\|y) \cdot f_{X2\|Y}(x_2\|y)$

Continuous Distributions
连续分布
分布相当于理想化假设

我们仅仅是，川流不息河水里的一个个涡旋。肉体灰飞烟灭，潮流浩浩荡荡。

We are but whirlpools in a river of ever-flowing water. We are not the stuff that abides, but patterns that perpetuate themselves.

—— 诺伯特·维纳 (Norbert Wiener) | 美国数学家 | 1894—1964年

◀ numpy.random.laplace() 拉普拉斯分布随机数发生器
◀ numpy.random.uniform() 均匀分布随机数发生器
◀ scipy.stats.beta() Beta分布
◀ scipy.stats.beta.pdf() Beta分布概率密度函数
◀ scipy.stats.chi2() 卡方分布函数
◀ scipy.stats.dirichlet() Dirichlet分布
◀ scipy.stats.dirichlet.pdf() Dirichlet分布概率密度函数
◀ scipy.stats.expon() 指数分布函数
◀ scipy.stats.laplace() 拉普拉斯分布函数
◀ scipy.stats.logistic() 逻辑分布函数
◀ scipy.stats.lognorm() 对数正态分布函数
◀ scipy.stats.norm() 正态分布函数
◀ scipy.stats.t() 学生t-分布函数
◀ seaborn.histplot() 绘制频率/概率直方图

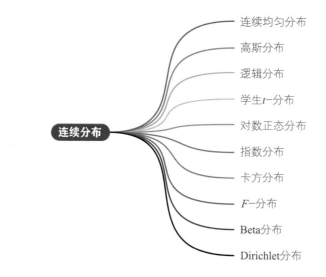

- 连续均匀分布
- 高斯分布
- 逻辑分布
- 学生t-分布
- 对数正态分布
- 指数分布
- 卡方分布
- F-分布
- Beta分布
- Dirichlet分布

连续分布

7.1 连续均匀分布：离散均匀分布的连续版

概率密度函数

如图7.1所示，连续随机变量X在区间 $[a, b]$ 内取得任意一个实数的概率密度函数满足

$$f_X(x) = \begin{cases} \dfrac{1}{b-a}, & a \leqslant x \leqslant b \\ 0, & x < a \text{ or } x > b \end{cases} \tag{7.1}$$

则称X区间 $[a, b]$ 上服从**连续均匀分布** (continuous uniform distribution)。这个连续分布常记作 Uniform(a, b) 或$U(a, b)$，如 $[0, 1]$ 区间上的均匀分布可以记作Uniform($0, 1$) 或$U(0, 1)$。

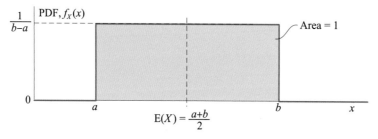

图7.1　随机变量X在 $[a, b]$ 上为均匀分布

期望、方差

服从式 (7.1) 的连续均匀分布X的期望和方差分别为

$$E(X) = \frac{a+b}{2}, \quad \text{var}(X) = \frac{(b-a)^2}{12} \tag{7.2}$$

随机数

利用随机数发生器，我们可以获得满足连续均匀分布的随机数。图7.2 (a) 所示为满足连续均匀分布随机数的直方图。

图7.2 (b) 所示为随机数的**经验累积分布函数** (Empirical Cumulative Distribution Function, ECDF)。不难看出ECDF的取值范围为 [0, 1]。经验分布函数是在所有n个样本点上都跳跃$1/n$的阶跃函数。对于某个特定样本，它的ECDF为样本中小于或等于该值的样本所占的比例。

我们在第9章还会提到经验累积分布函数ECDF。

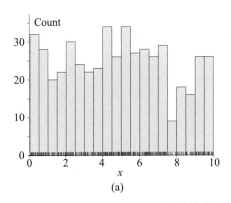
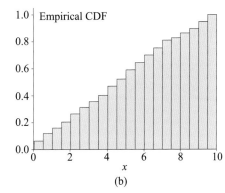

图7.2　满足连续均匀分布的随机数直方图和ECDF

Bk5_Ch07_01.py代码绘制图7.2。

7.2 高斯分布：最重要的概率分布，没有之一

高斯分布 (Gaussian distribution)，也叫**正态分布** (normal distribution)，仿佛是整个纷繁复杂宇宙表象下的终极秩序。实际上，高斯分布是由德国数学家和天文学家**亚伯拉罕·棣莫弗** (Abraham de Moivre) 于1733年首先提出的。

高斯分布非常重要，"鸢尾花书"中回归分析、主成分分析、高斯朴素贝叶斯、高斯过程、高斯混合模型等内容都与高斯分布有着密切的联系。第9～13章将从不同角度探讨高斯分布。

一元高斯分布

一元高斯分布 (univariate normal distribution) 的概率密度函数为

$$f_X(x) = \frac{1}{\sigma\sqrt{2\pi}}\exp\left(\frac{-1}{2}\left(\frac{x-\mu}{\sigma}\right)^2\right) \tag{7.3}$$

其中：μ为均值/期望值；σ为标准差。满足式 (7.3) 的高斯分布常记作$N(\mu, \sigma^2)$。

也就是说，连续随机变量X服从$N(\mu, \sigma^2)$，即$X \sim N(\mu, \sigma^2)$，则X的期望和方差为

$$\mathrm{E}(X) = \mu, \quad \mathrm{var}(X) = \sigma^2 \tag{7.4}$$

图7.3所示为三个不同一元高斯分布PDF、CDF图像。可以发现，一元高斯分布PDF关于$x = \mu$对称，当x远离μ时，概率密度函数的高度迅速下降。

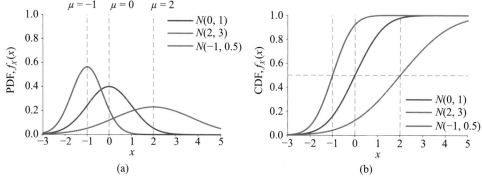

图7.3　三个正态分布PDF和CDF

Bk5_Ch07_02.py代码绘制图7.3。

形状

μ和σ两个参数确定了一元高斯分布PDF的位置和形状。如图7.4所示，μ决定了概率密度曲线$p(x)$的位置，σ影响曲线的胖瘦。特别是当$\mu = 0$，且$\sigma = 1$时，得到的高斯分布为**标准正态分布** (standard normal distribution)。

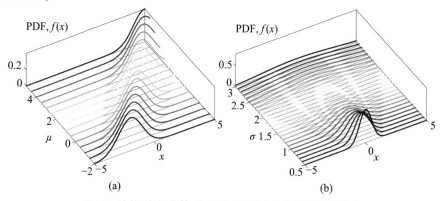

图7.4　均值μ和标准差σ分别对一元正态分布曲线形状影响

二元高斯分布

二元高斯分布 (bivariate Gaussian distribution)，也叫二元正态分布，它的概率密度函数解析式为

$$f_{X1,X2}(x_1,x_2) = \frac{1}{2\pi\sigma_1\sigma_2\sqrt{1-\rho_{1,2}^2}} \times \exp\left(\frac{-1}{2}\left(\overbrace{\frac{1}{(1-\rho_{1,2}^2)}\left(\left(\frac{x_1-\mu_1}{\sigma_1}\right)^2 - 2\rho_{1,2}\left(\frac{x_1-\mu_1}{\sigma_1}\right)\left(\frac{x_2-\mu_2}{\sigma_2}\right) + \left(\frac{x_2-\mu_2}{\sigma_2}\right)^2\right)}^{\text{Ellipse}}\right)\right) \tag{7.5}$$

其中：μ_1和μ_2分别为X_1和X_2的期望值；σ_1和σ_2为X_1和X_2的标准差；$\rho_{1,2}$为两者的线性相关系数。

> ⚠️ 注意：式 (7.5) 中$\rho_{1,2}$取值范围为 $(-1, 1)$。

> ➡️
> 相信大家已经在式 (7.5) 中看到椭圆了！这是本书后续重要的线索之一。此外，我们在《数学要素》一册第9章专门介绍过这种椭圆形式。

连续随机变量 (X_1, X_2) 服从上述二元正态分布，记作

$$\begin{bmatrix} X_1 \\ X_2 \end{bmatrix} \sim N\left(\underbrace{\begin{bmatrix} \mu_1 \\ \mu_2 \end{bmatrix}}_{\mu}, \underbrace{\begin{bmatrix} \sigma_1^2 & \rho_{1,2}\sigma_1\sigma_2 \\ \rho_{1,2}\sigma_1\sigma_2 & \sigma_2^2 \end{bmatrix}}_{\Sigma}\right) = N(\mu, \Sigma) \tag{7.6}$$

图7.5所示为方差和相关性系数取不同值时，二元正态分布概率密度函数的椭圆等高线以及边缘分布形状。注意，图7.5中$\sigma_{1,1}$和$\sigma_{2,2}$代表方差，即标准差的平方。

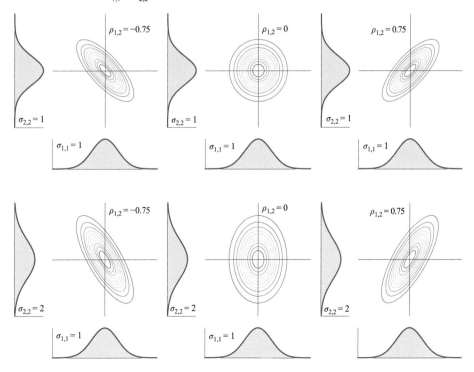

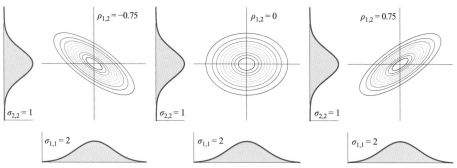

图7.5 方差和相关性系数取不同值时，二元正态分布概率密度函数椭圆等高线形态

第10章将专门以椭圆为视角讲解二元正态分布。

多元高斯分布

《矩阵力量》一册第20章用如下公式介绍过**多元高斯分布** (multivariate Gaussian distribution)，请大家据此回忆多元高斯分布PDF每个不同成分的含义，有

$$d = \sqrt{(x-\mu)^T \Sigma^{-1} (x-\mu)} \quad | \text{ Mahal distance}$$

$$\|z\| \quad | \text{ z-score}$$

$$z = \Lambda^{\frac{-1}{2}} V^T (x-\mu) \quad | \text{ Translate} \rightarrow \text{rotate} \rightarrow \text{scale}$$

$$\left[\Lambda^{\frac{-1}{2}} V^T (x-\mu) \right]^T \Lambda^{\frac{-1}{2}} V^T (x-\mu) \quad | \text{ Eigen decomposition}$$

$$(x-\mu)^T \Sigma^{-1} (x-\mu) \quad | \text{ Ellipse/ellipsoid} \tag{7.7}$$

$$f_x(x) = \frac{\exp\left(-\frac{1}{2}(x-\mu)^T \Sigma^{-1} (x-\mu)\right)}{(2\pi)^{\frac{D}{2}} |\Sigma|^{\frac{1}{2}}}$$

Distance → similarity

Normalization
Multivariable calculus

Scaling
Eigenvalues

第11章将深入讲解多元高斯分布。

拉普拉斯分布

本节最后简要介绍**拉普拉斯分布** (Laplace distribution)。拉普拉斯分布的概率密度函数为

$$f_X(x) = \frac{1}{2b} \exp\left(-\frac{|x-\mu|}{b}\right) \tag{7.8}$$

形式上，拉普拉斯分布和高斯分布很类似，只不过拉普拉斯分布的PDF图像在对称轴处存在尖点。很容易发现，参数μ决定了概率密度分布位置。如图7.6所示，参数b决定分布形状。

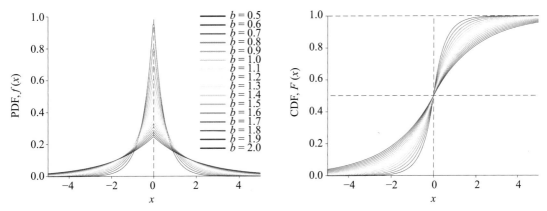

图7.6　拉普拉斯分布的PDF和CDF

如果连续随机变量X满足式 (7.8) 的拉普拉斯分布，则X的期望和方差为

$$\mathrm{E}(X) = \mu, \quad \mathrm{var}(X) = 2b^2 \tag{7.9}$$

两个常用的拉普拉斯分布函数为scipy.stats.laplace() 和 numpy.random.laplace()。

《数学要素》一册第12章分别讲解过高斯函数和拉普拉斯函数，建议大家回顾。

7.3　逻辑分布：类似高斯分布

一元逻辑分布 (univariate logistic distribution) 的PDF为

$$f_X(x) = \frac{\exp\left(\dfrac{-(x-\mu)}{s}\right)}{s\left(1+\exp\left(\dfrac{-(x-\mu)}{s}\right)\right)^2} \tag{7.10}$$

其中：μ为位置参数；s为形状参数。

相比PDF，逻辑函数的CDF更常用，有

$$F_X(x) = \frac{1}{1+\exp\left(\dfrac{-(x-\mu)}{s}\right)} \tag{7.11}$$

图7.7所示为逻辑函数的PDF和CDF曲线随s的变化。

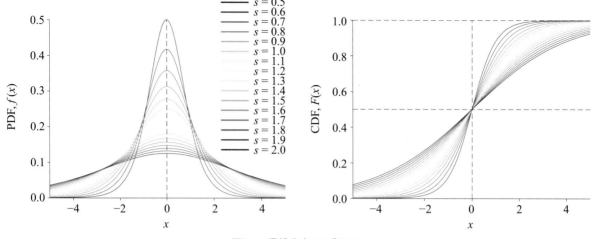

图7.7　逻辑分布PDF和CDF

逻辑分布 vs 高斯分布

大家肯定已经发现，逻辑分布和高斯分布的PDF、CDF长得很相似。为了比较逻辑函数和高斯函数，我们用标准正态分布$N(0, 1)$的PDF和CDF图像，而逻辑分布的位置参数$\mu = 0$。特别选取参数s使得逻辑分布PDF和标准正态分布PDF在$x = 0$处高度一致。

如图7.8所示，相比标准正态分布，逻辑分布PDF中心部位"稍瘦"，而**厚尾** (fat tail)。厚尾，也叫肥尾，指的是和正态分布相比，尾部分布较厚的分布。下一节介绍的学生t-分布就是典型的厚尾分布。

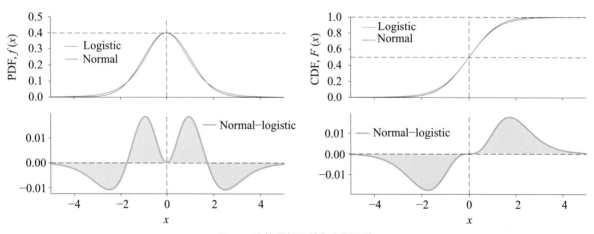

图7.8　比较逻辑函数和高斯函数

Bk5_Ch07_03.py代码绘制图7.7。

7.4 学生t-分布：厚尾分布

学生t-分布 (Student's t-distribution) 也称**学生分布**，或t分布，是由**戈赛特** (William Sealy Gosset) 于1908年提出的，Student一词源自于他发表论文时使用的化名。

学生t-分布是一类常用的厚尾分布。学生t-分布多应用于根据小样本数据来估计呈正态分布且方差未知的总体的均值，第17章将简要介绍相关内容。

一元学生t-分布的PDF为

$$f_X(x) = \frac{\Gamma\left(\frac{\nu+1}{2}\right)}{\sqrt{\nu\pi} \cdot \Gamma\left(\frac{\nu}{2}\right)} \left(1 + \frac{x^2}{\nu}\right)^{\frac{-(\nu+1)}{2}} \tag{7.12}$$

其中：ν为自由度 (number of degrees of freedom或df)，$\nu = n - 1$，n为样本数；Γ为Gamma函数 (Gamma function)。

Gamma函数

Gamma函数是从阶乘的概念推广而来的，它将阶乘的概念推广到了实数和复数的范围。

ν为正整数时，Gamma方程类似于阶乘表达式，正整数ν的Gamma函数表达式为

$$\Gamma(\nu) = (\nu - 1)! \tag{7.13}$$

ν取特殊分数，如1/2和3/2时，ν的Gamma函数值为

$$\Gamma\left(\frac{1}{2}\right) = \sqrt{\pi}$$
$$\Gamma\left(\frac{3}{2}\right) = \frac{1}{2}\sqrt{\pi} \tag{7.14}$$

图7.9所示为Gamma函数图像，其中红色 × 是取正整数时Gamma函数的取值。

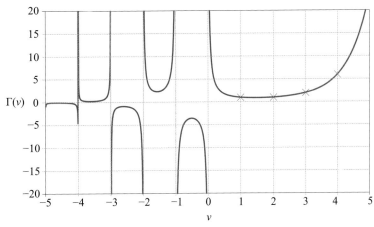

图7.9　Gamma函数图像

一般情况下，当v为偶数时，式 (7.12) 中系数部分为

$$\frac{\Gamma\left(\dfrac{v+1}{2}\right)}{\sqrt{v\pi}\cdot\Gamma\left(\dfrac{v}{2}\right)} = \frac{(v-1)(v-3)\cdots 5\times 3}{2\sqrt{v}\,(v-2)(v-4)\cdots 4\times 2} \tag{7.15}$$

当v为奇数时，有

$$\frac{\Gamma\left(\dfrac{v+1}{2}\right)}{\sqrt{v\pi}\cdot\Gamma\left(\dfrac{v}{2}\right)} = \frac{(v-1)(v-3)\cdots 4\times 2}{\pi\sqrt{v}\,(v-2)(v-4)\cdots 5\times 3} \tag{7.16}$$

Gamma函数存在如下递推关系，即

$$\Gamma(v+1) = \Gamma(v)\cdot v \tag{7.17}$$

式 (7.17) 和v取值无关。Gamma函数在概率分布中具有重要的作用，尤其是在Gamma分布、卡方分布、t分布、Beta分布、Dirichlet分布等定义和性质中都涉及Gamma函数。

自由度

图7.10所示为v从1变化到30时，学生t-分布的PDF和CDF图像。图7.10中黑色的曲线对应正态分布。当自由度v不断提高时，厚尾现象逐渐消失，学生t-分布逐渐接近标准正态分布 (黑色)。很明显，学生t-分布的偏度为0。

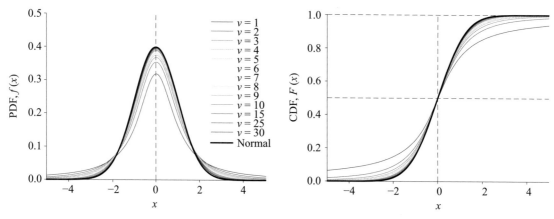

图7.10 学生t-分布PDF和CDF随自由度变化

Bk5_Ch07_04.py代码绘制图7.10。

多元学生 t-分布

类似式 (7.7) 给出的多元高斯分布，多元学生 t-分布的概率密度函数为

$$f_X(x) = \frac{\Gamma\left[(\nu+D)/2\right]}{\Gamma(\nu/2)\nu^{D/2}\pi^{D/2}|\boldsymbol{\Sigma}_t|^{1/2}}\left[1+\frac{1}{\nu}\underbrace{(x-\boldsymbol{\mu})^{\mathrm{T}}\boldsymbol{\Sigma}_t^{-1}(x-\boldsymbol{\mu})}_{\text{Ellipse}}\right]^{-(\nu+D)/2} \tag{7.18}$$

其中：ν 为自由度；D 为维数。相信大家在式 (7.18) 中也看到了椭圆。

式 (7.18) 中 $\boldsymbol{\Sigma}_t$ 和多元高斯分布的协方差矩阵关系为

$$\boldsymbol{\Sigma}_t = \frac{\nu}{\nu-2}\boldsymbol{\Sigma} \tag{7.19}$$

7.5 对数正态分布：源自正态分布

定义

如果随机变量 X 的对数 $\ln X$ 服从正态分布，则 X 服从**对数正态分布** (logarithmic normal distribution)。对于 $x > 0$，对数正态分布的 PDF 为

$$f_X(x) = \frac{1}{x\sigma\sqrt{2\pi}}\exp\left(-\frac{(\ln x - \mu)^2}{2\sigma^2}\right) \tag{7.20}$$

其中：μ 为 X 对数的平均值；σ 为 X 对数的标准差。

如果 X 满足式 (7.20) 的对数正态分布，则 X 的期望和方差为

$$\mathrm{E}(X) = \exp\left(\mu+\frac{\sigma^2}{2}\right), \quad \mathrm{var}(X) = \left[\exp(\sigma^2)-1\right]\exp(2\mu+\sigma^2) \tag{7.21}$$

图像

图 7.11 所示为对数正态分布的图像。对数正态分布的最大特点是右偏，即正偏。对于右偏的对数正态分布，其平均值大于其众数。

大家将会在《数据有道》一册看到对数正态分布的应用。

再次强调：对数正态分布的随机变量取值只能为正值。

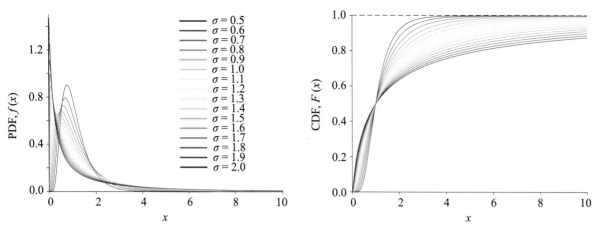

图7.11 对数正态分布的PDF和CDF

图7.12所示为对比正态分布和对数正态分布。

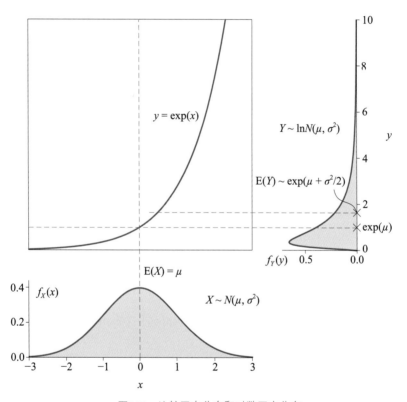

图7.12 比较正态分布和对数正态分布

Bk5_Ch07_05.py代码绘制图7.11。Bk5_Ch07_06.py代码绘制图7.12。

7.6 指数分布：泊松分布的连续随机变量版

定义

指数分布 (exponential distribution) 与本书第5章介绍的泊松分布息息相关。

与泊松分布相比，指数分布重要特点是随机变量连续；而泊松分布是针对随机事件发生次数定义的，发生次数是离散的。

指数分布的概率密度函数为

$$f_X(x) = \begin{cases} \lambda \exp(-\lambda x) & x \geq 0 \\ 0 & x < 0 \end{cases} \tag{7.22}$$

指数分布的期望和方差分别为

$$E(X) = \frac{1}{\lambda}, \quad \text{var}(X) = \frac{1}{\lambda^2} \tag{7.23}$$

图像

图7.13所示为 λ 取不同值时，指数分布的PDF和CDF图像。

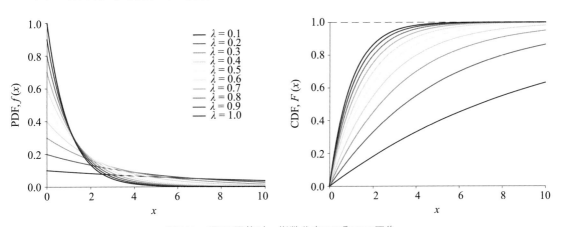

图7.13 λ 取不同值时，指数分布PDF和CDF图像

Bk5_Ch07_07.py代码绘制图7.13。

卡方分布：若干IID标准正态分布平方和

定义

卡方分布 (chi-square distribution或χ^2-distribution) 是德国统计学家**赫尔默特** (Friedrich Robert Helmert) 在1875年首次提出的。

若k个相互独立的随机变量Z_1、Z_2、$\cdots$、Z_k均服从标准正态分布，即

$$Z_i \sim N(0,1), \quad \forall i = 1, \cdots, k \tag{7.24}$$

这k个随机变量的平方和构成一个新的随机变量X，X服从自由度为k的卡方分布，即

$$X = \sum_{i=1}^{k} Z_i^2 \sim \chi_k^2 \tag{7.25}$$

其中：k为自由度。自由度为k的卡方分布一般标记为χ_k^2。

如果随机变量X满足式 (7.25) 的卡方分布，则X的期望值和方差为

$$E(X) = k, \quad var(X) = 2k \tag{7.26}$$

图像

我们将在第23章讲解马氏距离时用到卡方分布。

如图7.14所示，卡方分布的值均为正值，且呈现右偏态，随着自由度k的增大，卡方分布趋近于正态分布。当自由度大于30时，已经非常类似于正态分布。大家看到这里，是否想到马氏距离的平方？

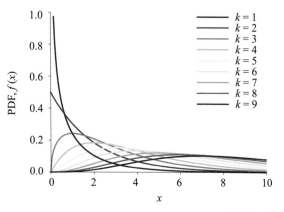
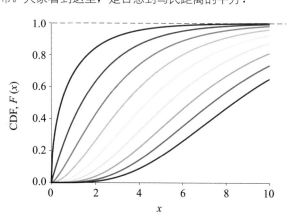

图7.14 卡方分布PDF和CDF

Bk5_Ch07_08.py代码绘制图7.14。

7.8 F-分布：和两个服从卡方分布的独立随机变量有关

定义

F-分布是两个服从卡方分布的独立随机变量除以各自自由度后的比值的抽样分布。

如果随机变量X满足参数为d_1和d_2的F-分布，记作$X \sim F(d_1, d_2)$。随机变量X为

$$X = \frac{S_1/d_1}{S_2/d_2} \tag{7.27}$$

其中：随机变量S_1和S_2分别服从自由度为d_1、d_2的卡方分布。

如果$X \sim F(d_1, d_2)$，则X的PDF为

$$f_X\left(x; d_1, d_2\right) = \frac{1}{B\left(\dfrac{d_1}{2}, \dfrac{d_2}{2}\right)} \left(\frac{d_1}{d_2}\right)^{\frac{d_1}{2}} x^{\frac{d_1}{2}-1} \left(1 + \frac{d_1}{d_2}x\right)^{\frac{-(d_1+d_2)}{2}} \tag{7.28}$$

其中：B() 叫作Beta函数。B(α, β) 函数与Gamma函数的关系为

$$B\left(\alpha, \beta\right) = \int_0^1 x^{\alpha-1}(1-x)^{\beta-1}\,\mathrm{d}x = \frac{\Gamma\left(\alpha\right) \cdot \Gamma\left(\beta\right)}{\Gamma\left(\alpha + \beta\right)} \tag{7.29}$$

请大家特别注意式 (7.29) 的积分式，我们将在第21章讲解贝叶斯推断时用到这个积分式。

图像

图7.15所示为B(α, β) 函数取值随α和β变化的火柴梗图、三维散点图。下一节的Beta分布中也会用到B(α, β) 函数。

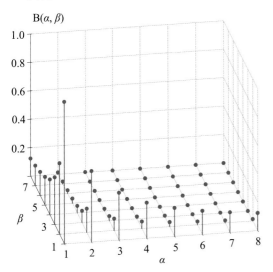
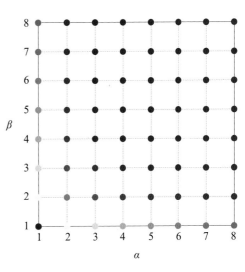

图7.15　B(α, β) 函数取值火柴梗图、三维散点图

如图7.16所示，F-分布是一种非对称分布，且d_1、d_2的位置不可随意互换。

在"鸢尾花书"中，F-分布将用在《数据有道》一册中的**方差分析** (analysis of variance, ANOVA) 和线性回归显著性检验。

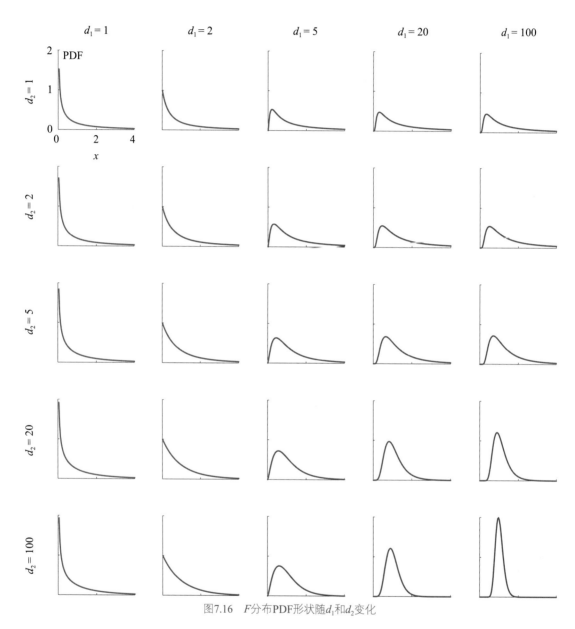

图7.16　F分布PDF形状随d_1和d_2变化

Bk5_Ch07_09.py代码绘制图7.16。

7.9 Beta分布：概率的概率

贝叶斯推断 (Bayesian inference) 是数据科学和机器学习中重要的数学工具，而Beta分布在贝叶斯推断中扮演着重要角色。

定义

Beta分布为定义在 (0, 1) 或 [0, 1] 区间的连续概率分布，它有两个参数 α、β。Beta(α, β) 分布的概率密度函数为

$$f_X\left(x;\alpha,\beta\right) = \frac{\Gamma\left(\alpha+\beta\right)}{\Gamma\left(\alpha\right)\Gamma\left(\beta\right)} x^{\alpha-1}\left(1-x\right)^{\beta-1} \tag{7.30}$$

其中：$x^{\alpha-1}\left(1-x\right)^{\beta-1}$ 决定了PDF曲线的形状。

大家可能已经注意到，这个PDF概率密度曲线有两个区间，原因是当 α、β 取不同值时，x 的取值范围不同。举个例子，当 α、β 均为0.1时，Beta分布的定义域为 (0, 1)。

相信大家已经在上述解析式中看到了 B(α, β) 函数。利用 B(α, β)，式 (7.30) 可以写成

$$f_X\left(x;\alpha,\beta\right) = \frac{x^{\alpha-1}\left(1-x\right)^{\beta-1}}{B\left(\alpha,\beta\right)} \tag{7.31}$$

而 B(α, β) 是让 $x^{\alpha-1}\left(1-x\right)^{\beta-1}$ 成为概率密度函数的归一化因子。用白话说，B(α, β) 让PDF曲线和横轴围成的图形面积为1。

如果 α、β 都是大于1的正整数，则 B(α, β) 可以展开写成

$$B\left(\alpha,\beta\right) = \frac{(\alpha-1)!(\beta-1)!}{(\alpha+\beta-1)!} \tag{7.32}$$

图像

图7.17所示为参数 α、β 取不同值时Beta分布的PDF图像。

容易发现Beta(α, β) 分布实际上代表了一系列分布。举个例子，连续均匀分布 $U(0, 1)$ 便是Beta(1, 1)。

请特别注意图7.17对角线上的图像，即 $\alpha = \beta$，这些PDF图像对称，对应的分布相当于Beta(α, α)。第21章将会用到Beta(α, α) 这个分布。

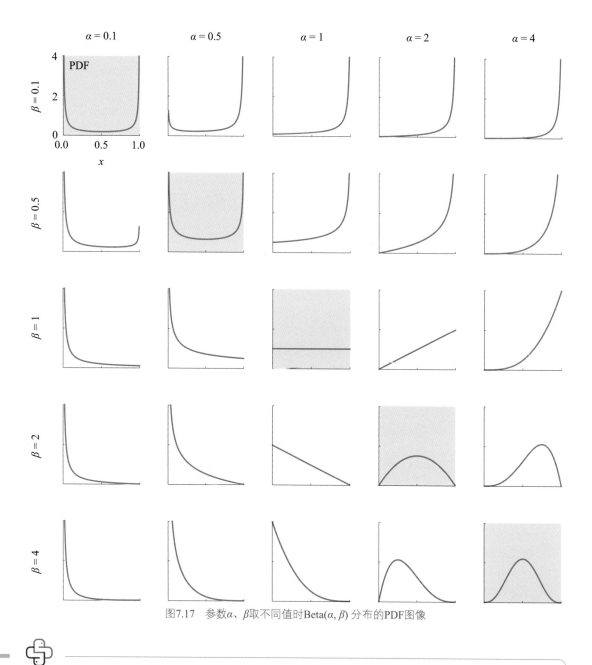

图7.17 参数α、β取不同值时Beta(α, β) 分布的PDF图像

Bk5_Ch07_10.py绘制图7.17。代码还绘制了Beta(α, β) 分布的CDF图像。

在Bk5_Ch07_10.py基础上，我们用Streamlit制作了一个应用，大家可以改变Beta(α, β) 两个参数值，观察PDF曲线的变化。请大家参考Streamlit_Bk5_Ch07_10.py。此外，请大家选取前文某个概率分布，做一个类似的App。

众数 VS 期望

如果X服从$\text{Beta}(\alpha, \beta)$分布，则$X$的期望为

$$\text{E}(X) = \frac{\alpha}{\alpha + \beta} \tag{7.33}$$

我们常常用到的是$\text{Beta}(\alpha, \beta)$分布的众数，即

$$\frac{\alpha - 1}{\alpha + \beta - 2}, \quad \alpha, \beta > 1 \tag{7.34}$$

众数是概率密度函数曲线最大值所在位置。这一点在本书后文的贝叶斯推断中格外重要，请大家注意。

推导期望

推导$\text{Beta}(\alpha, \beta)$的期望其实很容易，我们甚至不需要积分。

连续随机变量X的期望为

$$\text{E}(X) = \int_x x \cdot f_X(x) \, dx \tag{7.35}$$

将$\text{Beta}(\alpha, \beta)$的概率密度函数代入式 (7.35)，得到

$$\begin{aligned}
\text{E}(X) &= \int_x x \cdot \frac{\Gamma(\alpha + \beta)}{\Gamma(\alpha)\Gamma(\beta)} x^{\alpha-1}(1-x)^{\beta-1} \, dx \\
&= \frac{\Gamma(\alpha + \beta)}{\Gamma(\alpha)\Gamma(\beta)} \underbrace{\int_x x^{\alpha}(1-x)^{\beta-1} \, dx}_{\text{Beta}(\alpha+1, \beta)}
\end{aligned} \tag{7.36}$$

容易看出来，式 (7.36) 中积分部分可以整理成为$\text{Beta}(\alpha + 1, \beta)$分布的PDF解析式。缺的就是归一化系数。

补充这个归一化系数，式 (7.36) 可以写成

$$\begin{aligned}
\text{E}(X) &= \frac{\Gamma(\alpha + \beta)}{\Gamma(\alpha)\Gamma(\beta)} \frac{\Gamma(\alpha+1)\Gamma(\beta)}{\Gamma(\alpha + \beta + 1)} \underbrace{\int_x \frac{\Gamma(\alpha + \beta + 1)}{\Gamma(\alpha+1)\Gamma(\beta)} x^{\alpha}(1-x)^{\beta-1} \, dx}_{=1} \\
&= \frac{\Gamma(\alpha + \beta)}{\Gamma(\alpha)\Gamma(\beta)} \frac{\Gamma(\alpha+1)\Gamma(\beta)}{\Gamma(\alpha + \beta + 1)}
\end{aligned} \tag{7.37}$$

根据Gamma函数的递推关系$\Gamma(\nu + 1) = \Gamma(\nu) \cdot \nu$，式 (7.37) 进一步整理为

$$\begin{aligned}
\text{E}(X) &= \frac{\Gamma(\alpha + \beta)}{\Gamma(\alpha)\,\Gamma(\beta)} \frac{\Gamma(\alpha) \cdot \alpha \cdot \Gamma(\beta)}{\Gamma(\alpha + \beta) \cdot (\alpha + \beta)} \\
&= \frac{\alpha}{\alpha + \beta}
\end{aligned} \tag{7.38}$$

Beta(α, β) 的方差为

$$\text{var}(X) = \frac{\alpha\beta}{(\alpha+\beta)^2(\alpha+\beta+1)} \tag{7.39}$$

Beta(α, β) 的标准差为方差的平方根，有

$$\text{std}(X) = \sqrt{\frac{\alpha\beta}{(\alpha+\beta)^2(\alpha+\beta+1)}} \tag{7.40}$$

为了方便与下文的Dirichlet分布对照，令

$$\alpha_0 = \alpha + \beta \tag{7.41}$$

Beta(α, β) 可以进一步写成

$$\begin{aligned}
\text{var}(X) &= \frac{\alpha(\alpha_0-\alpha)}{\alpha_0^2(\alpha_0+1)} \\
&= \frac{\frac{\alpha}{\alpha_0}\left(1-\frac{\alpha}{\alpha_0}\right)}{\alpha_0+1}
\end{aligned} \tag{7.42}$$

7.10 Dirichlet分布：多元Beta分布

Dirichlet分布也叫狄利克雷分布，它本质上是**多元Beta分布** (multivariate Beta distribution)。Dirichlet分布常作为贝叶斯统计的先验概率。

Dirichlet分布的概率密度函数为

$$f_{X_1, \cdots, X_K}(x_1, \cdots, x_K; \alpha_1, \cdots, \alpha_K) = \frac{1}{B(\alpha_1, \cdots, \alpha_K)}\prod_{i=1}^{K}x_i^{\alpha_i-1}, \quad \sum_{i=1}^{K}x_i = 1 \tag{7.43}$$

注意：x_i ($i = 1, 2, \cdots, K$) 的取值范围为 $[0, 1]$，而且它们的和为1。这个分布常记作Dir($\boldsymbol{\alpha}$) 或Dir($\alpha_1, \alpha_2, \cdots, \alpha_K$)。本书后文在贝叶斯推断中，会用$\theta$代替$x$。

K元B() 函数的定义为

$$B(\alpha_1, \cdots, \alpha_K) = \frac{\prod_{i=1}^{K}\Gamma(\alpha_i)}{\Gamma\left(\sum_{i=1}^{K}\alpha_i\right)} \tag{7.44}$$

举个例子

当$K = 3$时，x_1、x_2、x_3满足

$$x_1 + x_2 + x_3 = 1 \tag{7.45}$$

并且，x_1、x_2、x_3都在区间 [0, 1] 内。显然，x_1、x_2、x_3在一个平面上。

用白话说，$x_1 + x_2 + x_3 = 1$好比三维空间撑起的一张"画布"，概率密度等高线必须画在这张画布上。

本节后文将采用五种可视化方案展示Dirichlet分布概率密度函数。如图7.18所示，这五种可视化方案主要分成两大类。由于式 (7.45) 的等式关系，给定x_1、x_2，则x_3确定。因此，我们可以用图7.18 (a) 的x_1x_2平面展示Dirichlet分布的PDF图像。此外，我们还可以使用图7.18 (b) 所示的可视化方案。这实际上是**重心坐标系** (barycentric coordinate system)。

"鸢尾花书"《可视之美》一册专门讲解过重心坐标系，请大家参考。

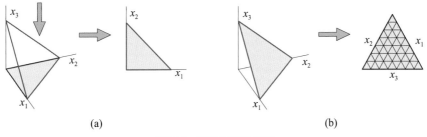

图7.18 可视化方案原理

Dirichlet分布非常重要，因此我们下文用图7.19~图7.23五种可视化方案展示Dirichlet分布的分布特征。

(a.1) $\alpha_1 = 1, \alpha_2 = 1, \alpha_3 = 1$　(b.1) $\alpha_1 = 1, \alpha_2 = 4, \alpha_3 = 4$　(c.1) $\alpha_1 = 4, \alpha_2 = 2, \alpha_3 = 2$　(d.1) $\alpha_1 = 1, \alpha_2 = 2, \alpha_3 = 4$

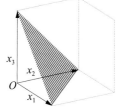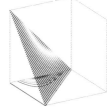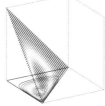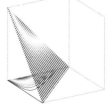

(a.2) $\alpha_1 = 2, \alpha_2 = 2, \alpha_3 = 2$　(b.2) $\alpha_1 = 4, \alpha_2 = 1, \alpha_3 = 4$　(c.2) $\alpha_1 = 2, \alpha_2 = 4, \alpha_3 = 2$　(d.2) $\alpha_1 = 2, \alpha_2 = 1, \alpha_3 = 4$

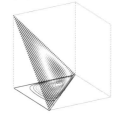

(a.3) $\alpha_1 = 4, \alpha_2 = 4, \alpha_3 = 4$　(b.3) $\alpha_1 = 4, \alpha_2 = 4, \alpha_3 = 1$　(c.3) $\alpha_1 = 2, \alpha_2 = 2, \alpha_3 = 4$　(d.3) $\alpha_1 = 4, \alpha_2 = 2, \alpha_3 = 1$

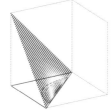

图7.19 用涂色三维散点可视化Dirichlet分布图像

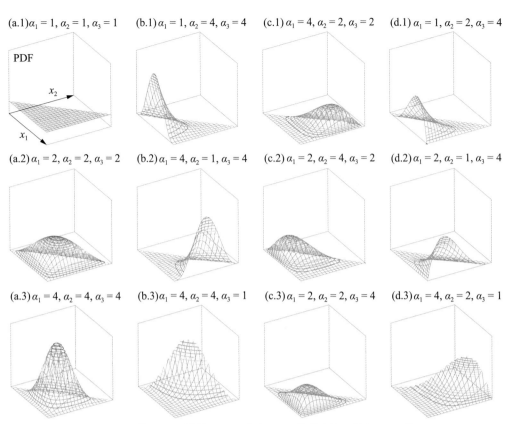

图7.20　基于x_1x_2平面的Dirichlet分布PDF三维等高线 (z轴为PDF取值)

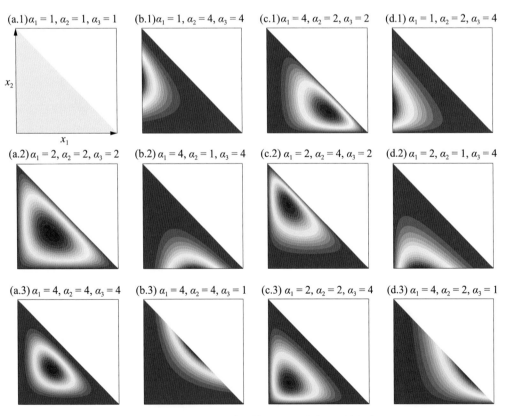

图7.21　x_1x_2平面等高线中的Dirichlet分布PDF等高线

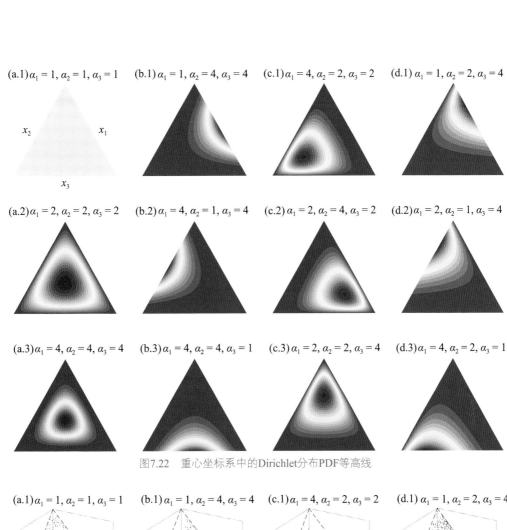

图7.22 重心坐标系中的Dirichlet分布PDF等高线

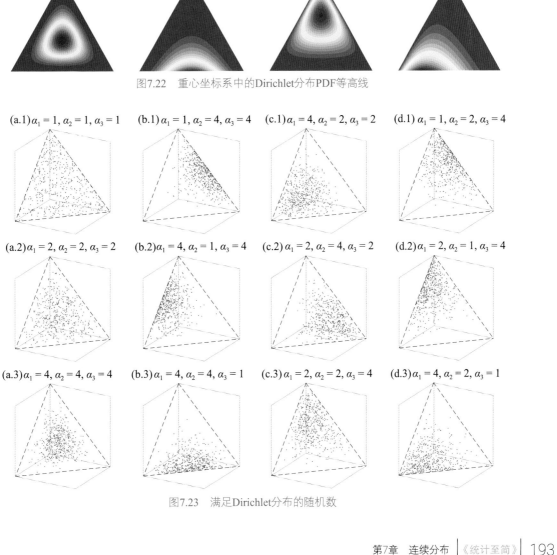

图7.23 满足Dirichlet分布的随机数

边缘分布

Dirichlet分布的边缘分布服从Beta分布，即

$$X_i \sim \text{Beta}\left(\alpha_i, \alpha_0 - \alpha_i\right) \tag{7.46}$$

其中

$$\alpha_0 = \sum_{i=1}^{K} \alpha_i \tag{7.47}$$

以图7.19中 (d) 组图为例，三个Dirichlet分布的边缘分布PDF如图7.24所示。

X_i的期望为

$$\text{E}\left(X_i\right) = \frac{\alpha_i}{\sum_{k=1}^{K}\alpha_k} = \frac{\alpha_i}{\alpha_0} \tag{7.48}$$

X_i的众数为

$$\frac{\alpha_i - 1}{\sum_{k=1}^{K}\alpha_k - K} = \frac{\alpha_i - 1}{\alpha_0 - K}, \quad \alpha_i > 1 \tag{7.49}$$

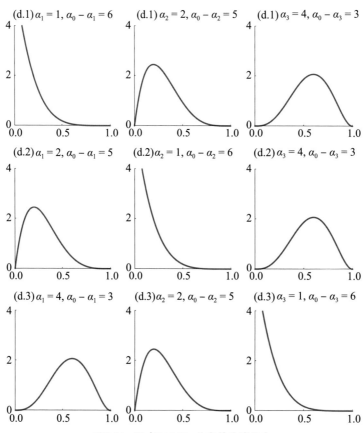

图7.24　三个Dirichlet分布的边缘分布

Bk5_Ch07_11.py绘制图7.19 ~ 图7.24。

在Bk5_Ch07_11.py的基础上，我们用Streamlit制作了一个应用，大家可以改变Dirichlet(α_1, α_2, α_3)三个参数值，观察PDF曲面变化。请大家参考Streamlit_Bk5_Ch07_11.py。

　　《统计至简》一册从整体来看，高斯分布更为重要，但是它不是本章的重点。这一章最重要的分布有两个——Beta分布、Dirichlet分布。它们分别对应第5章的二项分布和多项分布。这四个分布在本书后续贝叶斯推断中将扮演重要角色。

Conditional Expectation and Variance

条件概率
离散、连续随机变量的条件期望、条件方差

每一种科学，只要达到一定程度的成熟，就会自动成为数学的一部分。

Every kind of science, if it has only reached a certain degree of maturity, automatically becomes a part of mathematics.

—— 大卫·希尔伯特 (David Hilbert) | 德国数学家 | 1862—1943年

◀ matplotlib.pyplot.errorbar() 绘制误差棒
◀ matplotlib.pyplot.stem() 绘制火柴梗图
◀ numpy.mean() 计算均值
◀ numpy.sqrt() 计算平方根
◀ numpy.std() 计算标准差，默认分母为n，不是n - 1
◀ numpy.var() 计算方差，默认分母为n，不是n - 1
◀ seaborn.heatmap() 绘制热图

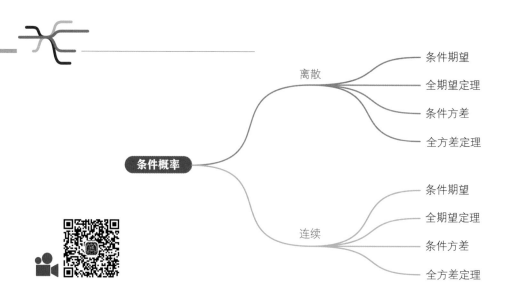

8.1 离散随机变量：条件期望

条件**期望** (conditional expectation或conditional expected value) 或条件**均值** (conditional mean) 是一个随机变量相对于一个条件概率分布的**期望**。换句话说，这是给定的一个或多个其他随机变量值的条件下，某个特定随机变量的**期望**。

类似地，条件**方差** (conditional variance) 与一般**方差**的定义几乎一致。计算条件**方差**时，只不过是将**期望**换成了条件**期望**，并将概率换成了条件概率而已。

第12章则专门介绍高斯条件概率。

条件**期望**和条件**方差**这两个概念在数据科学、机器学习算法中格外重要，本章分别讲解离散随机变量和随机变量的条件**期望**和条件**方差**。

大家应该已经看到，本章**期望**、**方差**交替出现，为了帮助大家阅读，我们给**期望**、**方差**涂了不同颜色。

什么是条件**期望**？

条件**期望**其实很好理解。比如，一个笼子里有10只动物，其中6只鸡 (60%)、4只兔 (40%)。如图 8.1所示，分别只考虑鸡或只考虑兔，这就是 "条件"。

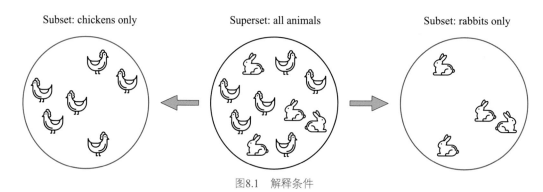

图8.1 解释条件

如图8.2所示，鸡的平均体重为2公斤，这个数值就是条件**期望**。再举个例子，兔子的平均体重为4公斤，这也是条件**期望**。

本书后续会用鸢尾花数据为例给大家继续讲解条件**期望**。

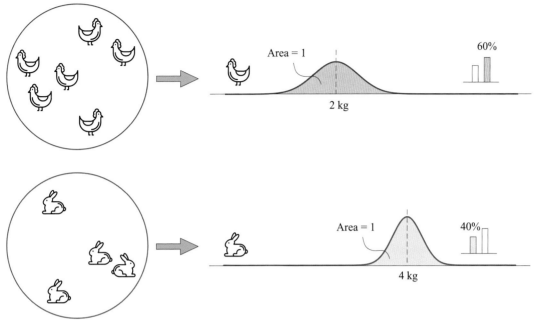

图8.2　解释条件期望

条件**期望**E(*Y*|*X* = *x*)

如果*X*和*Y*均为离散随机变量，给定*X* = *x*条件下，*Y*的条件**期望** E(*Y*|*X* = *x*) (conditional mean of *Y* given *X* = *x*) 定义为

$$
\begin{aligned}
\mathrm{E}\left(\underset{\text{Given}}{Y \big| X = x} \right) &= \overbrace{\sum_{y} y \cdot \underbrace{p_{Y|X}\left(y|x \right)}_{\text{Conditional}}}^{\text{Expectation}} \\
&= \sum_{y} y \cdot \frac{\overbrace{p_{X,Y}\left(x,y \right)}^{\text{Joint}}}{\underbrace{p_{X}\left(x \right)}_{\text{Marginal}}} = \frac{1}{\underbrace{p_{X}\left(x \right)}_{\text{Marginal}}} \sum_{y} y \cdot \overbrace{p_{X,Y}\left(x,y \right)}^{\text{Joint}}
\end{aligned}
\tag{8.1}
$$

式 (8.1) 相当于求加权平均数。

从几何角度来看，如图8.3所示，条件概率质量函数$p_{Y|X}\left(y|x \right)$分别乘以对应的*y*值 (黄色高亮)，然后求和，结果就是条件**期望**E(*Y*|*X* = *x*)。

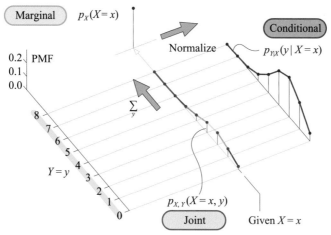

图8.3　条件概率PMF $p_{Y|X}(y|x)$ （X和Y均为离散随机变量）

解剖条件期望$E(Y|X=x)$

下面，我们进一步解剖 。

给定$X=x$条件下，也就是说离散随机变量X固定在x，满足这个条件的样本构成了全新的"样本空间"。

$p_{Y|X}(y|x)$ 是给定$X=x$条件下Y的概率质量函数，相当于式 (8.1) 中加权平均数中的权重。

回忆第4章，利用贝叶斯定理， $p_X(x)>0$ ，条件概率质量函数$p_{Y|X}(y|x)$ 可以通过联合PMF $p_{X,Y}(x,y)$ 和边缘PMF $p_X(x)$ 相除得到，即

$$p_{Y|X}(y|x)=\frac{p_{X,Y}(x,y)}{\underbrace{p_X(x)}_{\text{Normalize}}} \tag{8.2}$$

其中：分母中的边缘概率 $p_X(x)$ 起到了归一化的效果。

式 (8.1) 中大写西格玛求和 $\sum_y (\cdot)$ 代表"穷举"一切可能的y值，计算"$y \times$ 条件概率$p_{Y|X}(y|x)$" 之和，也就是"$y \times$ 权重"之和，即加权平均数。

比较期望$E(Y)$、条件期望$E(Y|X=x)$

对比离散随机变量Y的**期望**$E(Y)$、条件**期望** $E(Y|X=x)$，有

$$E(Y)=\sum_y y \cdot \underbrace{p_Y(y)}_{\text{Weight}}$$
$$E(Y|X=x)=\sum_y y \cdot \underbrace{p_{Y|X}(y|x)}_{\text{Weight}} \tag{8.3}$$

容易发现，我们不过是把求均值的权重从边缘PMF $p_Y(y)$ 换成了条件PMF $p_{Y|X}(y|x)$。$\sum_y$ 表示遍历所有y的取值。

作为权重，$p_Y(y)$ 和 $p_{Y|X}(y|x)$ 的求和都为 1，即

$$
\begin{aligned}
\sum_y \underbrace{p_Y(y)}_{\text{Marginal}} &= 1 \\
\sum_y \underbrace{p_{Y|X}(y|x)}_{\text{Conditional}} &= 1
\end{aligned}
\tag{8.4}
$$

式 (8.4) 实际上是第3章介绍的**全概率定理** (law of total probability) 的体现。

⚠️

> 注意：**期望**$\mathrm{E}(Y)$ 是一个标量值。而 $\mathrm{E}(Y|X=x)$ 在不同的$X=x$条件下结果不同，即$\mathrm{E}(Y|X)$ 代表一组数。也就是说，$\mathrm{E}(Y|X)$ 可以看作是个向量。本书前文提过，求期望的运算相当于"归纳"、降维。也就是说 $\mathrm{E}(Y|X)$ 中 "Y" 已经被"压缩"成了一个数值，但是X还是可变的。

既然$\mathrm{E}(Y|X)$ 代表一组数，我们立刻就会想到 $\mathrm{E}(Y|X)$ 肯定也有**期望**，即均值。

也就是说，笼子里的鸡的平均体重、兔子的平均体重，这两个均值还能再算一个均值，即笼子里所有动物的平均体重。

全期望定理

全期望定理 (law of total expectation)，又叫**双重期望定理** (double expectation theorem)、**重叠期望定理** (iterated total expectation)，具体指的是

$$
\underbrace{\mathrm{E}(Y)}_{\text{Expectation}} = \mathrm{E}\left[\overbrace{\underbrace{\mathrm{E}(Y|X)}_{\text{Conditional expectation}}}^{\text{Expectation of conditonal expectations}}\right] = \sum_x \underbrace{\mathrm{E}(Y|X=x)}_{\text{Conditional expectation}} \cdot \underbrace{p_X(x)}_{\text{Marginal}}
\tag{8.5}
$$

推导过程如下，不要求大家记忆，即

$$
\begin{aligned}
\mathrm{E}\left[\underbrace{\mathrm{E}(Y|X)}_{\text{Conditional expectation}}\right] &= \sum_x \underbrace{\mathrm{E}(Y|X=x)}_{\text{Conditional expectation}} \cdot \underbrace{p_X(x)}_{\text{Marginal}} = \sum_x \underbrace{\left\{\sum_y y \cdot \underbrace{p_{Y|X}(y|x)}_{\text{Conditional}}\right\}}_{\text{Conditional expectation}} \cdot \underbrace{p_X(x)}_{\text{Marginal}} \\
&= \sum_x \sum_y y \cdot \overbrace{\underbrace{p_{Y|X}(y|x)}_{\text{Conditional}} \cdot \underbrace{p_X(x)}_{\text{Marginal}}}^{\text{Use Bayes' Rule}} = \sum_x \sum_y y \cdot \overbrace{p_{X,Y}(x,y)}^{\text{Joint}} \\
&= \sum_x \sum_y y \cdot \overbrace{\underbrace{p_{X|Y}(x|y)}_{\text{Conditional}} \cdot \underbrace{p_Y(y)}_{\text{Marginal}}}^{\text{Use Bayes' Rule}} = \sum_y y \cdot \underbrace{p_Y(y)}_{\text{Marginal}} \cdot \underbrace{\overbrace{\sum_x p_{X|Y}(x|y)}^{=1}}_{\text{Law of total probability}} \\
&= \sum_y y \cdot \underbrace{p_Y(y)}_{\text{Marginal}} = \mathrm{E}(Y)
\end{aligned}
\tag{8.6}
$$

⚠️

> 注意：以上推导中，二重求和调换变量顺序，这是因为x和y构成的网格"方方正正"；否则，不能轻易调换求和顺序。这与调换二重积分变量的顺序类似。

《数学要素》一册第14章探讨过这个问题，请大家回顾。

用白话说全期望定理

其实，**全期望**定理很好理解！

还是用本章前文的例子。前文提到，笼子里鸡 (60%) 的平均体重为2 kg，兔子 (40%) 的平均体重为4 kg。整个笼子里所有动物的平均体重就是 $2 \times 60\% + 4 \times 40\% = 2.8$ kg。

前文提过，2 kg、4 kg都是条件**期望**，2.8 kg就是"条件**期望**的**期望**"。笼子里的鸡占比较高，因此整个笼子里动物的平均体重稍微"偏向"鸡体重的"条件**期望**"，如图8.4所示。

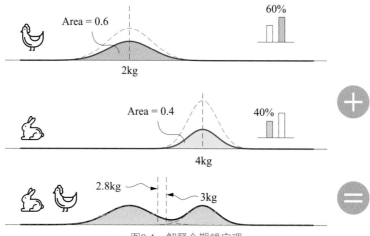

图8.4　解释全期望定理

大家如果要问，为什么求"条件**期望**的**期望**"要用加权平均，而不是用 (2 + 4) / 2 = 3 kg呢？

为了回答这个问题，我们举个极端例子来解释。除了所有鸡之外，如果整个笼子里只有一只兔子，它的体重为8 kg，也就是说"所有"兔子的平均体重也是8 kg。假设所有鸡的平均体重还是2 kg。大家自己思考，如果用 2 kg和8 kg的平均值5 kg代表整个笼子里所有动物的平均体重，这样是否合理？

条件**期望** $\mathrm{E}(X|Y = y)$

同理，如图8.5所示，给定 $Y = y$ 这个条件下，$p_Y(y) > 0$，X 的条件**期望** $\mathrm{E}(X|Y = y)$ 定义为

$$
\mathrm{E}\Bigg(X \underbrace{\Bigg| Y = y}_{\text{Given}} \Bigg) = \sum_x x \cdot \overbrace{\underbrace{p_{X|Y}(x|y)}_{\text{Conditional}}}^{\text{Expectation}}
$$

$$
= \sum_x x \cdot \frac{\overbrace{p_{X,Y}(x,y)}^{\text{Joint}}}{\underbrace{p_Y(y)}_{\text{Marginal}}} = \frac{1}{\underbrace{p_Y(y)}_{\text{Marginal}}} \sum_x x \cdot \overbrace{p_{X,Y}(x,y)}^{\text{Joint}}
$$

(8.7)

请大家自行分析式 (8.7)，并比较 $\mathrm{E}(X)$ 和 $\mathrm{E}(X|Y = y)$，有

$$
\mathrm{E}(X) = \sum_x x \cdot \underbrace{p_X(x)}_{\text{Weight}}
$$

$$
\mathrm{E}(X|Y = y) = \sum_x x \cdot \underbrace{p_{X|Y}(x|y)}_{\text{Weight}}
$$

(8.8)

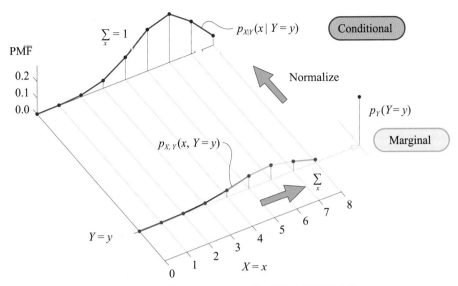

图8.5　条件概率PMF $p_{X|Y}(x|y)$ (X和Y均为离散随机变量)

对于条件**期望**$E(X|Y)$，全**期望**定义为

$$\underbrace{E(X)}_{\text{Expectation}} = E\left[\underbrace{E(X|Y)}_{\text{Conditional expectation}}\right] \tag{8.9}$$

基于事件的条件期望

给定事件C发生的条件下 ($\Pr(C) > 0$)，随机变量X的条件**期望**为

$$
\begin{aligned}
E(X|C) &= \sum_x x \cdot \underbrace{p_{X|C}(x|C)}_{\text{Conditional}} \\
&= \sum_x x \cdot \frac{\overbrace{p_{X,C}(x,C)}^{\text{Joint}}}{\Pr(C)}
\end{aligned}
\tag{8.10}
$$

举个例子，事件C可以是鸢尾花数据中指定的标签。

这个式子类似于前文两个随机变量的条件**期望**，大家会在本章后续看到式 (8.10) 的用途。

独立

特别地，如果X和Y独立，则有

$$
\begin{aligned}
E(Y|X=x) &= E(Y) \\
E(X|Y=y) &= E(X)
\end{aligned}
\tag{8.11}
$$

8.2 离散随机变量：条件方差

在上一节的基础上，本节介绍离散随机变量的条件**方差**。

条件方差var($Y|X = x$)

给定$X = x$条件下，Y的条件**方差** var($Y|X = x$) (conditional variance of Y given $X = x$) 定义为

$$
\begin{aligned}
\mathrm{var}\big(Y\big|X=x\big) &= \overbrace{\sum_y \bigg(\underbrace{y-\mathrm{E}\big(Y\big|X=x\big)}_{\text{Deviation}}\bigg)^2 \cdot \underbrace{p_{Y|X}\big(y\big|x\big)}_{\text{Conditional}}}^{\text{Expectation}} \\[2mm]
&= \sum_y \big(y-\mathrm{E}\big(Y\big|X=x\big)\big)^2 \cdot \frac{\overbrace{p_{X,Y}\big(x,y\big)}^{\text{Joint}}}{\underbrace{p_X\big(x\big)}_{\text{Marginal}}} \\[2mm]
&= \frac{1}{\underbrace{p_X\big(x\big)}_{\text{Marginal}}} \sum_y \bigg(\underbrace{y-\mathrm{E}\big(Y\big|X=x\big)}_{\text{Deviation}}\bigg)^2 \cdot \overbrace{p_{X,Y}\big(x,y\big)}^{\text{Joint}}
\end{aligned}
\tag{8.12}
$$

下面解析式 (8.12)。

$\mathrm{E}\big(Y|X=x\big)$是式 (8.1) 中求得的条件**期望**，也就是计算偏差的基准。

$y-\mathrm{E}\big(Y|X=x\big)$代表偏差，即每个$y$和$\mathrm{E}\big(Y|X=x\big)$之间的偏离。$y-\mathrm{E}\big(Y|X=x\big)$平方后，再以$p_{Y|X}\big(y|x\big)$为权重求平均值，结果就是条件**方差**。

对比离散随机变量Y的**方差**和条件**方差**，有

$$
\begin{aligned}
\mathrm{var}\big(Y\big) &= \sum_y \bigg(\underbrace{y-\mathrm{E}\big(Y\big)}_{\text{Deviation}}\bigg)^2 \cdot \underbrace{p_Y\big(y\big)}_{\text{Weight}} \\[2mm]
\mathrm{var}\big(Y\big|X=x\big) &= \sum_y \bigg(\underbrace{y-\mathrm{E}\big(Y\,\big|\,X=x\big)}_{\text{Deviation}}\bigg)^2 \cdot \underbrace{p_{Y|X}\big(y\,\big|\,x\big)}_{\text{Weight}}
\end{aligned}
\tag{8.13}
$$

可以发现两处变化差异，度量偏差的基准从$\mathrm{E}\big(Y\big)$变成了$\mathrm{E}\big(Y|X=x\big)$。加权平均的权重从$p_Y\big(y\big)$变成了$p_{Y|X}\big(y|x\big)$。

类似**方差**的简便计算技巧，条件**方差**var($Y|X = x$) 也有如下计算技巧，即

$$
\begin{aligned}
\mathrm{var}\big(Y\big) &= \mathrm{E}\big(Y^2\big)-\mathrm{E}\big(Y\big)^2 \\[2mm]
\mathrm{var}\big(Y\big|X=x\big) &= \mathrm{E}\big(Y^2\big|X=x\big)-\mathrm{E}\big(Y\big|X=x\big)^2
\end{aligned}
\tag{8.14}
$$

全方差定理

全方差定理 (law of total variance)，又叫**重叠方差定理** (law of iterated variance)，指的是

$$\text{var}(Y) = \underbrace{\text{E}\big(\text{var}(Y\mid X)\big)}_{\text{Expectation of conditional variance}} + \underbrace{\text{var}\big(\text{E}(Y\mid X)\big)}_{\text{Variance of conditional expectation}} \tag{8.15}$$

$\text{E}\big(\text{var}(Y\mid X)\big)$ 是条件**方差**的**期望** (加权平均数)，即

$$\underbrace{\text{E}\big(\text{var}(Y\mid X)\big)}_{\text{Expectation of conditional variance}} = \sum_x \text{var}(Y\mid X=x)\cdot p_X(x) \tag{8.16}$$

条件**方差**的**期望** $\text{E}\big(\text{var}(Y\mid X)\big)$ 还不够解释整体的**方差**。缺少的成分是条件**期望**的**方差** $\text{var}\big(\text{E}(Y\mid X)\big)$，即有

$$\underbrace{\text{var}\big(\text{E}(Y\mid X)\big)}_{\text{Variance of conditional expectation}} = \sum_x \big(\text{E}(Y\mid X=x)-\text{E}(Y)\big)^2 \cdot p_X(x) \tag{8.17}$$

根据全**期望**定理，$\text{E}(Y\mid X=x)$ 的**期望**为 $\text{E}(Y)$。

换个方向思考，式 (8.15) 相当于对 var(Y) 的分解，有

$$\begin{aligned}
\text{var}(Y) &= \underbrace{\text{E}\big(\text{var}(Y\mid X)\big)}_{\text{Expectation of conditional variance}} + \underbrace{\text{var}\big(\text{E}(Y\mid X)\big)}_{\text{Variance of conditional expectation}} \\
&= \sum_x \underbrace{\text{var}(Y\mid X=x)}_{\text{Deviation within a subset}} \cdot \underbrace{p_X(x)}_{\text{Weight}} + \underbrace{\sum_x \left(\overbrace{\text{E}(Y\mid X=x)-\text{E}(Y)}^{\text{Deviation of a subset from superset}} \right)^2 \cdot \overbrace{p_X(x)}^{\text{Weight}}}_{\text{Deviation among all subsets}}
\end{aligned} \tag{8.18}$$

这样方便我们理解哪些成分 (子集内部、子集之间) 以多大的比例贡献了整体的**方差**。

如图8.6所示，条件**方差**的**期望**解释的是子集 (鸡子集、兔子集) 各自的内部差异。

条件**期望**的**方差**解释的是子集 (鸡子集、兔子集) 和母集 (所有动物) 之间的差异。

而代表鸡子集、兔子集的就是鸡、兔各自的平均体重 (条件**期望**)，代表母集就是笼子里所有动物的平均体重 (总体**期望**)。

比较图8.6和图8.7，条件**方差**的**期望**不变，但是条件**期望**的**方差**增大了。如图8.7所示，子集内部差异 (**方差**) 不变，如果增大子集之间的差异，也就是增大了子集和母集的差异，这会导致整体的**方差**增大。

类似全方差定理，也存在如下**全协方差定理** (law of total covariance)，即有

$$\text{cov}(X_1, X_2) = \text{E}\big(\text{cov}(X_1, X_2\mid Y)\big) + \text{cov}\big(\text{E}(X_1\mid Y), \text{E}(X_2\mid Y)\big) \tag{8.19}$$

本章不展开分析全协方差定理。

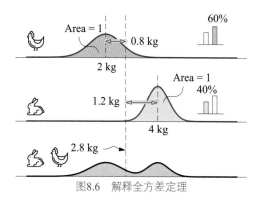

图8.6 解释全方差定理

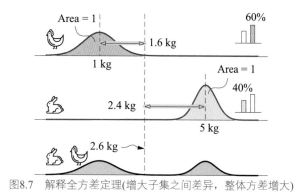

图8.7 解释全方差定理(增大子集之间差异，整体方差增大)

条件方差var($X|Y = y$)

给定$Y = y$条件下，X的条件**方差** var($X|Y = y$) (conditional variance of X given $Y = y$) 定义为

$$
\begin{aligned}
\mathrm{var}\big(X\big|Y=y\big) &= \sum_x \bigg(\underbrace{x - \overbrace{\mathrm{E}\big(X\big|Y=y\big)}^{\text{Expectation}}}_{\text{Deviation}}\bigg)^2 \cdot \underbrace{p_{X|Y}\big(x\big|y\big)}_{\text{Conditional}} \\[1mm]
&= \sum_x \big(x - \mathrm{E}\big(X\big|Y=y\big)\big)^2 \cdot \frac{\overbrace{p_{X,Y}\big(x,y\big)}^{\text{Joint}}}{\underbrace{p_Y\big(y\big)}_{\text{Marginal}}} \\[1mm]
&= \frac{1}{\underbrace{p_Y\big(y\big)}_{\text{Marginal}}} \sum_x \big(\underbrace{x - \mathrm{E}\big(X\big|Y=y\big)}_{\text{Deviation}}\big)^2 \cdot \overbrace{p_{X,Y}\big(x,y\big)}^{\text{Joint}}
\end{aligned}
\tag{8.20}
$$

条件**方差**var($X|Y = y$) 也有如下计算技巧，即

$$
\mathrm{var}\big(X\big|Y=y\big) = \mathrm{E}\big(X^2\big|Y=y\big) - \mathrm{E}\big(X\big|Y=y\big)^2
\tag{8.21}
$$

对于随机变量X，它的全**方差**定理为

$$
\mathrm{var}\big(X\big) = \underbrace{\mathrm{E}\big(\mathrm{var}\big(X\,|\,Y\big)\big)}_{\text{Expectation of conditional variance}} + \underbrace{\mathrm{var}\big(\mathrm{E}\big(X\,|\,Y\big)\big)}_{\text{Variance of conditional expectation}}
\tag{8.22}
$$

8.3 离散随机变量的条件期望和条件方差：以鸢尾花为例

给定花萼长度，条件期望E($X_2 \,|\, X_1 = x_1$)

大家已经在第4章见过图8.8中的左图。这幅图给出的是条件概率$p_{X2\,|\,X1}(x_2 \,|\, x_1)$。提醒大家回忆，图

中 $p_{X2|X1}(x_2|x_1)$ 每列PMF (即概率) 和为1。

下面，我们试着利用图8.8中的左图计算以花萼长度 $X_1 = 6.5$ 为条件的条件**期望** $\mathrm{E}(X_2|X_1 = 6.5)$，有

$$
\begin{aligned}
\mathrm{E}\left(X_2 \mid X_1 = 6.5\right) &= \sum_{x_2} x_2 \cdot p_{X2|X1}\left(x_2 \mid 6.5\right) \\
&= \underset{\mathrm{cm}}{2.0} \times 0 + \underset{\mathrm{cm}}{2.5} \times 0.19 + \underset{\mathrm{cm}}{3.0} \times 0.65 + \underset{\mathrm{cm}}{3.5} \times 0.16 + \underset{\mathrm{cm}}{4.0} \times 0 + \underset{\mathrm{cm}}{4.5} \times 0 \\
&\approx 2.984 \ \mathrm{cm}
\end{aligned}
\tag{8.23}
$$

注意：式 (8.23) 中条件概率的结果的单位还是cm。

建议大家手算剩余所有 $\mathrm{E}(X_2 \mid X_1 = x_1)$。

图8.8中右上图给出的是热图 $x_2 \cdot p_{X2|X1}\left(x_2 \mid x_1\right)$，它相当于一个二元函数。

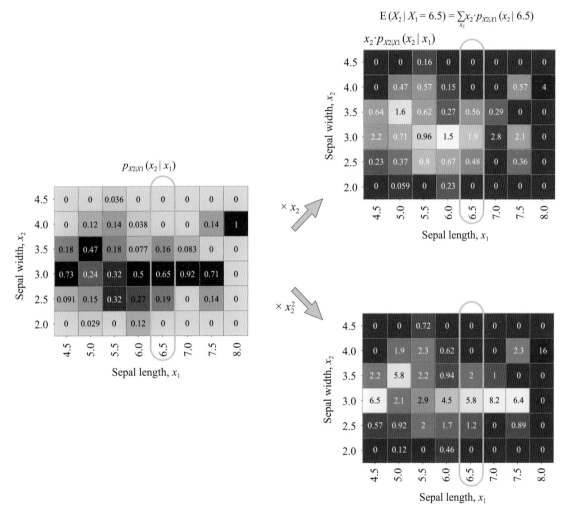

图8.8 给定花萼长度 X_1，花萼宽度 X_2 的条件概率 $p_{X2|X1}(x_2|x_1)$ 热图，$x_2 \times p_{X2|X1}(x_2|x_1)$ 热图，$x_2^2 \cdot p_{X2|X1}\left(x_2|x_1\right)$ 热图

图8.9所示为从矩阵乘法视角看条件**期望** $\mathrm{E}(X_2 \mid X_1 = x_1)$ 运算。

图8.10所示为条件**期望** $\mathrm{E}(X_2 \mid X_1 = x_1)$ 的火柴梗图。图8.10中还给出了鸢尾花花萼长度 X_1 的边缘PMF $p_{X1}(x_1)$。

根据式 (8.5) 的全**期望**定理，我们可以利用条件**期望**$E(X_2 \mid X_1 = x_1)$ 和边缘PMF $p_{X1}(x_1)$ 计算**期望** $E(X_2)$，即

$$
\begin{aligned}
E(X_2) &= \sum_{x_1} E(X_2 \mid X_1 = x_1) \cdot p_{X1}(x_1) \\
&= \underbrace{3.045}_{cm} \times 0.073 + \underbrace{3.25}_{cm} \times 0.23 + \underbrace{3.125}_{cm} \times 0.19 + \underbrace{2.827}_{cm} \times 0.17 + \\
&\quad \underbrace{2.983}_{cm} \times 0.21 + \underbrace{3.041}_{cm} \times 0.08 + \underbrace{3.071}_{cm} \times 0.047 + \underbrace{4}_{cm} \times 0.007 \\
&\approx 3.063 \ cm
\end{aligned}
\tag{8.24}
$$

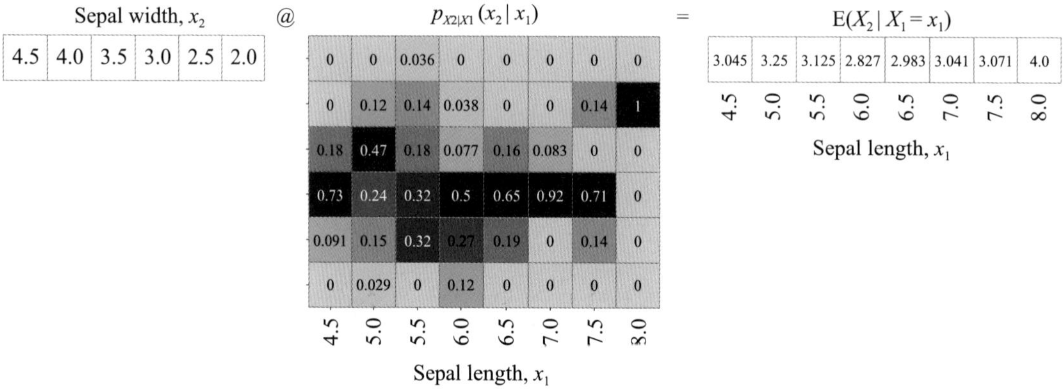

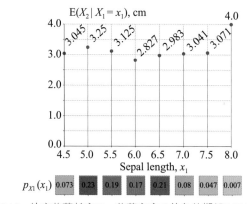

图8.9 矩阵乘法视角看条件期望$E(X_2 \mid X_1 = x_1)$

图8.10 给定花萼长度X_1，花萼宽度X_2的条件期望$E(X_2 \mid X_1 = x_1)$ 和边缘PMF $p_{X1}(x_1)$

给定花萼长度，条件方差$var(X_2 \mid X_1 = x_1)$

利用式 (8.12) 计算花萼长度$X_1 = 6.5$为条件下，条件**方差** $var(X_2 \mid X_1 = 6.5)$，有

$$
\begin{aligned}
var(X_2 \mid X_1 = 6.5) &= \sum_{x_2} \left(x_2 - E(X_2 \mid X_1 = 6.5)\right)^2 \cdot p_{X2|X1}(x_2 \mid 6.5) \\
&= \underbrace{(2.0 - 2.985)^2}_{cm^2} \times 0 + \underbrace{(2.5 - 2.985)^2}_{cm^2} \times 0.19 + \underbrace{(3.0 - 2.985)^2}_{cm^2} \times 0.65 + \\
&\quad \underbrace{(3.5 - 2.985)^2}_{cm^2} \times 0.16 + \underbrace{(4.0 - 2.985)^2}_{cm^2} \times 0 + \underbrace{(4.0 - 2.985)^2}_{cm^2} \times 0 \\
&\approx 0.088 \ cm^2
\end{aligned}
\tag{8.25}
$$

条件**方差** $\text{var}(X_2 \mid X_1 = 6.5)$ 的单位为cm^2。同样建议大家手算剩余条件**方差**$\text{var}(X_2 \mid X_1 = x_1)$。

采用技巧计算，计算条件**期望**。首先计算花萼长度$X_1 = 6.5$为条件下，花萼宽度平方的**期望**，有

$$
\begin{aligned}
\text{E}\left(X_2^2 \mid X_1 = 6.5\right) &= \sum_{x_2} x_2^2 \cdot p_{X2\mid X1}\left(x_2 \mid 6.5\right) \\
&= \underset{\text{cm}^2}{2.0^2} \times 0 + \underset{\text{cm}^2}{2.5^2} \times 0.19 + \underset{\text{cm}^2}{3.0^2} \times 0.65 + \underset{\text{cm}^2}{3.5^2} \times 0.16 + \underset{\text{cm}^2}{4.0^2} \times 0 + \underset{\text{cm}^2}{4.5^2} \times 0 \\
&\approx 9 \ \text{cm}^2
\end{aligned}
\tag{8.26}
$$

图8.11所示为花萼宽度平方值 X_2^2 的条件**期望** $\text{E}\left(X_2^2 \mid X_1 = x_1\right)$ 的火柴梗图。

然后计算条件**方差**，有

$$
\text{var}\left(X_2 \mid X_1 = 6.5\right) = \text{E}\left(X_1^2 \mid X_1 = 6.5\right) - \text{E}\left(X_2 \mid X_1 = 6.5\right)^2 = 9 - 2.984^2 \approx 0.088
\tag{8.27}
$$

图8.12为花萼长度取不同值时条件**方差**$\text{var}(X_2 \mid X_1 = x_1)$ 的火柴梗图，用于检查自己的手算结果。

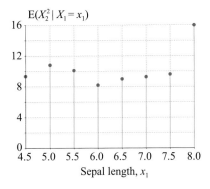

图8.11　给定花萼长度X_1，花萼宽度平方值X_2^2的
条件期望$\text{E}\left(X_2^2 \mid X_1 = x_1\right)$

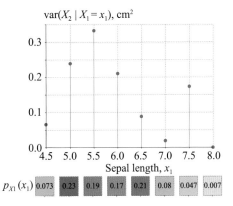

图8.12　给定花萼长度X_1，花萼宽度的
条件方差$\text{var}(X_2 \mid X_1 = x_1)$

大家肯定早就发现，条件**期望**$\text{E}(X_2 \mid X_1 = x_1)$、条件**方差**$\text{var}(X_2 \mid X_1 = x_1)$ 都消去了x_2这个变量，两者仅仅随着$X_1 = x_1$取值变化。这也不难理解，**期望**和**方差**代表"汇总"，本质上就是"降维"。当某个维度上的信息细节不再重要时，我们便把它"压扁"。

压扁过程中，不同的聚合方式得到不同的统计量，如**期望**、**方差**等。

全方差定理：钻取方差$\text{var}(X_2)$

根据式 (8.15) 中给出的**全方差**定理，下面我们利用条件**方差**$\text{var}(X_2 \mid X_1)$ 和条件**期望** $\text{E}(X_2 \mid X_1)$ 计算花萼宽度的**方差**$\text{var}(X_2)$。$\text{var}(X_2)$ 可以写成两部分之和，即

$$
\text{var}\left(X_2\right) = \underset{\text{Expectation of conditional variance}}{\underline{\text{E}\left(\text{var}\left(X_2 \mid X_1\right)\right)}} + \underset{\text{Variance of conditional expectation}}{\underline{\text{var}\left(\text{E}\left(X_2 \mid X_1\right)\right)}}
\tag{8.28}
$$

第一部分是条件**方差**的**期望** $\text{E}\left(\text{var}\left(X_2 \mid X_1\right)\right)$，有

$$
\underset{\text{Expectation of conditional variance}}{\underline{\text{E}\left(\text{var}\left(X_2 \mid X_1\right)\right)}} = \sum_{x_1} \text{var}\left(X_2 \mid X_1 = x_1\right) \cdot p_{X1}\left(x_1\right)
\tag{8.29}
$$

代入具体数值，我们可以计算得到 $\mathrm{E}\big(\mathrm{var}\big(X_2\mid X_1\big)\big)$，有

$$
\underbrace{\mathrm{E}\big(\mathrm{var}\big(X_2\mid X_1\big)\big)}_{\text{Expectation of conditional variance}} = \sum_{x_1}\mathrm{var}\big(X_2\mid X_1 = x_1\big)\cdot p_{X1}\big(x_1\big)
$$

$$
\approx \underbrace{0.066}_{\mathrm{cm}^2}\times 0.073 + \underbrace{0.238}_{\mathrm{cm}^2}\times 0.226 + \underbrace{0.332}_{\mathrm{cm}^2}\times 0.186 + \underbrace{0.210}_{\mathrm{cm}^2}\times 0.173 +
$$

$$
\underbrace{0.088}_{\mathrm{cm}^2}\times 0.206 + \underbrace{0.019}_{\mathrm{cm}^2}\times 0.08 + \underbrace{0.173}_{\mathrm{cm}^2}\times 0.046 + \underbrace{0}_{\mathrm{cm}^2}\times 0.006 \tag{8.30}
$$

$$
\approx \underbrace{0.0048}_{X_1=4.5} + \underbrace{0.0541}_{X_1=5.0} + \underbrace{0.0620}_{X_1=5.5} + \underbrace{0.0364}_{X_1=6.0} + \underbrace{0.0182}_{X_1=6.5} + \underbrace{0.0015}_{X_1=7.0} + \underbrace{0.0080}_{X_1=7.5} + \underbrace{0}_{X_1=8.0}
$$

$$
\approx 0.185\ \mathrm{cm}^2
$$

第二部分是条件**期望**的**方差** $\mathrm{var}\big(\mathrm{E}\big(X_2\mid X_1\big)\big)$。代入具体值计算得到

$$
\underbrace{\mathrm{var}\big(\mathrm{E}\big(X_2\mid X_1\big)\big)}_{\text{Variance of conditional expectation}} = \sum_{x_1}\big(\mathrm{E}\big(X_2\mid X_1 = x_1\big) - \mathrm{E}\big(X_2\big)\big)^2\cdot p_{X_1}\big(x_1\big) \tag{8.31}
$$

$$
\approx 0.025\ \mathrm{cm}^2
$$

如果大家看到这还会犯糊涂，不理解为什么 $\sum\limits_{x_1}$ 求和遍历的是 x_1，那么这里告诉大家一个小技巧，因为 X_2 已经被"折叠"！不管是条件期望 $\mathrm{E}\big(X_2\mid X = x_1\big)$ 还是期望 $\mathrm{E}\big(X_2\big)$，都已经将 X_2 折叠成一个具体的数值，因此无法遍历。

这样 X_2 的方差约为

$$
\mathrm{var}\big(X_2\big) = \underbrace{\mathrm{E}\big(\mathrm{var}\big(X_2\mid X_1\big)\big)}_{\text{Expectation of conditional variance}} + \underbrace{\mathrm{var}\big(\mathrm{E}\big(X_2\mid X_1\big)\big)}_{\text{Variance of conditional expectation}} \tag{8.32}
$$

$$
\approx 0.185 + 0.025 = 0.211\,\mathrm{cm}^2
$$

在 $\mathrm{var}(X_2)$ 中，第一部分 $\mathrm{E}\big(\mathrm{var}\big(X_2\mid X_1\big)\big)$ 的贡献超过85%，而 $\mathrm{E}\big(\mathrm{var}\big(X_2\mid X_1\big)\big)$ 可以进一步展开，图8.13所示为各个不同成分对花萼宽度 X_2 的方差 $\mathrm{var}(X_2)$ 的贡献，这也可以叫作**钻取** (drill down)。

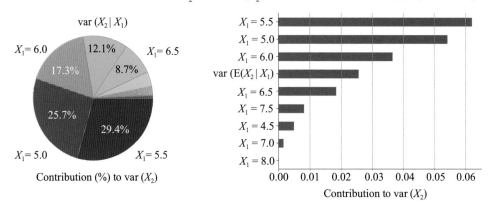

图8.13　各个不同成分对花萼宽度 X_2 的方差 $\mathrm{var}(X_2)$ 的贡献

给定花萼长度，条件标准差 $\mathbf{std}(X_2\mid X_1 = x_1)$

式 (8.25) 开方便获得条件**标准差** $\mathrm{std}(X_2\mid X_1 = 6.5)$，有

$$\sigma_{X_2|X_1=6.5} = \text{std}\left(X_2|X_1=6.5\right) = 0.295 \text{ cm} \tag{8.33}$$

式 (8.33) 的单位和鸢尾花宽度单位一致，我们便可以把条件**标准差**和图8.10画在一起，得到图8.14。这幅图给出的是$\text{E}(X_2 \mid X_1 = x_1) \pm \text{std}(X_2 \mid X_1 = x_1)$。图中圆点 ● 展示的是$\text{E}(X_2 \mid X_1 = x_1)$，即条件**期望**，表示给定$X_1 = x_1$条件下，鸢尾花数据在花萼宽度上的一种"预测"！这和我们讲过的回归思想在本质上相同。$\text{E}(X_2 \mid X_1 = x_1)$代表当$X_1 = x_1$时鸢尾花花萼宽度最合适的"预测"。

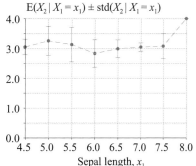
$$\text{E}(X_2 \mid X_1 = x_1) \pm \text{std}(X_2 \mid X_1 = x_1)$$

也就是说，回归可以看成是条件概率！本书后续还会沿着这个思路展开讨论。

而我们用**误差棒** (error bar) 展示$\pm \text{std}(X_2 \mid X_1 = x_1)$，代表给定$X_1 = x_1$条件下，鸢尾花数据在花萼宽上的"波动"。误差棒的宽度越大，说明波动越大；反之，则说明波动越小。

特别地，当花萼长度X_1为8.0 cm时，条件均**方差**$\text{std}(X_2 \mid X_1 = 8.0)$为0。这是因为，这一处只有一个样本点。

图8.14 给定花萼长度X_1，花萼宽度X_2的条件期望$\text{E}(X_2 \mid X_1 = x_1) \pm \text{std}(X_2 \mid X_1 = x_1)$

给定花萼宽度，条件**期望**$\text{E}(X_1 \mid X_2 = x_2)$

图8.15所示为条件概率$p_{X_1|X_2}(x_1 \mid x_2)$。同样提醒大家注意图8.15中$p_{X_1|X_2}(x_1 \mid x_2)$每行PMF (即概率) 之和为1。

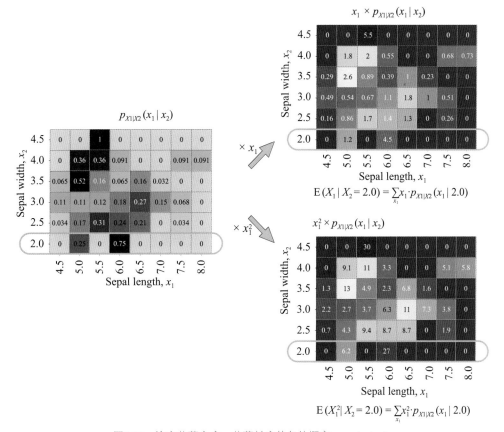

图8.15 给定花萼宽度，花萼长度的条件概率$p_{X_1 \mid X_2}(x_1 \mid x_2)$

利用 图8.15 计算花萼宽度$X_2 = 2.0$为条件下，条件**期望** $\mathrm{E}(X_1 \,|\, X_2 = 2.0)$，有

$$
\begin{aligned}
\mathrm{E}\left(X_1 | X_2 = 2.0\right) &= \sum_{x_1} x_1 \cdot p_{X1|X2}\left(x_1 | 2.0\right) \\
&= \underset{\mathrm{cm}}{4.5} \times 0 + \underset{\mathrm{cm}}{5.0} \times 0.25 + \underset{\mathrm{cm}}{5.5} \times 0 + \underset{\mathrm{cm}}{6.0} \times 0.75 + \\
&\quad \underset{\mathrm{cm}}{6.5} \times 0 + \underset{\mathrm{cm}}{7.0} \times 0 + \underset{\mathrm{cm}}{7.5} \times 0 + \underset{\mathrm{cm}}{8.0} \times 0 \\
&\approx 5.75 \ \mathrm{cm}
\end{aligned}
\tag{8.34}
$$

条件概率的结果还是cm。同样建议大家手算剩余所有$\mathrm{E}(X_1 \,|\, X_2 = x_2)$。

此外，请大家也根据全**期望**定理，利用$\mathrm{E}(X_1 \,|\, X_2 = x_2)$ 计算$\mathrm{E}(X_1)$。并用条件**方差**$\mathrm{var}(X_1 \,|\, X_2)$ 和条件**期望** $\mathrm{E}(X_1 \,|\, X_2)$ 计算花萼长度的**方差**$\mathrm{var}(X_1)$。

条件**方差**$\mathrm{var}(X_1 \,|\, X_2 = x_2)$

在花萼宽度$X_2 = 2.0$为条件下，条件**方差** $\mathrm{var}(X_1 \,|\, X_2 = 2.0)$为

$$
\begin{aligned}
\mathrm{var}\left(X_1 | X_2 = 2.0\right) &= \sum_{x_1} \left(x_1 - \mathrm{E}\left(X_1 | X_2 = 2.0\right)\right)^2 \cdot p_{X1|X2}\left(x_1 | 2.0\right) \\
&= \underset{\mathrm{cm}^2}{(4.5 - 5.75)^2} \times 0 + \underset{\mathrm{cm}^2}{(5.0 - 5.75)^2} \times 0.25 + \underset{\mathrm{cm}^2}{(5.5 - 5.75)^2} \times 0 + \underset{\mathrm{cm}^2}{(6.0 - 5.75)^2} \times 0.75 + \\
&\quad \underset{\mathrm{cm}^2}{(6.5 - 5.75)^2} \times 0 + \underset{\mathrm{cm}^2}{(7.0 - 5.75)^2} \times 0 + \underset{\mathrm{cm}^2}{(7.5 - 5.75)^2} \times 0 + \underset{\mathrm{cm}^2}{(8.0 - 5.75)^2} \times 0 \\
&= 0.1875 \ \mathrm{cm}^2
\end{aligned}
\tag{8.35}
$$

条件**方差** $\mathrm{var}(X_1 \,|\, X_2 = 2.0)$ 的单位为cm²。同样建议大家手算剩余条件**方差**$\mathrm{var}(X_1 \,|\, X_2 = x_2)$。

利用条件**方差**计算技巧，首先计算花萼宽度$X_2 = 2.0$为条件下，花萼长度平方的**期望**，有

$$
\begin{aligned}
\mathrm{E}\left(X_1^2 | X_2 = 2.0\right) &= \sum_{x_1} x_1^2 \cdot p_{X1|X2}\left(x_2 | 2.0\right) \\
&= \underset{\mathrm{cm}^2}{4.5^2} \times 0 + \underset{\mathrm{cm}^2}{5.0^2} \times 0.25 + \underset{\mathrm{cm}^2}{5.5^2} \times 0 + \underset{\mathrm{cm}^2}{6.0^2} \times 0.75 + \\
&\quad \underset{\mathrm{cm}^2}{6.5^2} \times 0 + \underset{\mathrm{cm}}{7.0^2} \times 0 + \underset{\mathrm{cm}^2}{7.5^2} \times 0 + \underset{\mathrm{cm}^2}{8.0^2} \times 0 \\
&= 33.25 \ \mathrm{cm}^2
\end{aligned}
\tag{8.36}
$$

图8.17所示为给定花萼宽度X_2，花萼长度平方值X_1^2的条件**期望** $\mathrm{E}\left(X_1^2 \,|\, X_2 = x_2\right)$。请大家自行代入计算条件**方差** $\mathrm{var}(X_1 \,|\, X_2 = 2.0)$。

图8.18所示为条件**方差**$\mathrm{var}(X_1 \,|\, X_2 = x_2)$ 的火柴梗图。同样，条件**期望**$\mathrm{E}(X_1 \,|\, X_2 = x_2)$、条件**方差**$\mathrm{var}(X_1 \,|\, X_2 = x_2)$ 都"折叠"了x_1这个维度，两者仅仅随着$X_2 = x_2$的取值变化。

类似图8.14，我们也绘制了给定花萼宽度X_2，花萼长度X_1的条件**期望**$\mathrm{E}(X_1 \,|\, X_2 = x_2) \pm \mathrm{std}(X_1 \,|\, X_2 = x_2)$。请大家自行分析这幅图像。如图8.19所示。

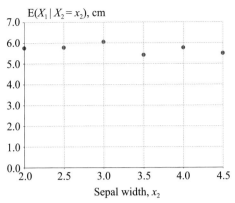

图8.16 给定花萼宽度X_2，花萼长度
的条件期望$E(X_1 \mid X_2 = x_2)$

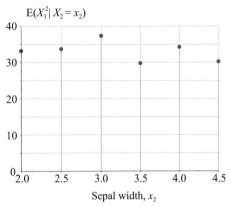

图8.17 给定花萼宽度X_2，花萼长度
平方值X_1^2的条件期望$E\left(X_1^2 \mid X_2 = x_2\right)$

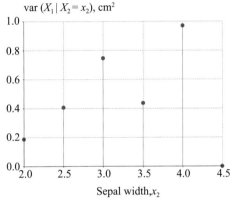

图8.18 给定花萼宽度X_2，花萼长度的
条件方差$\mathrm{var}(X_1 \mid X_2 = x_2)$

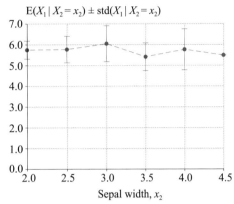

图8.19 给定花萼宽度X_2，花萼长度X_1的
条件期望$E(X_1 \mid X_2 = x_2) \pm \mathrm{std}(X_1 \mid X_2 = x_2)$

考虑标签：花萼长度

给定鸢尾花分类标签$Y = C_1$，花萼长度X_1的条件**期望**为

$$
\begin{aligned}
\mathrm{E}\left(X_1 \mid Y = C_1\right) &= \sum_{x_1} x_1 \cdot p_{X_1 \mid Y}\left(x_1 \mid C_1\right) \\
&= \underbrace{4.5}_{\mathrm{cm}} \times 0.22 + \underbrace{5.0}_{\mathrm{cm}} \times 0.56 + \underbrace{5.5}_{\mathrm{cm}} \times 0.2 + \underbrace{6.0}_{\mathrm{cm}} \times 0.02 + \\
&\quad \underbrace{6.5}_{\mathrm{cm}} \times 0 + \underbrace{7.0}_{\mathrm{cm}} \times 0 + \underbrace{7.5}_{\mathrm{cm}} \times 0 + \underbrace{8.0}_{\mathrm{cm}} \times 0 \\
&= 5.01 \ \mathrm{cm}
\end{aligned}
\tag{8.37}
$$

给定鸢尾花分类标签$Y = C_1$，花萼长度X_1平方的**期望**为

$$
\begin{aligned}
\mathrm{E}\left(X_1^2 \mid Y = C_1\right) &= \sum_{x_1} x_1^2 \cdot p_{X_1 \mid Y}\left(x_1 \mid C_1\right) \\
&= \underbrace{4.5^2}_{\mathrm{cm}^2} \times 0.22 + \underbrace{5.0^2}_{\mathrm{cm}^2} \times 0.56 + \underbrace{5.5^2}_{\mathrm{cm}^2} \times 0.2 + \underbrace{6.0^2}_{\mathrm{cm}^2} \times 0.02 + \\
&\quad \underbrace{6.5^2}_{\mathrm{cm}^2} \times 0 + \underbrace{7.0^2}_{\mathrm{cm}^2} \times 0 + \underbrace{7.5^2}_{\mathrm{cm}^2} \times 0 + \underbrace{8.0^2}_{\mathrm{cm}^2} \times 0 \\
&= 25.225 \ \mathrm{cm}^2
\end{aligned}
\tag{8.38}
$$

给定鸢尾花分类标签 $Y = C_1$，花萼长度 X_1 的条件**方差**为

$$\begin{aligned}\mathrm{var}\left(X_1 \middle| Y = C_1\right) &= \mathrm{E}\left(X_1^2 \middle| Y = C_1\right) - \mathrm{E}\left(X_1 \middle| Y = C_1\right)^2 \\ &= 25.225 - 5.01^2 \\ &= 0.1249 \ \mathrm{cm}^2\end{aligned} \tag{8.39}$$

给定鸢尾花分类标签 $Y = C_1$，花萼长度 X_1 的条件**标准差**为

$$\sigma_{X_1 | Y = C_1} = \sqrt{\mathrm{var}\left(X_1 \middle| Y = C_1\right)} = \sqrt{0.1249} = 0.353 \ \mathrm{cm} \tag{8.40}$$

请大家自行计算剩余两种情况 ($Y = C_2$, $Y = C_3$)。并利用全**期望**定理，计算 $\mathrm{E}(X_1)$。如图8.20所示。

考虑标签：花萼宽度

给定鸢尾花分类标签 $Y = C_1$，花萼宽度 X_2 的条件**期望**为

$$\begin{aligned}\mathrm{E}\left(X_2 \middle| Y = C_1\right) &= \sum_{x_2} x_2 \cdot p_{X_2|Y}\left(x_2 \middle| C_1\right) \\ &= \underset{\mathrm{cm}}{4.5} \times 0.07 + \underset{\mathrm{cm}}{4.0} \times 0.18 + \underset{\mathrm{cm}}{3.5} \times 0.46 + \underset{\mathrm{cm}}{3.0} \times 0.32 + \underset{\mathrm{cm}}{2.5} \times 0.02 + \underset{\mathrm{cm}}{2.0} \times 0 \\ &= 3.43 \ \mathrm{cm}\end{aligned} \tag{8.41}$$

给定鸢尾花分类标签 $Y = C_1$，花萼宽度 X_2 平方的**期望**为

$$\begin{aligned}\mathrm{E}\left(X_2^2 \middle| Y = C_1\right) &= \sum_{x_2} x_2^2 \cdot p_{X_2|Y}\left(x_2 \middle| C_1\right) \\ &= \underset{\mathrm{cm}^2}{4.5^2} \times 0.07 + \underset{\mathrm{cm}^2}{4.0^2} \times 0.18 + \underset{\mathrm{cm}^2}{3.5^2} \times 0.46 + \underset{\mathrm{cm}^2}{3.0^2} \times 0.32 + \underset{\mathrm{cm}^2}{2.5^2} \times 0.02 + \underset{\mathrm{cm}^2}{2.0^2} \times 0 \\ &= 11.925 \ \mathrm{cm}^2\end{aligned} \tag{8.42}$$

给定鸢尾花分类标签 $Y = C_1$，花萼宽度 X_2 的条件**方差**为

$$\begin{aligned}\mathrm{var}\left(X_2 \middle| Y = C_1\right) &= \mathrm{E}\left(X_2^2 \middle| Y = C_1\right) - \mathrm{E}\left(X_2 \middle| Y = C_1\right)^2 \\ &= 11.925 - 3.43^2 \\ &= 0.1601 \ \mathrm{cm}^2\end{aligned} \tag{8.43}$$

给定鸢尾花分类标签 $Y = C_1$，花萼宽度 X_2 的条件**标准差**为

$$\sigma_{X_2 | Y = C_1} = \sqrt{\mathrm{var}\left(X_2 \middle| Y = C_1\right)} = \sqrt{0.1601} \approx 0.4 \ \mathrm{cm} \tag{8.44}$$

请大家自行计算鸢尾花其他标签条件下花萼长度、花萼宽度的条件**期望**、条件**方差**、条件**标准差**。如图8.21所示。

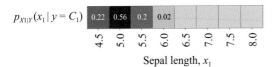

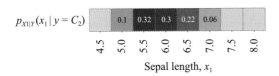

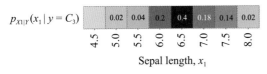

图8.20 给定鸢尾花标签Y，花萼长度的条件PMF

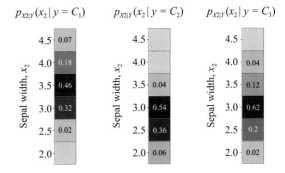

图8.21 给定鸢尾花标签Y，花萼宽度的条件PMF

Bk5_Ch08_01.py代码绘制本节大部分图像。代码中用到了矩阵乘法和广播原则，请大家注意区分。

8.4 连续随机变量：条件期望

本节介绍如何计算连续随机变量的条件期望。

条件期望$E(Y|X=x)$

如果X和Y均为连续随机变量，如图8.22所示，在给定$X=x$条件下，条件**期望** $E(Y|X=x)$ 定义为

$$
E\left(Y\underbrace{\bigg|X=x}_{\text{Given}}\right) = \int_{-\infty}^{+\infty} y \cdot \overbrace{\underbrace{f_{Y|X}(y|x)}_{\text{Conditional}}}^{\text{Expectation}} \mathrm{d}y
$$

$$
= \int_{-\infty}^{+\infty} y \cdot \frac{\overbrace{f_{X,Y}(x,y)}^{\text{Joint}}}{\underbrace{f_X(x)}_{\text{Marginal}}} \mathrm{d}y = \frac{1}{\underbrace{f_X(x)}_{\text{Marginal}}} \int_{-\infty}^{+\infty} y \cdot \overbrace{f_{X,Y}(x,y)}^{\text{Joint}} \mathrm{d}y \tag{8.45}
$$

式 (8.45) 中，边缘概率$f_X(x)$ 可以通过下式得到，即

$$
f_X(x) = \int_{-\infty}^{+\infty} f_{X,Y}(x,y) \mathrm{d}y \tag{8.46}
$$

将式 (8.46) 代入式 (8.45) 得到

$$
\mathrm{E}\left(Y|X=x\right)=\frac{1}{\int_{-\infty}^{+\infty}f_{X,Y}\left(x,y\right)\mathrm{d}y}\int_{-\infty}^{+\infty}y\cdot f_{X,Y}\left(x,y\right)\mathrm{d}y \tag{8.47}
$$

式 (8.47) 相当于消去了 y，这和本章前文提到的 "降维" "折叠" 本质上没有任何区别。对于离散随机变量，折叠使用的数学工具为求和符号 Σ；连续随机变量则使用积分符号 $\int$。

条件期望 $\mathrm{E}(X|Y=y)$

同理，如图8.23所示，条件**期望** $\mathrm{E}(X|Y=y)$ 定义为

$$
\mathrm{E}\left(X|Y=y\right)=\frac{1}{\int_{-\infty}^{+\infty}f_{X,Y}\left(x,y\right)\mathrm{d}x}\int_{-\infty}^{+\infty}x\cdot f_{X,Y}\left(x,y\right)\mathrm{d}x \tag{8.48}
$$

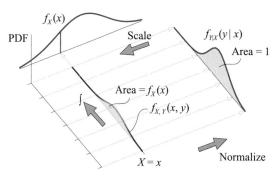
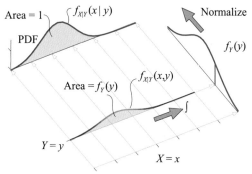

图8.22 联合概率PDF $f_{X,Y}(x,y)$ 和条件概率 PDF $f_{Y|X}(y|x)$ 的关系(X和Y均为连续随机变量)

图8.23 联合概率PDF $f_{X,Y}(x,y)$ 和条件概率 PDF $f_{X|Y}(x|y)$ 的关系(X和Y均为连续随机变量)

8.5 连续随机变量：条件方差

本节介绍如何求连续随机变量的条件方差。

条件方差 $\mathrm{var}(Y|X=x)$

在给定 $X=x$ 条件下，条件**方差** $\mathrm{var}(Y|X=x)$ (conditional variance of Y given $X=x$) 定义为

$$
\begin{aligned}
\mathrm{var}\left(Y|X=x\right)&=\mathrm{E}\left\{\left(Y-\mathrm{E}\left(Y|X=x\right)\right)^2\big|x\right\}\\
&=\int_y\left(y-\mathrm{E}\left(Y|X=x\right)\right)^2\cdot f_{Y|X}\left(y|x\right)\mathrm{d}y
\end{aligned} \tag{8.49}
$$

对于连续随机变量，求条件方差也可以用式 (8.14) 这个技巧。

条件方差var(X|Y = y)

条件**方差** $\mathrm{var}(X|Y = y)$ 定义为

$$
\begin{aligned}
\mathrm{var}\left(X|Y = y\right) &= \mathrm{E}\left\{\left(X - \mathrm{E}\left(X|Y = y\right)\right)^2 | y\right\} \\
&= \int_{x}\left(X - \mathrm{E}\left(X|Y = y\right)\right)^2 \cdot f_{X|Y}\left(x|y\right)\mathrm{d}x
\end{aligned}
\tag{8.50}
$$

有了以上理论基础，第12章将以二元高斯分布为例，继续深入讲解条件**期望**和条件**方差**。

8.6 连续随机变量：以鸢尾花为例

以鸢尾花为例：条件期望$\mathrm{E}(X_2 | X_1 = x_1)$、条件方差$\mathrm{var}(X_2 | X_1 = x_1)$

图8.24 (a) 所示为条件概率PDF $f_{X2|X1}(x_2 | x_1)$ 随花萼长度、花萼宽度的变化曲面。本书前文提过 $f_{X2|X1}(x_2 | x_1)$ 也是一个二元函数。这个二元函数的重要特点有两个，即

$$
\begin{aligned}
&f_{X2|X1}\left(x_2 | x_1\right) \geqslant 0 \\
&\int_{x_2} f_{X2|X1}\left(x_2 | x_1\right)\mathrm{d}x_2 = 1
\end{aligned}
\tag{8.51}
$$

正如图8.24 (a) 所示，阴影区域的面积为1。

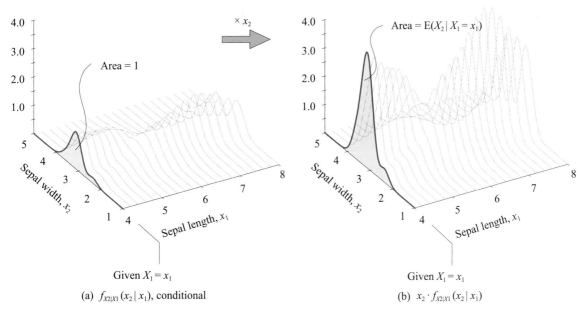

(a) $f_{X2|X1}(x_2 | x_1)$, conditional

(b) $x_2 \cdot f_{X2|X1}(x_2 | x_1)$

图8.24 $f_{X2|X1}(x_2 | x_1)$ 条件概率密度三维等高线和平面等高线，不考虑分类

为了计算条件**期望**$E(X_2 | X_1 = x_1)$，需要计算$x_2 \cdot f_{X2|X1}(x_2 | x_1)$和$x_2$围成图像的面积，即图8.24 (b)阴影部分的面积，有

$$E(X_2 | X_1 = x_1) = \int_{x_2} x_2 \cdot \underbrace{f_{X2|X1}(x_2|x_1)}_{\text{Conditional}} d x_2 \tag{8.52}$$

然后，我们可以计算鸢尾花宽度平方的条件**期望**$E(X_2^2 | X_1 = x_1)$，有

$$E(X_2^2 | X_1 = x_1) = \int_{x_2} x_2^2 \cdot \underbrace{f_{X2|X1}(x_2|x_1)}_{\text{Conditional}} d x_2 \tag{8.53}$$

然后，可以利用技巧求得条件**方差**$\text{var}(X_2 | X_1 = x_1)$为

$$\text{var}(X_2 | X_1 = x_1) = E(X_2^2 | X_1 = x_1) - E(X_2 | X_1 = x_1)^2 \tag{8.54}$$

式 (8.54) 开平方得到条件均**方差**$\text{std}(X_2 | X_1 = x_1)$。

我们知道条件**期望**$E(X_2 | X_1 = x_1)$、条件均**方差**$\text{std}(X_2 | X_1 = x_1)$都随着$X_1 = x_1$取值变化，而且它们的单位都是cm。图8.25把条件期望、条件均方差整合到了一幅图上。

条件**期望**$E(X_2 | X_1 = x_1)$实际上就是"回归"，给定输入条件$X_1 = x_1$，求X_2的输出值。图8.25中黑色实线相当于"回归曲线"。

图8.25还有两条**带宽** (bandwidth)，它们分别代表$\mu_{X_2|X_1=x_1} \pm \sigma_{X_2|X_1=x_1}$和$\mu_{X_2|X_1=x_1} \pm 2\sigma_{X_2|X_1=x_1}$。带宽随着$X_1 = x_1$移动，条件均**方差**越大，带宽就越宽。

比较图8.25、图8.26，给定$X_1 = x_1$条件下，X_2上散点越集中，条件均**方差**$\text{std}(X_2 | X_1 = x_1)$越小，如$X_1 = 7 \text{ cm}$；相反，$X_2$上散点越分散，条件均**方差**$\text{std}(X_2 | X_1 = x_1)$越大，如$X_1 = 5.5 \text{ cm}$。

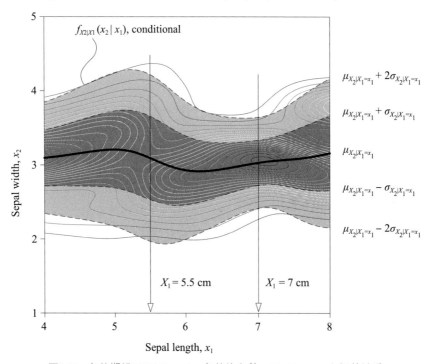

图8.25 条件期望$E(X_2 | X_1 = x_1)$、条件均方差$\text{std}(X_2 | X_1 = x_1)$之间的关系

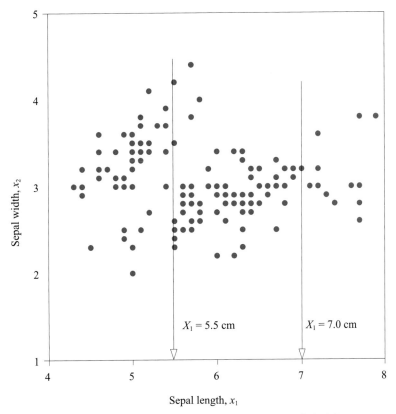

图8.26 鸢尾花数据花萼长度、花萼宽度散点图 (不考虑分类)

以鸢尾花为例：条件期望$E(X_1 \mid X_2 = x_2)$、条件方差$\text{var}(X_1 \mid X_2 = x_2)$

为了计算条件**期望**$E(X_1 \mid X_2 = x_2)$，我们需要计算$x_1 \cdot f_{X1 \mid X2}(x_1 \mid x_2)$与$x_1$围成图像的面积，即图8.27 (b) 阴影部分的面积，即有

$$E\left(X_1 \mid X_2 = x_2\right) = \int_{-\infty}^{+\infty} x_1 \cdot \underbrace{f_{X1 \mid X2}\left(x_1 \mid x_2\right)}_{\text{Conditional}} \mathrm{d}\, x_1 \tag{8.55}$$

然后，我们可以计算鸢尾花长度平方的条件**期望**$E\left(X_1^2 \mid X_2 = x_2\right)$，有

$$E\left(X_1^2 \mid X_2 = x_2\right) = \int_{-\infty}^{+\infty} x_1^2 \cdot \underbrace{f_{X1 \mid X2}\left(x_1 \mid x_2\right)}_{\text{Conditional}} \mathrm{d}\, x_1 \tag{8.56}$$

然后，可以利用技巧求得条件**方差**$\text{var}(X_1 \mid X_2 = x_2)$为

$$\text{var}\left(X_1 \mid X_2 = x_2\right) = E\left(X_1^2 \mid X_2 = x_2\right) - E\left(X_1 \mid X_2 = x_2\right)^2 \tag{8.57}$$

式 (8.57) 开平方得到条件均**方差**$\text{std}(X_1 \mid X_2 = x_2)$。

我们知道条件**期望**$E(X_1 \mid X_2 = x_2)$、条件**标准差**$\text{std}(X_1 \mid X_2 = x_2)$都随着$X_2 = x_2$的取值变化，而且它们的单位都是cm。我们想办法把它们画在一幅图上，具体如图8.28所示。请大家自己从"回归"角度自行分析图8.28。

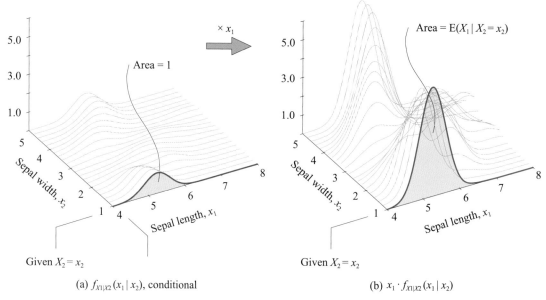

(a) $f_{X1|X2}(x_1 \mid x_2)$, conditional

(b) $x_1 \cdot f_{X1|X2}(x_1 \mid x_2)$

图8.27 $f_{X_1 \mid X_2}(x_1 \mid x_2)$ 条件概率密度三维等高线和平面等高线

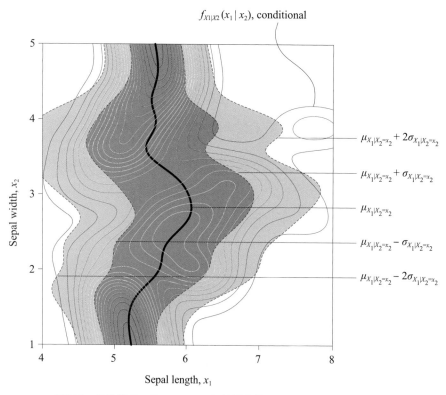

图8.28 条件期望$E(X_1 \mid X_2 = x_2)$、条件标准差$\text{std}(X_1 \mid X_2 = x_2)$ 之间的关系

以鸢尾花为例，考虑标签

同理，我们可以计算给定标签条件下，鸢尾花花萼长度 (图8.29)、花萼宽度 (图8.30) 的条件**期望**、条件**方差**等。请大家自行完成这几个数值计算。

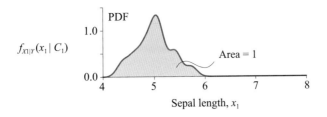

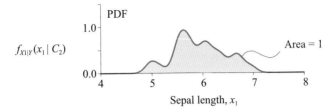

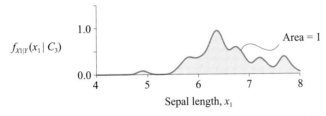

图8.29 给定鸢尾花标签Y，花萼长度的条件概率密度 (连续随机变量)

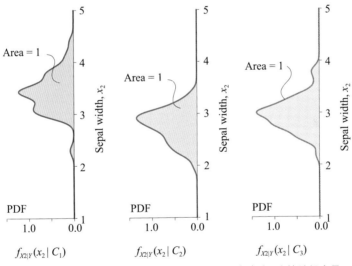

图8.30 给定鸢尾花标签Y，花萼宽度的条件概率密度 (连续随机变量)

8.7 再谈如何分割"1"

本书前文介绍过，概率分布无非就是以各种方式将样本空间概率值"1"进行"切片、切块""切丝、切条"。本节从这个视角总结本书这个话题讲解的主要内容。

一元

一元随机变量在一个维度上切割"1"。如图8.31 (a) 所示，如果随机变量X离散，则概率值1被分割成若干份，每一份还是"概率"。也就是说一元离散随机变量概率质量函数PMF $p_X(x)$ 对应概率值。$p_X(x)$ 对应的数学运算是求和Σ。图8.31 (a) 中所有概率值之和为1，即

$$\sum_x p_X(x) = 1 \tag{8.58}$$

如图8.31 (b) 所示，如果随机变量X连续，则X对应概率密度函数PDF $f_X(x)$。$f_X(x)$ 积分的结果才是概率值，因此$f_X(x)$ 对应的数学运算符为积分$\int$。

$f_X(x)$ 与横轴围成的面积为1，对应样本空间概率值"1"，即

$$\int_x f_X(x)\, dx = 1 \tag{8.59}$$

图8.31 (b) 中连续随机变量X的取值范围是实数轴的一个区间。图8.31 (c) 中连续随机变量X的取值范围是整个实数轴。图8.31 (c) 中，$f_X(x)$ 与整个横轴围成的面积为1。

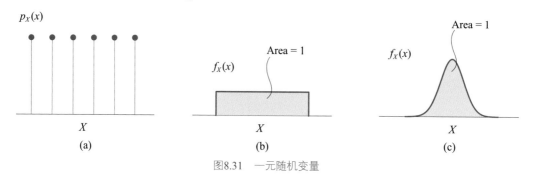

图8.31　一元随机变量

二元

二元随机变量 (X_1, X_2) 在两个维度上对样本空间进行分割。

如图8.32 (a) 所示，如果X_1和X_2都是离散随机变量，则概率质量函数$p_{X1,X2}(x_1, x_2)$ 本身还是概率值。$p_{X1,X2}(x_1, x_2)$ 二重求和的结果为1，即

$$\sum_{x_1}\sum_{x_2} p_{X1,X2}(x_1, x_2) = 1 \tag{8.60}$$

注意：大家试图调换求和顺序时要格外小心，并不是所有的多重求和都可以任意调换求和先后顺序。

而$p_{X1,X2}(x_1, x_2)$ 偏求和便得到边缘概率质量函数$p_{X1}(x_1)$、$p_{X2}(x_2)$分别为

$$\sum_{x_2} p_{X1,X2}(x_1, x_2) = p_{X1}(x_1)$$
$$\sum_{x_1} p_{X1,X2}(x_1, x_2) = p_{X2}(x_2) \tag{8.61}$$

如图8.33所示，二元随机变量偏求和将某个变量"消去"，这个过程相当于折叠。

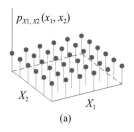
(a)

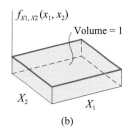
(b)

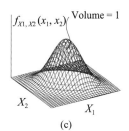
(c)

图8.32 二元随机变量

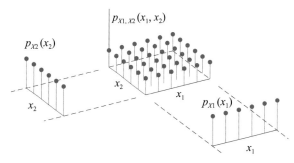

图8.33 二元随机变量偏求和,折叠某一变量

如图8.32 (b) 所示,如果X_1和X_2都是连续随机变量,则概率密度函数$f_{X1,X2}(x_1,x_2)$二重积分的结果为1,即

$$\iint\limits_{x_2\ x_1} f_{X1,X2}(x_1,x_2)\,\mathrm{d}x_1\,\mathrm{d}x_2 = 1 \tag{8.62}$$

这相当于图8.32 (b) 中几何体与水平面围成的几何图形的体积为1。如图8.32 (c) 所示,X_1和X_2的取值范围也可以是整个水平面,即$\mathbb{R}^2$。$f_{X1,X2}(x_1,x_2)$偏积分边缘概率密度函数$f_{X1}(x_1)$、$f_{X2}(x_2)$分别为

$$\int\limits_{x_2} f_{X1,X2}(x_1,x_2)\,\mathrm{d}x_2 = f_{X1}(x_1)$$
$$\int\limits_{x_1} f_{X1,X2}(x_1,x_2)\,\mathrm{d}x_1 = f_{X2}(x_2) \tag{8.63}$$

三元

如图8.34 (a) 所示,(X_1, X_2, X_3)三个随机变量都是离散随机变量,每个点(x_1, x_2, x_3)处都有一个概率值,这些概率值可以写成概率质量函数$p_{X1,X2,X3}(x_1, x_2, x_3)$这种形式。

请大家自己写出如何根据$p_{X1,X2,X3}(x_1, x_2, x_3)$计算$p_{X1,X2}(x_1, x_2)$、$p_{X1}(x_1)$。

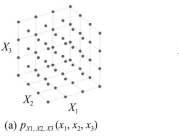
(a) $p_{X1,X2,X3}(x_1, x_2, x_3)$

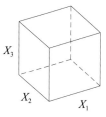
(b) $f_{X1,X2,X3}(x_1, x_2, x_3)$

图8.34 三元随机变量

图8.34 (b) 中 (X_1, X_2, X_3) 三个随机变量都是连续随机变量，整个 $\mathbb{R}^3$ 空间中的每一点 (x_1, x_2, x_3) 处都有一个概率密度值 $f_{X1,X2,X3}(x_1, x_2, x_3)$。这就是本书前文提到的"体密度"。也请大家自己写出如何根据 $f_{X1,X2,X3}(x_1, x_2, x_3)$ 计算 $f_{X1,X2}(x_1, x_2)$、$f_{X1}(x_1)$。

图8.35所示为在 X_3 取不同值 $X_3 = c$ 时，概率密度值 $f_{X1,X2,X3}(x_1, x_2, c)$ 的"切片"情况。强调一下，图8.35中 X_3 还是连续随机变量。

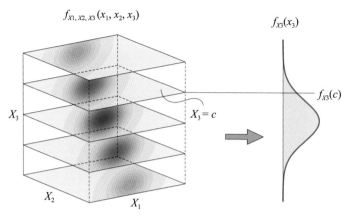

图8.35　三个随机变量都是连续随机变量

$f_{X1,X2,X3}(x_1, x_2, c)$ 这个"切片"对 x_1 和 x_2 二重积分得到的是边缘概率密度 $f_{X3}(c)$，即

$$\iint_{x_2 \, x_1} f_{X1,X2,X3}(x_1, x_2, c)\, \mathrm{d}\, x_1 \, \mathrm{d}\, x_2 = f_{X3}(c) \tag{8.64}$$

式 (8.64) 相当于，我们不再关心图8.35中这些切片的具体等高线，而是将其归纳为一个数值。

混合

此外，多元随机变量还可以是离散和连续随机变量的混合形式。一个最简单的例子就是鸢尾花数据。如图8.36所示，分类标签将鸢尾花数据分成了三层，对应 C_1、C_2、C_3 三个标签。图8.36左侧的数据构成了样本空间 Ω。显然 C_1、C_2、C_3 互不相容，形成对样本空间 Ω 的分割。

花萼长度 X_1、花萼宽度 X_2 都是连续随机变量，但是标签 Y 为离散随机变量。

这体现的就是第3章讲过的全概率定理。

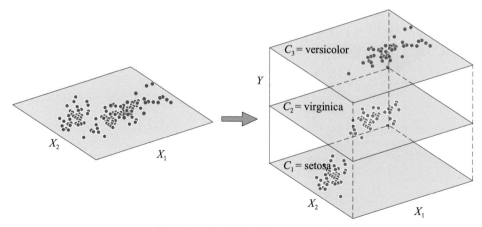

图8.36　分类标签将鸢尾花数据分层

如图8.37所示，每一类不同标签的样本数据都有其联合概率密度分布$f_{X1,X2,Y}(x_1, x_2, C_1)$、$f_{X1,X2,Y}(x_1, x_2, C_2)$、$f_{X1,X2,Y}(x_1, x_2, C_3)$。

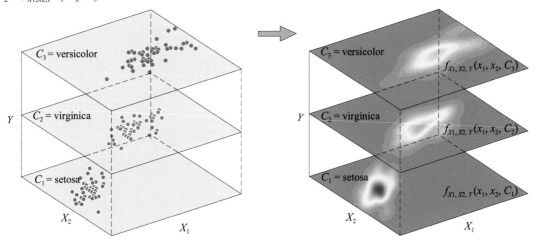

图8.37　鸢尾花数据(花萼长度X_1、花萼宽度X_2、标签Y)

图8.38所示为两个不同方向压扁$f_{X1,X2,Y}(x_1, x_2, y)$。

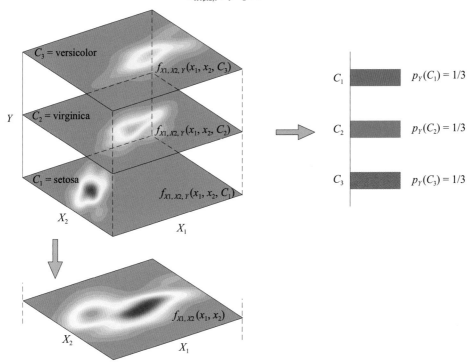

图8.38　两个不同方向压扁$f_{X1,X2,Y}(x_1, x_2, y)$

$f_{X1,X2,Y}(x_1, x_2, C_1)$、$f_{X1,X2,Y}(x_1, x_2, C_2)$、$f_{X1,X2,Y}(x_1, x_2, C_3)$这三个平面分别二重积分得到$Y$的边缘概率为

$$\iint\limits_{x_2\ x_1} f_{X1,X2,Y}(x_1, x_2, C_1)\,\mathrm{d}x_1\,\mathrm{d}x_2 = p_Y(C_1)$$
$$\iint\limits_{x_2\ x_1} f_{X1,X2,Y}(x_1, x_2, C_2)\,\mathrm{d}x_1\,\mathrm{d}x_2 = p_Y(C_2)$$
$$\iint\limits_{x_2\ x_1} f_{X1,X2,Y}(x_1, x_2, C_3)\,\mathrm{d}x_1\,\mathrm{d}x_2 = p_Y(C_3)$$

(8.65)

显然，$p_Y(C_1)$、$p_Y(C_2)$、$p_Y(C_3)$之和为1。

沿着Y方向将$f_{X1,X2,Y}(x_1, x_2, y)$压扁得到$f_{X1,X2,Y}(x_1, x_2)$为

$$f_{X1,X2}(x_1, x_2) = f_{X1,X2,Y}(x_1, x_2, C_1) + f_{X1,X2,Y}(x_1, x_2, C_2) + f_{X1,X2,Y}(x_1, x_2, C_3) \tag{8.66}$$

而$f_{X1,X2,Y}(x_1, x_2)$与水平面构成几何形体的体积为1，即

$$\iint_{x_2\,x_1} f_{X1,X2}(x_1, x_2)\,\mathrm{d}x_1\,\mathrm{d}x_2 = 1 \tag{8.67}$$

此外，$f_{X1,X2}(x_1, x_2)$可以沿着不同方向进一步"压扁"得到边缘概率$f_{X1}(x_1)$、$f_{X2}(x_2)$，有

$$\int_{x_2} f_{X1,X2}(x_1, x_2)\,\mathrm{d}x_2 = f_{X1}(x_1)$$
$$\int_{x_1} f_{X1,X2}(x_1, x_2)\,\mathrm{d}x_1 = f_{X2}(x_2) \tag{8.68}$$

$f_{X1}(x_1)$、$f_{X2}(x_2)$与x_1、x_2轴围成的面积也都是1，即

$$\int_{x_1} f_{X1}(x_1)\,\mathrm{d}x_1 = 1$$
$$\int_{x_2} f_{X2}(x_2)\,\mathrm{d}x_2 = 1 \tag{8.69}$$

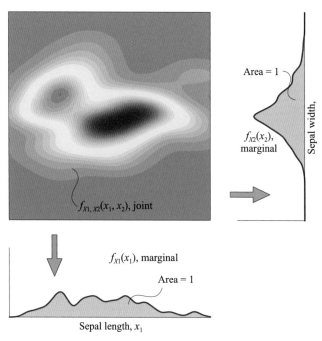

图8.39　$f_{X1,X2}(x_1, x_2)$沿不同方向折叠

总结来说，以上几种情况无非就是对概率1的"切片、切块""切丝、切条"。

此时，希望大家闭上眼睛想$f_{X1,X2,Y}(x_1, x_2, C_1)$、$f_{X1,X2}(x_1, x_2)$的时候看到的是等高线；想$f_{X1}(x_1)$看到曲线，想$p_Y(C_1)$的时候看到一个数值 (1/3)。

不同的混合形式

图8.39所示为二元随机变量的不同离散、连续混合形式。图8.39 (a) 中两个随机变量都是连续。图8.39 (b) 中X_1为离散随机变量，X_2为连续随机变量；图8.39 (c) 反之。图8.39 (d) 中，两个随机变量都是离散随机变量。图8.40所示为三元随机变量的不同离散、连续混合形式，请大家自己分析其中子图。实际上这回答了第4章提出的问题。

在本书贝叶斯统计推断 (第20 ~ 22章) 中，大家会发现我们不再区分PDF、PMF，概率分布函数全部统一为f()。

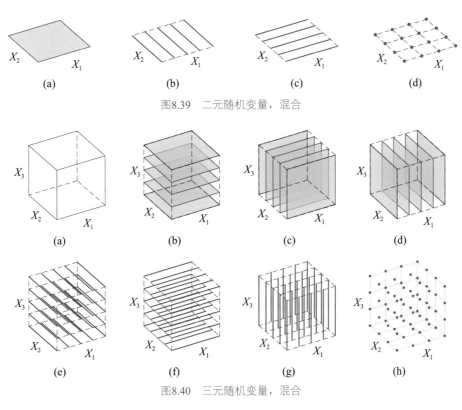

图8.39　二元随机变量，混合

图8.40　三元随机变量，混合

条件概率：重新定义"1"

条件概率其实很好理解，条件概率的"条件"就是划定"新的样本空间"，对应概率值也是1。也就是说，把从原始样本空间中切出来的"一片、一块、一丝、一条"作为新的样本空间。

如图8.41所示，给定标签为$Y = C_2$条件下，利用贝叶斯定理，条件概率可以通过下式求得，即

$$f_{X1,X2|Y}\left(x_1, x_2 \mid C_2\right) = \frac{f_{X1,X2,Y}\left(x_1, x_2, C_2\right)}{p_Y\left(C_2\right)} \tag{8.70}$$

分母中的$p_Y(C_2)$起到归一化的作用。$Y = C_2$就是原始样本空间中切出来的"一片"。

也就是说，$f_{X1,X2|Y}\left(x_1, x_2 \mid C_2\right)$二重积分的结果为1，即

$$\iint\limits_{x_2 \ x_1} f_{X1,X2|Y}\left(x_1, x_2 \mid C_2\right) \mathrm{d}\, x_1 \mathrm{d}\, x_2 = 1 \tag{8.71}$$

式 (8.71) 中这个 "1" 对应条件概率 $f_{X1,X2|Y}(x_1, x_2 | C_2)$ 的条件 $Y = C_2$。$Y = C_2$ 就是这个条件概率的 "新样本空间"。

第6章还介绍过，以鸢尾花花萼长度或花萼宽度为条件的条件概率，请大家回顾。

鸢尾花书《可视之美》一册将介绍如何绘制本节分层等高线。

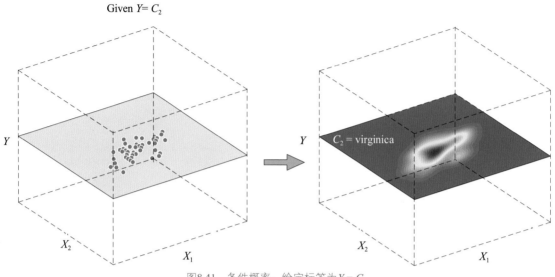

图8.41 条件概率，给定标签为 $Y = C_2$

条件期望是指在已知一些条件下，一个随机变量的期望值。同理，条件方差是指在给定某些条件下，随机变量的方差。它们表示给定某些信息或事件之后，对随机变量的期望、方差的预测或估计。其实生活中条件期望、方差无处不在，请大家多多留意。条件期望、方差在概率论、统计学和经济学等领域有广泛的应用，如在回归分析、决策树、贝叶斯推断等领域中。

至此，本书 "概率" 板块介绍。下一板块将用五章深入介绍高斯分布，包括一元、二元、多元、条件高斯分布，以及协方差矩阵。

03

Section 03

高 斯

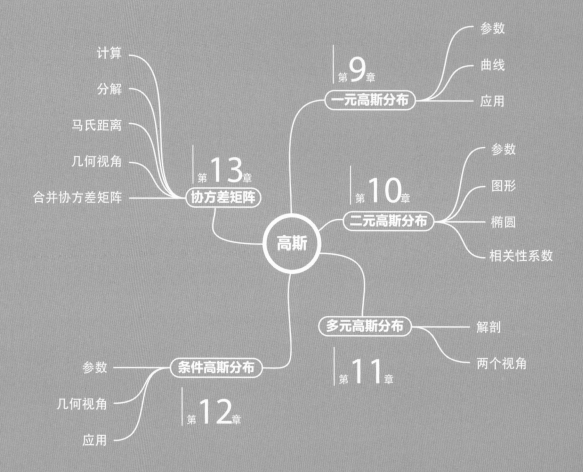

計算
分解
马氏距离
几何视角
合并协方差矩阵

第**13**章
协方差矩阵

第**9**章
一元高斯分布

参数
曲线
应用

高斯

第**10**章
二元高斯分布

参数
图形
椭圆
相关性系数

多元高斯分布

解剖
两个视角

第**11**章

参数
几何视角
应用

条件高斯分布

第**12**章

学习地图 | 第**3**板块

09 Univariate Gaussian Distribution
一元高斯分布
可能是应用最广泛的概率分布

数学家站在彼此的肩膀上。

Mathematicians stand on each other's shoulders.

—— 卡尔·弗里德里希·高斯 (Carl Friedrich Gauss) | 德国数学家、物理学家、天文学家 | 1777—1855年

◀ matplotlib.pyplot.axhline() 绘制水平线
◀ matplotlib.pyplot.axvline() 绘制竖直线
◀ matplotlib.pyplot.contour() 绘制等高线图
◀ matplotlib.pyplot.contourf() 绘制填充等高线图
◀ numpy.ceil() 计算向上取整
◀ numpy.copy() 深复制数组，对新生成的对象修改删除操作不会影响到原对象
◀ numpy.cumsum() 计算累积和
◀ numpy.floor() 向下取整
◀ numpy.meshgrid() 生成网格数据
◀ numpy.random.normal() 生成满足高斯分布的随机数
◀ scipy.stats.norm.cdf() 高斯分布累积分布函数CDF
◀ scipy.stats.norm.pdf() 高斯分布概率密度函数PDF
◀ scipy.stats.norm.ppf() 高斯分布百分点函数PPF

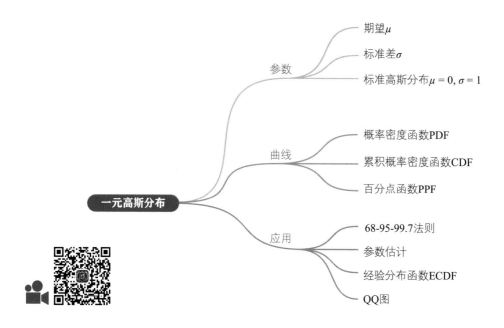

9.1 一元高斯分布：期望值决定位置，标准差决定形状

回顾第7章介绍**一元高斯分布** (univariate normal distribution)，其概率密度函数PDF为

$$
f_X(x) = \frac{1}{\sqrt{2\pi}\sigma} \exp\left(\frac{-1}{2}\left(\frac{x-\mu}{\sigma} \right)^2 \right) \tag{9.1}
$$

其中：μ为期望值；σ为标准差。

期望值

一元高斯分布概率密度函数的形状为中间高两边低的钟形，其PDF最大值位于$x = \mu$处。

本书前文提过，一元高斯分布的概率密度函数以 $x = \mu$ 为轴左右对称，曲线向左右两侧远离 $x = \mu$ 呈逐渐均匀下降趋势，曲线两端与横轴 $y = 0$ 无限接近，但永不相交。

图9.1所示为μ对一元高斯分布PDF曲线位置的影响。

标准差

σ也称为高斯分布的形状参数，σ越大，曲线越扁平；反之，σ越小，曲线越瘦高。

从数据角度来讲，σ描述数据分布的离散程度。σ越大，数据分布越分散，σ越小，数据分布越集中。图9.2所示为σ对一元高斯分布PDF曲线形状的影响。

　　本书前文强调过，期望值、标准差的单位与随机变量的单位相同。因此，直方图、概率密度图上常常出现$\mu \pm \sigma$、$\mu \pm 2\sigma$、$\mu \pm 3\sigma$等。

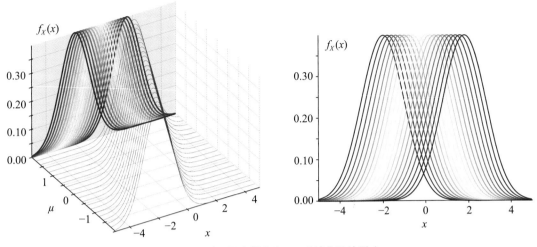

图9.1　μ对一元高斯分布PDF曲线位置的影响

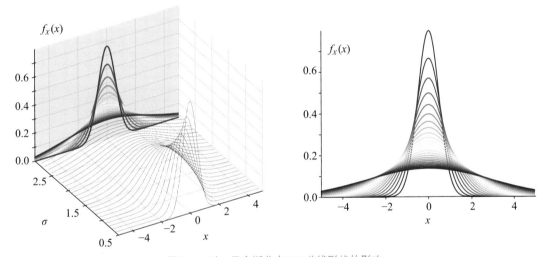

图9.2　σ对一元高斯分布PDF曲线形状的影响

　　Bk5_Ch09_01.py绘制图9.1。请大家修改代码自行绘制图9.2。代码自定义函数计算一元高斯分布概率密度，大家也可以使用scipy.stats.norm.pdf() 函数获得一元高斯分布密度函数值。

　　在Bk5_Ch09_01.py基础上，我们用Streamlit制作了一个应用，大家可以改变μ、σ的参数值，观察一元高斯PDF曲线的变化。请大家参考Streamlit_Bk5_Ch09_01.py。

累积概率密度：对应概率值

一元高斯分布的累积概率密度函数CDF为

$$F_X(x) = \int_{-\infty}^{x} \frac{1}{\sqrt{2\pi}\sigma} \exp\left(\frac{-1}{2}\left(\frac{t-\mu}{\sigma}\right)^2\right) dt \tag{9.2}$$

式 (9.2) 也可以用误差函数erf() 表达为

《数学要素》一册第18章介绍
过误差函数，请大家回顾。

$$F_X(x) = \frac{1}{2}\left[1 + \operatorname{erf}\left(\frac{x-\mu}{\sigma\sqrt{2}}\right)\right] \tag{9.3}$$

期望值

图9.3所示为μ对一元高斯分布CDF曲线位置的影响。随着x不断靠近$-\infty$，CDF取值不断接近于0，但不等于0；反之，随着x不断靠近$+\infty$，CDF取值不断接近于1，但不等于1。

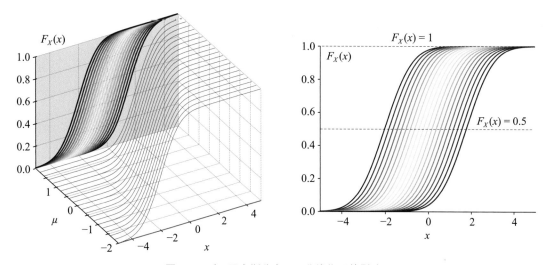

图9.3　μ对一元高斯分布CDF曲线位置的影响

标准差

图9.4所示为σ对一元高斯分布CDF曲线形状的影响。σ越小，CDF曲线越陡峭；σ越大，CDF曲线越平缓。从另外一个角度看一元高斯分布CDF曲线，它将位于实数轴 $(-\infty, +\infty)$ 之间的x转化为 $(0, 1)$ 之间的某个值，而这个值恰好对应一个概率。

注意：图9.1、图9.2的纵轴对应概率密度值，而图9.3、图9.4的纵轴对应概率值。也就是说，一元概率密度函数积分的结果为概率值。

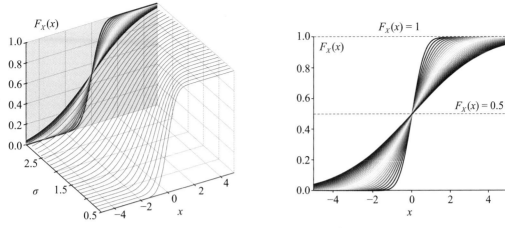

图9.4 σ对一元高斯分布CDF曲线形状的影响

Bk5_Ch08_02.py绘制图9.3和图9.4。

PDF VS CDF

图9.5所示比较了标准正态分布$N(0, 1)$的PDF和CDF曲线。虽然两条曲线画在同一幅图上，且它们y轴数值的含义完全不同。对于PDF曲线，它的y轴数值代表概率密度，并不是概率值。而CDF曲线的y轴数值则代表概率值。

给定一点x，图9.5中背景为浅蓝色区域面积对应$F_X(x) = \int_{-\infty}^{x} f_X(t)\mathrm{d}t$，也就是CDF曲线的高度值。下一节我们还会继续讲解标准正态分布。

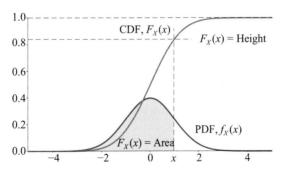

图9.5 比较标准正态分布的PDF和CDF曲线

百分点函数PPF

我们把Percent-Point Function (PPF) 直译为"**百分点函数**"。实际上，百分点函数PPF是**CDF函数的逆函数** (inverse CDF)。

如图9.6所示，给定x，我们可以通过CDF曲线得到累积概率值$F_X(x) = p$。而PPF曲线则正好相反，给定概率值p，通过PPF曲线得到x，即$F_X^{-1}(p) = x$。在SciPy中，正态分布的CDF函数为scipy.stats.norm.cdf()，对应的PPF函数为scipy.stats.norm.ppf()。

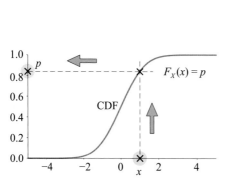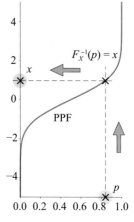

图9.6　CDF曲线和PPF曲线之间关系

9.3 标准高斯分布：期望为0，标准差为1

当$\mu = 0$且$\sigma = 1$时，高斯分布为**标准正态分布** (standard normal distribution)，记作$N(0, 1)$。

本节用Z表示服从标准正态分布的连续随机变量，而Z的实数取值用z表示。因此，标准正态分布的PDF函数为

$$f_Z(z) = \frac{1}{\sqrt{2\pi}} \exp\left(\frac{-z^2}{2}\right) \tag{9.4}$$

可以写成$Z \sim N(0, 1)$。

图9.7 (a) 所示为标准正态分布PDF曲线。特别地，当$Z = 0$时，标准高斯分布的概率密度值为

$$f_Z(0) = \frac{1}{\sqrt{2\pi}} \approx 0.39894 \tag{9.5}$$

这个值经常近似为0.4。再次强调，0.4这个值虽然也代表可能性，但是它不是概率值，而是概率密度值。

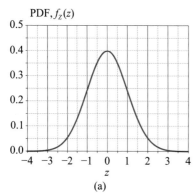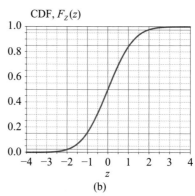

图9.7　标准高斯分布PDF和CDF曲线

容易发现，当PDF曲线$f_z(z)$随着z的增大而增大时 (对称轴左半边)，PDF的增幅先是逐渐变大，曲线逐渐变陡；然后，PDF的增幅放缓，曲线坡度逐渐变得平缓，在$z = 0$处曲线坡度为0。

从一阶导数的角度来看，对于PDF曲线对称轴左半边，一阶导数值大于0，直到$z = 0$处，即均值μ处，一阶导数值为0。

然而，这段曲线z从负无穷增大到0时，二阶导数先为正，中间穿过0，然后变成负值。

PDF曲线二阶导数为0正好对应$\mu \pm \sigma$这两点，这两点正是PDF曲线的拐点。

图9.8所示为标准正态分布$N(0, 1)$的CDF、PDF、PDF一阶导数、PDF二阶导数这四条曲线。其中，黑色 × 对应PDF曲线的最大值处。红色 × 对应PDF曲线的拐点。请大家仔细分析这四幅图像中曲线的变化趋势。

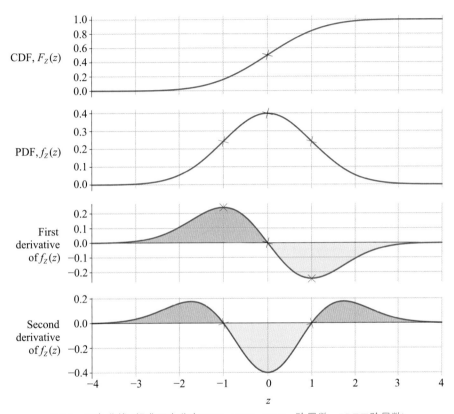

图9.8　四条曲线 (标准正态分布CDF、PDF、PDF一阶导数、PDF二阶导数)

Z分数：一种以标准差为单位的度量尺度

Z分数 (Z-score)，也叫**标准分数** (standard score)，是样本值x与平均数μ的差再除以标准差σ的结果，对应的运算为

$$z = \frac{x - \mu}{\sigma} \tag{9.6}$$

上述过程也叫作数据的**标准化** (standardize)。样本数据的Z分数构成的分布有两个特点：① 平均等于0；② 标准差等于1。

从距离的角度来看，式 (9.6) 代表数据点x和均值μ之间的距离为z倍标准差σ。

注意：本书前文强调过，标准差和x具有相同的单位，而式 (9.6) 消去了单位，这说明Z分数**无单位** (unitless)。

> 注意，本书把"normalize"翻译为"归一化"，它通常表示将一组数据转化为 [0, 1] 区间的数值。线性代数中，**向量单位化** (vector normalization) 指的是将非零向量转化成 L^2 模为1的单位向量。本书前文在介绍贝叶斯定理时，也用过"normalize"。很多资料混用"standardize"和"normalize"，请大家注意区分。

图9.9所示为标准正态分布随机变量z值和PDF $f_Z(z)$ 的对应关系。图9.10所示为标准正态分布z值到CDF值的映射关系。图9.11所示为PPF值到标准正态分布z值的映射关系。本章前文介绍过，CDF与PPF互为反函数。

图9.12所示为标准正态分布中，不同z值对应的四类面积。我们一般会在**Z检验** (Z test) 中用到这个表。

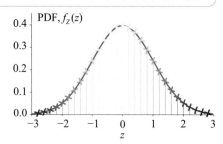

图9.9　标准正态分布z和PDF的对应关系

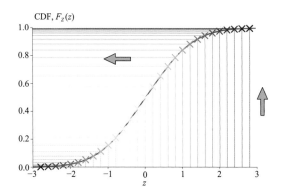

图9.10　标准正态分布z和CDF值的映射关系

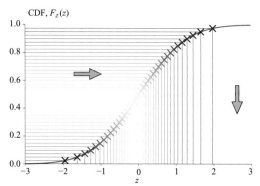

图9.11　标准正态分布z和PPF值的映射关系

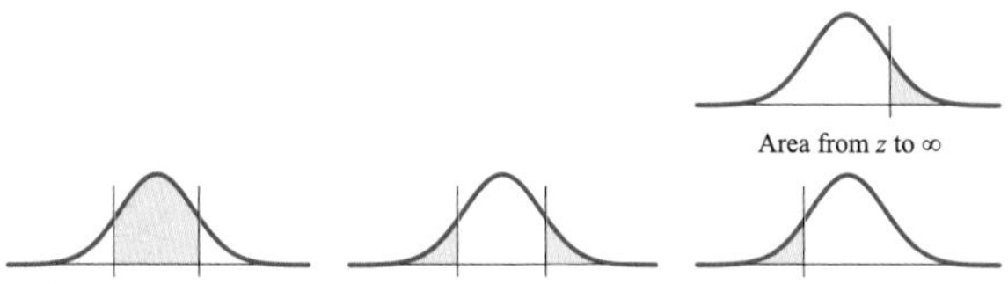

z	Area from $-z$ to z	Area from $-\infty$ to $-z$ and z to ∞	Area from $-\infty$ to $-z$
1.64485	0.9	0.1	0.05
1.66959	0.905	0.095	0.0475
1.69540	0.91	0.09	0.045
1.72238	0.915	0.085	0.0425
1.75069	0.92	0.08	0.04
1.78046	0.925	0.075	0.0375
1.81191	0.93	0.07	0.035
1.84526	0.935	0.065	0.0325
1.88079	0.94	0.06	0.03
1.91888	0.945	0.055	0.0275
1.95996	0.95	0.05	0.025
2.00465	0.955	0.045	0.0225
2.05375	0.96	0.04	0.02
2.10836	0.965	0.035	0.0175
2.17009	0.97	0.03	0.015
2.24140	0.975	0.025	0.0125
2.32635	0.98	0.02	0.01
2.43238	0.985	0.015	0.0075
2.57583	0.99	0.01	0.005
2.80703	0.995	0.005	0.0025
3.29053	0.999	0.001	0.0005

图9.12　标准正态分布中不同z值对应的四类面积

Bk5_Ch08_03.py绘制本节之前大部分图像。

以鸢尾花数据为例

前文提过，Z分数可以看成一种标准化的"距离度量"。原始数据的Z分数代表距离均值若干倍的标准差偏移。比如，某个数据点的Z分数为3，说明这个数据距离均值3倍标准差偏移。Z分数的正负表达偏移的方向；如果某个样本点的Z分数为-2，则这意味着该样本点位于均值左侧，距离均值2倍标准差。

有了Z分数，不同分布、不同单位的样本数据便有了可比性。图9.13所示为鸢尾花样本数据四个特征的Z分数。

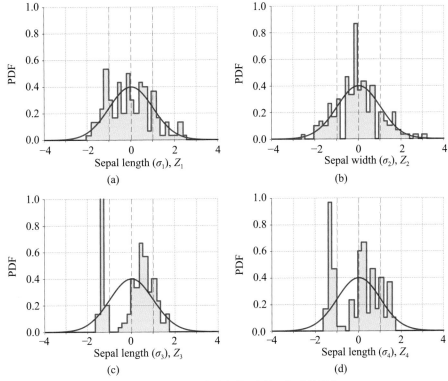

图9.13　鸢尾花四个特征的Z分数，标准差距离

9.4 68–95–99.7法则

一元高斯分布有所谓的**68–95–99.7法则** (68-95-99.7 Rule)，具体是指一组近乎满足正态分布的样本数据，约68.3%、95.4%和99.7%样本位于距平均值正负1个、正负2个和正负3个标准差范围之内。

标准正态分布$N(0, 1)$

以标准正态分布$N(0, 1)$为例，整条标准正态分布曲线与横轴包裹的面积为1。

如图9.14 (a) 所示，[−1, 1] 区间内，标准正态分布和横轴包裹的区域面积约为0.68，即68%。

如图9.14 (b) 所示，[−2, 2] 区间对应的阴影区域面积约为0.95，即95%。

如图9.14 (c) 所示，[−3, 3] 区间对应的阴影区域面积约为0.997，即99.7%。

写成具体的概率运算为

$$\Pr\left(-1 \leqslant Z \leqslant 1\right) \approx 0.68$$
$$\Pr\left(-2 \leqslant Z \leqslant 2\right) \approx 0.95 \tag{9.7}$$
$$\Pr\left(-3 \leqslant Z \leqslant 3\right) \approx 0.997$$

图9.15所示为标准正态分布CDF曲线上68-95-99.7法则对应的高度。

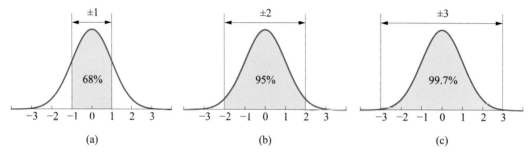

图9.14　68-95-99.7法则，标准正态分布PDF

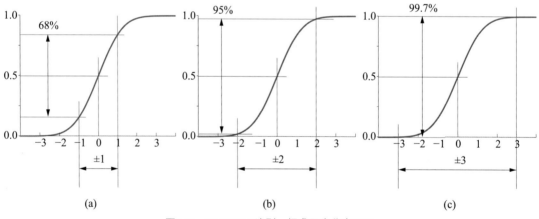

图9.15　68-95-99.7法则，标准正态分布CDF

正态分布$N(\mu, \sigma^2)$

图9.16所示为一般正态分布$N(\mu, \sigma^2)$中68-95-99.7法则对应的位置，即

$$\Pr\left(\mu - \sigma \leqslant X \leqslant \mu + \sigma\right) \approx 0.68$$
$$\Pr\left(\mu - 2\sigma \leqslant X \leqslant \mu + 2\sigma\right) \approx 0.95 \tag{9.8}$$
$$\Pr\left(\mu - 3\sigma \leqslant X \leqslant \mu + 3\sigma\right) \approx 0.997$$

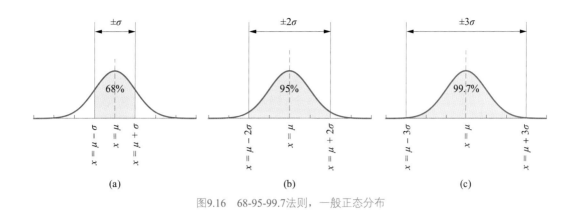

图9.16 68-95-99.7法则，一般正态分布

和分位的关系

图9.17所示为68-95-99.7法则与四分位、十分位、二十分位、百分位的关系。

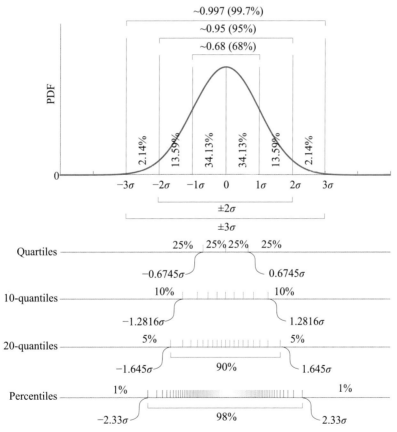

图9.17 68-95-99.7法则与四分位、十分位、二十分位、百分位关系 (注意图中不区分总体标准差σ和样本标准差s)

随机数

如果随机数服从一元高斯分布$N(\mu, \sigma^2)$，在 $[\mu - \sigma, \mu + \sigma]$ 这个$\mu \pm \sigma$区间内，应该约有68%的随机数。如图9.18所示，样本一共有500个随机数，约340个 ($= 500 \times 68\%$) 在$\mu \pm \sigma$区间之内，约160个在μ

±σ区间之外。

在 [$\mu - 2\sigma, \mu + 2\sigma$] 这个$\mu \pm 2\sigma$区间内，应该约有95%的随机数。如图9.19所示，样本数还是500个，约475个 (= 500 × 95%) 在$\mu \pm 2\sigma$区间之内，约25个在$\mu \pm 2\sigma$区间之外。

鸢尾花书《数据有道》一册将专门介绍如何发现离群值。

68-95-99.7法则可以帮助大家直观地理解一元高斯分布的形态和特征，即大部分数据集中在均值周围，而远离均值的数据较为稀少。如果一组数据中存在明显偏离均值多个标准差的数据点，就有可能是异常值或者离群值，需要进一步检查和分析。

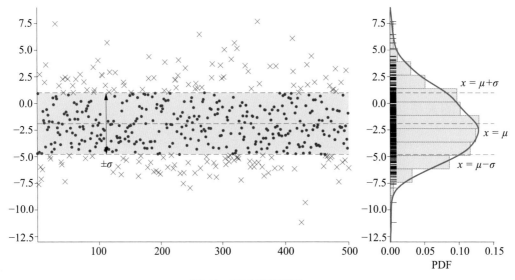

图9.18　500个随机数和$\mu \pm \sigma$

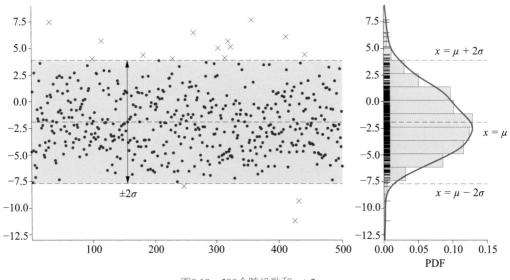

图9.19　500个随机数和$\mu \pm 2\sigma$

Bk5_Ch08_04.py绘制图9.18和图9.19。

9.5 用一元高斯分布估计概率密度

概率密度估计：参数估计

在数据科学和机器学习中，**概率密度估计** (probability density estimation) 是经常遇到的一个问题。简单来说，概率密度估计就是从离散的样本数据中估计得到连续的概率密度函数曲线。用白话讲，概率密度估计就是找到一条PDF曲线尽可能贴合样本数据分布。

一元高斯分布PDF只需要两个参数——均值 (μ)、标准差 (σ)。有些时候，一元高斯分布是估计某个特定特征样本数据分布的一个不错且很便捷的选择。

以鸢尾花数据为例

举个例子，样本数据中花萼长度的均值为$\mu_1 = 5.843$，标准差为$\sigma_1 = 0.825$。注意，μ_1和σ_1的单位均为厘米。

有了这两个参数，我们便可以用一元高斯分布估计鸢尾花花萼长度随机变量X_1的概率密度函数，有

$$f_{X1}\left(x_1\right) = \frac{1}{\sqrt{2\pi} \times 0.825} \exp\left(\frac{-1}{2}\left(\frac{x_1 - 5.843}{0.825}\right)^2\right) \tag{9.9}$$

类似地，我们可以用一元高斯分布估计鸢尾花其他三个特征的PDF。这样便得到图9.20所示的四条PDF曲线。

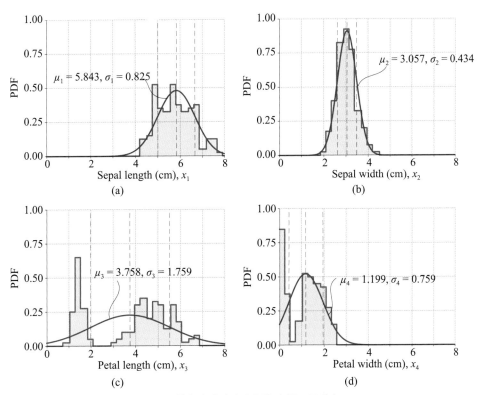

图9.20 比较概率密度直方图和高斯一元分布PDF

有了概率密度函数，我们便可以回答这样的问题，如鸢尾花的花萼长度在 [4, 6] cm区间的概率大概是多少？利用定积分运算就可以得到量化结果。

给定样本数据，采用一元高斯分布估计单一特征概率密度函数很简单；但是，这种估算方法对应的问题也很明显。

第18章将利用核密度估计解决这一问题。

比如，图9.20 (a) 和图9.20 (b) 告诉我们用高斯分布描述鸢尾花花萼长度和花萼宽度样本数据分布似乎还可以接受。

但是，比较图9.20 (c) 和图9.20 (d) 中的直方图和高斯分布，显然高斯分布不适合描述鸢尾花花瓣长度和宽度样本数据分布。

9.6 经验累积分布函数

经验累积分布函数 (empirical cumulative distribution function, ECDF) 是用于描述一组样本数据分布情况的统计工具。ECDF将样本数据按照大小排序，并计算每个数据点对应的累计比例，形成一个类似于阶梯函数的曲线，横坐标表示数据的取值，纵坐标则表示小于等于横坐标的数据比例。

具体来说，如果有n个样本，ECDF是在所有n个数据点上都跳跃 $1/n$ 的阶跃函数。

显然，累积概率函数是一个双射函数。从函数角度来讲，**双射** (bijection) 指的是每一个输入值都正好有一个输出值，并且每一个输出值都正好有一个输入值。

ECDF常常用于与理论CDF分布函数进行比较，以检验样本数据是否符合某种假设的分布。

图9.21所示为比较鸢尾花不同特征样本数据的ECDF (蓝色线) 和对应的高斯分布CDF曲线 (红色线)。

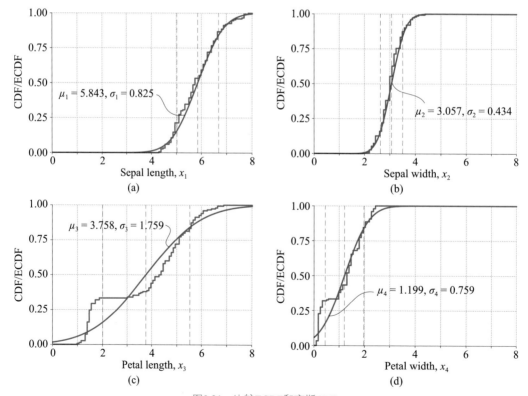

图9.21　比较ECDF和高斯CDF

逆经验累积分布函数 (inverse empirical cumulative distribution function, inverse ECDF) 是ECDF的逆函数。图9.22所示比较逆经验累积分布函数 (蓝色线)和高斯分布PPF曲线 (红色线)。

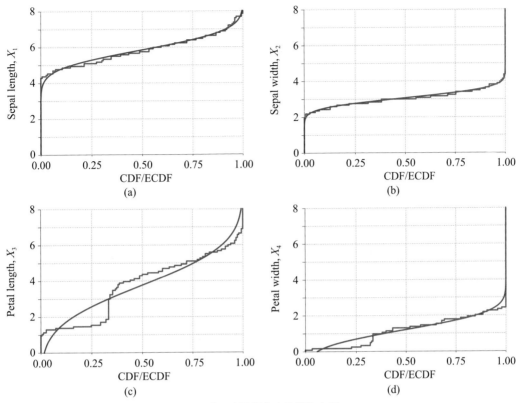

图9.22 逆经验累积分布函数和高斯PPF

9.7 QQ图：分位-分位图

QQ图 (quantile-quantile plot, QQ plot) 中的Q代表分位数，常用于检查数据是否符合某个分布的统计图形。QQ图是散点图，横坐标一般为假定分布 (如标准正态分布) 分位数，纵坐标为待检验样本的分位数。

图9.23所示为QQ图原理。我们首先计算每个样本$y^{(i)}$对应的ECDF值，然后再利用标准正态分布PPF将ECDF值转化为$x^{(i)}$。这样我们便可以获得一系列散点 $(x^{(i)}, y^{(i)})$。

在QQ图中，将假定分布和待检验样本的分位数相互对应，从而比较它们之间的相似度。如果样本符合假定分布，则QQ图呈现出一条近似于直线的对角线；如果不符合，则呈现出偏离直线的曲线形状。

QQ图的横坐标一般是正态分布，当然也可以是其他分布。

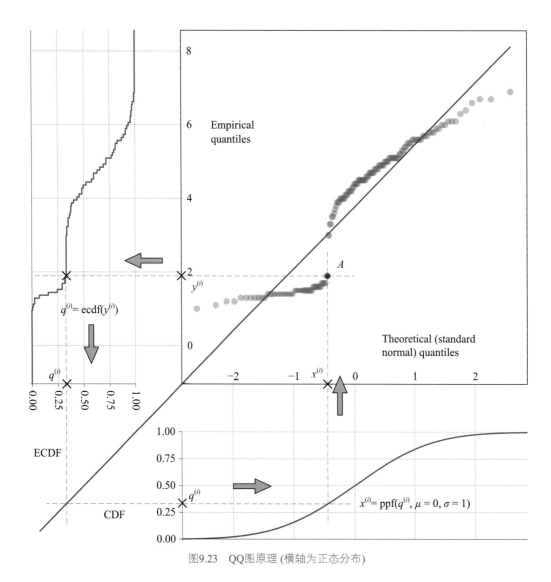

$q^{(i)}= \text{ecdf}(y^{(i)})$

$x^{(i)}= \text{ppf}(q^{(i)}, \mu = 0, \sigma = 1)$

图9.23　QQ图原理 (横轴为正态分布)

以鸢尾花数据为例

图9.24所示为鸢尾花数据四个特征样本数据的QQ图。通过观察这四幅图像，大家应该能够看出哪个特征的数据分布更类似 (贴合) 正态分布。这与图9.20、图9.21得出的结论相同。换个角度来看，QQ图实际上就是图9.21的另外一种可视化方案。

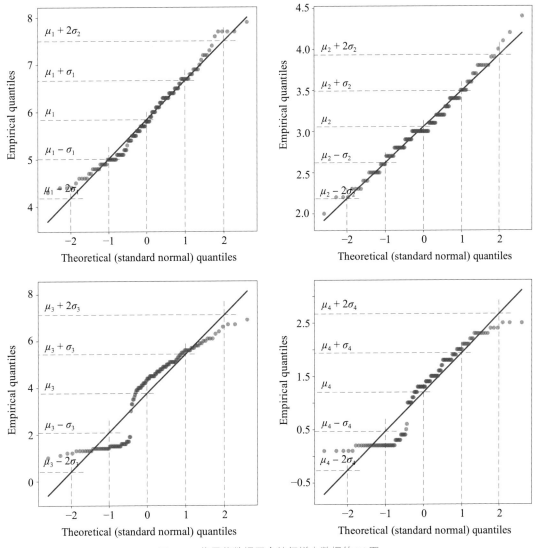

图9.24　鸢尾花数据四个特征样本数据的QQ图

Bk5_Ch08_05.py绘制8.5～8.7节大部分图像。

特殊分布的QQ图特征

图9.25所示为几种常见特殊分布对比正态分布的QQ图。如图9.25 (a) 所示，当样本数据分布近似服从正态分布时，QQ图中的散点几乎在一条直线上。通过散点图的形态，我们还可以判断分布是否有双峰 (图9.25 (b))、瘦尾 (图9.25 (c))、肥尾 (图9.25 (d))、左偏 (图9.25 (e))、右偏 (图9.25 (f))等。

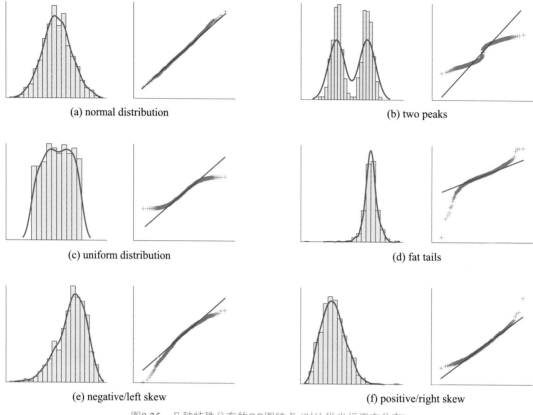

(a) normal distribution

(b) two peaks

(c) uniform distribution

(d) fat tails

(e) negative/left skew

(f) positive/right skew

图9.25　几种特殊分布的QQ图特点 (对比纵坐标正态分布)

当然QQ图的横轴也可以是其他分布的CDF。图9.26所示为横轴为均匀分布的QQ图，即横轴为理论均匀分布，纵轴为近似均匀分布的样本数据。

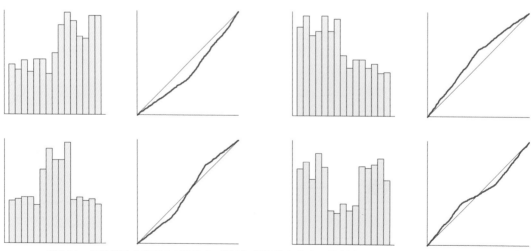

图9.26　几种特殊分布的QQ图特点 (横轴为理论均匀分布，纵轴为近似均匀分布的样本数据)

9.8 从距离到一元高斯分布

现在回过头来再看一元高斯分布的PDF解析式

$$f_X(x) = \frac{1}{\sqrt{2\pi}\sigma}\exp\left(\frac{-1}{2}\left(\frac{x-\mu}{\sigma}\right)^2\right) \tag{9.10}$$

而标准正态分布的PDF解析式为

$$f_Z(z) = \frac{1}{\sqrt{2\pi}}\exp\left(\frac{-z^2}{2}\right) \tag{9.11}$$

几何变换：平移 + 缩放

比较式 (9.1) 和式 (9.4)，我们容易发现满足$N(\mu, \sigma^2)$ 的X可以通过"平移 (translate) + 缩放 (scale)"变成满足$N(0, 1)$ 的Z。X 到 Z对应的运算为

$$Z = \frac{\overset{\text{Translate}}{\overbrace{X-\mu}}}{\underset{\text{Scale}}{\underbrace{\sigma}}} \tag{9.12}$$

相反，Z 到 X对应"缩放 + 平移"，有

$$X = \overset{\text{Translate}}{\overbrace{\underset{\text{Scale}}{\underbrace{Z\sigma}} + \mu}} \tag{9.13}$$

图9.27所示为满足$N(10, 4)$ 的一元高斯分布通过"平移 + 缩放"变成标准高斯分布的过程。

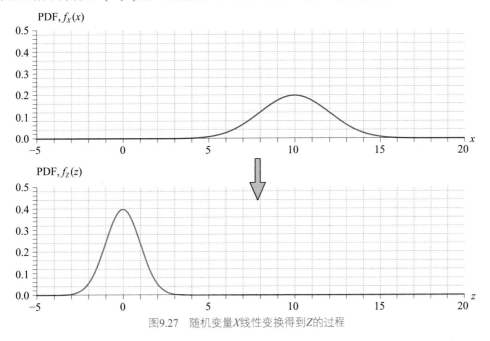

图9.27　随机变量X线性变换得到Z的过程

如图9.28所示，平移仅改变随机数的均值位置，不影响随机数的分布情况。如图9.29所示，缩放改变随机数的分布离散程度。

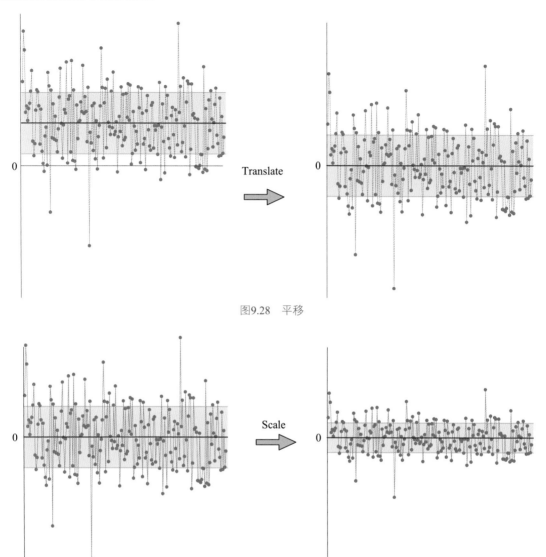

图9.28　平移

图9.29　缩放

假设X是连续随机变量，它的概率密度函数PDF为$f_X(x)$，经过如下线性变换得到Y，即

$$Y = aX + b \tag{9.14}$$

Y的PDF为

$$f_Y(y) = \frac{1}{|a|} f_X\left(\frac{y-b}{a}\right) \tag{9.15}$$

这样就解释了式 (9.10) 和式 (9.11) 的关系。

注意：式 (9.14) 相当于线性代数中的仿射变换。

此外，服从正态分布的随机变量，在进行线性变换后，正态性保持不变。比如，X为服从$N(\mu, \sigma^2)$的随机变量；则$Y = aX + b$仍然服从正态分布。Y的均值、方差分别为

$$\text{E}(Y) = a\mu + b, \quad \text{var}(Y) = a^2\sigma^2 \tag{9.16}$$

图9.30所示为随机变量线性变换的示意图。

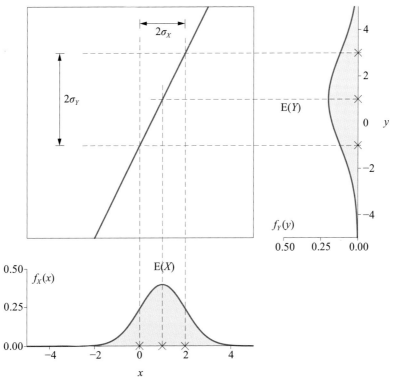

图9.30　线性变换对均值和方差的影响

面积归1

$f_X(x)$作为一个一元随机变量的概率密度函数的基本要求：① 非负；② 面积为1。即有

$$\begin{aligned} f_X(x) &\geqslant 0 \\ \int_{-\infty}^{+\infty} f_X(x)\mathrm{d}x &= 1 \end{aligned} \tag{9.17}$$

这便解释了为什么式 (9.1) 分母上要除以$\sqrt{2\pi}$，正是因为如下高斯函数积分结果为$\sqrt{2\pi}$，即

$$\int_{-\infty}^{\infty} \exp\left(-\frac{x^2}{2}\right)\mathrm{d}x = \sqrt{2\pi} \tag{9.18}$$

也就是说

$$\int_{-\infty}^{\infty} \frac{1}{\sqrt{2\pi}} \exp\left(-\frac{x^2}{2}\right)\mathrm{d}x = 1 \tag{9.19}$$

下面，利用积分证明式 (9.1) 和整个横轴围成的面积为1，有

$$
\int_{-\infty}^{+\infty} f_X(x)\,\mathrm{d}x = \int_{-\infty}^{+\infty} \frac{1}{\sigma\sqrt{2\pi}} \exp\left(\frac{-1}{2}\left(\frac{x-\mu}{\sigma}\right)^2\right)\mathrm{d}x
$$

$$
= \int_{-\infty}^{+\infty} \frac{1}{\sqrt{2\pi}} \exp\left(\frac{-1}{2}\left(\underbrace{\frac{x-\mu}{\sigma}}_{z}\right)^2\right)\mathrm{d}\left(\underbrace{\frac{x-\mu}{\sigma}}_{z}\right) \tag{9.20}
$$

$$
= \int_{-\infty}^{+\infty} \frac{1}{\sqrt{2\pi}} \exp\left(\frac{-1}{2}z^2\right)\mathrm{d}z = \frac{\sqrt{2\pi}}{\sqrt{2\pi}} = 1
$$

换个角度来看，为了把 $g(x)=\exp\left(-\dfrac{x^2}{2}\right)$ 改造成一个连续随机变量的PDF，我们需要一个系数让将曲线与横轴围成的面积为1，这个系数就是 $\dfrac{1}{\sqrt{2\pi}}$！

历史上，以下两个函数都曾作为正态函数PDF解析式，即

$$
f_1(x) = \frac{1}{\sqrt{\pi}}\exp\left(-x^2\right)
$$
$$
f_2(x) = \exp\left(-\pi x^2\right) \tag{9.21}
$$

它们之所以被大家放弃，都是因为方差计算不方便。$f_1(x)$ 的方差为1/2。$f_2(x)$ 的方差为1/(2π)。显而易见，作为标准正态分布的PDF，式 (9.4) 更方便，因为它的方差为1，标准差也是1。

距离 → 亲密度

大家可能还有印象，我们在《数学要素》一册第12章讲过讲高斯函数

$$
f(x) = \exp\left(-x^2\right) \tag{9.22}
$$

式 (9.22) 的积分为

$$
\int_{-\infty}^{\infty} \exp\left(-x^2\right)\mathrm{d}x = \sqrt{\pi} \tag{9.23}
$$

前文提过几次，Z分数代表"距离"，而利用类似式 (9.22) 的这种高斯函数，我们将"距离"转换成"亲近度"。这样我们更容易理解式 (9.10)，距离期望值μ越近，亲近度越大，代表可能性越大，概率密度越大；反之，离μ越远，越疏远，代表可能性越小，概率密度越小。本书后文还会用这个视角分析其他高斯分布。

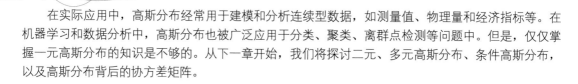

在实际应用中，高斯分布经常用于建模和分析连续型数据，如测量值、物理量和经济指标等。在机器学习和数据分析中，高斯分布也被广泛应用于分类、聚类、离群点检测等问题中。但是，仅仅掌握一元高斯分布的知识是不够的。从下一章开始，我们将探讨二元、多元高斯分布、条件高斯分布，以及高斯分布背后的协方差矩阵。

10 Bivariate Gaussian Distribution
二元高斯分布
椭圆的影子几乎无处不在

自然之书是用数学语言写成的，符号是三角形、圆形和其他几何图形；不理解几何图形，别想读懂自然之书；没有它们，我们只能在黑暗的迷宫中徘徊不前。

The book of nature is written in mathematical language, and the symbols are triangles, circles and other geometrical figures, without whose help it is impossible to comprehend a single word of it; without which one wanders in vain through a dark labyrinth.

—— 伽利略·伽利莱 (Galilei Galileo) | 意大利物理学家、数学家及哲学家 | 1564—1642年

- ◀ matplotlib.patches.Rectangle() 绘制长方形
- ◀ matplotlib.pyplot.axhline() 绘制水平线
- ◀ matplotlib.pyplot.axvline() 绘制竖直线
- ◀ matplotlib.pyplot.contour() 绘制等高线图
- ◀ matplotlib.pyplot.contourf() 绘制填充等高线图
- ◀ scipy.stats.multivariate_normal() 多元高斯分布
- ◀ scipy.stats.multivariate_normal.cdf() 多元高斯分布CDF函数
- ◀ scipy.stats.multivariate_normal.pdf() 多元高斯分布PDF函数

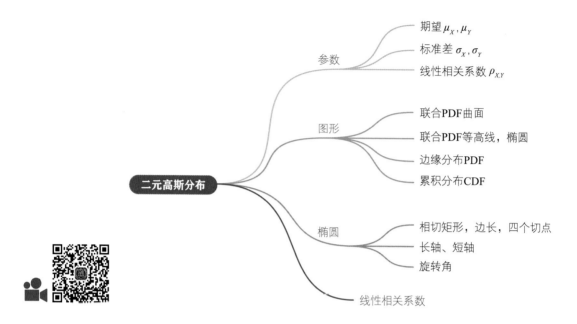

期望 μ_X, μ_Y

标准差 σ_X, σ_Y

线性相关系数 $\rho_{X,Y}$

参数

图形

联合PDF曲面

联合PDF等高线，椭圆

边缘分布PDF

累积分布CDF

二元高斯分布

椭圆

相切矩形，边长，四个切点

长轴、短轴

旋转角

线性相关系数

10.1 二元高斯分布：看见椭圆

概率密度函数

二元高斯分布 (bivariate Gaussian distribution)，也叫**二元正态分布** (bivariate normal distribution)，它的概率密度函数 $f_{X,Y}(x,y)$ 解析式为

$$f_{X,Y}(x,y)=\frac{1}{2\pi\sigma_X\sigma_Y\sqrt{1-\rho_{X,Y}^2}}\times\exp\left(\frac{-1}{2}\underbrace{\frac{1}{\left(1-\rho_{X,Y}^2\right)}\left(\left(\frac{x-\mu_X}{\sigma_X}\right)^2-2\rho_{X,Y}\left(\frac{x-\mu_X}{\sigma_X}\right)\left(\frac{y-\mu_Y}{\sigma_Y}\right)+\left(\frac{y-\mu_Y}{\sigma_Y}\right)^2\right)}_{\text{Ellipse}}\right) \quad (10.1)$$

其中：μ_X 和 μ_Y 分别为随机变量 X、Y 的期望值；σ_X 和 σ_Y 分别为随机变量 X、Y 的标准差；$\rho_{X,Y}$ 为 X 和 Y 的线性相关系数。分母中，系数 $2\pi\sigma_X\sigma_Y\sqrt{1-\rho_{X,Y}^2}$ 完成归一化，也就是让 $f_{X,Y}(x,y)$ 与水平面围成的体积为1。

注意：观察式 (10.1)，显然 $\rho_{X,Y}$ 取值区间为 $(-1, 1)$，不能为 ±1；否则，分母为0。

此外，丛书之前反复提到二元高斯分布与椭圆的关系。我们在式 (10.1) 中已经看到了椭圆解析式。

式 (10.1) 中蕴含的椭圆解析式形式正是我们在《数学要素》一册第9章讲过的特殊类型。

PDF曲面形状

给定条件

$$\mu_X = 0, \ \mu_Y = 0, \ \sigma_X = 1, \ \sigma_Y = 2, \ \rho_{X,Y} = 0.75 \quad (10.2)$$

绘制满足条件的二元正态分布密度函数曲面,具体如图10.1所示。

容易发现:μ_X和μ_Y决定曲面中心所在位置;σ_X和σ_Y影响曲面在x和y方向上的形状;而$\rho_{X,Y}$似乎提供了曲面的扭曲。实际上,σ_X、σ_Y、$\rho_{X,Y}$都影响了曲面的倾斜。

下面,我们从几个侧面来深入观察二元高斯分布PDF $f_{X,Y}(x,y)$ 曲面。

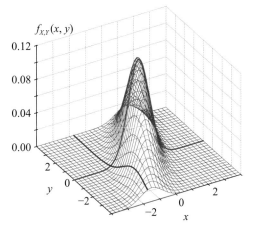

图10.1　二元高斯分布PDF函数曲面$f_{X,Y}(x,y)$,
$\sigma_X = 1, \sigma_Y = 2, \rho_{X,Y} = 0.75$

沿x剖面线

图10.2所示为 $f_{X,Y}(x,y)$ 曲面沿x方向的剖面线,以及这些曲线在xz平面上的投影。这些曲线,相当于是式 (10.1) 中y取定值时PDF对应的曲线。比如$y = 0$时,曲线的解析式为

$$f_{X,Y}\left(x, y = 0\right) = \frac{1}{2\pi\sigma_X\sigma_Y\sqrt{1-\rho_{X,Y}^2}} \times \exp\left(\frac{-1}{2}\frac{1}{\left(1-\rho_{X,Y}^2\right)}\left(\left(\frac{x-\mu_X}{\sigma_X}\right)^2 + \frac{2\rho_{X,Y}\mu_Y}{\sigma_Y}\left(\frac{x-\mu_X}{\sigma_X}\right) + \left(\frac{\mu_Y}{\sigma_Y}\right)^2\right)\right) \quad (10.3)$$

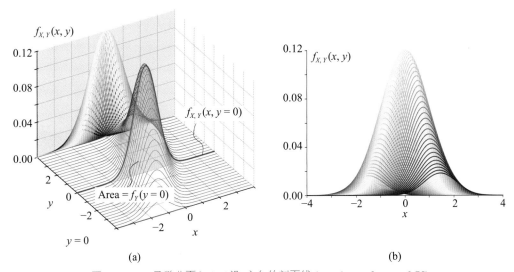

(a)　　　　　　　　　　　　　　　　(b)

图10.2　PDF函数曲面$f_{X,Y}(x,y)$沿x方向的剖面线 ($\sigma_X = 1, \sigma_Y = 2, \rho_{X,Y} = 0.75$)

观察这条曲线,我们都能看到一元正态分布的影子。

注意,举个例子,图10.2 (a) 中$f_{X,Y}(x,y = 0)$ 这条曲线与横轴围成的图形面积并不为1,面积对应边缘PDF $f_Y(y = 0)$。因此图10.2 (b) 中这些曲线虽然看起来像一元高斯分布PDF,但实际上并不是。但是经过一定的缩放,它们可以成为条件高斯分布的PDF。

大家试想一下，如果我们可以得到$y = 0$时边缘PDF $f_Y(y = 0)$的具体值，就可以利用贝叶斯定理得到条件概率$f_{X|Y}(x \mid y = 0)$为

$$f_{X|Y}\left(x \mid y = 0\right) = \frac{f_{X,Y}\left(x, y = 0\right)}{f_Y\left(y = 0\right)} \tag{10.4}$$

其中：分母中的$f_Y(y = 0)$起到归一化的作用；而$f_{X|Y}(x \mid y = 0)$摇身一变成了条件高斯分布的PDF。

 这是第12章要讲解的内容。

沿y剖面线

图10.3所示为$f_{X,Y}(x,y)$曲面沿y方向的剖面线，以及这些曲线在yz平面上的投影。曲线相当于x取定值，联合PDF $f_{X,Y}(x,y)$随y的变化。

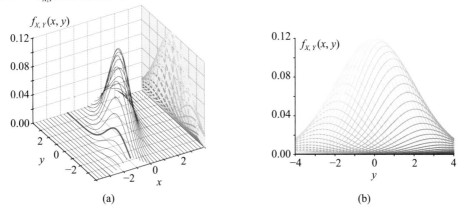

(a)   (b)

图10.3　PDF函数曲面$f_{X,Y}(x,y)$，沿y方向的剖面线（$\sigma_X = 1$, $\sigma_Y = 2$, $\rho_{X,Y} = 0.75$）

等高线

图10.4所示为$f_{X,Y}(x,y)$曲面等高线。很明显，我们已经从等高线中看到了椭圆。特别是在图10.4 (b) 中，我们看到一系列同心旋转椭圆。这并不奇怪，因为式 (10.1) 中exp() 函数中蕴含着一个椭圆解析式。

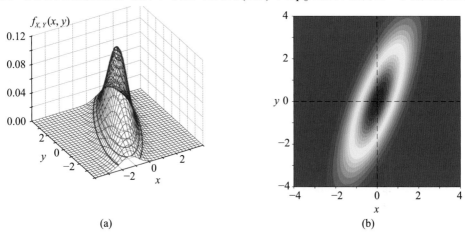

(a)   (b)

图10.4　PDF函数曲面$f_{X,Y}(x,y)$，空间等高线和平面填充等高线（$\sigma_X = 1$, $\sigma_Y = 2$, $\rho_{X,Y} = 0.75$）

这也就是为什么高斯分布被称作是一种**椭圆分布** (elliptical distribution)。本章后续将揭开高斯分布与椭圆的更多联系。

相关性系数

为了方便大家了解相关性系数对二元高斯分布PDF的影响，设定 $\sigma_X = 1$, $\sigma_Y = 1$。如图10.5所示为相关性系数对二元高斯分布PDF曲面和等高线形状的影响。

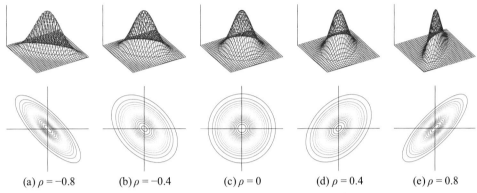

(a) $\rho = -0.8$　　(b) $\rho = -0.4$　　(c) $\rho = 0$　　(d) $\rho = 0.4$　　(e) $\rho = 0.8$

图10.5　不同相关性系数，二元高斯分布PDF曲面和等高线 ($\sigma_X = 1$, $\sigma_Y = 1$)

质心

如图10.6所示，固定相关性系数和标准差，改变质心仅仅影响曲面中心位置。

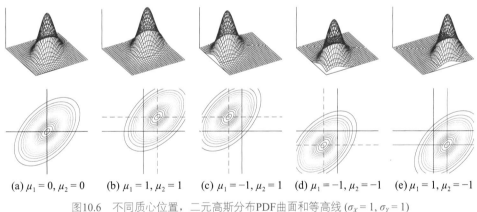

(a) $\mu_1 = 0, \mu_2 = 0$　(b) $\mu_1 = 1, \mu_2 = 1$　(c) $\mu_1 = -1, \mu_2 = 1$　(d) $\mu_1 = -1, \mu_2 = -1$　(e) $\mu_1 = 1, \mu_2 = -1$

图10.6　不同质心位置，二元高斯分布PDF曲面和等高线 ($\sigma_X = 1$, $\sigma_Y = 1$)

Bk5_Ch10_01.py绘制本节图像。

在Bk5_Ch10_01.py的基础上，我们用Streamlit制作了一个应用，大家可以改变$\rho_{X,Y}$、σ_X、σ_Y三个参数，观察二元高斯PDF曲面、等高线的变化。请大家参考Streamlit_Bk5_Ch10_01.py。

10.2 边缘分布：一元高斯分布

边缘分布

大家可能已经注意到，不考虑Y的时候，X应该服从一元高斯分布。而μ_X和σ_X是描述随机变量X的参数。也就是说，有了这两个参数，我们就可以写出X的边缘PDF $f_X(x)$ —— 一元高斯分布概率密度函数，即

$$f_X(x) = \frac{1}{\sigma_X\sqrt{2\pi}}\exp\left(\frac{-1}{2}\left(\frac{x-\mu_X}{\sigma_X}\right)^2\right) \tag{10.5}$$

同理，μ_Y和σ_Y是描述随机变量Y的参数，对应写出Y的边缘PDF $f_Y(y)$为

$$f_Y(y) = \frac{1}{\sigma_Y\sqrt{2\pi}}\exp\left(\frac{-1}{2}\left(\frac{x-\mu_Y}{\sigma_Y}\right)^2\right) \tag{10.6}$$

在图10.4平面等高线的基础上添加$f_X(x)$和$f_Y(y)$边缘PDF图像子图，我们便得到图10.7。

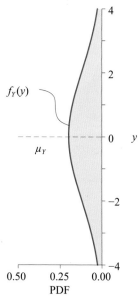
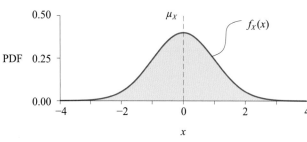

图10.7　二元高斯分布PDF和边缘PDF($\sigma_X = 1$, $\sigma_Y = 2$, $\rho_{X,Y} = 0.75$)

偏积分求边缘分布PDF

下面，以Y的边缘分布概率密度函数$f_Y(y)$为例，证明二元高斯分布PDF"偏积分"得到一元高斯分布PDF。

连续随机变量Y的边缘分布概率密度函数$f_Y(y)$可以通过$f_{X,Y}(x,y)$对x偏积分得到，即

$$f_Y(y) = \overbrace{\int_{-\infty}^{+\infty} f_{X,Y}(x,y)\,\mathrm{d}x}^{\text{Eliminate } x} \tag{10.7}$$

令

$$G(x,y) = \frac{\left(\dfrac{x-\mu_X}{\sigma_X}\right)^2 - 2\rho_{X,Y}\left(\dfrac{x-\mu_X}{\sigma_X}\right)\left(\dfrac{y-\mu_Y}{\sigma_Y}\right) + \left(\dfrac{y-\mu_Y}{\sigma_Y}\right)^2}{\left(1-\rho_{X,Y}^2\right)} \tag{10.8}$$

这样，二元高斯分布可以写成

$$f_{X,Y}(x,y) = \frac{1}{2\pi\sigma_X\sigma_Y\sqrt{1-\rho_{X,Y}^2}} \times \exp\left(\frac{-1}{2}G(x,y)\right) \tag{10.9}$$

将式(10.8)中$G(x,y)$写成

$$\begin{aligned} G(x,y) &= \frac{\left(\dfrac{x-\mu_X}{\sigma_X} - \rho_{X,Y}\dfrac{y-\mu_Y}{\sigma_Y}\right)^2}{\left(1-\rho_{X,Y}^2\right)} + \left(\dfrac{y-\mu_Y}{\sigma_Y}\right)^2 \\[2mm] &= \frac{\left(x - \overbrace{\left(\mu_X + \rho_{X,Y}\dfrac{\sigma_X}{\sigma_Y}(y-\mu_Y)\right)}^{t}\right)^2}{\left(1-\rho_{X,Y}^2\right)\sigma_X^2} + \left(\dfrac{y-\mu_Y}{\sigma_Y}\right)^2 \end{aligned} \tag{10.10}$$

令

$$t = t(y) = \mu_X + \rho_{X,Y}\frac{\sigma_X}{\sigma_Y}(y-\mu_Y) \tag{10.11}$$

可以发现t仅仅是y的函数，与x无关，这样便于积分。

将$G(x,y)$进一步整理为

$$G(x,y) = \frac{(x-t)^2}{\left(1-\rho_{X,Y}^2\right)\sigma_X^2} + \frac{\left(y-\mu_Y\right)^2}{\sigma_Y^2} \tag{10.12}$$

将式 (10.12) 代入式 (10.9) 得到

$$f_{X,Y}(x,y) = \frac{1}{2\pi\sigma_X\sigma_Y\sqrt{1-\rho_{X,Y}^2}} \times \exp\left(\frac{-1}{2}\left(\frac{(x-t)^2}{(1-\rho_{X,Y}^2)\sigma_X^2}\right)\right) \times \exp\left(\frac{-1}{2}\left(\frac{(y-\mu_Y)^2}{\sigma_Y^2}\right)\right) \tag{10.13}$$

将式 (10.13) 代入式 (10.7) 得到

$$
\begin{aligned}
f_Y(y) &= \int_{-\infty}^{+\infty} \frac{1}{2\pi\sigma_X\sigma_Y\sqrt{1-\rho_{X,Y}^2}} \times \exp\left(\frac{-1}{2}\left(\frac{(x-t)^2}{(1-\rho_{X,Y}^2)\sigma_X^2}\right)\right) \times \exp\left(\frac{-1}{2}\left(\frac{(y-\mu_Y)^2}{\sigma_Y^2}\right)\right) \mathrm{d}x \\
&= \frac{1}{2\pi\sigma_X\sigma_Y\sqrt{1-\rho_{X,Y}^2}} \cdot \exp\left(\frac{-1}{2}\frac{(y-\mu_Y)^2}{\sigma_Y^2}\right) \cdot \int_{-\infty}^{+\infty} \exp\left(\frac{-1}{2}\left(\frac{(x-t)^2}{\left(\sqrt{(1-\rho_{X,Y}^2)}\sigma_X\right)^2}\right)\right) \mathrm{d}x
\end{aligned}
\tag{10.14}
$$

回忆一下，我们在《数学要素》一册讲解过高斯函数积分

$$\int_{-\infty}^{+\infty} \exp\left(\frac{-1}{2}\left(\frac{(x-t)^2}{\left(\sqrt{(1-\rho_{X,Y}^2)}\sigma_X\right)^2}\right)\right) \mathrm{d}x = \sqrt{2\pi}\sqrt{1-\rho_{X,Y}^2}\,\sigma_X \tag{10.15}$$

将式 (10.15) 代入式 (10.14)，得到

$$
\begin{aligned}
f_Y(y) &= \frac{1}{2\pi\sigma_X\sigma_Y\sqrt{1-\rho_{X,Y}^2}} \cdot \exp\left(\frac{-1}{2}\frac{(y-\mu_Y)^2}{\sigma_Y^2}\right)\sqrt{2\pi}\sqrt{1-\rho_{X,Y}^2}\,\sigma_X \\
&= \frac{1}{\sqrt{2\pi}\sigma_Y} \exp\left(\frac{-1}{2}\frac{(y-\mu_Y)^2}{\sigma_Y^2}\right)
\end{aligned}
\tag{10.16}
$$

 再次强调：联合PDF $f_{X,Y}(x,y)$ 二重积分得到的是概率，也就是曲面体积代表概率；而 $f_{X,Y}(x,y)$ 偏积分得到的还是概率密度，即边缘概率密度 $f_X(x)$ 或 $f_Y(y)$；边缘PDF $f_X(x)$ 和 $f_Y(y)$ 进一步积分才得到概率。

独立

图10.8所示为二元高斯分布参数对PDF等高线的影响。

特别地，当相关性系数 $\rho_{X,Y}$ 为0时，有

$$
\begin{aligned}
f_{X,Y}(x,y) &= \frac{1}{2\pi\sigma_X\sigma_Y} \times \exp\left(\frac{-1}{2}\left(\left(\frac{x-\mu_X}{\sigma_X}\right)^2 + \left(\frac{y-\mu_Y}{\sigma_Y}\right)^2\right)\right) \\
&= \frac{1}{\sqrt{2\pi}\sigma_X} \exp\left(\frac{-1}{2}\left(\frac{x-\mu_X}{\sigma_X}\right)^2\right) \times \frac{1}{\sqrt{2\pi}\sigma_Y} \exp\left(\frac{-1}{2}\left(\frac{y-\mu_Y}{\sigma_Y}\right)^2\right) \\
&= f_X(x)f_Y(y)
\end{aligned}
\tag{10.17}
$$

观察图10.8 (b)、图10.8 (e)、图10.8 (h)，我们发现椭圆等高线为正椭圆。

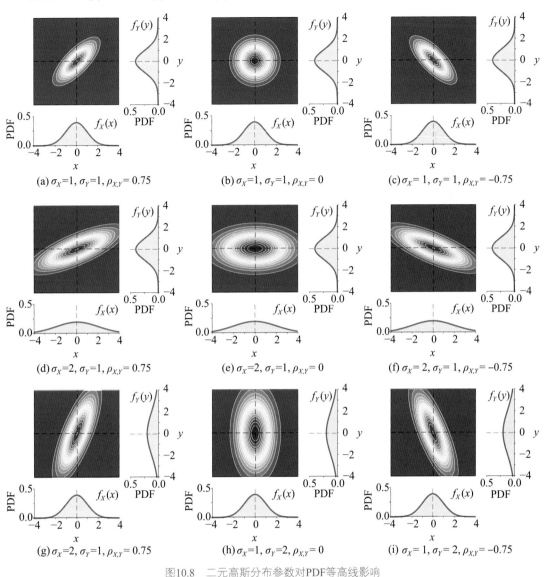

(a) $\sigma_X=1$, $\sigma_Y=1$, $\rho_{X,Y}=0.75$

(b) $\sigma_X=1$, $\sigma_Y=1$, $\rho_{X,Y}=0$

(c) $\sigma_X=1$, $\sigma_Y=1$, $\rho_{X,Y}=-0.75$

(d) $\sigma_X=2$, $\sigma_Y=1$, $\rho_{X,Y}=0.75$

(e) $\sigma_X=2$, $\sigma_Y=1$, $\rho_{X,Y}=0$

(f) $\sigma_X=2$, $\sigma_Y=1$, $\rho_{X,Y}=-0.75$

(g) $\sigma_X=2$, $\sigma_Y=1$, $\rho_{X,Y}=0.75$

(h) $\sigma_X=1$, $\sigma_Y=2$, $\rho_{X,Y}=0$

(i) $\sigma_X=1$, $\sigma_Y=2$, $\rho_{X,Y}=-0.75$

图10.8 二元高斯分布参数对PDF等高线影响

注意：独立意味着两个变量的取值之间没有任何关系，即它们的联合概率分布等于它们边缘概率分布的乘积。而相关则表示两个变量之间存在某种形式的关联关系，可以是线性的，也可以是非线性的。因此，线性相关系数为0只是说明两个变量之间不存在线性关系，但并不能推断它们是否独立。

Bk5_Ch10_02.py绘制本节图像。请大家自行调整分布参数。

二元高斯分布的累积分布函数CDF $F_{X,Y}(x,y)$ 是对PDF $f_{X,Y}(x,y)$ 的二重积分，即

$$F_{X,Y}(x,y) = \int_{-\infty}^{y} \int_{-\infty}^{x} f_{X,Y}(s,t)\,\mathrm{d}s\,\mathrm{d}t \tag{10.18}$$

图10.9所示为二元高斯分布累积分布函数CDF曲面。

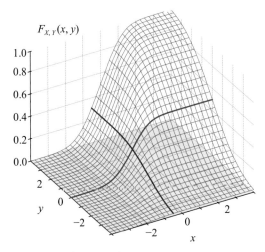

图10.9　二元高斯分布累积函数CDF曲面 ($\sigma_X = 1$, $\sigma_Y = 2$, $\rho_{X,Y} = 0.75$)

沿x剖面线

和上一节一样，下面从几个侧面来观察二元高斯分布CDF曲面$F_{X,Y}(x,y)$。图10.10所示为 $F_{X,Y}(x,y)$ 曲面沿x方向的剖面线，以及这些曲线在xz平面上的投影。

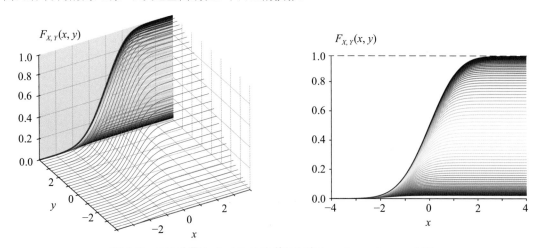

图10.10　CDF曲面$F_{X,Y}(x,y)$沿x方向的剖面线 ($\sigma_X = 1$, $\sigma_Y = 2$, $\rho_{X,Y} = 0.75$)

沿 y 剖面线

图10.11所示为 $F_{X,Y}(x,y)$ 曲面沿 y 方向的剖面线，以及这些曲线在 yz 平面上的投影。

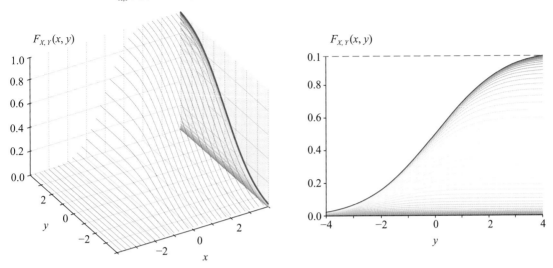

图10.11　CDF曲面 $F_{X,Y}(x,y)$ 沿 y 方向的剖面线 ($\sigma_X = 1$, $\sigma_Y = 2$, $\rho_{X,Y} = 0.75$)

等高线

图10.12所示为CDF函数曲面 $F_{X,Y}(x,y)$ 的等高线。图10.13所示为在 $F_{X,Y}(x,y)$ 平面填充等高线的基础上，又绘制了边缘CDF $F_X(x)$、$F_Y(y)$ 曲线。

请大家修改上一节代码绘制本节图像。只需要把scipy.stats.multivariate_normal.pdf() 换成scipy.stats.multivariate_normal.cdf() 函数即可。

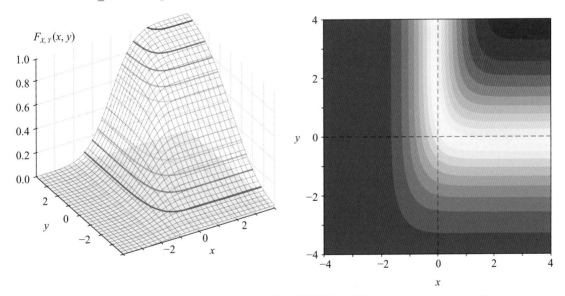

图10.12　CDF函数曲面 $F_{X,Y}(x,y)$ 空间等高线和平面填充等高线 ($\sigma_X = 1$, $\sigma_Y = 2$, $\rho_{X,Y} = 0.75$)

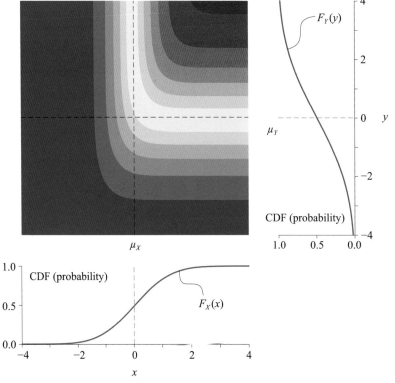

图10.13 CDF函数曲面$F_{X,Y}(x,y)$平面填充等高线，边缘概率分布CDF

10.4 用椭圆解剖二元高斯分布

大家已经在式 (10.1) 中看到了椭圆的解析式，这一节我们对二元高斯分布与椭圆的关系进行定量研究。

二次曲面

利用式 (10.8) 中定义的$G(x,y)$。将式 (10.8) 代入式 (10.1)，得到

$$f_{X,Y}\left(x,y\right) = \frac{1}{2\pi\sigma_X\sigma_Y\sqrt{1-\rho_{X,Y}^2}}\times\exp\left(\frac{-1}{2}G\left(x,y\right)\right) \qquad (10.19)$$

图10.14所示为$G(x,y)$ 代表的几种曲面。

但是，对于二元高斯分布来说，如果PDF解析式存在，则相关性系数的取值范围为 (−1, 1)，此时协方差矩阵为正定。请大家思考如果协方差矩阵为半正定，则$G(x,y)$ 曲面的形状是什么样？

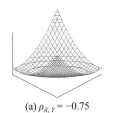
(a) $\rho_{X,Y} = -0.75$

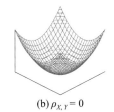
(b) $\rho_{X,Y} = 0$

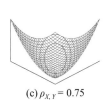
(c) $\rho_{X,Y} = 0.75$

图10.14　$G(x, y)$ 代表的几种曲面

椭圆

令 $G(x, y) = 1$，当 $\rho_{X,Y}$ 在 $(-1, 1)$ 变化时，我们便得到椭圆的解析式

$$\frac{1}{\left(1-\rho_{X,Y}^2\right)}\left(\left(\frac{x-\mu_X}{\sigma_X}\right)^2 - 2\rho_{X,Y}\left(\frac{x-\mu_X}{\sigma_X}\right)\left(\frac{y-\mu_Y}{\sigma_Y}\right) + \left(\frac{y-\mu_Y}{\sigma_Y}\right)^2\right) = 1 \tag{10.20}$$

其中：(μ_X, μ_Y) 确定椭圆中心位置；σ_X、σ_Y 和 $\rho_{X,Y}$ 三者共同决定椭圆的长短轴长度和旋转角度。

"鸢尾花书"《数学要素》一册第9章介绍过，形如式 (10.20) 解析式的椭圆有重要的特点——椭圆与长 $2\sigma_X$、宽 $2\sigma_Y$ 的矩形相切。

图10.15所示的矩形框中心位于 (μ_X, μ_Y)，矩形框长度为 $2\sigma_X = 2$，宽度为 $2\sigma_Y = 4$。图 10.15中一系列椭圆对应的相关性系数 $\rho_{X,Y}$ 的变化范围为 $[-0.9, 0.9]$。

当相关性系数 $\rho_{X,Y}$ 大于0，即线性正相关时，椭圆长轴指向约东北方向；当线性相关性系数 $\rho_{X,Y}$ 小于0，即负相关时，椭圆长轴指向约西北方向；特别提醒读者注意的是，当相关性系数 $\rho_{X,Y}$ 为0时，椭圆为正椭圆。

图10.16所示为三种标准差 σ_X、σ_Y 大小不同的情况下，与矩形相切的椭圆随着相关性系数变化情况。

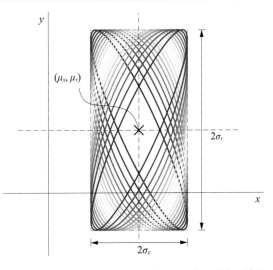

图10.15　椭圆与中心在 (μ_X, μ_Y) 长 $2\sigma_X$、宽 $2\sigma_Y$ 的矩形相切

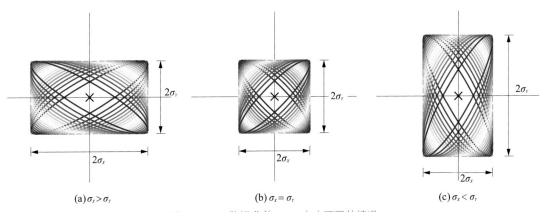

(a) $\sigma_X > \sigma_Y$　　　　　　(b) $\sigma_X = \sigma_Y$　　　　　　(c) $\sigma_X < \sigma_Y$

图10.16　三种标准差 σ_X、σ_Y 大小不同的情况

四个切点

椭圆和矩形有四个切点，下面我们来求解这四个切点的具体位置。考虑特殊情况 $\mu_X = 0$，$\mu_Y = 0$，式 (10.20) 可以简化为

$$\frac{1}{\left(1-\rho_{X,Y}^2\right)}\left(\left(\frac{x}{\sigma_X}\right)^2 - \frac{2\rho_{X,Y}}{\sigma_X\sigma_Y}xy + \left(\frac{y}{\sigma_Y}\right)^2\right) = 1 \tag{10.21}$$

将 $y = \sigma_Y$ 代入，得到

$$\left(\frac{x}{\sigma_X} - \rho_{X,Y}\right)^2 = 0 \tag{10.22}$$

这样我们便得到一个切点为

$$\begin{cases} x = \rho_{X,Y}\sigma_X \\ y = \sigma_Y \end{cases} \tag{10.23}$$

同理，获得所有四个切点 A、B、C、D 的具体位置为

$$A\left(\rho_{X,Y}\sigma_X, \sigma_Y\right), \quad B\left(\sigma_X, \rho_{X,Y}\sigma_Y\right), \quad C\left(-\rho_{X,Y}\sigma_X, -\sigma_Y\right), \quad D\left(-\sigma_X, -\rho_{X,Y}\sigma_Y\right) \tag{10.24}$$

如图10.17所示。

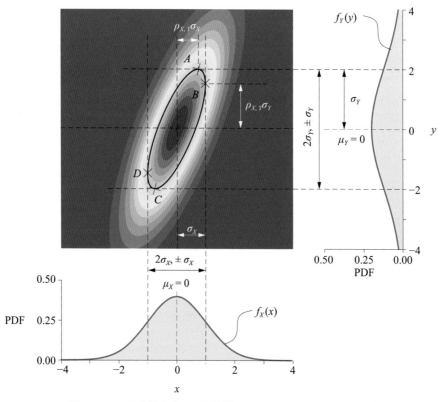

图10.17　二元高斯分布PDF和边缘PDF（$\sigma_X = 1$，$\sigma_Y = 2$，$\rho_{X,Y} = 0.75$）

椭圆和矩形

μ_X和μ_Y均不为0的一般情况下，将四个切点的位置平移(μ_X, μ_Y)，有

$$A\left(\mu_X + \rho_{X,Y}\sigma_X, \mu_Y + \sigma_Y\right), \quad B\left(\mu_X + \sigma_X, \mu_Y + \rho_{X,Y}\sigma_Y\right),$$
$$C\left(\mu_X - \rho_{X,Y}\sigma_X, \mu_Y - \sigma_Y\right), \quad D\left(\mu_X - \sigma_X, \mu_Y - \rho_{X,Y}\sigma_Y\right) \tag{10.25}$$

图10.18所示为椭圆和矩形切点位置随σ_X、σ_Y、$\rho_{X,Y}$变化的关系，请大家自行总结规律。

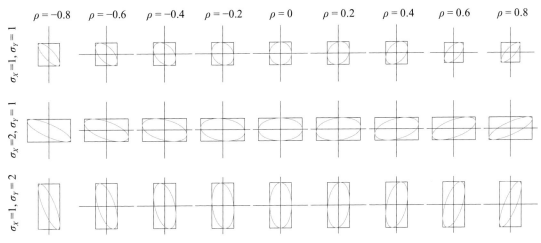

图10.18 椭圆和矩形切点随σ_X、σ_Y、$\rho_{X,Y}$变化的关系

Bk5_Ch10_03.py绘制图10.18。

椭圆形状

再怎么强调椭圆与高斯分布的紧密联系也不为过。图10.19这个旋转椭圆的位置、形状、旋转角度等信息，蕴含着高斯分布的中心(μ_X, μ_Y)、标准差σ_X和σ_Y、相关性系数$\rho_{X,Y}$。也就是说，某个二元高斯分布可以用特定椭圆来表示。

图10.19中还有很多与椭圆相关的性质值得我们挖掘。

图10.19所示的两个椭圆，蓝色椭圆上所有点到代入式 (10.8) 都等于1，类似于一元高斯分布中的$\mu \pm \sigma$。而更大一点的红色椭圆所有点代入式 (10.8) 都等于4，平方根为2，类似于一元高斯分布中的$\mu \pm 2\sigma$。

上面所述的平方根 (1、2) 正是《矩阵力量》一册第20章介绍过马氏距离。本章后文将稍微回顾马氏距离，第23章还要深入讲解马氏距离。

图10.20中的浅蓝色直角三角形的两条直角边长度分别是$\rho_{X,Y}\sigma_Y$、σ_X，其中θ角的正切值为

$$\tan\theta = \frac{\rho_{X,Y}\sigma_Y}{\sigma_X} \tag{10.26}$$

图10.20所示AC线段、BD线段和条件概率、线性回归有着直接联系。第12章将专门讲解高斯分布条件概率。

图10.20中两条红色线为椭圆的长轴和短轴所在方向，这两条直线又和主成分分析有着密切的关系。这是第14、25章将要探讨的内容。

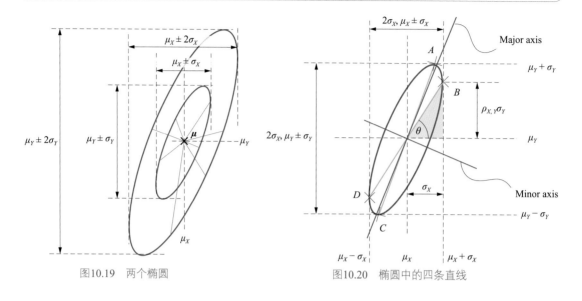

图10.19　两个椭圆

图10.20　椭圆中的四条直线

10.5 聊聊线性相关性系数

几种可视化方案

图10.21所示为相关性系数的几种可视化方案，如散点图、二元高斯PDF曲面、PDF等高线、条件概率直线、向量夹角等。

$\rho = -0.9$　　$\rho = -0.6$　　$\rho = -0.3$　　$\rho = 0$　　$\rho = 0.3$　　$\rho = 0.6$　　$\rho = 0.9$

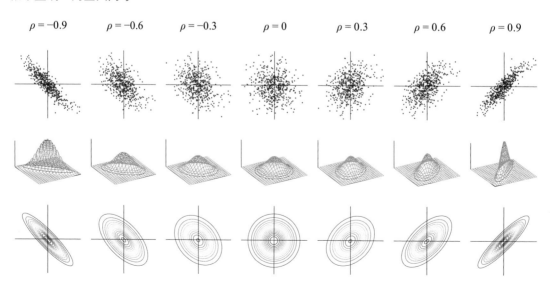

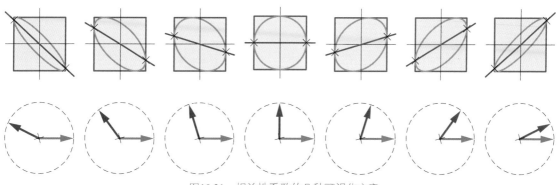

图10.21 相关性系数的几种可视化方案

大家应该在《矩阵力量》一册第23章见过图10.21，当时我们特别讨论了利用向量可视化线性相关系数。

Bk5_Ch10_04.py可以绘制图10.21大部分图像。请大家自行修改参数观察研究。

独立 VS 线性相关性系数为0

本章前文提过，线性相关系数反映的是两个随机变量间的线性关系，但是随机变量之间除了线性关系外，还可能存在其他关系。

举个例子，随机变量X在 $[-1, 1]$ 连续均匀分布。令$Y = X^2$，显然，X和Y存在二次关系，并不独立。但是两者的协方差为0，即

$$
\begin{aligned}
\mathrm{cov}(X,Y) &= \mathrm{cov}(X, X^2) \\
&= \mathrm{E}[X \cdot X^2] - \mathrm{E}[X] \cdot \mathrm{E}[X^2] \\
&= \mathrm{E}[X^3] - \mathrm{E}[X]\mathrm{E}[X^2] \\
&= 0 - 0 \cdot \mathrm{E}[X^2] = 0
\end{aligned}
\tag{10.27}
$$

这意味着的线性相关性系数为0。

安斯库姆四重奏

图10.22所示是**安斯库姆四重奏** (Anscombe's quartet) 的四组散点图。观察图中四组散点图，我们可以发现数据的关系完全不同。但是，它们的相关性系数几乎完全一致。

这幅图告诉我们，线性相关性系数不是万能的，它只适用于度量随机变量之间的"线性关系"。此外，线性相关性系数特别容易受到**离群值** (outlier) 的影响，这一点可以从图10.22 (c) 中看出来。

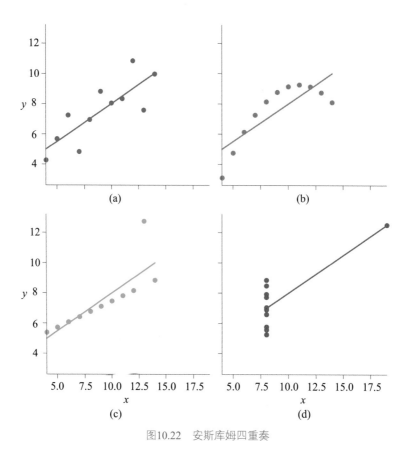

图10.22 安斯库姆四重奏

向量空间：线性无关

我们在《矩阵力量》一册第7章中介绍过，给定向量组 $V = [v_1, v_2, \cdots, v_D]$，如果存在不全为零 α_1、α_2、$\cdots$、α_D 使得下式成立，即

$$\alpha_1 v_1 + \alpha_2 v_2 + \alpha_3 v_3 + \cdots + \alpha_D v_D = \boldsymbol{0} \tag{10.28}$$

则称向量组 V **线性相关** (linear dependence)；否则，V **线性无关** (linear independence)。请大家注意区分。

正交 VS 线性相关性系数为0

随机变量 X 和 Y 的协方差可以通过下式计算得到，即

$$\mathrm{cov}(X,Y) = \mathrm{E}(XY) - \mathrm{E}(X)\mathrm{E}(Y) \tag{10.29}$$

如果 X 和 Y 独立，则

$$\mathrm{cov}(X,Y) = 0 \tag{10.30}$$

这意味着

$$\mathrm{E}(XY) = \mathrm{E}(X)\mathrm{E}(Y) \tag{10.31}$$

本书前文提过，随机变量X和Y的有序样本集合看作是向量x和y。如果向量x和y内积为0，则意味着x和y**正交** (orthogonal)，这对应$\mathrm{E}(XY) = 0$。

相关性系数的变化

线性相关性系数受到具体样本数据选取的影响。如图10.23所示，对于鸢尾花所有150个样本点，花萼长度、花萼宽度的线性相关系数小于0。但是，分别计算三个不同标签数据的花萼长度、花萼宽度的线性相关系数，发现这三个值都显著大于0。

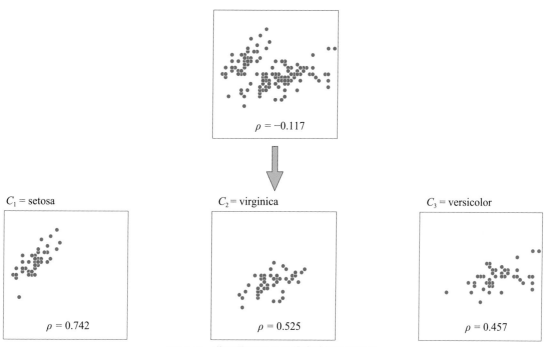

图10.23　鸢尾花不同分类的线性相关性系数

大家将会在《数据有道》一册中看到，如图10.24所示，时间序列数据的相关性系数还会随时间窗口变化。图10.24中，大家看到相关性系数出现陡然上升或下降 (高亮) 的情况，这可能都是由几个样本点带来的影响，值得深入研究。

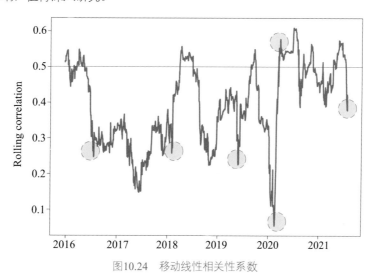

图10.24　移动线性相关性系数

以鸢尾花数据为例：不考虑分类标签

本节和下一节用二元高斯分布估计鸢尾花花萼长度X_1、花萼宽度X_2的联合概率密度函数$f_{X1,X2}(x_1,x_2)$。相信大家还记得我们在第7章采用KDE估计联合概率密度函数$f_{X1,X2}(x_1,x_2)$的相关方法。这两节采用本书与第7章类似的结构，方便大家比较阅读。

二元高斯分布 → 联合概率密度函数 $f_{X1,X2}(x_1,x_2)$

假设 (X_1, X_2) 服从二元高斯分布

$$(X_1, X_2) \sim N(\boldsymbol{\mu}, \boldsymbol{\Sigma}) \tag{10.32}$$

利用鸢尾花150个样本数据，我们可以估算得到 (X_1, X_2) 的质心和协方差矩阵分别为

$$\boldsymbol{\mu} = \begin{bmatrix} 5.843 \\ 3.057 \end{bmatrix}, \quad \boldsymbol{\Sigma} = \begin{bmatrix} 0.685 & -0.042 \\ -0.042 & 0.189 \end{bmatrix} \tag{10.33}$$

则(X_1, X_2) 的联合概率密度函数$f_{X1,X2}(x_1,x_2)$ 解析式为

$$f_{X1,X2}(x_1,x_2) \approx \frac{\exp\left(\overbrace{\frac{-\frac{1}{2}(x-\mu)^{\mathrm{T}}\boldsymbol{\Sigma}^{-1}(x-\mu)}{-0.739x_1^2 - 0.33x_1x_2 - 2.668x_2^2 + 9.651x_1 + 18.248x_2 - 56.093}} \right)}{\underbrace{\frac{2\pi}{(\sqrt{2\pi})^2}}\times\underbrace{0.358}_{|\boldsymbol{\Sigma}|^{\frac{1}{2}}}} \tag{10.34}$$

图10.25所示为假设 (X_1, X_2) 服从二元高斯分布时，联合概率密度函数 $f_{X1,X2}(x_1,x_2)$ 的三维等高线和平面等高线。

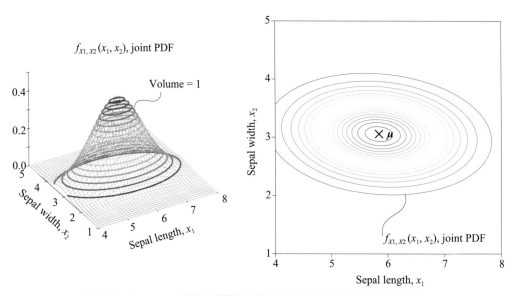

图10.25　$f_{X1,X2}(x_1,x_2)$ 联合概率密度三维等高线和平面等高线 (不考虑分类)

举个例子，花萼长度 (X_1) 为6.5、花萼宽度 (X_2) 为2.0时，利用式 (10.34) 估计得到联合概率密度值为

$$f_{X1,X2}\left(x_1 = 6.5, x_2 = 2.0\right) \approx 0.0205 \tag{10.35}$$

注意：这个数值是概率密度，不是概率。但是这个值在某种程度上也代表可能性。

马氏距离椭圆的性质

《矩阵力量》一册第20章介绍过**马氏距离** (Mahalanobis distance或Mahal distance)，具体定义为

$$d = \sqrt{\left(\boldsymbol{x} - \boldsymbol{\mu}\right)^{\mathrm{T}} \boldsymbol{\Sigma}^{-1} \left(\boldsymbol{x} - \boldsymbol{\mu}\right)} \tag{10.36}$$

图10.26所示为基于鸢尾花花萼长度、花萼宽度样本数据的马氏距离椭圆。图10.26中，黑色旋转椭圆分别代表马氏距离为1、2、3、4，图中还有一个 $\mu_1 \pm \sigma_1$ 和 $\mu_2 \pm \sigma_2$ 构成的矩形。根据本章前文所学，我们知道马氏距离为1的椭圆与矩形相切于四个点。

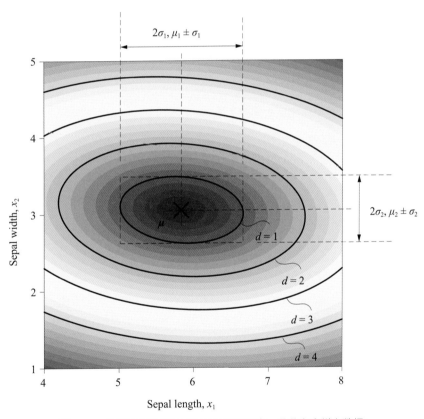

图10.26 马氏距离的椭圆 (鸢尾花花萼长度、花萼宽度样本数据)

还有一个需要大家注意的矩形。如图10.27所示，这个矩形与马氏距离为1的椭圆同样相切，但是它的长边平行于椭圆的长轴。请大家自行计算椭圆长轴倾斜角。

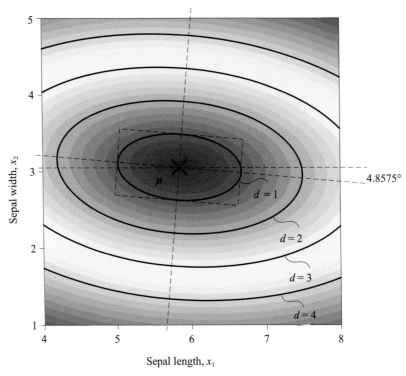

图10.27 马氏距离的椭圆的长轴、短轴，以及对应的矩形

我们已经知道马氏距离和概率密度之间的关系为

$$
f_{X1,X2}(x_1, x_2) = \frac{\exp\left(-\frac{1}{2}d^2\right)}{(2\pi)^{\frac{D}{2}}|\boldsymbol{\Sigma}|^{\frac{1}{2}}}
\tag{10.37}
$$

当$d=1$时，有

$$
f_{X1,X2}(x_1, x_2)\big|_{d=1} = \frac{\exp\left(-\frac{1}{2}\times 1^2\right)}{(2\pi)^{\frac{D}{2}}|\boldsymbol{\Sigma}|^{\frac{1}{2}}} \approx 0.2693
\tag{10.38}
$$

当$d=2$时，有

$$
f_{X1,X2}(x_1, x_2)\big|_{d=2} = \frac{\exp\left(-\frac{1}{2}\times 2^2\right)}{(2\pi)^{\frac{D}{2}}|\boldsymbol{\Sigma}|^{\frac{1}{2}}} \approx 0.0601
\tag{10.39}
$$

如图10.28所示，利用二重积分，我们可以计算两幅子图中阴影区域对应的概率为

$$
\iint\limits_D f_{X1,X2}(x_1, x_2)\,\mathrm{d}\,x_1\,\mathrm{d}\,x_2
\tag{10.40}
$$

从概率统计角度来看，阴影区域有什么意义呢？这个问题的答案留到第23章来回答。

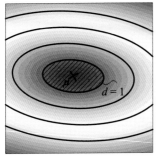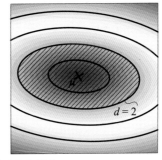

图10.28 求阴影区域对应的概率

联合概率密度函数 $f_{X1,X2}(x_1,x_2)$ 的剖面线

$f_{X1,X2}(x_1,x_2)$ 本质上是个二元函数，因此我们还可以使用"剖面线"分析二元函数。

当固定 x_1 取值时，$f_{X1,X2}(x_1=c,x_2)$ 代表一条曲线。将一系列类似曲线投影到竖直平面得到图10.29 (b)。观察图10.29 (b)，我们容易发现这些曲线都类似于一元高斯分布。图10.30所示为固定 x_2 时，概率密度函数 $f_{X1,X2}(x_1,x_2)$ 随 x_1 的变化。

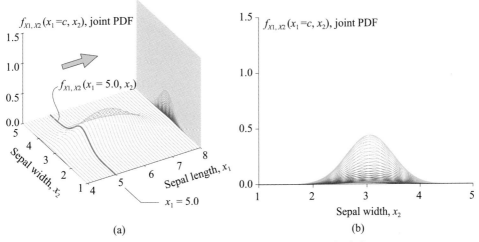

图10.29 固定 x_1 时，概率密度函数 $f_{X1,X2}(x_1,x_2)$ 随 x_2 变化

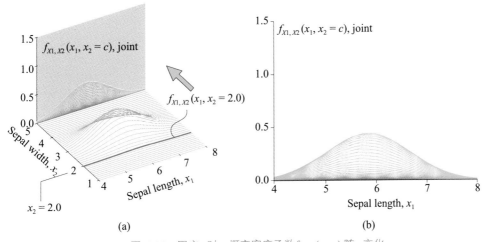

图10.30 固定 x_2 时，概率密度函数 $f_{X1,X2}(x_1,x_2)$ 随 x_1 变化

花萼长度边缘概率密度函数$f_{X1}(x_1)$：偏积分

图10.31所示为求解花萼长度边缘概率$f_{X1}(x_1)$的过程，即

$$\underbrace{f_{X1}(x_1)}_{\text{Marginal}} = \int_{-\infty}^{+\infty} \underbrace{f_{X1,X2}(x_1, x_2)}_{\text{Joint}} \mathrm{d}x_2 \tag{10.41}$$

图10.31所示的彩色阴影面积对应边缘概率，即$f_{X1}(x_1)$曲线高度。$f_{X1}(x_1)$本身也是概率密度，而不是概率值。$f_{X1}(x_1)$再积分可以得到概率。

如图10.31 (b) 所示，$f_{X1}(x_1)$曲线与整个横轴围成图形的面积为1。通过本章前文学习，我们知道$f_{X1}(x_1)$也是一元高斯分布PDF。

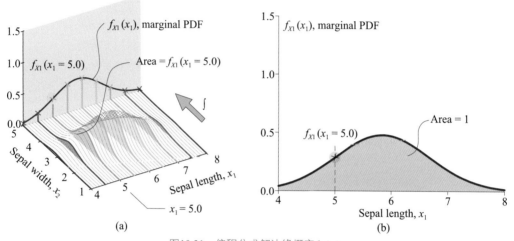

图10.31　偏积分求解边缘概率$f_{X1}(x_1)$

花萼宽度边缘概率$f_{X2}(x_2)$：偏积分

图10.32所示为求解花萼宽度边缘概率的过程，即

$$f_{X2}(x_2) = \int_{-\infty}^{+\infty} f_{X1,X2}(x_1, x_2) \mathrm{d}x_1 \tag{10.42}$$

如图10.32所示，$f_{X2}(x_2)$为一元高斯分布PDF。

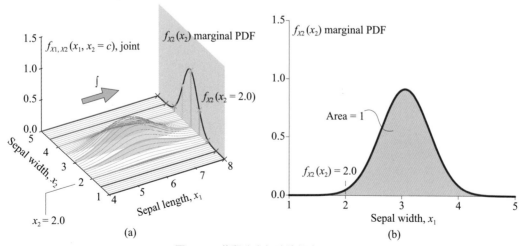

图10.32　偏积分求解边缘概率$f_{X2}(x_2)$

图10.33所示为联合概率和边缘概率之间的关系。图中联合概率密度$f_{X1,X2}(x_1,x_2)$采用二元高斯分布估计得到。图10.33中$f_{X1,X2}(x_1,x_2)$等高线并没有特别准确捕捉到鸢尾花花萼长度、花萼宽度样本散点分布细节。

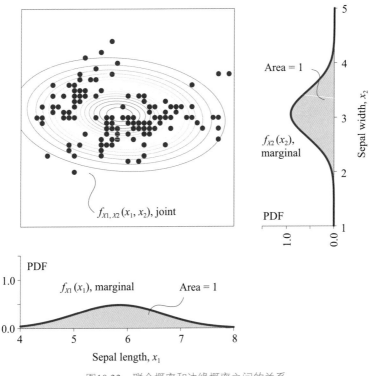

图10.33　联合概率和边缘概率之间的关系

假设独立

如果假设X_1和X_2独立，则联合概率密度$f_{X1,X2}(x_1,x_2)$可以通过下式计算得到，即

$$f_{X1,X2}(x_1,x_2) = f_{X1}(x_1) \cdot f_{X2}(x_2) \tag{10.43}$$

图10.34所示为假设X_1和X_2独立时$f_{X1,X2}(x_1,x_2)$的平面等高线和边缘概率之间的关系。椭圆等高线为正椭圆，而非旋转椭圆 (图10.33)。

给定花萼长度，花萼宽度的条件概率密度$f_{X2\,|\,X1}(x_2\,|\,x_1)$

如图10.35所示，利用贝叶斯定理，条件概率密度$f_{X2\,|\,X1}(x_2\,|\,x_1)$可以通过下式计算，即

$$\underbrace{f_{X2|X1}(x_2\,|\,x_1)}_{\text{Conditional}} = \frac{\overbrace{f_{X1,X2}(x_1,x_2)}^{\text{Joint}}}{\underbrace{f_{X1}(x_1)}_{\text{Marginal}}} \tag{10.44}$$

分母中的边缘概率$f_{X1}(x_1)$ (>0) 起到归一化作用。如图10.35 (b) 所示，经过归一化的条件概率曲线围成的面积变为1。

将不同位置的条件概率密度$f_{X2\mid X1}(x_2\mid x_1)$曲线投影到平面可以得到图10.36。我们隐约发现图10.36 (b) 中每条曲线看上去都是一元高斯分布。这难道是个巧合吗？我们将在第13章揭晓答案。

$f_{X2\mid X1}(x_2\mid x_1)$ 本身也是一个二元函数。图10.37所示为$f_{X2\mid X1}(x_2\mid x_1)$ 三维等高线和平面等高线。从平面等高线中，我们可以看到一系列直线。这难道也是个巧合吗？答案同样在第13章给出。

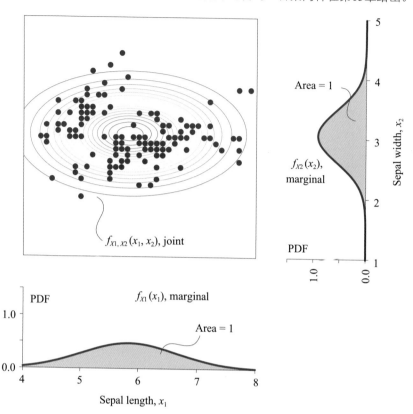

图10.34　联合概率 (假设X_1和X_2独立)

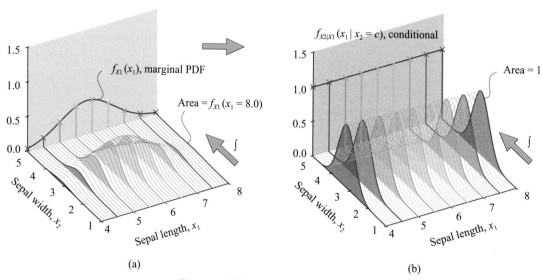

(a)　　　　　　　　　　　　　　　(b)

图10.35　计算条件概率$f_{X2\mid X1}(x_2\mid x_1)$ 原理

278

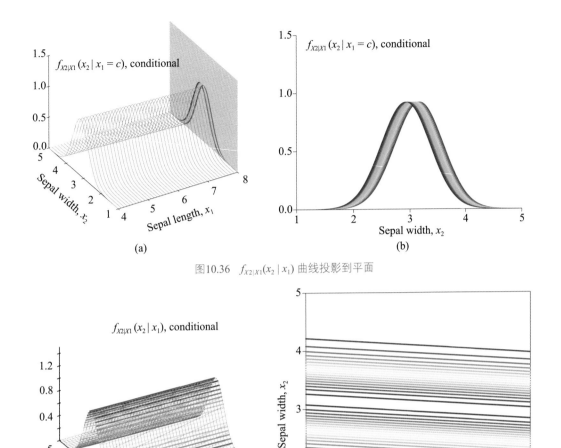

图10.36 $f_{X_2|X_1}(x_2 \mid x_1)$ 曲线投影到平面

图10.37 $f_{X_2|X_1}(x_2 \mid x_1)$ 条件概率密度三维等高线和平面等高线 (不考虑分类)

给定花萼宽度，花萼长度的条件概率密度函数 $f_{X_1|X_2}(x_1 \mid x_2)$

如图10.38所示，同样利用贝叶斯定理，条件概率密度 $f_{X_1|X_2}(x_1 \mid x_2)$ 可以通过下式计算，即

$$\underbrace{f_{X_1|X_2}(x_1 \mid x_2)}_{\text{Conditional}} = \frac{\overbrace{f_{X_1,X_2}(x_1,x_2)}^{\text{Joint}}}{\underbrace{f_{X_2}(x_2)}_{\text{Marginal}}} \tag{10.45}$$

类似前文，式 (10.45) 中分母中 $f_{X_2}(x_2)$ (> 0) 起到归一化作用。

将不同位置的条件概率密度 $f_{X_1|X_2}(x_1 \mid x_2)$ 曲线投影到平面得到图10.39。图10.39 (b) 中每条曲线也都类似于一元高斯分布曲线。

$f_{X_1|X_2}(x_1 \mid x_2)$ 同样也是一个二元函数，如图10.40的 $f_{X_1|X_2}(x_1 \mid x_2)$ 三维等高线和平面等高线所示。

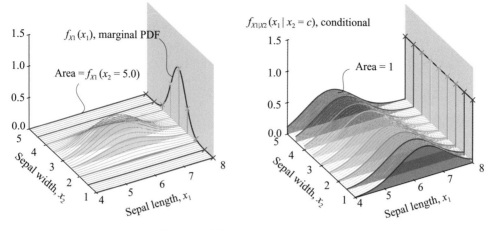

图10.38　计算条件概率$f_{X_1 \mid X_2}(x_1 \mid x_2)$原理

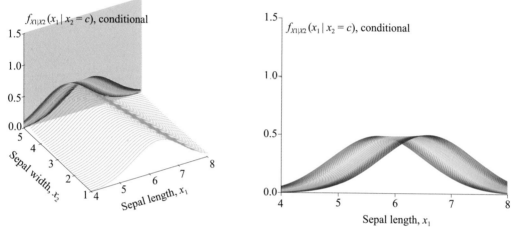

图10.39　$f_{X_1 \mid X_2}(x_1 \mid x_2)$曲线投影到平面

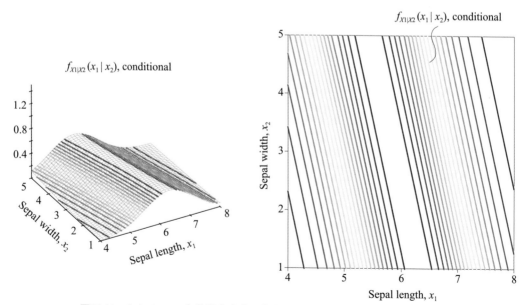

图10.40　$f_{X_1 \mid X_2}(x_1 \mid x_2)$条件概率密度三维等高线和平面等高线 (不考虑分类)

10.7 以鸢尾花数据为例：考虑分类标签

本节讨论考虑鸢尾花分类条件下的条件概率PDF。

给定分类标签 $Y = C_1$ (setosa)

给定分类标签 $Y = C_1$ (setosa) 条件下，假设鸢尾花花萼长度、花萼宽度同样服从二元高斯分布。

图10.41所示为给定分类标签 $Y = C_1$ (setosa)，条件概率 $f_{X_1,X_2|Y}(x_1, x_2 | y = C_1)$ 的平面等高线和条件边缘概率密度曲线。$f_{X_1,X_2|Y}(x_1, x_2 | y = C_1)$ 曲面与整个水平面围成体积为1。

图10.41中 $f_{X_1|Y}(x_1 | y = C_1)$、$f_{X_2|Y}(x_2 | y = C_1)$ 分别与 x_1、x_2 轴围成的面积也是1。

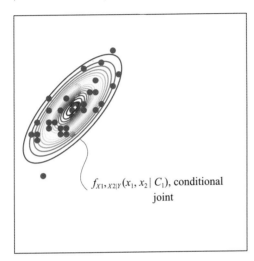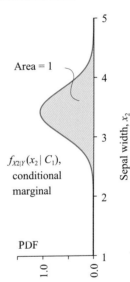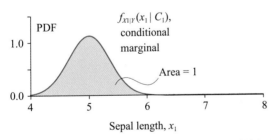

图10.41　条件概率 $f_{X_1,X_2|Y}(x_1, x_2 | y = C_1)$ 平面等高线和条件边缘概率密度曲线，给定分类标签 $Y = C_1$ (setosa)

给定分类标签 $Y = C_2$ (versicolor)

图10.42所示为给定分类标签 $Y = C_2$ (versicolor)，条件概率 $f_{X_1,X_2|Y}(x_1, x_2 | y = C_2)$ 的平面等高线和条件边缘概率密度曲线。

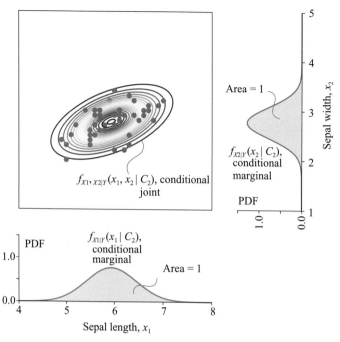

图10.42　条件概率$f_{X_1,X_2\mid Y}(x_1, x_2\mid y = C_2)$平面等高线和条件边缘概率密度曲线，给定分类标签$Y = C_2$ (versicolor)

给定分类标签$Y = C_3$ (virginica)

图10.43所示为给定分类标签$Y = C_3$ (virginica)，条件概率$f_{X_1,X_2\mid Y}(x_1, x_2\mid y = C_3)$的平面等高线和条件边缘概率密度曲线。

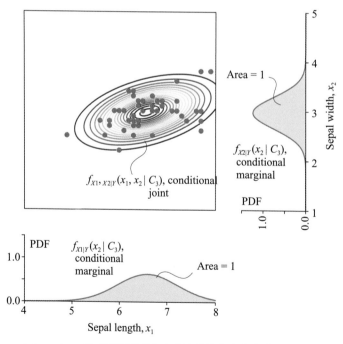

图10.43　条件概率$p_{X_1,X_2\mid Y}(x_1, x_2\mid y = C_3)$平面等高线和条件边缘概率密度曲线，给定分类标签$Y = C_3$ (virginica)

全概率

如图10.44所示，利用全概率定理，三个条件概率等高线叠加可以得到联合概率密度，即

$$f_{X1,X2}(x_1,x_2) = f_{X1,X2|Y}(x_1,x_2|y=C_1)p_Y(C_1) + \\ f_{X1,X2|Y}(x_1,x_2|y=C_2)p_Y(C_2) + \\ f_{X1,X2|Y}(x_1,x_2|y=C_3)p_Y(C_3) \tag{10.46}$$

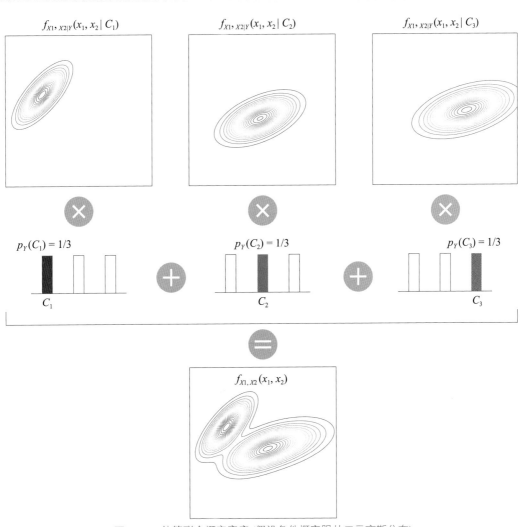

图10.44　估算联合概率密度 (假设条件概率服从二元高斯分布)

假设条件独立

如图10.45所示，如果假设条件独立，则$f_{X1,X2|Y}(x_1,x_2|y=C_1)$可以通过下式计算得到，即

$$\underbrace{f_{X1,X2|Y}(x_1,x_2|y=C_1)}_{\text{Conditional joint}} = \underbrace{f_{X1|Y}(x_1|y=C_1)}_{\text{Conditional marginal}} \cdot \underbrace{f_{X2|Y}(x_2|y=C_1)}_{\text{Conditional marginal}} \tag{10.47}$$

同理我们可以计算得到$f_{X1,X2\,|\,Y}(x_1, x_2\,|\,y = C_2)$和$f_{X1,X2\,|\,Y}(x_1, x_2\,|\,y = C_3)$，具体如图10.46和图10.47所示。

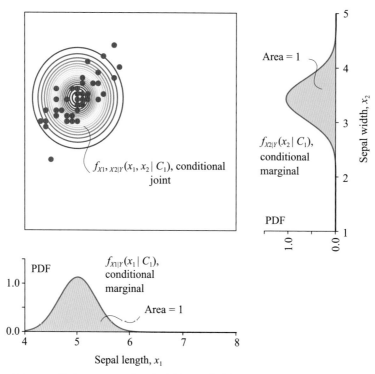

图10.45　给定$Y = C_1$，X_1和X_2条件独立，估算条件概率$f_{X1,X2\,|\,Y}(x_1, x_2\,|\,y = C_1)$

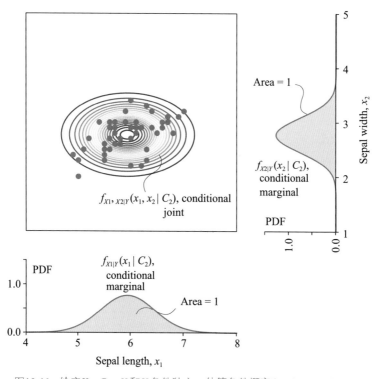

图10.46　给定$Y = C_2$，X_1和X_2条件独立，估算条件概率$f_{X1,X2\,|\,Y}(x_1, x_2\,|\,y = C_2)$

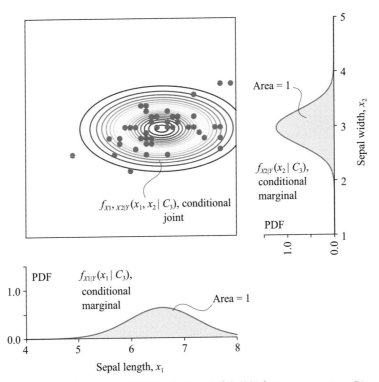

图10.47　给定$Y = C_3$，X_1和X_2条件独立，估算条件概率$f_{X1,X2\mid Y}(x_1, x_2 \mid y = C_3)$

估计联合概率

如图10.48所示，在假设条件独立的情况下，利用全概率定理估算$f_{X1,X2}(x_1, x_2)$，得

$$
\begin{aligned}
f_{X1,X2}(x_1, x_2) &= f_{X1\mid Y}(x_1 \mid y = C_1) f_{X2\mid Y}(x_2 \mid y = C_1) p_Y(C_1) + \\
&\quad f_{X1\mid Y}(x_1 \mid y = C_2) f_{X2\mid Y}(x_2 \mid y = C_2) p_Y(C_2) + \\
&\quad f_{X1\mid Y}(x_1 \mid y = C_3) f_{X2\mid Y}(x_2 \mid y = C_3) p_Y(C_3) +
\end{aligned} \tag{10.48}
$$

图10.44和图10.48涉及的技术细节对于理解贝叶斯分类器原理具有很重要的意义。

第19、20章将从贝叶斯定理视角简单介绍分类原理，《机器学习》一册将专门讲解朴素贝叶斯分类器。

读到这里，特别建议大家比较图4.44、图6.42、图6.46、图10.44、图10.48这几幅图，并且试着阐述它们的异同。

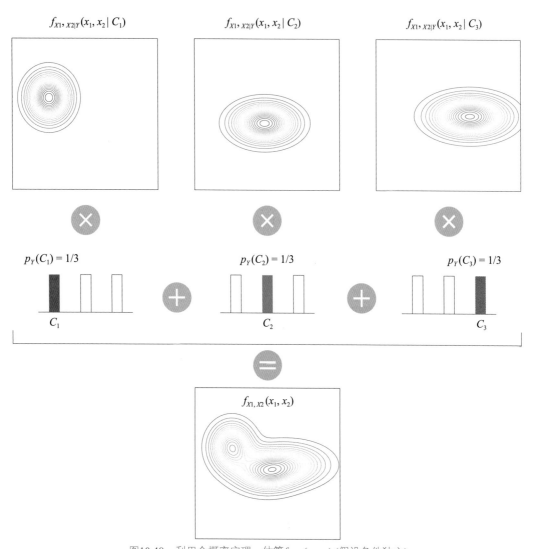

图10.48　利用全概率定理，估算$f_{X1, X2}(x_1, x_2)$ (假设条件独立)

二元高斯分布概率密度函数的等高线呈现出椭圆形状，这一点极其重要。这个椭圆将把协方差矩阵、特征值分解、Cholesky分解、条件概率、马氏距离、线性回归、主成分分析、高斯混合模型、高斯过程等一系列概念紧密联系起来。

11

Multivariate Gaussian Distribution
多元高斯分布
几何、代数、概率统计的完美结合

> 在我看来，数学科学是一个不可分割的有机体，其生命力取决于各部分的联系。
>
> *Mathematical science is in my opinion an indivisible whole, an organism whose vitality is conditioned upon the connection of its parts.*

—— 大卫·希尔伯特 (David Hilbert) | 德国数学家 | 1862—1943年

- ◄ numpy.cov() 计算协方差矩阵
- ◄ numpy.diag() 如果A为方阵，则numpy.diag(A)函数提取对角线元素，以向量形式输入结果；如果a为向量，则numpy.diag(a)函数将向量展开成方阵，方阵对角线元素为a向量元素
- ◄ numpy.linalg.eig() 特征值分解
- ◄ numpy.linalg.inv() 计算逆矩阵
- ◄ numpy.linalg.norm() 计算范数
- ◄ numpy.linalg.svd() 奇异值分解
- ◄ scipy.spatial.distance.euclidean() 计算欧氏距离
- ◄ scipy.spatial.distance.mahalanobis() 计算马氏距离
- ◄ seaborn.heatmap() 绘制热图
- ◄ seaborn.kdeplot() 绘制KDE核概率密度估计曲线
- ◄ seaborn.pairplot() 绘制成对分析图
- ◄ sklearn.decomposition.PCA() 主成分分析函数

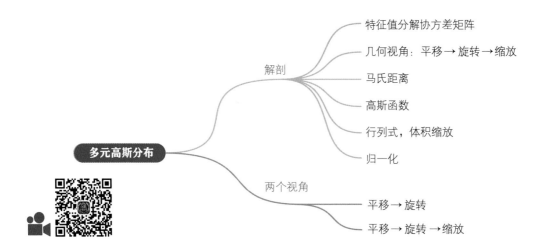

特征值分解协方差矩阵

几何视角：平移 → 旋转 → 缩放

解剖

马氏距离

高斯函数

行列式，体积缩放

归一化

多元高斯分布

两个视角

平移 → 旋转

平移 → 旋转 → 缩放

11.1 矩阵角度：一元、二元、三元到多元

一元

本书第9章讲解了一元高斯分布的PDF解析式，具体为

$$f_X(x) = \frac{1}{\sqrt{2\pi}\sigma} \exp\left(\frac{-1}{2}\left(\frac{x-\mu}{\sigma}\right)^2\right) \tag{11.1}$$

图11.1 (a) 所示为一元高斯分布PDF的图像。

二元

第10章中，我们看到二元高斯分布的PDF解析式为

$$f_{X,Y}(x,y) = \frac{1}{2\pi\sigma_X\sigma_Y\sqrt{1-\rho_{X,Y}^2}} \times \exp\left(\frac{-1}{2}\underbrace{\frac{1}{\left(1-\rho_{X,Y}^2\right)}\left(\left(\frac{x-\mu_X}{\sigma_X}\right)^2 - 2\rho_{X,Y}\left(\frac{x-\mu_X}{\sigma_X}\right)\left(\frac{y-\mu_Y}{\sigma_Y}\right) + \left(\frac{y-\mu_Y}{\sigma_Y}\right)^2\right)}_{\text{Ellipse}}\right) \tag{11.2}$$

图11.1 (b) 所示为二元高斯分布PDF的图像。

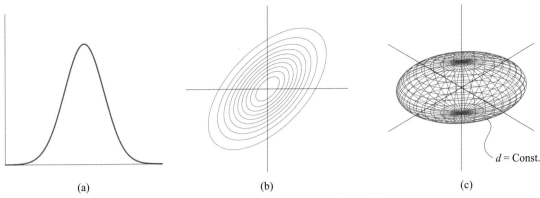

图11.1 一元、二元、三元高斯分布的几何形态

三元

式 (11.2) 已经很复杂，我们再看看三元高斯分布PDF解析式。在 $\sigma_1 = \sigma_2 = \sigma_3 = 1$，$\mu_1 = \mu_2 = \mu_3 = 0$ 条件下，三元高斯分布PDF解析式为

$$f_{X1,X2,X3}\left(x_1,x_2,x_3\right) = \frac{\exp\left(\dfrac{-1}{2}d^2\right)}{\left(2\pi\right)^{\frac{3}{2}}\sqrt{1+2\rho_{1,2}\rho_{1,3}\rho_{2,3}-\left(\rho_{1,2}^2+\rho_{1,3}^2+\rho_{2,3}^2\right)}} \tag{11.3}$$

其中

$$d^2 = \frac{x_1^2\left(\rho_{2,3}^2-1\right)+x_2^2\left(\rho_{1,3}^2-1\right)+x_3^2\left(\rho_{1,2}^2-1\right)+2\left[x_1x_2\left(\rho_{1,2}-\rho_{1,3}\rho_{2,3}\right)+x_1x_3\left(\rho_{1,3}-\rho_{1,2}\rho_{2,3}\right)+x_2x_3\left(\rho_{2,3}-\rho_{1,3}\rho_{2,3}\right)\right]}{\left(\rho_{1,2}^2+\rho_{1,3}^2+\rho_{2,3}^2-2\rho_{1,2}\rho_{1,3}\rho_{2,3}-1\right)}$$

$$\tag{11.4}$$

当 d 为确定值时，式 (11.3) 代表一个椭球 (ellipsoid)，如图11.1 (c) 所示。也就是说三元高斯分布PDF的几何图形是嵌套的椭球。

相信大家已经看到了三元高斯分布PDF解析式的复杂程度。更不用说，式 (11.3) 的解析式是在 $\sigma_1 = \sigma_2 = \sigma_3 = 1$，$\mu_1 = \mu_2 = \mu_3 = 0$ 这个极其特殊的条件下获得的。

到了四元、五元、更高元高斯分布PDF解析式时，代数展开式已经完全不够用了。因此，对于多元高斯分布，我们需要矩阵算式。

多元

"鸢尾花书"读者应该已经很熟悉多元正态分布PDF，具体为

$$f_\chi\left(\boldsymbol{x}\right) = \frac{\exp\left(-\dfrac{1}{2}\left(\boldsymbol{x}-\boldsymbol{\mu}\right)^{\mathrm{T}}\boldsymbol{\Sigma}^{-1}\left(\boldsymbol{x}-\boldsymbol{\mu}\right)\right)}{\left(2\pi\right)^{\frac{D}{2}}\left|\boldsymbol{\Sigma}\right|^{\frac{1}{2}}} \tag{11.5}$$

其中：χ、x、μ均为列向量。且

$$
\chi = \begin{bmatrix} X_1 \\ X_2 \\ \vdots \\ X_D \end{bmatrix}, \quad x = \begin{bmatrix} x_1 \\ x_2 \\ \vdots \\ x_D \end{bmatrix}, \quad \mu = \begin{bmatrix} \mu_1 \\ \mu_2 \\ \vdots \\ \mu_D \end{bmatrix} \tag{11.6}
$$

其中：μ为质心 (centroid)；D为高斯分布的特征数，如二元高斯分布中$D = 2$。

协方差矩阵Σ为

$$
\Sigma = \begin{bmatrix} \sigma_{1,1} & \sigma_{1,2} & \cdots & \sigma_{1,D} \\ \sigma_{2,1} & \sigma_{2,2} & \cdots & \sigma_{2,D} \\ \vdots & \vdots & \ddots & \vdots \\ \sigma_{D,1} & \sigma_{D,2} & \cdots & \sigma_{D,D} \end{bmatrix} = \begin{bmatrix} \sigma_1^2 & \rho_{1,2}\sigma_1\sigma_2 & \cdots & \rho_{1,D}\sigma_1\sigma_D \\ \rho_{2,1}\sigma_1\sigma_2 & \sigma_2^2 & \cdots & \rho_{2,D}\sigma_2\sigma_D \\ \vdots & \vdots & \ddots & \vdots \\ \rho_{D,1}\sigma_1\sigma_D & \rho_{D,2}\sigma_2\sigma_D & \cdots & \sigma_D^2 \end{bmatrix} \tag{11.7}
$$

⚠

特别注意：如果式 (11.5) 成立，则协方差矩阵Σ必须为正定矩阵。如果Σ为半正定，则Σ的行列式为0，而式 (11.5) 分母不能为0。Σ半正定说明χ存在线性相关。

一组随机变量构成的列向量χ服从如式 (11.5) 的多元高斯分布，记作

$$
\chi = \begin{bmatrix} X_1 \\ X_2 \\ \vdots \\ X_D \end{bmatrix} \sim N\left(\begin{bmatrix} \mu_1 \\ \mu_2 \\ \vdots \\ \mu_D \end{bmatrix}, \begin{bmatrix} \sigma_{1,1} & \sigma_{1,2} & \cdots & \sigma_{1,D} \\ \sigma_{2,1} & \sigma_{2,2} & \cdots & \sigma_{2,D} \\ \vdots & \vdots & \ddots & \vdots \\ \sigma_{D,1} & \sigma_{D,2} & \cdots & \sigma_{D,D} \end{bmatrix} \right) \tag{11.8}
$$

或者更简便地记作

$$
\chi \sim N(\mu, \Sigma) \tag{11.9}
$$

再次强调，这个语境下，χ为随机变量构成的列向量，每一行代表一个随机变量；而X代表数据矩阵，每一列对应一个随机变量的所有样本。

多元 → 一元

当$D = 1$时，质心为

$$
\mu = [\mu] \tag{11.10}
$$

协方差矩阵为

$$
\Sigma = [\sigma^2] \tag{11.11}
$$

式 (11.5) 分子中的**二次型** (quadratic form) 可以展开为

$$
(x - \mu)^{\mathrm{T}} \Sigma^{-1} (x - \mu) = (x - \mu)\sigma^{-2}(x - \mu) = \left(\frac{x - \mu}{\sigma} \right)^2 \tag{11.12}
$$

我们看到的是Z分数的平方。这与式 (11.1) 的解析式完全一致。

多元 → 二元

再以二元 ($D = 2$) 高斯分布为例，它的质心为

$$\boldsymbol{\mu} = \begin{bmatrix} \mu_1 \\ \mu_2 \end{bmatrix} \tag{11.13}$$

二元高斯分布的协方差矩阵$\boldsymbol{\Sigma}$具体为

$$\boldsymbol{\Sigma} = \begin{bmatrix} \sigma_{1,1} & \sigma_{1,2} \\ \sigma_{2,1} & \sigma_{2,2} \end{bmatrix} = \begin{bmatrix} \sigma_1^2 & \rho_{1,2}\sigma_1\sigma_2 \\ \rho_{1,2}\sigma_1\sigma_2 & \sigma_2^2 \end{bmatrix} \tag{11.14}$$

协方差矩阵的行列式 $|\boldsymbol{\Sigma}|$ 为

$$|\boldsymbol{\Sigma}| = \sigma_1^2\sigma_2^2 - \rho_{1,2}^2\sigma_1^2\sigma_2^2 = \sigma_1^2\sigma_2^2\left(1 - \rho_{1,2}^2\right) \tag{11.15}$$

再次强调，如果相关性系数为±1，则行列式 $|\boldsymbol{\Sigma}|$ 为0。相关性系数取值范围为 $(-1, 1)$ 时，协方差矩阵的逆$\boldsymbol{\Sigma}^{-1}$为

$$\boldsymbol{\Sigma}^{-1} = \frac{1}{\sigma_1^2\sigma_2^2\left(1 - \rho_{1,2}^2\right)} \begin{bmatrix} \sigma_2^2 & -\rho_{1,2}\sigma_1\sigma_2 \\ -\rho_{1,2}\sigma_1\sigma_2 & \sigma_1^2 \end{bmatrix} = \frac{1}{1 - \rho_{1,2}^2} \begin{bmatrix} \dfrac{1}{\sigma_1^2} & \dfrac{-\rho_{1,2}}{\sigma_1\sigma_2} \\ \dfrac{-\rho_{1,2}}{\sigma_1\sigma_2} & \dfrac{1}{\sigma_2^2} \end{bmatrix} \tag{11.16}$$

对于二元高斯分布，式 (11.5) 分子中的二次型展开为

$$\left(\boldsymbol{x} - \boldsymbol{\mu}\right)^{\mathrm{T}} \boldsymbol{\Sigma}^{-1} \left(\boldsymbol{x} - \boldsymbol{\mu}\right) = \begin{bmatrix} x_1 - \mu_1 & x_2 - \mu_2 \end{bmatrix} \frac{1}{1 - \rho_{1,2}^2} \begin{bmatrix} \dfrac{1}{\sigma_1^2} & \dfrac{-\rho_{1,2}}{\sigma_1\sigma_2} \\ \dfrac{-\rho_{1,2}}{\sigma_1\sigma_2} & \dfrac{1}{\sigma_2^2} \end{bmatrix} \begin{bmatrix} x_1 - \mu_1 \\ x_2 - \mu_2 \end{bmatrix} \tag{11.17}$$

$$= \frac{1}{1 - \rho_{1,2}^2} \left[\left(\frac{x_1 - \mu_1}{\sigma_1}\right)^2 - 2\rho_{1,2}\left(\frac{x_1 - \mu_1}{\sigma_1}\right)\left(\frac{x_2 - \mu_2}{\sigma_2}\right) + \left(\frac{x_2 - \mu_2}{\sigma_2}\right)^2 \right]$$

分别将式 (11.17) 和式 (11.15) 代入式 (11.5) 可以得到二元高斯分布PDF解析式。

表11.1所示为不同线性相关性系数的可视化方案。

表11.1 不同相关性系数的可视化方案

相关性系数	协方差矩阵	散点图	PDF等高线	向量
$\theta = 0°$ $\rho = \cos\theta = 1$	$\boldsymbol{\Sigma} = \begin{bmatrix} 1 & 1 \\ 1 & 1 \end{bmatrix}$ 半正定			

相关性系数	协方差矩阵	散点图	PDF等高线	向量
$\theta = 30°$ $\rho = \cos\theta = 0.8660$	$\Sigma = \begin{bmatrix} 1 & \sqrt{3}/2 \\ \sqrt{3}/2 & 1 \end{bmatrix}$			$\theta = 30°$
$\theta = 45°$ $\rho = \cos\theta = 0.7071$	$\Sigma = \begin{bmatrix} 1 & \sqrt{2}/2 \\ \sqrt{2}/2 & 1 \end{bmatrix}$			$\theta = 45°$
$\theta = 60°$ $\rho = \cos\theta = 0.5$	$\Sigma = \begin{bmatrix} 1 & 1/2 \\ 1/2 & 1 \end{bmatrix}$			$\theta = 60°$
$\theta = 90°$ $\rho = \cos\theta = 0$	$\Sigma = \begin{bmatrix} 1 & 0 \\ 0 & 1 \end{bmatrix}$			$\theta = 90°$
$\theta = 120°$ $\rho = \cos\theta = -0.5$	$\Sigma = \begin{bmatrix} 1 & -0.5 \\ -0.5 & 1 \end{bmatrix}$			$\theta = 120°$
$\theta = 135°$ $\rho = \cos\theta = -0.7071$	$\Sigma = \begin{bmatrix} 1 & -\sqrt{2}/2 \\ -\sqrt{2}/2 & 1 \end{bmatrix}$			$\theta = 135°$
$\theta = 150°$ $\rho = \cos\theta = -0.8660$	$\Sigma = \begin{bmatrix} 1 & -\sqrt{3}/2 \\ -\sqrt{3}/2 & 1 \end{bmatrix}$			$\theta = 150°$

相关性系数	协方差矩阵	散点图	PDF等高线	向量
$\theta = 180°$ $\rho = \cos\theta = -1$	$\boldsymbol{\Sigma} = \begin{bmatrix} 1 & -1 \\ -1 & 1 \end{bmatrix}$ 半正定			 $\theta = 180°$

随机变量独立

特别地，如果 (X_1, X_2) 服从二元高斯分布，并且随机变量 X_1 和 X_2 独立，那么 (X_1, X_2) 的协方差矩阵为

$$\boldsymbol{\Sigma} = \begin{bmatrix} \sigma_1^2 & 0 \\ 0 & \sigma_2^2 \end{bmatrix} \tag{11.18}$$

注意：这个协方差矩阵为对角阵。

根据第10章所学，我们知道 X_1 和 X_2 各自的边缘概率密度函数分别为

$$f_{X1}(x_1) = \frac{1}{\sqrt{2\pi}\sigma_1} \exp\left(\frac{-1}{2} \left(\frac{x_1 - \mu_1}{\sigma_1} \right)^2 \right)$$
$$f_{X2}(x_2) = \frac{1}{\sqrt{2\pi}\sigma_2} \exp\left(\frac{-1}{2} \left(\frac{x_2 - \mu_2}{\sigma_2} \right)^2 \right) \tag{11.19}$$

如果 (X_1, X_2) 服从二元高斯函数，且 X_1 和 X_2 独立，则 (X_1, X_2) 的概率密度函数可以写成两个边缘概率密度函数的乘积，即

$$\underbrace{f_{X1,X2}(x_1, x_2)}_{\text{Joint}} = \frac{1}{2\pi\sigma_1\sigma_2} \times \exp\left(\frac{-1}{2} \left(\left(\frac{x_1 - \mu_1}{\sigma_1} \right)^2 + \left(\frac{x_2 - \mu_2}{\sigma_2} \right)^2 \right) \right)$$
$$= \underbrace{\frac{1}{\sqrt{2\pi}\sigma_1} \exp\left(\frac{-1}{2} \left(\frac{x_1 - \mu_1}{\sigma_1} \right)^2 \right)}_{\text{Marginal},\, f_{X1}(x_1)} \times \underbrace{\frac{1}{\sqrt{2\pi}\sigma_2} \exp\left(\frac{-1}{2} \left(\frac{x_2 - \mu_2}{\sigma_2} \right)^2 \right)}_{\text{Marginal},\, f_{X2}(x_2)} \tag{11.20}$$

这种情况下，二元高斯分布PDF等高线为正椭圆。

11.2 高斯分布：椭圆、椭球、超椭球

椭圆分布

第10章提到高斯分布是椭圆分布 (elliptical distribution) 的一种特殊形式，而椭圆分布的PDF一般

形式为

$$f(x) = k \cdot g \left[\underbrace{(x-\mu)^{\mathrm{T}} \Sigma^{-1}(x-\mu)}_{\text{Ellipse}} \right] \tag{11.21}$$

第7章介绍的学生t-分布、逻辑分布、拉普拉斯分布也都是椭圆分布的家族成员。

二元高斯分布：椭圆结构

回顾第10章介绍的二元高斯分布的椭圆结构。如图11.2所示，椭圆中心对应质心μ，椭圆与$\pm\sigma$标准差构成的长方形相切，四个切点分别为A、B、C和D，对角切点两两相连得到两条直线AC、BD。

AC相当于在给定X_2条件下X_1的条件概率期望值；BD相当于在给定X_1条件下X_2的条件概率期望值，这是第12章要讨论的话题。

在椭圆的学习中，我们很关注椭圆的长轴、短轴，对应图11.2中两条红线EG、FH。EG为通过椭圆圆心O最长的线段，为椭圆长轴；FH为通过椭圆中心O最短的线段，为椭圆短轴。获得长轴、短轴的长度、角度需要用到特征值分解，这是本章后续要讨论的内容。

而长轴就是主成分分析的第一主元方向，这是第14、25章要讨论的话题。

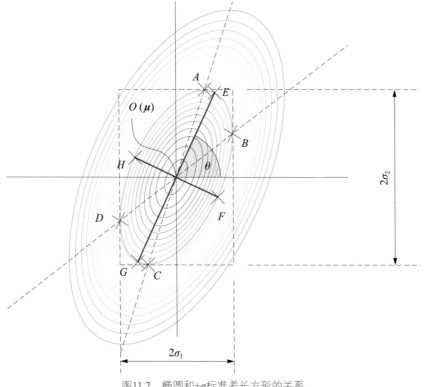

图11.2 椭圆和$\pm\sigma$标准差长方形的关系

Bk5_Ch11_01.py绘制图11.2。

三元高斯分布

前文提过，三元高斯分布PDF的几何图形是一层层"嵌套"的椭球。为了看见三元高斯分布PDF的椭球，我们采用"切片"这种可视化方案。

《可视之美》一册介绍过这种可视化方案。

图11.3所示为可视化三元高斯分布的PDF，这个高斯分布的质心位于原点，协方差矩阵为单位矩阵。图11.3的子图是在X_3的5个不同值上的"切片"，代表$f_{X_1,X_2,X_3}(x_1, x_2, x_3 = c)$。容易看出来，$f_{X_1,X_2,X_3}(x_1, x_2, x_3 = c)$的等高线是正圆。

图11.4所示为这个三元高斯分布的边缘分布。在图11.4中我们看到了协方差矩阵分块。

第12、13章还会进一步介绍协方差矩阵分块的应用场景。

图11.5和图11.6所示为可视化协方差矩阵为对角矩阵的三元高斯分布，子图中我们看到的多是正椭圆。图11.7和图11.8所示为可视化协方差矩阵为一般正定矩阵的三元高斯分布，我们看到的多是旋转椭圆。

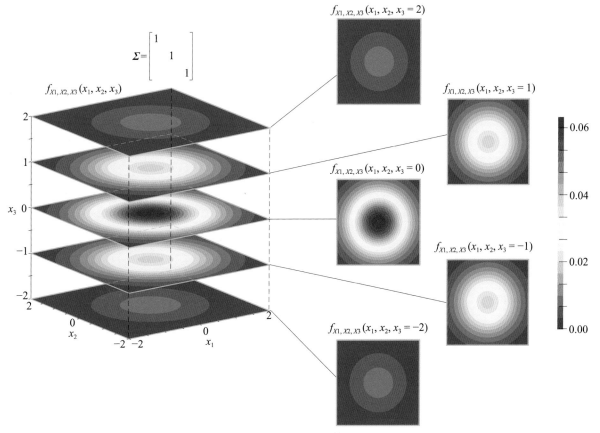

图11.3　三元高斯分布切片 (协方差矩阵为单位矩阵)

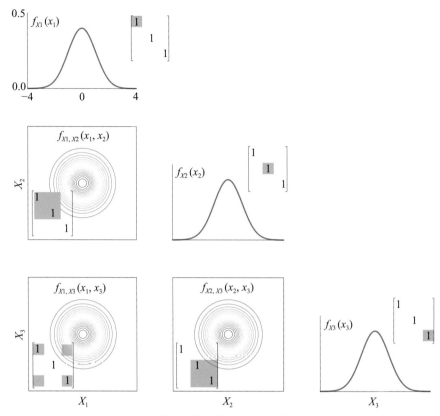

图11.4 三元高斯分布的边缘分布 (协方差矩阵为单位矩阵)

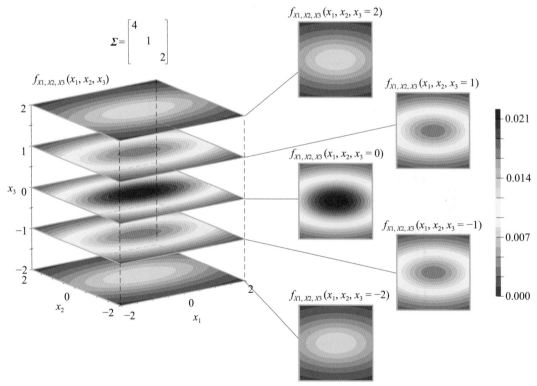

图11.5 三元高斯分布切片 (协方差矩阵为对角矩阵)

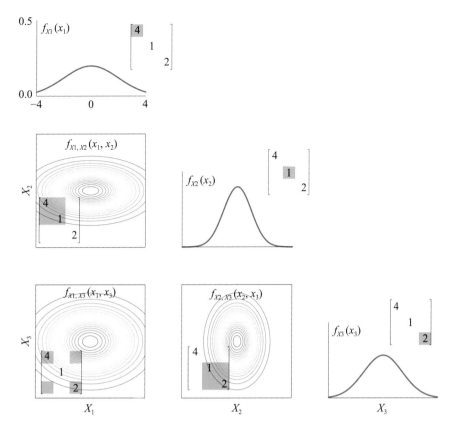

图11.6　三元高斯分布的边缘分布 (协方差矩阵为对角矩阵)

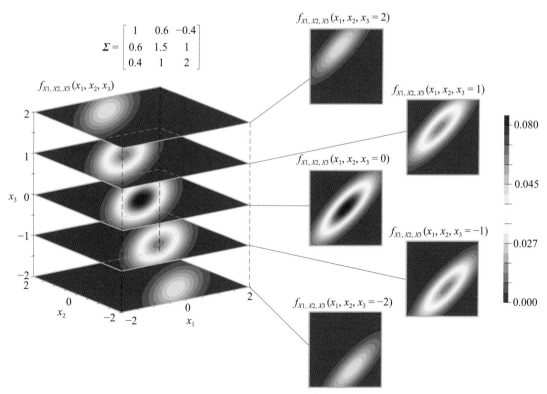

图11.7　三元高斯分布切片 (协方差矩阵为正定矩阵)

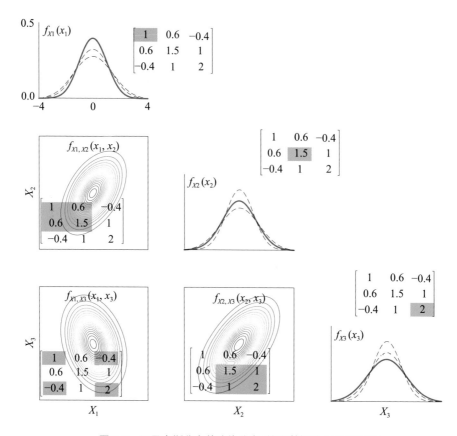

图11.8 三元高斯分布的边缘分布 (协方差矩阵为正定矩阵)

> 这一章，我们用plotly.graph_objects.Volume() 可视化三维高斯分布，在这个App中大家可以调整分布参数。请大家参考Streamlit_Bk5_Ch11_03.py。

11.3 解剖多元高斯分布PDF

《矩阵力量》一册第20章介绍过如何使用"平移 → 旋转 → 缩放"解剖多元高斯分布，本节把其中重要的内容"抄"了过来。

特征值分解协方差矩阵

协方差矩阵$\boldsymbol{\Sigma}$为对称矩阵，对$\boldsymbol{\Sigma}$进行谱分解得到

$$\boldsymbol{\Sigma} = \boldsymbol{V}\boldsymbol{\Lambda}\boldsymbol{V}^{\mathrm{T}} \tag{11.22}$$

其中：$\boldsymbol{V}$为正交矩阵，即满足$\boldsymbol{V}^{\mathrm{T}}\boldsymbol{V} = \boldsymbol{V}\boldsymbol{V}^{\mathrm{T}} = \boldsymbol{I}$。

如果$\boldsymbol{\Sigma}$正定，则利用式 (11.22) 获得$\boldsymbol{\Sigma}^{-1}$的特征值分解为

$$\boldsymbol{\Sigma}^{-1} = V\Lambda^{-1}V^{\mathrm{T}} \tag{11.23}$$

由此，将$(\boldsymbol{x}-\boldsymbol{\mu})^{\mathrm{T}}\boldsymbol{\Sigma}^{-1}(\boldsymbol{x}-\boldsymbol{\mu})$拆成$\Lambda^{-\frac{1}{2}}V^{\mathrm{T}}(\boldsymbol{x}-\boldsymbol{\mu})$的"平方"，有

$$(\boldsymbol{x}-\boldsymbol{\mu})^{\mathrm{T}}V\Lambda^{-1}V^{\mathrm{T}}(\boldsymbol{x}-\boldsymbol{\mu}) = \left[\Lambda^{-\frac{1}{2}}V^{\mathrm{T}}(\boldsymbol{x}-\boldsymbol{\mu})\right]^{\mathrm{T}}\Lambda^{-\frac{1}{2}}V^{\mathrm{T}}(\boldsymbol{x}-\boldsymbol{\mu}) = \left\|\Lambda^{-\frac{1}{2}}V^{\mathrm{T}}(\boldsymbol{x}-\boldsymbol{\mu})\right\|_2^2 \tag{11.24}$$

平移 → 旋转 → 缩放

式 (11.24) 的几何解释是：旋转椭圆通过"平移 $(\boldsymbol{x}-\boldsymbol{\mu})$ → 旋转 (V^{T}) → 缩放 $(\Lambda^{-\frac{1}{2}})$"转换成单位圆，具体过程如图11.9所示。

图11.9 (a) 中旋转椭圆代表多元高斯分布$N(\boldsymbol{\mu}, \boldsymbol{\Sigma})$，随机数质心位于$\boldsymbol{\mu}$，椭圆形状描述了协方差矩阵$\boldsymbol{\Sigma}$。图11.9 (a) 中散点是服从$N(\boldsymbol{\mu}, \boldsymbol{\Sigma})$的随机数。

图11.9 (a) 中散点经过平移得到$\boldsymbol{x}_c = \boldsymbol{x} - \boldsymbol{\mu}$，这是一个去均值 (中心化) 过程。图11.9 (b) 中旋转椭圆代表多元高斯分布$N(\boldsymbol{0}, \boldsymbol{\Sigma})$。随机数质心也随之平移到原点。

图11.9 (b) 中的椭圆旋转之后得到图11.9 (c) 中的正椭圆，对应

$$\boldsymbol{y} = V^{\mathrm{T}}\boldsymbol{x}_c = V^{\mathrm{T}}(\boldsymbol{x}-\boldsymbol{\mu}) \tag{11.25}$$

协方差矩阵$\boldsymbol{\Sigma}$通过特征值分解得到特征值矩阵Λ。而正椭圆的半长轴、半短轴长度蕴含在特征值矩阵Λ中，这算是拨开云雾的过程。图11.9 (c) 中随机数服从$N(\boldsymbol{0}, \Lambda)$。

最后一步是缩放，从图11.9 (c) 到图11.9 (d)，对应

$$\boldsymbol{z} = \Lambda^{-\frac{1}{2}}\boldsymbol{y} = \Lambda^{-\frac{1}{2}}V^{\mathrm{T}}(\boldsymbol{x}-\boldsymbol{\mu}) \tag{11.26}$$

图11.9 (d) 中的单位圆则代表多元标准分布$N(\boldsymbol{0}, \boldsymbol{I})$。这意味着满足$N(\boldsymbol{0}, \boldsymbol{I})$ 的随机变量为独立同分布。**独立同分布** (Independent and identically distributed, IID) 是指一组随机变量中每个变量的概率分布都相同，且这些随机变量互相独立。

利用向量$\boldsymbol{z}$，多元高斯分布PDF可以写成

$$f_{\chi}(\boldsymbol{x}) = \frac{\exp\left(-\frac{1}{2}\boldsymbol{z}^{\mathrm{T}}\boldsymbol{z}\right)}{(2\pi)^{\frac{D}{2}}|\boldsymbol{\Sigma}|^{\frac{1}{2}}} = \frac{\exp\left(-\frac{1}{2}\|\boldsymbol{z}\|_2^2\right)}{(2\pi)^{\frac{D}{2}}|\boldsymbol{\Sigma}|^{\frac{1}{2}}} \tag{11.27}$$

其中：$\boldsymbol{z}$的模$\|\boldsymbol{z}\|$实际上代表"整体"Z分数。

缩放 → 旋转 → 平移

反向来看，$\boldsymbol{x} = V\Lambda^{\frac{1}{2}}\boldsymbol{z} + \boldsymbol{\mu}$代表通过"缩放 → 旋转 → 平移"把单位圆转换成中心在$\boldsymbol{\mu}$的旋转椭圆。也就是把$N(\boldsymbol{0}, \boldsymbol{I})$ 转换成$N(\boldsymbol{\mu}, \boldsymbol{\Sigma})$。从数据角度来看，我们可以通过"缩放 → 旋转 → 平移"，把服从$N(\boldsymbol{0}, \boldsymbol{I})$ 的随机数转化为服从$N(\boldsymbol{\mu}, \boldsymbol{\Sigma})$的随机数。

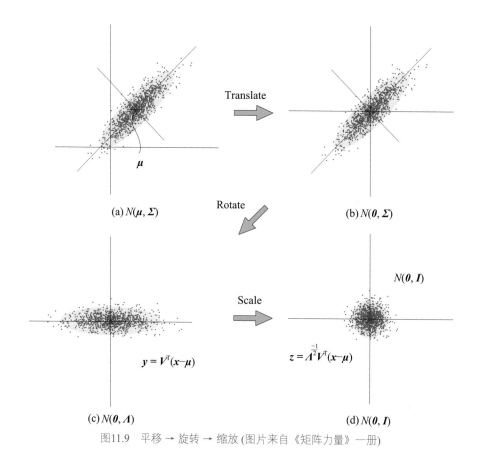

(a) $N(\boldsymbol{\mu}, \boldsymbol{\Sigma})$

(b) $N(\boldsymbol{0}, \boldsymbol{\Sigma})$

$\boldsymbol{y} = \boldsymbol{V}^{\mathrm{T}}(\boldsymbol{x} - \boldsymbol{\mu})$

$\boldsymbol{z} = \boldsymbol{\Lambda}^{-\frac{1}{2}} \boldsymbol{V}^{\mathrm{T}}(\boldsymbol{x} - \boldsymbol{\mu})$

(c) $N(\boldsymbol{0}, \boldsymbol{\Lambda})$

(d) $N(\boldsymbol{0}, \boldsymbol{I})$

图11.9 平移 → 旋转 → 缩放 (图片来自《矩阵力量》一册)

马氏距离

马氏距离可以写成

$$d = \sqrt{(\boldsymbol{x}-\boldsymbol{\mu})^{\mathrm{T}} \boldsymbol{\Sigma}^{-1} (\boldsymbol{x}-\boldsymbol{\mu})} = \left\| \boldsymbol{\Lambda}^{-\frac{1}{2}} \boldsymbol{V}^{\mathrm{T}} (\boldsymbol{x}-\boldsymbol{\mu}) \right\| = \|\boldsymbol{z}\| \tag{11.28}$$

马氏距离的独特之处在于，它通过引入协方差矩阵，在计算距离时考虑了数据的分布。此外，马氏距离**无量纲** (unitless或dimensionless)，它将各个特征数据标准化。第23章将专门讲解马氏距离及其应用。

高斯函数

将式 (11.28) 中的马氏距离d代入多元高斯分布概率密度函数，得到

$$f_\chi\left(\boldsymbol{x}\right) = \frac{\exp\left(-\frac{1}{2}d^2\right)}{(2\pi)^{\frac{D}{2}} |\boldsymbol{\Sigma}|^{\frac{1}{2}}} \tag{11.29}$$

式 (11.29) 中，我们看到高斯函数 $\exp(-1/2\,d^2)$ 把 "距离度量" 转化成了 "亲近度"。图 11.10所示为马氏距离图像。大家可以发现这个曲面为开口朝上的锥面，等高线为旋转椭圆。

图11.10 (b) 中白色虚线正圆代表距离质心 $\boldsymbol{\mu}$ 的欧氏距离为1的等高线。欧氏距离是最自然的距离度量，而马氏距离则引入了协方差矩阵 $\boldsymbol{\Sigma}$，计算距离时应考虑数据的分布情况。

第23章将区分欧氏距离和马氏距离。

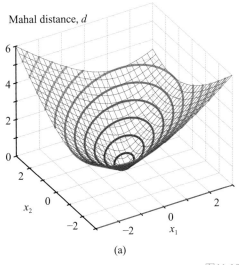

Mahal distance, d

(a)

图11.10　马氏距离椭圆等高线

将具体马氏距离 d 值代入，可以得到高斯概率密度值。也就是说，图11.10中每一个椭圆都对应一个概率密度值。这就是图11.11中等高线的含义。

请大家注意区分，椭圆等高线到底是代表马氏距离，还是概率密度值。

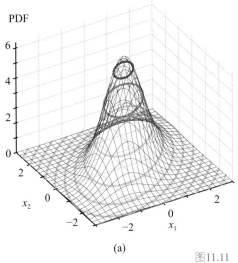

PDF

(a)

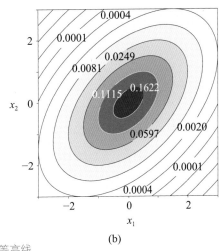

(b)

图11.11　高斯分布PDF椭圆等高线

分母：行列式

把 $|\boldsymbol{\Sigma}|^{\frac{1}{2}}$ 从式 (11.5) 的分母移到分子可以写成 $|\boldsymbol{\Sigma}|^{-\frac{1}{2}}$。而 $\boldsymbol{\Sigma}^{-\frac{1}{2}}$ 相当于

$$\boldsymbol{\Sigma}^{-\frac{1}{2}} \sim \boldsymbol{\Lambda}^{-\frac{1}{2}} \boldsymbol{V}^{\mathrm{T}} (\boldsymbol{x} - \boldsymbol{\mu}) \qquad (11.30)$$

从几何角度来看，"平移 → 旋转 → 缩放"几何变换带来的面积/体积缩放系数便是 $|\boldsymbol{\Sigma}|^{-\frac{1}{2}}$。准确来说，只有"缩放"才影响面积/体积，因此 $|\boldsymbol{\Sigma}|^{-\frac{1}{2}} = |\boldsymbol{\Lambda}|^{-\frac{1}{2}}$。

分母：体积归一化

从几何角度来看，式 (11.5) 的分母中的 $(2\pi)^{\frac{D}{2}}$ 一项起到归一化作用，这是为了保证概率密度函数曲面与整个水平面包裹的体积为1，即概率为1。

11.4 平移 → 旋转

本节以二元高斯分布PDF为例，利用特征值分解这个工具进一步深入理解多元高斯分布。

特征值分解

形状为 2×2 的协方差矩阵 $\boldsymbol{\Sigma}$，它的特征值和特征向量关系为

$$\begin{cases} \boldsymbol{\Sigma}\boldsymbol{v}_1 = \lambda_1\boldsymbol{v}_1 \\ \boldsymbol{\Sigma}\boldsymbol{v}_2 = \lambda_2\boldsymbol{v}_2 \end{cases} \tag{11.31}$$

式 (11.31) 可以写成

$$\boldsymbol{\Sigma}\underbrace{\begin{bmatrix} \boldsymbol{v}_1 & \boldsymbol{v}_2 \end{bmatrix}}_{V} = \underbrace{\begin{bmatrix} \boldsymbol{v}_1 & \boldsymbol{v}_2 \end{bmatrix}}_{V}\underbrace{\begin{bmatrix} \lambda_1 & 0 \\ 0 & \lambda_2 \end{bmatrix}}_{\Lambda} \tag{11.32}$$

即

$$\boldsymbol{\Sigma}V = V\boldsymbol{\Lambda} \tag{11.33}$$

将 $\boldsymbol{\Sigma}$ 具体值代入式 (11.31)，得到两个特征值对应的特征向量为

$$\begin{bmatrix} \sigma_1^2 & \rho_{1,2}\sigma_1\sigma_2 \\ \rho_{1,2}\sigma_1\sigma_2 & \sigma_2^2 \end{bmatrix}\boldsymbol{v}_1 = \lambda_1\boldsymbol{v}_1 \\ \begin{bmatrix} \sigma_1^2 & \rho_{1,2}\sigma_1\sigma_2 \\ \rho_{1,2}\sigma_1\sigma_2 & \sigma_2^2 \end{bmatrix}\boldsymbol{v}_2 = \lambda_2\boldsymbol{v}_2 \tag{11.34}$$

两个特征值可以通过下式求得，即

$$\lambda_1 = \frac{\sigma_1^2 + \sigma_2^2}{2} + \sqrt{\left(\rho_{1,2}\sigma_1\sigma_2\right)^2 + \left(\frac{\sigma_1^2 - \sigma_2^2}{2}\right)^2} \\ \lambda_2 = \frac{\sigma_1^2 + \sigma_2^2}{2} - \sqrt{\left(\rho_{1,2}\sigma_1\sigma_2\right)^2 + \left(\frac{\sigma_1^2 - \sigma_2^2}{2}\right)^2} \tag{11.35}$$

当 $\rho_{1,2} = 0$ 且 $\sigma_1 = \sigma_2$ 时，式 (11.35) 中两个特征值相等。这种条件下，概率密度的等高线为正圆。

长轴、短轴

大家已经清楚，二元高斯分布的PDF平面等高线是椭圆。如图11.12所示，$\sqrt{\lambda_1}$ 就是椭圆半长轴长度，$\sqrt{\lambda_2}$ 就是半短轴长度，有

$$EO = GO = \sqrt{\lambda_1} = \sqrt{\frac{\sigma_X^2 + \sigma_Y^2}{2} + \sqrt{\left(\rho_{X,Y}\sigma_X\sigma_Y\right)^2 + \left(\frac{\sigma_X^2 - \sigma_Y^2}{2}\right)^2}}$$

$$FO = HO = \sqrt{\lambda_2} = \sqrt{\frac{\sigma_X^2 + \sigma_Y^2}{2} - \sqrt{\left(\rho_{X,Y}\sigma_X\sigma_Y\right)^2 + \left(\frac{\sigma_X^2 - \sigma_Y^2}{2}\right)^2}}$$

$$(11.36)$$

$\boldsymbol{v}_1$ 和 $\boldsymbol{v}_2$ 具体值为

$$\boldsymbol{v}_1 = \begin{bmatrix} \dfrac{\dfrac{\sigma_1^2 - \sigma_2^2}{2} + \sqrt{\left(\rho_{1,2}\sigma_1\sigma_2\right)^2 + \left(\dfrac{\sigma_1^2 - \sigma_2^2}{2}\right)^2}}{\rho_{1,2}\sigma_1\sigma_2} \\ 1 \end{bmatrix}$$

$$\boldsymbol{v}_2 = \begin{bmatrix} \dfrac{\dfrac{\sigma_1^2 - \sigma_2^2}{2} - \sqrt{\left(\rho_{1,2}\sigma_1\sigma_2\right)^2 + \left(\dfrac{\sigma_1^2 - \sigma_2^2}{2}\right)^2}}{\rho_{1,2}\sigma_1\sigma_2} \\ 1 \end{bmatrix}$$

$$(11.37)$$

图11.12中，$\boldsymbol{v}_1$ 对应的就是椭圆半长轴方向，$\boldsymbol{v}_2$ 对应半短轴方向。在主成分分析中，$\boldsymbol{v}_1$ 就是第一主元方向，$\boldsymbol{v}_2$ 便是第二主元方向。这两个向量都不是单位向量。

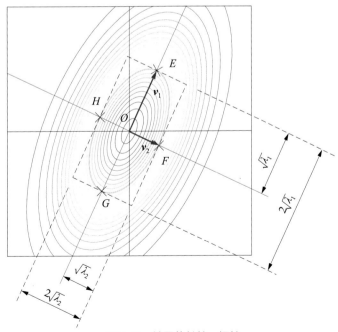

图11.12　椭圆的长轴、短轴

实际上，将 (X_1, X_2) 投影到 $\boldsymbol{v}_1$ 得到的随机变量的方差就是 λ_1，对应的标准差为 $\sqrt{\lambda_1}$。将 (X_1, X_2) 投影到 $\boldsymbol{v}_2$ 得到的随机变量的方差为 λ_2，其标准差为 $\sqrt{\lambda_2}$。

随机变量的线性变换

从另外一个角度来看，如图11.13所示，某个满足二元高斯分布的随机变量 (X_1, X_2) 朝若干方向投影。我们先给出结论，这些方向中，向 $\boldsymbol{v}_1$ 投影得到的随机变量方差最大，向 $\boldsymbol{v}_2$ 投影得到的随机变量方差最小。

假设二元随机变量列向量 $\boldsymbol{\chi} = [X_1, X_2]^{\mathrm{T}}$ 满足图11.13所示的二元高斯分布。而 $\boldsymbol{\chi}$ 先中心化，再向 $\boldsymbol{v}_1$ 投影得到 Y_1，有

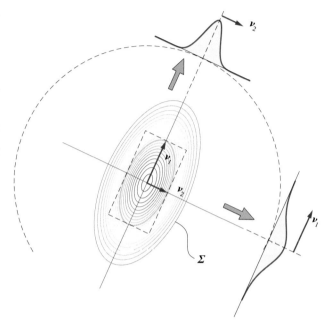

图11.13　二元高斯分布朝不同方向投影

$$Y_1 = \left(\boldsymbol{\chi} - \boldsymbol{\mu}_\chi\right)^{\mathrm{T}} \boldsymbol{v}_1 = \left(\begin{bmatrix} X_1 \\ X_2 \end{bmatrix} - \begin{bmatrix} \mu_1 \\ \mu_2 \end{bmatrix}\right)^{\mathrm{T}} \begin{bmatrix} v_{1,1} \\ v_{2,1} \end{bmatrix} = (X_1 - \mu_1)v_{1,1} + (X_2 - \mu_2)v_{2,1} \tag{11.38}$$

从数据角度看，上述过程如图11.14所示。

对 Y_1 求方差，有

$$\begin{aligned} \operatorname{var}(Y_1) &= \mathrm{E}\left[\left(Y_1 - \mu_{Y_1}\right)^2\right] = \mathrm{E}\left[\left(\left(\boldsymbol{\chi} - \boldsymbol{\mu}_\chi\right)^{\mathrm{T}} \boldsymbol{v}_1\right)^{\mathrm{T}} \left(\boldsymbol{\chi} - \boldsymbol{\mu}_\chi\right)^{\mathrm{T}} \boldsymbol{v}_1\right] \\ &= \boldsymbol{v}_1^{\mathrm{T}} \underbrace{\mathrm{E}\left[\left(\left(\boldsymbol{\chi} - \boldsymbol{\mu}_\chi\right)^{\mathrm{T}}\right)\left(\boldsymbol{\chi} - \boldsymbol{\mu}_\chi\right)^{\mathrm{T}}\right]}_{\Sigma_\chi} \boldsymbol{v}_1 \\ &= \boldsymbol{v}_1^{\mathrm{T}} \boldsymbol{\Sigma}_\chi \boldsymbol{v}_1 \end{aligned} \tag{11.39}$$

因为 Y_1 已经中心化，所以式 (11.39) 中 $\mu_{Y_1} = 0$。

将 $\boldsymbol{\Sigma}_\chi$ 的特征值分解代入式 (11.39) 得到

$$\begin{aligned} \operatorname{var}(Y_1) &= \boldsymbol{v}_1^{\mathrm{T}} \boldsymbol{\Sigma}_\chi \boldsymbol{v}_1 = \boldsymbol{v}_1^{\mathrm{T}} \begin{bmatrix} \boldsymbol{v}_1 & \boldsymbol{v}_2 \end{bmatrix} \begin{bmatrix} \lambda_1 & 0 \\ 0 & \lambda_2 \end{bmatrix} \begin{bmatrix} \boldsymbol{v}_1^{\mathrm{T}} \\ \boldsymbol{v}_2^{\mathrm{T}} \end{bmatrix} \boldsymbol{v}_1 \\ &= \begin{bmatrix} 1 & 0 \end{bmatrix} \begin{bmatrix} \lambda_1 & 0 \\ 0 & \lambda_2 \end{bmatrix} \begin{bmatrix} 1 \\ 0 \end{bmatrix} = \lambda_1 \end{aligned} \tag{11.40}$$

这实际上就是随机变量的线性变换，我们将会在第14章继续进行这一话题。

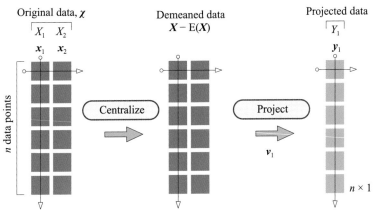

图11.14　χ先中心化，再向$\boldsymbol{v}_1$投影得到Y_1

椭圆旋转

椭圆旋转角度θ为

$$\theta = \frac{1}{2}\arctan\left(\frac{2\rho_{1,2}\sigma_1\sigma_2}{\sigma_1^2 - \sigma_2^2}\right) \tag{11.41}$$

图11.15所示为在σ_1、σ_2大小不同时，$\rho_{1,2}$取值不同对椭圆旋转的影响。

通过观察，可以发现椭圆的旋转角度与σ_1、σ_2、$\rho_{1,2}$有关。

特别地，当$\sigma_1 = \sigma_2$时，如果$\rho_{1,2}$为小于1的正数，则椭圆的旋转角度为45°；如果$\rho_{1,2}$为大于-1的负数，则椭圆的旋转角度为-45°。

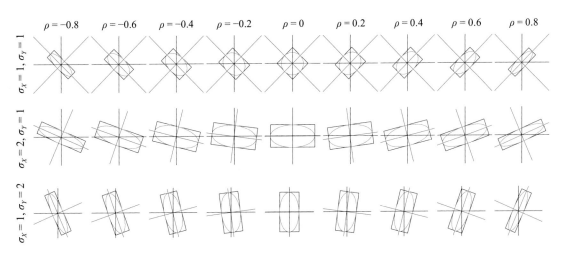

图11.15　在σ_1、σ_2大小不同时，$\rho_{1,2}$取值不同对椭圆旋转的影响

Bk5_Ch11_02.py绘制图11.15。

特征值之和

可以发现式 (11.35) 中两个特征值之和等于协方差矩阵 $\boldsymbol{\Sigma}$ 的两个方差之和,即

$$\lambda_1 + \lambda_2 = \sigma_1^2 + \sigma_2^2 \tag{11.42}$$

← 这正是《矩阵力量》一册中讲到的特征值分解中,原矩阵的迹等于特征值矩阵的迹。建议大家回顾特征值分解的优化视角。

特征值之积

两个特征值乘积为

$$\begin{aligned}
\lambda_1 \lambda_2 &= \left(\frac{\sigma_1^2 + \sigma_2^2}{2}\right)^2 - \left(\left(\rho_{1,2}\sigma_1\sigma_2\right)^2 + \left(\frac{\sigma_1^2 - \sigma_2^2}{2}\right)^2\right) \\
&= \sigma_1^2\sigma_2^2 - \rho_{1,2}^2\sigma_1^2\sigma_2^2 = \sigma_1^2\sigma_2^2\left(1 - \rho_{1,2}^2\right)
\end{aligned} \tag{11.43}$$

这与协方差矩阵 $\boldsymbol{\Sigma}$ 的行列式相等,即

$$\left|\boldsymbol{\Sigma}\right| = \sigma_1^2\sigma_2^2 - \rho_{1,2}^2\sigma_1^2\sigma_2^2 = \sigma_1^2\sigma_2^2\left(1 - \rho_{1,2}^2\right) \tag{11.44}$$

谱分解

$\boldsymbol{\Sigma}$ 的谱分解可以进一步写成

$$\boldsymbol{\Sigma} = \boldsymbol{V}\boldsymbol{\Lambda}\boldsymbol{V}^{\mathrm{T}} = \begin{bmatrix} \boldsymbol{v}_1 & \boldsymbol{v}_2 \end{bmatrix} \begin{bmatrix} \lambda_1 & 0 \\ 0 & \lambda_2 \end{bmatrix} \begin{bmatrix} \boldsymbol{v}_1^{\mathrm{T}} \\ \boldsymbol{v}_2^{\mathrm{T}} \end{bmatrix} = \lambda_1\boldsymbol{v}_1\boldsymbol{v}_1^{\mathrm{T}} + \lambda_2\boldsymbol{v}_2\boldsymbol{v}_2^{\mathrm{T}} \tag{11.45}$$

第12章还会继续讨论这一话题。

平移 → 旋转

令

$$\boldsymbol{y} = \boldsymbol{V}^{\mathrm{T}}\left(\boldsymbol{x} - \boldsymbol{\mu}\right) \tag{11.46}$$

发现 $\boldsymbol{V}^{\mathrm{T}}\left(\boldsymbol{x} - \boldsymbol{\mu}\right)$ 相当于 $\boldsymbol{x}$ 经过平移 $\left(\boldsymbol{x} - \boldsymbol{\mu}\right)$、旋转 $\left(\boldsymbol{V}^{\mathrm{T}}\right)$ 两步操作得到 $\boldsymbol{y}$。整个过程如图11.16所示。

这样 $\left(\boldsymbol{x} - \boldsymbol{\mu}\right)^{\mathrm{T}}\boldsymbol{\Sigma}^{-1}\left(\boldsymbol{x} - \boldsymbol{\mu}\right)$ 可以写成

$$\boldsymbol{y}^{\mathrm{T}}\boldsymbol{\Lambda}^{-1}\boldsymbol{y} = \begin{bmatrix} y_1 & y_2 & \cdots & y_q \end{bmatrix} \begin{bmatrix} \lambda_1 & & & \\ & \lambda_2 & & \\ & & \ddots & \\ & & & \lambda_q \end{bmatrix}^{-1} \begin{bmatrix} y_1 & y_2 & \cdots & y_q \end{bmatrix}^{\mathrm{T}} = \sum_{j=1}^{D}\frac{y_j^2}{\lambda_j} \tag{11.47}$$

其中:$\lambda_1 \geqslant \lambda_2 \geqslant \cdots \geqslant \lambda_D$。式 (11.47) 代表着一个多维空间正椭球体。

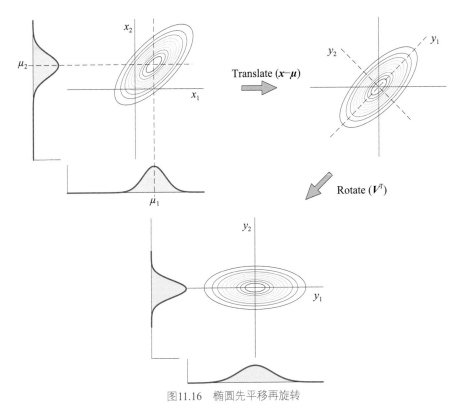

图11.16 椭圆先平移再旋转

平移 $(x - \mu)$、旋转 (V^T) 两步几何变换只改变椭球的空间位置和旋转角度，不改变椭球本身的几何尺寸。也就是说，$|\Sigma| = |\Lambda|$。

特别地，当 $D = 2$ 时，令 $(x - \mu)^\mathrm{T} \Sigma^{-1} (x - \mu)$ 为1，式 (11.47) 可以写成平面正椭圆，即

$$(x - \mu)^\mathrm{T} \Sigma^{-1} (x - \mu) = \frac{y_1^2}{\lambda_1} + \frac{y_2^2}{\lambda_2} = 1 \tag{11.48}$$

显然，这个椭圆中心位于原点，同样这就解释了为什么图11.12中椭圆的半长轴为 $\sqrt{\lambda_1}$，半短轴为 $\sqrt{\lambda_2}$。

反过来，y 先经过旋转、再平移得到 x，有

$$x = Vy + \mu \tag{11.49}$$

独立

二元随机变量 (Y_1, Y_2) 对应的二元高斯分布PDF为

$$
\begin{aligned}
f_{Y1,Y2}(y_1, y_2) &= \frac{1}{2\pi \sqrt{\lambda_1 \lambda_2}} \times \exp\left(\frac{-1}{2} \left(\frac{y_1^2}{\lambda_1} + \frac{y_2^2}{\lambda_2} \right) \right) \\
&= \underbrace{\frac{1}{\sqrt{2\pi}\sqrt{\lambda_1}} \exp\left(\frac{-1}{2} \frac{y_1^2}{\lambda_1} \right)}_{f_{Y1}(y_1)} \times \underbrace{\frac{1}{\sqrt{2\pi}\sqrt{\lambda_2}} \exp\left(\frac{-1}{2} \frac{y_2^2}{\lambda_2} \right)}_{f_{Y2}(y_2)}
\end{aligned}
\tag{11.50}
$$

可以发现随机变量Y_1和Y_2独立。如图11.16所示，随机变量Y_1对应的方差为λ_1，标准差为$\sqrt{\lambda_1}$；随机变量Y_2对应的方差为λ_2，标准差为$\sqrt{\lambda_2}$。

11.5 平移 → 旋转 → 缩放

$(x-\mu)^{\mathrm{T}}\Sigma^{-1}(x-\mu)$ 可以整理为

$$(x-\mu)^{\mathrm{T}}\Sigma^{-1}(x-\mu)=\left[V^{\mathrm{T}}(x-\mu)\right]^{\mathrm{T}}\Lambda^{\frac{-1}{2}}\Lambda^{\frac{-1}{2}}\left[V^{\mathrm{T}}(x-\mu)\right]=\left(\Lambda^{\frac{-1}{2}}V^{\mathrm{T}}(x-\mu)\right)^{2} \tag{11.51}$$

这就是前文讲到的"开方"。
令

$$z=\Lambda^{\frac{-1}{2}}V^{\mathrm{T}}(x-\mu) \tag{11.52}$$

式 (11.52) 相当于x经过平移、旋转和缩放，最后得到z，整个过程如图11.17所示。

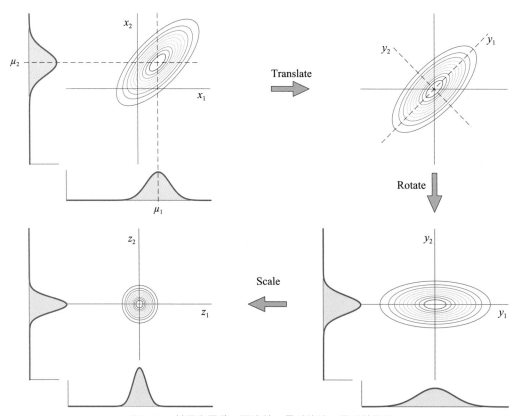

图11.17　椭圆先平移、再旋转，最后缩放，得到单位圆

单位球体

将式 (11.52) 代入式 (11.51)，得到的解析式为

$$\left(\boldsymbol{x} - \boldsymbol{\mu}\right)^{\mathrm{T}} \boldsymbol{\Sigma}^{-1} \left(\boldsymbol{x} - \boldsymbol{\mu}\right) = \boldsymbol{z}^{\mathrm{T}} \boldsymbol{z} = z_1^2 + z_2^2 + \cdots z_D^2 = \sum_{j=1}^{D} z_j^2 \tag{11.53}$$

当式 (11.53) 为1时，它代表多维空间的单位球体。

反过来，也可以利用$\boldsymbol{z}$通过缩放、旋转、平移，反求$\boldsymbol{x}$，即

$$\boldsymbol{x} = \underset{\text{Rotate}}{\boldsymbol{V}} \; \underset{\text{Scale}}{\boldsymbol{D}} \, \boldsymbol{z} + \underset{\text{Translate}}{\boldsymbol{\mu}} \tag{11.54}$$

图11.18所示为式 (11.54) 对应的几何变换。

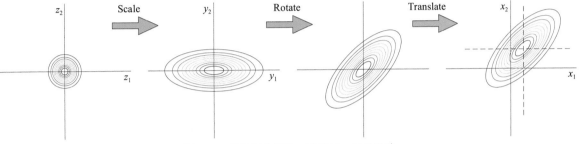

图11.18　单位圆先缩放，再旋转，最后平移

数据视角

类似地，从数据角度来看，如果数据矩阵$\boldsymbol{X}$服从$N(\mathrm{E}(\boldsymbol{X}), \boldsymbol{\Sigma}_x)$，则对$\boldsymbol{X}$先中心化，再向$\boldsymbol{V}$投影，最后缩放得到$\boldsymbol{Z}$，即

$$\boldsymbol{Z} = \left(\boldsymbol{X} - \mathrm{E}(\boldsymbol{X})\right) \boldsymbol{V} \boldsymbol{\Lambda}^{\frac{-1}{2}} \tag{11.55}$$

$\boldsymbol{Z}$的协方差矩阵为单位矩阵$\boldsymbol{I}$，即

$$
\begin{aligned}
\boldsymbol{\Sigma}_z = \frac{\boldsymbol{Z}^{\mathrm{T}} \boldsymbol{Z}}{n-1} &= \frac{\left(\left(\boldsymbol{X} - \mathrm{E}(\boldsymbol{X})\right) \boldsymbol{V} \boldsymbol{\Lambda}^{\frac{-1}{2}}\right)^{\mathrm{T}} \left(\left(\boldsymbol{X} - \mathrm{E}(\boldsymbol{X})\right) \boldsymbol{V} \boldsymbol{\Lambda}^{\frac{-1}{2}}\right)}{n-1} \\
&= \boldsymbol{\Lambda}^{\frac{-1}{2}} \boldsymbol{V}^{\mathrm{T}} \overbrace{\frac{\left(\boldsymbol{X} - \mathrm{E}(\boldsymbol{X})\right)^{\mathrm{T}} \left(\boldsymbol{X} - \mathrm{E}(\boldsymbol{X})\right)}{n-1}}^{\boldsymbol{\Sigma}_x} \boldsymbol{V} \boldsymbol{\Lambda}^{\frac{-1}{2}} \\
&= \boldsymbol{\Lambda}^{\frac{-1}{2}} \boldsymbol{V}^{\mathrm{T}} \boldsymbol{\Sigma}_x \boldsymbol{V} \boldsymbol{\Lambda}^{\frac{-1}{2}} = \boldsymbol{I}
\end{aligned}
\tag{11.56}
$$

也就是说，如果$\boldsymbol{X}$服从多维高斯分布，则$\boldsymbol{Z}$服从IID标准正态分布。

本章将一元、二元、三元高斯分布提高到了多元。而多元高斯分布离不开矩阵运算。

利用特征值分解，我们从几何角度理解了多元高斯分布PDF中隐含的"平移 → 旋转 → 缩放"过程。这对理解协方差矩阵、马氏距离、主成分分析等概念至关重要。

希望大家以后每次见到多元高斯分布PDF式子时，对它的每个组成部分的作用都能如数家珍、滔滔不绝。

Conditional Gaussian Distributions

条件高斯分布

假设随机变量服从高斯分布，讨论条件期望、条件方差

生命就像一个永恒的春天，穿着崭新而绚丽的衣服站在我面前。

Life stands before me like an eternal spring with new and brilliant clothes.

—— 卡尔・弗里德里希・高斯 (Carl Friedrich Gauss) | 德国数学家、物理学家、天文学家 | 1777—1855年

◀ matplotlib.pyplot.contour() 绘制等高线图
◀ matplotlib.pyplot.contour3D() 绘制三维等高线图
◀ matplotlib.pyplot.contourf() 绘制填充等高线图
◀ matplotlib.pyplot.fill_between() 区域填充颜色
◀ matplotlib.pyplot.plot_wireframe() 绘制线框图
◀ scipy.stats.multivariate_normal() 多元正态分布对象
◀ scipy.stats.norm() 一元正态分布对象

条件高斯分布 —— 参数 —— 条件期望
                            —— 条件方差
          —— 几何视角
    —— 应用 —— 一元线性回归
                —— 多元线性回归

12.1 联合概率和条件概率关系

本章是第8章的延续。第8章专门介绍了离散、连续随机变量的条件**期望** (conditional expectation)、条件**方差** (conditional variance)。本章将这些数学工具运用在高斯分布上。

本节首先回顾**条件概率** (conditional probability)。

条件概率

第3章介绍过，条件概率是指某事件在另外一个事件已经发生条件下的概率。

以图12.1为例，X和Y为连续随机变量，(X, Y)服从二元高斯分布。(X, Y)的联合概率密度函数PDF $f_{X,Y}(x,y)$为图12.1所示的曲面。

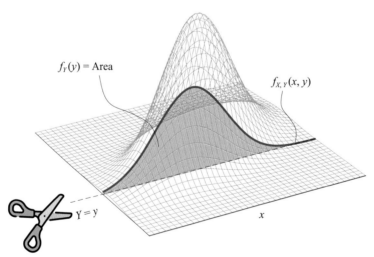

图12.1 高斯二元分布PDF曲面沿着$Y = y$切一刀

给定$Y = y$条件下，相当于在图12.1上沿着$Y = y$切一刀，得到的红色曲线便是$f_{X,Y}(x, y)$。

从几何视角来看，给定$Y = y$的条件下 $(f_Y(y) > 0)$，利用贝叶斯定理，X的条件PDF $f_{X|Y}(x|y)$相当于对$f_{X,Y}(x, y)$曲线用边缘PDF $f_Y(y)$归一化，即

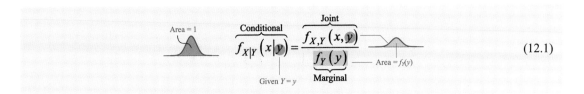

$$\overset{\text{Area}=1}{\underset{\text{Given }Y=y}{\underbrace{f_{X|Y}(x|y)}}} = \overset{\text{Joint}}{\underset{\text{Marginal}}{\dfrac{\overbrace{f_{X,Y}(x,y)}}{\underbrace{f_Y(y)}}}} \qquad \overset{\text{Area}=f_Y(y)}{} \tag{12.1}$$

⚠

注意：此时$f_Y(y)$代表一个具体的值，但是这个值仍然是概率密度，而不是概率。

分解来看，$Y=y$时，联合PDF$f_{X,Y}(x,y)$这条曲线与横轴围成的面积为边缘PDF$f_Y(y)$，即

$$\underset{\text{Marginal}}{\underbrace{f_Y(y)}} = \int_x \overset{\text{Joint}}{\underbrace{f_{X,Y}(x,y)}}\,\mathrm{d}x \qquad \overset{\text{Area}=f_Y(y)}{} \tag{12.2}$$
$$\text{Given }Y=y$$

归一化后的$f_{X|Y}(x|y)$曲线与横轴围成的面积为1，即

$$\int_x \underset{\text{Conditional}}{\underbrace{f_{X|Y}(x|y)}}\,\mathrm{d}x = 1 \qquad \overset{\text{Area}=1}{} \tag{12.3}$$
$$\text{Given }Y=y$$

沿着这个思路，让我们观察一组当Y取不同值时，二元高斯分布联合概率和条件概率的关系。

Y取特定值

如图12.2所示，当$y=-2$时，对联合PDF曲面在$y=-2$处切一刀，得到$f_{X,Y}(x,y=-2)$对应图12.2中的红色曲线。

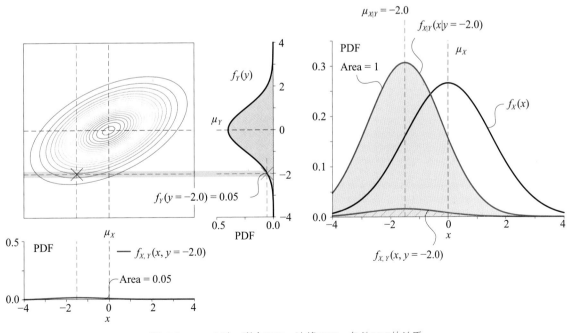

图12.2 $y=-2$时，联合PDF、边缘PDF、条件PDF的关系

$f_{X,Y}(x, y=-2)$ 与横轴围成的面积便是边缘PDF $f_Y(y=-2)$，经过计算得知面积约为0.05，即$f_Y(y=-2)=0.05$。

在给定 $y=-2$ 条件下，条件PDF $f_{X|Y}(x|y=-2)$ 可以通过下式计算得到，即

$$f_{X|Y}\left(x\middle|y=-2\right)=\frac{f_{X,Y}\left(x,y=-2\right)}{f_Y\left(y=-2\right)} \tag{12.4}$$

图12.2右侧子图同时比较了联合PDF $f_{X,Y}(x, y=-2)$、边缘PDF $f_X(x)$、条件PDF $f_{X|Y}(x|y=-2)$ 三条曲线之间的关系。

从图像上可以清楚看到，条件PDF $f_{X|Y}(x|y=-2)$ 相当于联合PDF $f_{X,Y}(x, y=-2)$ 在高度上放大约20倍 (= 1/0.05)。

值得反复强调的是：联合PDF $f_{X,Y}(x, y=-2)$ 曲线与横轴围成的面积约为0.05，然而条件PDF $f_{X|Y}(x|y=-2)$ 曲线与横轴围成的面积为1。

Y取不同值

图12.2~图12.6五幅图分别展示了当y取值分别为 –2、–1、0、1、2时，联合PDF和条件PDF的关系。

有几点值得注意。五幅图像上概率曲线形状都是类似高斯一元分布曲线。它们本身不是一元随机变量PDF的原因很简单——面积不为1。经过缩放得到面积为1的曲线就是条件PDF。

$Y=y$直线与联合PDF等高线某一个椭圆相切，而当y变化时，切点似乎沿着直线运动。

切点的横轴取值对应条件PDF $f_{X|Y}(x|y)$ 曲线的对称轴，而这个对称轴又是条件PDF $f_{X|Y}(x|y)$ 曲线的**期望**。这个**期望**值就是第8章介绍的条件**期望** (conditional expectation) E(X|Y = y)。

图12.2~图12.6五幅图条件PDF $f_{X|Y}(x|y)$ 对应的蓝色曲线，似乎在形状上没有任何变化，仅仅是对称轴发生了移动。这一点说明，y取值变化时，条件PDF曲线对应分布的**方差**似乎没有变化；这个**方差**就是第8章介绍的条件**方差** (conditional variance) var(X|Y = y)。

这一节先给大家一个直观印象，本章之后将会利用高斯二元分布对条件概率、条件**期望**、条件**方差**等概念进行定量研究。

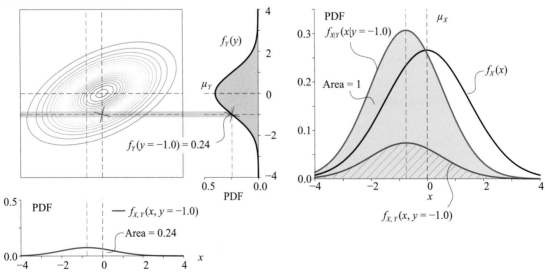

图12.3　$y=-1$ 时，联合PDF、边缘PDF、条件PDF的关系

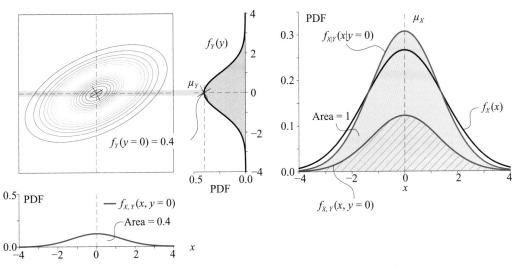

图12.4 y = 0时，联合PDF、边缘PDF、条件PDF的关系

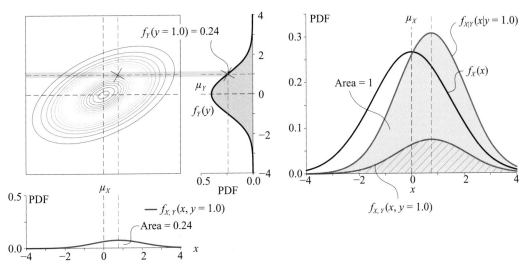

图12.5 y = 1时，联合PDF、边缘PDF、条件PDF的关系

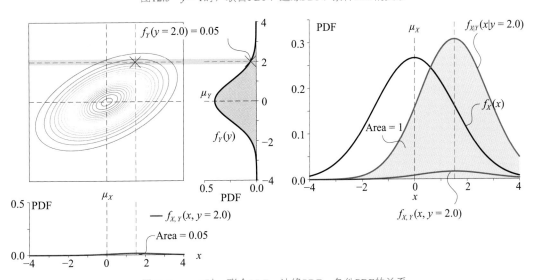

图12.6 y = 2时，联合PDF、边缘PDF、条件PDF的关系

12.2 给定 X 条件下，Y 的条件概率：以二元高斯分布为例

如果 (X, Y) 服从二元高斯分布，则联合PDF $f_{X,Y}(x,y)$ 解析式为

$$f_{X,Y}(x,y) = \frac{1}{2\pi\sigma_X\sigma_Y\sqrt{1-\rho_{X,Y}^2}} \times \exp\left(\frac{-1}{2}\underbrace{\frac{1}{(1-\rho_{X,Y}^2)}\left(\left(\frac{x-\mu_X}{\sigma_X}\right)^2 - 2\rho_{X,Y}\left(\frac{x-\mu_X}{\sigma_X}\right)\left(\frac{y-\mu_Y}{\sigma_Y}\right) + \left(\frac{y-\mu_Y}{\sigma_Y}\right)^2\right)}_{\text{Ellipse}}\right)$$

(12.5)

利用条件PDF、联合PDF、边缘PDF三者的关系，我们可以求得在给定 $X = x$ 条件下，条件PDF $f_{Y|X}(y|x)$ 解析式为

$$f_{Y|X}(y|x) = \frac{1}{\sigma_Y\sqrt{1-\rho_{X,Y}^2}\sqrt{2\pi}}\exp\left(-\frac{1}{2}\left(\frac{y-\left(\mu_Y+\rho_{X,Y}\frac{\sigma_Y}{\sigma_X}(x-\mu_X)\right)}{\sigma_Y\sqrt{1-\rho_{X,Y}^2}}\right)^2\right)$$

(12.6)

图12.7所示为 $f_{Y|X}(y|x)$ 曲面网格线。$f_{Y|X}(y|x)$ 曲线的**期望**和**方差**对应条件**期望** $E(Y|X = x)$ 和条件**方差** $\text{var}(Y|X = x)$。

可以发现当 $X = x$ 取一定值时，式 (12.6) 解析式对应高斯正态分布，这印证了第10章的猜测。将 $f_{Y|X}(y|x)$ 曲面不同位置曲线投影在 yz 平面得到图12.8，容易发现这些曲线的形状完全相同 (条件**标准差**不变)，但是曲线的中心位置发生了变化 (条件**期望**值发生了变化)。

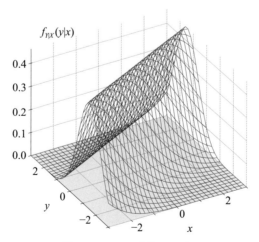

图12.7　$f_{Y|X}(y|x)$ 曲面网格线

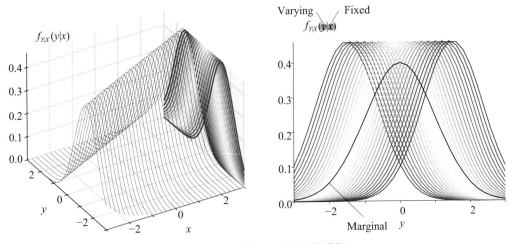

图12.8 $f_{Y|X}(y|x)$ 曲面在yz平面上的投影

条件期望E($Y|X = x$)

如果 (X, Y) 满足二元高斯分布，给定$X = x$条件下，Y的条件PDF $f_{Y|X}(y|x)$ 如图12.9所示。图12.10所示为$f_{Y|X}(y|x)$ 平面等高线。条件**期望** E($Y|X = x$) 解析式为

$$E\left(Y\middle|X = x\right) = \mu_Y + \rho_{X,Y}\frac{\sigma_Y}{\sigma_X}\left(x - \mu_X\right) \tag{12.7}$$

如图12.10所示，E($Y|X = x$) 随着 $X = x$ 取值线性变化；也就是说，E($Y|X = x$) 和 x 的关系是一条直线。这条直线的一般式可以写成

$$y = \mu_Y + \rho_{X,Y}\frac{\sigma_Y}{\sigma_X}\left(x - \mu_X\right) \tag{12.8}$$

可以发现直线的斜率为$\rho_{X,Y}\sigma_Y/\sigma_X$，且通过点 (μ_x, μ_y)。细心的读者一眼就会发现，这条曲线是以x为自变量、y为因变量的OLS线性回归直线解析式。

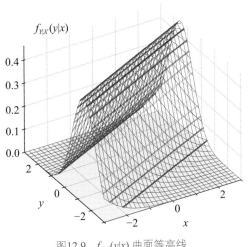

图12.9 $f_{Y|X}(y|x)$ 曲面等高线

> 本章最后一节将深入探讨这一话题，此外第24章也会展开讲解线性回归。

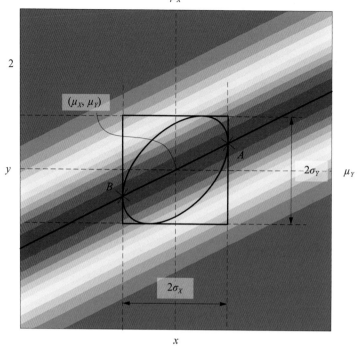

图12.10 $f_{Y|X}(y|x)$ 平面等高线

条件方差var($Y|X = x$)

给定$X = x$条件下，Y的条件**方差** var($Y|X = x$) 解析式为

$$\text{var}\left(Y|X=x\right) = \left(1-\rho_{X,Y}^2\right)\sigma_Y^2 \tag{12.9}$$

给定$X = x$条件下，Y的条件**标准差** $\sigma_{Y|X=x}$ 解析式为定值，有

$$\sigma_{Y|X=x} = \sqrt{1-\rho_{X,Y}^2} \cdot \sigma_Y \tag{12.10}$$

这解释了为什么图12.10中的等高线为平行线。

图12.11所示为$\sigma_{Y|X=x}$的几何含义。

 请大家格外注意图12.11中的平行四边形，我们将在第15章再看到这个平行四边形。

 Bk5_Ch12_02.py绘制图12.7 ~ 图12.10。

以鸢尾花为例：条件期望E($X_2 | X_1 = x_1$)、条件方差var($X_2 | X_1 = x_1$)

以鸢尾花花萼长度 (X_1)、花萼宽度 (X_2) 数据为例，假设 (X_1, X_2) 服从二元高斯分布。条件PDF $f_{X2|X1}(x_2 | x_1)$ 三维等高线和平面等高线如图12.12所示。

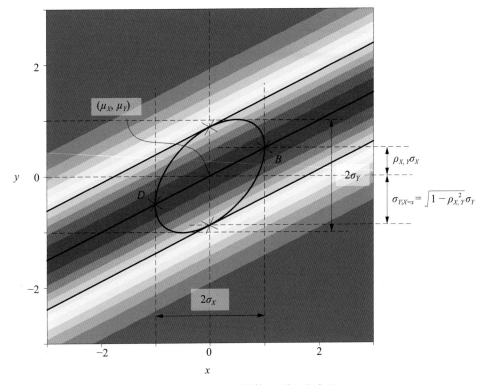

图12.11 条件标准差 $\sigma_{Y|X}$ 的几何含义

在给定 $X_1 = x_1$ 条件下，X_2 的条件**期望** $\mathrm{E}(X_2 \,|\, X_1 = x_1)$ 解析式为

$$
\begin{aligned}
\mathrm{E}\left(X_2 \,\middle|\, X_1 = x_1\right) &= \mu_2 + \rho_{1,2} \frac{\sigma_2}{\sigma_1}\left(x_1 - \mu_1\right) \\
&= 3.057 - 0.117 \times \frac{0.434}{0.825}\left(x_1 - 5.843\right) \\
&= -0.615 x_1 + 3.417
\end{aligned}
\tag{12.11}
$$

条件**方差** $\mathrm{var}(X_2 \,|\, X_1 = x_1)$ 为

$$
\mathrm{var}\left(X_2 \,\middle|\, X_1 = x_1\right) = \left(1 - \rho_{1,2}^2\right)\sigma_2^2 \approx 0.186
\tag{12.12}
$$

条件**标准差** $\sigma_{X_2|X_1=x_1}$ 为

$$
\sigma_{X_2|X_1=x_1} = \sqrt{1 - \rho_{1.2}^2}\,\sigma_2 = 0.431
\tag{12.13}
$$

如图12.12所示，不管 x_1 怎么变，这个条件**标准差** $\sigma_{X_2|X_1=x_1}$ 为定值。请大家对比第8章的类似图片。再次注意，图12.11中椭圆对应马氏距离为1。

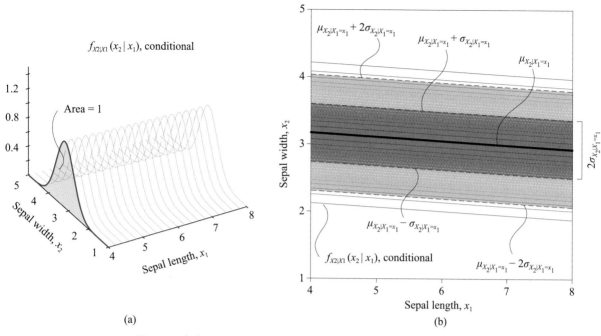

(a)

(b)

图12.12 条件PDF $f_{X_2 \mid X_1}(x_2 \mid x_1)$ 三维等高线和平面等高线 (不考虑分类)

以鸢尾花为例，考虑标签

换个条件来看，如图12.13所示，给定鸢尾花分类条件，假设花萼长度服从高斯分布。请大家自行计算给定鸢尾花分类为条件，花萼长度的条件**期望**$E(X_1 \mid Y = C_k)$和条件**方差**$\text{var}(X_1 \mid Y = C_k)$。

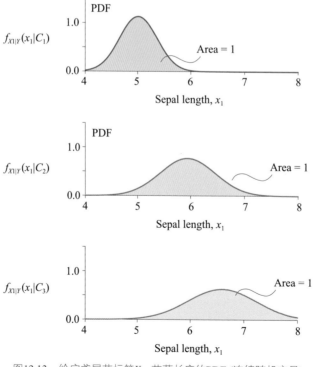

图12.13 给定鸢尾花标签Y，花萼长度的PDF (连续随机变量)

12.3 给定Y条件下，X的条件概率：以二元高斯分布为例

如果 (X, Y) 服从二元高斯分布，给定$Y = y$条件下，X的条件PDF $f_{X|Y}(x|y)$ 解析式为

$$f_{X|Y}\left(x|y\right)=\frac{1}{\sigma_X\sqrt{1-\rho_{X,Y}^2}\sqrt{2\pi}}\exp\left(-\frac{1}{2}\left(\frac{x-\left(\mu_X+\rho_{X,Y}\dfrac{\sigma_X}{\sigma_Y}\left(y-\mu_Y\right)\right)}{\sigma_X\sqrt{1-\rho_{X,Y}^2}}\right)^2\right) \tag{12.14}$$

图12.14所示为$f_{X|Y}(x|y)$ 曲面网格线。给定$Y = y$的条件下，条件PDF $f_{X|Y}(x|y)$ 投影到xz平面上得到图 12.15。图中曲线不够光滑的原因是因为数据的颗粒度不够高。

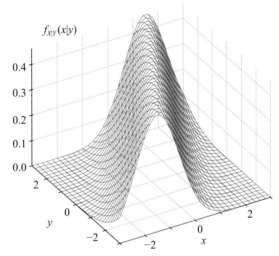

图12.14　$f_{X|Y}(x|y)$ 曲面网格线

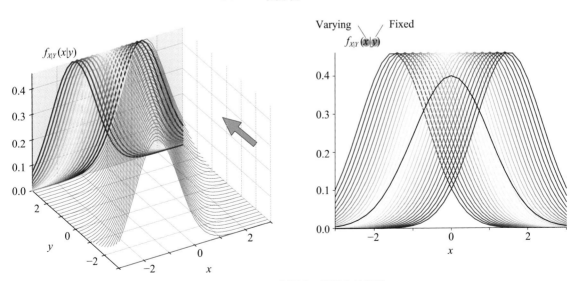

图12.15　$f_{X|Y}(x|y)$ 曲面在xz平面上的投影

条件期望E($X|Y = y$)

图12.16所示为$f_{X|Y}(x|y)$的平面等高线。图中的等高线都平行于条件**期望** $E(X|Y = y)$ (黑色斜线)，具体解析式为

$$E\left(X|Y = y\right) = \mu_X + \rho_{X,Y}\frac{\sigma_X}{\sigma_Y}\left(y - \mu_Y\right) \tag{12.15}$$

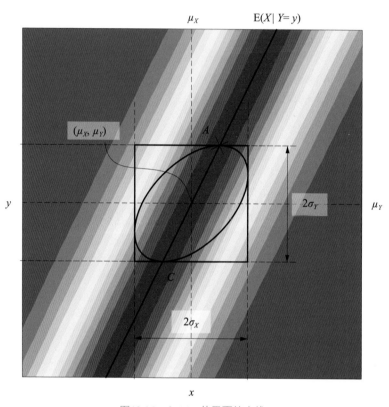

图12.16 $f_{X|Y}(x|y)$的平面等高线

条件方差var($X|Y = y$)

给定$Y = y$条件下，X的条件**方差** var($X|Y = y$)解析式为

$$\mathrm{var}\left(X|Y = y\right) = \left(1 - \rho_{X,Y}^2\right)\sigma_X^2 \tag{12.16}$$

给定$Y = y$条件下，X的条件**标准差** $\sigma_{X|Y = y}$解析式也是定值，即

$$\mathrm{std}\left(X|Y = y\right) = \sqrt{\left(1 - \rho_{X,Y}^2\right)} \cdot \sigma_X \tag{12.17}$$

图12.17所示为条件**标准差** $\sigma_{X|Y}$的几何含义，有

$$\mathrm{var}\left(X|Y = y\right) + \rho_{X,Y}^2\sigma_X^2 = \sigma_X^2 \tag{12.18}$$

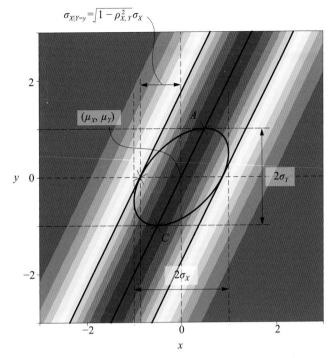

$$\sigma_{X|Y=y} = \sqrt{1 - \rho_{X,Y}^2}\, \sigma_X$$

图12.17 条件标准差 $\sigma_{X|Y}$ 的几何含义

以鸢尾花为例：条件期望$E(X_1 \mid X_2 = x_2)$、条件方差$\text{var}(X_1 \mid X_2 = x_2)$

以鸢尾花花萼长度 (X_1)、花萼宽度 (X_2) 数据为例，假设 (X_1, X_2) 服从二元高斯分布。给定$X_2 = x_2$条件下，X_1的条件期望 $E(X_1 \mid X_2 = x_2)$ 解析式为

$$
\begin{aligned}
E\left(X_1 \middle| X_2 = x_2\right) &= \mu_1 + \rho_{1,2}\frac{\sigma_1}{\sigma_2}\left(x_2 - \mu_2\right) \\
&= 5.843 - 0.117 \times \frac{0.825}{0.434}\left(x_2 - 3.057\right) \\
&= -0.222 x_2 + 6.523
\end{aligned}
\tag{12.19}
$$

条件方差 $\text{var}(X_1 \mid X_2 = x_2)$ 解析式为

$$
\text{var}\left(X_1 \middle| X_2 = x_2\right) = \left(1 - \rho_{1,2}^2\right)\sigma_1^2 \approx 0.671
\tag{12.20}
$$

条件标准差 $\sigma_{X_1|X_2=x_2}$ 解析式为定值，即

$$
\sigma_{X_1|X_2=x_2} = \sqrt{1 - \rho_{1,2}^2}\,\sigma_1 \approx 0.819
\tag{12.21}
$$

类似地，如图12.18所示，不管x_2怎么变，这个条件标准差均为定值。

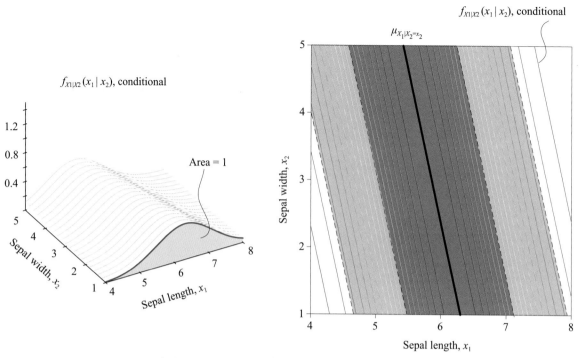

图12.18　条件PDF $f_{X1 \mid X2}(x_1 \mid x_2)$ 密度三维等高线和平面等高线 (不考虑分类)

以鸢尾花为例，考虑标签

换个条件来看，如图12.19所示，给定鸢尾花分类条件，假设花萼宽度服从高斯分布。请大家自行计算给定鸢尾花分类为条件，花萼宽度的条件**期望** $E(X_2 \mid Y = C_k)$ 和条件**方差** $\mathrm{var}(X_2 \mid Y = C_k)$。

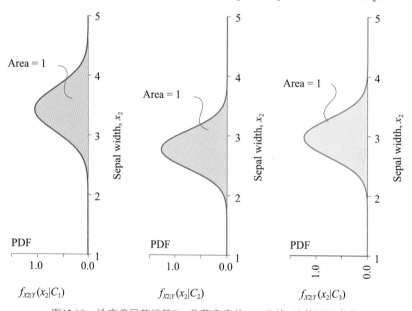

图12.19　给定鸢尾花标签 Y，花萼宽度的PDF曲线 (连续随机变量)

12.4 多元正态条件分布：引入矩阵运算

本节利用矩阵运算讨论多元正态条件分布。

多元高斯分布

如果随机变量向量 χ 和 γ 服从多维高斯分布，即

$$\begin{bmatrix} \chi \\ \gamma \end{bmatrix} \sim N\left(\begin{bmatrix} \mu_\chi \\ \mu_\gamma \end{bmatrix}, \begin{bmatrix} \Sigma_{\chi\chi} & \Sigma_{\chi\gamma} \\ \Sigma_{\gamma\chi} & \Sigma_{\gamma\gamma} \end{bmatrix} \right) \tag{12.22}$$

其中：χ 为随机变量 X_i 构成的列向量；γ 为随机变量 Y_j 构成的列向量。且

$$\chi = \begin{bmatrix} X_1 \\ X_2 \\ \vdots \\ X_D \end{bmatrix}, \quad \gamma = \begin{bmatrix} Y_1 \\ Y_2 \\ \vdots \\ Y_M \end{bmatrix} \tag{12.23}$$

图12.20所示为多元高斯分布的均值向量、协**方差**矩阵形状。

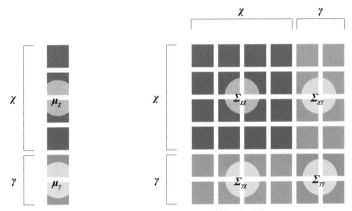

图12.20 均值向量、协方差矩阵形状

互协方差矩阵

注意，$\Sigma_{\gamma\chi}$ 的转置为 $\Sigma_{\chi\gamma}$，即

$$\left(\Sigma_{\gamma\chi} \right)^{\mathrm{T}} = \Sigma_{\chi\gamma} \tag{12.24}$$

$\Sigma_{\chi\gamma}$ 也叫**互协方差矩阵** (cross-covariance matrix)，这是第13章要讨论的内容之一。

给定$\chi = x$的条件

给定$\chi = x$的条件下，γ服从多维高斯分布，有

$$\{\gamma | \chi = x\} \sim N\left(\underbrace{\Sigma_{\gamma\chi}\Sigma_{\chi\chi}^{-1}\left(x - \mu_\chi\right) + \mu_\gamma}_{\text{Expectation}}, \quad \underbrace{\Sigma_{\gamma\gamma} - \Sigma_{\gamma\chi}\Sigma_{\chi\chi}^{-1}\Sigma_{\chi\gamma}}_{\text{Covariance matrix}}\right) \tag{12.25}$$

也就是说，如图12.21所示，给定$\chi = x$的条件下γ的条件**期望**为

$$\text{E}\left(\gamma | \chi = x\right) = \mu_{\gamma|\chi=x} = \Sigma_{\gamma\chi}\Sigma_{\chi\chi}^{-1}\left(x - \mu_\chi\right) + \mu_\gamma \tag{12.26}$$

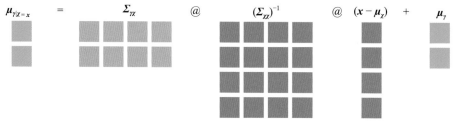

图12.21 给定$\chi = x$的条件下γ的期望值的矩阵运算

如图12.22所示，给定$\chi = x$的条件下γ的**方差**为

$$\Sigma_{\gamma|\chi=x} = \Sigma_{\gamma\gamma} - \Sigma_{\gamma\chi}\Sigma_{\chi\chi}^{-1}\Sigma_{\chi\gamma} \tag{12.27}$$

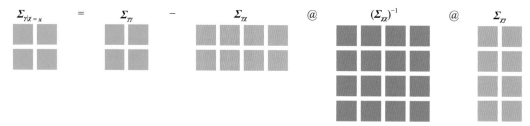

图12.22 给定$\chi = x$的条件下γ的方差的矩阵运算

给定$\gamma = y$的条件

同理，给定$\gamma = y$的条件下χ服从如下多维高斯分布，即

$$\{\chi | \gamma = y\} \sim N\left(\underbrace{\Sigma_{\chi\gamma}\Sigma_{\gamma\gamma}^{-1}\left(y - \mu_\gamma\right) + \mu_\chi}_{\text{Expectation}}, \quad \underbrace{\Sigma_{\chi\chi} - \Sigma_{\chi\gamma}\Sigma_{\gamma\gamma}^{-1}\Sigma_{\gamma\chi}}_{\text{Covariance matrix}}\right) \tag{12.28}$$

即给定$\gamma = y$的条件下χ的**期望**值为

$$\mu_{\chi|\gamma=y} = \Sigma_{\chi\gamma}\Sigma_{\gamma\gamma}^{-1}\left(y - \mu_\gamma\right) + \mu_\chi \tag{12.29}$$

给定$\gamma=y$的条件下χ的**方差**为

$$\Sigma_{\chi|\gamma=y} = \Sigma_{\chi\chi} - \Sigma_{\chi\gamma}\Sigma_{\gamma\gamma}^{-1}\Sigma_{\gamma\chi} \tag{12.30}$$

单一因变量

特别地，γ只有一个随机变量Y时，这对应线性回归中有多个自变量，只有一个因变量，如图12.23所示。

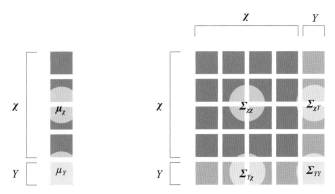

图12.23　均值向量、协方差矩阵形状 (γ只有一个随机变量)

这种情况下，给定$\chi=x$条件下Y的条件**期望**为

$$\mu_{Y|\chi=x} = \Sigma_{Y\chi}\Sigma_{\chi\chi}^{-1}\left(x-\mu_{\chi}\right) + \mu_{Y} \tag{12.31}$$

式 (12.31) 对应多元线性回归。图12.24所示为对应的矩阵运算示意图。

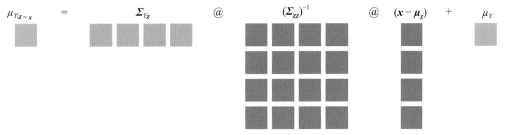

图12.24　给定$\chi=x$条件下Y的条件期望

多元线性回归

不考虑常数项系数，如果是行向量表达，多元线性回归的系数b为

$$b = \begin{bmatrix} b_1 & b_2 & \cdots & b_D \end{bmatrix} = \Sigma_{Y\chi}\Sigma_{\chi\chi}^{-1} \tag{12.32}$$

图12.25所示为**b**的矩阵运算。

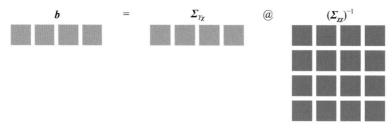

图12.25　计算多元回归的系数**b**

常数项b_0为

$$b_0 = -\Sigma_{Y\chi}\Sigma_{\chi\chi}^{-1}\mu_\chi + \mu_Y \tag{12.33}$$

简单线性回归

更特殊的，当χ和γ都只有一个随机变量，即单一自变量X、单一因变量Y时，有

$$\mu_{Y|X=x} = \text{cov}(X,Y)(\sigma_X^2)^{-1}(x-\mu_X) + \mu_Y = \rho_{X,Y}\frac{\sigma_Y}{\sigma_X}(x-\mu_X) + \mu_Y \tag{12.34}$$

这与之前的式 (12.8) 完全一致。第24章将继续讨论这一话题。

以鸢尾花为例

图12.26所示为鸢尾花数据的质心向量和协方差矩阵热图。我们用花萼长度、花萼宽度、花瓣长度为多元线性回归的多变量，用花瓣宽度为因变量。图12.26所示向量和协方差矩阵也据此分块。

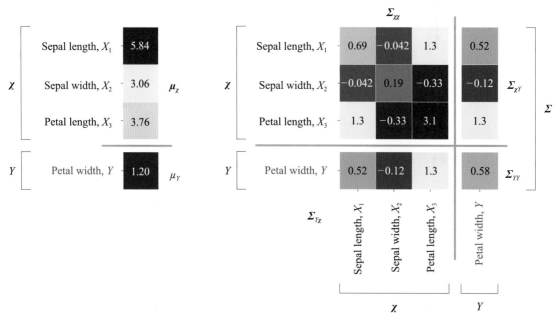

图12.26　质心向量、协方差矩阵热图

利用式 (12.32)，我们可以计算得到回归系数为

$$
\begin{aligned}
\boldsymbol{b} &= \begin{bmatrix} b_1 & b_2 & b_3 \end{bmatrix} = \boldsymbol{\Sigma}_{Y\chi} \boldsymbol{\Sigma}_{\chi\chi}^{-1} \\
&= \begin{bmatrix} 0.516 & -0.122 & 1.296 \end{bmatrix} \begin{bmatrix} 0.686 & -0.042 & 1.274 \\ -0.042 & 0.190 & -0.330 \\ 1.274 & -0.330 & 3.116 \end{bmatrix}^{-1} \\
&= \begin{bmatrix} -0.207 & 0.223 & 0.524 \end{bmatrix}
\end{aligned}
\tag{12.35}
$$

图12.27所示为式 (12.35) 运算的热图。

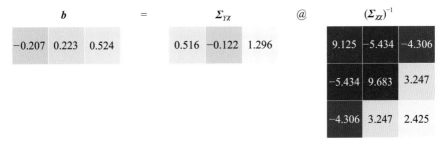

图12.27　矩阵计算系数向量 $\boldsymbol{b}$

利用式 (12.33)，计算得到多元线性回归的常数项为

$$
b_0 = 1.199 - \begin{bmatrix} -0.207 & 0.223 & 0.524 \end{bmatrix} \begin{bmatrix} 5.843 \\ 3.057 \\ 3.758 \end{bmatrix} = -0.24
\tag{12.36}
$$

图12.28所示为对应运算的热图。

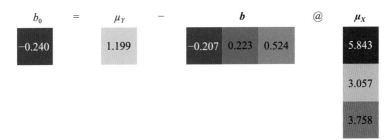

图12.28　矩阵计算常数 b_0

从而得到多元线性回归的解析式为

$$
\begin{aligned}
y &= \begin{bmatrix} 0.516 & -0.122 & 1.296 \end{bmatrix} \begin{bmatrix} 0.686 & -0.042 & 1.274 \\ -0.042 & 0.190 & -0.330 \\ 1.274 & -0.330 & 3.116 \end{bmatrix}^{-1} \left(\begin{bmatrix} x_1 \\ x_2 \\ x_3 \end{bmatrix} - \begin{bmatrix} 5.843 \\ 3.057 \\ 3.758 \end{bmatrix} \right) + 1.199 \\
&= -0.207x_1 + 0.223x_2 + 0.524x_3 - 0.240
\end{aligned}
\tag{12.37}
$$

这个式子相当于用花萼长度、花萼宽度、花瓣长度作为变量估算花萼宽度。

有必要强调一下，线性回归并不一定表示因果关系。尽管线性回归可以用于探索变量之间的关系，但它并不会告诉我们一个变量是否是另一个变量的原因。因为在统计学中，相关性并不等于因果关系。

要确定两个变量之间的因果关系，需要进行实验研究，如随机对照实验。在这种类型的实验中，研究人员可以控制潜在的影响因素，然后观察自变量对因变量的影响。因此，线性回归可以用于探索变量之间的关系，但如果要确定因果关系，则需要进行更深入的研究和分析。

Bk5_Ch12_03.py绘制本节图像。

简单来说，条件高斯分布是指在已知某些变量的取值情况下，对另外一些变量的概率分布进行建模的一种方法。条件高斯分布在模式识别、机器学习、贝叶斯推断等领域都有广泛的应用。本节中大家看到条件高斯分布给线性回归提供了一种全新的解读视角。

13 协方差矩阵
Covariance Matrix
很多数学科学、机器学习算法的起点

科学的目标是寻求对复杂事实的最简单的解释。我们很容易误以为事实很简单，因为简单是我们追求的目标。每个自然哲学家生活中的指导格言都应该是——寻求简单而不相信它。

The aim of science is to seek the simplest explanations of complex facts. We are apt to fall into the error of thinking that the facts are simple because simplicity is the goal of our quest. The guiding motto in the life of every natural philosopher should be, seek simplicity and distrust it.

—— 阿尔弗雷德•怀特海 (Alfred Whitehead) | 英国数学家、哲学家 | 1861—1947年

◀ numpy.average() 计算平均值
◀ numpy.corrcoef() 计算数据的相关性系数
◀ numpy.cov() 计算协方差矩阵
◀ numpy.diag() 如果A为方阵，则numpy.diag(A) 函数提取对角线元素，以向量形式输入结果；如果a为向量，则numpy.diag(a) 函数将向量展开成方阵，方阵对角线元素为a向量的元素
◀ numpy.linalg.cholesky() Cholesky分解
◀ numpy.linalg.eig() 特征值分解
◀ numpy.linalg.inv() 矩阵求逆
◀ numpy.linalg.norm() 计算范数
◀ numpy.linalg.svd() 奇异值分解
◀ numpy.ones() 创建全1向量或矩阵
◀ numpy.sqrt() 计算平方根

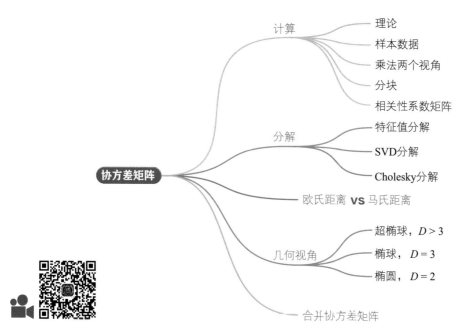

13.1 计算协方差矩阵：描述数据分布

协方差矩阵囊括多特征数据矩阵的重要统计描述，在多元高斯分布中，协方差矩阵扮演重要角色。不仅如此，数据科学和机器学习方法中随处可见，如多元高斯分布、随机数生成器、OLS线性回归、主成分分析、正交回归、高斯过程、高斯朴素贝叶斯、高斯判别分析、高斯混合模型等。因此，我们有必要拿出一章专门讨论协方差矩阵。

本系列丛书介绍的很多数学概念在协方差矩阵处达到完美融合，如解析几何中的椭圆，概率统计中的高斯分布，线性代数中的线性变换、Cholesky分解、特征值分解、正定性等。因此，本章也可以视作对《矩阵力量》一册中重要的线性代数工具的梳理和应用。

形状

一般而言，协方差矩阵可视作由方差和协方差两部分组成，方差是协方差矩阵对角线上的元素，协方差是协方差矩阵非对角线上的元素，即

$$
\boldsymbol{\Sigma} = \begin{bmatrix} \sigma_{1,1} & \sigma_{1,2} & \cdots & \sigma_{1,D} \\ \sigma_{2,1} & \sigma_{2,2} & \cdots & \sigma_{2,D} \\ \vdots & \vdots & \ddots & \vdots \\ \sigma_{D,1} & \sigma_{D,2} & \cdots & \sigma_{D,D} \end{bmatrix} = \begin{bmatrix} \sigma_1^2 & \rho_{1,2}\sigma_1\sigma_2 & \cdots & \rho_{1,D}\sigma_1\sigma_D \\ \rho_{1,2}\sigma_1\sigma_2 & \sigma_2^2 & \cdots & \rho_{2,D}\sigma_2\sigma_D \\ \vdots & \vdots & \ddots & \vdots \\ \rho_{1,D}\sigma_1\sigma_D & \rho_{2,D}\sigma_2\sigma_D & \cdots & \sigma_D^2 \end{bmatrix} \tag{13.1}
$$

方差描述了某个特征上数据的离散度，而协方差则蕴含成对特征之间的相关性。

显而易见，协方差矩阵为对称矩阵，即有

$$\Sigma = \Sigma^{\mathrm{T}} \tag{13.2}$$

理论

定义随机变量的列向量χ为

$$\chi = \begin{bmatrix} X_1 \\ X_2 \\ \vdots \\ X_D \end{bmatrix} \tag{13.3}$$

χ的协方差矩阵可以通过下式计算得到，即

$$\begin{aligned} \mathrm{var}(\chi) = \mathrm{cov}(\chi,\chi) &= \mathrm{E}\left[\left(\chi - \mathrm{E}(\chi) \right) \left(\chi - \mathrm{E}(\chi) \right)^{\mathrm{T}} \right] \\ &= \mathrm{E}\left(\chi\chi^{\mathrm{T}} \right) - \mathrm{E}(\chi)\mathrm{E}(\chi)^{\mathrm{T}} \end{aligned} \tag{13.4}$$

> ⚠
>
> 注意：为了方便表达，上式中列向量χ的期望值向量$\mathrm{E}(\chi)$也是**列向量**。$\mathrm{E}\left(\chi\chi^{\mathrm{T}} \right)$和$\mathrm{E}(\chi)\mathrm{E}(\chi)^{\mathrm{T}}$的结果都是$D \times D$方阵。

式(13.4)类似于我们在第4章提到的计算方差和协方差的技巧，请大家类比，即

$$\mathrm{var}(X) = \underbrace{\mathrm{E}\left(X^2 \right)}_{\text{Expectaton of } X^2} - \underbrace{\mathrm{E}(X)^2}_{\text{Square of } \mathrm{E}(X)} \tag{13.5}$$

$$\mathrm{cov}(X_1, X_2) = \mathrm{E}(X_1 X_2) - \mathrm{E}(X_1)\mathrm{E}(X_2)$$

样本数据

实践中，我们更常用的是样本数据的协方差矩阵，如图13.1所示。对于形状为$n \times D$的样本数据矩阵X，X的协方差矩阵Σ可以通过下式计算得到，即

$$\Sigma = \frac{\left(\underbrace{X - \mathrm{E}(X)}_{\text{Centered}} \right)^{\mathrm{T}} \left(\underbrace{X - \mathrm{E}(X)}_{\text{Centered}} \right)}{n-1} = \frac{X_c^{\mathrm{T}} X_c}{n-1} \tag{13.6}$$

其中：$\mathrm{E}(X)$为数据X的质心，是**行向量**；利用广播原则，$X - \mathrm{E}(X)$得到去均值数据矩阵X_c。

> ⚠
>
> 注意：式(13.6)中分母为$n-1$。

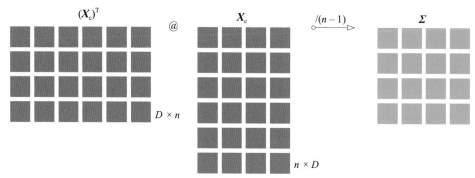

图13.1 计算X样本数据的协方差矩阵Σ

式(13.6) 可以写成

$$\Sigma = \frac{\left(X - I\mathrm{E}(X)\right)^{\mathrm{T}}\left(X - I\mathrm{E}(X)\right)}{n-1} \tag{13.7}$$

式(13.7) 展开得到

$$
\begin{aligned}
\Sigma &= \frac{\left(X^{\mathrm{T}} - \mathrm{E}(X)^{\mathrm{T}} I^{\mathrm{T}}\right)\left(X - I\mathrm{E}(X)\right)}{n-1} \\
&= \frac{X^{\mathrm{T}}X - \mathrm{E}(X)^{\mathrm{T}}\underbrace{I^{\mathrm{T}}X}_{n\mathrm{E}(X)} - \underbrace{X^{\mathrm{T}}I}_{n\mathrm{E}(X)^{\mathrm{T}}}\mathrm{E}(X) + \mathrm{E}(X)^{\mathrm{T}}\underbrace{I^{\mathrm{T}}I}_{n}\mathrm{E}(X)}{n-1} \\
&= \frac{\overbrace{X^{\mathrm{T}}X}^{\text{Gram matrix}}}{n-1} - \frac{n}{n-1}\mathrm{E}(X)^{\mathrm{T}}\mathrm{E}(X)
\end{aligned} \tag{13.8}
$$

观察式(13.8)，相信大家已经看到**格拉姆矩阵 (Gram matrix)**。也就是说，协方差矩阵可以视作一种特殊的格拉姆矩阵。

此外，如果n足够大，则可以用n替换$n-1$，影响微乎其微。

把数据矩阵X展开成一组列向量 $[x_1, x_2, \cdots, x_D]$，$\mathrm{E}(X)$ 写成 $[\mu_1, \mu_2, \cdots, \mu_D]$，式(13.6) 可以整理为

$$
\begin{aligned}
\Sigma &= \frac{\left(X - \mathrm{E}(X)\right)^{\mathrm{T}}\left(X - \mathrm{E}(X)\right)}{n-1} \\
&= \frac{\left[x_1 - \mu_1 \quad x_2 - \mu_2 \quad \cdots \quad x_D - \mu_D\right]^{\mathrm{T}}\left[x_1 - \mu_1 \quad x_2 - \mu_2 \quad \cdots \quad x_D - \mu_D\right]}{n-1} \\
&= \frac{1}{n-1}\begin{bmatrix} (x_1 - \mu_1)^{\mathrm{T}}(x_1 - \mu_1) & (x_1 - \mu_1)^{\mathrm{T}}(x_2 - \mu_2) & \cdots & (x_1 - \mu_1)^{\mathrm{T}}(x_D - \mu_D) \\ (x_2 - \mu_2)^{\mathrm{T}}(x_1 - \mu_1) & (x_2 - \mu_2)^{\mathrm{T}}(x_2 - \mu_2) & \cdots & (x_2 - \mu_2)^{\mathrm{T}}(x_D - \mu_D) \\ \vdots & \vdots & \ddots & \vdots \\ (x_D - \mu_D)^{\mathrm{T}}(x_1 - \mu_1) & (x_D - \mu_D)^{\mathrm{T}}(x_2 - \mu_2) & \cdots & (x_D - \mu_D)^{\mathrm{T}}(x_D - \mu_D) \end{bmatrix}
\end{aligned} \tag{13.9}
$$

图13.2 (a) 所示为鸢尾花四特征数据协方差矩阵Σ。

第12章讲解多元高斯分布时，介绍过其概率密度函数PDF解析式中用到协方差矩阵的逆。而协方差矩阵的逆矩阵有自己的名字——**集中矩阵 (concentration matrix)**。图13.2 (b) 所示为协方差矩阵的逆Σ^{-1}。

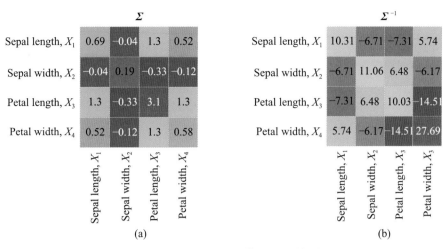

	Σ					Σ^{-1}			
Sepal length, X_1	0.69	−0.04	1.3	0.52	Sepal length, X_1	10.31	−6.71	−7.31	5.74
Sepal width, X_2	−0.04	0.19	−0.33	−0.12	Sepal width, X_2	−6.71	11.06	6.48	−6.17
Petal length, X_3	1.3	−0.33	3.1	1.3	Petal length, X_3	−7.31	6.48	10.03	−14.51
Petal width, X_4	0.52	−0.12	1.3	0.58	Petal width, X_4	5.74	−6.17	−14.51	27.69

(a)　　　　　　　　　　　　　　　(b)

图13.2　鸢尾花四特征协方差矩阵、逆矩阵热图

四种椭圆

本书中常用椭圆代表协方差矩阵。若χ服从多元高斯分布，则$\chi \sim (\mu, \Sigma)$。如图13.3所示，当协方差矩阵形态不同时，对应的椭圆有4种类型。

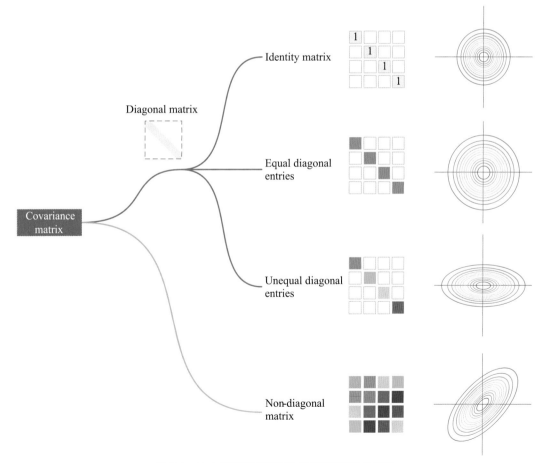

图13.3　协方差矩阵的形态影响高斯密度函数形状

当协方差矩阵为**单位矩阵** (identity matrix)，即$\boldsymbol{\Sigma} = \boldsymbol{I}$时，随机变量为IID，每一个随机变量服从标准正态分布。因此，这种情况下，我们用正圆代表其概率密度函数。准确来说，概率密度函数对应的几何形状是多维空间的正球体。

独立同分布 (independent and identically distributed, IID) 是指一组随机变量中每个变量的概率分布都相同，且这些随机变量互相独立。

类似地，当协方差矩阵为$\boldsymbol{\Sigma} = k\boldsymbol{I}$时，这种情况对应的概率密度函数也是正圆，$k$相当于缩放系数。

当$\boldsymbol{\Sigma}$为对角阵时，对角线元素不同，即

$$\boldsymbol{\Sigma} = \begin{bmatrix} \sigma_{1,1} & 0 & \cdots & 0 \\ 0 & \sigma_{2,2} & \cdots & 0 \\ \vdots & \vdots & \ddots & \vdots \\ 0 & 0 & \cdots & \sigma_{D,D} \end{bmatrix} = \begin{bmatrix} \sigma_1^2 & 0 & \cdots & 0 \\ 0 & \sigma_2^2 & \cdots & 0 \\ \vdots & \vdots & \ddots & \vdots \\ 0 & 0 & \cdots & \sigma_D^2 \end{bmatrix} \tag{13.10}$$

这种情况下，对应的概率密度函数形状为正椭圆。多元高斯分布的概率密度函数可以写成边际概率密度函数的累乘：

$$f_X(\boldsymbol{x}) = \prod_{j=1}^{D} \frac{1}{\sqrt{2\pi}\sigma_j} \exp\left(\frac{-1}{2} \left(\frac{x_j - \mu_j}{\sigma_j} \right)^2 \right) \tag{13.11}$$

当$\boldsymbol{\Sigma}$不定时，高斯分布PDF形状为旋转椭圆。

本章最后将深入探讨协方差矩阵的几何视角。

给定标签为条件

当然，在计算协方差矩阵时，我们也可以考虑到数据标签。图13.4所示为三个不同标签数据各自协方差矩阵$\boldsymbol{\Sigma}_1$、$\boldsymbol{\Sigma}_2$、$\boldsymbol{\Sigma}_3$的热图。

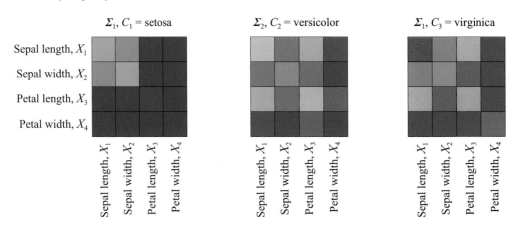

图13.4 协方差矩阵热图 (考虑分类)

质心位于原点

特别地，当所有均值都是0时，即$[\mu_1, \mu_2, \cdots, \mu_D]^{\mathrm{T}} = [0, 0, \cdots, 0]^{\mathrm{T}}$，也就是说数据质心位于原点，并将$\boldsymbol{X}$写成列向量，式(13.9) 可以写成

$$\boldsymbol{\Sigma} = \overbrace{\frac{\boldsymbol{X}^{\mathrm{T}}\boldsymbol{X}}{n-1}}^{\text{Gram matrix}} = \frac{\boldsymbol{G}}{n-1} = \frac{1}{n-1} \begin{bmatrix} \boldsymbol{x_1}^{\mathrm{T}}\boldsymbol{x_1} & \boldsymbol{x_1}^{\mathrm{T}}\boldsymbol{x_2} & \cdots & \boldsymbol{x_1}^{\mathrm{T}}\boldsymbol{x_D} \\ \boldsymbol{x_2}^{\mathrm{T}}\boldsymbol{x_1} & \boldsymbol{x_2}^{\mathrm{T}}\boldsymbol{x_2} & \cdots & \boldsymbol{x_2}^{\mathrm{T}}\boldsymbol{x_D} \\ \vdots & \vdots & \ddots & \vdots \\ \boldsymbol{x_D}^{\mathrm{T}}\boldsymbol{x_1} & \boldsymbol{x_D}^{\mathrm{T}}\boldsymbol{x_2} & \cdots & \boldsymbol{x_D}^{\mathrm{T}}\boldsymbol{x_D} \end{bmatrix} \tag{13.12}$$

用向量内积运算，式(13.12) 可以写成

$$\boldsymbol{\Sigma} = \frac{1}{n-1} \begin{bmatrix} \langle \boldsymbol{x_1}, \boldsymbol{x_1} \rangle & \langle \boldsymbol{x_1}, \boldsymbol{x_2} \rangle & \cdots & \langle \boldsymbol{x_1}, \boldsymbol{x_D} \rangle \\ \langle \boldsymbol{x_2}, \boldsymbol{x_1} \rangle & \langle \boldsymbol{x_2}, \boldsymbol{x_2} \rangle & \cdots & \langle \boldsymbol{x_2}, \boldsymbol{x_D} \rangle \\ \vdots & \vdots & \ddots & \vdots \\ \langle \boldsymbol{x_D}, \boldsymbol{x_1} \rangle & \langle \boldsymbol{x_D}, \boldsymbol{x_2} \rangle & \cdots & \langle \boldsymbol{x_D}, \boldsymbol{x_D} \rangle \end{bmatrix} \tag{13.13}$$

式(13.13)是矩阵乘法的第一视角。

同样，当数据质心位于原点时，将$\boldsymbol{X}$写成行向量，式(13.9) 可以写成

$$\boldsymbol{\Sigma} = \overbrace{\frac{\boldsymbol{X}^{\mathrm{T}}\boldsymbol{X}}{n-1}}^{\text{Gram matrix}} = \frac{1}{n-1} \begin{bmatrix} \boldsymbol{x}^{(1)\mathrm{T}} & \boldsymbol{x}^{(2)\mathrm{T}} & \cdots & \boldsymbol{x}^{(n)\mathrm{T}} \end{bmatrix} \begin{bmatrix} \boldsymbol{x}^{(1)} \\ \boldsymbol{x}^{(2)} \\ \vdots \\ \boldsymbol{x}^{(n)} \end{bmatrix}$$

$$= \frac{1}{n-1} \left(\boldsymbol{x}^{(1)\mathrm{T}}\boldsymbol{x}^{(1)} + \boldsymbol{x}^{(2)\mathrm{T}}\boldsymbol{x}^{(2)} + \cdots + \boldsymbol{x}^{(n)\mathrm{T}}\boldsymbol{x}^{(n)} \right) = \frac{1}{n-1}\sum_{i=1}^{n} \boldsymbol{x}^{(i)\mathrm{T}}\boldsymbol{x}^{(i)} \tag{13.14}$$

式(13.14)中，$\boldsymbol{x}^{(i)\mathrm{T}}\boldsymbol{x}^{(i)}$ 的形状为 $D \times D$。矩阵乘法写成n个形状大小相同的矩阵层层叠加，这便是矩阵乘法的第二视角。

协方差矩阵分块

协方差矩阵还可以分块。比如，鸢尾花4×4协方差矩阵可以按照如下方式分块，即

$$\boldsymbol{\Sigma} = \begin{bmatrix} \sigma_{1,1} & \sigma_{1,2} & \sigma_{1,3} & \sigma_{1,4} \\ \sigma_{2,1} & \sigma_{2,2} & \sigma_{2,3} & \sigma_{2,4} \\ \sigma_{3,1} & \sigma_{3,2} & \sigma_{3,3} & \sigma_{3,4} \\ \sigma_{4,1} & \sigma_{4,2} & \sigma_{4,3} & \sigma_{4,4} \end{bmatrix} = \begin{bmatrix} \underbrace{\begin{bmatrix} \sigma_{1,1} & \sigma_{1,2} \\ \sigma_{2,1} & \sigma_{2,2} \end{bmatrix}}_{\Sigma_{2\times2}} & \underbrace{\begin{bmatrix} \sigma_{1,3} & \sigma_{1,4} \\ \sigma_{2,3} & \sigma_{2,4} \end{bmatrix}}_{\Sigma_{2\times(4-2)}} \\ \underbrace{\begin{bmatrix} \sigma_{3,1} & \sigma_{3,2} \\ \sigma_{4,1} & \sigma_{4,2} \end{bmatrix}}_{\Sigma_{(4-2)\times2}} & \underbrace{\begin{bmatrix} \sigma_{3,3} & \sigma_{3,4} \\ \sigma_{4,3} & \sigma_{4,4} \end{bmatrix}}_{\Sigma_{(4-2)\times(4-2)}} \end{bmatrix} = \begin{bmatrix} \boldsymbol{\Sigma}_{2\times2} & \boldsymbol{\Sigma}_{2\times(4-2)} \\ \boldsymbol{\Sigma}_{(4-2)\times2} & \boldsymbol{\Sigma}_{(4-2)(4-2)} \end{bmatrix} \tag{13.15}$$

4×4协方差矩阵$\boldsymbol{\Sigma}$被分为4块。注意：矩阵分块时切割线的交点位于主对角线上。

如图13.5所示，$\boldsymbol{\Sigma}_{2\times2}$ 和$\boldsymbol{\Sigma}_{(4-2)\times(4-2)}$ 都还是协方差矩阵，它们的主对角线上还是方差。从几何视角来看，$\boldsymbol{\Sigma}_{2\times2}$ 和$\boldsymbol{\Sigma}_{(4-2)\times(4-2)}$ 都是旋转椭圆。而$\boldsymbol{\Sigma}_{(4-2)\times2}$和$\boldsymbol{\Sigma}_{2\times(4-2)}$叫**互协方差矩阵** (cross-covariance matrix)。

$\boldsymbol{\Sigma}_{(4-2)\times2}$和$\boldsymbol{\Sigma}_{2\times(4-2)}$互为转置矩阵，即$\boldsymbol{\Sigma}_{(4-2)\times2} = \boldsymbol{\Sigma}^{\mathrm{T}}_{2\times(4-2)}$。

> ⚠
> 注意：互协方差矩阵中一般只含有协方差，没有方差。

> 丛书《数据有道》一册讲解**典型相关分析** (canonical correlation analysis) 时将会用到互协方差矩阵。

当然，协方差矩阵分块方式有很多，如图13.6所示。图13.6中$\boldsymbol{\Sigma}_{3\times3}$的几何形状为椭球。请大家自行分析图13.6。

有关分块矩阵运算，建议大家回顾《矩阵力量》一册第6章相关内容。

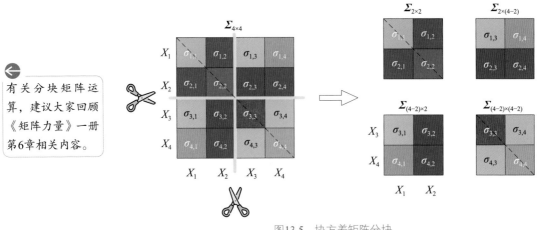

图13.5　协方差矩阵分块

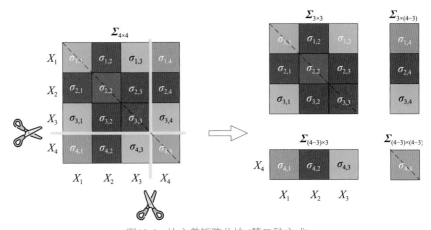

图13.6　协方差矩阵分块 (第二种方式)

13.2 相关性系数矩阵：描述Z分数分布

相关性系数矩阵$\boldsymbol{P}$的定义为

$$\boldsymbol{P} = \begin{bmatrix} 1 & \rho_{1,2} & \cdots & \rho_{1,D} \\ \rho_{2,1} & 1 & \cdots & \rho_{2,D} \\ \vdots & \vdots & \ddots & \vdots \\ \rho_{D,1} & \rho_{D,2} & \cdots & 1 \end{bmatrix} \tag{13.16}$$

图13.7所示为鸢尾花数据相关性系数矩阵$\boldsymbol{P}$。$\boldsymbol{P}$的对角线元素均为1，对角线以外元素为成对相关

性系数$\rho_{i,j}$。类似协方差矩阵，相关性系数矩阵$\boldsymbol{P}$当然也可以分块。

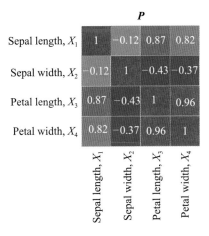

图13.7　鸢尾花数据相关性系数矩阵热图

协方差矩阵 VS 相关性系数矩阵

协方差矩阵$\boldsymbol{\Sigma}$和相关性系数矩阵$\boldsymbol{P}$的关系为

$$\boldsymbol{\Sigma} = \boldsymbol{DPD} = \underbrace{\begin{bmatrix} \sigma_1 & 0 & \cdots & 0 \\ 0 & \sigma_2 & \cdots & 0 \\ \vdots & \vdots & \ddots & \vdots \\ 0 & 0 & \cdots & \sigma_D \end{bmatrix}}_{\boldsymbol{D}} \underbrace{\begin{bmatrix} 1 & \rho_{1,2} & \cdots & \rho_{1,D} \\ \rho_{2,1} & 1 & \cdots & \rho_{2,D} \\ \vdots & \vdots & \ddots & \vdots \\ \rho_{D,1} & \rho_{D,2} & \cdots & 1 \end{bmatrix}}_{\text{Correlation matrix, } \boldsymbol{P}} \underbrace{\begin{bmatrix} \sigma_1 & 0 & \cdots & 0 \\ 0 & \sigma_2 & \cdots & 0 \\ \vdots & \vdots & \ddots & \vdots \\ 0 & 0 & \cdots & \sigma_D \end{bmatrix}}_{\boldsymbol{D}} \tag{13.17}$$

从几何角度来看，式(13.17)中对角方阵$\boldsymbol{D}$起到的是缩放作用。

图13.8所示为协方差矩阵和相关性系数矩阵关系热图。

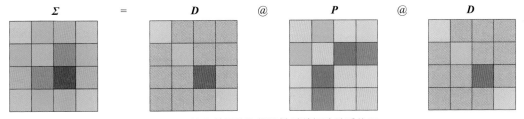

图13.8　协方差矩阵和相关性系数矩阵关系热图

从$\boldsymbol{\Sigma}$反求相关性系数矩阵$\boldsymbol{P}$，有

$$\boldsymbol{P} = \boldsymbol{D}^{-1}\boldsymbol{\Sigma}\boldsymbol{D}^{-1} \tag{13.18}$$

其中

$$\boldsymbol{D}^{-1} = \text{diag}\left(\text{diag}\left(\boldsymbol{\Sigma}\right)\right)^{-\frac{1}{2}} = \begin{bmatrix} 1/\sigma_1 & 0 & \cdots & 0 \\ 0 & 1/\sigma_2 & \cdots & 0 \\ \vdots & \vdots & \ddots & \vdots \\ 0 & 0 & \cdots & 1/\sigma_D \end{bmatrix} \tag{13.19}$$

其中：里层的diag() 提取协方差矩阵的对角线元素 (方差)，结果为向量；外层的diag() 将向量展成对角方阵。

考虑标签

图13.9所示为考虑分类标签条件下的相关性系数矩阵热图，我们管它们叫条件相关性系数矩阵。

大家是否立刻想到，既然协方差可以用椭圆代表，那么图13.9中的三个条件相关性系数矩阵肯定也有它们各自的椭圆！这是本章最后要介绍的内容。

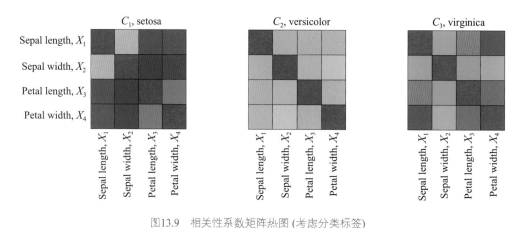

图13.9　相关性系数矩阵热图 (考虑分类标签)

13.3 特征值分解：找到旋转、缩放

对协方差矩阵$\boldsymbol{\Sigma}$特征值分解为

$$\boldsymbol{\Sigma} = V\Lambda V^{-1} \tag{13.20}$$

其中，特征值矩阵Λ为对角方阵，即

$$\Lambda = \begin{bmatrix} \lambda_1 & 0 & \cdots & 0 \\ 0 & \lambda_2 & \cdots & 0 \\ \vdots & \vdots & \ddots & \vdots \\ 0 & 0 & \cdots & \lambda_D \end{bmatrix} \tag{13.21}$$

由于$\boldsymbol{\Sigma}$为对称矩阵，所以对协方差矩阵特征值分解是谱分解，即

$$\boldsymbol{\Sigma} = V\Lambda V^{\mathrm{T}} \tag{13.22}$$

图13.10所示为鸢尾花数据协方差矩阵$\boldsymbol{\Sigma}$的特征值分解运算热图。

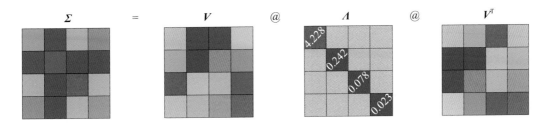

图13.10 协方差矩阵特征值分解

矩阵 V 为正交矩阵，即有

$$VV^{T} = I \tag{13.23}$$

图13.11所示为对应运算热图。

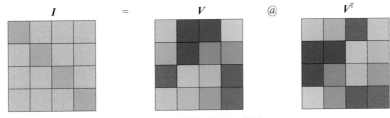

图13.11 矩阵 V 为正交矩阵

谱分解：外积展开

将式(13.22) 展开得到

$$
\begin{aligned}
\Sigma = V\Lambda V^{T} &= \begin{bmatrix} v_1 & v_2 & \cdots & v_D \end{bmatrix} \begin{bmatrix} \lambda_1 & & & \\ & \lambda_2 & & \\ & & \ddots & \\ & & & \lambda_D \end{bmatrix} \begin{bmatrix} v_1^{T} \\ v_2^{T} \\ \vdots \\ v_D^{T} \end{bmatrix} \\
&= \lambda_1 v_1 v_1^{T} + \lambda_2 v_2 v_2^{T} + \cdots + \lambda_D v_D v_D^{T} = \sum_{j=1}^{D} \lambda_j v_j v_j^{T}
\end{aligned}
\tag{13.24}
$$

这便是《矩阵力量》一册第5章介绍的矩阵乘法第二视角——外积展开，将矩阵乘法展开写成加法。

用向量张量积来写式(13.24) 得到

$$\Sigma = \lambda_1 v_1 \otimes v_1 + \lambda_2 v_2 \otimes v_2 + \cdots + \lambda_D v_D \otimes v_D = \sum_{j=1}^{D} \lambda_j v_j \otimes v_j \tag{13.25}$$

注意： v_j 为单位向量，无量纲，即没有单位。

从几何角度来看， v_j 仅仅提供了投影的方向，而真正提供缩放大小的是特征值 λ_j。图13.12所示为协方差矩阵谱分解展开热图。虽然 $\lambda_1 v_1 v_1^{T}$ 的秩为1，但是 $\lambda_1 v_1 v_1^{T}$ 已经几乎"还原"了 Σ。

此外，几何视角来看， $\lambda_1 v_1 v_1^{T}$ 代表向量投影，即《矩阵力量》一册第10章中介绍的"二次投影"，建议大家回顾。

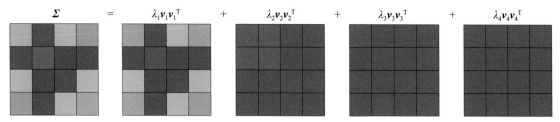

图13.12 协方差矩阵谱分解展开热图

迹

一个值得注意的性质是，协方差矩阵$\boldsymbol{\Sigma}$的迹——方阵对角线元素之和——等于式(13.21) 特征值之和，即

$$
\begin{aligned}
\mathrm{trace}\left(\boldsymbol{\Sigma}\right) &= \sigma_1^2 + \sigma_2^2 + \cdots + \sigma_D^2 = \sum_{j=1}^{D} \sigma_j^2 \\
&= \lambda_1 + \lambda_2 + \cdots \lambda_D = \sum_{j=1}^{D} \lambda_j
\end{aligned} \tag{13.26}
$$

协方差矩阵$\boldsymbol{\Sigma}$的对角线元素之和，相当于所有特征的方差之和，即数据整体的方差。$\boldsymbol{V}$相当于旋转，而旋转操作不改变数据的整体方差。本章后文将介绍理解式(13.26)的几何视角。

图13.13所示为鸢尾花数据矩阵$\boldsymbol{X}$中每一列数据的方差 σ_j^2 对整体方差$\sum_{j=1}^{D} \sigma_j^2$的贡献。

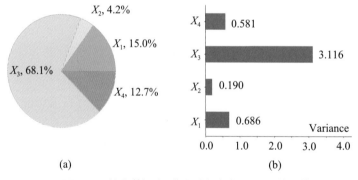

(a)   (b)

图13.13 协方差矩阵$\boldsymbol{\Sigma}$的主对角线成分，即$\boldsymbol{X}$的方差

投影视角

利用我们已经学过的有关特征值分解的几何视角，中心化数据矩阵$\boldsymbol{X}_c$在$\boldsymbol{V}$投影得到数据$\boldsymbol{Y}$，即有

$$
\boldsymbol{Y} = \boldsymbol{X}_c \boldsymbol{V} = \left(\boldsymbol{X} - \mathrm{E}\left(\boldsymbol{X}\right)\right)\boldsymbol{V} \tag{13.27}
$$

求数据矩阵$\boldsymbol{Y}$的协方差矩阵，有

$$
\begin{aligned}
\boldsymbol{\varSigma}_Y &= \frac{\boldsymbol{Y}^{\mathrm{T}}\boldsymbol{Y}}{n-1} = \frac{\left(\left(\boldsymbol{X}-\mathrm{E}(\boldsymbol{X})\right)\boldsymbol{V}\right)^{\mathrm{T}}\left(\boldsymbol{X}-\mathrm{E}(\boldsymbol{X})\right)\boldsymbol{V}}{n-1} \\
&= \boldsymbol{V}^{\mathrm{T}}\frac{\left(\boldsymbol{X}-\mathrm{E}(\boldsymbol{X})\right)^{\mathrm{T}}\left(\boldsymbol{X}-\mathrm{E}(\boldsymbol{X})\right)}{n-1}\boldsymbol{V} \\
&= \boldsymbol{V}^{\mathrm{T}}\boldsymbol{\varSigma}\boldsymbol{V} = \boldsymbol{\varLambda} = \begin{bmatrix} \lambda_1 & 0 & \cdots & 0 \\ 0 & \lambda_2 & \cdots & 0 \\ \vdots & \vdots & \ddots & \vdots \\ 0 & 0 & \cdots & \lambda_D \end{bmatrix}
\end{aligned} \tag{13.28}
$$

观察式(13.28)中矩阵$\boldsymbol{Y}$的协方差矩阵，可以发现投影得到的数据列向量相互正交特征值从大到小排列，即$\lambda_1 \geq \lambda_2 \geq \cdots \geq \lambda_D$，矩阵$\boldsymbol{Y}$第一列$\boldsymbol{y}_1$的方差最大。

这便是主成分分析的思路，第25章将继续这一话题的探讨。

如图13.14所示，以鸢尾花数据投影结果为例，$\boldsymbol{y}_1$的方差对整体方差贡献超过90%。

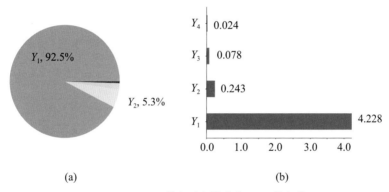

(a) (b)

图13.14 $\boldsymbol{\varSigma}_Y$的主对角线成分，即$\boldsymbol{Y}$的方差

协方差的"投影"

举个例子，数据矩阵$\boldsymbol{X}_c$在$\boldsymbol{v}_1$方向投影结果为$\boldsymbol{y}_1$，即

$$
\boldsymbol{y}_1 = \boldsymbol{X}_c\boldsymbol{v}_1 \tag{13.29}
$$

由于$\boldsymbol{X}_c$的质心在原点，所以$\boldsymbol{y}_1$的期望值为0。而$\boldsymbol{y}_1$的方差为

$$
\sigma_{Y_1}^2 = \frac{\boldsymbol{y}_1^{\mathrm{T}}\boldsymbol{y}_1}{n-1} = \frac{\left(\boldsymbol{X}_c\boldsymbol{v}_1\right)^{\mathrm{T}}\boldsymbol{X}_c\boldsymbol{v}_1}{n-1} = \boldsymbol{v}_1^{\mathrm{T}}\frac{\boldsymbol{X}_c^{\mathrm{T}}\boldsymbol{X}_c}{n-1}\boldsymbol{v}_1 = \boldsymbol{v}_1^{\mathrm{T}}\boldsymbol{\varSigma}\boldsymbol{v}_1 \tag{13.30}
$$

将式(13.24)代入式(13.30)得到

$$
\boldsymbol{\varSigma}_{Y_1} = \boldsymbol{v}_1^{\mathrm{T}}\left(\lambda_1\boldsymbol{v}_1\boldsymbol{v}_1^{\mathrm{T}} + \lambda_2\boldsymbol{v}_2\boldsymbol{v}_2^{\mathrm{T}} + \cdots + \lambda_D\boldsymbol{v}_D\boldsymbol{v}_D^{\mathrm{T}}\right)\boldsymbol{v}_1 = \lambda_1 \tag{13.31}
$$

式(13.31)相当于$\boldsymbol{\varSigma}$在$\boldsymbol{v}_1$方向上"投影"的结果。

类似地，$\boldsymbol{\Sigma}$在$[\boldsymbol{v}_1, \boldsymbol{v}_2]$"投影"的结果为

$$\begin{bmatrix} \boldsymbol{v}_1^{\mathrm{T}} \\ \boldsymbol{v}_2^{\mathrm{T}} \end{bmatrix} \boldsymbol{\Sigma} \begin{bmatrix} \boldsymbol{v}_1 & \boldsymbol{v}_2 \end{bmatrix} = \begin{bmatrix} \lambda_1 & \\ & \lambda_2 \end{bmatrix} \tag{13.32}$$

第14章将深入探讨这一话题。

开平方

用特征值分解结果，可以对协方差矩阵$\boldsymbol{\Sigma}$开平方，即有

$$\boldsymbol{\Sigma} = \boldsymbol{V}\boldsymbol{\Lambda}^{\frac{1}{2}}\boldsymbol{\Lambda}^{\frac{1}{2}}\boldsymbol{V}^{\mathrm{T}} = \boldsymbol{V}\boldsymbol{\Lambda}^{\frac{1}{2}}\left(\boldsymbol{V}\boldsymbol{\Lambda}^{\frac{1}{2}}\right)^{\mathrm{T}} \tag{13.33}$$

请大家利用本章代码自行绘制式(13.33)的热图。

行列式

协方差矩阵$\boldsymbol{\Sigma}$的行列式为其特征值乘积，即

$$|\boldsymbol{\Sigma}| = |\boldsymbol{\Lambda}| = \prod_{j=1}^{D} \lambda_j \tag{13.34}$$

本章后文会探讨式(13.34)的几何内涵。
$\boldsymbol{\Sigma}$行列式的平方根为

$$|\boldsymbol{\Sigma}|^{\frac{1}{2}} = |\boldsymbol{\Lambda}|^{\frac{1}{2}} = \sqrt{\prod_{j=1}^{D} \lambda_j} \tag{13.35}$$

注意：只有在特征值均不为0时$|\boldsymbol{\Sigma}|^{-\frac{1}{2}}$才存在，也就是说此时$\boldsymbol{\Sigma}$为正定。

逆的特征值分解

如果协方差矩阵正定，则对协方差矩阵的逆矩阵进行特征值分解，得到

$$\boldsymbol{\Sigma}^{-1} = \left(\boldsymbol{V}\boldsymbol{\Lambda}\boldsymbol{V}^{\mathrm{T}}\right)^{-1} = \left(\boldsymbol{V}^{\mathrm{T}}\right)^{-1}\boldsymbol{\Lambda}^{-1}\boldsymbol{V}^{-1} = \boldsymbol{V}\boldsymbol{\Lambda}^{-1}\boldsymbol{V}^{\mathrm{T}} \tag{13.36}$$

式(13.36)利用到对称矩阵特征值分解$\boldsymbol{V}\boldsymbol{V}^{\mathrm{T}} = \boldsymbol{1}$这个性质。
$\boldsymbol{\Sigma}^{-1}$的特征值矩阵为

$$\boldsymbol{\Lambda}^{-1} = \begin{bmatrix} 1/\lambda_1 & 0 & \cdots & 0 \\ 0 & 1/\lambda_2 & \cdots & 0 \\ \vdots & \vdots & \ddots & \vdots \\ 0 & 0 & \cdots & 1/\lambda_D \end{bmatrix} \tag{13.37}$$

图13.15所示为$\boldsymbol{\Sigma}^{-1}$的特征值分解运算热图。

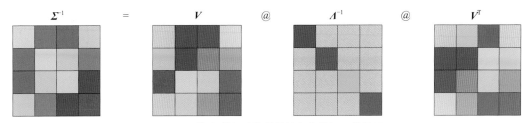

图13.15 协方差矩阵的逆的特征值分解运算热图

相关性系数矩阵的特征值分解

大家肯定能够想到，既然协方差矩阵可以特征值分解，那么相关性系数矩阵也可以进行特征值分解！图13.16所示为相关性系数矩阵的特征值分解，也是谱分解。

对X的每一列求Z分数得到Z_x，相关性系数矩阵是Z_x的协方差矩阵。也就是说，如图13.16所示，Z_x的整体方差为4。比较图13.10和图13.16，容易发现两个正交矩阵不同。

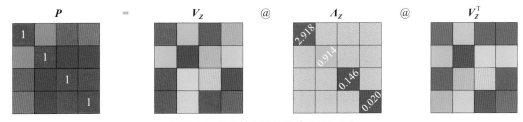

图13.16 相关性系数矩阵的特征值分解

13.4 SVD分解：分解数据矩阵

《矩阵力量》一册反复提过特征值分解EVD和奇异值分解SVD的关系。本节探讨对中心化X_c矩阵SVD分解结果和本章前文介绍的特征值分解结果之间的关系。

回顾SVD分解

如图13.17所示，对中心化数据矩阵X_c进行经济型SVD分解得到

$$X_c = USV^T \tag{13.38}$$

经济型SVD分解中，U的形状和X_c完全相同，都是$n \times D$。U的列向量两两正交，即满足$U^TU = I_{D \times D}$，但是不满足$UU^T = I_{n \times n}$。

完全型SVD分解中，U的形状为$n \times n$。U为正交矩阵，则满足$U^TU = UU^T = I_{n \times n}$。

经济型SVD分解中，S为对角方阵，对角元素为奇异值s_i。

经济型SVD分解中，V的形状为$D \times D$。V为正交矩阵，则满足$V^TV = VV^T = I_{D \times D}$。$V$为规范正交基。

注意：本书后文为了区分不同规范正交基，会把式(13.38)中的V写成V_c。

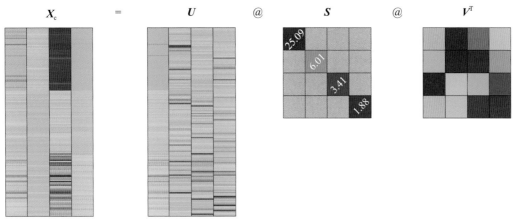

$$X_c \qquad = \qquad U \qquad @ \qquad S \qquad @ \qquad V^{\mathrm{T}}$$

图13.17　矩阵X_c进行经济型SVD分解

X_c投影到V

如图13.18所示，将中心化矩阵X_c投影到V得到Y_c，有

$$Y_c = X_c V \tag{13.39}$$

Y_c的形状与X_c一致。

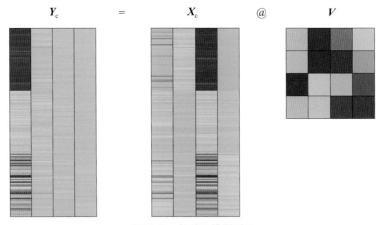

$$Y_c \qquad = \qquad X_c \qquad @ \qquad V$$

图13.18　矩阵X_c投影到V

X_c的质心位于原点，Y_c的质心也位于原点，即

$$\mathrm{E}\left(Y_c\right) = \mathrm{E}\left(X_c V\right) = \mathrm{E}\left(X_c\right)V = \begin{bmatrix} 0 & 0 & 0 & 0 \end{bmatrix} V = \begin{bmatrix} 0 & 0 & 0 & 0 \end{bmatrix} \tag{13.40}$$

本章前文提过，Y_c的协方差为

$$\Sigma_Y = \Lambda = \begin{bmatrix} \lambda_1 & 0 & \cdots & 0 \\ 0 & \lambda_2 & \cdots & 0 \\ \vdots & \vdots & \ddots & \vdots \\ 0 & 0 & \cdots & \lambda_D \end{bmatrix} \tag{13.41}$$

而原数据矩阵X的质心位于$E(X)$。X_c和X的协方差矩阵完全相同。

从几何视角来看，X到X_c是质心从$E(X)$平移到原点。数据本身的分布"形状"相对于质心来说没有任何改变，而协方差矩阵描述的就是分布形状。

X投影到V

$V = [v_1, v_2, v_3, v_4]$ 是个 $\mathbb{R}^4$ 规范正交基，不仅X_c可以投影到V中，原始数据X也可以投影到V中。将X投影到V得到Y，有

$$Y = XV \tag{13.42}$$

Y的质心显然不在原点，$E(Y)$ 具体位置为

$$E(Y) = E(X)V = \begin{bmatrix} 5.843 & 3.057 & 3.758 & 1.199 \end{bmatrix}V = \begin{bmatrix} 5.502 & -5.326 & 0.631 & -0.033 \end{bmatrix} \tag{13.43}$$

Y的协方差矩阵则与Y_c完全相同，这一点请大家自己证明，并用代码验证。

奇异值 vs 特征值

将式(13.38) 代入式(13.6) 得到

$$
\begin{aligned}
\Sigma &= \frac{X_c^\mathrm{T} X_c}{n-1} = \frac{\left(USV^\mathrm{T}\right)^\mathrm{T} USV^\mathrm{T}}{n-1} = \frac{VS^\mathrm{T}U^\mathrm{T}USV^\mathrm{T}}{n-1} \\
&= V\frac{S^2}{n-1}V^\mathrm{T}
\end{aligned}
\tag{13.44}
$$

对比式(13.44) 和式(13.20)，可以建立对Σ特征值分解和对X_c进行SVD分解的关系，即有

$$V\Lambda V^\mathrm{T} = V\frac{S^2}{n-1}V^\mathrm{T} \tag{13.45}$$

注意：等式左右两侧的V都是正交矩阵，虽然代码计算得到的结果在正负号上会存在差别。

从式(13.45) 中我们还可以看到Σ特征值与X_c奇异值之间的量化关系，即

$$
\underbrace{\begin{bmatrix} \lambda_1 & & & \\ & \lambda_2 & & \\ & & \ddots & \\ & & & \lambda_D \end{bmatrix}}_{\Lambda} = \frac{1}{n-1} \underbrace{\begin{bmatrix} s_1^2 & & & \\ & s_2^2 & & \\ & & \ddots & \\ & & & s_D^2 \end{bmatrix}}_{s^2}
\tag{13.46}
$$

即

$$\lambda_j = \frac{1}{n-1}s_j^2 \tag{13.47}$$

图13.19所示为鸢尾花协方差矩阵特征值和中心化数据奇异值之间的关系。

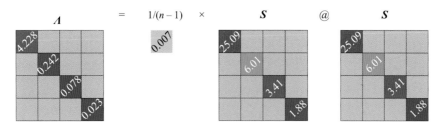

图13.19　特征值和奇异值的关系

有读者可能会问，对原数据矩阵X直接进行SVD分解，以及对X_c进行SVD分解，两者的区别在哪里？这是《数据有道》一册要探讨的内容。

矩阵乘法第二视角

如图13.20所示，利用矩阵乘法第二视角，式(13.38) 可以展开写成

$$X_c = \underbrace{\begin{bmatrix} u_1 & u_2 & \cdots & u_D \end{bmatrix}}_{U} \underbrace{\begin{bmatrix} s_1 & & & \\ & s_2 & & \\ & & \ddots & \\ & & & s_D \end{bmatrix}}_{S} \underbrace{\begin{bmatrix} v_1^{\mathrm{T}} \\ v_2^{\mathrm{T}} \\ \vdots \\ v_D^{\mathrm{T}} \end{bmatrix}}_{V^{\mathrm{T}}} \tag{13.48}$$

$$= s_1 u_1 v_1^{\mathrm{T}} + s_2 u_2 v_2^{\mathrm{T}} + \cdots + s_D u_D v_D^{\mathrm{T}} = \sum_{j=1}^{D} s_j u_j v_j^{\mathrm{T}}$$

同样，u_j、v_j仅仅提供投影方向，s_j决定重要性。

利用向量张量积，式(13.48)可以写成

$$X_c = s_1 u_1 \otimes v_1 + s_2 u_2 \otimes v_2 + \cdots + s_D u_D \otimes v_D = \sum_{j=1}^{D} s_j u_j \otimes v_j \tag{13.49}$$

这种分解类似于图13.12。

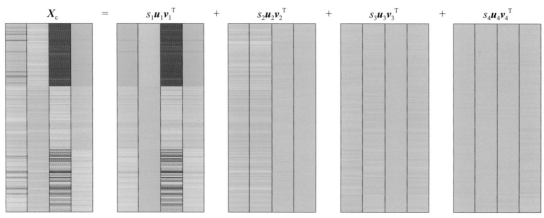

图13.20　利用矩阵乘法第二视角进行SVD分解

第二种展开方式

《矩阵力量》一册第10章还介绍过"二次投影"的展开方式,具体为

$$X_c = X_c I = X_c VV^{\mathrm{T}} = X_c \underbrace{\begin{bmatrix} v_1 & v_2 & \cdots & v_D \end{bmatrix}}_{V} \underbrace{\begin{bmatrix} v_1^{\mathrm{T}} \\ v_2^{\mathrm{T}} \\ \vdots \\ v_D^{\mathrm{T}} \end{bmatrix}}_{V^{\mathrm{T}}} \tag{13.50}$$

$$= X_c v_1 v_1^{\mathrm{T}} + X_c v_2 v_2^{\mathrm{T}} + \cdots + X_c v_D v_D^{\mathrm{T}} = \sum_{j=1}^{D} X_c v_j v_j^{\mathrm{T}} = X_c \left(\sum_{j=1}^{D} v_j v_j^{\mathrm{T}} \right)$$

同样用向量张量积,式(13.50)可以写成

$$X_c = X_c v_1 \otimes v_1 + X_c v_2 \otimes v_2 + \cdots + X_c v_D \otimes v_D = X_c \left(\sum_{j=1}^{D} v_j \otimes v_j \right) \tag{13.51}$$

请大家自行绘制式(13.51)的矩阵运算热图。

13.5 Cholesky分解:列向量坐标

对协方差矩阵Σ进行Cholesky分解,得到的结果是下三角矩阵L和上三角矩阵L^{T}的乘积,即

$$\Sigma = LL^{\mathrm{T}} = R^{\mathrm{T}} R \tag{13.52}$$

其中:R为上三角矩阵,即$R = L^{\mathrm{T}}$。

图13.21所示为协方差矩阵Cholesky分解运算热图。

建议大家回顾《矩阵力量》一册第12、24章,从几何角度、数据角度理解Cholesky分解,本节不再重复。

Σ	=	R^{T}	@	R

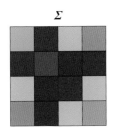 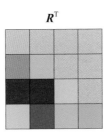 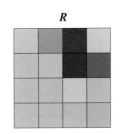

图13.21 协方差矩阵Cholesky分解运算热图

给定数据矩阵Z,Z的每个随机变量均服从标准正态分布,且相互独立,也就是IID;Z的协方差矩阵为单位矩阵I,即

$$\Sigma_z = \frac{Z^{\mathrm{T}} Z}{n-1} = I \tag{13.53}$$

令

$$X = ZR + \text{E}(X) \tag{13.54}$$

从式(13.54) 推导X的协方差矩阵为

$$\Sigma_x = \frac{(X - \text{E}(X))^{\text{T}}(X - \text{E}(X))}{n-1} = \frac{(ZR)^{\text{T}}(ZR)}{n-1} = \frac{R^{\text{T}}Z^{\text{T}}ZR}{n-1} = R^{\text{T}}\underbrace{\frac{Z^{\text{T}}Z}{n-1}}_{I}R = R^{\text{T}}R \tag{13.55}$$

以上内容对于产生满足特定相关性随机数特别重要，第15章将展开讲解。

13.6 距离：欧氏距离 vs 马氏距离

协方差矩阵还出现在距离度量运算中，如马氏距离。本节比较欧氏距离和马氏距离，并引出13.7节内容。

欧氏距离

从矩阵运算角度来看，欧氏距离的平方就是《矩阵力量》一册第5章介绍的**二次型** (quadratic form)。比如，空间中任意一点x到质心μ的欧氏距离为

$$d^2 = (x - \mu)^{\text{T}}(x - \mu) = \|x - \mu\|_2^2 = \sum_{j=1}^{D}(x_j - \mu_j)^2 \tag{13.56}$$

如图13.22 (a) 所示，如果x有两个特征，即$D = 2$，$d = \|x - \mu\| = 1$代表圆心位于质心μ、半径为1的正圆。图13.22 (a) 中正圆的解析式为

$$(x_1 - \mu_1)^2 + (x_2 - \mu_2)^2 = 1 \tag{13.57}$$

如图13.22 (b) 所示，如果x有三个特征，即$D = 3$，$d = \|x - \mu\| = 1$代表圆心位于质心μ、半径为1的正球体，对应的解析式为

$$(x_1 - \mu_1)^2 + (x_2 - \mu_2)^2 + (x_3 - \mu_3)^2 = 1 \tag{13.58}$$

当$D > 3$时，$d = \|x - \mu\| = 1$代表空间中的超球体。

换个角度讲，$D = 2$，当d取不同值时，欧氏距离等距线是一层层同心圆，具体如图13.22 (c) 所示。$D = 3$，当d取不同值时，欧氏距离等距线变成了一层层同心正球体。

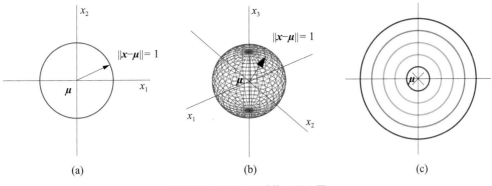

(a)　　　　　　　　　(b)　　　　　　　　　(c)

图13.22　正圆、正球体、同心圆

以鸢尾花数据为例，它的质心位于

$$\boldsymbol{\mu} = \begin{bmatrix} 5.843 \\ 3.057 \\ 3.758 \\ 1.199 \end{bmatrix} \tag{13.59}$$

原点 $\boldsymbol{0}$ 和质心 $\boldsymbol{\mu}$ 的欧氏距离为

$$\|\boldsymbol{0} - \boldsymbol{\mu}\| = \sqrt{(0-5.843)^2 + (0-3.057)^2 + (0-3.758)^2 + (0-1.199)^2} \approx 7.684 \tag{13.60}$$

马氏距离

⚠️

注意：式(13.60)中欧氏距离的单位为厘米。

马氏距离的平方也是二次型，有

$$d^2 = (\boldsymbol{x} - \boldsymbol{\mu})^{\mathrm{T}} \boldsymbol{\Sigma}^{-1} (\boldsymbol{x} - \boldsymbol{\mu}) = \left\| \boldsymbol{\Lambda}^{-\frac{1}{2}} \boldsymbol{V}^{\mathrm{T}} (\boldsymbol{x} - \boldsymbol{\mu}) \right\|_2^2 \tag{13.61}$$

如图13.23 (a) 所示，$D = 2$时，$d = \left\| \boldsymbol{\Lambda}^{-\frac{1}{2}} \boldsymbol{V}^{\mathrm{T}} (\boldsymbol{x} - \boldsymbol{\mu}) \right\| = 1$ 代表圆心位于质心 $\boldsymbol{\mu}$ 的椭圆。

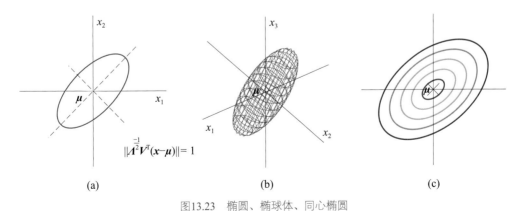

$$\left\| \boldsymbol{\Lambda}^{-\frac{1}{2}} \boldsymbol{V}^{\mathrm{T}} (\boldsymbol{x} - \boldsymbol{\mu}) \right\| = 1$$

(a)　　　　　　　　　(b)　　　　　　　　　(c)

图13.23　椭圆、椭球体、同心椭圆

特别地，如果协方差矩阵 $\boldsymbol{\Sigma}$ 为

$$\Sigma = \begin{bmatrix} \sigma_1^2 & \\ & \sigma_2^2 \end{bmatrix}, \quad \sigma_1 > \sigma_2 > 0 \tag{13.62}$$

则马氏距离 $d = 1$ 对应椭圆的解析式为

$$\frac{(x_1 - \mu_1)^2}{\sigma_1^2} + \frac{(x_2 - \mu_2)^2}{\sigma_2^2} = 1 \tag{13.63}$$

这个椭圆显然是正椭圆，圆心位于 (μ_1, μ_2)，半长轴为 σ_1，半短轴为 σ_2。

对于一般的协方差矩阵 $\Sigma_{2 \times 2}$，想知道旋转椭圆的半长轴、半短轴长度，则需要利用特征值分解得到其特征值矩阵，有

$$\Sigma = \begin{bmatrix} \sigma_1^2 & \rho_{1,2}\sigma_1\sigma_2 \\ \rho_{1,2}\sigma_1\sigma_2 & \sigma_2^2 \end{bmatrix} \overset{\text{EVD}}{\Rightarrow} \Lambda = \begin{bmatrix} \lambda_1 & 0 \\ 0 & \lambda_2 \end{bmatrix} \tag{13.64}$$

这个旋转椭圆的圆心位于 (μ_1, μ_2)，半长轴为 $\sqrt{\lambda_1}$，半短轴为 $\sqrt{\lambda_2}$。特征值分解得到的特征向量 v_1、v_2 则告诉我们椭圆长轴、短轴方向。

如图13.23 (b) 所示，如果 x 有三个特征，即 $D = 3$，$d = \left\| \Lambda^{-\frac{1}{2}} V^{\mathrm{T}} (x - \mu) \right\| = 1$ 代表圆心位于质心 μ 的椭球休。

同样，如果协方差矩阵 Σ 为

$$\Sigma = \begin{bmatrix} \sigma_1^2 & & \\ & \sigma_2^2 & \\ & & \sigma_3^2 \end{bmatrix}, \quad \sigma_1 > \sigma_2 > \sigma_3 > 0 \tag{13.65}$$

则马氏距离 $d = 1$ 对应椭球的解析式为

$$\frac{(x_1 - \mu_1)^2}{\sigma_1^2} + \frac{(x_2 - \mu_2)^2}{\sigma_2^2} + \frac{(x_3 - \mu_3)^2}{\sigma_3^2} = 1 \tag{13.66}$$

其中：σ_1、σ_2、σ_3 均为椭球的半主轴 (principal semi-axis) 长度，我们分别管它们叫第一、第二、第三半主轴长度。

同理，对于更一般的协方差矩阵 $\Sigma_{3 \times 3}$，需要通过特征值分解找到半主轴长度 $\sqrt{\lambda_1}$、$\sqrt{\lambda_2}$、$\sqrt{\lambda_3}$。三个主轴的方向则分别对应三个特征向量 v_1、v_2、v_3。

当 $D > 3$ 时，$d = \left\| \Lambda^{-\frac{1}{2}} V^{\mathrm{T}} (x - \mu) \right\| = 1$ 代表空间中的超椭球。

$D = 2$，当 d 取不同值时，马氏距离等距线则是一层层同心椭圆，如图13.23 (c) 所示。

还是以鸢尾花数据为例，如图13.24所示，原点 0 和质心 μ 的马氏距离平方值为

$$d^2 = \left(\begin{bmatrix} 0 \\ 0 \\ 0 \\ 0 \end{bmatrix} - \begin{bmatrix} 5.843 \\ 3.057 \\ 3.758 \\ 1.199 \end{bmatrix} \right)^{\mathrm{T}} \begin{bmatrix} 0.69 & -0.042 & 1.3 & 0.52 \\ -0.042 & 0.19 & -0.33 & -0.12 \\ 1.3 & -0.33 & 3.1 & 1.3 \\ 0.52 & -0.12 & 1.3 & 0.58 \end{bmatrix}^{-1} \left(\begin{bmatrix} 0 \\ 0 \\ 0 \\ 0 \end{bmatrix} - \begin{bmatrix} 5.843 \\ 3.057 \\ 3.758 \\ 1.199 \end{bmatrix} \right) = 129.245 \tag{13.67}$$

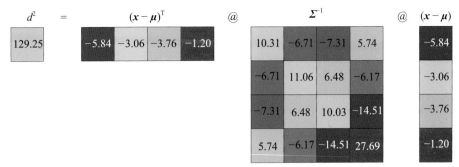

$$d^2 \quad = \quad (\boldsymbol{x} - \boldsymbol{\mu})^{\mathrm{T}} \quad @ \quad \boldsymbol{\Sigma}^{-1} \quad @ \quad (\boldsymbol{x} - \boldsymbol{\mu})$$

图13.24 计算d^2的矩阵运算热图

式(13.67) 开平方得到原点$\boldsymbol{0}$和质心$\boldsymbol{\mu}$的马氏距离为

$$d = \sqrt{129.245} = 11.3686 \tag{13.68}$$

马氏距离没有单位。更准确地说,马氏距离的单位是标准差,如$d = 11.3686$代表马氏距离为"11.3686个均方差"。

有了本节内容铺垫,13.7节我们将深入探讨协方差的几何内涵。

第23章还会继续探讨马氏距离。

Bk5_Ch13_01.py绘制本章前文大部分矩阵运算热图。

13.7 几何视角:超椭球、椭球、椭圆

"旋转"超椭球

根据13.6节所学,如果$D = 4$,则$(\boldsymbol{x} - \boldsymbol{\mu})^{\mathrm{T}} \boldsymbol{\Sigma}^{-1} (\boldsymbol{x} - \boldsymbol{\mu}) = 1$代表四维空间$\mathbb{R}^4$中圆心位于$\boldsymbol{\mu}$的超椭球。

我们知道,对于鸢尾花样本数据$\boldsymbol{X}$,在$\mathbb{R}^4$中代表数据的超椭球的圆心位于$\mathrm{E}(\boldsymbol{X})$,即

$$\mathrm{E}(\boldsymbol{X}) = \begin{bmatrix} 5.843 & 3.057 & 3.758 & 1.199 \end{bmatrix} \tag{13.69}$$

根据图13.10中所示对$\boldsymbol{\Sigma}$的特征值分解,我们知道超椭球的四个半主轴长度分别为

$$\begin{aligned}
\sqrt{\lambda_1} &\approx \sqrt{4.228} \approx 2.056 \text{ cm} \\
\sqrt{\lambda_2} &\approx \sqrt{0.242} \approx 0.492 \text{ cm} \\
\sqrt{\lambda_3} &\approx \sqrt{0.078} \approx 0.279 \text{ cm} \\
\sqrt{\lambda_4} &\approx \sqrt{0.023} \approx 0.154 \text{ cm}
\end{aligned} \tag{13.70}$$

$\mathbb{R}^4$ 中超椭球四个主轴所在方向对应图13.10中V的四个列向量，即

$$V = \begin{bmatrix} v_1 & v_2 & v_3 & v_4 \end{bmatrix} = \begin{bmatrix} 0.751 & 0.284 & 0.502 & 0.321 \\ 0.380 & 0.547 & -0.675 & -0.317 \\ 0.513 & -0.709 & -0.059 & -0.481 \\ 0.168 & -0.344 & -0.537 & 0.752 \end{bmatrix} \tag{13.71}$$

显然，在纸面上很难可视化一个四维空间的超椭球，因此我们选择用投影的办法将超椭球投影在不同三维空间和二维平面上。

"旋转"超椭球投影到三维空间

图13.25 (a) 所示为四维空间超椭球在$x_1x_2x_3$这个三维空间的投影，结果是一个圆心位于质心的椭球。

为了获得这个椭球的解析式，我们先将4×4协方差矩阵Σ "投影" 到图13.25 (a) 这个三维空间中，我们把这个新的协方差矩阵记作

$$\Sigma_{1,2,3} = \begin{bmatrix} 1 & & \\ & 1 & \\ & & 1 \end{bmatrix} \underbrace{\begin{bmatrix} 0.686 & -0.042 & 1.274 & 0.516 \\ -0.042 & 0.190 & -0.330 & -0.122 \\ 1.274 & -0.330 & 3.116 & 1.296 \\ 0.516 & -0.122 & 1.296 & 0.581 \end{bmatrix}}_{\Sigma} \begin{bmatrix} 1 & \\ & 1 \\ & & 1 \end{bmatrix} = \begin{bmatrix} 0.686 & -0.042 & 1.274 \\ -0.042 & 0.190 & -0.330 \\ 1.274 & -0.330 & 3.116 \end{bmatrix} \tag{13.72}$$

Σ消去了第4行和第4列得到$\Sigma_{1,2,3}$。

从数据角度来看，原始数据矩阵$X_{150 \times 4}$先投影得到$X_{1,2,3}$，有

$$X_{1,2,3} = \underbrace{\begin{bmatrix} x_1 & x_2 & x_3 & x_4 \end{bmatrix}}_{X} \begin{bmatrix} 1 & & \\ & 1 & \\ & & 1 \end{bmatrix} = \begin{bmatrix} x_1 & x_2 & x_3 \end{bmatrix} \tag{13.73}$$

式(13.73)的运算相当于保留了X的前三列数据$X_{1,2,3}$。再算协方差矩阵，结果就是$\Sigma_{1,2,3}$。

单位矩阵$I_{4 \times 4}$是$\mathbb{R}^4$的标准正交系，可以写成

$$I_{4\times4} = \begin{bmatrix} 1 & & & \\ & 1 & & \\ & & 1 & \\ & & & 1 \end{bmatrix} = \begin{bmatrix} e_1 & e_2 & e_3 & e_4 \end{bmatrix} \tag{13.74}$$

式(13.72) 相当于X在 $[e_1, e_2, e_3]$ 基底中的投影。

四维空间的超椭球的圆心E(X) 在图13.25 (a)所示这个三维空间的位置很容易计算，即

$$\text{E}(X)\begin{bmatrix} e_1 & e_2 & e_3 \end{bmatrix} = \begin{bmatrix} 5.843 & 3.057 & 3.758 & 1.199 \end{bmatrix} \begin{bmatrix} 1 & & \\ & 1 & \\ & & 1 \end{bmatrix} = \begin{bmatrix} 5.843 & 3.057 & 3.758 \end{bmatrix} \tag{13.75}$$

如果想要调换图13.25 (a) 中x_1和x_2的顺序，只需要将 $[e_1, e_2, e_3]$ 乘上如下的**置换矩阵** (permutation matrix)，即

$$\begin{bmatrix} e_1 & e_2 & e_3 \end{bmatrix} \begin{bmatrix} & 1 & \\ 1 & & \\ & & 1 \end{bmatrix} = \begin{bmatrix} e_2 & e_1 & e_3 \end{bmatrix} \tag{13.76}$$

《矩阵力量》一册第5章讲过置换矩阵，大家可以回顾。

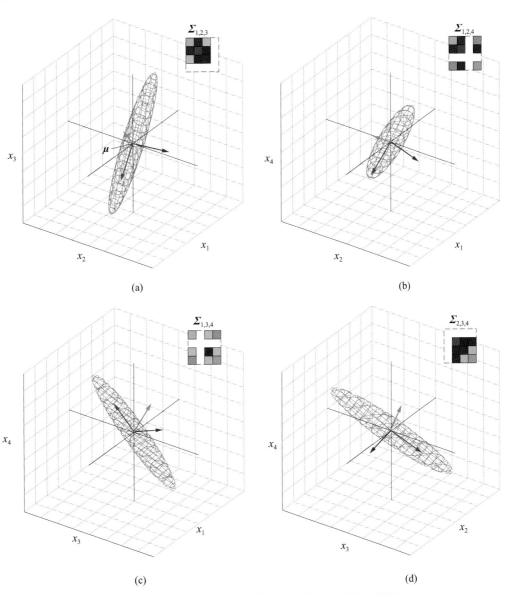

(a)

(b)

(c)

(d)

图13.25　四维空间的"旋转"超椭球在三维空间中的四个投影

图13.25 (a) 中的蓝、红、绿箭头分别代表三维椭球的第一、第二、第三主轴方向。这三个主轴方向需要特征值分解式(13.72)中的协方差矩阵，即有

$$
\boldsymbol{\Sigma}_{1,2,3} = \begin{bmatrix} 0.686 & -0.042 & 1.274 \\ -0.042 & 0.190 & -0.330 \\ 1.274 & -0.330 & 3.116 \end{bmatrix}
$$

$$
= \begin{bmatrix} -0.389 & 0.662 & 0.639 \\ 0.091 & -0.663 & 0.743 \\ -0.916 & -0.347 & -0.198 \end{bmatrix} \begin{bmatrix} 3.691 & & \\ & 0.059 & \\ & & 0.241 \end{bmatrix} \begin{bmatrix} -0.389 & 0.662 & 0.639 \\ 0.091 & -0.663 & 0.743 \\ -0.916 & -0.347 & -0.198 \end{bmatrix}^{\mathsf{T}} \tag{13.77}
$$

由此，我们知道图13.25 (a) 中椭球的三个半主轴的长度分别为

$$
\begin{aligned}
\sqrt{3.691} &\approx 1.921 \text{ cm} \\
\sqrt{0.059} &\approx 0.243 \text{ cm} \\
\sqrt{0.241} &\approx 0.491 \text{ cm}
\end{aligned} \tag{13.78}
$$

式(13.77) 的特征值分解也帮我们求得椭球的三个主轴方向。

注意：图13.25 (a) 中的蓝、红、绿箭头显然不是式(13.71) 中V在$\mathbb{R}^3$中的投影，原因很简单，V在$\mathbb{R}^3$中应该有四个"影子"，而不是三个。这一点在图13.26中看得更明显。

只有V在沿着v_j方向投影 (注意不是在v_j方向投影)，v_j的分量才会消失。这就好比，正午阳光下，一根柱子相当于"没有"影子。

请大家自行分析图13.25中剩余三幅子图，并写出对应的投影运算。

"旋转"椭球投影到二维平面

图13.26所示为图13.25 (a) 中椭球进一步投影到三个二维平面上的结果。

以$x_1 x_2$平面为例，先将4×4协方差矩阵$\boldsymbol{\Sigma}$投影到$x_1 x_2$平面，结果为

$$
\boldsymbol{\Sigma}_{1,2} = \begin{bmatrix} 1 & & & \\ & 1 & & \end{bmatrix} \underbrace{\begin{bmatrix} 0.686 & -0.042 & 1.274 & 0.516 \\ -0.042 & 0.190 & -0.330 & -0.122 \\ 1.274 & -0.330 & 3.116 & 1.296 \\ 0.516 & -0.122 & 1.296 & 0.581 \end{bmatrix}}_{\boldsymbol{\Sigma}} \begin{bmatrix} 1 & \\ & 1 \\ & \\ & \end{bmatrix} = \begin{bmatrix} 0.686 & -0.042 \\ -0.042 & 0.190 \end{bmatrix} \tag{13.79}
$$

请大家自己写出数据投影对应的矩阵运算。

为了计算式(13.79) 协方差对应的椭圆，需要对其进行特征值分解，有

$$
\boldsymbol{\Sigma}_{1,2} = \begin{bmatrix} 0.686 & -0.042 \\ -0.042 & 0.190 \end{bmatrix} = \begin{bmatrix} 0.996 & 0.084 \\ -0.084 & 0.996 \end{bmatrix} \begin{bmatrix} 0.689 & \\ & 0.186 \end{bmatrix} \begin{bmatrix} 0.996 & 0.084 \\ -0.084 & 0.996 \end{bmatrix}^{\mathsf{T}} \tag{13.80}
$$

通过上述特征值分解，我们知道在$x_1 x_2$平面上椭圆的半长轴、半短轴长度分别为0.830、0.431。单位都是厘米(cm)。

此外，请大家注意图13.25 (a) 中$x_1 x_2$平面上这个椭圆中背景蓝色的矩形，这是本节后续要讨论的内容。

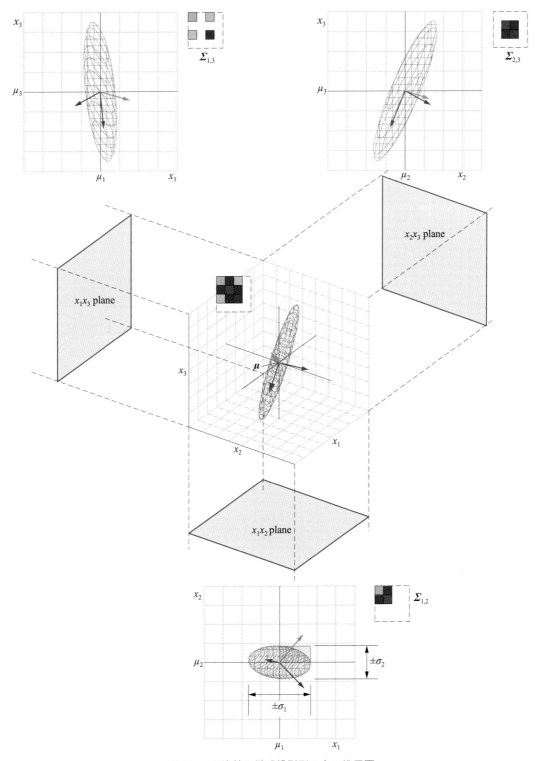

图13.26 "旋转"椭球投影到三个二维平面

如果不考虑x_i、x_j $(i \neq j)$ 的顺序，$\mathbb{R}^4$中超椭球朝$x_i x_j$面投影，一共可以获得6个不同平面上的椭圆投影结果，具体如图13.27所示。请大家自行分析图13.27中这六幅子图。

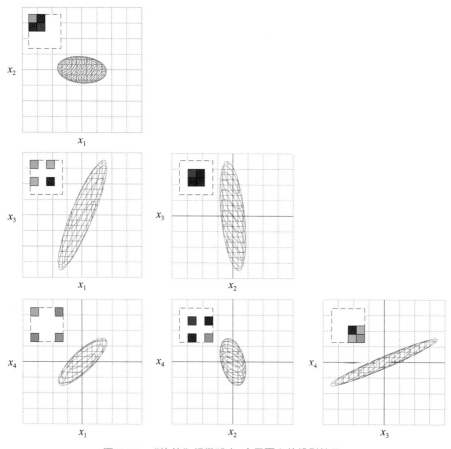

图13.27 "旋转"超椭球在6个平面上的投影结果

矩形的面积、对角线长度

如图13.28 (a) 所示，椭圆相切于矩形的四条边。该矩形的四个顶点分别是 $(\mu_1 - \sigma_1, \mu_2 - \sigma_2)$、$(\mu_1 - \sigma_1, \mu_2 + \sigma_2)$、$(\mu_1 + \sigma_1, \mu_2 + \sigma_2)$、$(\mu_1 + \sigma_1, \mu_2 - \sigma_2)$。

图13.28 (c) 中矩形的四个顶点分别为 (μ_1, μ_2)、$(\mu_1, \mu_2 + \sigma_2)$、$(\mu_1 + \sigma_1, \mu_2 + \sigma_2)$、$(\mu_1 + \sigma_1, \mu_2)$。

图13.28 (a) 所示矩形的面积为 $4\sigma_1\sigma_2$，而图13.28 (c) 中的矩形为图13.28 (a) 中矩形的1/4，对应面积为 $\sigma_1\sigma_2$。

图13.28 (c) 中1/4矩形对角线长度为 $\sqrt{\sigma_1^2 + \sigma_2^2}$，这个值是其协方差矩阵的迹的平方根，即

$$\sqrt{\sigma_1^2 + \sigma_2^2} = \sqrt{\mathrm{tr}\left(\Sigma_{2\times2}\right)} \tag{13.81}$$

图13.28 (b) 所示矩形也和椭圆相切于四条边，两组对边分别平行于 v_1、v_2。这个矩形的面积为 $4\sqrt{\lambda_1\lambda_2}$。而图13.28 (d) 中的矩形为图 13.28 (b) 中矩形的1/4，对应面积为 $\sqrt{\lambda_1\lambda_2}$。

$\sqrt{\lambda_1\lambda_2}$ 是协方差矩阵的行列式的平方根，即

$$\sqrt{\lambda_1\lambda_2} = \sqrt{\left|\Lambda_{2\times2}\right|} = \sqrt{\left|\Sigma_{2\times2}\right|} \tag{13.82}$$

图13.28 (d) 中1/4矩形对角线长度为 $\sqrt{\lambda_1 + \lambda_2}$，与图13.28 (c) 中矩形对角线长度相同，即

$$\sqrt{\sigma_1^2 + \sigma_2^2} = \sqrt{\text{tr}(\boldsymbol{\Sigma}_{2\times2})} = \sqrt{\text{tr}(\boldsymbol{\varLambda}_{2\times2})} = \sqrt{\lambda_1 + \lambda_2} \tag{13.83}$$

这是本书第14章要讨论的协方差矩阵重要几何性质之一。

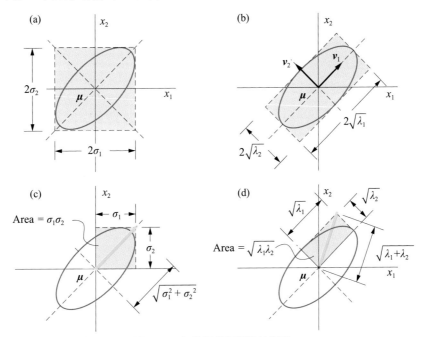

图13.28　与椭圆相切矩形的面积

"正"超椭球投影到三维空间

本节前文的"旋转"超椭球经过旋转之后得到"正"超椭球,这个"正"超椭球对应的协方差矩阵为$\boldsymbol{\varLambda}$,具体值为

$$\boldsymbol{\varLambda} = \begin{bmatrix} 4.228 & & & \\ & 0.242 & & \\ & & 0.078 & \\ & & & 0.023 \end{bmatrix} \tag{13.84}$$

这个"正"超椭球的解析式为

$$\frac{y_1^2}{4.228} + \frac{y_2^2}{0.242} + \frac{y_3^2}{0.078} + \frac{y_4^2}{0.023} = 1 \tag{13.85}$$

图13.29所示为"正"超椭球在四个三维空间中投影得到的椭球。其中,图13.29 (a) 所示为"正"超椭球在$y_1y_2y_3$这个三维空间的投影,对应的解析式为

$$\frac{y_1^2}{4.228} + \frac{y_2^2}{0.242} + \frac{y_3^2}{0.078} = 1 \tag{13.86}$$

图13.29 (a) 中蓝、红、绿色箭头对应上述"正"超椭球的第一、第二、第三主轴方向。

图13.30所示为4×4协方差矩阵代表的正超椭球在6个平面上的投影,很容易发现投影结果都是正椭圆。

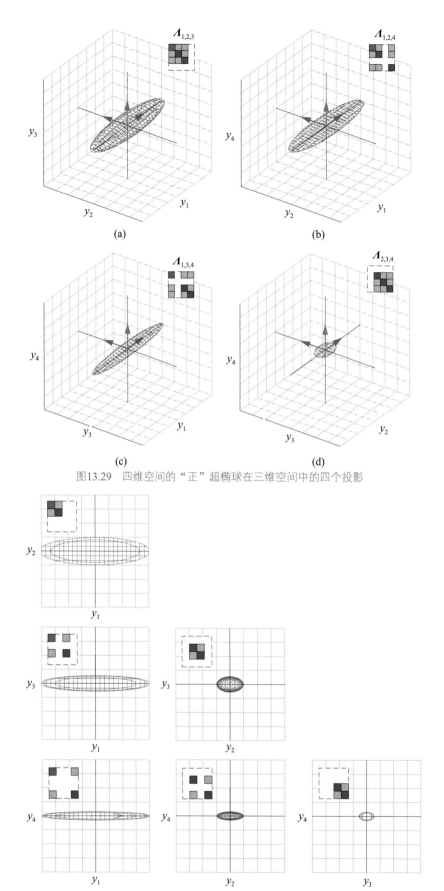

图13.29 四维空间的"正"超椭球在三维空间中的四个投影

图13.30 "正"超椭球在6个平面上的投影结果

相关性系数矩阵

大家是否能立刻想到，相关性系数矩阵P也可以进行特征值分解，也就是说P也可以有类似于前文协方差矩阵的几何解释。

根据图13.16，相关性系数矩阵P对应的超椭球的半主轴长度分别为$\sqrt{2.918}=1.708$、$\sqrt{0.914}=0.956$、$\sqrt{0.146}=0.383$、$\sqrt{0.021}=0.143$。

图13.31所示为相关性系数矩阵所代表的四维空间的"旋转"超椭球在三维空间中的四个投影。图13.32所示为这个超椭球在6个平面的投影。请大家自行分析这两幅图，特别是方差、标准差。

注意：相关性系数矩阵可以视作Z分数的协方差矩阵。

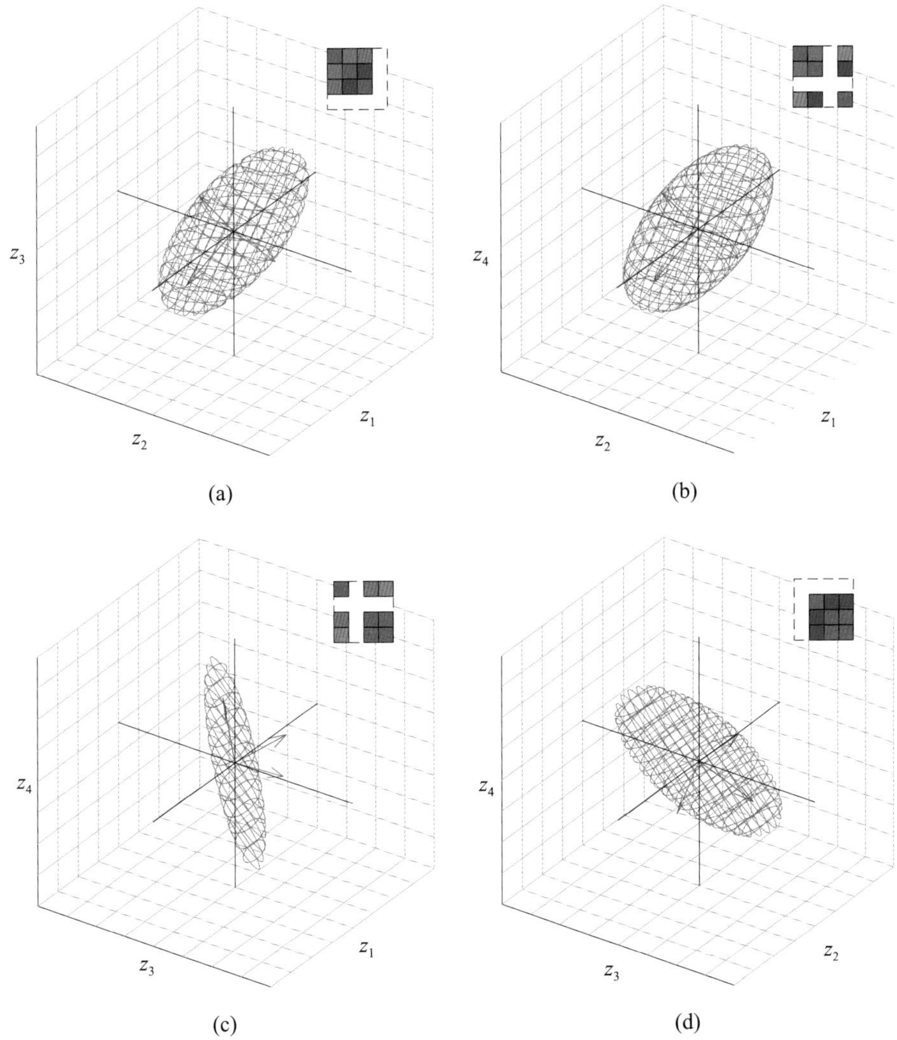

(a)

(b)

(c)

(d)

图13.31 四维空间的"旋转"超椭球在三维空间中的四个投影，即相关性系数矩阵

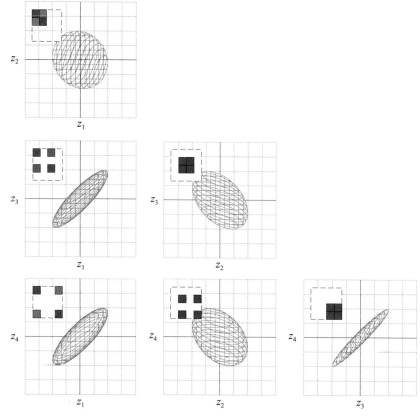

图13.32 "旋转"超椭球在6个平面上的投影结果,即相关性系数矩阵

13.8 合并协方差矩阵

本节介绍一个概念——**合并协方差矩阵** (pooled covariance matrix),定义为

$$\Sigma_{\text{pooled}} = \frac{1}{\sum_{k=1}^{K}(n_k - 1)} \sum_{k=1}^{K}(n_k - 1)\Sigma_k = \frac{1}{n - K}\sum_{k=1}^{K}(n_k - 1)\Sigma_k \tag{13.87}$$

其中:n为总体样本数;n_k为标签为C_k的样本数;K为标签数量;Σ_k是标签为C_k的样本数据协方差矩阵。

式(13.87)相当于加权平均,这么做是为了保证整体协方差矩阵的无偏性,因为每组内的样本数可能不同,直接将所有样本合并起来计算协方差矩阵可能会导致估计偏差。

如果假设分类质心重叠,则合并协方差矩阵可以用于估算样本整体方差。合并协方差矩阵可以用于比较不同子集的协方差之间的差异,也就是不同分类标签数据的分布情况。此外,我们会在"鸢尾花书"《数据有道》一册的主成分分析中看到合并协方差的应用。

以鸢尾花数据矩阵为例,总体样本数为$n = 150$,一共有3种 $(K = 3)$ 标签C_1、C_2、C_3,分别对应的样本数为$n_1 = 50$、$n_2 = 50$、$n_3 = 50$。合并协方差矩阵为

$$\Sigma_{\text{pooled}} = \frac{1}{150-3} \sum_{k=1}^{3} (50-1) \Sigma_k = \frac{49}{147} \times \left(\Sigma_1 + \Sigma_2 + \Sigma_3 \right) \tag{13.88}$$

图13.33中三个彩色的椭圆代表Σ_1、Σ_2、Σ_3，对应马氏距离为1。注意：图13.33中并没有展示Σ_{pooled}。

图13.33中Σ代表整体数据协方差矩阵。Σ完全不同于Σ_{pooled}。也可以说，Σ_{pooled}只是Σ的一部分。Σ_{pooled}仅仅是考虑标签子集数据的协方差矩阵，而没有考虑子集之间的分布差异(分类质心的差异)。因此，图13.33中Σ对应的旋转椭圆远大于Σ_1、Σ_2、Σ_3。

换个角度来看，合并协方差矩阵相当于全方差定理中的条件方差的期望，缺少的成分是条件期望的方差。为了方便比较不同分类的协方差矩阵，我们可以将所有椭圆中心重合，得到图13.34。Σ_{pooled}对应图13.34中的黑色虚线椭圆。比较彩色椭圆和黑色虚线椭圆，可以知道不同标签数据分布之间的差异。

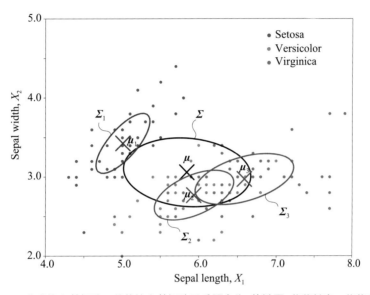

图13.33　分类协方差矩阵、整体协方差矩阵马氏距离为1的椭圆 (花萼长度、花萼宽度)

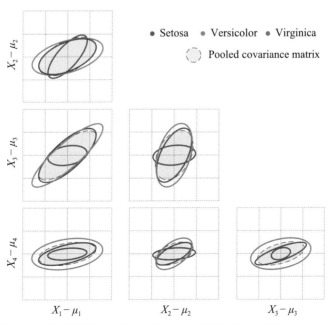

图13.34　马氏距离为1的椭圆，Σ_1、Σ_2、Σ_3和合并协方差矩阵Σ_{pooled}

这一章结束了本书"高斯"这一板块。这个板块以高斯分布为主线，分别介绍了一元、二元、多元、条件高斯分布，最后介绍了多元高斯分布中的主角——协方差矩阵。相信通过这几章的学习，大家已经看到了线性代数工具在多元统计中的重要作用。

多元统计数据通常表示为向量或矩阵形式，线性代数提供了处理和计算这些对象的基本工具。例如，我们可以使用矩阵运算来计算协方差矩阵、进行线性变换、求解线性方程组等。

在多元统计中，特征值和特征向量是非常重要的概念。通过计算特征值和特征向量，我们可以识别出数据中的主要方向和结构，从而进行降维、聚类、分类等任务。

奇异值分解被广泛用于主成分分析 (PCA)、矩阵分解、压缩和图像处理等任务中。此外，我们可以使用特征值分解或奇异值分解来分析数据的主要结构和变化模式，使用矩阵的迹、行列式等概念来计算协方差矩阵的性质，使用矩阵乘法、转置等运算来进行矩阵变换等。

在多元统计中，很多问题可以被视为一个优化问题。线性代数提供了很多优化方法和技巧，如梯度下降、牛顿法、共轭梯度法等，可以用于解决最小化误差、最大化似然等问题。大家会在本书后续章节中看到更多线性代数在多元统计、数据分析、机器学习领域的应用。

协方差估计的方法还有很多，请大家参考：

◀ https://scikit-learn.org/stable/modules/covariance.html

有关合并协方差矩阵，请大家参考：

◀ https://arxiv.org/pdf/1805.05756.pdf

04 Section 04
随　机

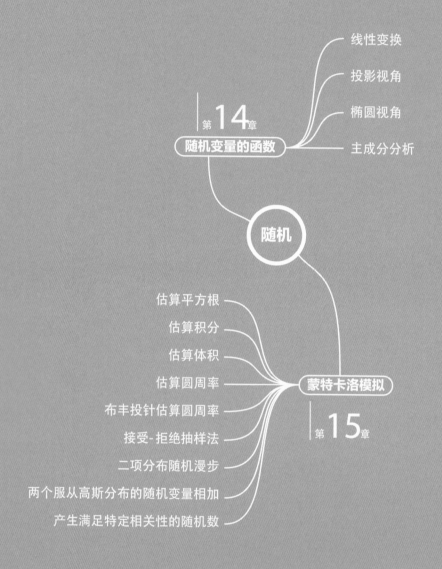

第14章
随机变量的函数

- 线性变换
- 投影视角
- 椭圆视角
- 主成分分析

随机

估算平方根
估算积分
估算体积
估算圆周率
布丰投针估算圆周率
接受-拒绝抽样法
二项分布随机漫步
两个服从高斯分布的随机变量相加
产生满足特定相关性的随机数

蒙特卡洛模拟
第15章

学习地图 | 第**4**板块

Functions of Random Variables
随机变量的函数
从几何视角探讨随机变量的线性变换

自然的一般规律在大多数情况下不是直接的感知对象。

The general laws of Nature are not, for the most part, immediate objects of perception.

—— 乔治·布尔 (George Boole) | 英格兰数学家和哲学家 | 1815—1864年

- ◄ numpy.cov() 计算协方差矩阵
- ◄ numpy.linalg.eig() 特征值分解
- ◄ numpy.linalg.svd() 奇异值分解
- ◄ sklearn.decomposition.PCA() 主成分分析函数
- ◄ seaborn.heatmap() 绘制热图
- ◄ seaborn.kdeplot() 绘制KDE核概率密度估计曲线
- ◄ seaborn.pairplot() 绘制成对分析图

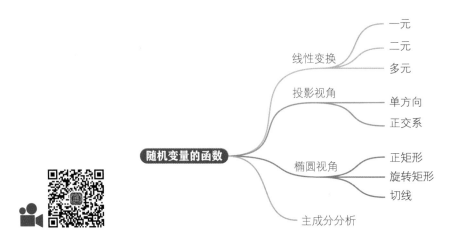

随机变量的函数：以鸢尾花为例

随机变量的函数可以分为两类：**线性变换** (linear transformation)、**非线性变换** (nonlinear transformation)。线性变换是本章的核心内容。

我们在第3、4章介绍过骰子点数的"花式玩法"，如点数之和、点数平均值、点数之差、点数平方、点数之商等。这些"花式玩法"都可以叫作随机变量的函数。

比如，点数之和 $(X_1 + X_2)$、点数之差 $(X_1 - X_2)$、点数平均值 $((X_1 + X_2)/2)$ 等都是线性变换。此外，去均值 $(X_1 - E(X_1))$、标准化 $((X_1 - E(X_1))/\mathrm{std}(X_1))$ 也都是常见的随机变量的线性变换。

线性变换之外的随机变量变换统称为非线性变换，如平方 (X_1^2)、平方求和 $(\sum_j X_j^2)$、乘积 (X_1X_2)、比例 (X_1/X_2)、倒数 $(1/X_1)$、对数变换 $(\ln X_1)$ 等。此外，第9章介绍的经验分布累积函数ECDF也是常用的非线性变换，ECDF将原始数据转化成 $(0, 1)$ 区间之内的分位值。

> ⚠️ 注意：经过转换后的随机变量，其分布类型、期望、方差等都可能会发生变化。

从数据角度来看，以上变换又叫**数据转化** (data transformation)，这是《数据有道》一册中的话题。

以鸢尾花数据为例

鸢尾花数据的前四列特征分别为花萼长度 (X_1)、花萼宽度 (X_2)、花瓣长度 (X_3)、花瓣宽度 (X_4)。假如在一个有关鸢尾花的研究中，为了进一步挖掘鸢尾花数据中可能存在的量化关系，我们可以分析以下几个指标。

◂ 花萼长度去均值，即 $X_1 - E(X_1)$。
◂ 花萼宽度去均值，即 $X_2 - E(X_2)$。

◀花萼长度、宽度之和，即$X_1 + X_2$。

◀花萼长度、宽度之差，即$X_1 - X_2$。

◀花萼长度、宽度乘积，即$X_1 X_2$。

◀花萼长度、宽度比例，即X_1/X_2。

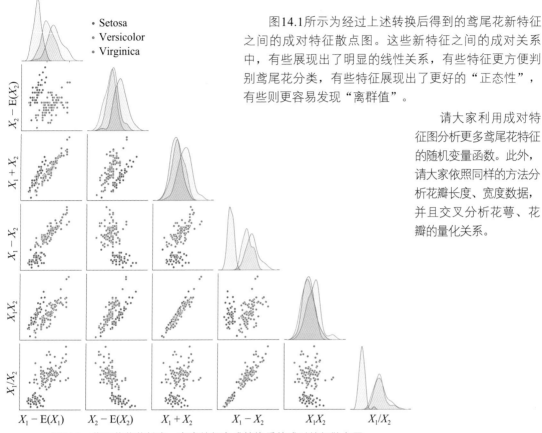

图14.1所示为经过上述转换后得到的鸢尾花新特征之间的成对特征散点图。这些新特征之间的成对关系中，有些展现出了明显的线性关系，有些特征更方便判别鸢尾花分类，有些特征展现出了更好的"正态性"，有些则更容易发现"离群值"。

请大家利用成对特征图分析更多鸢尾花特征的随机变量函数。此外，请大家依照同样的方法分析花瓣长度、宽度数据，并且交叉分析花萼、花瓣的量化关系。

图14.1 鸢尾花花萼长度、宽度特征完成转换后的成对特征散点图

14.2 线性变换：投影视角

《矩阵力量》一册第25章介绍过随机变量的线性变换，我们将部分内容"抄"过来。本章后文会用鸢尾花数据展开讲解。

一元随机变量

如果X为一个随机变量，对X进行函数变换，可以得到其他的随机变量Y，有

$$Y = h(X) \tag{14.1}$$

特别地，如果$h()$为线性函数，则X到Y进行的就是线性变换，如

$$Y = h(X) = aX + b \tag{14.2}$$

其中：a和b为常数。

式(14.2)相当于几何中的缩放、平移两步操作。在线性代数中，式(14.2)相当于**仿射变换** (affine transformation)。

展开来说，在线性代数中，仿射变换是指一类在二维或三维欧几里得空间中的变换，可以描述为一种线性变换和一个平移向量的组合。与仿射变换不同，线性变换仅由矩阵乘法表达，它可以用于缩放、旋转、镜像、剪切一个图形，但不能进行平移操作。

式(14.2) 中，Y的期望和X的期望之间的关系为

$$E(Y) = aE(X) + b \tag{14.3}$$

式(14.2) 中，Y和X方差之间的关系为

$$\mathrm{var}(Y) = \mathrm{var}(aX + b) = a^2\,\mathrm{var}(X) \tag{14.4}$$

二元随机变量

如果Y和二元随机变量 (X_1, X_2) 存在关系

$$Y = aX_1 + bX_2 \tag{14.5}$$

则式(14.5) 可以写成

$$Y = \begin{bmatrix} a & b \end{bmatrix} \begin{bmatrix} X_1 \\ X_2 \end{bmatrix} \tag{14.6}$$

Y和二元随机变量 (X_1, X_2) 期望之间存在关系

$$E(Y) = E(aX_1 + bX_2) = aE(X_1) + bE(X_2) \tag{14.7}$$

则式(14.7) 可以写成

$$E(Y) = \begin{bmatrix} a & b \end{bmatrix} \begin{bmatrix} E(X_1) \\ E(X_2) \end{bmatrix} \tag{14.8}$$

Y和二元随机变量 (X_1, X_2) 方差、协方差存在关系

$$\mathrm{var}(Y) = \mathrm{var}(aX_1 + bX_2) = a^2\,\mathrm{var}(X_1) + b^2\,\mathrm{var}(X_2) + 2ab\,\mathrm{cov}(X_1, X_2) \tag{14.9}$$

式(14.9) 可以写成

$$\mathrm{var}(Y) = \begin{bmatrix} a & b \end{bmatrix} \underbrace{\begin{bmatrix} \mathrm{var}(X_1) & \mathrm{cov}(X_1, X_2) \\ \mathrm{cov}(X_1, X_2) & \mathrm{var}(X_2) \end{bmatrix}}_{\Sigma} \begin{bmatrix} a \\ b \end{bmatrix} \tag{14.10}$$

相信大家已经在式(14.10)中看到了协方差矩阵

$$\boldsymbol{\Sigma} = \begin{bmatrix} \mathrm{var}(X_1) & \mathrm{cov}(X_1, X_2) \\ \mathrm{cov}(X_1, X_2) & \mathrm{var}(X_2) \end{bmatrix} \tag{14.11}$$

也就是说，式(14.10) 可以写成

$$\mathrm{var}(Y) = \begin{bmatrix} a & b \end{bmatrix} \boldsymbol{\Sigma} \begin{bmatrix} a \\ b \end{bmatrix} \tag{14.12}$$

D维随机变量：朝单一方向投影

如果随机向量 $\boldsymbol{\chi} = [X_1, X_2, \cdots, X_D]^T$ 服从 $N(\boldsymbol{\mu}_\chi, \boldsymbol{\Sigma}_\chi)$，$\boldsymbol{\chi}$ 在单位向量 $\boldsymbol{v}$ 方向上投影得到 Y，有

$$Y = \boldsymbol{v}^T \boldsymbol{\chi} = \boldsymbol{v}^T \begin{bmatrix} X_1 \\ X_2 \\ \vdots \\ X_D \end{bmatrix} \tag{14.13}$$

Y 的期望 $\mathrm{E}(Y)$ 为

$$\mathrm{E}(Y) = \boldsymbol{v}^T \boldsymbol{\mu}_\chi = \boldsymbol{v}^T \begin{bmatrix} \mathrm{E}(X_1) \\ \mathrm{E}(X_2) \\ \vdots \\ \mathrm{E}(X_D) \end{bmatrix} \tag{14.14}$$

Y 的方差 $\mathrm{var}(Y)$ 为

$$\mathrm{var}(Y) = \boldsymbol{v}^T \boldsymbol{\Sigma}_\chi \boldsymbol{v} \tag{14.15}$$

D维随机变量：朝正交系投影

$\boldsymbol{\chi} = [X_1, X_2, \cdots, X_D]^T$ 服从 $N(\boldsymbol{\mu}_\chi, \boldsymbol{\Sigma}_\chi)$，$\boldsymbol{\chi}$ 在规范正交系 $\boldsymbol{V}$ 投影得到 $\boldsymbol{\gamma} = [Y_1, Y_2, \cdots, Y_D]^T$，即

$$\boldsymbol{\gamma} = \begin{bmatrix} Y_1 \\ Y_2 \\ \vdots \\ Y_D \end{bmatrix} = \boldsymbol{V}^T \boldsymbol{\chi} = \begin{bmatrix} \boldsymbol{v}_1^T \\ \boldsymbol{v}_2^T \\ \vdots \\ \boldsymbol{v}_D^T \end{bmatrix} \boldsymbol{\chi} = \begin{bmatrix} \boldsymbol{v}_1^T \boldsymbol{\chi} \\ \boldsymbol{v}_2^T \boldsymbol{\chi} \\ \vdots \\ \boldsymbol{v}_D^T \boldsymbol{\chi} \end{bmatrix} \tag{14.16}$$

$\boldsymbol{\gamma}$ 的期望 (质心) $\mathrm{E}(\boldsymbol{\gamma})$ 为

$$\mathrm{E}(\boldsymbol{\gamma}) = \boldsymbol{V}^T \boldsymbol{\mu}_\chi = \begin{bmatrix} \boldsymbol{v}_1^T \\ \boldsymbol{v}_2^T \\ \vdots \\ \boldsymbol{v}_D^T \end{bmatrix} \boldsymbol{\mu}_\chi = \begin{bmatrix} \boldsymbol{v}_1^T \boldsymbol{\mu}_\chi \\ \boldsymbol{v}_2^T \boldsymbol{\mu}_\chi \\ \vdots \\ \boldsymbol{v}_D^T \boldsymbol{\mu}_\chi \end{bmatrix} \tag{14.17}$$

$\boldsymbol{\gamma}$的协方差矩阵var($\boldsymbol{\gamma}$) 为

$$
\text{var}\left(\boldsymbol{\gamma}\right) = \boldsymbol{V}^{\mathrm{T}} \boldsymbol{\Sigma}_{\chi} \boldsymbol{V} = \begin{bmatrix} \boldsymbol{v}_1^{\mathrm{T}} \\ \boldsymbol{v}_2^{\mathrm{T}} \\ \vdots \\ \boldsymbol{v}_D^{\mathrm{T}} \end{bmatrix} \boldsymbol{\Sigma}_{\chi} \begin{bmatrix} \boldsymbol{v}_1 & \boldsymbol{v}_2 & \cdots & \boldsymbol{v}_D \end{bmatrix} = \begin{bmatrix} \boldsymbol{v}_1^{\mathrm{T}} \boldsymbol{\Sigma}_{\chi} \boldsymbol{v}_1 & \boldsymbol{v}_1^{\mathrm{T}} \boldsymbol{\Sigma}_{\chi} \boldsymbol{v}_2 & \cdots & \boldsymbol{v}_1^{\mathrm{T}} \boldsymbol{\Sigma}_{\chi} \boldsymbol{v}_D \\ \boldsymbol{v}_2^{\mathrm{T}} \boldsymbol{\Sigma}_{\chi} \boldsymbol{v}_1 & \boldsymbol{v}_2^{\mathrm{T}} \boldsymbol{\Sigma}_{\chi} \boldsymbol{v}_2 & \cdots & \boldsymbol{v}_2^{\mathrm{T}} \boldsymbol{\Sigma}_{\chi} \boldsymbol{v}_D \\ \vdots & \vdots & \ddots & \vdots \\ \boldsymbol{v}_D^{\mathrm{T}} \boldsymbol{\Sigma}_{\chi} \boldsymbol{v}_1 & \boldsymbol{v}_D^{\mathrm{T}} \boldsymbol{\Sigma}_{\chi} \boldsymbol{v}_2 & \cdots & \boldsymbol{v}_D^{\mathrm{T}} \boldsymbol{\Sigma}_{\chi} \boldsymbol{v}_D \end{bmatrix} \tag{14.18}
$$

式(14.18)还告诉我们，$\boldsymbol{v}_i^{\mathrm{T}}\boldsymbol{\chi}$和$\boldsymbol{v}_j^{\mathrm{T}}\boldsymbol{\chi}$的协方差为

$$
\text{cov}\left(\boldsymbol{v}_i^{\mathrm{T}}\boldsymbol{\chi}, \boldsymbol{v}_j^{\mathrm{T}}\boldsymbol{\chi}\right) = \boldsymbol{v}_i^{\mathrm{T}} \boldsymbol{\Sigma}_{\chi} \boldsymbol{v}_j \tag{14.19}
$$

14.3 单方向投影：以鸢尾花两特征为例

本节以鸢尾花数据花萼长度、花萼宽度两特征为例讲解线性变换。我们首先看两个最简单的例子，将数据分别投影到横轴、纵轴；然后再看更一般的情况。

投影到x轴

鸢尾花数据矩阵为$\boldsymbol{X} = [\boldsymbol{x}_1, \boldsymbol{x}_2]$，对应随机变量为$\boldsymbol{\chi} = [X_1, X_2]^{\mathrm{T}}$。如图14.2所示，将$\boldsymbol{X}$投影到横轴，即有

$$
\boldsymbol{y} = \boldsymbol{X}\boldsymbol{v} = \boldsymbol{X}\begin{bmatrix} 1 \\ 0 \end{bmatrix} = \boldsymbol{x}_1 \tag{14.20}
$$

从随机变量角度来看上述运算，即有

$$
Y = \boldsymbol{v}^{\mathrm{T}}\boldsymbol{\chi} = \begin{bmatrix} 1 \\ 0 \end{bmatrix}^{\mathrm{T}} \begin{bmatrix} X_1 \\ X_2 \end{bmatrix} = X_1 \tag{14.21}
$$

$\boldsymbol{X}$的质心为

$$
\text{E}\left(\boldsymbol{X}\right) = \begin{bmatrix} 5.8433 & 3.0573 \end{bmatrix} \tag{14.22}
$$

由此计算得到图14.2中$\boldsymbol{y}$的质心为

$$
\text{E}\left(\boldsymbol{y}\right) = \text{E}\left(\boldsymbol{X}\right)\boldsymbol{v} = \begin{bmatrix} 5.8433 & 3.0573 \end{bmatrix}\begin{bmatrix} 1 \\ 0 \end{bmatrix} = 5.8433 \tag{14.23}
$$

$\boldsymbol{X}$的协方差矩阵为

$$
\text{var}\left(\boldsymbol{X}\right) = \boldsymbol{\Sigma}_X = \begin{bmatrix} 0.6856 & -0.0424 \\ -0.0424 & 0.1899 \end{bmatrix} \tag{14.24}
$$

由此计算得到图14.2中$\boldsymbol{y}$的方差为

$$\mathrm{var}(\boldsymbol{y}) = \boldsymbol{v}^{\mathrm{T}}\,\mathrm{var}(\boldsymbol{X})\,\boldsymbol{v} = \begin{bmatrix} 1 \\ 0 \end{bmatrix}^{\mathrm{T}} \begin{bmatrix} 0.6856 & -0.0424 \\ -0.0424 & 0.1899 \end{bmatrix} \begin{bmatrix} 1 \\ 0 \end{bmatrix} = 0.6856 \tag{14.25}$$

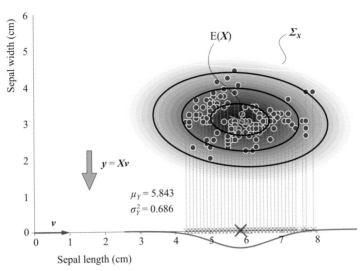

图14.2　逆时针0°，$\boldsymbol{X}$向$\boldsymbol{v}$投影

注意：图14.2中的椭圆代表马氏距离。三个黑色旋转椭圆分别代表马氏距离为1、2、3。

将图14.2中三个椭圆也投影到横轴上，大家会发现得到的三条线段分别代表$\mu_1 \pm \sigma_1$、$\mu_1 \pm 2\sigma_1$、$\mu_1 \pm 3\sigma_1$。这绝不是几何上的巧合，本章后续会展开讲解。

投影到y轴

如图14.3所示，将$\boldsymbol{X}$投影到纵轴，即有

$$\boldsymbol{y} = \boldsymbol{X}\boldsymbol{v} = \begin{bmatrix} \boldsymbol{x}_1 & \boldsymbol{x}_2 \end{bmatrix} \begin{bmatrix} 0 \\ 1 \end{bmatrix} = \boldsymbol{x}_2 \tag{14.26}$$

从随机变量角度来看上述运算，即

$$Y = \boldsymbol{v}^{\mathrm{T}}\boldsymbol{\chi} = \begin{bmatrix} 0 \\ 1 \end{bmatrix}^{\mathrm{T}} \begin{bmatrix} X_1 \\ X_2 \end{bmatrix} = X_2 \tag{14.27}$$

计算图14.3中$\boldsymbol{y}$的质心为

$$\mathrm{E}(\boldsymbol{y}) = \mathrm{E}(\boldsymbol{X})\boldsymbol{v} = \begin{bmatrix} 5.8433 & 3.0573 \end{bmatrix} \begin{bmatrix} 0 \\ 1 \end{bmatrix} = 3.0573 \tag{14.28}$$

计算得到图14.3中$\boldsymbol{y}$的方差为

$$\mathrm{var}(\boldsymbol{y}) = \boldsymbol{v}^{\mathrm{T}}\,\mathrm{var}(\boldsymbol{X})\,\boldsymbol{v} = \begin{bmatrix} 0 \\ 1 \end{bmatrix}^{\mathrm{T}} \begin{bmatrix} 0.6856 & -0.0424 \\ -0.0424 & 0.1899 \end{bmatrix} \begin{bmatrix} 0 \\ 1 \end{bmatrix} = 0.1899 \tag{14.29}$$

其他情况

图14.4 ~ 图14.7所示为其他四个投影场景，请大家自己分析。

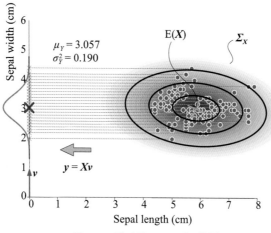

图14.3　逆时针90°，X向v投影

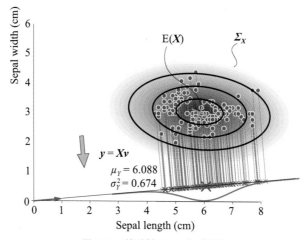

图14.4　逆时针5°，X向v投影

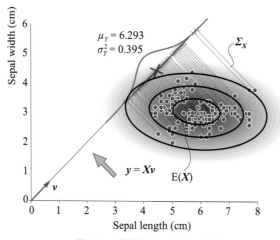

图14.5　逆时针45°，X向v投影

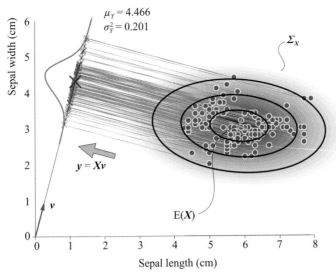

图14.6 逆时针75°，X向v投影

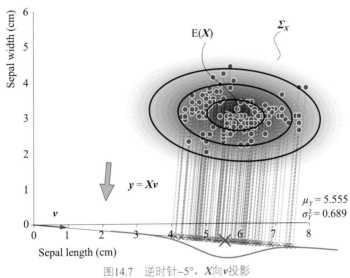

图14.7 逆时针−5°，X向v投影

代码Bk5_Ch14_01.py绘制图14.2～图14.7。

14.4 正交系投影：以鸢尾花两特征为例

正交系

给定正交系 $\boldsymbol{V}$ 为

$$\boldsymbol{V} = \begin{bmatrix} \cos\theta & -\sin\theta \\ \sin\theta & \cos\theta \end{bmatrix} \tag{14.30}$$

如图14.8所示，数据 $\boldsymbol{X}$ 可以投影到正交系 $\boldsymbol{V}$ 中得到数据 $\boldsymbol{Y}$，即有

$$\boldsymbol{Y} = \boldsymbol{X}\boldsymbol{V} \tag{14.31}$$

展开式(14.31)得到

$$\begin{bmatrix} \boldsymbol{y}_1 & \boldsymbol{y}_2 \end{bmatrix} = \boldsymbol{X}\begin{bmatrix} \boldsymbol{v}_1 & \boldsymbol{v}_2 \end{bmatrix} = \begin{bmatrix} \boldsymbol{X}\boldsymbol{v}_1 & \boldsymbol{X}\boldsymbol{v}_2 \end{bmatrix} \tag{14.32}$$

随机变量为 $\boldsymbol{\chi} = [X_1, X_2]^{\mathrm{T}}$ 投影到 $\boldsymbol{V}$ 得到 $\boldsymbol{\gamma} = [Y_1, Y_2]^{\mathrm{T}}$，有

$$\boldsymbol{\gamma} = \boldsymbol{V}^{\mathrm{T}}\boldsymbol{\chi} \tag{14.33}$$

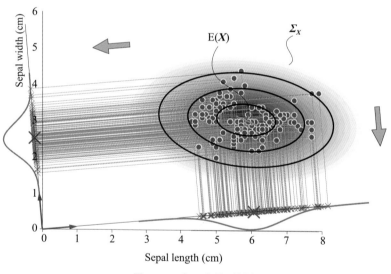

图14.8 $\boldsymbol{X}$ 向正交系 $\boldsymbol{V}$ 投影

展开式(14.33)得到

$$\begin{bmatrix} Y_1 \\ Y_2 \end{bmatrix} = \boldsymbol{V}^{\mathrm{T}}\boldsymbol{\chi} = \begin{bmatrix} \boldsymbol{v}_1^{\mathrm{T}}\boldsymbol{\chi} \\ \boldsymbol{v}_2^{\mathrm{T}}\boldsymbol{\chi} \end{bmatrix} \tag{14.34}$$

注意比较式(14.31) 和式(14.33) 的转置关系。

向第一方向投影

先考虑 X 向 v_1 投影，有

$$v_1 = \begin{bmatrix} \cos\theta \\ \sin\theta \end{bmatrix} \tag{14.35}$$

将数据 X 投影到 v_1 得到

$$y_1 = Xv_1 \tag{14.36}$$

类似地，将 $\chi = [X_1, X_2]^{\mathrm{T}}$ 投影到 v_1 得到 Y_1，有

$$Y_1 = \begin{bmatrix} X_1 & X_2 \end{bmatrix} v_1 = \begin{bmatrix} X_1 & X_2 \end{bmatrix} \begin{bmatrix} \cos\theta \\ \sin\theta \end{bmatrix} = \cos\theta X_1 + \sin\theta X_2 \tag{14.37}$$

Y_1 的质心为

$$E(Y_1) = E(X)v_1 = \begin{bmatrix} 5.8433 & 3.0573 \end{bmatrix} \begin{bmatrix} \cos\theta \\ \sin\theta \end{bmatrix} \tag{14.38}$$
$$\approx 3.0573 \times \sin\theta + 5.8433 \times \cos\theta$$

Y_1 的方差为

$$\mathrm{var}(Y_1) = v_1^{\mathrm{T}} \Sigma_X v_1 = \begin{bmatrix} \cos\theta & \sin\theta \end{bmatrix} \begin{bmatrix} 0.6856 & -0.0424 \\ -0.0424 & 0.1899 \end{bmatrix} \begin{bmatrix} \cos\theta \\ \sin\theta \end{bmatrix} \tag{14.39}$$
$$\approx -0.0424 \times \sin 2\theta + 0.2478 \times \cos 2\theta + 0.4378$$

向第二方向投影

同理，给定 v_2 为

$$v_2 = \begin{bmatrix} -\sin\theta \\ \cos\theta \end{bmatrix} \tag{14.40}$$

将数据 X 投影到 v_2 得到

$$y_2 = Xv_2 \tag{14.41}$$

将 $\chi = [X_1, X_2]^{\mathrm{T}}$ 投影到 v_2 得到 Y_2 为

$$Y_2 = \begin{bmatrix} X_1 & X_2 \end{bmatrix} v_2 = \begin{bmatrix} X_1 & X_2 \end{bmatrix} \begin{bmatrix} -\sin\theta \\ \cos\theta \end{bmatrix} = -\sin\theta X_1 + \cos\theta X_2 \tag{14.42}$$

Y_2的质心为

$$\mu_{Y2} = \mathrm{E}(\boldsymbol{X})\boldsymbol{v}_2 = \begin{bmatrix} 5.8433 & 3.0573 \end{bmatrix} \begin{bmatrix} -\sin\theta \\ \cos\theta \end{bmatrix} \tag{14.43}$$
$$\approx -5.8433 \times \sin\theta + 3.0573 \times \cos\theta$$

Y_2的方差为

$$\mathrm{var}(Y_2) = \boldsymbol{v}_2^{\mathrm{T}} \boldsymbol{\Sigma}_X \boldsymbol{v}_2 = \begin{bmatrix} -\sin\theta & \cos\theta \end{bmatrix} \begin{bmatrix} 0.6856 & -0.0424 \\ -0.0424 & 0.1899 \end{bmatrix} \begin{bmatrix} -\sin\theta \\ \cos\theta \end{bmatrix} \tag{14.44}$$
$$\approx 0.0424 \times \sin 2\theta - 0.2478 \times \cos 2\theta + 0.4378$$

协方差

Y_1和Y_2的协方差为

$$\mathrm{cov}(Y_1, Y_2) = \boldsymbol{v}_1^{\mathrm{T}} \boldsymbol{\Sigma}_X \boldsymbol{v}_2 = \begin{bmatrix} \cos\theta & \sin\theta \end{bmatrix} \begin{bmatrix} 0.6856 & -0.0424 \\ -0.0424 & 0.1899 \end{bmatrix} \begin{bmatrix} -\sin\theta \\ \cos\theta \end{bmatrix} \tag{14.45}$$
$$\approx -0.2478 \times \sin 2\theta - 0.0424 \times \cos 2\theta$$

利用如下三角函数关系，得到

$$\begin{aligned} f(\theta) &= a\sin\theta + b\cos\theta \\ &= \sqrt{a^2 + b^2}\left(\frac{a}{\sqrt{a^2+b^2}}\sin\theta + \frac{b}{\sqrt{a^2+b^2}}\cos\theta \right) \\ &= \sqrt{a^2+b^2}\left(\sin\theta\cos\phi + \cos\theta\sin\phi \right) \\ &= A\sin(\theta + \phi) \end{aligned} \tag{14.46}$$

其中

$$\phi = \arctan\left(\frac{b}{a}\right) \tag{14.47}$$
$$A = \sqrt{a^2 + b^2}$$

我们可以进一步整理，这部分推导交给大家完成。

如图14.9所示，期望、方差、协方差随θ变化。请大家特别注意Y_1和Y_2的方差之和为定值，即

$$\begin{aligned} \mathrm{var}(Y_1) + \mathrm{var}(Y_2) &\approx -0.0424 \times \sin 2\theta + 0.2478 \times \cos 2\theta + 0.4378 + \\ &\quad\ 0.0424 \times \sin 2\theta - 0.2478 \times \cos 2\theta + 0.4378 \\ &\approx 0.8756 \end{aligned} \tag{14.48}$$

以上内容实际上解释了鸢尾花书《矩阵力量》一册第18章中看到的曲线趋势。

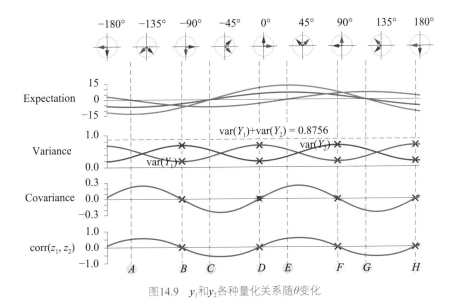

图14.9　y_1和y_2各种量化关系随θ变化

协方差矩阵

$\boldsymbol{\gamma} = [Y_1, Y_2]^\mathrm{T}$的协方差矩阵$\boldsymbol{\Sigma_\gamma}$为

$$\mathrm{var}(\boldsymbol{\gamma}) = \boldsymbol{\Sigma_\gamma} = \boldsymbol{V}^\mathrm{T} \boldsymbol{\Sigma_X} \boldsymbol{V} \tag{14.49}$$

图14.10所示为当θ取不同值时，协方差矩阵$\boldsymbol{\Sigma_\gamma}$三种不同可视化方案的变化情况。特别地，如图14.10 (b) 所示，当θ约为$-4.85°$时，协方差矩阵$\boldsymbol{\Sigma_\gamma}$为对角方阵。这意味着$Y_1$和$Y_2$的相关性系数为0。

在图14.9中，我们可以发现，当θ约为$-4.85°$时，$\mathrm{var}(Y_1)$取得最大值，$\mathrm{var}(Y_2)$取得最小值。如图14.11所示为数据矩阵在这个正交坐标系中投影的结果。这一点对于本章后续要讲解的主成分分析非常重要。

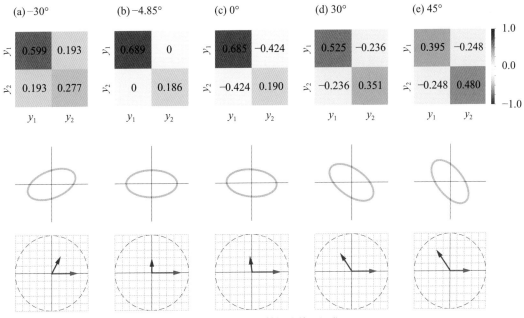

图14.10　协方差矩阵的可视化

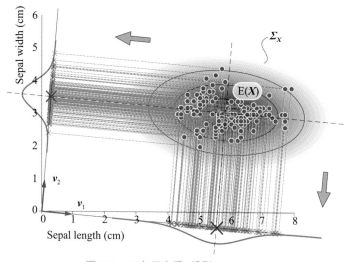

图14.11　X 向正交系 V 投影 $(-4.8575°)$

14.5 以椭圆投影为视角看线性变换

本节将从椭圆投影视角理解随机变量的线性变换。

"正"矩形

如图14.12所示，三个"正"矩形的四条边分别与马氏距离为1、2、3的椭圆相切。其中，与马氏距离为1的椭圆相切的矩形的长、宽分别为 $2\sigma_1$、$2\sigma_2$。

第13章提到过，图14.12中最小红色矩形的面积为 $4\sigma_1\sigma_2$，其矩形对角线长度为 $2\sqrt{\sigma_1^2+\sigma_2^2}$。

第13章特别强调图14.12中阴影区域对应1/4矩形。这个1/4矩形的面积为 $\sigma_1\sigma_2$，1/4矩形对角线长度为 $\sqrt{\sigma_1^2+\sigma_2^2}$，这个值是其协方差矩阵的迹的平方根，即 $\sqrt{\sigma_1^2+\sigma_2^2}=\sqrt{\mathrm{tr}\left(\Sigma_{2\times2}\right)}$。

根据本章有关随机变量线性变换内容，如图14.12所示，这三个矩形"长边"所在位置分别对应 $\mu_1\pm\sigma_1$、$\mu_1\pm2\sigma_1$、$\mu_1\pm3\sigma_1$。"宽边"所在位置分别对应 $\mu_2\pm\sigma_2$、$\mu_2\pm2\sigma_2$、$\mu_2\pm3\sigma_2$。这并不是巧合，本节后续将用数学工具加以证明。

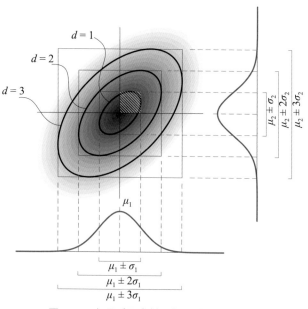

图14.12　与马氏距离椭圆相切的"正"矩形

"主轴" 矩形

如图14.13所示，与马氏距离为1的椭圆相切的矩形有无数个。观察这些矩形，大家能够发现它们的顶点位于正圆之上。这意味着这些矩形的对角线长度相同，都是 $2\sqrt{\sigma_1^2 + \sigma_2^2}$。想要证明这个观察，需要用到矩阵的迹的性质，证明工作留给大家自行完成。

除了图14.12中的"正"矩形之外，还有一个"旋转"矩形特别值得我们关注。这就是图14.14所示的"主轴"矩形。之所以叫"主轴"矩形，是因为这个矩形的四条边平行于椭圆的两条主轴(长轴、短轴)。

而特征值分解协方差矩阵就是获得椭圆主轴方向、长轴长度、短轴长度的数学工具。请大家根据第13章内容自行分析图14.14中与马氏距离为1的椭圆相切的"主轴"矩形的几何特征。

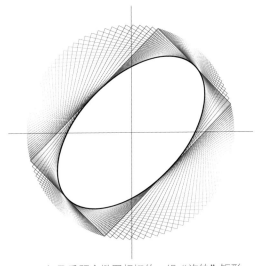

图14.13　与马氏距离椭圆相切的一组"旋转"矩形

请大家回忆协方差特征值分解得到的特征值和投影获得的两个分布的方差、标准差的关系。

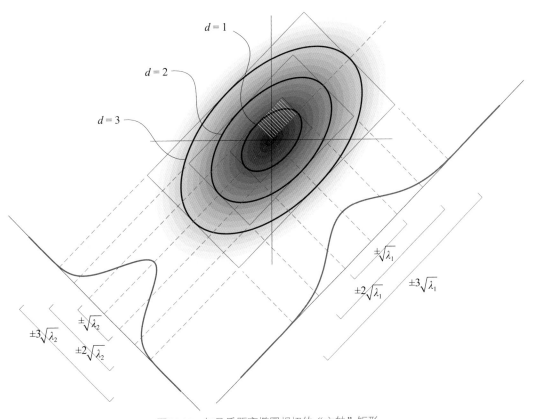

图14.14　与马氏距离椭圆相切的"主轴"矩形

椭圆切线

大家可能好奇如何绘制图14.13这组旋转矩形。如图14.15所示，首先，计算椭圆质心$\boldsymbol{\mu}$和椭圆上任意一点$\boldsymbol{p}$切线的距离h。$2h$就是矩形一条边的长度。

而切线的梯度向量$\boldsymbol{n}$可以用于定位矩形的旋转角度。然后，根据矩形的对角线长度为$2\sqrt{\sigma_1^2 + \sigma_2^2}$，我们便可以得到矩形另外一条边的长度。

问题来了，如何计算距离h和梯度向量$\boldsymbol{n}$？

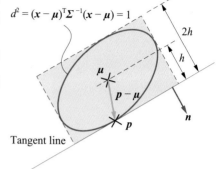

 我们在《矩阵力量》一册第20章介绍过如何求解椭圆切线。

图14.15　计算马氏椭圆上任意一点切线原理

图14.15中椭圆的解析式为

$$(\boldsymbol{x} - \boldsymbol{\mu})^{\mathrm{T}} \boldsymbol{\Sigma}^{-1} (\boldsymbol{x} - \boldsymbol{\mu}) - 1 = 0 \tag{14.50}$$

$\boldsymbol{p}$在椭圆上，如下等式成立，即

$$(\boldsymbol{p} - \boldsymbol{\mu})^{\mathrm{T}} \boldsymbol{\Sigma}^{-1} (\boldsymbol{p} - \boldsymbol{\mu}) - 1 = 0 \tag{14.51}$$

定义如下函数$f(\boldsymbol{x})$为

$$f(\boldsymbol{x}) = (\boldsymbol{x} - \boldsymbol{\mu})^{\mathrm{T}} \boldsymbol{\Sigma}^{-1} (\boldsymbol{x} - \boldsymbol{\mu}) - 1 = 0 \tag{14.52}$$

$f(\boldsymbol{x})$对$\boldsymbol{x}$求偏导便得到梯度向量$\boldsymbol{n}$，有

$$\boldsymbol{n} = \frac{\partial f(\boldsymbol{x})}{\partial \boldsymbol{x}} = 2\boldsymbol{\Sigma}^{-1} (\boldsymbol{x} - \boldsymbol{\mu}) \tag{14.53}$$

式(14.53)用到了《矩阵力量》一册第17章的多元微分。

也就是说，图14.13中椭圆上$\boldsymbol{p}$点处切线的法向量为

$$\boldsymbol{n} = 2\boldsymbol{\Sigma}^{-1} (\boldsymbol{p} - \boldsymbol{\mu}) \tag{14.54}$$

切点$\boldsymbol{p}$和椭圆质心$\boldsymbol{\mu}$的距离向量$\boldsymbol{p} - \boldsymbol{\mu}$对应图14.13中的绿色箭头。而距离$h$就是向量$\boldsymbol{p} - \boldsymbol{\mu}$在梯度向量$\boldsymbol{n}$上的标量投影，有

$$h = \frac{\boldsymbol{n}^{\mathrm{T}} (\boldsymbol{p} - \boldsymbol{\mu})}{\|\boldsymbol{n}\|} \tag{14.55}$$

 《可视之美》一册将详细讲解这段可视化代码。

有了以上推导，请大家自行编写代码绘制图14.14。

下面以鸢尾花数据作为原始数据，从随机变量的线性变换角度理解主成分分析。

首先将鸢尾花花萼长度、花萼宽度数据中心化，即获得 $X_c = X - E(X)$。图14.16所示为中心化数据的散点图。将数据投影到角度为逆时针30°的正交系 $V = [v_1, v_2]$ 中。如前文所述，数据投影到正交系中就好比在 V 中观察数据，如图14.17所示。在 V 中，我们看到代表协方差矩阵的椭圆发生了明显旋转。在 v_1 和 v_2 方向上，我们可以求得投影数据的分布情况。

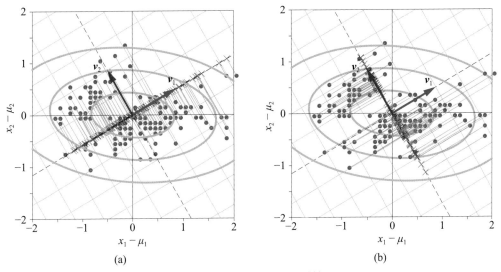

图14.16　正交系 (逆时针30°)

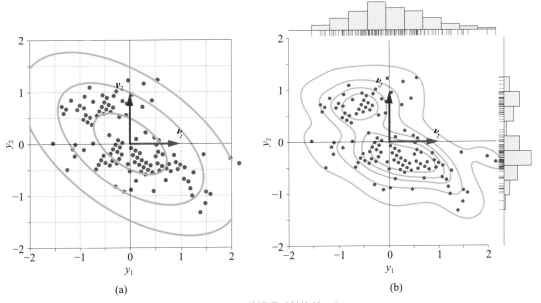

图14.17　数据顺时针旋转30°

图14.18～图14.23所示为其他三组投影角度。请大家格外注意图14.22和图14.23，这就是前文说的最优化角度。这两幅图中的v_1和v_2分别为第一、第二主成分方向。

本章仅仅从随机变量的线性函数角度介绍主成分分析，第25章将深入介绍主成分分析。

《矩阵力量》一册第25章介绍过，特征值分解协方差矩阵仅仅是主成分分析六条基本技术路径之一，《数据有道》一册还会介绍其他路径，并进行区分。

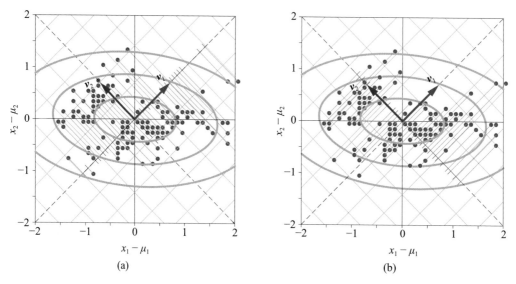

图14.18　正交系 (逆时针45°)

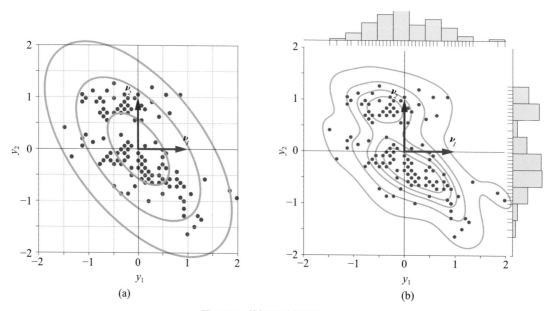

图14.19　数据顺时针旋转45°

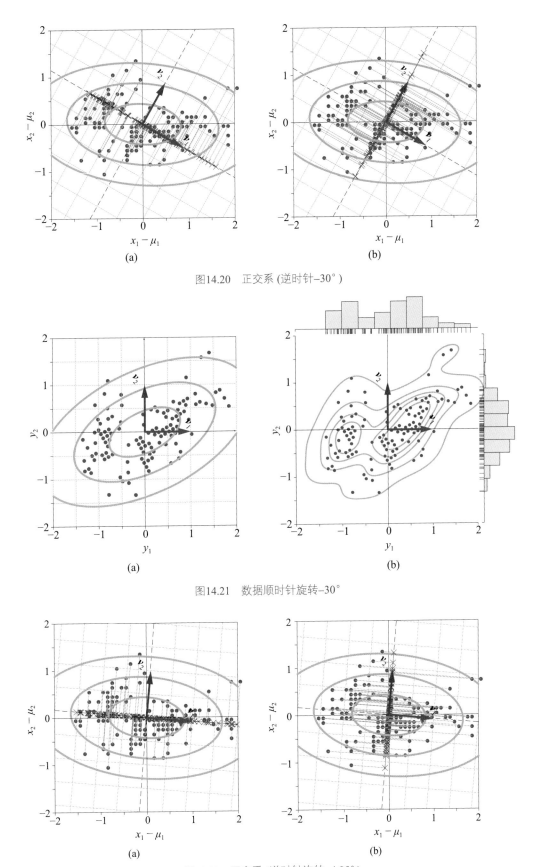

图14.20 正交系 (逆时针−30°)

图14.21 数据顺时针旋转−30°

图14.22 正交系 (逆时针旋转−4.85°)

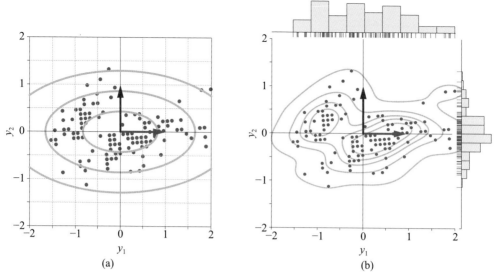

图14.23 数据顺时针旋转$-4.85°$

　　随机变量的函数是指一个或多个随机变量组成的函数，其值也是一个随机变量。它们可以用于描述随机变量之间的关系或随机事件的性质。随机变量的函数在概率论和统计学中都有广泛的应用，如用于建立概率模型、描述随机事件的分布和性质、进行概率推断和预测等。这一章，我们特别关注的是随机变量的线性变换。它是指将一个随机变量通过一个线性函数转化为另一个随机变量的过程，相当于线性代数中的仿射变换。

　　随机变量的线性变换在统计学和概率论中经常被用于描述随机变量之间的关系，如线性回归模型、协方差矩阵和主成分分析等。通过线性变换，可以将随机变量从原始空间中转换到一个新的空间，从而发现不同随机变量之间的联系和规律。

　　请大家特别重视通过投影、椭圆视角理解随机变量的线性变换。

Monte Carlo Simulation
蒙特卡洛模拟
以概率统计为基础，基于伪随机数，进行数值模拟

任何考虑用算术手段来产生随机数的人当然都是有原罪的。

Anyone who considers arithmetical methods of producing random digits is, of course, in a state of sin.

—— 约翰·冯·诺伊曼 (John von Neumann) | 美国籍数学家 | 1903—1957年

- ◄ `matplotlib.patches.Circle()` 绘制正圆
- ◄ `matplotlib.pyplot.semilogx()` 横轴设置为对数坐标
- ◄ `numpy.empty()` 产生全为 NaN 的序列
- ◄ `numpy.random.beta()` 产生服从 Beta 分布的随机数
- ◄ `numpy.random.binomial()` 产生服从二项分布的随机数
- ◄ `numpy.random.dirichlet()` 产生服从 Dirichlet 分布的随机数
- ◄ `numpy.random.exponential()` 产生服从指数分布的随机数
- ◄ `numpy.random.geometric()` 产生服从几何分布的随机数
- ◄ `numpy.random.lognormal()` 产生服从对数正态分布的随机数
- ◄ `numpy.random.multivariate_normal()` 产生服从多项正态分布的随机数
- ◄ `numpy.random.normal()` 产生服从正态分布的随机数
- ◄ `numpy.random.poisson()` 产生服从泊松分布的随机数
- ◄ `numpy.random.randint()` 产生均匀整数随机数
- ◄ `numpy.random.standard_t()` 产生服从学生 t- 分布的随机数
- ◄ `numpy.random.uniform()` 产生服从连续均匀分布的随机数
- ◄ `numpy.where()` 返回满足条件的元素序号
- ◄ `scipy.integrate.dblquad()` 求解双重定积分值
- ◄ `scipy.integrate.quad()` 求解定积分值
- ◄ `scipy.linalg.cholesky()` 对矩阵进行 Cholesky 分解
- ◄ `seaborn.distplot()` 绘制频率直方图和 KDE 曲线
- ◄ `seaborn.heatmap()` 绘制热图

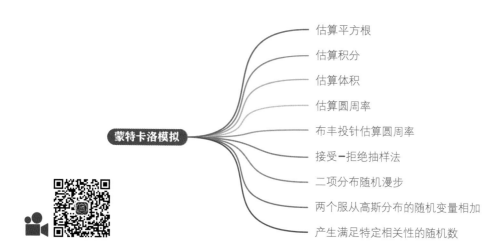

- 估算平方根
- 估算积分
- 估算体积
- 估算圆周率
- 布丰投针估算圆周率
- 接受−拒绝抽样法
- 二项分布随机漫步
- 两个服从高斯分布的随机变量相加
- 产生满足特定相关性的随机数

蒙特卡洛模拟

15.1 蒙特卡洛模拟：基于伪随机数发生器

蒙特卡洛模拟 (Monte Carlo simulation)，也称统计模拟方法，是以概率统计理论为核心的数值计算方法。蒙特卡洛模拟将提供多种可能的结果以及通过大量随机数据样本得出每种结果的概率。**冯·诺伊曼** (John von Neumann) 等三名科学家在20世纪40年代发明了蒙特卡洛模拟。他们以摩纳哥著名的赌城**蒙特卡洛** (Monte Carlo)为其命名。

表 15.1所示为NumPy中与随机数有关的常见函数。

本章介绍几个最基本的蒙特卡洛模拟试验。

表15.1　NumPy中与随机数有关的常见函数

函数名称	函数介绍
numpy.random.beta()	生成指定形状参数的贝塔分布的随机数
numpy.random.binomial()	返回给定形状的随机二项分布数组
numpy.random.chisquare()	生成指定自由度的卡方分布的随机数
numpy.random.choice()	随机从给定的数组中选择元素
numpy.random.dirichlet()	生成指定参数的狄利克雷分布的随机数
numpy.random.exponential()	生成指定尺度的指数分布的随机数
numpy.random.gamma()	生成指定形状和尺度的伽马分布的随机数
numpy.random.lognormal()	生成指定均值和标准差的对数正态分布的随机数
numpy.random.multivariate_normal()	生成多元正态分布的随机数
numpy.random.normal()	生成指定均值和标准差的正态分布的随机数
numpy.random.poisson()	生成指定均值的泊松分布的随机数
numpy.random.power()	返回给定形状的随机幂律分布数组

函数名称	函数介绍
numpy.random.rand()	返回一个给定形状的随机浮点数数组，值在0~1
numpy.random.randint()	返回一个给定形状的随机整数数组，值在给定范围之间
numpy.random.randn()	返回一个给定形状的随机浮点数数组，值遵循标准正态分布
numpy.random.random()	生成[0, 1)的随机数
numpy.random.seed()	设置随机数生成器的种子，确保随机数生成的可重复性
numpy.random.shuffle()	随机打乱给定的数组
numpy.random.uniform()	生成指定范围内的均匀分布的随机数

15.2 估算平方根

本节用蒙特卡洛模拟估算 $\sqrt{2}$ 。如图15.1所示，为了估算 $\sqrt{2}$ ，可以在0~2的范围内产生大量服从均匀分布的随机数。在 0~2范围内，随机数在0~$\sqrt{2}$ 出现的概率为 $\sqrt{2}/2$ ，$\sqrt{2}$ 则可以根据下式估计得到，即

$$\sqrt{2} \approx 2 \times \frac{n\left(0 \leqslant x \leqslant \sqrt{2}\right)}{n\left(0 \leqslant x \leqslant 2\right)} \tag{15.1}$$

其中：$n()$ 计算频数。

由于 $\sqrt{2}$ 未知，所以采用图15.1所示平方技巧，$\sqrt{2}$ 可以根据下式得到，即

$$\sqrt{2} \approx 2 \times \frac{n\left(0 \leqslant x^2 \leqslant 2\right)}{n\left(0 \leqslant x^2 \leqslant 4\right)} \tag{15.2}$$

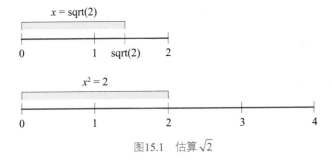

图15.1 估算 $\sqrt{2}$

代码文件Bk5_Ch15_01.py估算sqrt(2)。

15.3 估算积分

本节给出的例子用蒙特卡洛模拟方法估算积分。

给出函数$f(x)$为

$$f(x) = \frac{x \cdot \sin x}{2} + 8 \tag{15.3}$$

计算$f(x)$在 [2, 10] 区间内的定积分为

$$\int_2^{10} \left(\frac{x \cdot \sin x}{2} + 8 \right) dx \tag{15.4}$$

如图15.2所示，在 [2, 10] 区间中，函数$f(x)$的最大值为12。在横轴取值为2 ~ 10、纵轴取值为0 ~ 12 的长方形空间里，产生满足均匀分布的1000个数据点。图15.2中蓝色 ● 在曲线之下，红色 × 在曲线之上。图15.2中整个长方形的面积为96，定积分对应曲线之下的面积A，可以通过下式估算得到，即

$$A \approx 96 \times \frac{n\big(\text{below}\, f(x)\big)}{1000} \tag{15.5}$$

$n(\text{below}\, f(x))$为1000个数据点中位于$f(x)$曲线之下的数量。

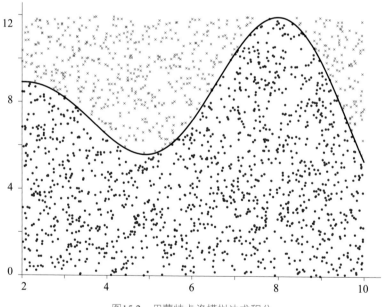

图15.2　用蒙特卡洛模拟法求积分

代码文件Bk5_Ch15_02.py估算积分。

15.4 估算体积

本节用蒙特卡洛模拟估算空间体积大小。图15.3 (a) 所示二次曲面的解析式为

$$z = 2 - x^2 - y^2 \tag{15.6}$$

当x和y均在 [−1, 1] 内时，编写代码用蒙特卡洛模拟估算图15.3 (a)所示 曲面与$z = 0$ 平面 (蓝色)构造的空间体积。这个体积相当于双重定积分

$$\int_{-1}^{1}\int_{-1}^{1}\left(2 - x^2 - y^2\right)\mathrm{d}\,x\,\mathrm{d}\,y \tag{15.7}$$

整个立方体空间体积为8，在这个空间均匀产生5000个随机点。如图15.3 (b) 所示，二次曲面之上随机点为红色，曲面之下随机点为蓝色。类似15.3节，根据随机点的比例，可以估算式 (15.7) 定积分。

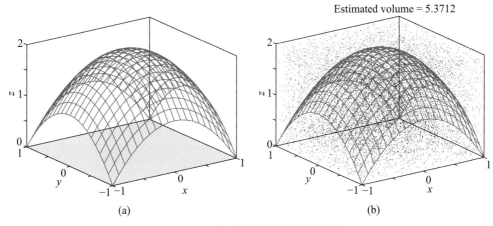

图15.3 利用蒙特卡洛模拟估算体积

Bk5_Ch15_03.py估算体积。

15.5 估算圆周率

本节介绍采用蒙特卡洛模拟法估算圆周率。
圆面积与正方形面积之间的比例关系为

> 《数学要素》一册已经介绍过几种方法估算圆周率 π，请大家回顾。

$$\frac{A_{\text{circle}}}{A_{\text{square}}} = \frac{\pi}{4} \tag{15.8}$$

可以推导得到

$$\pi = 4 \times \frac{A_{\text{circle}}}{A_{\text{square}}} \tag{15.9}$$

图15.4所示为一次随机数数量为500条件下的圆周率估算结果。图15.5所示为不断增大随机数数量，圆周率估算精确度不断提高。

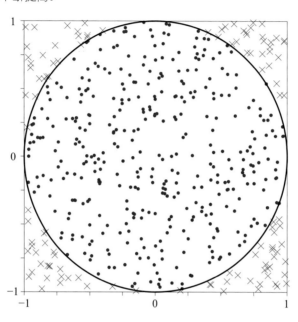

图15.4　蒙特卡洛模拟估算圆周率

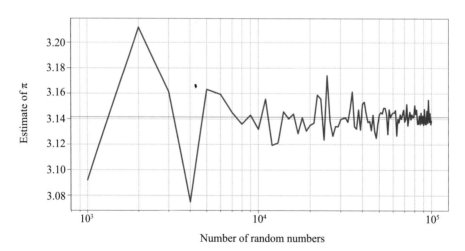

图15.5　不断增大随机数数量，圆周率估算精确度不断提高

Bk5_Ch15_04.py利用蒙特卡洛模拟估算圆周率。

15.6 布丰投针估算圆周率

布丰投针 (Buffon's needle problem) 也可以用于估算圆周率。

18世纪，法国博物学家**布丰** (Comte de Buffon) 提出著名的布丰投针问题。一个用平行且等距木纹铺成的地板，随意投掷一支长度比木纹间距略小的针，求针与其中一条木纹相交的概率。

如图15.6所示，与平行线相交的针颜色为红色，不与平行线相交的针颜色为蓝色。设平行线距离为t，针的长度为l。本节布丰投针问题，我们仅仅考虑"短针"情况，即$l < t$。

如放大视图所示，x为针的中心与最近平行线的距离，θ为针与平行线之间的不大于90°的夹角。

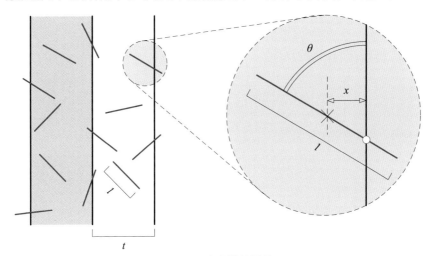

图15.6   布丰投针原理

不难理解，如图15.7所示，X作为一个随机变量在$[0, t/2]$区间连续均匀分布，其概率密度函数为

$$f_X(x) = \frac{2}{t} \quad x \in [0, t/2] \tag{15.10}$$

同理，Θ作为一个随机变量在$[0, \pi/2]$区间均匀分布，其概率密度函数为

$$f_\theta(\theta) = \frac{2}{\pi} \quad \theta \in [0, \pi/2] \tag{15.11}$$

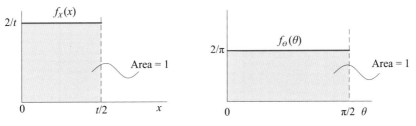

图15.7 X和Θ的概率密度函数

显然，X和Θ这两个随机变量相互独立；因此，它们的联合概率密度函数是两者之积，即

$$f_{\theta, X}(\theta, x) = \frac{2}{\pi}\frac{2}{t} = \frac{4}{\pi t} \quad \theta \in [0, \pi/2], \quad x \in [0, t/2] \tag{15.12}$$

给定夹角θ，满足如下条件时，针和平行线相交，即

$$x \leqslant \frac{l}{2}\sin\theta, \quad \theta \in [0, \pi/2], \quad x \in [0, t/2] \tag{15.13}$$

因此，针、线相交的概率为双重定积分

$$\Pr(\text{cross}) = \int_0^{\frac{\pi}{2}} \int_0^{\frac{l}{2}\sin\theta} \frac{4}{\pi t} \,\mathrm{d}x\,\mathrm{d}\theta = \frac{2l}{\pi t} \tag{15.14}$$

假设抛n根针，其中有c根与平行线相交，则概率值$\Pr(\text{cross})$可以通过下式估算，即

$$\Pr(\text{cross}) \approx \frac{c}{n} \tag{15.15}$$

联立式(15.14)和式(15.15)，可以得到

$$\frac{2l}{\pi t} \approx \frac{c}{n} \tag{15.16}$$

从而推导得到，圆周率的估算值为

$$\pi \approx \frac{2l}{t}\frac{n}{c} \tag{15.17}$$

图15.8所示为某次试验投掷2000根针，612根与平行线相交 (红色线)；式样中，针的长度$l = 1$，平行线间隔 $t = 2$。

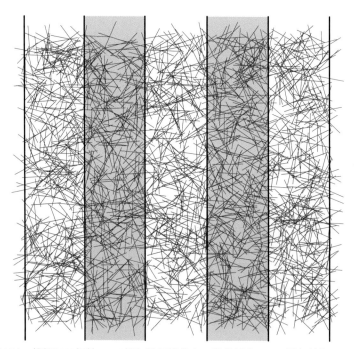

图15.8　投掷2000根针，612根与平行线相交，针的长度$l = 1$，平行线间隔 $t = 2$

实际上，我们知道针和平行线相交的概率$\Pr(\text{cross})$可以进一步简化。在图15.9阴影区域产生满足均匀分布的随机数，随机数落入蓝色区域的概率就是$\Pr(\text{cross})$。这样，我们可以根据这一思路编程解

决这个简化版的布丰投针估算圆周率问题。

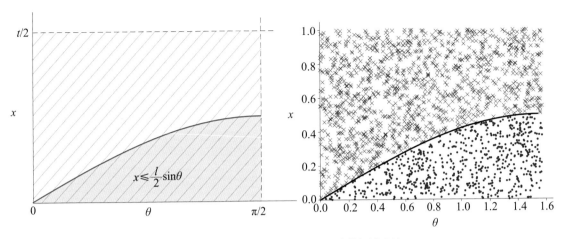

图15.9　针和平行线相交的概率 (蒙特卡洛模拟试验结果)

Bk5_Ch15_05.py完成简化版布丰投针蒙特卡洛模拟试验。

15.7 接受−拒绝抽样法

随机变量X的概率密度函数为$f_X(x)$，但是$f_X(x)$不可以直接抽样。也就是说，不能直接产生满足$f_X(x)$的随机数。我们可以采用本节介绍的**接受−拒绝抽样法** (accept-reject sampling method)。接受−拒绝抽样法适用于概率密度函数复杂、不能直接抽样的情况。

接受−拒绝抽样法的基本思想是，生成一个**辅助分布** (proposal distribution)，并利用这个分布来生成随机数。

然后，计算目标概率分布在该点处的概率密度，并将其除以辅助分布在该点处的概率密度，得到**接受率** (acceptance ratio)。

随机生成一个介于 0 和 1 之间的均匀分布随机数，如果这个随机数小于接受率，则接受这个样本，否则拒绝。重复此过程，直到生成足够多的样本为止。

接受−拒绝抽样法的优点是简单易用、适用范围广，可以应用于各种不同的概率分布。它的缺点是样本生成的效率可能较低，因为需要进行接受和拒绝的判断。在实践中，辅助分布的选择对于样本生成的效率和精度非常重要。

给定如图15.10所示的随机变量X的概率密度函数为$f_X(x)$。显然没有"现成"的随机数发生器能够直接生成满足$f_X(x)$的随机数。

我们首先生成如图15.11所示的连续均匀分布随机数。简单来说，如图15.12所示，接受−拒绝抽样法就是在图15.11中"剪裁"得到形似图15.10的部分，并"接受"这些随机数。图15.13所示为用直方图可视化"拒绝"和"接受"部分随机数。大家很容易发现，图15.13中浅蓝色部分矩形构成的形状形似图15.10中的$f_X(x)$。

我们将在第22章用到接受-拒绝抽样法。

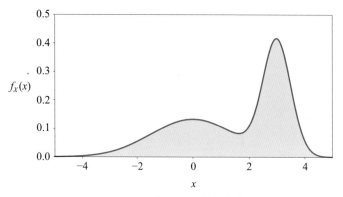

图15.10　随机变量X的概率密度函数

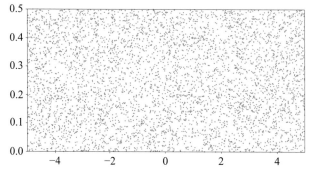

图15.11　生成连续均匀分布随机数

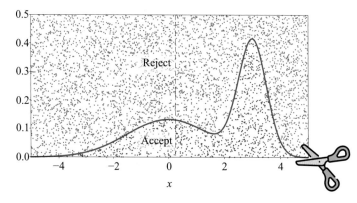

图15.12　"剪裁"连续均匀分布随机数

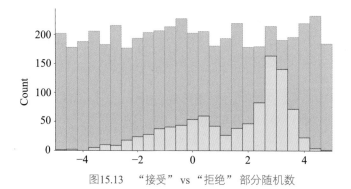

图15.13　"接受" vs "拒绝"部分随机数

15.8 二项分布随机漫步

"鸢尾花书"《数学要素》一册第20章介绍过在二叉树规定的网格行走的例子。

如图15.14所示，登山者在二叉树始点或中间节点时，他都会面临"向上"或"向下"的抉择。登山者通过抛硬币来决定每一步的行走路径——正面，向右上走；反面，向右下走。

图15.15所示为若干条二叉树随机行走路径，模拟时向上行走的概率 $p = 0.5$。乍一看图15.15很难发现任何规律。但是不断增大随机行走的路径数 n，如图15.16所示，我们发现登山者到达终点的位置呈现类似于二项分布规律。观察图15.16 (c)，我们发现当 $p = 0.5$ 时，登山者大概率会到达二叉树网格终点中部。

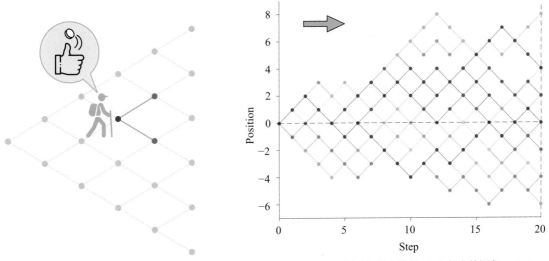

图15.14　二叉树路径与可能性 (图片来自《数学要素》)　图15.15　二叉树随机行走路径 (向上行走的概率 $p = 0.5$)

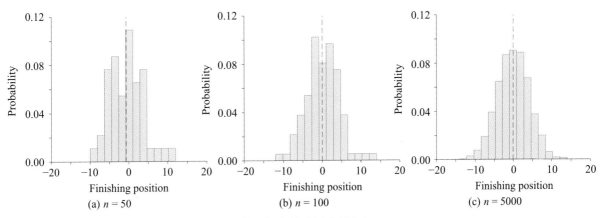

图15.16　第20步时随机漫步位置分布 ($p = 0.5$)

图15.17、图15.18对应登山者向上行走的概率 $p = 0.6$。图15.19、图15.20对应登山者向上行走的概率 $p = 0.4$。请大家自行分析这四幅图。

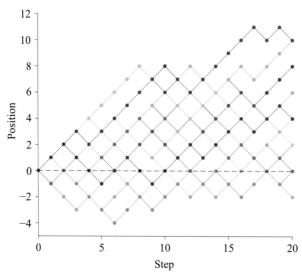

图15.17　二叉树随机行走路径 (向上行走的概率$p = 0.6$)

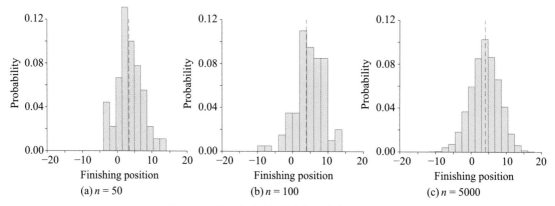

(a) $n = 50$　　　　　(b) $n = 100$　　　　　(c) $n = 5000$

图15.18　第20步时随机漫步位置分布 ($p = 0.6$)

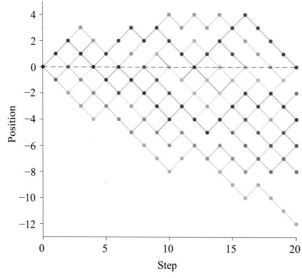

图15.19　二叉树随机行走路径 (向上行走的概率$p = 0.4$)

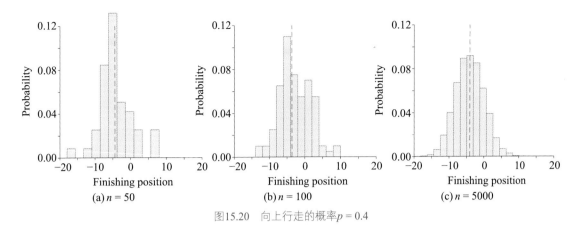

(a) $n = 50$ (b) $n = 100$ (c) $n = 5000$

图15.20　向上行走的概率$p = 0.4$

Bk5_Ch15_06.py完成本节二叉树随机漫步试验。

15.9 两个服从高斯分布的随机变量相加

X_1和X_2分别服从正态分布，具体为

$$\begin{cases} X_1 \sim N\left(\mu_1, \sigma_1^2\right) \\ X_2 \sim N\left(\mu_2, \sigma_2^2\right) \end{cases} \tag{15.18}$$

图15.21所示为X_1和X_2的随机数分布情况。

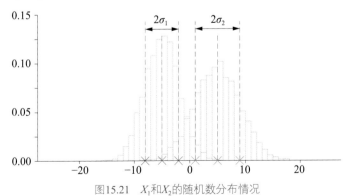

图15.21　X_1和X_2的随机数分布情况

X_1和X_2分布之和，即$Y = X_1 + X_2$，也服从正态分布，即

$$Y \sim N\left(\mu_Y, \sigma_Y^2\right) \tag{15.19}$$

其中

$$
\begin{aligned}
\mu_Y &= \mu_1 + \mu_2 \\
\sigma_Y^2 &= \sigma_1^2 + \sigma_2^2 + 2\rho_{1,2}\sigma_1\sigma_2
\end{aligned}
\tag{15.20}
$$

图15.22所示为相关性系数$\rho_{1,2}$影响$X_1 + X_2$随机数分布。请大家利用几何视角分析图15.22中不同子图结果。

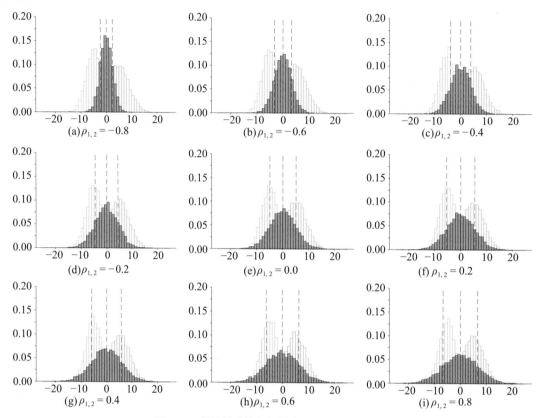

图15.22   相关性系数如何影响$X_1 + X_2$随机数分布

Bk5_Ch15_07.py绘制图15.22。

15.10 产生满足特定相关性的随机数

Cholesky分解

经过第3板块的学习，大家已经清楚单位圆代表$N(\boldsymbol{0}, \boldsymbol{I})$，而旋转椭圆代表$N(\boldsymbol{0}, \boldsymbol{\Sigma})$。再经过平移，我们就可以到$N(\boldsymbol{\mu}, \boldsymbol{\Sigma})$。

如图15.23所示，我们在《矩阵力量》一册第14章中学过如何完成"单位圆 (缩放) → 正椭圆 (剪切) → 旋转椭圆"几何变换。

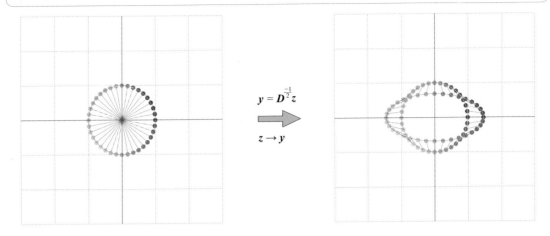

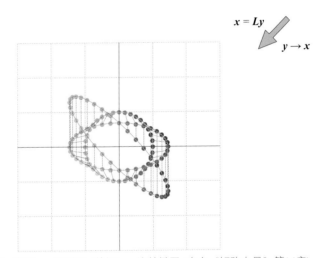

图15.23 单位圆 (缩放) → 正椭圆 (剪切) → 旋转椭圆 (来自《矩阵力量》第14章)

图15.23用到的数学工具是LDL分解。实际上，利用Cholesky分解，我们通过一次矩阵乘法便可以完成"缩放 + 剪切"。这便是利用Cholesky分解结果产生满足特定相关性随机数的技术路线。

如图15.24所示，首先生成满足$N(\mathbf{0}, \mathbf{I}_{D \times D})$的随机数矩阵$\mathbf{Z}$。

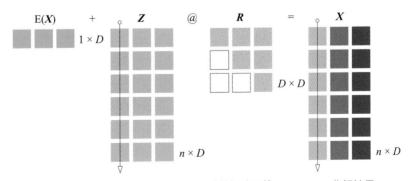

图15.24 产生满足特定相关性随机数的矩阵运算 (用Cholesky分解结果)

然后，对协方差矩阵$\boldsymbol{\Sigma}$进行Cholesky分解，得到下三角矩阵$\boldsymbol{R}^{\mathrm{T}}$和上三角矩阵$\boldsymbol{R}$的乘积，即

$$\boldsymbol{\Sigma} = \boldsymbol{R}^{\mathrm{T}}\boldsymbol{R} \tag{15.21}$$

⚠️

注意：要求$\boldsymbol{\Sigma}$为正定；否则，不能进行Cholesky分解。

矩阵$\boldsymbol{R}$中含有图15.23中"剪切""缩放"两个成分。

$\boldsymbol{Z}$服从$N(\boldsymbol{0},\ \boldsymbol{I}_{D \times D})$，经过如下运算得到的多元随机数$\boldsymbol{X}$服从$N(\mathrm{E}(\boldsymbol{X}),\ \boldsymbol{\Sigma}_{D \times D})$：

$$\underbrace{\boldsymbol{X}}_{N(\mathrm{E}(\boldsymbol{X}),\boldsymbol{\Sigma})} = \underbrace{\boldsymbol{Z}}_{N(\boldsymbol{0},\boldsymbol{I})} \underbrace{\boldsymbol{R}}_{\text{Scale + shear}} + \underbrace{\mathrm{E}(\boldsymbol{X})}_{\text{Translate}} \tag{15.22}$$

其中

$$\boldsymbol{X} = \begin{bmatrix} x_1 & x_2 & \cdots & x_D \end{bmatrix}, \ \boldsymbol{Z} = \begin{bmatrix} z_1 & z_2 & \cdots & z_D \end{bmatrix}, \ \mathrm{E}(\boldsymbol{X}) = \begin{bmatrix} \mu_1 & \mu_2 & \cdots & \mu_D \end{bmatrix} \tag{15.23}$$

分别计算$\boldsymbol{Z}$和$\boldsymbol{X}$的协方差矩阵。$\boldsymbol{Z}$的协方差矩阵为

$$\boldsymbol{\Sigma}_z = \frac{\boldsymbol{Z}^{\mathrm{T}}\boldsymbol{Z}}{n-1} = \frac{1}{n-1} \begin{bmatrix} z_1^{\mathrm{T}} \\ z_2^{\mathrm{T}} \\ \vdots \\ z_D^{\mathrm{T}} \end{bmatrix} \begin{bmatrix} z_1 & z_2 & \cdots & z_D \end{bmatrix} = \frac{1}{n-1} \begin{bmatrix} z_1^{\mathrm{T}}z_1 & z_1^{\mathrm{T}}z_2 & \cdots & z_1^{\mathrm{T}}z_D \\ z_2^{\mathrm{T}}z_1 & z_2^{\mathrm{T}}z_2 & \cdots & z_2^{\mathrm{T}}z_D \\ \vdots & \vdots & \ddots & \vdots \\ z_D^{\mathrm{T}}z_1 & z_D^{\mathrm{T}}z_2 & \cdots & z_D^{\mathrm{T}}z_D \end{bmatrix} = \begin{bmatrix} 1 & 0 & \cdots & 0 \\ 0 & 1 & \cdots & 0 \\ \vdots & \vdots & \ddots & \vdots \\ 0 & 0 & \cdots & 1 \end{bmatrix}_{D \times D} \tag{15.24}$$

对$\boldsymbol{X}$求协方差，有

$$\boldsymbol{\Sigma}_X = \frac{\left(\boldsymbol{X} - \mathrm{E}(\boldsymbol{X})\right)^{\mathrm{T}}\left(\boldsymbol{X} - \mathrm{E}(\boldsymbol{X})\right)}{n-1}$$

$$= \frac{(\boldsymbol{Z}\boldsymbol{R})^{\mathrm{T}}\boldsymbol{Z}\boldsymbol{R}}{n-1} = \boldsymbol{R}^{\mathrm{T}} \overbrace{\frac{\boldsymbol{Z}^{\mathrm{T}}\boldsymbol{Z}}{n-1}}^{\boldsymbol{\Sigma}_z} \boldsymbol{R} = \boldsymbol{R}^{\mathrm{T}}\boldsymbol{R} = \boldsymbol{\Sigma} \tag{15.25}$$

二维随机数

下面，我们先看看$D = 2$这个特殊情况。

二维随机变量χ满足二维高斯分布，即

$$\chi = \begin{bmatrix} X_1 \\ X_2 \end{bmatrix} \sim N\left(\underbrace{\begin{bmatrix} \mu_1 \\ \mu_2 \end{bmatrix}}_{\mu}, \underbrace{\begin{bmatrix} \sigma_1^2 & \rho\sigma_1\sigma_2 \\ \rho\sigma_1\sigma_2 & \sigma_2^2 \end{bmatrix}}_{\boldsymbol{\Sigma}} \right) \tag{15.26}$$

而Z_1和Z_2服从标准正态分布，且不相关。也就是说(Z_1, Z_2)服从$N(\boldsymbol{0}, \boldsymbol{I}_{2 \times 2})$，有

$$\varsigma = \begin{bmatrix} Z_1 \\ Z_2 \end{bmatrix} \sim N\left(\begin{bmatrix} 0 \\ 0 \end{bmatrix}, \underbrace{\begin{bmatrix} 1 & 0 \\ 0 & 1 \end{bmatrix}}_{\boldsymbol{\Sigma}} \right) \tag{15.27}$$

对式(15.26)的协方差矩阵进行Cholesky分解，有

$$\begin{bmatrix} \sigma_1^2 & \rho\sigma_1\sigma_2 \\ \rho\sigma_1\sigma_2 & \sigma_2^2 \end{bmatrix} = \underbrace{\begin{bmatrix} \sigma_1 & 0 \\ \rho\sigma_2 & \sigma_2\sqrt{1-\rho^2} \end{bmatrix}}_{L}\underbrace{\begin{bmatrix} \sigma_1 & \rho\sigma_2 \\ 0 & \sigma_2\sqrt{1-\rho^2} \end{bmatrix}}_{R} \tag{15.28}$$

也就是说，χ的ς关系为

$$\chi = L\varsigma + \mu \tag{15.29}$$

请大家思考为什么式(15.22) 采用上三角矩阵R，而式(15.29)采用下三角矩阵L。

$D = 2$时，展开式(15.29) 得到

$$\begin{bmatrix} X_1 \\ X_2 \end{bmatrix} = \begin{bmatrix} \sigma_1 & 0 \\ \rho\sigma_2 & \sigma_2\sqrt{1-\rho^2} \end{bmatrix}\begin{bmatrix} Z_1 \\ Z_2 \end{bmatrix} + \begin{bmatrix} \mu_1 \\ \mu_2 \end{bmatrix} \tag{15.30}$$

即

$$\begin{cases} X_1 = \sigma_1 Z_1 + \mu_1 \\ X_2 = \rho\sigma_2 Z_1 + \sigma_2\sqrt{1-\rho^2}Z_2 + \mu_2 \end{cases} \tag{15.31}$$

下面给出一个具体示例。

图15.25 (a) 所示的二维随机数满足

$$\begin{bmatrix} Z_1 \\ Z_2 \end{bmatrix} \sim N\left(\begin{bmatrix} 0 \\ 0 \end{bmatrix}, \begin{bmatrix} 1 & 0 \\ 0 & 1 \end{bmatrix}\right) \tag{15.32}$$

图15.25 (b) 所示的二维随机数满足

$$\begin{bmatrix} X_1 \\ X_2 \end{bmatrix} \sim N\left(\begin{bmatrix} 2 \\ 4 \end{bmatrix}, \begin{bmatrix} 4 & 2 \\ 2 & 2 \end{bmatrix}\right) \tag{15.33}$$

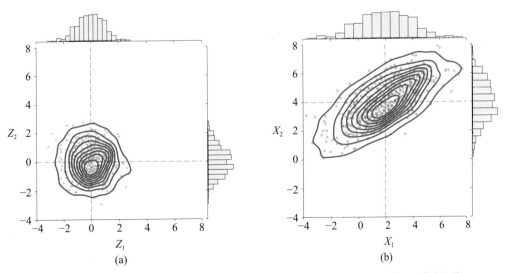

图15.25 将服从IID二维标准正态分布随机数转化为满足特定质心和协方差要求的随机数

Bk5_Ch15_08.py生成图15.25。代码中用到了Cholesky分解。

多维随机数

图15.26所示为采用多元高斯分布随机数发生器生成的随机数。这组随机数的均值、协方差矩阵与鸢尾花数据相同。请大家利用本节前文介绍的技术原理，首先生成满足$N(\mathbf{0}, \mathbf{I}_{D \times D})$的随机数矩阵$\mathbf{Z}$，然后再生成满足$N(\mathrm{E}(\mathbf{X}), \mathbf{\Sigma}_{D \times D})$的随机数。

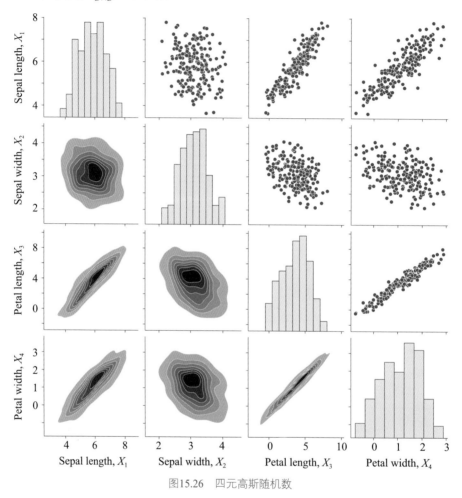

图15.26 四元高斯随机数

Bk5_Ch15_09.py产生图15.26的结果。

特征值分解

《矩阵力量》一册第14章还介绍过图15.27。图15.27中，单位圆首先经过缩放得到正椭圆，然后正椭圆经过旋转得到旋转椭圆。这实际上是另外一条获得特定相关性随机数的技术路径。

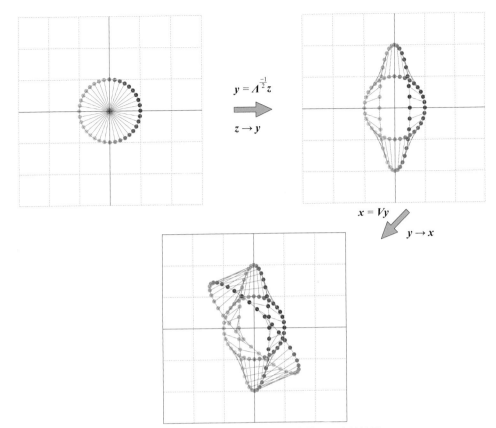

图15.27 单位圆 (缩放) → 正椭圆 (旋转) → 旋转椭圆

对协方差矩阵$\boldsymbol{\Sigma}$进行特征值分解，然后写成"平方式"，得

$$\boldsymbol{\Sigma} = \boldsymbol{V}\boldsymbol{\Lambda}\boldsymbol{V}^{\mathrm{T}} = \left(\boldsymbol{\Lambda}^{\frac{1}{2}}\boldsymbol{V}^{\mathrm{T}}\right)^{\mathrm{T}}\boldsymbol{\Lambda}^{\frac{1}{2}}\boldsymbol{V}^{\mathrm{T}} \tag{15.34}$$

如图15.28所示，随机数矩阵$\boldsymbol{Z}$满足$N(\boldsymbol{0},\,\boldsymbol{I}_{D\times D})$，先经过$\boldsymbol{\Lambda}^{\frac{1}{2}}$缩放，再经过$\boldsymbol{V}^{\mathrm{T}}$旋转，最后通过$\mathrm{E}(\boldsymbol{X})$平移获得数据矩阵$\boldsymbol{X}$，有

$$\underset{N(\mathrm{E}(\boldsymbol{X}),\boldsymbol{\Sigma})}{\underline{\boldsymbol{X}}} = \underset{N(\boldsymbol{0},\boldsymbol{I})}{\underline{\boldsymbol{Z}}}\ \underset{\text{Scale}}{\underline{\boldsymbol{\Lambda}^{\frac{1}{2}}}}\ \underset{\text{Rotate}}{\underline{\boldsymbol{V}^{\mathrm{T}}}} + \underset{\text{Translate}}{\underline{\mathrm{E}(\boldsymbol{X})}} \tag{15.35}$$

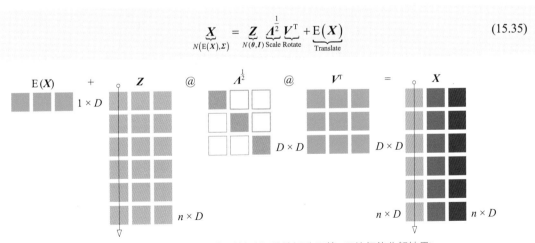

图15.28 产生满足特定相关性随机数的矩阵运算 (用特征值分解结果)

对X求协方差，得

$$\Sigma_X = \frac{\left(X - \mathrm{E}(X)\right)^{\mathrm{T}}\left(X - \mathrm{E}(X)\right)}{n-1}$$

$$= \frac{\left(Z\Lambda^{\frac{1}{2}}V^{\mathrm{T}}\right)^{\mathrm{T}}Z\Lambda^{\frac{1}{2}}V^{\mathrm{T}}}{n-1} = \left(\Lambda^{\frac{1}{2}}V^{\mathrm{T}}\right)^{\mathrm{T}}\underbrace{\frac{Z^{\mathrm{T}}Z}{n-1}}_{\Sigma_Z}\Lambda^{\frac{1}{2}}V^{\mathrm{T}} = V\Lambda^{\frac{1}{2}}\Lambda^{\frac{1}{2}}V^{\mathrm{T}} = \Sigma \quad (15.36)$$

请大家利用这条技术路径生成图15.25和图15.26。

一组特殊的平行四边形

对比式(15.22) 和式(15.35)，大家可能已经发现R相当于$\Lambda^{\frac{1}{2}}V^{\mathrm{T}}$。而$R$和$\Lambda^{\frac{1}{2}}V^{\mathrm{T}}$相当于协方差矩阵$\Sigma$的"平方根"。这说明协方差矩阵$\Sigma$的"平方根"不唯一。《矩阵力量》一册中反复强调过这一点。

这意味着，凡是能够写成如下形式的矩阵B都是协方差矩阵Σ的"平方根"，即

$$\Sigma = B^{\mathrm{T}}B \quad (15.37)$$

比如

$$\Sigma = R^{\mathrm{T}}R$$
$$\Sigma = \left(\Lambda^{\frac{1}{2}}V^{\mathrm{T}}\right)^{\mathrm{T}}\Lambda^{\frac{1}{2}}V^{\mathrm{T}} \quad (15.38)$$

而式(15.38)代表完全不同的几何变换。如图15.29 (a) 所示，我们能够明显地看到Cholesky分解中的剪切操作。图15.29 (b) 则明显可以看出旋转。

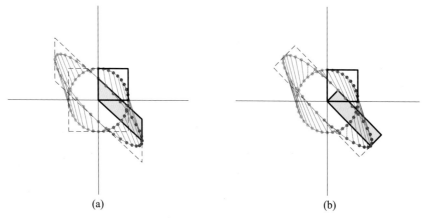

(a)   (b)

图15.29 对比Cholesky分解和特征值分解

更一般地，用数据矩阵Z代表正圆，即$N(\mathbf{0}, I)$。Z先经过U旋转，然后再用R完成"缩放 + 剪切"，最后用$\mathrm{E}(X)$平移，得到数据矩阵X，这个过程对应的矩阵运算为

$$\underset{N(\mathbf{0},\Sigma)}{X} = \underset{N(\mathbf{0},I)}{Z}\,\underset{\text{Rotate}}{U}\,\underset{\text{Scale + shear}}{R} + \underset{\text{Translate}}{\mathrm{E}(X)} \quad (15.39)$$

注意：U提供旋转操作，因此U是正交矩阵，满足$U^{\mathrm{T}}U = UU^{\mathrm{T}} = I$。

计算X的协方差矩阵，结果还是Σ，即

$$
\begin{aligned}
\Sigma_X &= \frac{\left(X - \mathrm{E}(X)\right)^{\mathrm{T}}\left(X - \mathrm{E}(X)\right)}{n-1} \\
&= \frac{\left(ZUR\right)^{\mathrm{T}}ZUR}{n-1} = \left(UR\right)^{\mathrm{T}}\overbrace{\frac{Z^{\mathrm{T}}Z}{n-1}}^{\Sigma_z}UR = R^{\mathrm{T}}U^{\mathrm{T}}UR = \Sigma
\end{aligned}
$$

(15.40)

也就是说，给定不同的旋转矩阵U，我们就可以获得不同的Σ平方根UR。也就相当于，这些完全不同的UR都可以获得满足特定相关性条件的随机数。

图15.30左上角第一幅子图实际上就是图15.29 (b) 特征分解对应的几何变换。

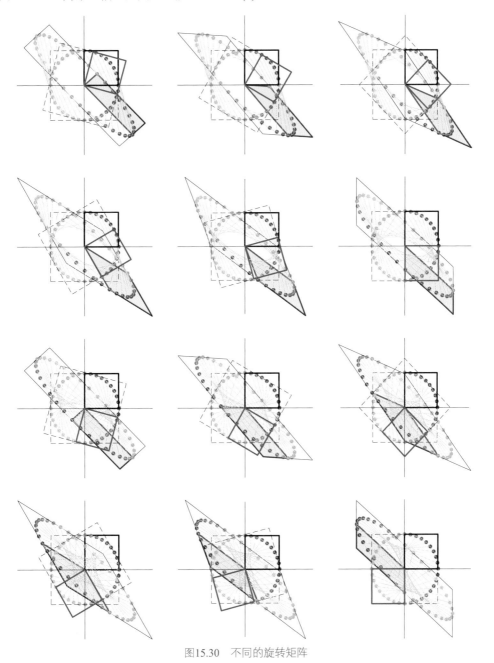

图15.30　不同的旋转矩阵

图15.30所示为一系列不同旋转矩阵**U**，在这些**U**的作用下，我们最终都获得了相同的椭圆。但是仔细观察，会发现"彩灯"的运动轨迹完全不同。

旋转矩阵**U**作用于单位圆，不改变单位圆的解析式。但是，**U**却改变了"彩灯"的位置。这实际上也回答了《矩阵力量》一册第14章有关"彩灯"位置的问题。

图15.30中一系列平行四边形都与旋转椭圆相切。相比旋转椭圆，这些平行四边形更能体现**UR**的几何变换。

我们用Streamlit制作了一个应用，可视化图15.30，大家可以输入不同旋转角度并绘制图15.30各子图。请大家参考Streamlit_Bk5_Ch15_10.py。

蒙特卡洛模拟的基本思想是利用随机抽样的方法来生成一组服从特定概率分布的随机数，然后用这些随机数代替原始问题中的未知量，计算问题的输出结果。通过对大量随机数进行抽样和统计，可以获得问题的近似解，从而分析问题的性质和特点。

蒙特卡洛模拟广泛应用于金融、物理、工程、生物、环境、社会科学等领域，如金融风险评估、物理系统建模、生物统计、环境影响评价、社会网络分析等。它是一种高度灵活和通用的计算方法，可以适用于各种不同的问题和应用场景。本书后续会用马尔可夫链蒙特卡洛模拟MCMC完成贝叶斯推断。《数据有道》一册中将会继续这一话题。

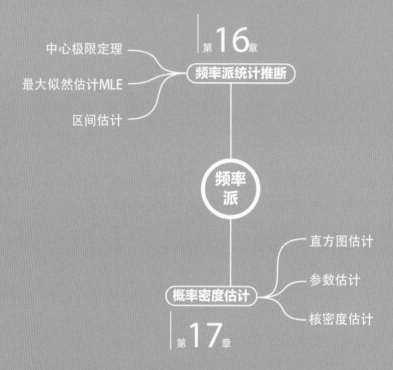

中心极限定理 ——— 第 16 章

频率派统计推断

最大似然估计MLE ———

区间估计 ———

频率派

直方图估计

参数估计

概率密度估计

核密度估计

第 17 章

Frequentist Inference
频率派统计推断
参数固定，但不可知，将概率解释为反复抽样的极限频率

审视数学，你会发现，它不仅是颠扑不破的真理，而且是至高无上的美丽——那种冷峻而朴素的美，不需要唤起人们任何的怜惜，没有绘画和音乐的浮华装饰，纯粹，只有伟大艺术才能展现出来的严格完美。

Mathematics, rightly viewed, possesses not only truth, but supreme beauty — a beauty cold and austere, like that of sculpture, without appeal to any part of our weaker nature, without the gorgeous trappings of painting or music, yet sublimely pure, and capable of a stern perfection such as only the greatest art can show.

—— 伯特兰·罗素 (Bertrand Russell) | 英国哲学家、数学家 | 1872—1970年

◀ scipy.stats.binom_test() 计算二项分布的 p 值
◀ scipy.stats.norm.interval() 产生区间估计结果
◀ seaborn.heatmap() 产生热图
◀ seaborn.lineplot() 绘制线型图
◀ scipy.stats.ttest_ind() 两个独立样本平均值的 t– 检验

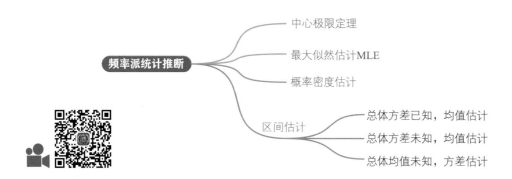

16.1 统计推断：两大学派

统计有两大分支：统计描述、统计推断。

本书第2章专门介绍了如何用图形和汇总统计量描述样本数据。而**统计推断** (statistical inference) 的数学工具来自于概率，本书"概率""高斯""随机"这三个板块给我们提供了足够的数学工具。因此，这个板块和下一板块正式进入统计推断这个话题。

本书前文提到，统计推断通过样本推断总体，在数据科学、机器学习中的应用颇为广泛。统计推断有两大学派——**频率学派推断** (frequentist inference) 和**贝叶斯学派推断** (bayesian inference)。

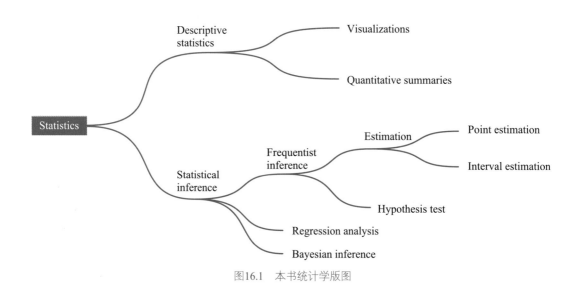

图16.1   本书统计学版图

频率学派

频率学派认为真实参数确定，但一般不可知。真实参数就好比上帝视角能够看到一切随机现象表象下的本质。

而我们观察到的样本数据都是在这个参数下产生的。真实参数对于我们不可知，频率学派强调通过样本数据计算得到的频数、概率、概率密度等得出有关总体的推断结论。

频率学派认为事件的概率是大量重复独立试验中频率的极限值。事件的可重复性、减小抽样误差对于频率学派试验很重要。

频率学派方法的结论主要有两类：①显著性检验的"真或假"结论；②置信区间是否覆盖真实参数的结论。为了得出这些结论，我们需要掌握**区间估计** (interval estimation)、**最大似然估计** (Maximum Likelihood Estimation, MLE)、**假设检验** (hypothesis test) 等数学工具。

这一章仅仅蜻蜓点水地介绍几个常用的频率学派工具，大家必须掌握的是最大似然估计(MLE)。

> ⚠ 注意：本书不会介绍假设检验。《数据有道》一册中讲解线性回归时会涉及常见假设检验。

贝叶斯学派

贝叶斯学派则认为参数本身也是不确定的，参数本身也是随机变量，因此也服从某种概率分布。也就是说，所有参数都可能是产生样本数据的参数，只不过不同的参数对应的概率有大有小，如图16.2所示。

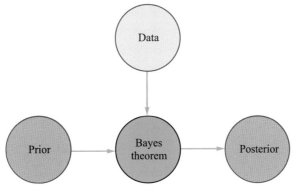

图16.2 贝叶斯推断

不同于频率学派的仅仅使用样本数据，贝叶斯学派也结合过去的经验知识和样本数据。贝叶斯学派引入**先验分布** (prior distribution)、**后验分布** (posterior distribution)、**最大后验概率估计** (Maximum A Posteriori estimation, MAP) 这样的概念来计算不同参数值的概率。

比较来看，频率学派推断只考虑证据，不考虑先验概率。频率学派强调概率是可重复性事件发生的频率，而不是基于主观判断的个人信念或偏好。

此外，很多情况下，贝叶斯推断没有后验分布的解析解，因此经常利用蒙特卡洛模拟获取满足特定后验分布的随机数。本书中大家会看到Metropolis–Hastings抽样算法的应用。

有意思的是，当样本数据量趋近无穷时，频率学派和贝叶斯学派的结果趋于一致，可谓殊途同归。

贝叶斯统计能够整合主观、客观不同来源的信息，并做出合理判断，这是频率学派推断做不到的。机器学习算法中，贝叶斯统计的应用越来越广泛。

➡

> 本书前文提到，机器学习算法中频率学派的方法有其局限性。因此与常见的概率统计教材不同，本书"厚"贝叶斯学派，"薄"频率学派。本章和第17章将简要介绍频率学派统计推断的常用工具。而本书第6板块将用五章内容专门介绍贝叶斯学派统计推断。

回归分析

回归分析 (regression analysis) 经常被划分到频率学派的工具箱中。作者则认为解释回归分析的视角有很多，如最小二乘优化视角、投影视角、矩阵分解、条件概率、最大似然估计(MLE)、最大后验概率估计(MAP)。因此，本书不把回归分析划在频率学派下面。

本书将在第24章从多视角来看回归分析。另外，《数据有道》一册则有专门讲解回归分析的板块，其中大家会看到拟合优度、方差分析ANOVA、F检验、t检验、置信区间等工具在回归分析中的应用。除了线性回归外，《数据有道》一册中还会介绍非线性回归、贝叶斯回归、基于主成分分析的回归算法。

16.2 频率学派的工具

以鸢尾花数据为例

鸢尾花数据集最初由Edgar Anderson于1936年在加拿大加斯帕半岛上采集获得。在开始本章之前，先给大家出个问题，如何设计试验估算：

◂ 加斯帕半岛上所有鸢尾花花萼长度均值。
◂ 加斯帕半岛上三类鸢尾花 (setosa、versicolor、virginica) 的具体比例。

为了解决这些实际问题，统计学家想出来了两种方法来解决。

大数定理

第一种办法是尽可能多地采集样本，比如在估算加斯帕半岛上所有鸢尾花花萼长度均值时，尽量同一时间采集尽可能多的鸢尾花数据。

这里应用到的统计学原理是**大数定理** (law of large numbers)。大数定理指的是当样本数量越多时，样本的算术平均值便有越大的概率接近其真实的概率分布期望。

简单来说，大数定理告诉我们，当我们进行大量的随机实验时，随着实验次数的增加，实际观测值越来越接近真实值。这就是大数定理的"大数"之处，有点"大力出奇迹"的感觉。

大数定理体现出一些随机事件的均值具有长期稳定性。本书前文提到，抛一枚硬币，硬币落地正面朝上还是反面朝上是偶然的。但是，如果硬币质地均匀，让我们抛硬币的次数达到上千上万次，就会发现硬币正、反面朝上的次数约为50%。因此，频率学派推断特别强调同一试验的可重复性。

然而，这种办法需要尽可能多地提高样本数量，这使得试验本身变得尤为困难。

中心极限定理

第二种方法是，多次地独立地从总体中抽取样本，并计算每次样本的平均值，并用这些样本平均值去估算总体的期望。这种方法在统计学中被称为**中心极限定理** (central limit theorem)。

中心极限定理成立的条件如下。

① 独立性：随机变量必须相互独立；也就是说，一个随机变量的取值不受其他随机变量影响。

②相同分布：随机变量应当具有相同的概率分布，即从同一总体中独立抽取样本。③样本量要足够大。

中学物理课中，我们用游标卡尺反复测量同一物体的厚度，然后计算平均值来估计物体的实际厚度，这一试验的思路实际上就是中心极限定理的应用。

具体来说，中心极限定理指一个总体中随机进行n次抽样，每次抽取m个样本，计算其平均数，一共能得到n个平均数。当n足够大时，这n个平均数的分布接近于正态分布，不管总体的分布如何。这个定理，常常也被戏谑地称为"上帝视角"，在他眼中正态分布仿佛如同宇宙终极分布一般。

游标卡尺反复测量同一物体的厚度，可能会出现一些误差。这些误差可能来自于游标卡尺的不稳定性、读数不准确、人为误差等因素。如果我们对这些误差进行统计分析，通常可以得到一个误差分布，该分布的中心点表示这些测量的平均值，标准差表示这些测量的离散程度。

当我们进行大量的游标卡尺测量时，由于中心极限定理的作用，这些误差的分布将趋向于正态分布。因此，我们可以使用正态分布模型来描述这些误差，从而对它们进行统计分析。这些分析包括计算平均值、标准差、置信区间等，可以帮助我们评估测量结果的准确性和稳定性，以及确定测量误差的来源。

点估计

点估计 (point estimation)，顾名思义，是指用样本统计量的某单一具体数值直接作为某未知总体参数的最佳估值。

举个例子，农场中有几万只兔子。为了估计兔子的平均体重，我们从农场动物中随机抽取100只兔子作为样本，计算它们的平均体重为5 kg。如果我们选择用5 kg代表整个农场所有兔子的体重，这种方法就是点估计。

本章主要介绍**最大似然估计** (Maximum Likelihood Estimation, MLE)。最大似然估计在机器学习中应用广泛，MLE和贝叶斯学派的最大后验概率估计地位并列。

此外，点估计也应用在贝叶斯推断中。贝叶斯推断中最常用的点估计是后验分布的期望值，称为后验期望。

区间估计

如图16.3所示，在用多次抽样估计总体分布的期望时，抽样的次数总是有限的，也有可能存在极端的样本值，这都会对估算产生影响。统计学家就想到一个更有效的办法，在进行估算时将注意力集中到样本平均值可能的一个范围或区间内，并给出真实期望值位于这个区间的概率。这个区间就被称为**置信区间** (Confidence Interval, CI)。

举个例子，每次抽样的次数不变，做100次抽样，分别计算得到100个对应的样本平均值，并且认定在"上帝视角"中这100个样本平均值服从正态分布。那么，在这个正态分布中心区域的95个样本均值，就构成了一个区间。这个区间就对应95%置信区间。它告诉我们，总体真正的期望值有95%的可能性在这个置信区间范围内。

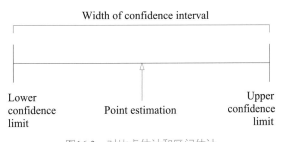

图16.3　对比点估计和区间估计

16.3 中心极限定理：渐近于正态分布

随机变量X_1、X_2、$\cdots$、X_n独立同分布(IID)，即相互独立且服从同一分布。X_k $(k=1, 2, \cdots, n)$ 的期望和方差为

$$\mathrm{E}\left(X_k\right) = \mu, \quad \mathrm{var}\left(X_k\right) = \sigma^2 \tag{16.1}$$

这n个随机变量的平均值$\bar{X}$近似服从正态分布

$$\bar{X} = \frac{1}{n}\sum_{k=1}^{n} X_k \sim N\left(\mu, \frac{\sigma^2}{n}\right) \tag{16.2}$$

注意：以上结论与X_k服从任何分布无关。

标准误 (Standard Error, SE) 的定义为

$$\mathrm{SE} = \frac{\sigma}{\sqrt{n}} \tag{16.3}$$

本节举两个例子来讲解中心极限定理。

离散

第一个例子是离散随机变量。

如图16.4所示为抛一枚骰子结果X和对应的理论概率值。X服从离散均匀分布。如果每次抛n枚骰子，这n个骰子的结果对应X_1、X_2、$\cdots$、X_n。然后求n个随机变量的平均值$\bar{X}$。根据式(16.2)，$\bar{X}$服从正态分布$N\left(\mu, \dfrac{\sigma^2}{n}\right)$。

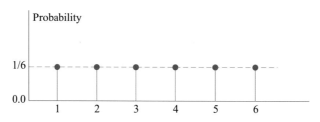

图16.4 抛一枚骰子结果和对应的理论概率值

如图16.5所示，每次抛n枚骰子，一共抛K次。下面，我们分别改变n和K进行蒙特卡洛模拟。

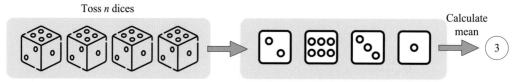

图16.5 每次抛n枚骰子，一共抛K次

如图16.6所示，当$n = 5$时，也就是每次抛5枚骰子，随着K增大，我们很容易看出平均值$\bar{X}$趋向于正态分布。

根据式(16.3)，增大n会导致标准误SE不断减小，对比图16.6~图16.8，容易发现随着n增大，直方图逐渐变"瘦"，也就是说SE逐渐减小。

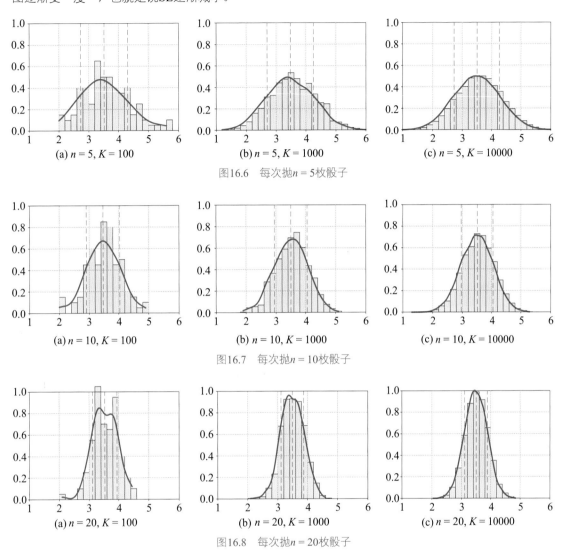

(a) $n = 5$, $K = 100$ (b) $n = 5$, $K = 1000$ (c) $n = 5$, $K = 10000$

图16.6　每次抛$n = 5$枚骰子

(a) $n = 10$, $K = 100$ (b) $n = 10$, $K = 1000$ (c) $n = 10$, $K = 10000$

图16.7　每次抛$n = 10$枚骰子

(a) $n = 20$, $K = 100$ (b) $n = 20$, $K = 1000$ (c) $n = 20$, $K = 10000$

图16.8　每次抛$n = 20$枚骰子

Bk5_Ch16_01.py绘制图16.6~图16.8。

连续

第二个例子是连续随机变量。图16.9所示为随机数分布，这个分布有双峰，显然不是一个正态分布。如图16.10所示，试验中，每次抽取$n = 10$个样本，随着试验次数K不断增大，平均值$\bar{X}$逐渐趋向于正态分布。图16.11中，随着n增大，SE减小。图16.12所示为标准误SE随着n的增大不断减小。

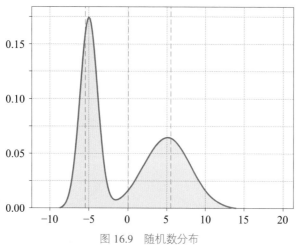

图 16.9 随机数分布

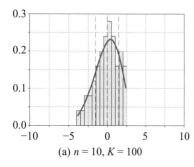

(a) $n = 10, K = 100$

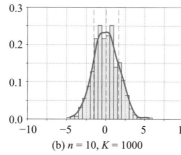

(b) $n = 10, K = 1000$

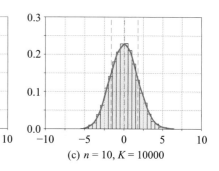

(c) $n = 10, K = 10000$

图16.10 每次抽取10个样本

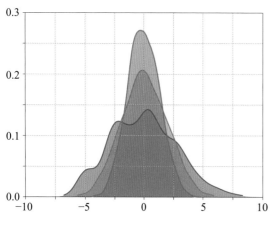

图16.11 随着n增大，SE减小

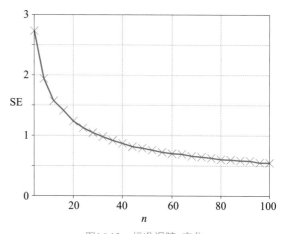

图16.12 标准误随n变化

Bk5_Ch16_02.py绘制图16.9~图16.12。

16.4 最大似然：鸡兔比例

用白话说，最大似然估计(MLE)就是找到让似然函数取得最大值的参数。

鸡兔同笼

我们先看一个简单的例子。

如图16.13所示，试想一个农场散养大量"走地"鸡和兔。假设农场的兔子占比真实值为θ，但是农夫自己并不清楚。为了搞清楚农场鸡、兔比例，农夫决定随机抓n只动物。X_1、X_2、$\cdots$、X_n为每次抓取动物的结果。X_i的样本空间为 $\{0, 1\}$，其中0代表鸡，1代表兔。

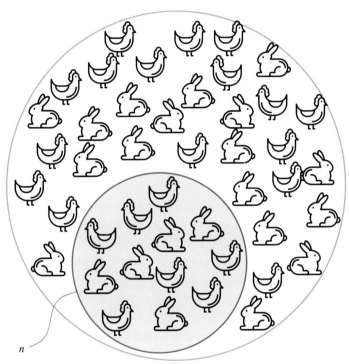

> ⚠ 注意：抓取动物过程，我们忽略它对农场整体动物总体比例的影响。

n

图16.13　农场有数不清的散养鸡、兔

未知参数θ

X_1、X_2、$\cdots$、X_n为IID的伯努利分布Bernoulli(θ)，X_i的概率分布为

$$f_{X_i}\left(x_i;\theta\right) = \theta^{x_i}\left(1-\theta\right)^{1-x_i} \tag{16.4}$$

似然函数、对数似然函数一般用θ (theta) 作为未知量。

⚠

> 注意：式(16.4)本应该是概率质量函数，但是为了方便我们还是用$f()$。
> 再次强调：本书前文提到过，为了避免混淆，本书用 "|" 引出条件概率中的条件，用分号 ";" 引出概率分布的参数。

似然函数

在统计学中，**似然函数** (likelihood function) 通常是通过观测数据的联合分布来定义的。由于假设每个观测值都是独立同分布，所以上述联合概率可以被分解为每个观测值的边缘概率的乘积，即似然函数 $L(\theta)$ 为

$$
\begin{aligned}
L(\theta) &= \prod_{i=1}^{n} f_{X_i}(x_i; \theta) \\
&= \prod_{i=1}^{n} \theta^{x_i} (1-\theta)^{1-x_i} \\
&= \theta^{\sum_{i=1}^{n} x_i} (1-\theta)^{n-\sum_{i=1}^{n} x_i}
\end{aligned}
\tag{16.5}
$$

简单来说，似然函数通常被表示为概率密度函数或概率质量函数的连乘积形式，这个连乘积表示观测数据的联合概率密度或概率质量函数。

令

$$
s = \sum_{i=1}^{n} x_i
\tag{16.6}
$$

其中：s 为 n 次抽取中兔子的总数。

这样式(16.5) 可以写成

$$
L(\theta) = \theta^s (1-\theta)^{n-s}
\tag{16.7}
$$

假设一次抓20只动物，其中有8只兔子，则似然函数 $L(\theta)$ 为

$$
L(\theta) = \theta^8 (1-\theta)^{12}
\tag{16.8}
$$

图16.14 (a) 所示为上述似然函数图像。显然，这个似然函数与横轴围成图形的面积不是1。

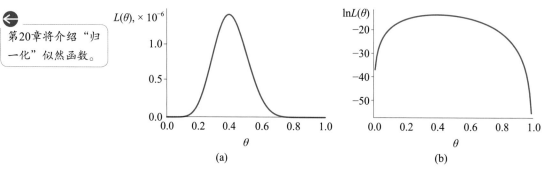

第20章将介绍"归一化"似然函数。

(a)

(b)

图16.14 似然函数、对数似然函数

MLE优化问题为

$$
\underset{\theta}{\arg\max} \prod_{i=1}^{n} f_{X_i}(x_i; \theta)
\tag{16.9}
$$

对数似然函数

对数似然函数 (log-likelihood function) 就是对似然函数取对数，它可以将似然函数的连乘形式转换为连加形式，即

$$\ln L(\theta) = s \ln \theta + (n-s) \ln (1-\theta) \qquad (16.10)$$

当 $n = 20$，$s = 8$ 时，式(16.10) 为

$$\ln L(\theta) = 8 \times \ln \theta + 12 \times \ln (1-\theta) \qquad (16.11)$$

图16.14 (b) 所示为上述对数似然函数的图像。

在概率计算中，概率值累积乘积经常会出现数值非常小的正数情况。由于计算机精度有限，无法识别这一类数据。而取对数之后，更易于计算机的识别，从而避免**浮点数下溢** (floating point underflow)。浮点数下溢，也叫**算术下溢** (arithmetic underflow)，指的是计算机浮点数计算的结果小于可以表示的最小数。

由于对数函数是单调递增的，因此最大化对数似然函数的值等价于最大化原始似然函数的值。此外，对数似然函数在计算导数时也更加方便，因为它将连乘变为连加形式，从而可以更容易进行求导。因此，对数似然函数常被用于最大似然估计和贝叶斯推断等统计学方法中。

《数学要素》一册第12章提到，对数运算可以将连乘 (Π) 变成连加 (Σ)。

优化问题

有了对数似然函数，式(16.9) 中的MLE优化问题可以写成

$$\underset{\boldsymbol{\theta}}{\arg\max} \sum_{i=1}^{n} \ln f_{X_i}(x_i; \theta) \qquad (16.12)$$

式(16.10) 中 $\ln L(\theta)$ 对 θ 求偏导为0，构造等式

$$\frac{\mathrm{d} \ln L}{\mathrm{d} \theta} = \frac{s}{\theta} - \frac{n-s}{1-\theta} = 0 \qquad (16.13)$$

求式(16.13)得到

$$\hat{\theta}_{\mathrm{MLE}} = \frac{s}{n} \qquad (16.14)$$

我们将在第21章用贝叶斯派统计推断重新求解这个问题。

16.5 最大似然：以估算均值、方差为例

设 $X \sim N(\mu, \sigma^2)$，μ 和 σ^2 为未知参数。

X_1、X_2、$\cdots$、X_n 来自 X 的 n 个样本，显然 X_1、X_2、$\cdots$、X_n 独立同分布。x_1、x_2、$\cdots$、x_n 是 X_1、X_2、$\cdots$、X_n 的观察值。下面介绍利用最大似然方法求解 μ 和 σ^2 的估计量。

X_i的概率密度函数为

$$f_{X_i}\left(x_i;\mu,\sigma^2\right)=\frac{1}{\sqrt{2\pi\underbrace{\sigma^2}_{\text{Unknown}}}}\exp\left(\frac{-1}{2\underbrace{\sigma^2}_{\text{Unknown}}}\left(x-\underbrace{\mu}_{\text{Unknown}}\right)^2\right) \tag{16.15}$$

未知参数 θ

令$\theta_1=\mu$，$\theta_2=\sigma^2$，则X_i的概率密度函数可以写成

$$f_{X_i}\left(x_i;\theta_1,\theta_2\right)=\frac{1}{\sqrt{2\pi\theta_2}}\exp\left(\frac{-1}{2\theta_2}\left(x_i-\theta_1\right)^2\right) \tag{16.16}$$

似然函数

似然函数 $L(\theta_1,\theta_2)$ 为$f_{X_i}\left(x_i;\theta_1,\theta_2\right)$ 的连乘，即

$$\begin{aligned}L\left(\theta_1,\theta_2\right)&=f_{X_1}\left(x_1;\theta_1,\theta_2\right)\cdot f_{X_2}\left(x_2;\theta_1,\theta_2\right)\cdots f_{X_n}\left(x_n;\theta_1,\theta_2\right)\\&=\prod_{i=1}^{n}f_X\left(x_i;\theta_1,\theta_2\right)\\&=\prod_{i=1}^{n}\frac{1}{\sqrt{2\pi\theta_2}}\exp\left(\frac{-1}{2\theta_2}\left(x_i-\theta_1\right)^2\right)\end{aligned} \tag{16.17}$$

对数似然函数

对式(16.17) 取对数得到$\ln L(\theta_1,\theta_2)$为

$$\ln L\left(\theta_1,\theta_2\right)=-\frac{n}{2}\ln\left(2\pi\right)-\frac{n}{2}\ln\left(\theta_2\right)-\frac{1}{2\theta_2}\left(\sum_{i=1}^{n}\left(x_i-\theta_1\right)^2\right) \tag{16.18}$$

优化问题

为了最大化式(16.18)中的$\ln L(\theta_1,\theta_2)$，对θ_1、θ_2求偏导且令其为0，构造等式

$$\begin{aligned}\frac{\partial\ln L}{\partial\theta_1}&=\frac{1}{\theta_2}\left(\sum_{i=1}^{n}\left(x_i-\theta_1\right)\right)=0\\\frac{\partial\ln L}{\partial\theta_2}&=-\frac{n}{2\theta_2}+\frac{1}{2\theta_2^2}\left(\sum_{i=1}^{n}\left(x_i-\theta_1\right)^2\right)=0\end{aligned} \tag{16.19}$$

可以求得

$$\begin{aligned}\hat{\theta}_1&=\frac{\sum\limits_{i=1}^{n}x_i}{n}=\bar{X}\\\hat{\theta}_2&=\frac{\sum\limits_{i=1}^{n}\left(x_i-\bar{X}\right)^2}{n}\end{aligned} \tag{16.20}$$

其中：$\hat{\theta}_1$、$\hat{\theta}_2$为对真实θ_1、θ_2的估计。注意，式(16.20)中$\hat{\theta}_2$并不是对方差的无偏估计。

具体值

给定样本为 $\{-2.5, -5, 1, 3.5, -4, 1.5, 5.5\}$，下面用MLE估算其均值和方差。

将样本代入式(16.18)，得到对数似然函数

$$\ln L\left(\theta_1, \theta_2\right) = -6.432 - 3.5\ln\theta_2 - \frac{7\theta_1^2 + 93}{2\theta_2} \tag{16.21}$$

$\ln L(\theta_1, \theta_2)$ 对θ_1、θ_2求偏导且令其为0，构造等式

$$\frac{\partial \ln L}{\partial \theta_1} = -\frac{7\theta_1}{\theta_2} = 0$$

$$\frac{\partial \ln L}{\partial \theta_2} = \frac{7\theta_1^2 - 7\theta_2 + 93}{2\theta_2^2} = 0 \tag{16.22}$$

求解式(16.22)得到

$$\hat{\theta}_1 = 0$$

$$\hat{\theta}_2 = 13.2857 \tag{16.23}$$

并计算得到对数似然函数的最大值为

$$\max\left\{\ln L\left(\theta_1, \theta_2\right)\right\} = -18.98598 \tag{16.24}$$

第24章中，我们将用到MLE估算线性回归参数。

图16.15所示为$\ln L(\theta_1, \theta_2)$曲面，$\times$ 对应对数似然函数最大值点位置。

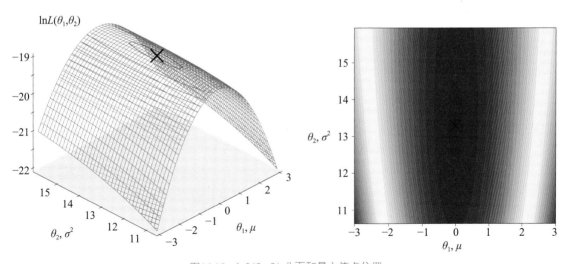

图16.15 $\ln L(\theta_1, \theta_2)$ 曲面和最大值点位置

16.6 区间估计：总体方差已知，均值估计

不同于点估计的仅估出一个数值，**区间估计** (interval estimate) 在推断总体参数时，根据统计量的抽样分布特征，估算出总体参数的一个区间范围，并且估算出总体参数落在这一区间的概率。

区间估计在点估计的基础上附加**误差限** (margin of error) 来构造**置信区间** (confidence interval)，置信区间对应的概率，被称为**置信度** (confidence level)。

本节介绍总体方差σ^2已知，计算给定置信水平下均值的区间估计。

双边置信区间

对于样本数据 $\{x^{(1)}, x^{(2)}, x^{(3)}, \cdots, x^{(n)}\}$，计算**样本平均值** (sample mean或empirical mean)为

$$\bar{X} = \frac{1}{n}\sum_{i=1}^{n} x^{(i)} \tag{16.25}$$

如果总体的方差已知，则总体平均值μ的$1-\alpha$ 水平的**双边置信区间** (two tailed confidence interval)可以表示为

$$\left(\bar{X} - z_{1-\alpha/2}\frac{\sigma}{\sqrt{n}}, \bar{X} + z_{1-\alpha/2}\frac{\sigma}{\sqrt{n}} \right) \tag{16.26}$$

其中：

$\bar{X}$ 为**样本均值** (sample mean)；

n为**样本数量** (sample size)；

α为**显著性水平** (significance level)，表示在一次试验中小概率事物发生的可能性大小，α通常取0.1或0.05；

$1-\alpha$为**置信水平** (confidence level)，表示真值在置信区间内的可信程度。

$z_{1-\alpha/2}$ 为**临界值** (critical value)，本质上就是Z分数。$z_{1-\alpha/2}$ 可以通过标准正态分布的逆累积概率密度分布函数计算；

σ 为**总体的标准差** (volatility of the population)。

如图16.16所示，$1-\alpha$为置信水平意味着

$$\Pr\left(\bar{X} - z_{1-\alpha/2}\frac{\sigma}{\sqrt{n}} < \mu < \bar{X} + z_{1-\alpha/2}\frac{\sigma}{\sqrt{n}} \right) = 1-\alpha \tag{16.27}$$

求解 $z_{1-\alpha/2}$ 的方法为

$$z_{1-\alpha/2} = F_{N(0,1)}^{-1}\left(1 - \frac{\alpha}{2}\right) = -F_{N(0,1)}^{-1}\left(\frac{\alpha}{2}\right) \tag{16.28}$$

其中：$F_{N(0,1)}^{-1}(\ )$ 是标准正态分布的**逆累积分布函数** (inverse cumulative distribution function, ICDF)。它与本书前文介绍的百分点函数(PPF)本质上一致。

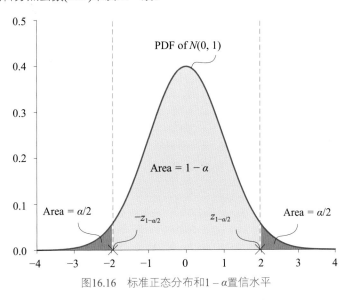

图16.16 标准正态分布和$1-\alpha$置信水平

95%置信水平

总体方差已知，95% ($1 - \alpha = 1 - 5\%$) 置信水平的双边置信区间约为

$$\left(\bar{X} - 1.96\frac{\sigma}{\sqrt{n}}, \bar{X} + 1.96\frac{\sigma}{\sqrt{n}}\right) \tag{16.29}$$

也就是说

$$\Pr\left(\bar{X} - 1.96\frac{\sigma}{\sqrt{n}} < \mu < \bar{X} + 1.96\frac{\sigma}{\sqrt{n}}\right) \approx 0.95 \tag{16.30}$$

再次强调区间估计得到的是总体参数落在某一区间的概率。图16.17 (a) 所示为100次估算得到的95%置信水平的双边置信区间。图16.17(a)中，黑色竖线为总体均值所在位置。

× 代表每次估算样本均值所在位置。当总体均值落在双边置信区间时，区间为蓝色；否则，区间为红色。图16.17 (a) 给出的100个区间中，有88个双边区间包含真实的总体均值；12个双边区间不包含真实的总体均值。图16.17 (b) 为每次抽取得到的样本数据分布山脊图。

增大每次抽样样本数量n，左侧置信区间不断收窄，而右侧分布范围不断变宽，两者并不矛盾。请大家思考背后的原因。

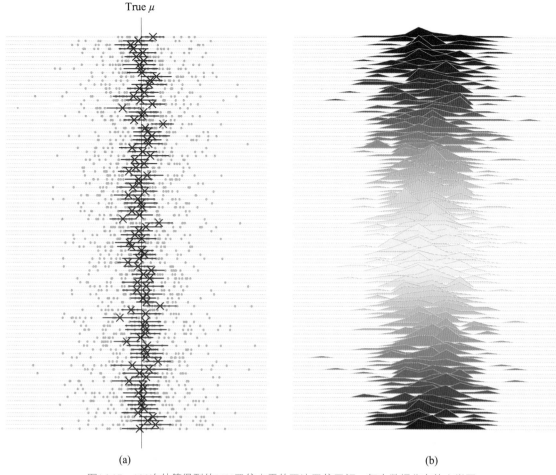

True μ

(a)

(b)

图16.17　100次估算得到的95%置信水平的双边置信区间，每次数据分布的山脊图

单边置信区间

除了双边置信区间，统计上还经常使用**单边置信区间** (one-tailed confidence interval)。单边置信区间可以"左尾"，即取值范围从负无穷到平均值 $\bar{X}$ 右侧的临界值，即

$$\left(-\infty, \bar{X} + z_{1-\alpha}\frac{\sigma}{\sqrt{n}}\right) \tag{16.31}$$

这意味着

$$\Pr\left(\mu < \bar{X} + z_{1-\alpha}\frac{\sigma}{\sqrt{n}}\right) = 1-\alpha \tag{16.32}$$

单边置信区间也可以是"右尾"，取值范围从 $\bar{X}$ 左侧的临界值到正无穷，即

$$\left(\bar{X} - z_{1-\alpha}\frac{\sigma}{\sqrt{n}}, +\infty\right) \tag{16.33}$$

这意味着

$$\Pr\left(\mu > \bar{X} - z_{1-\alpha}\frac{\sigma}{\sqrt{n}}\right) = 1-\alpha \tag{16.34}$$

举个例子，总体方差已知，95% $(1 - \alpha = 1 - 5\%)$ 水平的单边置信区间分别为

$$\left(-\infty, \bar{X} + 1.645\frac{\sigma}{\sqrt{n}}\right), \quad \left(\bar{X} - 1.645\frac{\sigma}{\sqrt{n}}, +\infty\right) \tag{16.35}$$

表16.1所列为不同显著性水平的双边、左尾、右尾置信区间。

表16.1　不同显著性水平的置信区间

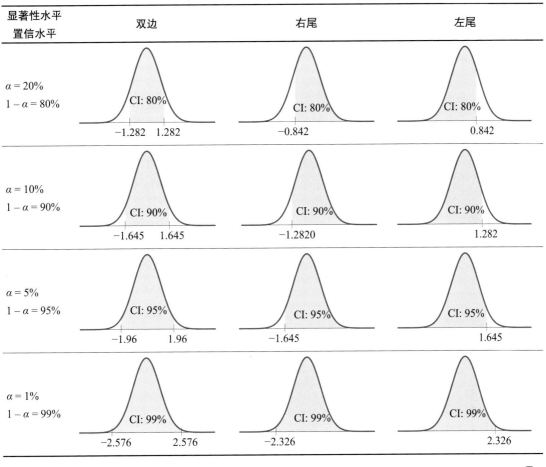

Bk5_Ch16_04.py绘制表16.1中图像。

16.7 区间估计：总体方差未知，均值估计

如果总体方差σ^2未知，就不能采用16.6节的估算方法。

首先，计算样本方差s^2，有

$$s^2 = \frac{1}{n-1}\sum_{i=1}^{n}\left(x^{(i)}-\bar{X}\right)^2 \tag{16.36}$$

样本均方差s为

$$s = \sqrt{\frac{1}{n-1}\sum_{i=1}^{n}\left(x^{(i)}-\bar{X}\right)^2} \tag{16.37}$$

如果总体的方差未知，则总体平均值μ的$1-\alpha$置信水平的**双边置信区间** (two tailed confidence interval) 为

$$\left(\bar{X}-t_{1-\alpha/2}\left(n-1\right)\frac{s}{\sqrt{n}}, \bar{X}+t_{1-\alpha/2}\left(n-1\right)\frac{s}{\sqrt{n}}\right) \tag{16.38}$$

其中：n为样本数量；$t_{1-\alpha/2}\left(n-1\right)$为自由度为$n-1$，CDF值为$1-\alpha/2$的学生$t$-分布的逆累积分布值。

图16.18所示为自由度为5时，$1-\alpha$置信水平双边置信区间对应的位置。

自由度较小时，学生t-分布有明显的厚尾现象。由于厚尾现象的存在，同样的置信区间，学生t-分布的临界值的绝对值要大于标准正态分布。但是当自由度df = $n-1$不断提高时，学生t-分布逐渐接近标准正态分布。

图16.19所示为总体方差未知，总体平均值μ的$1-\alpha$置信水平的右尾/左尾置信区间。

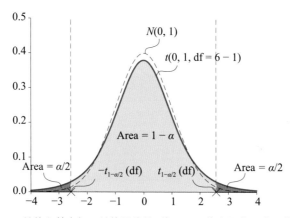

图16.18　总体方差未知，总体平均值μ的$1-\alpha$置信水平的双边置信区间

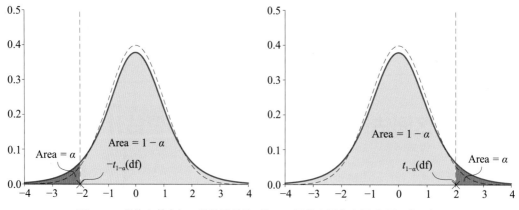

图16.19　总体方差未知，总体平均值μ的$1-\alpha$置信水平的右尾/左尾置信区间

Bk5_Ch16_05.py绘制图16.18和图16.19。

16.8 区间估计：总体均值未知，方差估计

总体均值未知的情况下，σ^2的无偏估计为s^2，有

$$s^2 = \frac{1}{n-1}\sum_{i=1}^{n}\left(x^{(i)} - \bar{X}\right)^2 \tag{16.39}$$

方差σ^2的$1 - \alpha$水平的**双边置信区间** (two tailed confidence interval) 为

$$\left(\frac{(n-1)s^2}{\chi^2_{1-\alpha/2}(n-1)}, \frac{(n-1)s^2}{\chi^2_{\alpha/2}(n-1)}\right) \tag{16.40}$$

其中：n为样本数量；$\chi^2_{\alpha/2}(n-1)$ 为自由度为$n-1$的卡方分布。我们还会在第23章有关马氏距离的内容中用到卡方分布。

式(16.40) 意味着

$$\Pr\left(\frac{(n-1)s^2}{\chi^2_{1-\alpha/2}(n-1)} < \sigma^2 < \frac{(n-1)s^2}{\chi^2_{\alpha/2}(n-1)}\right) = 1 - \alpha \tag{16.41}$$

对式(16.41)开方，得到标准差σ的$1 - \alpha$水平的**双边置信区间**可以表达为

$$\left(\frac{\sqrt{n-1}s}{\sqrt{\chi^2_{1-\alpha/2}(n-1)}}, \frac{\sqrt{n-1}s}{\sqrt{\chi^2_{\alpha/2}(n-1)}}\right) \tag{16.42}$$

图16.20所示为总体均值未知，方差估计的$1 - \alpha$置信水平的双边置信区间。

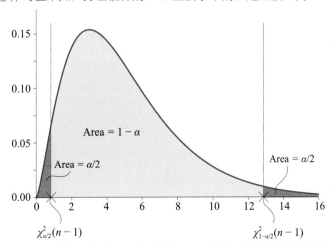

图16.20　总体均值未知，方差估计的$1 - \alpha$置信水平的双边置信区间

Bk5_Ch16_06.py绘制图16.20。

　　本章首先比较了统计推断的两大学派——频率学派、贝叶斯学派。频率学派认为概率是事件发生的频率，以样本为基础进行推断；而贝叶斯学派则将概率视为主观信念的度量，以先验知识为基础进行推断。两者的不同在于对概率的定义和解释方式，但两者也可以相互补充。

　　然后，我们简单地了解了常用的频率学派数学工具。再次说明，本册《统计至简》轻频率学派，重贝叶斯学派。这是因为机器学习、深度学习中贝叶斯学派的思想、方法、工具戏分十足。

　　第17章还将介绍另外一个机器学习中常用的频率学派工具——概率密度估计。

Probability Density Estimation

概率密度估计
核密度估计就是若干概率密度函数加权叠合

大自然是一个无限的球体，其中心无处不在，圆周无处可寻。

Nature is an infinite sphere of which the center is everywhere and the circumference nowhere.

—— 布莱兹·帕斯卡 (Blaise Pascal) | 法国哲学家、科学家 | 1623—1662年

◄   `matplotlib.pyplot.fill_between()` 区域填充颜色
◄   `seaborn.kdeplot()` 绘制 KDE 概率密度估计曲线
◄   `sklearn.neighbors.KernelDensity()` 概率密度估计函数
◄   `statsmodels.api.nonparametric.KDEUnivariate()` 构造一元 KDE
◄   `statsmodels.nonparametric.kde.kernel_switch()` 更换核函数
◄   `statsmodels.nonparametric.kernel_density.KDEMultivariate()` 构造多元 KDE

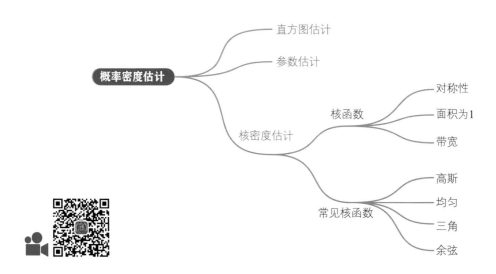

概率密度估计：从直方图说起

简单来说，**概率密度估计** (probability density estimation) 就是寻找合适的随机变量概率密度函数，使其尽量贴合样本数据分布情况。

直方图

直方图实际上是最常用的一种概率密度估计方法。第2章曾介绍过，为了构造直方图，首先将样本数据的取值范围分为一系列左右相连等宽度的**组** (bin)，然后统计每个组内样本数据的频数。绘制直方图时，以组距为底边、以频数为高度，绘制一系列矩形图。

图17.1所示为鸢尾花四个特征上样本数据的频数直方图。合理地选择组距，让大家一眼能够通过直方图看出样本分布的大致情况。纵轴的频数，也可以替换成概率、概率密度。当纵轴为概率密度时，直方图这些矩形面积之和为1，对应概率1。

但是，直方图的缺点也很明显，概率密度估计结果呈现阶梯状，并不"平滑"。很多数据科学、机器学习应用场合，我们需要得到连续平滑的密度估计曲线。

参数估计

本书前文介绍过一些常见的概率分布函数，但是它们的形状远远不够描述现实世界采集的分布情况较为复杂的样本数据。

以高斯分布为例，我们可以很容易计算得到样本数据的均值μ和均方差σ，这样可以直接用正态分布来估计样本数据在某个单一特征上的分布情况，即

$$\hat{f}_X(x) = \frac{1}{\sigma\sqrt{2\pi}}\exp\left(-\frac{1}{2}\left(\frac{x-\mu}{\sigma}\right)^2\right) \tag{17.1}$$

估计概率密度时，直接利用均值 μ 和均方差 σ 这两个参数，因此这种方法也被称作参数估计。如图 17.2 所示，高斯分布显然比图 17.1 的直方图"平滑"得多。

这种方法的缺陷是显而易见的，对比图 17.1 和图 17.2，容易发现样本分布细节被忽略，最明显的是鸢尾花花瓣长度 (比较图 17.1 (c)、图 17.2 (c))、花瓣宽度 (比较图 17.1 (d)、图 17.2 (d)) 这两个特征上样本数据的分布。多数情况下，样本数据分布不够"正态"，仅仅使用均值 μ 和均方差 σ 描述数据并不合适。

核密度估计

下面介绍本章的主角——**核密度估计** (Kernel Density Estimation, KDE)。本书前文很多场合已经使用过核密度估计。比如第 2、5 章中都用高斯核密度估计过鸢尾花单一特征的概率密度，以及联合概率密度。

核密度估计需要指定一个核函数来描述每一个数据点，最常见的核函数是高斯核函数，本章还会介绍并比较其他核函数。

图 17.3 所示为通过高斯核函数核密度估计得到的平滑曲线，下面我们聊一聊核密度估计原理。

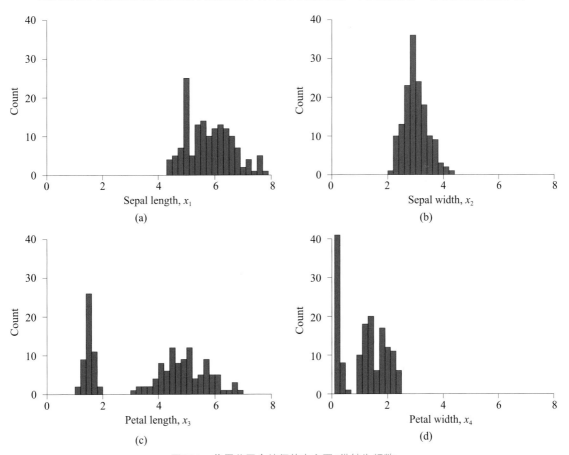

图17.1　鸢尾花四个特征的直方图 (纵轴为频数)

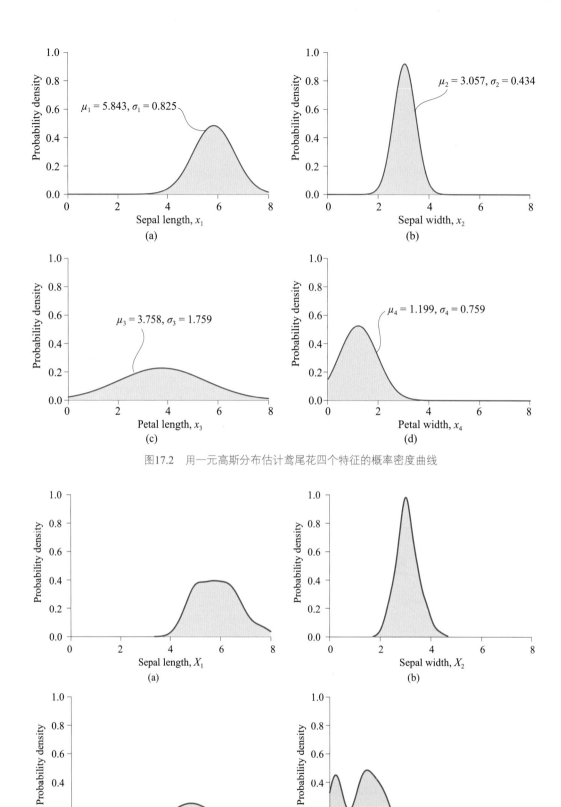

图17.2　用一元高斯分布估计鸢尾花四个特征的概率密度曲线

图17.3　鸢尾花四个特征的高斯KDE曲线

Bk5_Ch17_01.py代码绘制图17.3。代码使用seaborn.kdeplot() 绘制KDE曲线。本章后续分别介绍几种不同的方法绘制KDE曲线。

17.2 核密度估计：若干核函数加权叠合

核密度估计其实是对直方图的一种自然拓展。直方图不够平滑，所以我们引入合适的核函数得到更加平滑的概率密度估计曲线。前文说过，核函数种类很多，本节以高斯核函数为例介绍核密度估计原理。

原理

任意一个数据点 $x^{(i)}$，都可以用一个函数来描述，这个函数就是核函数。如图17.4所示，一共有7个样本点，每一个样本点都用一个高斯核函数描述。用白话说，图17.4中这七条曲线等权重叠加便得到核密度估计概率密度曲线。

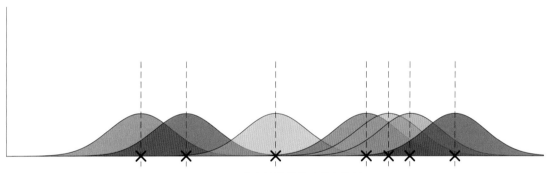

图17.4 用多个核函数描述样本数据

叠加 → 平均

而对于n个样本数据点 $\{x^{(1)}, x^{(2)}, \cdots, x^{(n)}\}$，我们可以用$n$个核函数分别代表每个数据点，即

$$\underbrace{\frac{1}{h} K \left(\frac{\overbrace{x - x^{(i)}}^{\text{Shift}}}{\underbrace{h}_{\text{Scale}}} \right)}_{\text{Area} = 1}, \quad -\infty < x < +\infty \tag{17.2}$$

其中：$h\,(h > 0)$ 是核函数本身的缩放系数，又叫带宽。每个核函数与水平面围成图形的面积为1。

这n个核函数先叠加，然后再平均，便得到概率密度估计函数，即

$$\hat{f}_X(x) = \frac{1}{n}\sum_{i=1}^{n} K_h\left(x - x^{(i)}\right) = \underbrace{\frac{1}{n}}_{\text{Weight}} \underbrace{\frac{1}{h}\sum_{i=1}^{n} K\left(\frac{x - x^{(i)}}{h}\right)}_{\text{Area} = n}, \quad -\infty < x < +\infty \tag{17.3}$$

式(17.3)中，$1/n$让n个面积为1的函数面积归一化。也就是说，每个核函数贡献的面积为$1/n$。

高斯核函数

下面我们以高斯核函数为例，介绍如何理解核函数。

高斯核函数$K(x)$的定义为

$$K(x) = \frac{1}{\sqrt{2\pi}} \exp\left(\frac{-x^2}{2}\right) \tag{17.4}$$

显然上述高斯核函数与横轴围成的面积为1。

对称性

核函数要求具有对称性，即

$$K(x) = K(-x) \tag{17.5}$$

显然，式(17.4)定义的高斯核函数满足对称性。

而式(17.2)中$x - x^{(i)}$代表曲线在水平方向平移。由于核函数$K(x)$关于纵轴对称，因此$K\left(x - x^{(i)}\right)$关于$x = x^{(i)}$对称。

缩放

式(17.2)中的带宽h则表示图像在水平方向的缩放。大家是否还记得图17.5？我们在讲解函数图像变换时提过，原函数$f(x)$和$cf(cx)$面积相同，其中$c > 0$。

图17.5这两幅子图来自《数学要素》一册第12章。

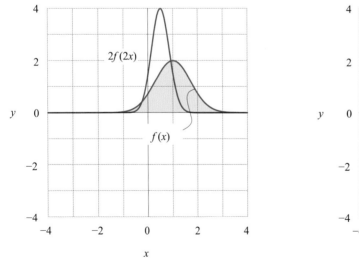
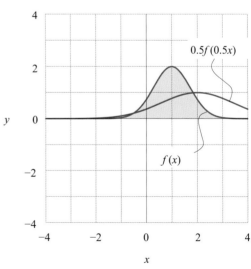

图17.5　原函数$y = f(x)$水平方向、竖直方向伸缩(图片来自《数学要素》一册第12章)

面积为1

$K(x)$ 的重要性质之一是面积为1，也就是$K(x)$ 对x在 $(-\infty, +\infty)$的积分为1，即

$$\int_{-\infty}^{+\infty} K(x)\,\mathrm{d}x = 1 \tag{17.6}$$

式(17.4) 中的高斯核函数显然满足这一条件。

利用换元积分，很容易得到

$$\int_{-\infty}^{+\infty} K(x)\,\mathrm{d}x = \frac{1}{h}\int_{-\infty}^{+\infty} K\left(\frac{x}{h}\right)\mathrm{d}x = 1 \tag{17.7}$$

式(17.7)解释了为什么$f(x)$ 与 $cf(cx)$ 面积相同。

可视化"叠加"

以图17.4为例，假设7个样本数据构成的集合为 $\{-3, -2, 0, 2, 2.5, 3, 4\}$。

如果$h = 1$，参考式(17.3)，可用高斯核函数构造概率密度估计函数，有

$$\hat{f}_X(x) = \frac{1}{7}\left(\frac{e^{\frac{-(x+3)^2}{2}}}{\sqrt{2\pi}} + \frac{e^{\frac{-(x+2)^2}{2}}}{\sqrt{2\pi}} + \frac{e^{\frac{-x^2}{2}}}{\sqrt{2\pi}} + \frac{e^{\frac{-(x-2)^2}{2}}}{\sqrt{2\pi}} + \frac{e^{\frac{-(x-2.5)^2}{2}}}{\sqrt{2\pi}} + \frac{e^{\frac{-(x-3)^2}{2}}}{\sqrt{2\pi}} + \frac{e^{\frac{-(x-4)^2}{2}}}{\sqrt{2\pi}}\right) \tag{17.8}$$

如图17.6所示，每个数据点给总的概率密度曲线估计贡献一条曲线。每一条曲线与横轴的面积为
1/7。叠加得到的曲面与横轴围成图形的面积为1。

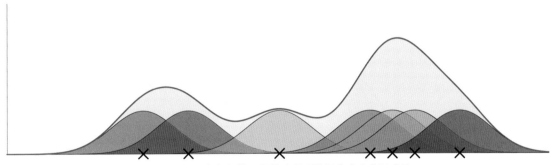

图17.6　用7个高斯核函数构造得到的概率密度估计曲线

以鸢尾花数据为例

图17.7所示为利用statsmodels.api.nonparametric.KDEUnivariate() 对象得到的概率密度估计曲线。
也可以通过它获得如图17.8所示的累积概率密度估计曲线。

17.3节将讲解带宽h如何影响概率密度估计曲线。

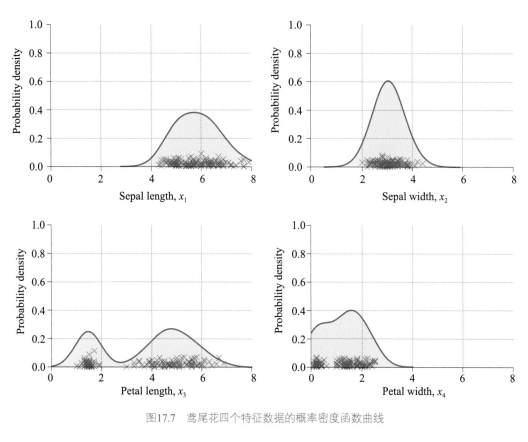

图17.7　鸢尾花四个特征数据的概率密度函数曲线

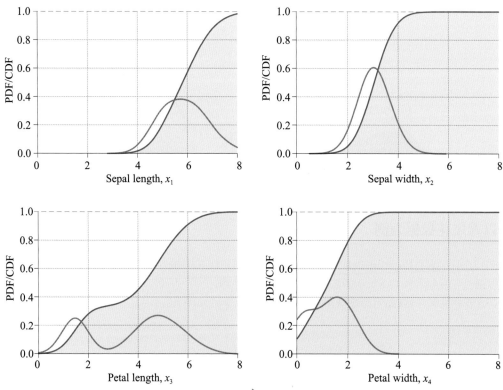

图17.8　鸢尾花四个特征数据的累积概率密度函数曲线

Bk5_Ch17_02.py代码绘制图17.7和图17.8。大家可以自行改变代码中的带宽h。

17.3 带宽：决定核函数的高矮胖瘦

带宽h的选取对概率密度估计函数至关重要。h决定了每一个核函数的高矮胖瘦。图17.9所示为带宽h对高斯核函数形状的影响。简单来说，h越小，核函数越细高；h越大，核函数越矮胖。

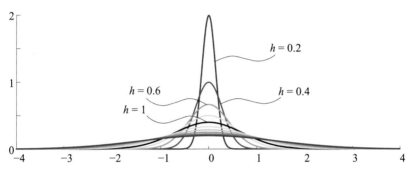

图17.9　带宽h对高斯核函数形状的影响

如图17.10所示，过小的h，会让概率密度估计曲线不够平滑；而太大的h，会让概率密度曲线过于平滑，大量有用信息被忽略。图17.11和图17.12分别展示了$h=0.1$和$h=1$时鸢尾花的概率密度估计曲线。

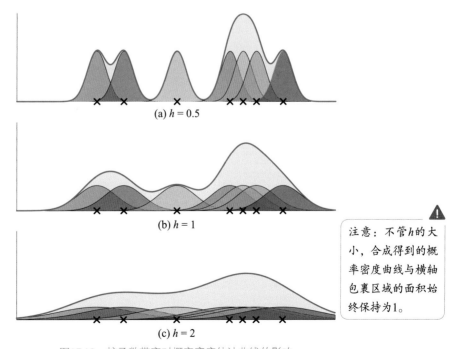

(a) $h = 0.5$

(b) $h = 1$

注意：不管h的大小，合成得到的概率密度曲线与横轴包裹区域的面积始终保持为1。

(c) $h = 2$

图17.10　核函数带宽对概率密度估计曲线的影响

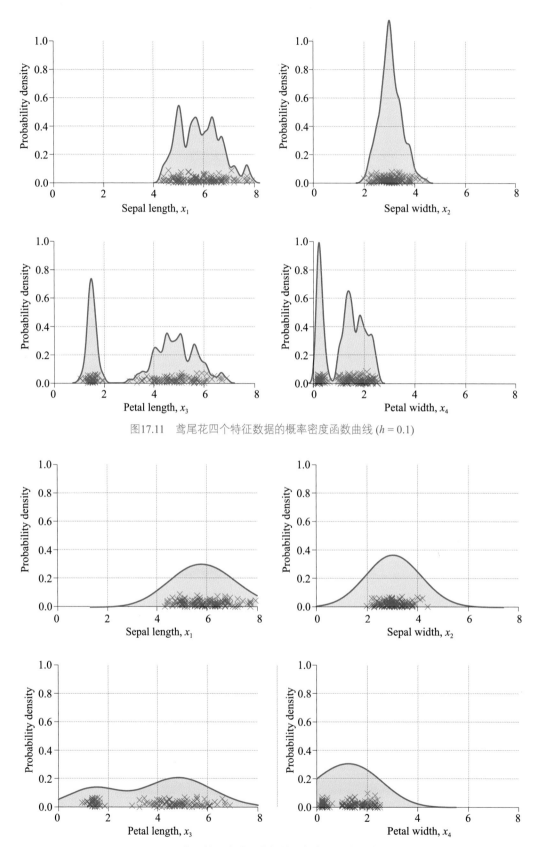

图17.11 鸢尾花四个特征数据的概率密度函数曲线 ($h = 0.1$)

图17.12 鸢尾花四个特征数据的概率密度函数曲线 ($h = 1$)

17.4 核函数：八种常见核函数

总结来说，核函数需要满足两个重要条件：① 对称性；② 面积为1。用公式表达为

$$K(x) = K(-x)$$
$$\int_{-\infty}^{+\infty} K(x)\mathrm{d}x = \frac{1}{h}\int_{-\infty}^{+\infty} K\left(\frac{x}{h}\right)\mathrm{d}x = 1 \tag{17.9}$$

表17.1总结了八种满足以上两个条件的常用核函数。图17.13所示为这八种不同核函数估计得到的鸢尾花花萼长度概率密度曲线。

表17.1　八种常见核函数

核函数	函数	函数图像
Gaussian	$K(x) = \dfrac{1}{\sqrt{2\pi}}\exp\left(-\dfrac{1}{2}x^2\right)$	(a) 'gau'
Epanechnikov	$K(x) = \dfrac{3}{4}\left(1-x^2\right), \quad |x| \leqslant 1$	(b) 'epa'
Uniform	$K(x) = \dfrac{1}{2}, \quad |x| \leqslant 1$	(c) 'uni'
Triangular	$K(x) = 1-|x|, \quad |x| \leqslant 1$	(d) 'tri'
Biweight	$K(x) = \dfrac{15}{16}\left(1-x^2\right)^2, \quad |x| \leqslant 1$	(e) 'biw'

核函数	函数	函数图像
Triweight	$K(x) = \dfrac{35}{32}\left(1-x^2\right)^3, \quad \lvert x \rvert \leq 1$	(f) 'triw' 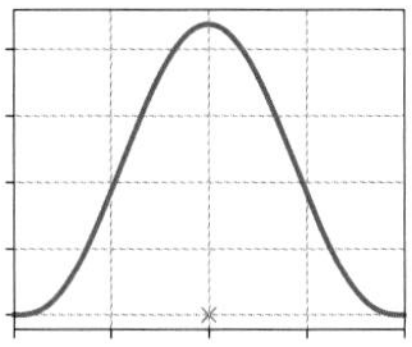
Cosine	$K(x) = \dfrac{\pi}{4}\cos\left(\dfrac{\pi}{2}x\right), \quad \lvert x \rvert \leq 1$	(g) 'cos' 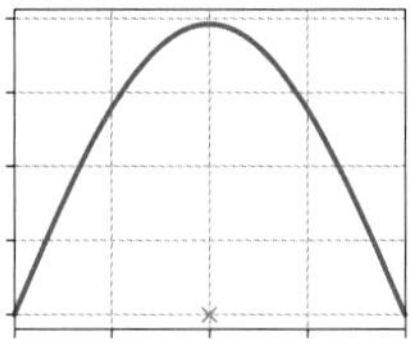
Cosine2	$K(x) = 1 + \cos\left(2\pi x\right), \quad \lvert x \rvert \leq \dfrac{1}{2}$	(h) 'cos2' 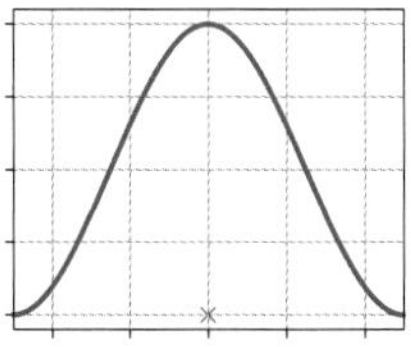

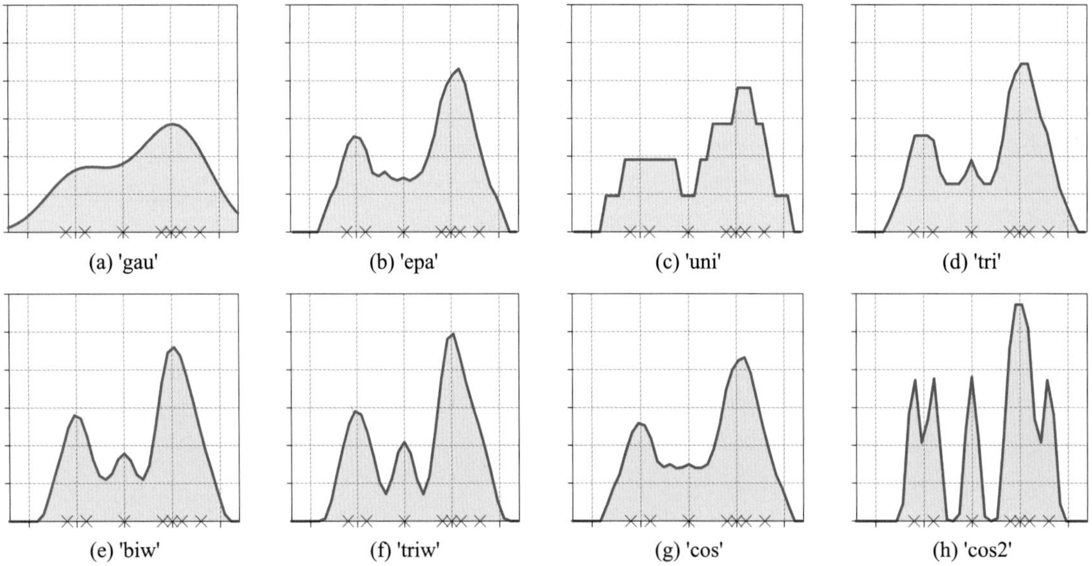

图17.13　八种不同核函数得到的不同的概率密度曲线

Bk5_Ch17_03.py代码绘制表17.1和图17.13中的各图。也请大家学习使用sklearn.neighbors.KernelDensity() 函数获得概率密度估计曲线。

17.5 二元KDE：概率密度曲面

二元乃至多元KDE的原理和前文所述的一元KDE完全相同。对于n个多维样本数据点 $\{x^{(1)}, x^{(2)}, \cdots, x^{(n)}\}$，如下多个核函数先叠加再平均便可以得到概率密度估计，即

$$\hat{f}(x) = \frac{1}{n}\sum_{i=1}^{n} K_H\left(x - x^{(i)}\right) \tag{17.10}$$

高斯核函数

高斯核函数$K_H(x)$的定义为

⚠️ 注意：默认x和$x^{(i)}$均为列向量。$x^{(i)}$起到平移作用。

$$K_H(x) = \det(H)^{\frac{-1}{2}} K\left(H^{\frac{-1}{2}} x\right) \tag{17.11}$$

带宽的形式为矩阵H，H为正定矩阵。以二元高斯核函数为例，$K(x)$定义为

$$K(x) = \frac{1}{2\pi}\exp\left(\frac{-x^{\mathrm{T}} x}{2}\right) \tag{17.12}$$

图17.14所示为二元KDE高斯核原理。图17.14中，每个样本点都用一个IID二元高斯分布曲面描述。这些曲面先叠加、再平均便可以获得概率密度曲面估计。

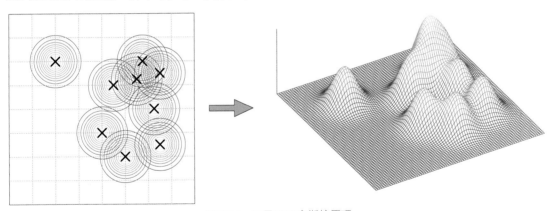

图17.14　二元KDE高斯核原理

以鸢尾花数据为例

图17.15和图17.16所示为鸢尾花花萼长度和花萼宽度两个特征数据的KDE曲面。
sklearn.neighbors.KernelDensity() 函数也可以用于概率密度估计。注意，这个函数返回的是对数概率密度ln(PDF)。

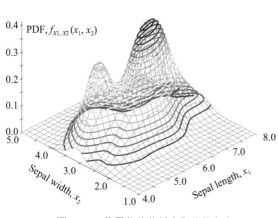

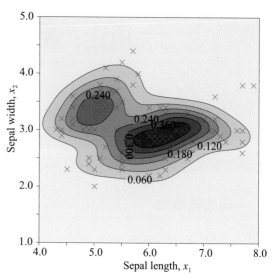

图17.15 鸢尾花花萼长度和花萼宽度
两个特征数据的KDE曲面

图17.16 鸢尾花花萼长度和花萼宽度两个
特征数据的KDE曲面等高线图

Bk5_Ch17_04.py代码绘制图17.15和图17.16。Bk6_Ch17_05.py用Seaborn绘制KDE曲面等高线。

在实际应用中，概率密度估计可以用于描述和模拟数据的分布特征，进行分类、聚类、异常检测等数据挖掘任务，也可以用于模型选择和参数估计。

常见的概率密度估计方法包括核密度估计、直方图估计、参数估计等。本章主要介绍的是核密度估计。核密度估计是一种非参数方法，可以用于估计连续随机变量的概率密度函数。请大家务必掌握高斯核密度估计，我们会在贝叶斯分类中看到这个工具的应用。

本书有关频率学派的内容到此结束。前文反复提过，本册《统计至简》重贝叶斯学派，轻频率学派，下面连续五章我们将看到贝叶斯定理在分类、推断两类问题中的应用。

第18~19章 —— 贝叶斯定理

贝叶斯分类及进阶 —— 分类依据

贝叶斯派

贝叶斯定理

优化问题

马尔可夫蒙特卡洛模拟 —— 贝叶斯推断

第20~22章

18 贝叶斯分类
Bayesian Classification
最大化后验概率，利用花萼长度分类鸢尾花

我们认为用最简单的假设来解释现象是一个很好的原则。

We consider it a good principle to explain the phenomena by the simplest hypothesis possible.

—— 托勒密 (Ptolemy) ｜ 古希腊数学家、天文学家、地心说提出者 ｜ 100—170年

◄ matplotlib.pyplot.fill_between() 区域填充颜色
◄ seaborn.kdeplot() 绘制KDE概率密度估计曲线
◄ statsmodels.api.nonparametric.KDEUnivariate() 构造一元KDE
◄ statsmodels.nonparametric.kde.kernel_switch() 更换核函数
◄ statsmodels.nonparametric.kernel_density.KDEMultivariate() 构造多元KDE

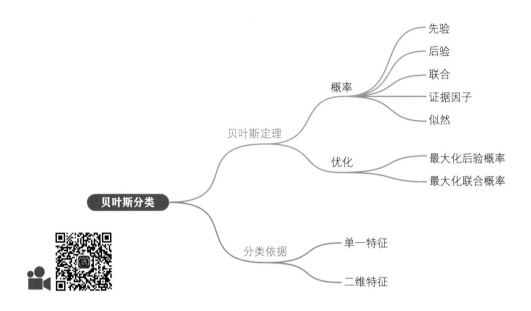

18.1 贝叶斯定理：分类鸢尾花

本章和第19章与读者探讨采用贝叶斯定理对鸢尾花数据进行分类。本章采用鸢尾花数据中的花萼长度作为研究对象，利用KDE生成概率密度函数，预测鸢尾花分类。

以下是使用贝叶斯定理进行分类的一般步骤。

①收集数据，并提取特征。
②对于每个类别，计算其在所有样本中出现的概率，称之为先验概率。
③对于每个特征，计算它在每个类别下的概率，称之为条件概率。
④根据贝叶斯定理，计算给定特征下，每个类别出现的概率，称之为后验概率。
⑤根据后验概率的大小判定分类。

具体实现过程中，可以使用不同的算法来计算条件概率和后验概率，如朴素贝叶斯算法、高斯朴素贝叶斯算法等。同时，为了避免过拟合和欠拟合问题，我们还需要使用交叉验证、平滑等技术来提高分类器的性能。

为了帮助大家理解贝叶斯分类，我们首先回忆贝叶斯定理。

贝叶斯定理

大家知道鸢尾花数据分为三类——setosa、versicolor、virginica。我们分别用 C_1、C_2、C_3 作为标签表示这三类鸢尾花。

对于鸢尾花分类问题，贝叶斯定理可以表达为

$$\underbrace{f_{Y|X}\left(C_k|x\right)}_{\text{Posterior}} = \frac{\overbrace{f_{X,Y}\left(x,C_k\right)}^{\text{Joint}}}{f_X\left(x\right)} = \frac{\overbrace{f_{X|Y}\left(x|C_k\right)}^{\text{Likelihood}}\overbrace{p_Y\left(C_k\right)}^{\text{Prior}}}{\underbrace{f_X\left(x\right)}_{\text{Evidence}}}, \quad k = 1, 2, 3 \qquad (18.1)$$

其中：X为鸢尾花花萼长度的连续随机变量；Y为分类的离散随机变量，Y的取值为C_1、C_2、C_3。

下面我们给式(18.1)中的几个概率值取名字。

$f_{Y|X}(C_k|x)$ 为**后验概率** (posterior)，又叫**成员值** (membership score)。在给定任意花萼长度x的条件下，比较三个后验概率$f_{Y|X}(C_1|x)$、$f_{Y|X}(C_2|x)$、$f_{Y|X}(C_3|x)$ 的大小，可以作为判定鸢尾花分类的依据。

$f_{X,Y}(x,C_k)$ 为**联合概率** (joint)，也可以记作$f_{X \cap Y}(x \cap C_k)$。

$f_X(x)$ 为**证据因子** (evidence)，也叫证据。证据因子与分类无关，仅代表鸢尾花花萼长度X的概率分布情况。式(18.1)中，证据因子$f_X(x)$ 对联合概率$f_{X,Y}(x,C_k)$ 进行**归一化** (normalization) 处理。本章假设$f_X(x) > 0$。

$p_Y(C_k)$ 为**先验概率** (prior)，表达样本集合中C_k (k = 1, 2, 3) 类样本的占比。注意：$p_Y(C_k)$ 为概率质量函数；这是因为随机变量Y为离散随机变量，取值为C_1, C_2, C_3。

$f_{X|Y}(x|C_k)$ 为**似然概率** (likelihood)。给定类别C_k中x出现的可能性，如给定鸢尾花为setosa，花萼长度为10 cm的可能性可以写成$f_{X|Y}(10\,|\,\text{setosa})$。

图18.1可视化三分类问题中的贝叶斯定理。下面，我们逐一讲解上述不同的概率，以及它们如何帮助我们完成鸢尾花分类。

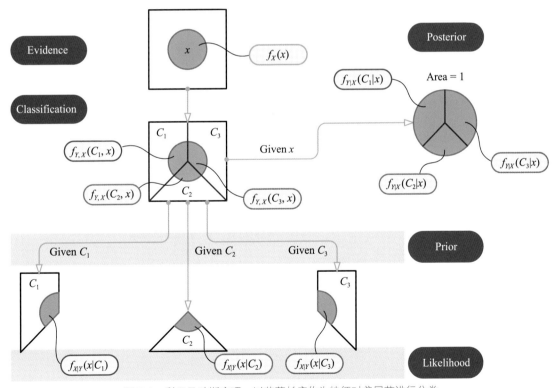

图18.1　利用贝叶斯定理，以花萼长度作为特征对鸢尾花进行分类

似然概率：给定分类条件下的概率密度

似然概率 $f_{X|Y}(x|C_k)$ 本身是条件概率，它描述的是给定类别 $Y = C_k$ 中 $X = x$ 出现的可能性。

注意：本章中 $f_{X|Y}(x|C_k)$ 为概率密度函数(PDF)。

图18.2 (a)~图18.2(c) 分别展示了 $f_{X|Y}(x|C_1)$、$f_{X|Y}(x|C_2)$、$f_{X|Y}(x|C_3)$ 三个似然PDF曲线。这三条概率密度曲线采用高斯KDE估计得到。

在鸢尾花数据集所有150个样本数据中，如果我们只分析标签为 C_1 (Setosa) 的50个样本，则 $f_{X|Y}(x|C_1)$ 就是这50个样本数据得到花萼长度的概率密度函数(PDF)。

$f_{X|Y}(x|C_2)$ 代表给定鸢尾花分类为 C_2 (Versicolour)，花萼长度的概率密度函数。同理，$f_{X|Y}(x|C_3)$ 代表给定鸢尾花分类为 C_3 (Virginica)，花萼长度的概率密度函数。图18.2 (d) 所示比较 $f_{X|Y}(x|C_1)$、$f_{X|Y}(x|C_2)$、$f_{X|Y}(x|C_3)$ 三条曲线。

⚠️ _____

注意：$f_{X|Y}(x|C_k)$ 与横轴包围的面积为1。

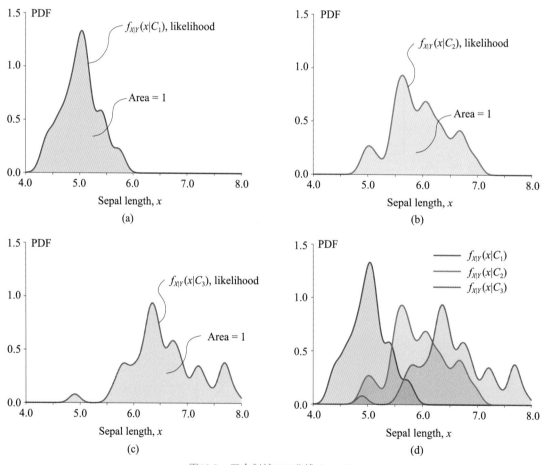

图18.2 三个似然PDF曲线 $f_{X|Y}(x|C_k)$

18.3 先验概率：鸢尾花分类占比

先验概率 $p_Y(C_k)$ 描述的是样本集合中 C_k 类样本的占比。由于 Y 为离散随机变量，因此我们采用概率质量函数。$p_Y(C_k)$ 具体计算方法为

$$p_Y\left(C_k\right) = \frac{\text{count}\left(C_k\right)}{\text{count}\left(\Omega\right)}, \quad k=1,2,3 \tag{18.2}$$

其中：count() 为计数运算符，$\text{count}(C_k)$ 计算标签样本空间 Ω 中 C_k 类样本数据的数量。

如图18.3所示，对于鸢尾花数据，每一类标签的样本数据都是50，因此三类标签的先验概率都是 1/3，即

$$p_Y\left(C_k\right) = \frac{50}{150} = \frac{1}{3}, \quad k=1,2,3 \tag{18.3}$$

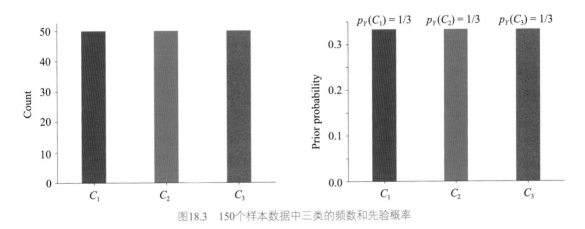

图18.3   150个样本数据中三类的频数和先验概率

18.4 联合概率：可以作为分类标准

联合概率 $f_{X,Y}(x,C_k)$ 描述事件 $Y=C_k$ 和事件 $X=x$ 同时发生的可能性。

比如，花萼长度为 $x=5.6$ cm 且鸢尾花分类为 $Y=C_1$ (Setosa) 的可能性可以用 $f_{X,Y}(5.6, C_1)$ 表达。

根据贝叶斯定理，联合概率 $f_{X,Y}(x,C_k)$ 可以通过似然概率 $f_{X|Y}(x|C_k)$ 和先验概率 $p_Y(C_k)$ 相乘得到，即

> **⚠** 注意：$f_{X,Y}(x,C_k)$ 也是概率密度函数(PDF)，并不是"概率"。

$$\overset{\text{Joint}}{\overbrace{f_{X,Y}\left(x,C_k\right)}} = \overset{\text{Likelihood}}{\overbrace{f_{X|Y}\left(x|C_k\right)}}\overset{\text{Prior}}{\overbrace{p_Y\left(C_k\right)}} \tag{18.4}$$

图18.4 (a)~图18.4(c) 分别展示了 $f_{X,Y}(x,C_1)$、$f_{X,Y}(x,C_2)$、$f_{X,Y}(x,C_3)$ 三个联合PDF曲线。这三幅图还展示了从似然概率 $f_{X|Y}(x|C_k)$ 到联合概率 $f_{X,Y}(x,C_k)$ 的缩放过程。

似然概率 $f_{X|Y}(x|C_k)$ 与横轴包围的面积为1。而联合概率 $f_{X,Y}(x,C_k)$ 与横轴包围的面积为 $p_Y(C_k)$。

图18.4 (d) 比较了 $f_{X,Y}(x,C_1)$、$f_{X,Y}(x,C_2)$、$f_{X,Y}(x,C_3)$ 三个联合PDF曲线，即"似然概率 × 先验概率"。实际上，这三条曲线的高低已经可以用于作为分类标准，这是本章后续要介绍的内容。

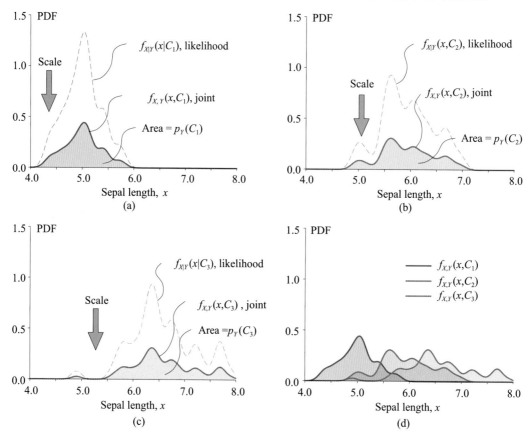

图18.4 先验概率与联合概率的关系

18.5 证据因子：和分类无关

证据因子 $f_X(x)$ 实际上就是 X 的边缘概率密度函数(PDF)，证据因子与分类无关。对于本章鸢尾花花萼数据，$f_X(x)$ 就是根据样本数据，利用KDE方法估计得到的概率密度函数。

显然，对于鸢尾花样本数据，C_1、C_2、C_3 为一组不相容分类，对样本空间 Ω 形成分割。根据全概率定理，下式成立，即

$$\overset{\text{Evidence}}{\overbrace{f_X(x)}} = \sum_{k=1}^{3} \overset{\text{Joint}}{\overbrace{f_{X,Y}(x,C_k)}} = \sum_{k=1}^{3} \overset{\text{Likelihood}}{\overbrace{f_{X|Y}(x|C_k)}} \overset{\text{Prior}}{\overbrace{p_Y(C_k)}} \tag{18.5}$$

也就是说，似然概率密度$f_{X|Y}(x|C_k)$和先验概率$p_Y(C_k)$可以用于估算$f_X(x)$。

对于鸢尾花三分类，式(18.5) 可以展开为

$$f_X(x) = f_{X,Y}(x,C_1) + f_{X,Y}(x,C_2) + f_{X,Y}(x,C_3) \tag{18.6}$$

图18.5所示为利用联合PDF计算证据因子PDF的过程。

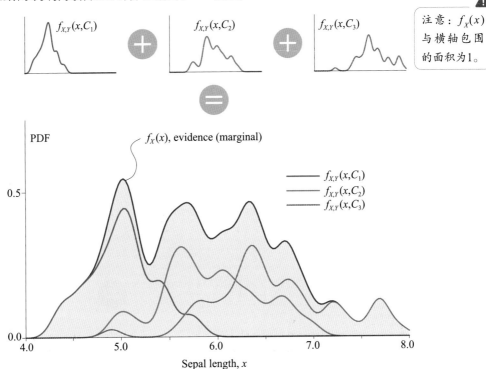

图18.5 叠加联合概率曲线，估算证据因子概率密度函数

18.6 后验概率：也是分类的依据

$f_{Y|X}(C_k | x)$ 指的是在事件$X = x$发生的条件下，事件$Y = C_k$发生的概率。后验概率$f_{Y|X}(C_k | x)$ 又叫成员值 (membership score)。

用白话来说，后验概率指的是在已知一些先验条件的情况下，通过贝叶斯定理计算得出的条件概率。换句话说，它是指在观测到某些数据或证据后，对于假设的某个事件发生概率的更新。

比如，给定花萼的长度为$x = 5.6$ cm，鸢尾花被分类为$Y = C_1$ (Setosa) 的可能性，就可以用$f_{Y|X}(C_1 | 5.6)$ 来描述。

注意：后验概率实际上是概率，不是概率密度。因此，$f_{Y|X}(C_k | x)$ 的取值范围为 [0, 1]。

根据贝叶斯定理，当$f_X(x) > 0$时，后验概率PDF $f_{Y|X}(C_k|x)$可以根据下式计算得到，即

$$\overbrace{f_{Y|X}\left(C_k|x\right)}^{\text{Posterior}} = \frac{\overbrace{f_{X,Y}\left(x, C_k\right)}^{\text{Joint}}}{\underbrace{f_X\left(x\right)}_{\text{Evidence}}} \tag{18.7}$$

图18.6所示为后验PDF曲线$f_{Y|X}(C_1|x)$的计算过程。图18.7则比较了另外两组联合概率、证据因子、后验概率曲线。

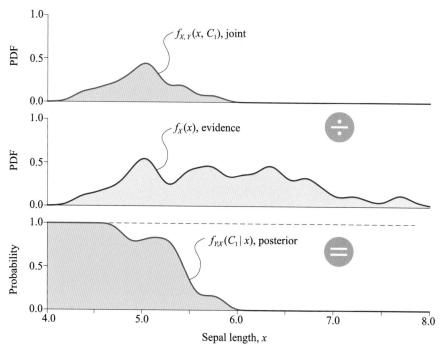

图18.6　计算后验PDF曲线$f_{Y|X}(C_1|x)$

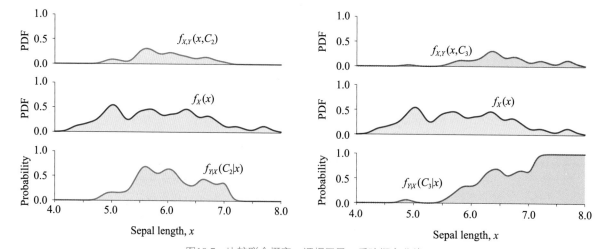

图18.7　比较联合概率、证据因子、后验概率曲线

454

成员值

后验概率之所以被称作"成员值"，是因为

$$\underbrace{\sum_{k=1}^{3} f_{Y|X}\left(C_k|x\right)}_{\text{Posterior}} = 1 \tag{18.8}$$

这个式子不难推导。根据贝叶斯定理，下式成立，即有

$$\overbrace{f_X(x)}^{\text{Evidence}} = \sum_{k=1}^{3} \overbrace{f_{X,Y}(x,C_k)}^{\text{Joint}} = \sum_{k=1}^{3} \overbrace{f_{Y|X}\left(C_k|x\right)}^{\text{Posterior}} \overbrace{f_X(x)}^{\text{Evidence}} \tag{18.9}$$

即

$$\overbrace{f_X(x)}^{\text{Evidence}} = \overbrace{f_X(x)}^{\text{Evidence}} \sum_{k=1}^{3} \overbrace{f_{Y|X}\left(C_k|x\right)}^{\text{Posterior}} \tag{18.10}$$

当 $f_X(x) > 0$ 时，式(18.10) 左右消去 $f_X(x)$ 便可以得到式(18.8)。

分类依据

在给定任意花萼长度 x 的条件下，比较三个后验概率 $f_{Y|X}(C_1|x)$、$f_{Y|X}(C_2|x)$、$f_{Y|X}(C_3|x)$ 的大小，最大后验概率对应的标签就可以作为鸢尾花分类依据。

举个例子，某朵鸢尾花花萼长度为 $x = 5.6$ cm 的前提下，它一定被分类为 C_1、C_2、C_3 中的任一标签。三种不同情况的可能性相加为 1，也就是说，这朵鸢尾花要么是 C_1，或者是 C_2，否则就是 C_3。

换个角度来看，比较图18.8中三条不同颜色曲线的高度，我们就可以据此判断鸢尾花的分类。

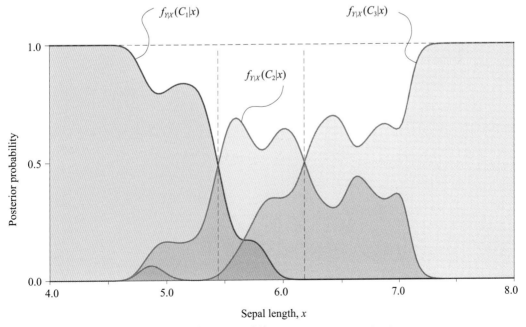

图18.8　比较三个后验PDF曲线 $f_{Y|X}(C_1|x)$、$f_{Y|X}(C_2|x)$、$f_{Y|X}(C_3|x)$

通过观察，可以发现后验概率 $f_{Y|X}(C_1|x)$ 正比于联合概率 $f_{X,Y}(x,C_k)$，证据因子 $f_X(x)$ 仅仅起到缩放作用，即

$$\overbrace{f_{Y|X}\left(C_k|x\right)}^{\text{Posterior}} \propto \overbrace{f_{X,Y}\left(x,C_k\right)}^{\text{Joint}} = \overbrace{f_{X|Y}\left(x|C_k\right)}^{\text{Likelihood}}\overbrace{p_Y\left(C_k\right)}^{\text{Prior}} \tag{18.11}$$

实际上，没有必要计算后验概率 $f_{Y|X}(C_1|x)$，比较联合概率 $f_{X,Y}(x,C_k)$ 就可以对鸢尾花进行分类。式(18.11)实际上是贝叶斯推断中最重要的正比关系——后验 $\propto$ 似然 $\times$ 先验。

比较四条曲线

本节最后，我们把**似然概率** (likelihood)、**联合概率** (joint)、**证据因子** (evidence)、**后验概率** (posterior) 这四条曲线放在一幅图中加以比较，具体如图18.9~图18.11所示。

请大家注意以下几点。

◀ 似然概率 (likelihood) 曲线为条件概率密度，与横轴围成图形的面积为1。

◀ 似然概率 (likelihood) 经过先验概率 (prior) 缩放得到联合概率 (joint)。

◀ 后验 $\propto$ 似然 $\times$ 先验。

◀ 联合概率曲线面积为对应先验概率。

◀ 联合概率叠加得到证据因子 (evidence)。

◀ 联合概率 (joint) 除以证据因子得到后验概率 (posterior)，证据因子起到归一化作用。

◀ 后验概率，也叫成员值 (membership score)，本质上是概率值，取值范围为 [0, 1]。

◀ 比较后验概率 (成员值) 大小，可以预测分类，方便可视化。

◀ 比较联合概率密度 (似然 $\times$ 先验) 大小，可以预测分类。

⚠ ————————

再次强调：虽然放在同一张图上，图18.9~图18.11中后验概率为具体概率值，而其他曲线均为概率密度函数。

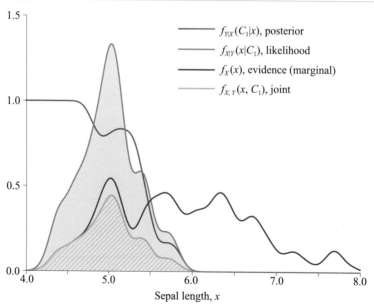

图18.9　比较后验概率 $f_{Y|X}(C_1|x)$、似然概率 $f_{X|Y}(x|C_1)$、证据因子 $f_X(x)$、联合概率 $f_{X,Y}(x,C_1)$

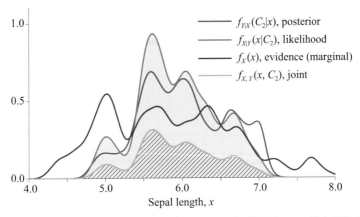

图18.10　比较后验概率$f_{Y|X}(C_2 \mid x)$、似然概率$f_{X|Y}(x|C_2)$、证据因子$f_X(x)$、联合概率$f_{X,Y}(x,C_2)$

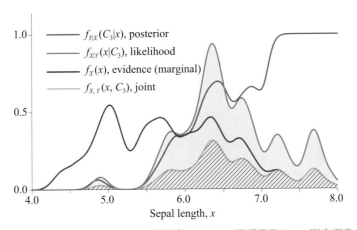

图18.11　比较后验概率$f_{Y|X}(C_3 \mid x)$、似然概率$f_{X|Y}(x|C_3)$、证据因子$f_X(x)$、联合概率$f_{X,Y}(x,C_3)$

Bk5_Ch18_01.py代码绘制本章前文大部分图像。

18.7 单一特征分类：基于KDE

似然概率 → 联合概率

图18.12所示总结了以花萼长度为单一特征，计算似然概率和联合概率的过程。

鸢尾花数据较为特殊，前文介绍过，鸢尾花数据共有150个数据点，C_1、C_2和C_3三类各占50，因此三个先验概率相等。因此，图18.12中，从似然概率密度$f_{X|Y}(x \mid C_k)$到联合概率$f_{X,Y}(x, C_k)$，高度缩放比例相同。一般情况下，相同缩放比例这种情况几乎不存在。

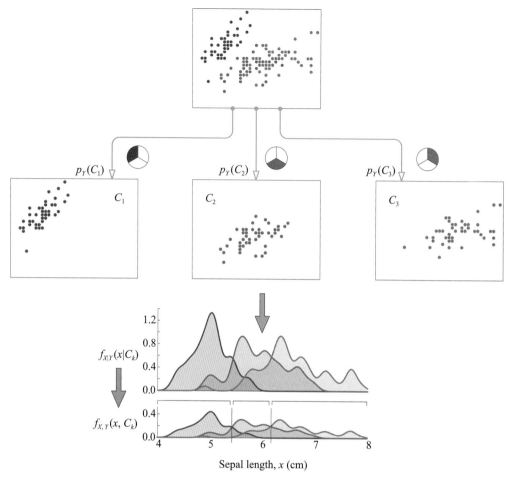

图18.12　似然概率到联合概率，花萼长度特征x (基于KDE)

比较后验概率

有了本节前文介绍的联合概率和证据因子，我们可以获得后验概率，如图18.13所示。后验概率也叫成员值，后验概率更容易分类可视化。

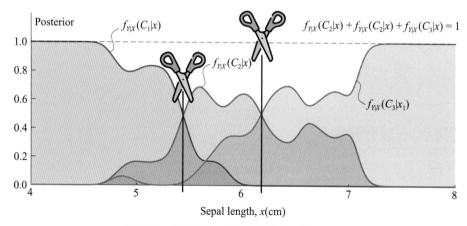

图18.13　后验概率，花萼长度特征 (基于KDE)

举个例子

如图18.14所示，比较花萼长度特征后验概率大小，可以很容易预测A、B、C、D和E五点分类。A的预测分类为C_1；B为**决策边界** (decision boundary)；C的预测分类为C_2；D为决策边界；E的预测分类为C_3。

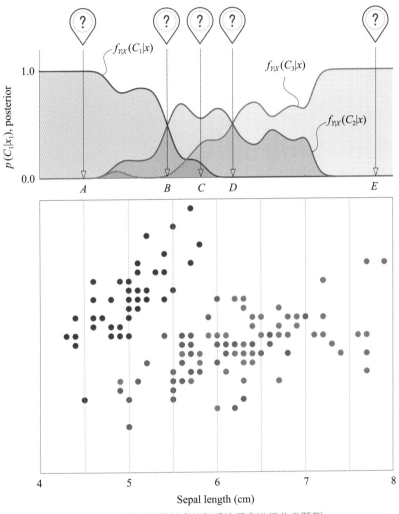

图18.14　利用花萼长度特征后验概率进行分类预测

堆积直方图、饼图

图18.15所示为另外两种成员值 (后验概率) 的可视化方案——**堆积直方图** (stacked bar chart) 和**饼图** (pie chart)。通过这两个可视化方案，大家可以清楚看到不同类别成员值随特征的变化。

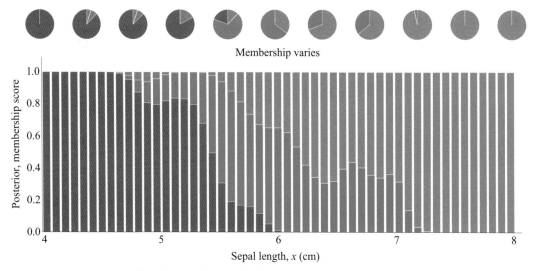

图18.15 堆积直方图和饼图，利用花萼长度特征成员值确定分类 (基于KDE)

花萼宽度

本章前文都是基于花萼长度这个单一特征来判断鸢尾花的分类，我们当然也可以使用鸢尾花的其他特征判断其分类。本节最后展示利用鸢尾花花萼宽度作为依据判断鸢尾花分类。

图18.16所示为对于花萼宽度特征，从似然概率到联合概率的计算过程。

同理，比较花萼宽度特征的后验概率大小，可以决定图18.17中A、B、C和D点的分类预测。A的预测分类为C_1；B为决策边界；C为决策边界；D的预测分类为C_2。

图18.18所示为利用花萼宽度特征的成员值堆积直方图和饼图可视化分类依据。

大家可能会问，如何同时利用鸢尾花花萼长度、花萼宽度作为分类依据呢？这个问题，我们在下一章进行回答。

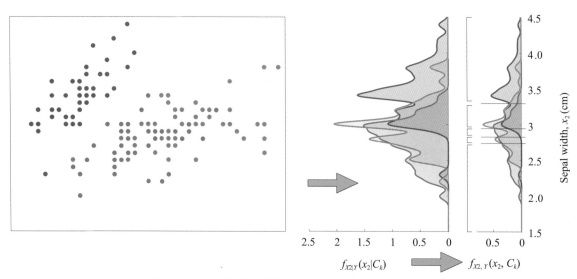

图18.16 似然概率到联合概率，花萼宽度特征x_2 (基于KDE)

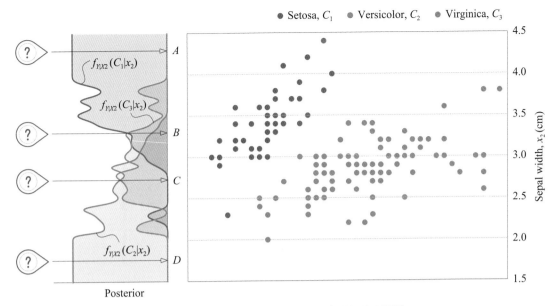

图18.17 利用花萼宽度特征后验概率进行分类预测

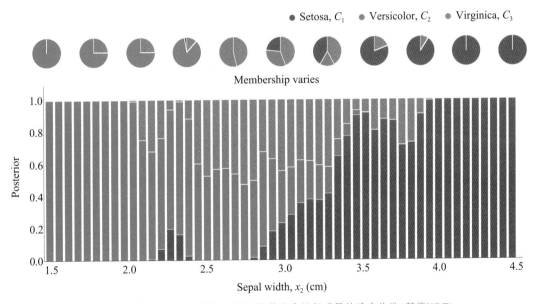

图18.18 堆积直方图和饼图，利用花萼宽度特征成员值确定分类 (基于KDE)

18.8 单一特征分类：基于高斯

本章前文都是利用KDE方法估计似然概率，本章最后一节利用高斯分布估计似然概率。这一节，我们还是单独研究花萼长度特征x_1和花萼宽度特征x_2。

似然概率 → 联合概率

图18.19所示为花萼长度特征x_1上，利用一元高斯分布估算似然概率，然后计算联合概率；最后获得以特征x_1为依据的决策边界。比较图18.19所示的联合概率曲线高度，鸢尾花数据被划分为三个区域。这三个区域的位置和本章前文基于KDE估算的结果稍有不同。

图18.20所示为花萼宽度特征x_2上的同样过程。比较图18.20所示的联合概率曲线高度，同样发现鸢尾花数据被划分为三个区域。

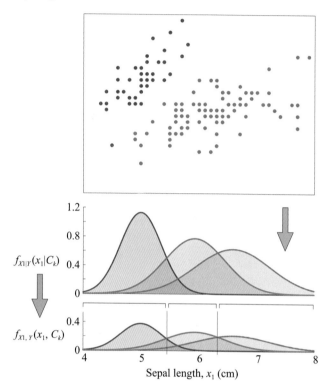

图18.19　似然概率到联合概率，花萼长度特征x_1（基于高斯分布）

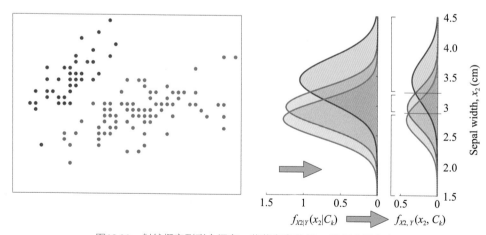

图18.20　似然概率到联合概率，花萼宽度特征x_2（基于高斯分布）

证据因子

图18.21和图18.22所示为利用全概率定理，获得$f(x_1)$和$f(x_2)$两个证据因子的概率密度函数。这实际上也是一种概率密度估算的方法。

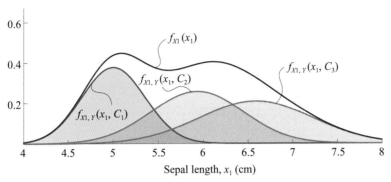

图18.21　证据因子/边缘概率，花萼长度特征x_1(基于高斯分布)

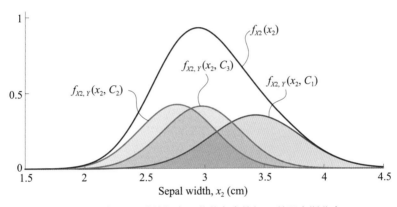

图18.22　证据因子/边缘概率，花萼宽度特征x_2(基于高斯分布)

后验概率

图18.23和图18.24所示比较了两组后验概率曲线，以及如何据此得到的决策边界。

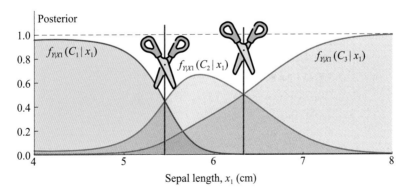

图18.23　后验概率，花萼长度特征x_1(基于高斯分布)

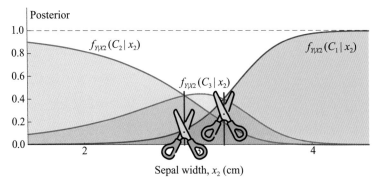

图18.24 后验概率，花萼宽度特征x_2（基于高斯分布）

后验概率：分类预测

图18.25所示为利用花萼长度特征后验概率曲线进行分类预测。比较后验概率值大小可以判断出：A点预测分类为C_1；B点为C_1与C_2之间的决策边界；C点预测分类为C_2；D点为C_2与C_3之间的决策边界；E点预测分类为C_3。

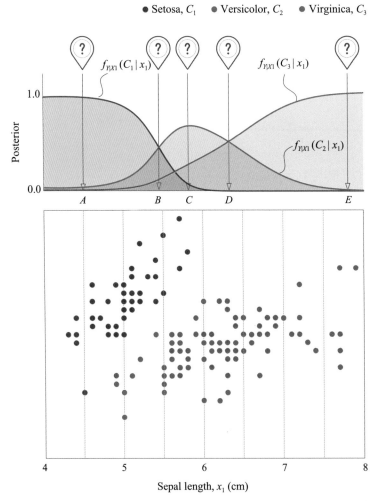

图18.25 利用花萼长度特征后验概率，进行分类预测

图18.26所示为利用花萼宽度特征后验概率曲线进行分类预测。比较后验概率值大小可以判断出：A点预测分类为C_1；B点预测分类为C_3；C点为C_2与C_3之间的决策边界；D点预测分类为C_2。

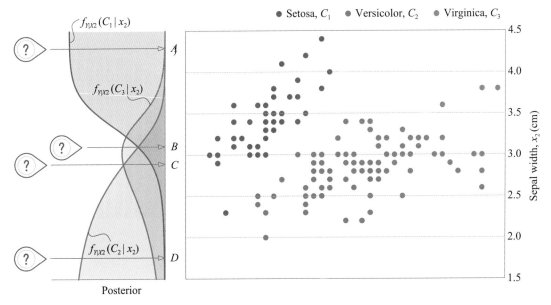

图18.26　利用花萼宽度特征后验概率，进行分类预测

图18.27和图18.28所示为利用堆积直方图和饼图表达的成员值/后验概率随特征的变化。对比图18.15和图18.18，可以发现，基于高斯分类的成员值/后验概率变化过程更为平滑。

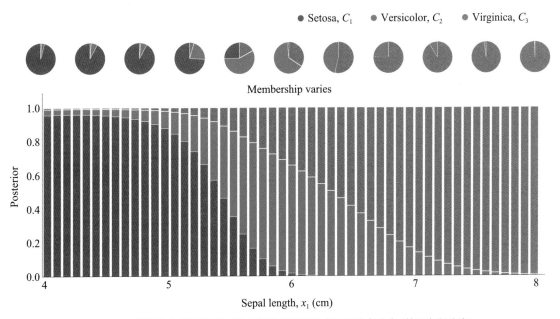

图18.27　堆积直方图和饼图，利用花萼长度特征成员值确定分类 (基于高斯分布)

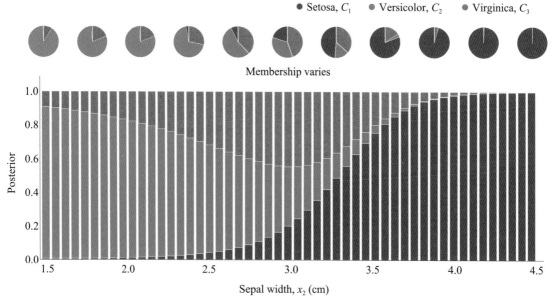

图18.28　堆积直方图和饼图，利用花萼宽度特征成员值确定分类 (基于高斯分布)

　　这一章中，大家必须要掌握的是贝叶斯定理中的先验概率、后验概率、证据因子、似然概率等概念。而贝叶斯分类是一种基于贝叶斯定理的分类方法。请大家务必掌握比例关系——后验 $\propto$ 似然 $\times$ 先验。这是贝叶斯推断中最重要的比例关系。

　　在贝叶斯分类算法中，优化问题可以最大化后验概率，也可以最大化联合概率，即"似然 $\times$ 先验"。

　　下一章，我们将分类的依据从单一特征提高到二维，让大家更清楚地看到先验概率、后验概率、证据因子、似然概率的"样子"。下一章与本章的内容安排几乎一致，读者可以对照阅读。

19

Dive into Bayesian Classification
贝叶斯分类进阶
计算后验概率，利用花萼长度和宽度分类鸢尾花

杀不死你的，会让你更强大。

What doesn't kill you, makes you stronger.

—— 弗里德里希·尼采 (Friedrich Nietzsche) | 德国哲学家 | 1844—1900年

◀ matplotlib.pyplot.contour3D() 绘制三维等高线图
◀ matplotlib.pyplot.contourf() 绘制平面填充等高线
◀ matplotlib.pyplot.fill_between() 区域填充颜色
◀ matplotlib.pyplot.plot_wireframe() 绘制线框图
◀ matplotlib.pyplot.scatter() 绘制散点图
◀ numpy.ones_like() 用于生成和输入矩阵形状相同的全1矩阵
◀ numpy.outer() 计算外积，张量积
◀ numpy.vstack() 返回竖直堆叠后的数组
◀ scipy.stats.gaussian_kde() 高斯核密度估计
◀ statsmodels.api.nonparametric.KDEUnivariate() 构造一元KDE

19.1 似然概率：给定分类条件下的概率密度

本章也是采用鸢尾花数据对鸢尾花分类进行预测；不同的是，本章采用花萼长度、花萼宽度两个特征，相当于上一章贝叶斯分类的"升维"。本章和上一章的编排类似，请大家对照阅读；因此，这两章也共享一个知识导图。

为了估算$f_{X1,X2|Y}(x_1,x_2|C_1)$，首先提取标签为C_1 (Setosa) 的50个样本，根据样本所在具体位置，利用高斯KDE估计$f_{X1,X2|Y}(x_1,x_2|C_1)$。

图19.1所示为通过高斯KDE方法估算得到的似然概率PDF曲面$f_{X1,X2|Y}(x_1,x_2|C_1)$。$f_{X1,X2|Y}(x_1,x_2|C_1)$ 与水平面包围的几何体的体积为1。标签为C_1的鸢尾花数据，花萼长度主要集中在4.5 ~ 5.5 cm区域，花萼宽度则集中在3 ~ 4 cm区域。这个区域的$f_{X1,X2|Y}(x_1,x_2|C_1)$ 曲面高度最高，也就是可能性最大。

本书第6章还给出过条件概率$f_{X1,X2|Y}(x_1,x_2|y=C_1)$ 的平面等高线和条件边缘概率密度曲线，请大家回顾。

> ⚠️ 注意：要计算概率，就需要对$f_{X1,X2|Y}(x_1,x_2|C_1)$ 进行二重积分。对$f_{X1,X2|Y}(x_1,x_2|C_1)$ "偏积分"的结果为条件边缘概率密度$f_{X1|Y}(x_1|C_1)$或$f_{X2|Y}(x_2|C_1)$。

图19.2所示为似然概率$f_{X1,X2|Y}(x_1,x_2|C_2)$ 曲面。图19.3所示为似然概率$f_{X1,X2|Y}(x_1,x_2|C_3)$ 曲面。

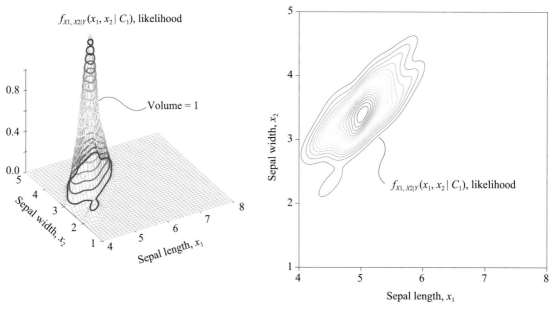

图19.1 似然概率PDF曲面$f_{X1,X2|Y}(x_1,x_2|C_1)$

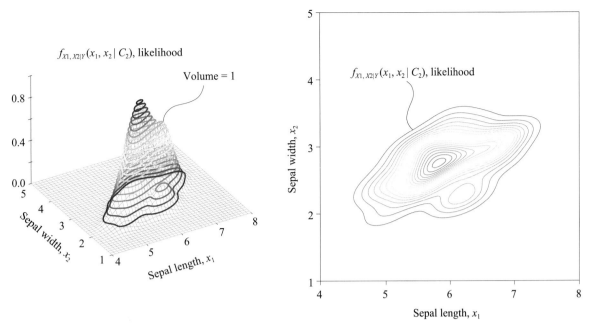

图19.2　似然概率PDF曲面$f_{X1,X2|Y}(x_1,x_2|C_2)$

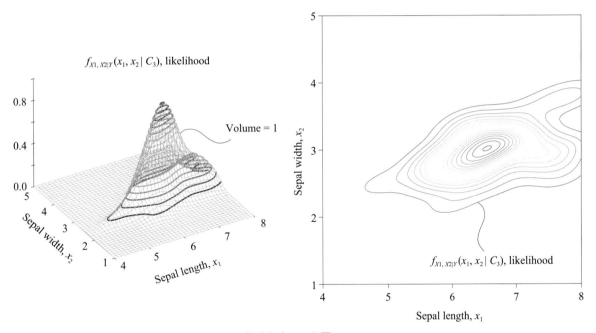

图19.3　似然概率PDF曲面$f_{X1,X2|Y}(x_1,x_2|C_3)$

比较

图19.4比较了$f_{X1,X2|Y}(x_1,x_2|C_1)$、$f_{X1,X2|Y}(x_1,x_2|C_2)$、$f_{X1,X2|Y}(x_1,x_2|C_3)$三个似然概率的平面等高线。

本章计算先验概率的方式和上一章完全一致，请大家回顾。然后利用贝叶斯定理，根据似然概率和先验概率就可以计算联合概率和证据因子。

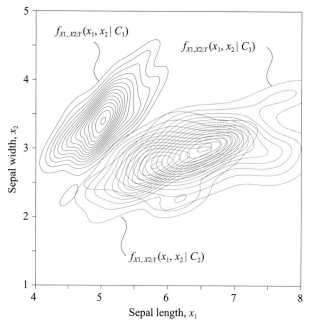

图19.4 比较三个似然概率曲面的平面等高线

19.2 联合概率：可以作为分类标准

联合概率 $f_{X1,X2,Y}(x_1,x_2,C_k)$ 描述三个事件 $X_1=x_1$、$X_2=x_2$、$Y=C_k$ 同时发生的可能性。

根据贝叶斯定理，联合概率 $f_{X1,X2,Y}(x_1,x_2,C_k)$ 可以通过似然概率 $f_{X1,X2|Y}(x_1,x_2|C_k)$ 和先验概率 $p_Y(C_k)$ 相乘得到，即

$$\overset{\text{Joint}}{f_{X1,X2,Y}\left(x_1,x_2,C_k\right)} = \overset{\text{Likelihood}}{f_{X1,X2|Y}\left(x_1,x_2\,|\,C_k\right)}\overset{\text{Prior}}{p_Y\left(C_k\right)} \qquad (19.1)$$

对于鸢尾花分类问题，Y 为离散随机变量，而先验概率 $p_Y(C_k)$ 本身为概率质量函数，$p_Y(C_k)$ 在式 (19.1) 中仅仅起到缩放作用。

图19.5所示为联合概率PDF曲面 $f_{X1,X2,Y}(x_1,x_2,C_1)$，$f_{X1,X2,Y}(x_1,x_2,C_1)$ 与水平面包裹的几何体的体积为 $p_Y(C_1)$。图19.6和图19.7所示为 $f_{X1,X2,Y}(x_1,x_2,C_2)$ 和 $f_{X1,X2,Y}(x_1,x_2,C_3)$ 两个联合概率曲面。

上一章介绍过，比较三个联合概率曲面高度可以用作鸢尾花分类预测的依据。

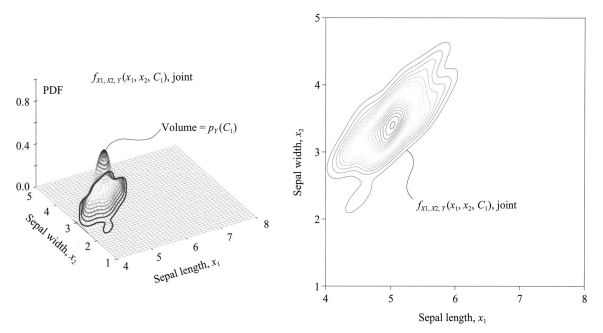

图19.5　联合概率PDF曲面$f_{X1,X2,Y}(x_1,x_2,C_1)$

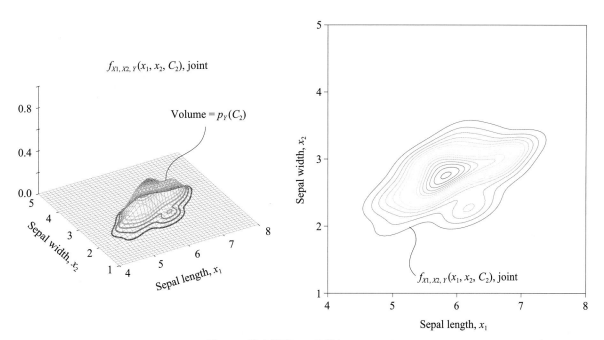

图19.6　联合概率PDF曲面$f_{X1,X2,Y}(x_1,x_2,C_2)$

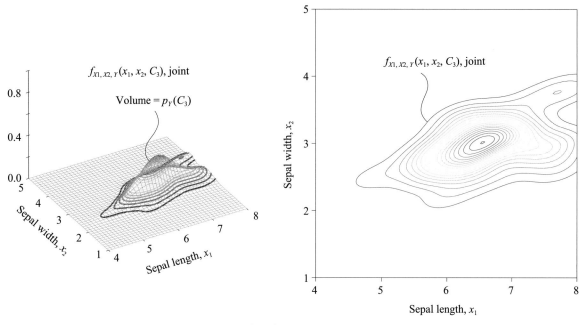

图19.7 联合概率PDF曲面$f_{X1,X2,Y}(x_1,x_2,C_3)$

19.3 证据因子：和分类无关

证据因子$f_{X1,X2}(x_1,x_2)$描述样本数据的分布情况，与分类无关。

C_1、C_2、C_3为一组不相容分类，对鸢尾花数据样本空间 Ω 形成分割。根据全概率定理，下式成立，即

$$\overbrace{f_{X1,X2}(x_1,x_2)}^{\text{Evidence}} = \sum_{k=1}^{3}\overbrace{f_{X1,X2,Y}(x_1,x_2,C_k)}^{\text{Joint}} = \sum_{k=1}^{3}\overbrace{f_{X1,X2|Y}(x_1,x_2|C_k)}^{\text{Likelihood}}\overbrace{p_Y(C_k)}^{\text{Prior}} \tag{19.2}$$

式(19.2)可以用于估算$f_{X1,X2}(x_1,x_2)$。

把式(19.2)展开，证据因子$f_{X1,X2}(x_1,x_2)$可以通过下式计算得到，即

$$\begin{aligned} f_{X1,X2}(x_1,x_2) &= f_{X1,X2,Y}(x_1,x_2,C_1) + f_{X1,X2,Y}(x_1,x_2,C_2) + f_{X1,X2,Y}(x_1,x_2,C_3) \\ &= f_{X1,X2|Y}(x_1,x_2|C_1)p_Y(C_1) + f_{X1,X2|Y}(x_1,x_2|C_2)p_Y(C_2) + f_{X1,X2|Y}(x_1,x_2|C_3)p_Y(C_3) \end{aligned} \tag{19.3}$$

图19.8所示为叠加联合概率PDF曲面，计算证据因子PDF的过程。图19.8左侧三个几何体的体积分别为$p_Y(C_1)$、$p_Y(C_2)$、$p_Y(C_3)$。显然$p_Y(C_1)$、$p_Y(C_2)$、$p_Y(C_3)$三者之和为1。

图19.9所示为$f_{X1,X2}(x_1,x_2)$的曲面和平面等高线图。可以发现$f_{X1,X2}(x_1,x_2)$较好地描述了样本数据分布。

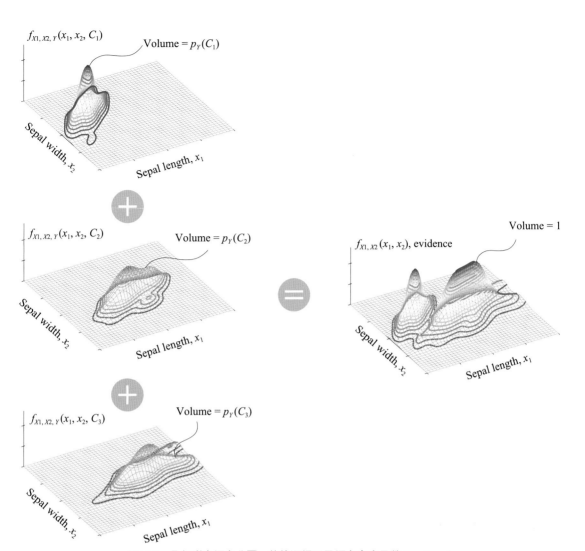

图19.8　叠加联合概率曲面，估算证据因子概率密度函数 $f_{X1,X2}(x_1,x_2)$

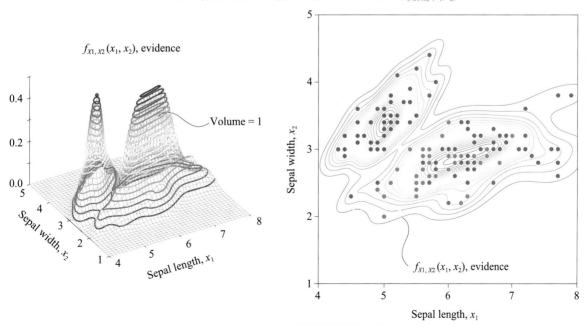

图19.9　$f_{X1,X2}(x_1,x_2)$ 曲面及平面等高线

19.4 后验概率：也是分类的依据

$f_{Y|X1,X2}(C_k \mid x_1, x_2)$ 作为条件概率，指的是在$X_1 = x_1$和$X_2 = x_2$发生的条件下，事件$Y = C_k$发生的概率。上一章提到，$f_{Y|X1,X2}(C_k \mid x_1, x_2)$ 本身为概率，也就是说$f_{Y|X1,X2}(C_k \mid x_1, x_2)$ 的取值范围为 [0, 1]；因此，后验概率$f_{Y|X1,X2}(C_k \mid x_1, x_2)$ 又叫成员值。

根据贝叶斯定理，当$f_{X1,X2}(x_1, x_2) > 0$时，后验概率PDF$f_{Y|X1,X2}(C_k \mid x_1, x_2)$ 可以根据下式计算得到，即

$$\underbrace{f_{Y|X1,X2}\left(C_k \mid x_1, x_2\right)}_{\text{Posterior}} = \dfrac{\overbrace{f_{X1,X2,Y}\left(x_1, x_2, C_k\right)}^{\text{Joint}}}{\underbrace{f_{X1,X2}\left(x_1, x_2\right)}_{\text{Evidence}}} \tag{19.4}$$

图19.10~图19.12所示分别为后验概率$f_{Y|X1,X2}(C_1 \mid x_1, x_2)$、$f_{Y|X1,X2}(C_2 \mid x_1, x_2)$、$f_{Y|X1,X2}(C_3 \mid x_1, x_2)$ 对应的曲面和平面等高线。

上一章提到，后验概率 (成员值) 存在关系

$$\sum_{k=1}^{3} \underbrace{f_{Y|X1,X2}\left(C_k \mid x_1, x_2\right)}_{\text{Posterior}} = 1 \tag{19.5}$$

这意味着，图19.10~图19.12三幅图的曲面叠加在一起得到高度为1的"平台"。

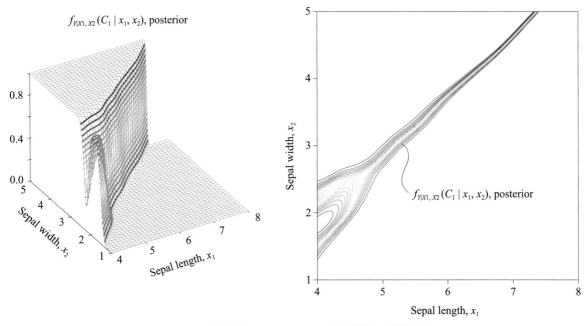

图19.10　后验概率$f_{Y|X1,X2}(C_1 \mid x_1, x_2)$ 对应曲面和平面等高线

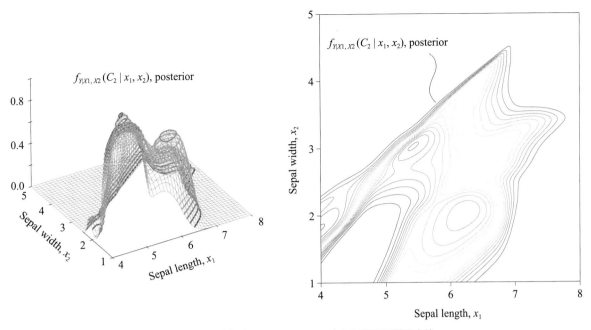

图19.11　后验概率$f_{Y|X1,X2}(C_2 \mid x_1,x_2)$对应曲面和平面等高线

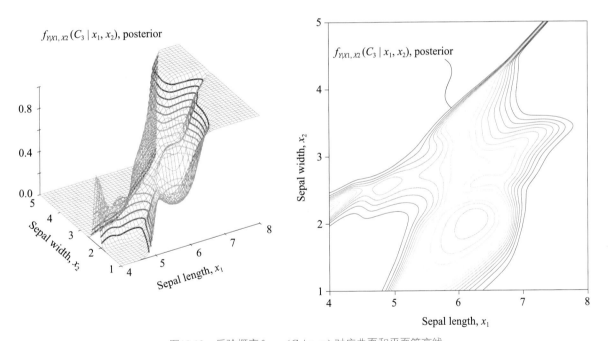

图19.12　后验概率$f_{Y|X1,X2}(C_3 \mid x_1,x_2)$对应曲面和平面等高线

分类依据

在给定任意花萼长度x_1和花萼宽度x_2的条件下，比较图19.13所示三个后验概率$f_{Y|X1,X2}(C_1 \mid x_1,x_2)$、$f_{Y|X1,X2}(C_2 \mid x_1,x_2)$、$f_{Y|X1,X2}(C_3 \mid x_1,x_2)$的大小，最大后验概率对应的标签就可以作为鸢尾花分类依据。

(a) $f_{Y|X1,X2}(C_1 | x_1, x_2)$, posterior;

(b) $f_{Y|X1,X2}(C_2 | x_1, x_2)$, posterior;

(c) $f_{Y|X1,X2}(C_3 | x_1, x_2)$, posterior

图19.13　比较三个后验概率曲面平面填充等高线

也就是说，这个分类问题对应的优化目标为最大化后验概率，即

$$\hat{y} = \arg\max_{C_k} f_{Y|X1,X2}\left(C_k | x_1, x_2\right) \tag{19.6}$$

其中：$k = 1,2,\cdots,\ K$。对于鸢尾花三分类问题，$K = 3$。根据"后验 $\propto$ 似然 $\times$ 先验"，我们也可以最大化"似然 $\times$ 先验"。

图19.14所示这幅图中曲线就是所谓的**决策边界** (decision boundary)，决策边界将平面划分成三个区域，每个区域对应一类鸢尾花标签。

《机器学习》一册将探讨更多分类算法。

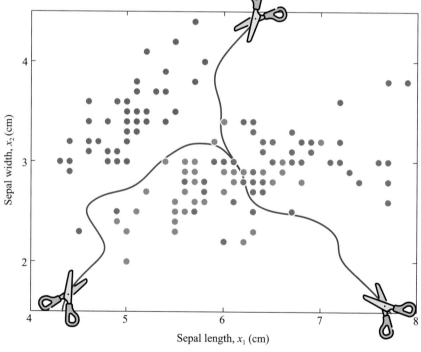

图19.14　朴素贝叶斯决策边界 (基于核密度估计KDE)

19.5 独立：不代表条件独立

本章最后以鸢尾花数据为例再次区分"独立"和"条件独立"这两个概念。

如果假设鸢尾花花萼长度X_1和花萼宽度X_2两个随机变量独立，则联合概率$f_{X1,X2}(x_1,x_2)$可以通过下式计算得到，即

$$\underbrace{f_{X1,X2}(x_1,x_2)}_{\text{Joint}} = \underbrace{f_{X1}(x_1)}_{\text{Marginal}} \cdot \underbrace{f_{X2}(x_2)}_{\text{Marginal}} \tag{19.7}$$

图19.15所示为假设X_1和X_2独立时，估算得到的联合概率$f_{X1,X2}(x_1,x_2)$曲面和平面等高线。观察图19.15中的等高线，容易发现假设X_1和X_2独立，估算得到的联合概率$f_{X1,X2}(x_1,x_2)$并没有很好地描述鸢尾花数据分布。

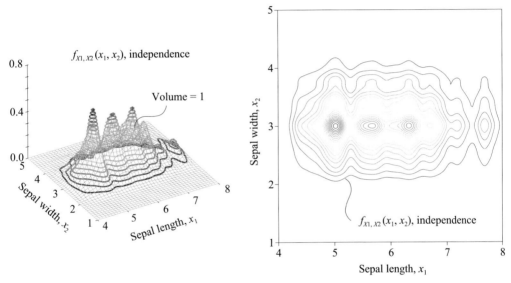

图19.15　X_1和X_2独立时，估算得到的联合概率$f_{X1,X2}(x_1,x_2)$曲面和曲面等高线

图19.16所示为$f_{X1,X2}(x_1,x_2)$曲面在两个不同平面的投影。可以发现在不同平面上的投影都相当于该方向上边缘分布的高度上缩放。

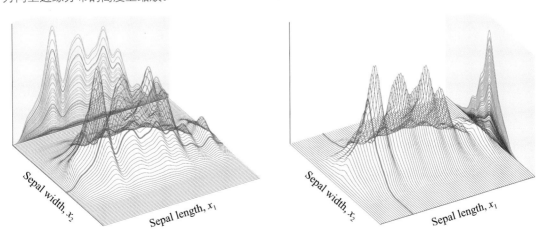

图19.16　$f_{X1,X2}(x_1,x_2)$曲面在两个不同平面的投影 (假设特征独立)

19.6 **条件独立：不代表独立**

回顾本书第3章讲过的条件独立。如果$\Pr(A, B|C) = \Pr(A|C) \cdot \Pr(B|C)$，则称事件$A$、$B$对于给定事件$C$是条件独立的。也就是说，当$C$发生的条件下，$A$发生与否与$B$发生与否无关。

对于鸢尾花样本数据，给定$Y = C_k$的条件下，假设花萼长度X_1、花萼宽度X_2条件独立，则下式成立，即

$$f_{X1,X2|Y}\left(x_1,x_2|C_k\right) = f_{X1|Y}\left(x_1|C_k\right) \cdot f_{X2|Y}\left(x_2|C_k\right) \tag{19.8}$$

式(19.8)相当于一个类别、一个类别地分析数据。

$Y = C_1$条件

给定$Y = C_1$的条件下，假设X_1、X_2条件独立，则有

$$f_{X1,X2|Y}\left(x_1,x_2|C_1\right) = f_{X1|Y}\left(x_1|C_1\right) \cdot f_{X2|Y}\left(x_2|C_1\right) \tag{19.9}$$

图19.17所示为在$Y = C_1$的条件下，假设X_1和X_2条件独立，估算得到的似然概率$f_{X1,X2|Y}(x_1,x_2|C_1)$。

第6章给出过假设条件独立情况下$f_{X1,X2|Y}(x_1,x_2|C_1)$、边缘似然概率$f_{X1|Y}(x_1|C_1)$、$f_{X2|Y}(x_2|C_1)$ 三者的关系，请大家回顾。如果把$f_{X1|Y}(x_1|C_1)$、$f_{X2|Y}(x_2|C_1)$ 看作两个向量，则$f_{X1,X2|Y}(x_1,x_2|C_1)$ 就是两者的张量积。

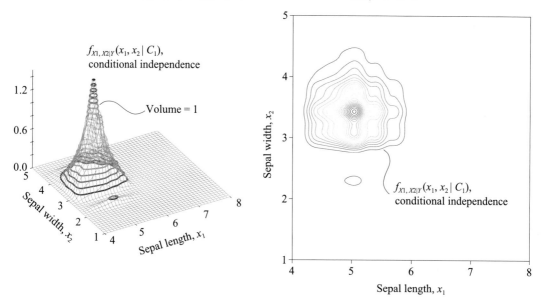

图19.17　在$Y = C_1$的条件下，X_1和X_2条件独立，估算得到的似然概率$f_{X1,X2|Y}(x_1,x_2|C_1)$

$Y = C_2$条件

给定$Y = C_2$的条件下，假设X_1、X_2条件独立，则有

$$f_{X1,X2|Y}\left(x_1,x_2|C_2\right) = f_{X1|Y}\left(x_1|C_2\right) \cdot f_{X2|Y}\left(x_2|C_2\right) \tag{19.10}$$

图19.18所示为在$Y = C_2$的条件下，假设X_1和X_2条件独立，估算得到的似然概率$f_{X1,X2|Y}(x_1,x_2|C_2)$。

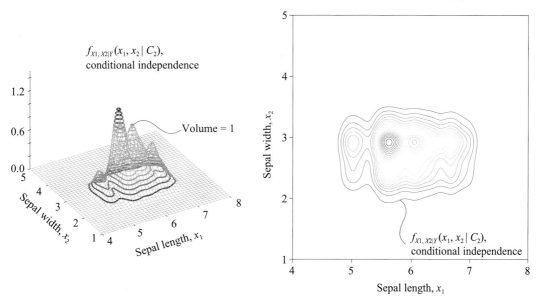

图19.18　在$Y = C_2$的条件下，X_1和X_2条件独立，估算得到的似然概率$f_{X1,X2|Y}(x_1,x_2|C_2)$

$Y = C_3$ 条件

给定$Y = C_3$的条件下，假设X_1、X_2条件独立，则有

$$f_{X1,X2|Y}\left(x_1,x_2\big|C_3\right) = f_{X1|Y}\left(x_1\big|C_3\right)\cdot f_{X2|Y}\left(x_2\big|C_3\right) \tag{19.11}$$

图19.19所示为在$Y = C_3$的条件下，假设X_1和X_2条件独立，估算得到的似然概率$f_{X1,X2|Y}(x_1,x_2|C_3)$。

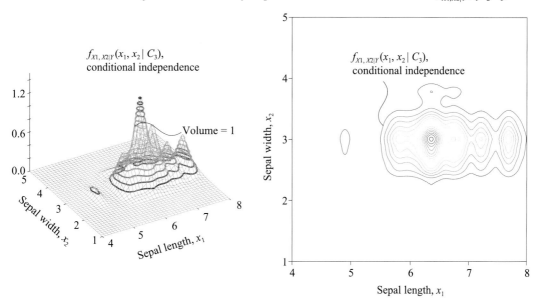

图19.19　在$Y = C_3$的条件下，X_1和X_2条件独立，估算得到的似然概率$f_{X1,X2|Y}(x_1,x_2|C_3)$

估算证据因子

假设条件独立，证据因子$f_{X1,X2}(x_1,x_2)$可以通过下式计算得到，即

$$
\begin{aligned}
f_{X1,X2}(x_1,x_2) &= f_{X1,X2|Y}(x_1,x_2|C_1) \cdot p_Y(C_1) + f_{X1,X2|Y}(x_1,x_2|C_2) \cdot p_Y(C_2) + f_{X1,X2|Y}(x_1,x_2|C_3) \cdot p_Y(C_3) \\
&= f_{X1|Y}(x_1|C_1) \cdot f_{X2|Y}(x_2|C_1) \cdot p_Y(C_1) + \\
&\quad\ f_{X1|Y}(x_1|C_2) \cdot f_{X2|Y}(x_2|C_2) \cdot p_Y(C_2) + \\
&\quad\ f_{X1|Y}(x_1|C_3) \cdot f_{X2|Y}(x_2|C_3) \cdot p_Y(C_3)
\end{aligned} \tag{19.12}
$$

式(19.12)代表一种多元概率密度估算方法。图19.20所示为假设条件独立，估算$f_{X1,X2}(x_1,x_2)$概率密度的过程。图19.21所示为$f_{X1,X2}(x_1,x_2)$曲面和平面等高线。

条件独立这一假设对于朴素贝叶斯方法至关重要。《机器学习》一册将分别介绍朴素贝叶斯分类和高斯朴素贝叶斯分类。

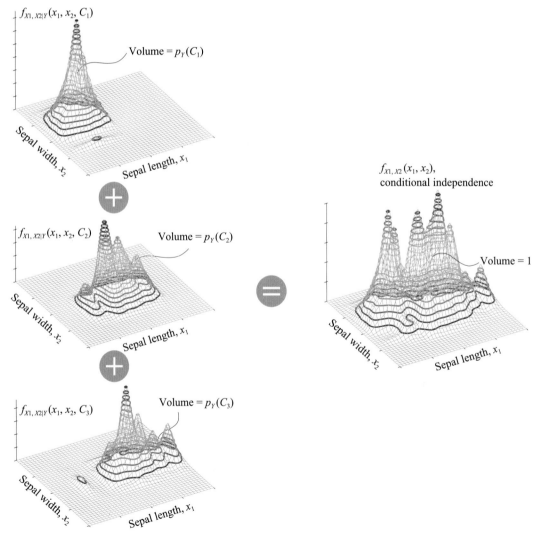

图19.20　假设条件独立，合成叠加得到证据因子$f_{X1,X2}(x_1,x_2)$

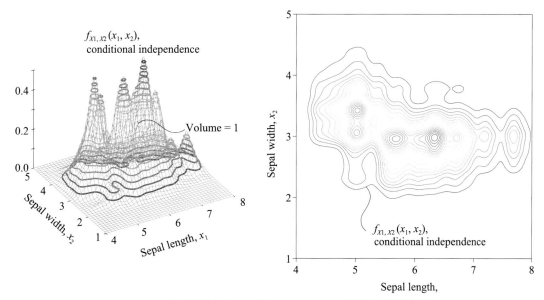

图19.21 假设条件独立，证据因子 $f_{X1,X2}(x_1,x_2)$ 曲面和平面等高线

　　如图19.22所示，显然采用条件独立假设估算得到的证据因子概率密度函数 $f_{X1,X2}(x_1,x_2)$ 与样本数据分布的贴合度更高。图19.23所示为 $f_{X1,X2}(x_1,x_2)$ 在两个竖直平面上的投影，请大家对比图19.16进行分析。

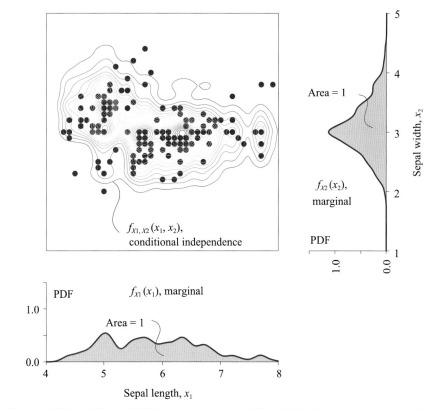

图19.22 假设条件独立，证据因子 $f_{X1,X2}(x_1,x_2)$ 等高线和边缘概率密度 $f_{X1}(x_1)$、$f_{X2}(x_2)$ 曲线关系

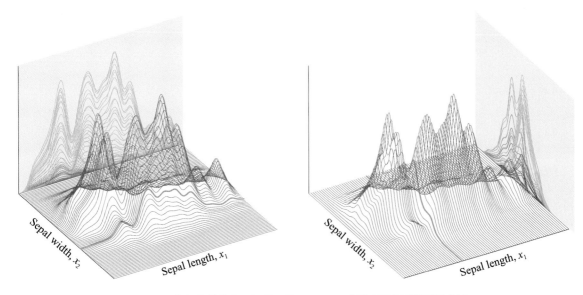

图19.23 假设条件独立，证据因子$f_{x_1,x_2}(x_1,x_2)$曲面在两个平面投影曲线

Bk5_Ch19_01.py代码绘制本章绝大部分图像。

　　贝叶斯分类是一种基于贝叶斯定理的分类方法，它根据给定的特征和类别之间的关系，通过学习训练数据集中的先验概率和条件概率，对新的输入进行分类。贝叶斯分类将输入数据看作特征向量，并根据这些特征向量的先验概率和条件概率来计算其属于不同类别的后验概率，最终选择概率最大的类别作为输出。

　　贝叶斯分类的优点在于其能够处理高维数据，并且在数据量较小的情况下表现良好，同时还能处理具有噪声或缺失数据的情况。《机器学习》一册将专门介绍贝叶斯分类的特殊形式——朴素贝叶斯分类。

　　下面三章，我们将把贝叶斯定理应用到贝叶斯推断中。

Bayesian Inference 101
贝叶斯推断入门
参数不确定，参数对应概率分布

没有事实，只有解释。

There are no facts, only interpretations.

—— 弗里德里希·尼采 (Friedrich Nietzsche) | 德国哲学家 | 1844—1900年

- ◀ matplotlib.pyplot.axvline() 绘制竖直线
- ◀ matplotlib.pyplot.fill_between() 区域填充颜色
- ◀ numpy.cumsum() 累加
- ◀ scipy.stats.bernoulli.rvs() 满足伯努利分布的随机数
- ◀ scipy.stats.beta() Beta分布

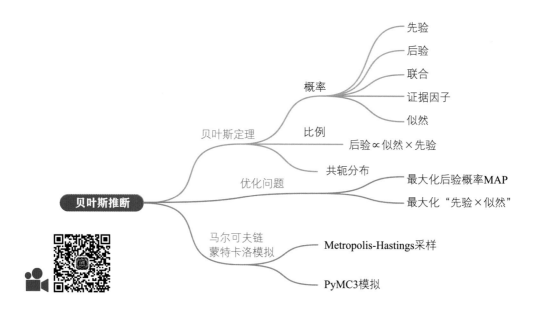

贝叶斯推断：更贴合人脑思维

一个让人"头大"的公式

本章和下一章的关键就是如何理解、应用以下公式进行贝叶斯推断，即

$$f_{\Theta|X}\left(\theta\,|\,x\right)=\frac{f_{X|\Theta}\left(x\,|\,\theta\right)f_{\Theta}\left(\theta\right)}{\int_{\vartheta}f_{X|\Theta}\left(x\,|\,\vartheta\right)f_{\Theta}\left(\vartheta\right)\mathrm{d}\vartheta} \tag{20.1}$$

值得注意的是这个公式还有以下常见的几种写法，即

$$f_{\Theta|X}\left(\theta\,|\,x\right)=\frac{f_{X|\Theta}\left(x\,|\,\theta\right)f_{\Theta}\left(\theta\right)}{\int_{\theta'}f_{X|\Theta}\left(x\,|\,\theta'\right)f_{\Theta}\left(\theta'\right)\mathrm{d}\theta'}$$

$$f_{\Theta|X}\left(\theta\,|\,x\right)=\frac{f_{X|\Theta}\left(x\,|\,\theta\right)g_{\Theta}\left(\theta\right)}{\int_{\vartheta}f_{X|\Theta}\left(x\,|\,\vartheta\right)g_{\Theta}\left(\vartheta\right)\mathrm{d}\vartheta} \tag{20.2}$$

$$p_{\Theta|X}\left(\theta\,|\,x\right)=\frac{p_{X|\Theta}\left(x\,|\,\theta\right)p_{\Theta}\left(\theta\right)}{\int_{\theta'}p_{X|\Theta}\left(x\,|\,\theta'\right)p_{\Theta}\left(\theta'\right)\mathrm{d}\theta'}$$

有些书有把x写成y，也有的用 π () 代表概率密度/质量分布函数。总而言之，式(20.1) 的表达方式很多，大家见多了，也就"见怪不怪"了。

式(20.1) 这个公式是横在大家理解掌握贝叶斯推断之路上的一块"巨石"。本章试图用最简单的例子帮大家敲碎这块"巨石"。

在正式介绍这个公式之前，本节先用白话聊聊什么是**贝叶斯推断** (Bayesian inference)。

贝叶斯推断

本书第16章介绍过，在贝叶斯学派眼中，模型参数本身也是随机变量，也服从某种分布。贝叶斯推断的核心就是，在以往的经验 (先验概率) 基础上，结合新的数据，得到新的概率 (后验概率)。而模型参数分布随着外部样本数据的不断输入而迭代更新。不同的是，频率派只考虑样本数据本身，不考虑先验概率。

依笔者看来，人脑的运作方式更加贴近贝叶斯推断，如图20.1所示。

图20.1　人脑更像是一个贝叶斯推断机器

举个最简单的例子，试想你一早刚出门的时候发现忘带手机，大脑第一反应是——手机最可能在哪？

如图20.2所示，这个"贝叶斯推断"的结果一般基于两方面因素：一方面，日复一日的"找手机"经验；另一方面，"今早、昨晚在哪用过手机"的最新数据。

图20.2　找手机

而且在不断寻找手机的过程中，大脑不断提出"下一个最有可能的地点"。

比如，昨晚睡觉前刷了一小时手机，手机肯定在床上！

跑到床头，发现手机不在床上，那很可能在马桶附近，因为早晨方便的时候一般也会刷手机！

竟然也不在马桶附近！那最可能在沙发或茶几上，因为坐着看电视的时候我也爱刷手机……

试想，如果大脑没有以上"经验 + 最新数据"，你会怎么找手机呢？或者说，"贝叶斯推断"找手机无果的时候，我们又会怎么办呢？

我们很可能会像"扫地机器人"一样"逐点扫描"，把整个屋子从里到外歇斯底里地翻一遍。这种地毯式的"采样"就类似频率派的做法。

这个找手机的过程也告诉我们，贝叶斯推断常常迭代使用。在引入新的样本数据后，先验概率产生后验概率。而这个后验概率也可以作为新的先验概率，再根据最新出现的数据，更新后验概率，如此往复，如图20.3所示。

人生来就是一个"学习机器"，"前事不忘后事之师"说的也是这个道理。通过不断学习 (数据输入)，我们不断更新自己对世界的认知 (更新模型参数)。这个过程从出生一直持续到离开这个世界为止。

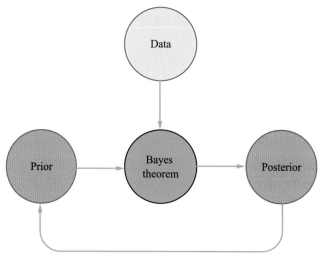

图20.3　通过贝叶斯定理迭代学习

往大了说，人类认识世界的机制又何尝不是贝叶斯推断？在新的数据影响下，人类一次次创造、推翻、重构知识体系。这个过程循环往复，不断推动人类认知进步。

举个例子，统治西方世界思想界近千年的地心说被推翻后，日心说渐渐成了主流。在伽利略等一众巨匠的臂膀上，牛顿力学体系横空出世。在后世科学家不断努力完善下，以牛顿力学体系和麦克斯韦电磁场理论为基础的物理大厦大功告成。当人们满心欢喜，以为物理学就剩下一些敲敲打打的修饰工作，结果蓝天之上又飘来了两朵乌云······

20.2 从一元贝叶斯公式说起

先验

在引入任何观测数据之前，未知参数θ本身是随机变量，自身对应概率分布为$f_\theta(\theta)$，这个分布叫作**先验分布** (prior distribution)。先验分布函数$f_\theta(\theta)$中，Θ为随机变量，θ是一个变量。$\Theta = \theta$代表随机变量Θ的取值为θ。

似然

在$\Theta = \theta$条件下，观察到的数据X的分布为**似然分布** (likelihood distribution) $f_{X|\Theta}(x|\theta)$。似然分布是一个条件概率。当$\Theta = \theta$取不同值时，似然分布$f_{X|\Theta}(x|\theta)$也有相应变化。

回顾本书第16章介绍最大似然估计MLE，优化问题的目标函数本质上就是似然函数$f_{X|\Theta}(x|\theta)$的连乘。第16章不涉及贝叶斯推断，因此我们没有用条件概率$f_{X|\Theta}(x|\theta)$，用的是$f_X(x; \theta)$。**对数似然** (log-likelihood function) 就是对似然函数取对数，将连乘变成连加。

联合

根据贝叶斯定理，X 和 Θ 的**联合分布** (joint distribution) 为

$$\underbrace{f_{X,\Theta}(x,\theta)}_{\text{Joint}} = \underbrace{f_{X|\Theta}(x\,|\,\theta)}_{\text{Likelihood}} \underbrace{f_{\Theta}(\theta)}_{\text{Prior}} \tag{20.3}$$

> ⚠
> 请大家注意：为了方便，在贝叶斯推断中，我们不再区分概率密度函数 PDF、概率质量函数 PMF，所有概率分布均用 $f()$ 记号。而且，条件概率的分母也仅仅用积分符号。

证据

如果 X 为连续随机变量，则 X 的边缘概率分布为

$$\underbrace{f_X(x)}_{\text{Evidence}} = \int_{\theta} \underbrace{f_{X,\Theta}(x,\theta)}_{\text{Joint}} \mathrm{d}\theta = \int_{\theta} \underbrace{f_{X|\Theta}(x\,|\,\theta)}_{\text{Likelihood}} \underbrace{f_{\Theta}(\theta)}_{\text{Prior}} \mathrm{d}\theta \tag{20.4}$$

联合分布对 θ "偏积分" 消去了 θ，积分结果 $f_X(x)$ 与 θ 无关。我们一般也管 $f_X(x)$ 叫作**证据因子** (evidence)，这和前两章的叫法一致。

$f_X(x)$ 与 θ 无关，这意味着观测到的数据对先验的选择没有影响。

后验

给定 $X = x$ 条件下，Θ 的条件概率为

$$f_{\Theta|X}(\theta\,|\,x) = \dfrac{\overbrace{f_{X,\Theta}(x,\theta)}^{\text{Joint}}}{\underbrace{f_X(x)}_{\text{Evidence}}} = \dfrac{\overbrace{f_{X|\Theta}(x\,|\,\theta)}^{\text{Likelihood}} \overbrace{f_{\Theta}(\theta)}^{\text{Prior}}}{\int_{\vartheta} \underbrace{f_{X|\Theta}(x\,|\,\vartheta)}_{\text{Likelihood}} \underbrace{f_{\Theta}(\vartheta)}_{\text{Prior}} \mathrm{d}\vartheta} \tag{20.5}$$

$f_{\Theta|X}(\theta|x)$ 叫**后验分布** (posterior distribution)，它代表在整合 "先验 + 样本数据" 之后，我们对参数 Θ 的新 "认识"。在连续迭代贝叶斯学习中，这个后验概率分布是下一个迭代的先验概率分布。

> ⚠
> 为了避免混淆，式(20.5) 分母中用了花写 ϑ。

正比关系

通过前两章的学习，我们知道后验与先验和似然的乘积成正比，即

$$\underbrace{f_{\Theta|X}(\theta\,|\,x)}_{\text{Posterior}} \propto \underbrace{f_{X|\Theta}(x\,|\,\theta)}_{\text{Likelihood}} \underbrace{f_{\Theta}(\theta)}_{\text{Prior}} \tag{20.6}$$

即后验 ∝ 似然 × 先验。

但是为了得出真正的后验概率，本章的例子中我们还是要完成 $\int_{\theta} f_{X|\Theta}(x\,|\,\vartheta) f_{\Theta}(\vartheta) \mathrm{d}\vartheta$ 积分。

> ➡
> 此外，这个积分很可能没有解析解 (闭式解)，可能需要用到数值积分或蒙特卡洛模拟。这是本书第22章要讲解的内容之一。

> 注意：先验分布、后验分布是关于模型参数的分布。此外，通过一定的转化，我们可以把似然函数也变成有关模型参数的"分布"。

下面，我们结合实例讲解贝叶斯推断。

20.3 走地鸡兔：比例完全不确定

回到本书第16章"鸡兔同笼"的例子。一个巨大无比农场散养大量"走地"的鸡和兔。但是，农夫自己也说不清楚鸡兔的比例。

用θ代表兔子的比例随机变量，这意味着θ的取值范围为 [0, 1]，即$\theta = 0.5$意味着农场有50%兔、50%鸡，$\theta = 0.3$意味着有30%兔、70%鸡。

> 注意：抓取动物过程，我们同样忽略这对农场整体动物总体比例的影响。

为了搞清楚农场鸡兔比例，农夫决定随机抓n只动物。X_1、X_2、$\cdots$、X_n为每次抓取动物的结果。X_i ($i = 1, 2, \cdots, n$) 的样本空间为 {0, 1}，其中0代表鸡，1代表兔。

先验

由于农夫完全不确定鸡兔比例，我们选择连续均匀分布Uniform(0, 1) 为先验分布，所以$f_\Theta(\theta)$为：

$$f_\Theta(\theta) = 1, \quad \theta \in [0,1] \tag{20.7}$$

再次强调，先验分布代表我们对模型参数的"主观经验"，先验分布的选择独立于"客观"样本数据。

图20.4所示为 [0, 1] 区间上的均匀分布，也就是说兔子比例θ可以是 [0, 1] 区间内的任意一个数，而且可能性相同。这个例子告诉我们，没有先验信息，或者先验分布不清楚时，也不要紧！我们可以用常数或均匀分布作为先验分布。这种情况也叫**无信息先验** (uninformative prior)。

似然

给定$\Theta = \theta$条件下，X_1、X_2、$\cdots$、X_n服从IID的伯努利分布Bernoulli(θ)，即

$$\underbrace{f_{X_i|\Theta}(x_i \mid \theta)}_{Likelihood} = \theta^{x_i}(1-\theta)^{1-x_i} \tag{20.8}$$

其中：$\Theta = \theta$为农场中兔子的比例，取值范围为 [0, 1]；$1 - \theta$为鸡的比例。$X_i = x_i$为某一次抓到的动物，0代表鸡，1代表兔。

也就是说，式 (20.8) 中，θ是未知量。实际上，上式中似然概率$f_{X_i|\Theta}(x_i \mid \theta)$ 代表概率质量函数。

本书前文提过，IID的含义是**独立同分布** (Independent Identically Distribution)。在随机过程中，任何时刻的取值都为随机变量，如果这些随机变量服从同一分布，并且互相独立，那么这些随机变量是独立同分布，如图20.5所示。

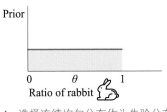

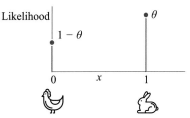

图20.4　选择连续均匀分布作为先验分布　　　　图20.5　似然分布

联合

因此，X_1、X_2、$\cdots$、X_n、$\varTheta$联合分布为

$$
\begin{aligned}
\underbrace{f_{X_1,X_2,\ldots,X_n,\varTheta}\left(x_1,x_2,\ldots,x_n,\theta\right)}_{\text{Joint}} &= \underbrace{f_{X_1,X_2,\ldots,X_n|\varTheta}\left(x_1,x_2,\ldots,x_n\mid\theta\right)}_{\text{Likelihood}}\underbrace{f_{\varTheta}\left(\theta\right)}_{\text{Prior}} \\
&= f_{X_1|\varTheta}\left(x_1\mid\theta\right)\cdot f_{X_2|\varTheta}\left(x_2\mid\theta\right)\cdots f_{X_n|\varTheta}\left(x_n\mid\theta\right)\cdot\underbrace{f_{\varTheta}\left(\theta\right)}_{1} \\
&= \prod_{i=1}^{n}\theta^{x_i}\left(1-\theta\right)^{1-x_i} = \theta^{\sum\limits_{i=1}^{n}x_i}\left(1-\theta\right)^{n-\sum\limits_{i=1}^{n}x_i}
\end{aligned}
\tag{20.9}
$$

令

$$
s = \sum_{i=1}^{n}x_i
\tag{20.10}
$$

其中：s为n次抽取中兔子的总数。

这样式(20.9) 可以写成

$$
f_{X_1,X_2,\ldots,X_n,\varTheta}\left(x_1,x_2,\ldots,x_n,\theta\right) = \theta^s\left(1-\theta\right)^{n-s}
\tag{20.11}
$$

其中：$n-s$为n次抽取中鸡的总数。

证据

证据因子$f_{X_1,X_2,\ldots,X_n}\left(x_1,x_2,\ldots,x_n\right)$，即$f_{\chi}\left(\boldsymbol{x}\right)$可以通过$f_{X_1,X_2,\ldots,X_n,\varTheta}\left(x_1,x_2,\ldots,x_n,\theta\right)$对$\theta$"偏积分"得到，即

$$
\begin{aligned}
f_{X_1,X_2,\ldots,X_n}\left(x_1,x_2,\ldots,x_n\right) &= \int_{\theta}f_{X_1,X_2,\ldots,X_n,\varTheta}\left(x_1,x_2,\ldots,x_n,\theta\right)\mathrm{d}\theta \\
&= \int_{\theta}\theta^s\left(1-\theta\right)^{n-s}\mathrm{d}\theta
\end{aligned}
\tag{20.12}
$$

以上积分相当于在θ维度上压缩，结果$f_{X_1,X_2,\ldots,X_n}\left(x_1,x_2,\ldots,x_n\right)$与$\theta$无关。

> ⚠ 再次强调：在贝叶斯推断中，上述积分很可能没有解析解。

想到第7章介绍的Beta函数，式(20.12) 可以写成

$$
\begin{aligned}
f_{X_1, X_2, \ldots, X_n}\left(x_1, x_2, \ldots, x_n\right) &= \int_\theta \theta^{s+1-1}\left(1-\theta\right)^{n-s+1-1} \mathrm{d}\theta \\
&= \mathrm{B}\left(s+1, n-s+1\right) = \frac{s!\left(n-s\right)!}{\left(n+1\right)!}
\end{aligned}
\tag{20.13}
$$

利用Beta函数的性质，我们"逃过"积分运算。

图20.6所示为$\mathrm{B}(s+1, n-s+1)$函数随着s、n变化的平面等高线。

后验

由此，在$X_1 = x_1, X_2 = x_2, \cdots, X_n = x_n$条件下，$\Theta$的后验分布为

$$
\begin{aligned}
f_{\Theta|X_1, X_2, \ldots, X_n}\left(\theta \mid x_1, x_2, \ldots, x_n\right) &= \frac{\overbrace{f_{X_1, X_2, \ldots, X_n, \Theta}\left(x_1, x_2, \ldots, x_n, \theta\right)}^{\text{Joint}}}{\underbrace{f_{X_1, X_2, \ldots, X_n}\left(x_1, x_2, \ldots, x_n\right)}_{\text{Evidence}}} \\
&= \frac{\theta^s\left(1-\theta\right)^{n-s}}{\mathrm{B}\left(s+1, n-s+1\right)} = \frac{\theta^{(s+1)-1}\left(1-\theta\right)^{(n-s+1)-1}}{\mathrm{B}\left(s+1, n-s+1\right)}
\end{aligned}
\tag{20.14}
$$

我们惊奇地发现，式(20.14)对应Beta$(s+1, n-s+1)$分布。

⚠️ ___
注意：实际上Uniform(0, 1)
就是 Beta(1, 1)。

总结来说，农夫完全不清楚鸡兔的比例，因此选择先验概率为Uniform(0, 1)。抓取n只动物，知道其中有s只兔子，$n-s$只鸡，利用贝叶斯定理整合"先验概率 + 样本数据"得到后验概率为Beta$(s+1, n-s+1)$分布。

马上，我们把蒙特卡洛模拟结果代入后验概率Beta$(s+1, n-s+1)$，这样就可以看到后验分布的形状。

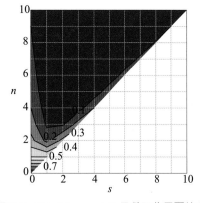

图20.6 B $(s+1, n-s+1)$ 函数图像平面等高线

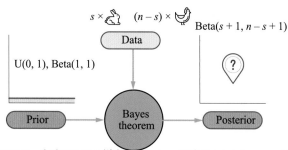

图20.7 先验U(0, 1) + 样本 $(s, n-s)$ → 后验 Beta$(s+1, n-s+1)$

正比关系

式(20.14) 中分母 $\mathrm{B}\left(s+1, n-s+1\right)$ 的作用是条件概率归一化。实际上，根据式(20.9)，我们只需要知道

$$
f_{\Theta|X_1, X_2, \ldots, X_n}\left(\theta \mid x_1, x_2, \ldots, x_n\right) \propto f_{X_1, X_2, \ldots, X_n|\Theta}\left(x_1, x_2, \ldots, x_n \mid \theta\right) f_\Theta\left(\theta\right) = \theta^s\left(1-\theta\right)^{n-s}
\tag{20.15}
$$

我们在前两章也看到了这个正比关系的应用。但是为了方便蒙特卡洛模拟，本节还是会使用式 (20.14) 给出的后验分布解析式。

蒙特卡洛模拟

下面，我们编写Python代码来进行上述贝叶斯推断的蒙特卡洛模拟。先验分布为Uniform(0, 1)，这意味着各种鸡兔比例可能性相同。

大家查看代码会发现，代码中实际用的分布是Beta(1, 1)。Uniform(0, 1) 与 Beta(1, 1) 形状相同，而且方便本章后续模拟。

本章代码用到伯努利分布随机数发生器。假设兔子占整体的真实比例为20.45 (45%)。图20.8 (a) 所示为用伯努利随机数发生器产生的随机数，红点 ● 代表鸡 (0)，蓝点 ● 代表兔 (1)。

通过图20.8 (a)的样本数据作推断便是频率学派的思路。频率学派依靠样本数据，而不引入先验概率 (已有知识或主观经验)。当样本数量较大时，频率学派可以做出合理判断；但是，当样本数量很少时，频率学派作出的推断往往不可信。

图20.8 (b) 中，从下到上所示为不断抓取动物中鸡、兔各自的比例变化。当动物的数量n不断增多时，我们发现比例趋于稳定，并逼近真实值 (0.45)。

图20.8 (c) 为随着样本数据不断导入，后验概率分布曲线的渐变过程。请大家仔细观察图20.8 (c)，看看能不能发现有趣的规律。

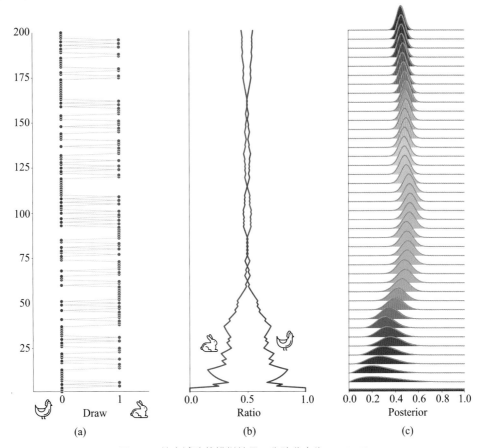

图20.8　某次试验的模拟结果，先验分布为Beta(1, 1)

图20.8 (c) 给出的这个过程中，请大家注意两个细节。

第一，后验概率分布$f_{\Theta|X}(\theta|x)$ 曲线不断变得细高，也就是后验标准差不断变小。这是因为样本数

据不断增多，大家对鸡兔比例变得越发"确信"。

第二，后验概率分布$f_{\Theta|X}(\theta|x)$ 的最大值，也就是峰值，所在位置逐渐逼近鸡兔的真实比例0.45。第二点在图20.9中看得更清楚。

图20.9 (a) 中，先验概率分布为均匀分布，这代表老农对鸡兔比例一无所知。兔子的比例在0和1之间，任何值皆有可能，而且可能性均等。

图20.9 (b) 所示为，抓到第一只动物发现是鸡。利用贝叶斯定理，通过图20.9 (a) 的先验概率 (连续均匀分布Beta(1,1)) 和样本数据 (一只鸡)，计算得到图20.9 (b) 所示的后验概率分布Beta(1,2)，这一过程如图20.10所示。

对于图20.9 (b) 这个分布，显然认为"农场全是鸡"的可能性更高，但是不排除其他可能。"不排除其他可能"对应图20.9 (b) 中的三角形，θ在 [0, 1) 区间取值时，后验概率$f_{\Theta|X}(\theta|x)$ 都不为0。确定的是"农场全是兔"是不可能的，对应概率为0。

抓第二只动物，发现还是鸡。如图20.9 (c) 后验概率分布所示，显然农夫心中的天平发生了倾斜，认为农场的鸡的比例肯定很高。

获得图20.9 (c) 所示的后验概率分布有两条路径。

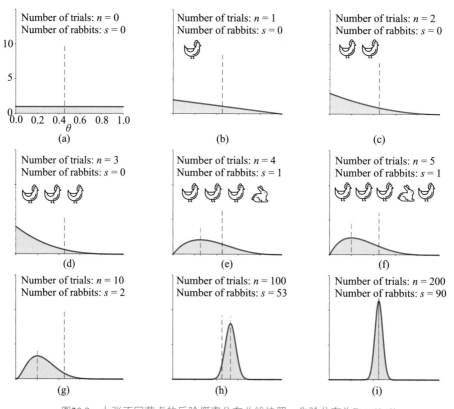

图20.9　九张不同节点的后验概率分布曲线快照，先验分布为Beta(1, 1)

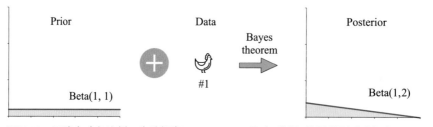

图20.10　不确定鸡兔比例，先验概率Beta(1, 1) + 一只鸡 (数据) 推导得到后验概率Beta(1, 2)

第一条如图20.11所示，先验概率Beta(1, 1) + 两只鸡 (数据) 推导得到后验概率Beta(1, 3)。

第二条如图20.12所示，更新先验概率Beta(1, 2) + 第二只鸡 (数据) 推导得到后验概率Beta(1, 3)。
而更新先验概率Beta(1, 2) 就是图20.10中的后验概率。

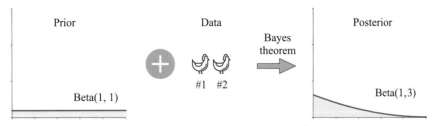

图20.11　第一条路径：先验概率Beta(1, 1) + 两只鸡 (数据) 推导得到后验概率Beta(1, 3)

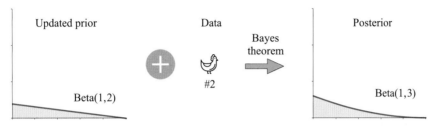

图20.12　第二条路径：更新先验概率Beta(1, 2) + 第二只鸡 (数据) 推导得到后验概率Beta(1, 3)

抓第三只动物，竟然还是鸡！如图20.9 (d) 所示，农夫心中的比例进一步向"鸡"倾斜，但是仍然不能排除其他可能。

理解这步运算则有三条路径。图20.13所示为三条路径中的第一条，请大家自己绘制另外两条。

如果采样此时停止，则依照频率派的观点，农场100%都是鸡。

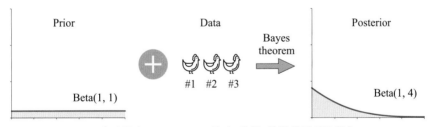

图20.13　先验概率Beta(1, 1) + 三只鸡 (数据) 推导得到后验概率Beta(1, 4)

抓第四只动物时，终于抓住一只兔子！此时农夫才确定农场不都是鸡，确信还是有兔的！观察图20.9 (e) 会发现，$\theta = 0$，即兔子比例为0 (或农场全是鸡)，对应的概率密度骤降为0。

随着抓到的动物不断送来验明正身，农夫的"后验概率""先验概率"依次更新。

最终，在抓获的200只动物中，有90只兔子，也就是说兔子的比例为45%。但是观察图20.9 (i) 的后验概率曲线，发现$\theta = 45\%$左右的其他θ值也不小。

从农夫的视角，农场的鸡兔比例很可能是45%，但是不排除其他比例的可能性，也就是贝叶斯推断的结论观点。

此外，图20.9 (i) 中后验概率的"高矮胖瘦"，也决定了对结论观点的"确信度"。本章后文将展开讲解。

最大化后验概率MAP

图20.9中黑色划线为农场兔子的真实比例。

而图20.9各个子图中红色划线对应的就是后验概率分布的最大值。这便对应贝叶斯推断的优化问题，**最大化后验概率** (Maximum A Posteriori estimation, MAP)为

$$\hat{\theta}_{\text{MAP}} = \arg\max_{\theta} f_{\Theta|X}(\theta \mid x) \tag{20.16}$$

将式(20.1) 代入式(20.16)，得

$$\hat{\theta}_{\text{MAP}} = \arg\max_{\theta} \frac{f_{X|\Theta}(x \mid \theta) f_{\Theta}(\theta)}{\int_{\vartheta} f_{X|\Theta}(x \mid \vartheta) f_{\Theta}(\vartheta) \mathrm{d}\vartheta} \tag{20.17}$$

进一步根据，这个优化问题可以简化为

$$\hat{\theta}_{\text{MAP}} = \arg\max_{\theta} f_{X|\Theta}(x \mid \theta) f_{\Theta}(\theta) \tag{20.18}$$

本书第7章介绍过Beta(α, β) 分布的众数为

$$\frac{\alpha - 1}{\alpha + \beta - 2}, \quad \alpha, \beta > 1 \tag{20.19}$$

对于本节例子，MAP的优化解为Beta($s + 1$, $n - s + 1$) 的众数，即概率密度最大值为

$$\hat{\theta}_{\text{MAP}} = \frac{s + 1 - 1}{s + 1 + n - s + 1 - 2} = \frac{s}{n} \tag{20.20}$$

兜兜转转，结果这个贝叶斯派MAP优化解与频率派MLE一致吗？

MAP和MLE当然不同！

首先，MAP和MLE的优化问题完全不一样，两者分析问题的视角完全不同。回顾MLE优化问题

$$\hat{\theta}_{\text{MLE}} = \arg\max_{\theta} \prod_{i=1}^{n} f_{X_i}(x_i; \theta) \tag{20.21}$$

请大家自行对比式(20.16) 和式(20.21)。

此外，式(20.20) 中这个比例是在先验概率为Uniform(0, 1) 条件下得到的，下一节大家会看到不同的MAP优化结果。

更重要的是，贝叶斯派得到的结论是图20.9 (i) 中的这个分布。也就是说，最优解虽然在 θ = 0.45，但是不排除其他可能。

以图20.9 (i) 为例，本例中贝叶斯派得到的参数 Θ 为Beta($s + 1$, $n - s + 1$) 这个分布。代入具体数据 ($n = 200$, $s = 90$)，贝叶斯推断的结果为Beta(91, 111)，整个过程如图20.14所示。

图20.14中，先验分布为Beta(1, 1)，括号内的样本数据为 (兔，鸡)，即 (90, 110)，获得的后验概率为Beta(1 + 90, 1 + 110)。Beta(1 + 90, 1 + 110) 的标准差可以度量我们对贝叶斯推断结论的确信程度，这是本章最后要讨论的话题之一。

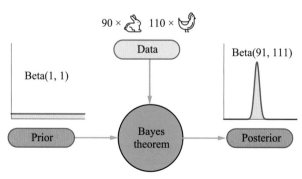

图20.14　先验Beta(1, 1) + 样本 (90, 110) → 后验 Beta(91, 111)

先验分布的选择和参数的确定代表"经验"，也代表某种"信念"。先验分布的选择与样本数据无关，不需要通过样本数据构造。反过来，观测到的样本数据对先验的选择没有任何影响。

此外，讲解图20.12时，我们看到贝叶斯推断可以采用迭代方式，即后验概率可以成为新样本数据的先验概率。

20.4 走地鸡兔：很可能一半一半

本节我们更换场景，假设农夫认为鸡兔的比例接近1:1，也就是说，兔子的比例为50%。但是，农夫对这个比例的确信程度不同。

先验

由于农夫认为鸡兔的比例为1:1，因此我们选用Beta(α, α) 作为先验分布。Beta(α, α) 具体的概率密度函数为

$$f_\Theta(\theta) = \frac{1}{B(\alpha, \alpha)} \theta^{\alpha-1} (1-\theta)^{\alpha-1} \tag{20.22}$$

其中，Beta(α, α) 为

$$B(\alpha, \alpha) = \frac{\Gamma(\alpha)\Gamma(\alpha)}{\Gamma(\alpha + \alpha)} \tag{20.23}$$

再次强调，选取Beta(α, α) 与样本无关，Beta(α, α) 代表事前主观经验。

不同确信程度

图20.15所示为α取不同值时Beta(α, α) 分布PDF图像。

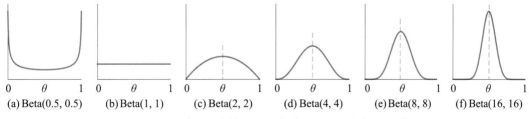

(a) Beta(0.5, 0.5)   (b) Beta(1, 1)   (c) Beta(2, 2)   (d) Beta(4, 4)   (e) Beta(8, 8)   (f) Beta(16, 16)

图20.15　六个不同参数α取不同值时Beta(α, α) 分布PDF图像

容易发现Beta(α, α) 图像为对称，Beta(α, α) 的均值和众数为1/2，方差为$1/(8\alpha + 4)$。显然，参数α小于1代表特别"清奇"的观点——农场要么都是鸡、要么都是兔。

α等于1就是本章前文的先验分布为Uniform(0, 1)，即Beta(1, 1)假设条件。也就是说，当我们事先对比例不持立场，对 [0, 1] 范围内任何一个θ值不偏不倚时，Beta(1, 1) 就是最佳的先验分布。

而α取大于1的不同值时，代表农夫对鸡兔比例1:1的确信程度。

如图20.16所示，α越大Beta(α, α)的方差越小，这意味着先验分布的图像越窄、越细高，这代表农夫对兔子比例为50%这个观点的确信度越高。本章后文会用Beta分布的标准差作为"确信程度"的度量，原因是标准差和众数、均值的量纲一致。

本节后续的蒙特卡洛模拟中参数α的取值分为2、16两种情况。$\alpha = 2$代表农夫认为兔子的比例大致为50%，但是确信度不高；$\alpha = 16$则对应农夫认为兔子的比例很可能为50%，但是绝不排除其他比例的可能性，确信度相对高很多。

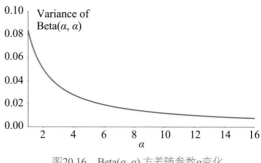

图20.16　Beta(α, α)方差随参数α变化

似然

和前文一致，给定$\Theta = \theta$条件下，X_1、X_2、$\cdots$、X_n服从IID的伯努利分布Bernoulli(θ)，即

$$\underbrace{f_{X_i|\Theta}(x_i \mid \theta)}_{\text{Likelihood}} = \theta^{x_i}(1-\theta)^{1-x_i} \tag{20.24}$$

似然函数为

$$f_{X_1, X_2, \ldots, X_n|\Theta}(x_1, x_2, \ldots, x_n \mid \theta) = \theta^s (1-\theta)^{n-s} \tag{20.25}$$

大家可能已经发现，式(20.25)本质上就是二项分布。二项分布是若干独立的伯努利分布。我们把似然分布记作$f_{X|\Theta}(x|\theta)$，有

$$f_{X|\Theta}(x \mid \theta) = C_n^s \cdot \theta^s (1-\theta)^{n-s} \tag{20.26}$$

C_n^s与θ无关，式(20.25)和式(20.26)成正比关系。也就是说，C_n^s仅仅提供缩放。

本书第5章中，我们这样解读二项分布。给定任意一次试验成功的概率为θ，计算n次试验中s次成功的概率。对于本例，其含义是给定兔子的占比为θ，n只动物中正好有s只兔子的概率。

本章中，我们需要换一个视角理解。它是给定n次试验中有s次成功，θ变化导致概率的变化。θ是在$(0, 1)$区间上连续变化的。

图20.17 (a)所示为一组似然分布，其中$n=20$，这些曲线s的取值为整数1~19。θ在$(0, 1)$区间上连续变化。

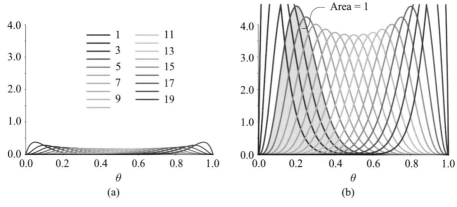

图20.17　似然分布 $(n = 20)$

注意：似然函数本身是关于θ的函数，与先验分布Beta(α, α) 中的α无关。似然函数值通常是很小的数，所以我们一般会取对数ln() 获得对数似然函数。

为了与先验分布、后验分布直接比较，需要归一化，有

$$f_{X|\Theta}(x|\theta) = \frac{\overbrace{C_n^s \theta^s (1-\theta)^{n-s}}^{\text{Binomial distribution}}}{C_n^s \int_\theta \theta^s (1-\theta)^{n-s} \, d\theta} \tag{20.27}$$

这样似然函数曲线与横轴围成的面积也是1。

前文提过，式(20.27) 的分子可以视作二项分布。利用Beta函数，式(20.27) 的分母可以进一步化简为

$$C_n^s \int_\theta \theta^s (1-\theta)^{n-s} \, d\theta = C_n^s \cdot B(s+1, n-s+1) = \frac{n!}{s!(n-s)!} \frac{s!(n-s)!}{(n+1)!} = \frac{1}{n+1} \tag{20.28}$$

式(20.28)就是似然函数的归一化因子。图20.17 (b) 所示为归一化后的似然分布。当然我们也可以用数值积分归一化似然函数。

因此，式(20.27) 可以写成

$$f_{X|\Theta}(x|\theta) = (n+1) \cdot \overbrace{C_n^s \theta^s (1-\theta)^{n-s}}^{\text{Binomial distribution}} \tag{20.29}$$

在本书第17章中，我们知道似然函数的最大值位置为s/n，也就是最大似然估计MLE的解，具体位置如图20.18所示。注意图20.18中，s为0 ~ 20的整数。

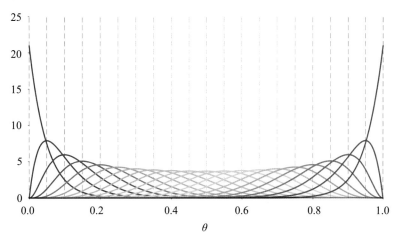

图20.18　似然分布和MLE优化解的位置 ($n = 20$)

再换个视角，看到式(20.25) 这种形式，大家是否立刻想到，这不正是一个Beta分布吗？缺的就是归一化系数！补齐这个归一化系数，我们便可以得到Beta($s + 1$, $n - s + 1$) 分布，即

$$\frac{\Gamma(s+1+n-s+1)}{\Gamma(s+1)\Gamma(n-s+1)} \theta^{s+1-1} (1-\theta)^{n-s+1-1} = \frac{\Gamma(n+2)}{\Gamma(s+1)\Gamma(n-s+1)} \theta^{s+1-1} (1-\theta)^{n-s+1-1} \tag{20.30}$$

而Beta($s + 1$, $n - s + 1$) 分布的众数位置为

$$\frac{s + 1 - 1}{s + 1 + n - s + 1 - 2} = \frac{s}{n} \tag{20.31}$$

这与之前的结论一致。请大家自己绘制$n = 20$、s为$0 \sim 20$的整数时，Beta($s + 1$, $n - s + 1$) 的PDF曲线，并与图20.18进行比较。

回看，本节的似然分布Beta($s + 1$, $n - s + 1$) 相当于对鸡兔比例"不持立场"，一切均以客观样本数据为准。

再换个角度来看，上述讨论似乎说明，贝叶斯推断"包含了"频率推断。MLE是MAP的特例 (无信息先验)。

先验 VS 似然

图20.19中灰色曲线对应"归一化"的似然分布$f_{X|\Theta}(x|\theta)$，它相当于Beta($s + 1$, $n - s + 1$)。灰色划线对应MLE的解，$f_{X|\Theta}(x|\theta)$的最大值。

图20.19中粉色曲线对应$f_{\Theta}(\theta)$，即Beta(α, α)。如式 (20.22) 所示，$f_{\Theta}(\theta)$与α有关；α越大，$f_{\Theta}(\theta)$曲线越细高。$f_{\Theta}(\theta)$曲线的最大值是Beta(α, α) 的众数，$\theta = 1/2$。

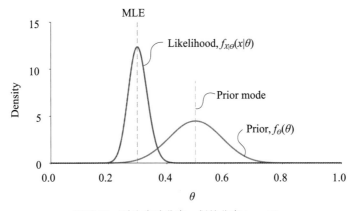

图20.19　对比先验分布、似然分布 ($\alpha = 16$)

联合

联合分布为

$$f_{X_1, X_2, \ldots, X_n, \Theta}(x_1, x_2, \ldots, x_n, \theta) = \underbrace{f_{X_1, X_2, \ldots, X_n|\Theta}(x_1, x_2, \ldots, x_n | \theta)}_{\text{Likelihood}} \underbrace{f_{\Theta}(\theta)}_{\text{Prior}}$$

$$= \theta^s (1 - \theta)^{n-s} \frac{1}{B(\alpha, \alpha)} \theta^{\alpha-1} (1 - \theta)^{\alpha-1} \tag{20.32}$$

$$= \frac{1}{B(\alpha, \alpha)} \theta^{s + \alpha - 1} (1 - \theta)^{n - s + \alpha - 1}$$

证据

证据因子 $f_{X_1,X_2,...,X_n}\left(x_1,x_2,...,x_n\right)$ 可以通过 $f_{X_1,X_2,...,X_n,\Theta}\left(x_1,x_2,...,x_n,\theta\right)$ 对 θ "偏积分" 得到，即

$$
\begin{aligned}
f_{X_1,X_2,...,X_n}\left(x_1,x_2,...,x_n\right) &= \int_\theta f_{X_1,X_2,...,X_n,\Theta}\left(x_1,x_2,...,x_n,\theta\right)\mathrm{d}\theta \\
&= \frac{1}{\mathrm{B}(\alpha,\alpha)}\int_\theta \theta^{s+\alpha-1}\left(1-\theta\right)^{n-s+\alpha-1}\mathrm{d}\theta \\
&= \frac{\mathrm{B}\left(s+\alpha,n-s+\alpha\right)}{\mathrm{B}(\alpha,\alpha)}
\end{aligned}
\tag{20.33}
$$

后验

在 $X_1 = x_1, X_2 = x_2, \cdots, X_n = x_n$ 条件下，Θ 的后验分布为

$$
\begin{aligned}
f_{\Theta|X_1,X_2,...,X_n}\left(\theta\mid x_1,x_2,...,x_n\right) &= \frac{f_{X_1,X_2,...,X_n,\Theta}\left(x_1,x_2,...,x_n,\theta\right)}{f_{X_1,X_2,...,X_n}\left(x_1,x_2,...,x_n\right)} \\
&= \frac{\dfrac{1}{\mathrm{B}(\alpha,\alpha)}\theta^{s+\alpha-1}\left(1-\theta\right)^{n-s+\alpha-1}}{\dfrac{\mathrm{B}\left(s+\alpha,n-s+\alpha\right)}{\mathrm{B}(\alpha,\alpha)}} = \frac{\theta^{s+\alpha-1}\left(1-\theta\right)^{n-s+\alpha-1}}{\mathrm{B}\left(s+\alpha,n-s+\alpha\right)}
\end{aligned}
\tag{20.34}
$$

式 (20.34) 对应 Beta$(s+\alpha, n-s+\alpha)$ 分布。

幸运的是，我们实际上 "避开" 了式 (20.33) 这个复杂积分。但是，并不是所有情况都存在积分的**闭式解** (closed form solution)，也叫**解析解** (analytical solution)。

本书第22章将介绍蒙特卡洛模拟方式近似获得后验分布。

先验 VS 似然 VS 后验

图20.20对比了先验分布 Beta(α, α)、似然分布 Beta$(s+1, n-s+1)$、后验分布 Beta$(s+\alpha, n-s+\alpha)$。

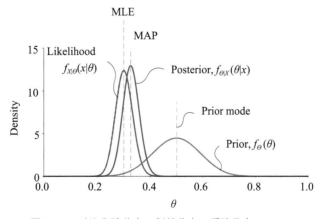

图20.20 对比先验分布、似然分布、后验分布 $(\alpha = 16)$

比较这三个分布，直觉告诉我们后验分布Beta($s + \alpha, n - s + \alpha$) 好像是先验分布Beta($\alpha, \alpha$)、似然分布Beta($s + 1, n - s + 1$) 的某种"糅合"！本章最后会继续以这个思路探讨贝叶斯推断。

正比关系

类似地，后验概率存在正比关系

$$f_{\Theta X_1, X_2, \ldots, X_n}\left(\theta \mid x_1, x_2, \ldots, x_n\right) \propto f_{X_1, X_2, \ldots, X_n \mid \Theta}\left(x_1, x_2, \ldots, x_n \mid \theta\right) f_{\Theta}\left(\theta\right) \tag{20.35}$$

蒙特卡洛模拟：确信度不高

前文提到，农夫认为农场兔子的比例大致为50%，因此我们选择Beta(α, α)作为先验概率分布。下面的蒙特卡洛模拟中，我们设定$\alpha = 2$。

图20.21 (a) 所示为伯努利随机数发生器产生的随机数。与前文一样，0代表鸡，1代表兔。不同的是，我们设定兔子的真实比例为0.3。

如图20.21 (b) 所示，随着样本数n增大，鸡兔的比例趋于稳定。

图20.21 (c) 所示为后验概率分布随n的变化。自下而上，后验概率曲线从平缓逐渐过渡到细高，这代表确信度的不断升高。

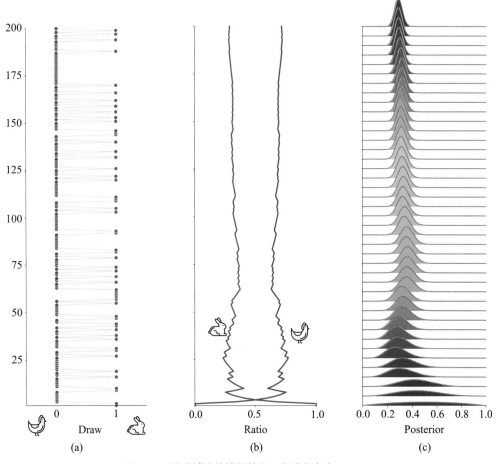

图20.21　某次试验的模拟结果，先验分布为Beta(2, 2)

图20.22所示为九张不同节点的后验概率分布曲线快照。

图20.22 (a) 代表农夫最初的先验概率Beta(2, 2)。Beta(2, 2) 曲线关于$\theta = 0.5$对称，并在$\theta = 0.5$处取得最大值。Beta(2, 2) 很平缓，这代表农夫对50%的比例不够确信。

抓到第一只动物是兔子，这个样本导致图20.22 (b) 中后验概率的最大值向右移动。请大家自己写出后验Beta分布的参数。

抓到的第二只动物还是兔子，后验概率最大值进一步向右移动，具体如图20.22 (c) 所示。

第三只动物是鸡，后验概率最大值所在位置向左移动了一点。

请大家自行分析图20.22剩下的几幅子图，注意后验概率形状、最大值位置变化。

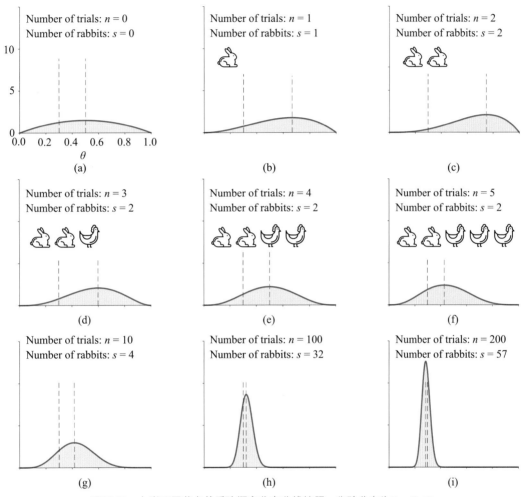

图20.22　九张不同节点的后验概率分布曲线快照，先验分布为Beta(2, 2)

蒙特卡洛模拟：确信度很高

$\alpha = 16$则对应农夫认为兔子的比例很可能为50%，但是绝不排除其他比例的可能性，确信度相对高了很多。请大家对比前文蒙特卡洛模拟结果，自行分析图20.23和图20.24。

强烈建议大家把图20.24中每幅子图Beta分布的参数写出来。

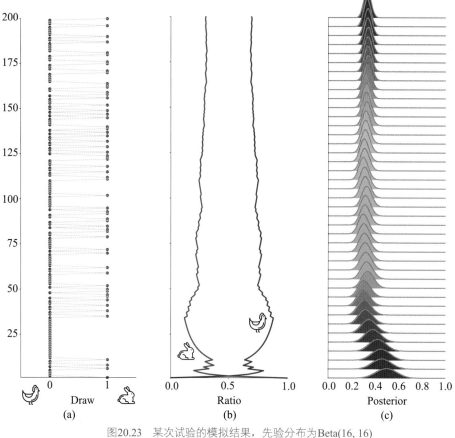

图20.23 某次试验的模拟结果，先验分布为Beta(16, 16)

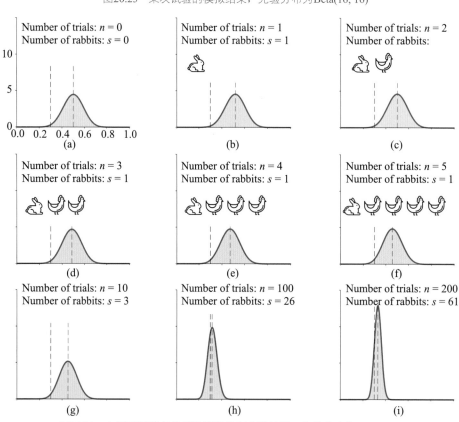

图20.24 九张不同节点的后验概率分布曲线快照，先验分布为Beta(16, 16)

代码Bk5_Ch20_01.py完成本章前文蒙特卡洛模拟和可视化。

最大后验MAP

Beta($s + \alpha$, $n - s + \alpha$) 的众数，即MAP的优化解为

$$\hat{\theta}_{\text{MAP}} = \frac{s + \alpha - 1}{n + 2\alpha - 2} \tag{20.36}$$

特别地，当$\alpha = 1$时，MAP和MLE的解相同，即

$$\hat{\theta}_{\text{MAP}} = \hat{\theta}_{\text{MLE}} = \frac{s}{n} \tag{20.37}$$

图20.25所示对比了α取不同值时先验分布、似然分布、后验分布。先验分布Beta(α, α) 中α越大，代表主观经验越发"先入为主"，对贝叶斯推断最终结果的影响越强。表现在图20.25中就是，随着α增大，似然分布和后验分布差异越大，MAP优化解越发偏离MLE优化解。

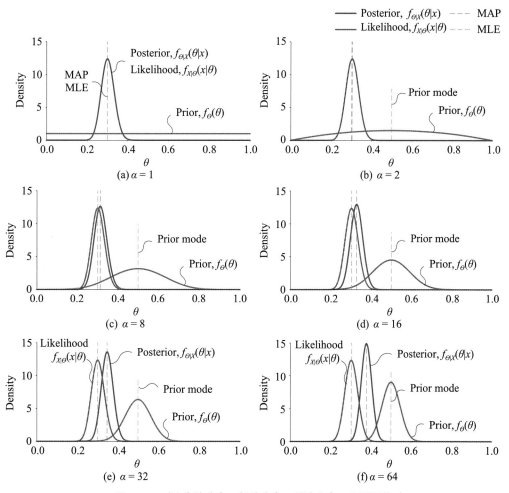

图20.25　对比先验分布、似然分布、后验分布 (α取不同值时)

图20.26和图20.27以另外一种可视化方案对比α取不同值时先验分布对后验分布的影响。

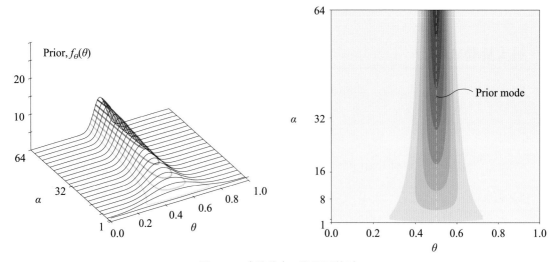

图20.26 先验分布 (α取不同值时)

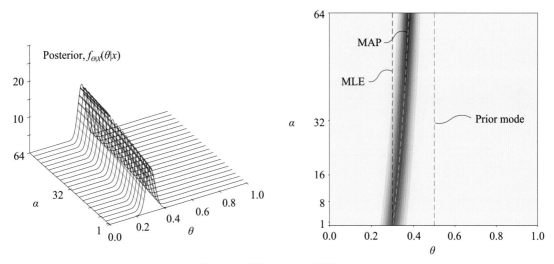

图20.27 后验分布 (α取不同值时)

代码Bk5_Ch021_02.py绘制图20.25 ~ 图20.27。

20.5 走地鸡兔：更一般的情况

有了前文的两个例子，下面我们看一下更为一般的情况。

先验

选用Beta(α, β) 作为先验分布。Beta(α, β) 具体的概率密度函数为

$$f_\Theta \left(\theta \right) = \frac{1}{\text{B}\left(\alpha, \beta \right)} \theta^{\alpha-1} \left(1 - \theta \right)^{\beta-1} \tag{20.38}$$

先验分布Beta(α, β) 的众数为

$$\frac{\alpha - 1}{\alpha + \beta - 2}, \quad \alpha, \beta > 1 \tag{20.39}$$

其他比例

举个例子，假设农夫认为兔子的比例为1/3，则有

$$\frac{\alpha - 1}{\alpha + \beta - 2} = \frac{1}{3} \tag{20.40}$$

即α和β关系为

$$\beta = 2\alpha - 1 \tag{20.41}$$

图20.28所示为α和β取不同值时Beta(α, β) 分布的PDF图像。这些图像有一个共同特点，即众数都是1/3。

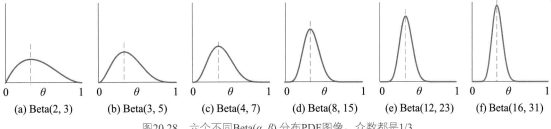

| (a) Beta(2, 3) | (b) Beta(3, 5) | (c) Beta(4, 7) | (d) Beta(8, 15) | (e) Beta(12, 23) | (f) Beta(16, 31) |

图20.28　六个不同Beta(α, β) 分布PDF图像，众数都是1/3

如果农夫认为兔子比例为1/4，则有

$$\frac{\alpha - 1}{\alpha + \beta - 2} = \frac{1}{4} \tag{20.42}$$

即α和β关系为

$$\beta = 3\alpha - 2 \tag{20.43}$$

满足式 (20.43) 的条件下，当α不断增大时，兔子的比例虽然还是1/4，但是如图20.29所示，先验分布变得越发细高，这代表着确信程度提高，"信念"增强。

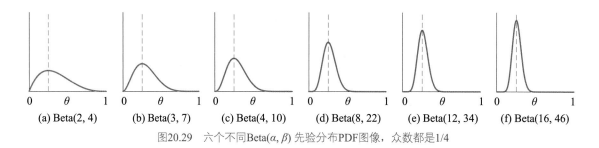

(a) Beta(2, 4)　　(b) Beta(3, 7)　　(c) Beta(4, 10)　　(d) Beta(8, 22)　　(e) Beta(12, 34)　　(f) Beta(16, 46)

图20.29　六个不同Beta(α, β) 先验分布PDF图像，众数都是1/4

确信程度

我们可以用Beta(α, β) 分布的标准差量化所谓的"确信程度"。

Beta(α, β) 的标准差为

$$\text{std}\left(X\right) = \sqrt{\frac{\alpha\beta}{\left(\alpha+\beta\right)^2\left(\alpha+\beta+1\right)}} \tag{20.44}$$

如果α、β满足式 (20.43)，则Beta(α, β) 的标准差随α的变化如图20.30所示。更准确地说，随着标准差减小，对比例的"怀疑程度"也不断减小。

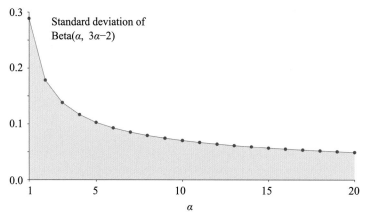

图20.30　随着α增大，"怀疑程度"不断减小

换一个方式，为了方便与下一章的Dirichlet分布对照，令 $\alpha_0 = \alpha + \beta$，Beta($\alpha, \beta$) 的均方差可以进一步写成

$$\text{std}\left(X\right) = \sqrt{\frac{\alpha/\alpha_0\left(1-\alpha/\alpha_0\right)}{\alpha_0+1}} \tag{20.45}$$

其中：α/α_0 也可以看作兔子的比例。不同的是，α/α_0 代表Beta(α, β) 的期望 (均值)，不是众数。下一章会比较Beta分布的期望和均值。

图20.31所示的一组图像代表比例和确信度同时变化。

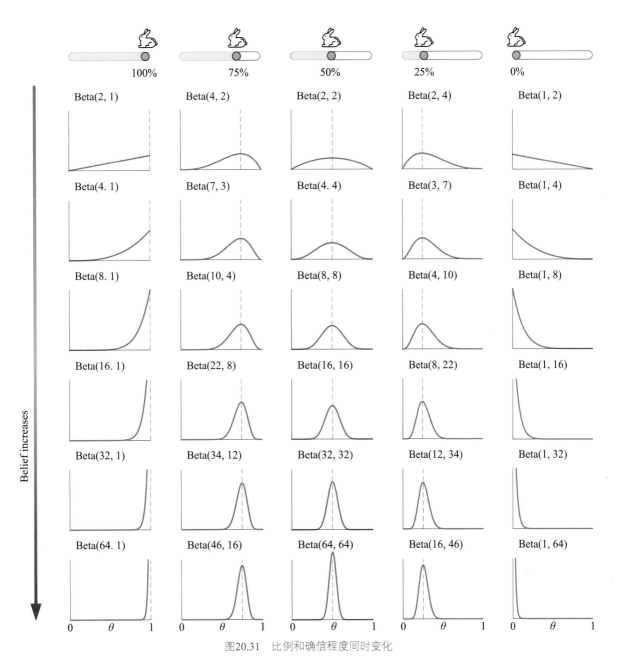

图20.31 比例和确信程度同时变化

似然

和前文一致，似然函数为

$$f_{X_1, X_2, \ldots, X_n | \Theta}\left(x_1, x_2, \ldots, x_n \mid \theta\right) = \theta^s \left(1-\theta\right)^{n-s} \tag{20.46}$$

本章前文介绍过，似然函数可以看成IID伯努利分布、二项分布，甚至可以用Beta分布代替。

联合

因此，联合分布为

$$
\begin{aligned}
f_{X_1, X_2, \ldots, X_n, \Theta}\left(x_1, x_2, \ldots, x_n, \theta\right) &= \underbrace{f_{X_1, X_2, \ldots, X_n \mid \Theta}\left(x_1, x_2, \ldots, x_n \mid \theta\right)}_{\text{Likelihood}} \underbrace{f_\Theta(\theta)}_{\text{Prior}} \\
&= \theta^s (1-\theta)^{n-s} \frac{1}{\mathrm{B}(\alpha, \beta)} \theta^{\alpha-1} (1-\theta)^{\beta-1} \\
&= \frac{1}{\mathrm{B}(\alpha, \beta)} \theta^{s+\alpha-1} (1-\theta)^{n-s+\beta-1}
\end{aligned} \tag{20.47}
$$

证据

证据因子 $f_{X_1, X_2, \ldots, X_n}\left(x_1, x_2, \ldots, x_n\right)$ 可以通过 $f_{X_1, X_2, \ldots, X_n, \Theta}\left(x_1, x_2, \ldots, x_n, \theta\right)$ 对 θ "偏积分" 得到，即

$$
\begin{aligned}
f_{X_1, X_2, \ldots, X_n}\left(x_1, x_2, \ldots, x_n\right) &= \int_\theta f_{X_1, X_2, \ldots, X_n, \Theta}\left(x_1, x_2, \ldots, x_n, \theta\right) \mathrm{d}\theta \\
&= \frac{1}{\mathrm{B}(\alpha, \beta)} \int_\theta \theta^{s+\alpha-1} (1-\theta)^{n-s+\beta-1} \mathrm{d}\theta \\
&= \frac{\mathrm{B}(s+\alpha, n-s+\beta)}{\mathrm{B}(\alpha, \beta)}
\end{aligned} \tag{20.48}
$$

后验

在 $X_1 = x_1, X_2 = x_2, \cdots, X_n = x_n$ 条件下，θ 的后验分布为

$$
\begin{aligned}
f_{\Theta \mid X_1, X_2, \ldots, X_n}\left(\theta \mid x_1, x_2, \ldots, x_n\right) &= \frac{f_{X_1, X_2, \ldots, X_n, \Theta}\left(x_1, x_2, \ldots, x_n, \theta\right)}{f_{X_1, X_2, \ldots, X_n}\left(x_1, x_2, \ldots, x_n\right)} \\
&= \frac{\frac{1}{\mathrm{B}(\alpha, \beta)} \theta^{s+\alpha-1} (1-\theta)^{n-s+\beta-1}}{\frac{\mathrm{B}(s+\alpha, n-s+\beta)}{\mathrm{B}(\alpha, \beta)}} = \frac{\theta^{s+\alpha-1} (1-\theta)^{n-s+\beta-1}}{\mathrm{B}(s+\alpha, n-s+\beta)}
\end{aligned} \tag{20.49}
$$

式 (20.49) 对应 Beta$(s + \alpha, n - s + \beta)$ 分布。

看到这里，大家肯定会想我们是幸运的，因为我们再次成功地避开了式 (20.48) 这个复杂的积分。而这绝不是巧合！在贝叶斯统计中，如果后验分布 Beta$(s + \alpha, n - s + \beta)$ 与先验分布 Beta(α, β) 属于同类，则先验分布与后验分布被称为**共轭分布** (conjugate distribution 或 conjugate pair)，而先验分布被称为似然函数的**共轭先验** (conjugate prior)。

下一章还会探讨共轭分布这一话题。

508

贝叶斯收缩

Beta$(s + \alpha, n - s + \beta)$ 的众数为

$$\frac{s + \alpha - 1}{n + \alpha + \beta - 2} \tag{20.50}$$

我们可以把式 (20.50) 写成两个部分，即

$$
\begin{aligned}
\frac{s + \alpha - 1}{n + \alpha + \beta - 2} &= \frac{\alpha - 1}{n + \alpha + \beta - 2} + \frac{s}{n + \alpha + \beta - 2} \\
&= \frac{\alpha + \beta - 2}{n + \alpha + \beta - 2} \times \underbrace{\frac{\alpha - 1}{\alpha + \beta - 2}}_{\text{Prior mode}} + \frac{n}{n + \alpha + \beta - 2} \times \underbrace{\frac{s}{n}}_{\text{Sample mean}}
\end{aligned}
\tag{20.51}
$$

定义权重

$$
\begin{aligned}
w &= \frac{\alpha + \beta - 2}{n + \alpha + \beta - 2} \\
1 - w &= \frac{n}{n + \alpha + \beta - 2}
\end{aligned}
\tag{20.52}
$$

式 (20.51) 可以写成

$$\frac{s + \alpha - 1}{n + \alpha + \beta - 2} = w \times \underbrace{\frac{\alpha - 1}{\alpha + \beta - 2}}_{\text{Prior mode}} + (1 - w) \times \underbrace{\frac{s}{n}}_{\text{Sample mean}} \tag{20.53}$$

随着 n 不断增大，w 趋近于 0，而 $1 - w$ 趋近于 1。也就是说，随着样本数据量不断增多，先验的影响力不断减小。$n \to \infty$ 时，MAP 和 MLE 的结果趋同。

相反地，当 n 较小的时候，特别是当 α 和 β 比较大，则先验的影响力很大，MAP 的结果向先验均值"收缩"。这种效果常被称作**贝叶斯收缩** (Bayes shrinkage)。

贝叶斯收缩也可以从期望角度理解。Beta$(s + \alpha, n - s + \beta)$ 的期望也可以写成两部分，即

$$
\begin{aligned}
\frac{s + \alpha}{n + \alpha + \beta} &= \frac{\alpha}{n + \alpha + \beta} + \frac{s}{n + \alpha + \beta} \\
&= \frac{\alpha + \beta}{n + \alpha + \beta} \times \underbrace{\frac{\alpha}{\alpha + \beta}}_{\text{Prior mean}} + \frac{n}{n + \alpha + \beta} \times \underbrace{\frac{s}{n}}_{\text{Sample mean}}
\end{aligned}
\tag{20.54}
$$

从贝叶斯收缩角度，让我们再回过头来看本节的上述结果。

首先，换个视角理解先验分布 Beta(α, β) 中的 α 和 β。

先验分布中的 α 和 β 之和可以看作"先验"动物总数。即没有数据时，根据先验经验，农夫认为农场动物总数为 $\alpha + \beta$，其中兔子的比例为 $\alpha/(\alpha + \beta)$，如图 20.32 所示。

样本数据中，s 代表 n 只动物中兔子的数量，$n - s$ 代表鸡的数量，兔子的比例为 s/n。

而式 (20.54) 就可以简单理解成"先验 + 数据"融合得到"后验"。

后验分布 Beta$(s + \alpha, n - s + \beta)$ 则代表"先验 Beta(α, β) + 数据 $(s, n - s)$"。兔子从 α 增加到 $s + \alpha$，鸡从 β 增加到 $n - s + \beta$，如图 20.33 所示。

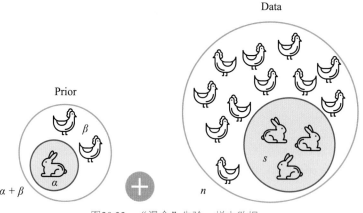

图20.32 "混合"先验、样本数据

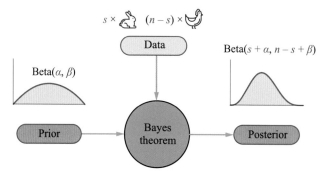

图20.33 先验Beta(α, β) + 样本 (s, $n-s$) → 后验Beta($s+\alpha$, $n-s+\beta$)

当然，α和β越大，先验的"主观"影响力越大。但是随着样本数量不断增大，先验的影响力逐步下降。当样本数量趋近无穷时，先验不再有任何影响力，MAP优化解趋近于MLE优化解。

换个角度，当我们对参数先验知识模糊不清时，Beta(1, 1) 并非唯一选择。任何α和β较小的Beta分布都可以。因为随着样本数量不断增大，先验分布的较小参数对后验分布的影响微乎其微。

有趣的是，贝叶斯推断所体现出来的"学习过程"与人类认知过程极为相似。贝叶斯推断的优点在于其能够利用先验信息和后验概率，通过不断更新来获得更准确的估计结果。

总体来说，贝叶斯推断的过程包括以下几个步骤：①确定模型和参数空间，建立参数的先验分布；②收集数据；③根据样本数据，计算似然函数；④利用贝叶斯定理，将似然函数与先验概率相结合，计算后验概率；⑤根据后验概率，更新先验概率，得到更准确的参数估计。

本章透过二项比例的贝叶斯推断，以Beta分布为先验，以伯努利分布或二项分布作为似然分布，讨论不同参数对贝叶斯推断结果的影响。

请大家格外注意，这仅仅是众多贝叶斯推断中较为简单的一种。虽然管中窥豹，但希望大家能通过本章例子理解贝叶斯推断背后的思想，以及整条技术路线。此外，本章和下两章共用一幅思维导图。

本章农场仅仅有鸡、兔，即二元。下一章中，农场又来了猪，贝叶斯推断变成了三元，进一步"升维"。先验分布则变成了Dirichlet分布，似然分布变成了多项分布。

21 Dive into Bayesian Inference
贝叶斯推断进阶
属于同类的后验分布与先验分布叫共轭分布

生活中没有什么是可怕的，它们只是需要被理解。现在是了解更多的时候了，这样我们就可以减少恐惧。

Nothing in life is to be feared, it is only to be understood. Now is the time to understand more, so that we may fear less.

—— 玛丽·居里 (Marie Curie) | 波兰裔法国籍物理学家、化学家 | 1867—1934年

◀ matplotlib.pyplot.axvline() 绘制竖直线
◀ matplotlib.pyplot.fill_between() 区域填充颜色
◀ numpy.cumsum() 累加
◀ scipy.stats.bernoulli.rvs() 满足伯努利分布的随机数
◀ scipy.stats.beta() Beta分布 scipy.stats.beta() Beta分布
◀ scipy.stats.beta.pdf() Beta分布概率密度函数
◀ scipy.stats.dirichlet() Dirichlet分布
◀ scipy.stats.dirichlet.pdf() Dirichlet分布概率密度函数

21.1 除了鸡兔，农场发现了猪

鸡、兔、猪同笼

在确定农场走地鸡兔比例时，农夫发现农场还有大量的"走地"猪！

如图21.1所示，为了搞清楚农场鸡、兔、猪的比例，农夫决定随机抓n只动物。X_1、X_2、$\cdots$、X_n为每次抓取动物的结果。X_i的样本空间为 $\{0, 1, 2\}$，其中0代表鸡，1代表兔，2代表猪。与第20章一样，忽略抓取动物对农场整体动物总体比例的影响。

下面我们采用与第20章完全一样的方法，以"先验 → 似然 → 后验"的思路来进行贝叶斯推断。

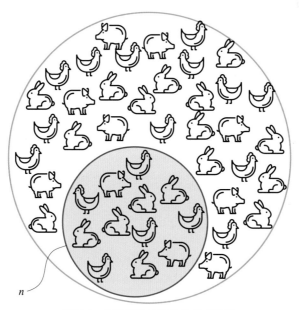

图21.1 农场有数不清的散养鸡兔猪

先验分布

在出现样本数据之前，先验分布代表我们对模型参数的既有"知识"和主观"经验"。

θ_1、θ_2、θ_3分别为农场中鸡、兔、猪的比例，θ_1、θ_2、θ_3的取值范围都是 [0, 1]。鸡、兔、猪比例之和为1，即θ_1、θ_2、θ_3满足

$$\theta_1 + \theta_2 + \theta_3 = 1 \tag{21.1}$$

我们把θ_1、θ_2、θ_3写成一个向量$\boldsymbol{\theta}$。

上一章中，我们采用Beta分布作为先验分布。这一章，鸡兔猪问题中$\boldsymbol{\theta} \sim \mathrm{Dir}(\alpha_1, \alpha_2, \alpha_3)$，即有

$$f_{\boldsymbol{\Theta}}(\boldsymbol{\theta}) = \frac{1}{\mathrm{B}(\alpha_1, \alpha_2, \alpha_3)} \theta_1^{\alpha_1-1} \theta_2^{\alpha_2-1} \theta_3^{\alpha_3-1} \tag{21.2}$$

$\mathrm{B}(\boldsymbol{\alpha})$ 起到"归一化"作用，具体定义为

$$B(\alpha_1, \alpha_2, \alpha_3) = \frac{\prod\limits_{i=1}^{3} \Gamma(\alpha_i)}{\Gamma\left(\sum\limits_{i=1}^{3} \alpha_i\right)} = \frac{\Gamma(\alpha_1)\Gamma(\alpha_2)\Gamma(\alpha_3)}{\Gamma(\alpha_1 + \alpha_2 + \alpha_3)} \tag{21.3}$$

本书第7章提到，Dirichlet分布也叫狄利克雷分布，它本质上是多元Beta分布。或者说，Beta分布是特殊的Dirichlet分布。

我们也可以把$\mathrm{Dir}(\alpha_1, \alpha_2, \alpha_3)$写成$\mathrm{Dir}(\boldsymbol{\alpha})$。

先验分布位置

通过第20章的学习我们知道，对于一个先验分布，常用众数、期望 (均值) 描述它的位置。

对于$\mathrm{Dir}(\boldsymbol{\alpha})$，$X_i$的众数为

$$\frac{\alpha_i - 1}{\sum\limits_{k=1}^{K} \alpha_k - K} = \frac{\alpha_i - 1}{\alpha_0 - K}, \quad \alpha_i > 1 \tag{21.4}$$

其中：$\alpha_0 = \sum\limits_{k=1}^{K} \alpha_k$。这是先验初始比例所在位置，也是MAP的位置。

特别地，如果$\alpha_1 = \alpha_2 = \cdots = \alpha_K$，则$X_i$的众数为

$$\frac{\alpha_i - 1}{\alpha_0 - K} = \frac{1}{K}, \quad \alpha_i > 1 \tag{21.5}$$

对于$\mathrm{Dir}(\boldsymbol{\alpha})$，$X_i$的期望为

$$\frac{\alpha_i}{\sum\limits_{k=1}^{K} \alpha_k} = \frac{\alpha_i}{\alpha_0} \tag{21.6}$$

此外，大家可能会想到**中位数** (median)，也就是百分位50-50的位置。本章马上开始比较众数、期望、中位数。

似然分布

在贝叶斯推断中，我们用似然分布整合样本数据，并描述样本分布。

注意：似然函数中，样本数据为给定值，而模型参数是变量。也就是说，似然分布本质上是模型参数的函数。

第20章，我们后来用二项分布作为似然分布。本章用多项分布作为似然分布。二项分布可以视作是多项分布的特例。

设n为抓取动物的总数，随机变量X_1、X_2、X_3代表其中鸡、兔、猪数量，x_1、x_2、x_3代表X_1、X_2、X_3的取值。因此，如下等式成立，即

$$x_1 + x_2 + x_3 = n \tag{21.7}$$

在$\boldsymbol{\theta} = \boldsymbol{\theta}$的条件下，$(X_1, X_2, X_3)$满足多项分布

$$f_{\chi|\Theta}(\boldsymbol{x}|\boldsymbol{\theta}) = f_{X_1, X_2, X_3|\Theta}(x_1, x_2, x_3|\boldsymbol{\theta}) = \frac{n!}{(x_1!) \times (x_2!) \times (x_3!)} \times \theta_1^{x_1} \times \theta_2^{x_2} \times \theta_3^{x_3} \tag{21.8}$$

其中：χ为X_1、X_2、X_3构成的向量。

最大似然MLE

似然函数$f_{\chi|\Theta}(\boldsymbol{x}|\boldsymbol{\theta})$取对数，并忽略系数，有

$$x_1 \ln \theta_1 + x_2 \ln \theta_2 + x_3 \ln \theta_3 \tag{21.9}$$

θ_1、θ_2、θ_3存在$\theta_1 + \theta_2 + \theta_3 = 1$等式约束。用拉格朗日乘子法，我们可以很容易把含约束优化问题转化为无约束问题，求得MLE的解为

$$\hat{\theta}_1 = \frac{x_1}{n}, \quad \hat{\theta}_2 = \frac{x_2}{n}, \quad \hat{\theta}_3 = \frac{x_3}{n} \tag{21.10}$$

忘记拉格朗日乘子法的读者，可以回顾《矩阵力量》一册第18章相关内容。

后验分布

后验分布代表"先验 + 数据"融合后对参数的信念。

由于后验 $\propto$ 似然 $\times$ 先验，因此后验概率$f_{\Theta|\chi}(\boldsymbol{\theta}|\boldsymbol{x})$为

$$f_{\Theta|\chi}(\boldsymbol{\theta}|\boldsymbol{x}) \propto f_{\chi|\Theta}(\boldsymbol{x}|\boldsymbol{\theta}) f_{\Theta}(\boldsymbol{\theta}) \tag{21.11}$$

所以

$$\begin{aligned} f_{\Theta|\chi}(\boldsymbol{\theta}|\boldsymbol{x}) &\propto \theta_1^{x_1} \times \theta_2^{x_2} \times \theta_3^{x_3} \times \theta_1^{\alpha_1-1} \times \theta_2^{\alpha_2-1} \times \theta_3^{\alpha_3-1} \\ &= \theta_1^{x_1+\alpha_1-1} \times \theta_2^{x_2+\alpha_2-1} \times \theta_3^{x_3+\alpha_3-1} \end{aligned} \tag{21.12}$$

想要把式 (21.12) 变成概率密度函数，我们需要一个归一化系数，使得PDF在整个定义域上积分为1。很明显，我们需要的就是Beta函数

$$B(\alpha_1 + x_1, \alpha_2 + x_2, \alpha_3 + x_3) = B(\boldsymbol{x} + \boldsymbol{\alpha}) = \frac{\prod\limits_{i=1}^{K} \Gamma(\alpha_i + x_i)}{\Gamma\left(\sum\limits_{i=1}^{K}(\alpha_i + x_i)\right)} \tag{21.13}$$

由此可知后验分布$f_{\Theta|\chi}(\boldsymbol{\theta}|\boldsymbol{x})$服从$\mathrm{Dir}(x_1+\alpha_1, x_2+\alpha_2, x_3+\alpha_3)$，可以写成$\mathrm{Dir}(\boldsymbol{x}+\boldsymbol{\alpha})$。

也就是说，在这个鸡兔猪贝叶斯推断问题中，如果先验概率为$\mathrm{Dir}(\boldsymbol{\alpha})$，则后验概率为$\mathrm{Dir}(\boldsymbol{x}+\boldsymbol{\alpha})$。

最大后验MAP

对于$\mathrm{Dir}(\boldsymbol{x}+\boldsymbol{\alpha})$，$X_i$的众数为

$$\frac{x_i+\alpha_i-1}{\sum_{k=1}^{K}(x_k+\alpha_k)-K}=\frac{x_i+\alpha_i-1}{n+\alpha_0-K}, \quad x_i+\alpha_i>1 \tag{21.14}$$

这就是最大后验估计MAP的解析解位置所在。

当$K=3$时，最大后验MAP的位置为

$$\frac{x_i+\alpha_i-1}{n+\alpha_0-3} \tag{21.15}$$

特别地，当$\alpha_1=\alpha_2=\alpha_3=1$时，最大后验MAP的位置为

$$\frac{x_i}{n} \tag{21.16}$$

此时，MAP的解和MLE的解相同。

边缘分布

根据本书第7章介绍，先验分布$\mathrm{Dir}(\boldsymbol{\alpha})$的三个边缘分布分别为

$$\begin{aligned}\mathrm{Beta}\left(\alpha_1,\alpha_0-\alpha_1\right)\\\mathrm{Beta}\left(\alpha_2,\alpha_0-\alpha_2\right)\\\mathrm{Beta}\left(\alpha_3,\alpha_0-\alpha_3\right)\end{aligned} \tag{21.17}$$

后验分布$\mathrm{Dir}(\boldsymbol{x}+\boldsymbol{\alpha})$的三个边缘分布分别为

$$\begin{aligned}\mathrm{Beta}\left(x_1+\alpha_1,\alpha_0+n-\left(x_1+\alpha_1\right)\right)\\\mathrm{Beta}\left(x_2+\alpha_2,\alpha_0+n-\left(x_2+\alpha_2\right)\right)\\\mathrm{Beta}\left(x_3+\alpha_3,\alpha_0+n-\left(x_3+\alpha_3\right)\right)\end{aligned} \tag{21.18}$$

后验分布的位置

$\mathrm{Dir}(\boldsymbol{x}+\boldsymbol{\alpha})$三个边缘分布各自的众数分别为

$$\frac{x_i+\alpha_i-1}{n+\alpha_0-2} \tag{21.19}$$

它们的期望值位置为

$$\frac{x_i + \alpha_i}{n + \alpha_0} \tag{21.20}$$

可见当n足够大时，式 (21.20) 可以用于近似式 (21.19)。而式 (21.19) 则可以用于近似后验分布MAP优化解。

也就是说，我们可以用三个边缘Beta分布的期望 (均值) 来近似后验分布$\mathrm{Dir}(x + \alpha)$的MAP优化解。特别是在下一章中，大家会看到我们直接用后验边缘Beta分布的均值作为MAP的优化解。

表21.1比较了先验、后验分布的众数和期望。

表21.1 比较先验、后验分布的众数和期望

分布	类型	统计量	位置
$\mathrm{Dir}(\alpha)$	先验	众数 (联合PDF曲面最大值)	$\dfrac{\alpha_i - 1}{\alpha_0 - K}, \quad \alpha_i > 1$
		期望 (联合PDF质心)	$\dfrac{\alpha_i}{\alpha_0}$
$\mathrm{Beta}(\alpha_i, \alpha_0 - \alpha_i)$	先验边缘	众数 (先验边缘分布PDF曲线最大值)	$\dfrac{\alpha_i - 1}{\alpha_0 - 2}, \quad \alpha_i > 1$
		期望 (先验边缘分布均值)	$\dfrac{\alpha_i}{\alpha_0}$
$\mathrm{Dir}(x + \alpha)$	后验	众数 (联合PDF曲面最大值) * MAP优化解	$\dfrac{x_i + \alpha_i - 1}{n + \alpha_0 - K}, \quad x_i + \alpha_i > 1$
		期望 (联合PDF质心) * 最大化期望值	$\dfrac{x_i + \alpha_i}{n + \alpha_0}$
$\mathrm{Beta}(\alpha_i + x_i, \alpha_0 + n - (\alpha_i + x_i))$	后验边缘	众数 (边缘PDF曲线最大值)	$\dfrac{x_i + \alpha_i - 1}{n + \alpha_0 - 2}, \quad x_i + \alpha_i > 1$
		期望 (边缘PDF均值) * 常用来近似MAP优化解	$\dfrac{x_i + \alpha_i}{n + \alpha_0}$

比较Beta分布的众数、中位数、均值

本节最后比较Beta(α, β)分布的众数、中位数、均值。

众数、中位数、均值都可以用于表征Beta(α, β)分布的具体位置。实际上，在贝叶斯推断中，对模型参数有三种不同的**点估计** (point estimate)：①后验众数；②后验中位数；③后验均值。

图21.2所示为不同Beta(α, β)分布的众数 (蓝色划线)、中位数 (黑色划线)、均值 (红色划线)。

Beta(α, β)分布的众数有明显的缺点。我们在本书第7章介绍过，当α或β小于等于1时，Beta(α, β)的众数可能位于分布的某一端，0或1。比如图21.2中，Beta(2, 1)的众数位于1，而Beta(1, 2)的众数位于0。这两个众数显然不能合理地表征分布的具体位置。

为了更好地理解这幅图，请大家回顾本书第2章介绍的有关左偏、右偏的内容。

此外，下一章中大家会看到通过数值方法得到后验分布的曲线可能有若干局部极大值，这会给MAP求解增加麻烦。

因此，实践中当样本足够大时，我们常用后验边缘分布均值代替后验众数作为MAP的结果。

此外，后验中位数也是一个不错的选择。对于厚尾的后验分布，后验中位数要好过后验均值。因为后验均值的位置会受到厚尾影响。但是，对于蒙特

卡洛模拟结果，后验中位数需要排序，计算上更加困难。

特别地，如果后验分布对称，则众数、均值、中位数重合。

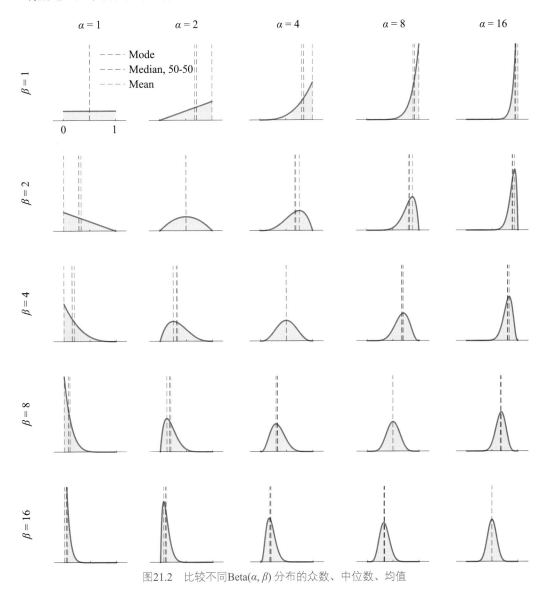

图21.2   比较不同Beta(α, β)分布的众数、中位数、均值

有了本节理论铺垫，下面我们结合具体实例展开讲解。本章后续三节和上一章最后三节结构相似，请大家对比阅读。

21.2 走地鸡兔猪：比例完全不确定

上一章提过，如果我们事先对动物比例值一无所知，我们就可以采用一个"不偏不倚"的先验分布。Dir(1, 1, 1) 显然就满足本节这个要求。这种Dirichlet分布又叫flat (uniform) Dirichlet distribution。

Dir(1, 1, 1) 分布概率密度值为定值，它代表我们试图保持"客观"，而不是将"主观"先验经验代入贝叶斯推断中去。图21.3所示为四种三元Dirichlet分布的可视化方案，本章将采用第一种，即$\theta_1\theta_2$平面直角坐标系投影。

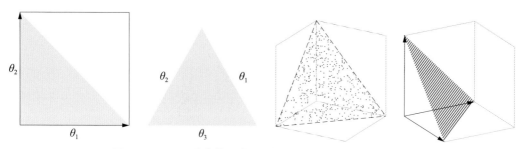

图21.3　Dirichlet分布的几种可视化方案 ($\alpha_1 = 1$, $\alpha_2 = 1$, $\alpha_3 = 1$)

　　图21.4所示为某次采样的结果。图21.4 (a) 中，0代表鸡，1代表兔，2代表猪。

　　图21.4 (b) 中，随着样本数量不断增加，三种动物的比例逐渐稳定。仅仅依赖样本数据进行推断，特别是样本数量足够大时，我们已经可以得到所谓"客观"的概率结果。

⚠ 注意：采样结果与先验分布无关。

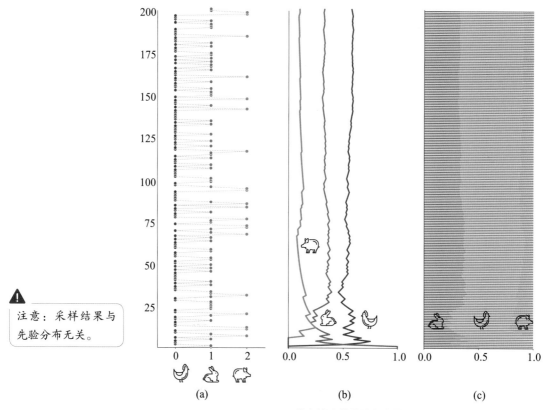

图21.4　某次试验的蒙特卡洛模拟结果

　　利用贝叶斯定理，整合"先验分布 + 样本"，我们可以得到后验分布。图21.5 (a) 所示为Dir(1, 1, 1) 对应的图像。图21.5剩余8个不同子图展示随着样本数据 (x_1, x_2, x_3) 不断增加，后验分布Dir($\boldsymbol{x} + \boldsymbol{\alpha}$) 的变化。

　　图21.6所示为，n不断增加，三个后验边缘分布位置逐渐稳定。而后验边缘分布本身变得越发"细高"，标准差不断减小，这意味着鸡兔猪的比例变得更值得信任。

　　图21.7比较了三个不同后验边缘分布曲线形状。请大家写出每幅子图中不同后验边缘分布对应的Beta分布。

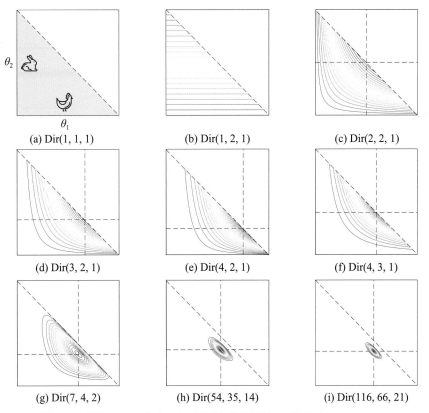

(a) Dir(1, 1, 1)　　　　(b) Dir(1, 2, 1)　　　　(c) Dir(2, 2, 1)

(d) Dir(3, 2, 1)　　　　(e) Dir(4, 2, 1)　　　　(f) Dir(4, 3, 1)

(g) Dir(7, 4, 2)　　　　(h) Dir(54, 35, 14)　　　　(i) Dir(116, 66, 21)

图21.5　九张Dirichlet分布，$\theta_1\theta_2$平面直角坐标系，先验分布为Dir(1, 1, 1)

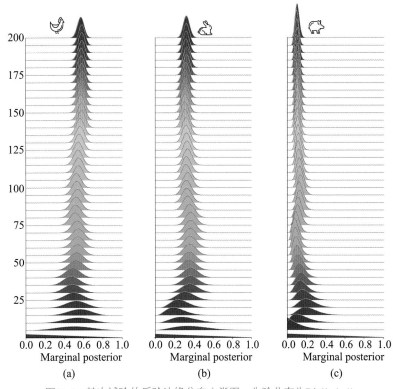

(a)　　　　(b)　　　　(c)

图21.6　某次试验的后验边缘分布山脊图，先验分布为Dir(1, 1, 1)

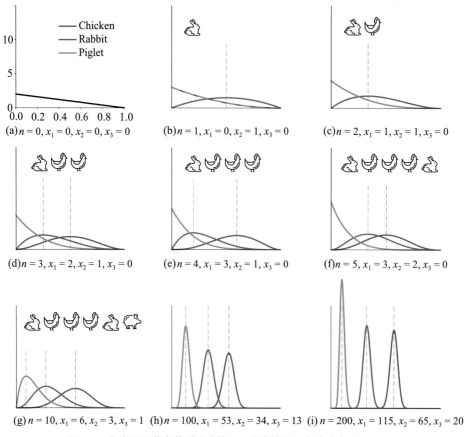

图21.7 九张不同节点的后验边缘PDF曲线快照，先验分布为Dir(1, 1, 1)

21.3 走地鸡兔猪：很可能各1/3

如果农夫认为农场的鸡兔猪的比例都是1/3，我们就需要选用不同于前文的先验分布。这种情况下，先验Dirichlet分布的三个参数相同。

如图21.8所示为$\alpha_1 = 2$, $\alpha_2 = 2$, $\alpha_3 = 2$时，Dirichlet分布的四种可视化方案。请分别计算Dir(2, 2, 2)的众数、均值，并计算其边缘分布的众数、均值。

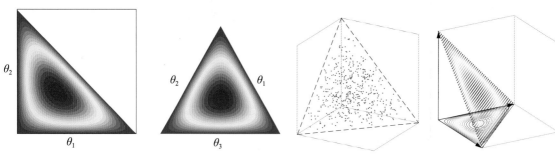

图21.8 Dirichlet分布的几种可视化方案 ($\alpha_1 = 2$, $\alpha_2 = 2$, $\alpha_3 = 2$)

图21.9所示为四种不同确信度的先验分布参数设定条件下，Dirichlet分布等高线和边缘分布曲线。图21.9中黑色划线代表Dirichlet分布众数 (MAP优化解) 所在位置。蓝色划线为边缘Beta分布众数位置。

下面，我们分两种情况完成本节蒙特卡洛模拟。随机数发生器的结果与图21.4完全一致。

确信度不高

确信度不高的情况下，选择Dir(2, 2, 2) 为先验分布，如图21.10 (a) 所示。

随着样本数据不断整合，图21.10剩余八幅子图所示为后验分布变化。比较图21.5 (i)、图21.10 (i)，可以发现样本数量较大时，后验分布受先验分布的影响较小。

图21.10 (g) 所示为 "先验 Dir(2, 2, 2) + 样本 (x_1 = 6, x_2 = 3, x_3 = 1) → 后验 Dir(8, 5, 3)" 过程。具体过程如图21.11所示。

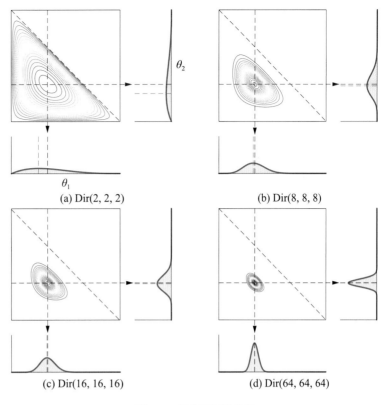

(a) Dir(2, 2, 2)   (b) Dir(8, 8, 8)

(c) Dir(16, 16, 16)   (d) Dir(64, 64, 64)

图21.9　四个不同置信度

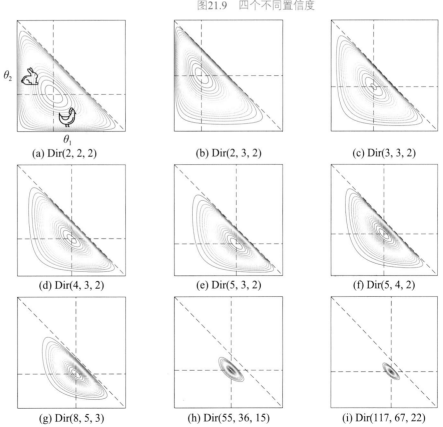

(a) Dir(2, 2, 2)　　(b) Dir(2, 3, 2)　　(c) Dir(3, 3, 2)

(d) Dir(4, 3, 2)　　(e) Dir(5, 3, 2)　　(f) Dir(5, 4, 2)

(g) Dir(8, 5, 3)　　(h) Dir(55, 36, 15)　　(i) Dir(117, 67, 22)

图21.10　九张Dirichlet分布，$\theta_1\theta_2$平面直角坐标系，先验分布为Dir(2, 2, 2)

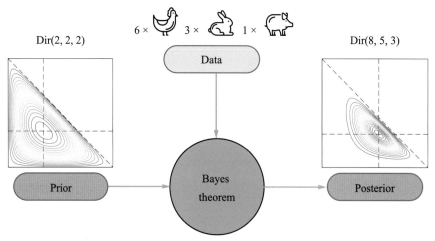

$6 \times$ 🐔 $3 \times$ 🐰 $1 \times$ 🐷

图21.11 先验Dir(2, 2, 2) + 样本 → 后验 Dir(8, 5, 3)

图21.12所示为后验边缘分布的山脊图。比较图21.6、图21.12，容易发现当n比较小时，后验边缘分布曲线差异较大；n增大后，后验边缘分布趋同。

图21.13比较了三个不同的后验边缘分布。

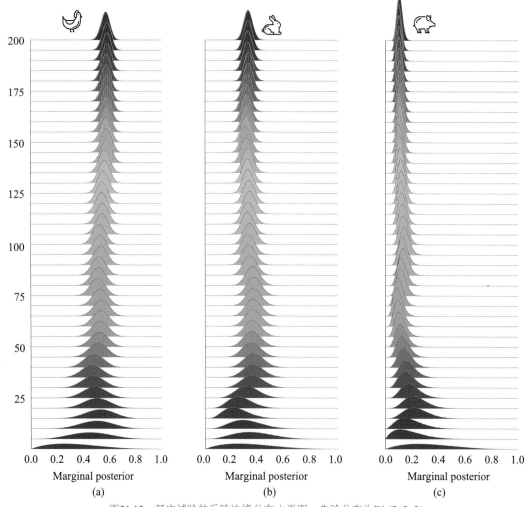

图21.12 某次试验的后验边缘分布山脊图，先验分布为Dir(2, 2, 2)

确信度很高

当农夫对1/3的比例确信度比较高时，我们可以选择Dir(8, 8, 8) 作为先验分布。比较图21.10 (a)、图21.14 (a)，我们可以发现先验分布变得更加细高，这意味着边缘分布的均方差减小，确信度提高。

请大家自行分析图21.14中的剩余子图，并对比图21.10。

图21.15所示为先验分布为Dir(8, 8, 8) 条件下，后验边缘分布的山脊图。图21.16比较了不同后验边缘分布。请大家自行分析这两图图像。

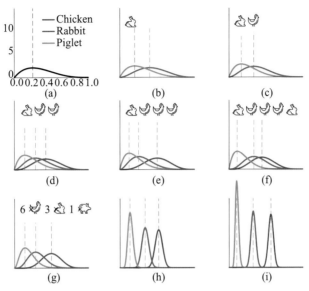

图21.13　九张不同节点的后验边缘PDF曲线快照，先验分布为Dir(2, 2, 2)

(a) $n = 0$, $x_1 = 0$, $x_2 = 0$, $x_3 = 0$；　(b) $n = 1$, $x_1 = 0$, $x_2 = 1$, $x_3 = 0$；　(c) $n = 2$, $x_1 = 1$, $x_2 = 1$, $x_3 = 0$；

(d) $n = 3$, $x_1 = 2$, $x_2 = 1$, $x_3 = 0$；　(e) $n = 4$, $x_1 = 3$, $x_2 = 1$, $x_3 = 0$；　(f) $n = 5$, $x_1 = 3$, $x_2 = 2$, $x_3 = 0$；

(g) $n = 10$, $x_1 = 6$, $x_2 = 3$, $x_3 = 0$；　(h) $n = 100$, $x_1 = 53$, $x_2 = 34$, $x_3 = 13$；

(i) $n = 200$, $x_1 = 115$, $x_2 = 65$, $x_3 = 20$；

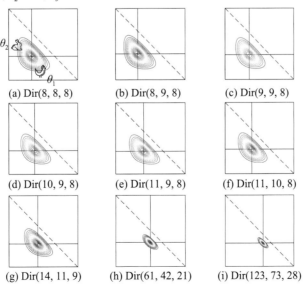

图21.14　九张Dirichlet分布，$\theta_1\theta_2$平面直角坐标系，先验分布为Dir(8, 8, 8)

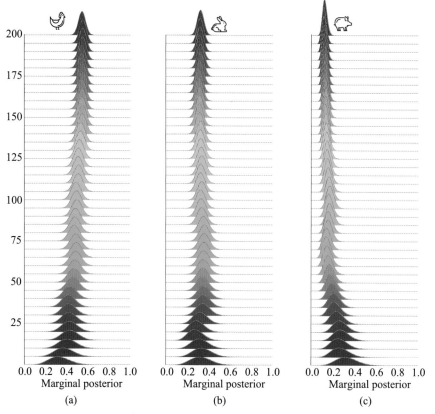

图21.15 某次试验的后验边缘分布山脊图，先验分布为Dir(8, 8, 8)

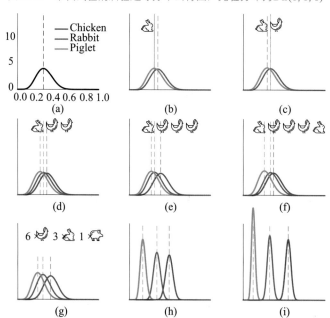

图21.16 九张不同节点的后验边缘PDF曲线快照，先验分布为Dir(8, 8, 8)

(a) $n = 0, x_1 = 0, x_2 = 0, x_3 = 0$； (b) $n = 1, x_1 = 0, x_2 = 1, x_3 = 0$； (c) $n = 2, x_1 = 1, x_2 = 1, x_3 = 0$；

(d) $n = 3, x_1 = 2, x_2 = 1, x_3 = 0$； (e) $n = 4, x_1 = 3, x_2 = 1, x_3 = 0$； (f) $n = 5, x_1 = 3, x_2 = 2, x_3 = 0$；

(g) $n = 10, x_1 = 6, x_2 = 3, x_3 = 1$； (h) $n = 100, x_1 = 53, x_2 = 34, x_3 = 13$；

(i) $n = 200, x_1 = 115, x_2 = 65, x_3 = 20$；

代码Bk5_Ch21_01.py完成本章前文所述的蒙特卡洛模拟和可视化。

21.4 走地鸡兔猪：更一般的情况

不同先验

上一章提过，如果样本数据足够大，则先验对后验的影响微乎其微。如图21.17所示，从完全不同的先验出发得到的后验结果非常相似。

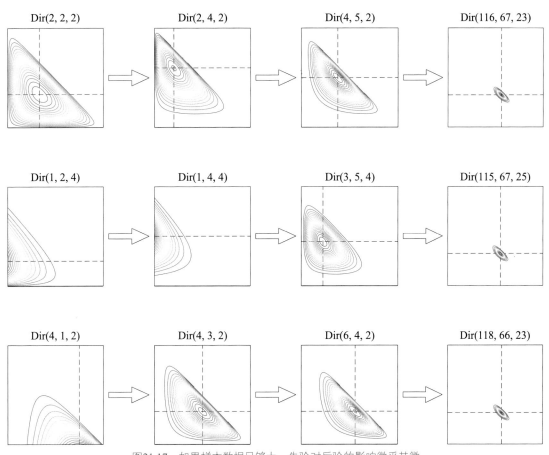

图21.17 如果样本数据足够大，先验对后验的影响微乎其微

贝叶斯收缩

第20章介绍了贝叶斯收缩，本章贝叶斯推断的结果也可以用这个视角来理解。

$\mathrm{Dir}(\boldsymbol{x} + \boldsymbol{\alpha})$ 后验边缘分布的期望也可以写成两部分，即

$$
\begin{aligned}
\frac{x_i + \alpha_i}{n + \alpha_0} &= \frac{\alpha_i}{n + \alpha_0} + \frac{x_i}{n + \alpha_0} \\
&= \frac{\alpha_0}{n + \alpha_0} \times \underbrace{\frac{\alpha_i}{\alpha_0}}_{\text{Prior mean}} + \frac{n}{n + \alpha_0} \times \underbrace{\frac{x_i}{n}}_{\text{Sample mean}}
\end{aligned}
\tag{21.21}
$$

其中：$\alpha_0 = \sum\limits_{i=1}^{K} \alpha_i$；$n = \sum\limits_{i=1}^{K} x_i$。

以本章"鸡兔猪"为例，先验分布为 $\mathrm{Dir}(\alpha_1, \alpha_2, \alpha_3)$，$\alpha_1/\alpha_0$ 为动物中鸡的比例，α_2/α_0 为兔子的比例，α_3/α_0 为猪的比例。

抽取 n 只动物，其中 x_1 只鸡、x_2 只兔、x_3 只猪，比例分别对应 x_1/n、x_2/n、x_3/n。

如图21.18所示，后验分布 $\mathrm{Dir}(\alpha_1 + x_1, \alpha_2 + x_2, \alpha_3 + x_3)$ 表示"先验 + 数据"融合得到"后验"。

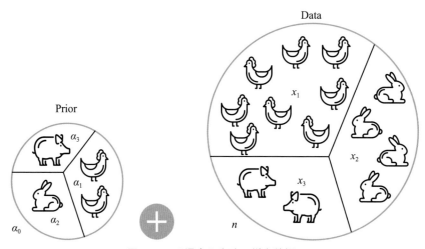

图21.18　"混合"先验、样本数据

贝叶斯可信区间

实际上，贝叶斯推断中，我们直接采用后验分布得到模型参数的各种推断，如点估计、区间估计等。最大化后验MAP就是点估计的一种。贝叶斯推断中，我们还会遇到**可信区间** (credible interval)。

贝叶斯推断的可信区间不同于本书第16章介绍的置信区间。在频率学派中，模型参数是固定值，而样本是随机的。因此，样本的**置信区间** (confidence interval) 代表参数的真实值落在该区间内的概率为 $1 - \alpha$。

由于贝叶斯学派认为模型参数是一个随机变量，可信区间本身就是随机变量的一个取值范围。随着样本增多，对参数信心的增强，使可信区间缩窄。

总结来说，置信区间是频率学派中的概念，可信区间是贝叶斯学派中的概念。置信区间是通过对样本数据进行统计分析得出的，而可信区间是通过考虑先验概率和后验概率计算得出的。置信区间是指真实参数值落在这个区间内的概率，而可信区间是指这个区间内的参数值有一定的可信度。置信区间的计算方法基于频率学派经典统计学理论，而可信区间的计算方法基于贝叶斯统计学理论。

下一章中，大家会发现贝叶斯推断中常用94%双尾可信区间。图21.19所示为不同Beta分布的94%双尾可信区间，左、右尾分别对应3%。当概率密度曲线为非对称时，我们可以发现区间左右端点对应的概率密度值一般不同。

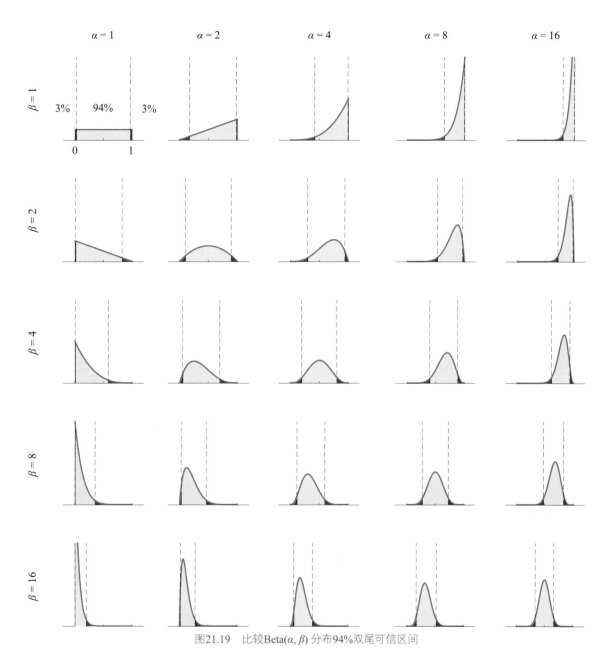

$\alpha = 1$　　　$\alpha = 2$　　　$\alpha = 4$　　　$\alpha = 8$　　　$\alpha = 16$

$\beta = 1$

3%　94%　3%

0　　1

$\beta = 2$

$\beta = 4$

$\beta = 8$

$\beta = 16$

图21.19　比较Beta(α, β) 分布94%双尾可信区间

共轭先验

选择先验是有技巧的！

为了方便运算，在 $f_{\Theta|X}\left(\theta\,|\,x\right)=\dfrac{f_{X|\Theta}\left(x\,|\,\theta\right)f_{\Theta}\left(\theta\right)}{\displaystyle\int_{\theta}f_{X|\Theta}\left(x\,|\,\vartheta\right)f_{\Theta}\left(\vartheta\right)\mathrm{d}\vartheta}$ 中，选取合适的先验分布 $f_{\Theta}\left(\theta\right)$ 能让后验分

布 $f_{\Theta|X}\left(\theta\,|\,x\right)$ 和先验分布 $f_{\Theta}\left(\theta\right)$ 具有相同的数学形式。

这就是上一章提到的，如果后验分布与先验分布属于同类，则先验分布与后验分布被称为**共轭分布** (conjugate distribution)，而先验分布被称为似然函数的**共轭先验** (conjugate prior)。

简单来说，在贝叶斯统计学中，如果我们选择先验分布和似然函数为特定的概率分布，那么我们可以计算得到一个具有相同函数形式的后验分布，这种性质被称为共轭性，对应的先验分布和后验分布就称为共轭先验分布和共轭后验分布。

使用共轭先验，无须计算积分就可以得到后验的闭式解。我们仅仅需要跟新观察到的样本数据即可。

第20章的二项分布、Beta分布，以及这一章的多项分布、Dirichlet分布都是成对共轭分布。其他常用的成对共轭分布有：泊松分布—Gamma分布，正态分布—正态分布，几何分布—Gamma分布。

本章把贝叶斯推断的维度从二元提高到了三元。先验分布采用了Dirichlet分布，似然分布采用多项分布，而后验分布还是Dirichlet分布。Beta分布可以视作Dirichlet分布的特例。同理，二项分布可以视作多项分布的特例。

贝叶斯推断中，后验 $\propto$ 似然 $\times$ 先验，这无疑是最重要的关系。这个比例关系足可以确定后验概率的形状，我们只需要找到一个归一化常数，让后验分布在整个域上积分为1。

本章还比较了不同Beta分布的众数、中位数、均值，以及它们在贝叶斯统计中的适用场合。

第20章和本章中，我们很"幸运地"避免了复杂的积分运算，这是因为我们选用了共轭分布。下一章将介绍如何用马尔可夫链蒙特卡洛模拟获得后验分布。

22 马尔可夫链蒙特卡洛
Fundamentals of Markov Chain Monte Carlo
使用PyMC3产生满足特定后验分布的随机数

我们必须谦虚地承认，数字纯粹是人类思想的产物，但宇宙却是颠扑不破的真理，它超然于人类思想。因此我们不能管宇宙的属性叫先验。

We must admit with humility that, while number is purely a product of our minds, space has a reality outside our minds, so that we cannot completely prescribe its properties a priori.

—— 卡尔·弗里德里希·高斯 (Carl Friedrich Gauss) | 德国数学家、物理学家、天文学家 | 1777—1855年

- ◄ numpy.arange() 根据指定的范围以及设定的步长，生成一个等差数组
- ◄ numpy.concatenate() 将多个数组进行连接
- ◄ numpy.linalg.eig() 特征值分解
- ◄ numpy.random.uniform() 产生满足连续均匀分布的随机数
- ◄ numpy.zeros_like() 用来生成和输入矩阵形状相同的零矩阵
- ◄ pymc3.Dirichlet() 定义Dirichlet先验分布
- ◄ pymc3.Multinomial() 定义多项分布似然函数
- ◄ pymc3.plot_posterior() 绘制后验分布
- ◄ pymc3.sample() 产生随机数
- ◄ pymc3.traceplot() 绘制后验分布随机数轨迹图
- ◄ scipy.stats.beta() Beta分布
- ◄ scipy.stats.beta.pdf() Beta分布概率密度函数
- ◄ scipy.stats.binom() 二项分布
- ◄ scipy.stats.binom.pmf() 二项分布概率质量函数
- ◄ scipy.stats.binom.rsv() 二项分布随机数
- ◄ scipy.stats.dirichlet() Dirichlet分布
- ◄ scipy.stats.dirichlet.pdf() Dirichlet分布概率密度函数
- ◄ scipy.stats.norm.pdf() 正态分布概率分布PDF
- ◄ scipy.stats.norm.ppf() 高斯分布百分点函数PPF
- ◄ scipy.stats.norm.rvs() 生成正态分布随机数

归一化因子没有闭式解？

贝叶斯推断

回忆前两章贝叶斯推断中用到的贝叶斯定理，即

$$\overbrace{f_{\Theta|X}(\theta|x)}^{\text{Posterior}} = \frac{\overbrace{f_{X|\Theta}(x|\theta)}^{\text{Likelihood}}\overbrace{f_{\Theta}(\theta)}^{\text{Prior}}}{\underbrace{f_X(x)}_{\text{Evidence}}} = \frac{\overbrace{f_{X|\Theta}(x|\theta)}^{\text{Likelihood}}\overbrace{f_{\Theta}(\theta)}^{\text{Prior}}}{\int_{\vartheta}\underbrace{f_{X|\Theta}(x|\vartheta)}_{\text{Likelihood}}\underbrace{f_{\Theta}(\vartheta)}_{\text{Prior}}\mathrm{d}\vartheta} \tag{22.1}$$

其中：$f_{\Theta|X}(\theta|x)$ 为**后验概率** (posterior)；$f_{X|\Theta}(x|\theta)$ 为**似然概率** (likelihood)；$f_{\Theta}(\theta)$ 为**先验概率** (prior)；$f_X(x)$ 为**证据因子** (evidence)，起到归一化作用。

如图22.1所示，贝叶斯推断中最重要的比例关系就是"后验 ∝ 似然 × 先验"，即

$$\overbrace{f_{\Theta|X}(\theta|x)}^{\text{Posterior}} \propto \overbrace{f_{X|\Theta}(x|\theta)}^{\text{Likelihood}}\overbrace{f_{\Theta}(\theta)}^{\text{Prior}} \tag{22.2}$$

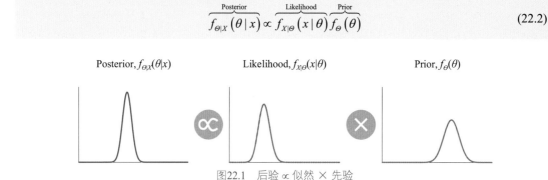

图22.1　后验 ∝ 似然 × 先验

共轭分布

前两章中，如图22.2所示，我们足够"幸运"，成功地避开了 $\int_{\vartheta}f_{X|\Theta}(x|\vartheta)f_{\Theta}(\vartheta)\mathrm{d}\vartheta$ 这个积分。

这是因为我们选择的先验分布是似然函数的**共轭先验** (conjugate prior)，这样我们便可以得到后验概率 $f_{\Theta|X}(\theta|x)$ 的闭式解。

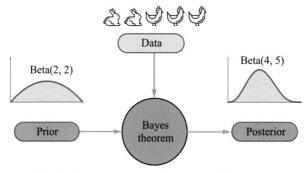

图22.2　先验Beta(2, 2) + 样本 (2, 3) → 后验 Beta(4, 5)

维数灾难

《数学要素》一册第18章介绍过数值积分。如图22.3所示，利用相同的思路，我们可以通过合理划分区间，获得后验分布的大致形状，以及对应的面积或体积，并且完成归一化。

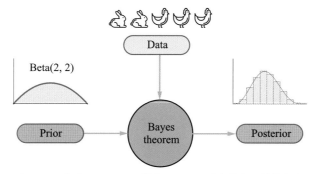

图22.3　先验Beta(2, 2) + 样本 (2, 3) → 后验分布，数值积分

但是，这种思路仅仅适用于模型参数较小的情况。因为当模型参数很多时便会导致**维数灾难** (curse of dimensionality)。

所谓的维数灾难是指在涉及向量的计算问题中，随着维数的增加，计算量呈指数倍增长的一种现象。举个例子，如果模型有3个参数，每个参数在各自区间上均匀选取20个点，这个参数空间中共有8000个点 ($= 20 \times 20 \times 20 = 20^3$)。试想，模型如果有20个参数，每个维度上同样选取20个点，这样参数空间的点数达到了惊人的1.048×10^{26} ($= 20^{20}$)。

马尔可夫链蒙特卡洛模拟

但是，如果我们想绕过复杂的推导过程，或者想避免数值积分带来的维数灾难，有没有其他办法获得后验分布呢？如图22.4所示，我们可以用**马尔可夫链蒙特卡洛模拟** (Markov Chain Monte Carlo, MCMC)。马尔可夫链蒙特卡洛模拟允许我们估计后验分布的形状，以防我们无法直接获得后验分布的闭式解。此外，蒙特卡洛方法成功地绕开了维数灾难。

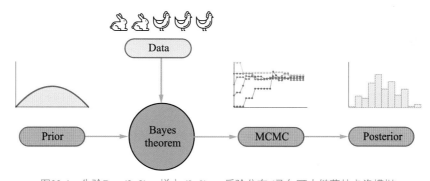

图22.4　先验Beta(2, 2) + 样本 (2, 3) → 后验分布 (马尔可夫链蒙特卡洛模拟)

相信大家已经发现马尔可夫链蒙特卡洛模拟有两部分——马尔可夫链、蒙特卡洛模拟。本书第15章专门介绍过蒙特卡洛模拟，大家对此应该很熟悉。本系列丛书的读者对"马尔可夫"这个词应该不陌生，我们在《数学要素》一册第25章"鸡兔互变"的例子中介绍过"马尔可夫"。

马尔可夫链 (Markov chain) 因俄国数学家安德烈·马尔可夫 (Andrey Andreyevich Markov) 得名，为状态空间中经过从一个状态到另一个状态的转换的随机过程。限于篇幅，本章不展开讲解马尔可夫链。

Metropolis–Hastings采样

梅特罗波利斯−黑斯廷斯算法 (Metropolis-Hastings algorithm, MH) 是马尔可夫链蒙特卡洛中一种基本的抽样方法，如图22.5所示。

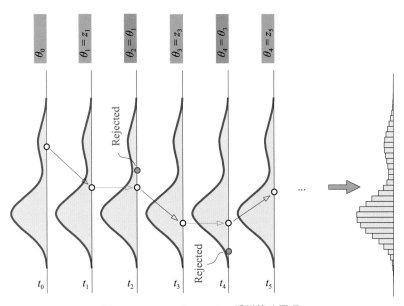

图22.5　Metropolis-Hastings采样算法原理

它通过在取值空间取任意值作为起始点，按照先验分布计算概率密度，计算起始点的概率密度。然后随机移动到下一点时，计算当前点的概率密度。移动的步伐一般从正态分布中抽取。

接着，计算当前点和起始点概率密度的比值ρ，并产生 (0,1) 之间服从连续均匀的随机数u。最后，对比ρ与产生的随机数u的大小来判断是否保留当前点。当前者大于后者时，接受当前点，反之则拒绝当前点。这个过程一直循环，直到获得能被接受的后验分布。这一步和本书第15章介绍的"接受—拒绝抽样"本质上一致。

简单来说，MH算法通过构造一个马尔可夫链，使得最终的样本分布收敛到目标分布。MH算法核心思想是接受/拒绝准则，即通过比较接受新样本的概率与拒绝新样本的概率的比值，来决定是否接受新样本。

有关MH算法原理和具体流程，请大家参考李航老师的作品《机器学习方法》。

鸡兔比例

下面，我们利用MH算法模拟产生"鸡兔比例"中的后验分布。先验分布采用Beta(α, α)。样本数据为200 (n)，其中60 (s) 只兔子。图22.6比较了α取不同值时先验分布、后验分布的解析解、随机数分布。图22.6中先验分布的随机数服从Beta分布，后验分布的随机数则由MH算法产生。

图22.7所示为马尔可夫链蒙特卡洛模拟的收敛性。图22.7中五条不同的后验分布随机数轨迹路径的初始值完全不同，但是它们最终都收敛于一个稳态分布，这个稳态分布对应我们要求解的后验分布。大家查看本节和本章后文代码时会发现，收敛于稳态分布之前的随机数一般都会被截断去除。

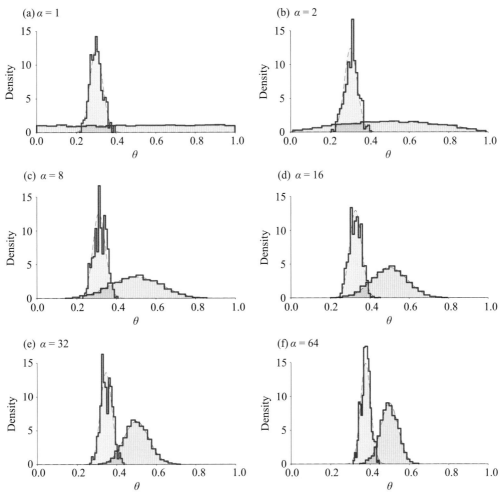

图22.6　对比先验分布、后验分布，α取不同值时

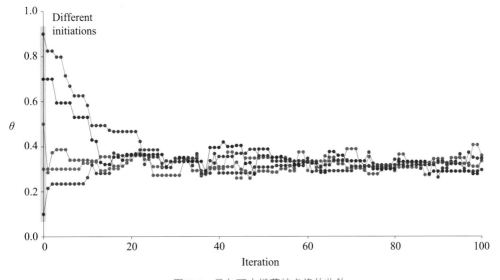

图22.7　马尔可夫链蒙特卡洛的收敛

代码Bk5_Ch022_01.py绘制图22.6、图22.7。

22.2 鸡兔比例：使用PyMC3

本节和下一节利用PyMC3完成贝叶斯推断中的马尔可夫链蒙特卡洛模拟。

PyMC3是一种Python开源的概率编程库，用于进行概率建模、贝叶斯统计推断和马尔可夫链蒙特卡洛MCMC采样。PyMC3允许用户使用Python语言定义概率模型，并指定其参数的先验分布；PyMC3支持多种先验分布，包括连续和离散分布。

PyMC3支持使用多种MCMC算法进行采样，包括NUTS、Metropolis-Hastings和Slice等。PyMC3具有丰富的可视化和后处理工具，包括traceplot、summary、forestplot等，方便用户对模型进行分析和诊断。

PyMC3可被用于许多应用领域，包括机器学习、计量经济学、社会科学、物理学、生物学、神经科学等。由于PyMC3的简洁易用和高效性，它已经成为了许多学术界和工业界研究者进行概率建模和贝叶斯推断的首选工具之一。

先验Beta(2,2) + 样本2兔3鸡

如图22.8所示，根据本书第20章内容，对于鸡兔比例问题，我们知道当先验分布为Beta(2, 2)，引入样本数据 (2兔、3鸡)时，得到的后验分布为Beta(4, 5)。先验分布Beta(2, 2) 的均值、众数都位于1/2，也就是鸡兔各占50%，但是确信度不高。请大家自己计算Beta(4, 5) 均值的位置。

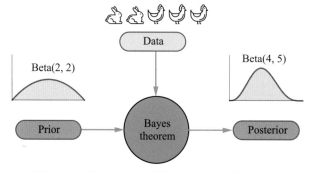

图22.8 先验Beta(2, 2) + 样本 (2, 3) → 后验 Beta(4, 5)

下面，我们利用PyMC3模拟产生这个后验分布。由于Beta分布是Dirichlet分布的特例，本节的先验分布实际上是二元Dirichlet分布，所以我们会看到两个后验分布。图22.9 (b) 所示为后验分布随机数轨迹图，这些随机数便构成了后验分布。

轨迹图中蓝色曲线对应图22.9 (a) 中的蓝色后验分布，即兔子比例。轨迹图中橙色曲线对应图22.9 (a) 中的橙色后验分布，即鸡的比例。在代码中，大家会看到随机数轨迹实际上是由两条轨迹合并而成的。

图22.10分别用直方图、KDE曲线可视化两个后验分布。图22.10给出的均值所在位置就相当于最大后验MAP的优化解。

图22.10中HDI代表**最大密度区间** (highest density interval)。HDI又叫HPDI (highest posterior density interval)，本质上是上一章介绍的后验分布可信区间。

HDI的特点是：相同置信度下，HDI区间宽度最短，HDI区间两端对应的概率密度值相等。但是，HDI左右尾对应的面积很可能不相等，这一点明显不同于可信区间。

图22.10 (a) 告诉我们兔比例的后验分布94%最大密度区间的宽度为0.57 (= 0.75 – 0.18)，鸡比例的后验分布94%最大密度区间的宽度也是0.57 (= 0.82 – 0.25)。这个宽度可以用于度量确信程度。

再次强调，贝叶斯派认为模型参数本身不确定，也服从某种分布。因此可信区间或HDI本身就是模型参数的分布。这一点完全不同于频率派的置信区间。

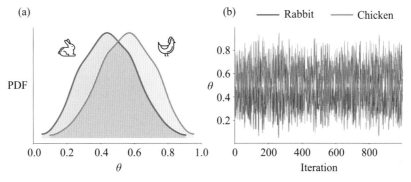

图22.9 后验分布随机数轨迹图 (先验Beta(2,2) + 样本2兔3鸡)

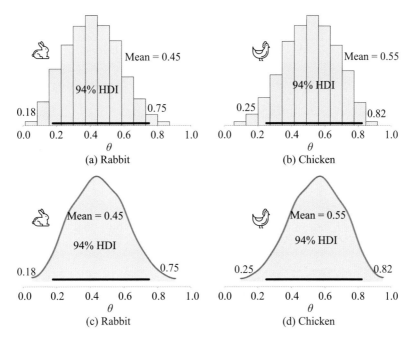

图22.10 后验分布直方图、KDE (先验Beta(2,2) + 样本2兔3鸡)

先验Beta(2,2) + 样本90兔110鸡

再看一个例子。如图22.11所示，先验分布还是Beta(2, 2)，但是样本数据为90只兔、110只鸡。请大家试着自己推导得到后验分布的解析式。

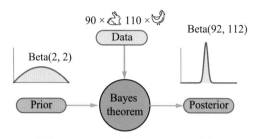

图22.11　先验Beta(2, 2) + 样本 (90, 110) → 后验 Beta(92, 112)

图22.12 (a) 所示为鸡兔比例的后验分布。图22.12 (b) 所示为产生后验分布的随机数。

图22.13所示为后验分布的直方图和KDE曲线。虽然先验分布相同，但是由于引入了更多样本，因此相比图22.10，图22.13的后验分布变得更加"细高"，也就是说确信度变得更高。

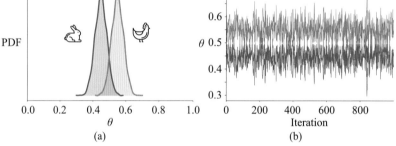

图22.12　后验分布随机数轨迹图 (先验Beta(2,2) + 样本90兔110鸡)

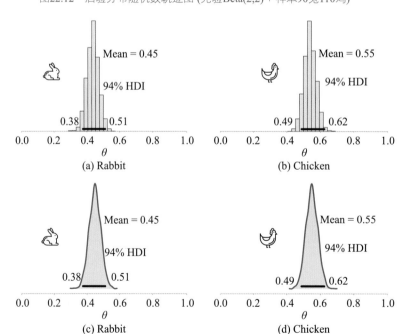

图22.13　后验分布直方图、KDE (先验Beta(2,2) + 样本90兔110鸡)

图22.13 (a) 告诉我们兔比例的后验分布94% HDI的宽度为0.13 (= 0.51 – 0.38)，鸡比例的后验分布 94% HDI的宽度也是0.13 (= 0.62 – 0.49)。相比图22.10，图22.13的最大密度区间宽度明显缩小。

代码Bk5_Ch22_02.ipynb绘制图22.9 ~ 图22.12。请大家用JupyterLab打开并运行代码文件。此外，请大家改变先验分布的参数设置，并观察后验分布的变化。

22.3 鸡兔猪比例：使用PyMC3

本节用PyMC3求解鸡兔猪比例的贝叶斯推断问题。

先验Dir(2,2,2) + 样本3兔6鸡1猪

选取Dir(2, 2, 2) 作为先验分布，这意味着事先主观经验认为鸡兔猪的占比都是1/3，但是确信度不够高。如图22.14所示，观察到的10只动物中有6只鸡、3只兔、1只猪。利用上一章内容，我们可以推导得到后验分布为Dir(8, 5, 3)。下面，这一节也用PyMC3完成MCMC模拟并生成后验边缘分布。

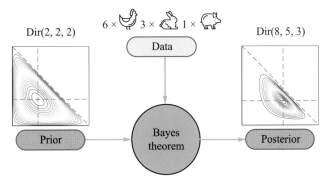

图22.14 先验Dir(2, 2, 2) + 样本 → 后验 Dir(8, 5, 3)

图22.15 (b) 所示为后验分布随机数轨迹图，由此得到图22.15 (a) 的后验分布。

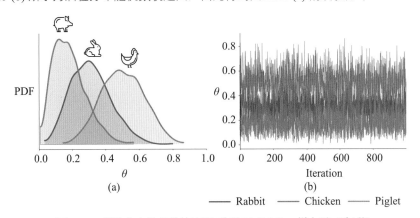

图22.15 后验分布随机数轨迹图 (先验Dir(2,2,2) + 样本3兔6鸡1猪)

图22.16所示为三种动物比例的后验分布直方图和KDE曲线。

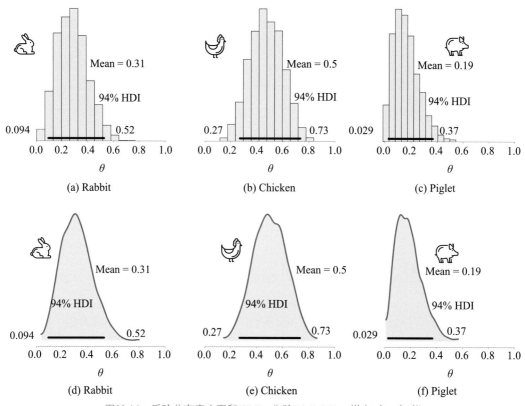

(a) Rabbit (b) Chicken (c) Piglet

(d) Rabbit (e) Chicken (f) Piglet

图22.16　后验分布直方图和KDE，先验Dir(2,2,2) + 样本3兔6鸡1猪

先验Dir(2,2,2) + 样本65兔115鸡20猪

下面保持先验分布Dir(2, 2, 2) 不变，增加样本数量 (115鸡、65兔、20猪)，得到的后验分布为Dir(117, 67, 22)。建议大家自己试着推导后验分布闭式解。

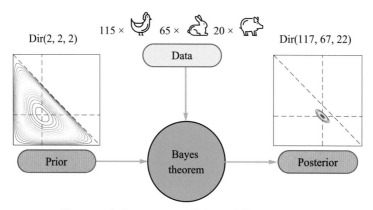

图22.17　先验Dir(2, 2, 2) + 样本 → 后验 Dir(117, 67, 22)

图22.18所示为三种动物后验概率随机数的轨迹图和分布。图22.19所示为后验分布的直方图和KDE曲线。请大家自己计算并对比图22.16和图22.19中的94% HDI宽度。

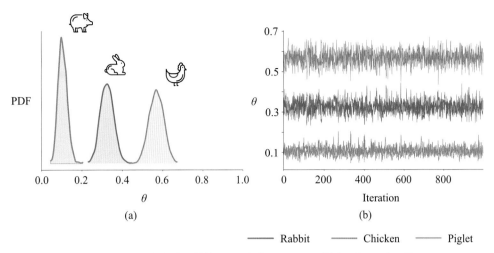

图22.18 后验分布随机数轨迹图 (先验Dir(2,2,2) + 样本65兔115鸡20猪)

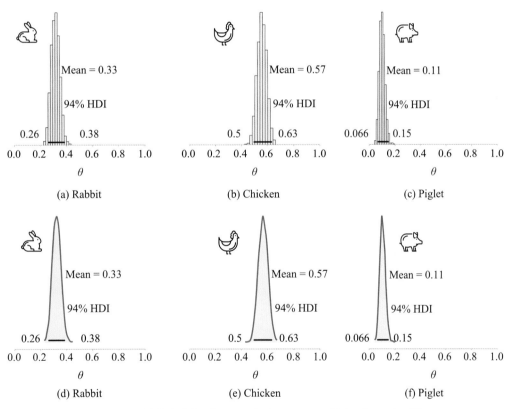

图22.19 后验分布直方图和KDE (先验Dir(2,2,2) + 样本65兔115鸡20猪)

代码Bk5_Ch22_03.ipynb绘制图22.15、图22.16、图22.18、图22.19。请大家用JupyterLab打开并运行代码文件。请大家改变先验分布参数，从而调整置信度，并观察后验分布的变化。

总结来说，贝叶斯推断把总体的模型参数看作随机变量。在得到样本之前，根据主观经验和既有知识给出未知参数的概率分布，称为先验分布。从总体中得到样本数据后，根据贝叶斯定理，基于给定的样本数据，得出模型参数的后验分布。并根据参数的后验分布进行统计推断。贝叶斯推断对应的优化问题为最大化后验概率，即MAP。

　　在贝叶斯推断中，我们关注的核心是模型参数的后验分布。而样本数据服从怎样的分布不是贝叶斯推断关注的重点。

　　贝叶斯推断也并不完美！明显的缺点之一就是分析推导过程十分复杂。先验分布的建立，需要丰富的经验。采用马尔可夫链蒙特卡洛模拟，可以避免复杂推导，避免数值积分可能带来的维度灾难，但是显然计算成本较高。

　　读到这里，我们已经完成本书"贝叶斯"板块的学习。下面将进入"椭圆三部曲"，鸢尾花书数学板块的收官之旅。

　　想深入学习贝叶斯推断的读者可以参考开源图书*Bayesian Methods for Hackers: Probabilistic Programming and Bayesian Inference*：

◀ https://github.com/CamDavidsonPilon/Probabilistic-Programming-and-Bayesian-Methods-for-Hackers

Section 07

椭　圆

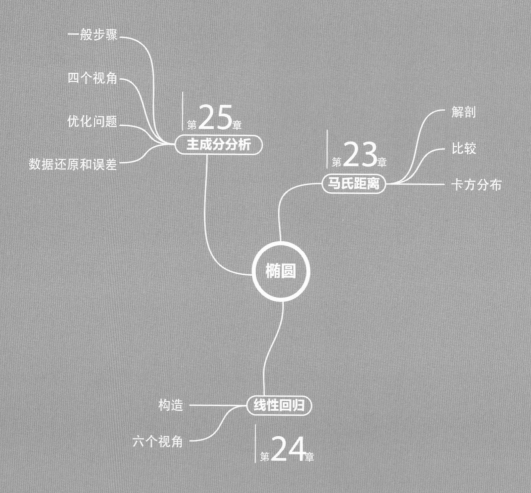

一般步骤

四个视角

优化问题

数据还原和误差

第**25**章
主成分分析

第**23**章
马氏距离

解剖

比较

卡方分布

椭圆

线性回归

构造

六个视角

第**24**章

学习地图 | 第**7**板块

马氏距离
一种和椭圆有关、考虑数据分布的距离度量

耐心，坚持！今天的苦，就是明天的甜。

Be patient and tough; someday this pain will be useful to you.

—— 奥维德 (Ovid) | 古罗马诗人 | 43 B.C. ~ 17/18 A.D.

◀ numpy.linalg.eig() 特征值分解
◀ scipy.stats.distributions.chi2.cdf() 卡方分布的CDF
◀ scipy.stats.distributions.chi2.ppf() 卡方分布的百分点函数PPF
◀ seaborn.pairplot() 成对散点图
◀ seaborn.scatterplot() 绘制散点图
◀ sklearn.covariance.EmpiricalCovariance() 估算协方差的对象，可以用于计算马氏距离

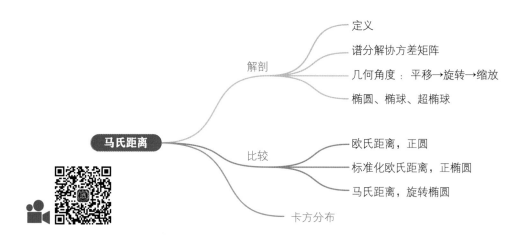

23.1 马氏距离：考虑数据分布的距离度量

本书最后三章叫作"椭圆三部曲"，我们将介绍马氏距离、线性回归、主成分分析这三个与椭圆直接有关的话题。

"鸢尾花书"的读者对马氏距离应该不陌生，本章将系统地讲解马氏距离及其应用。

定义

马氏距离 (Mahalanobis distance, Mahal distance)，也称**马哈距离**，具体定义为

$$d = \sqrt{(x - \mu)^{\mathrm{T}} \Sigma^{-1} (x - \mu)} \tag{23.1}$$

其中：Σ为样本数据X方差协方差矩阵；μ为X的质心。

注意：马氏距离的单位为标准差。

从几何来讲，d为定值时，式 (23.1) 为质心位于μ的椭圆、椭球或超椭球。

平移 → 旋转 → 缩放

对Σ谱分解得到

$$\Sigma = V\Lambda V^{\mathrm{T}} \tag{23.2}$$

利用式 (23.2) 获得Σ^{-1}的特征值分解为

$$\Sigma^{-1} = V\Lambda^{-1}V^{\mathrm{T}} \tag{23.3}$$

将式 (23.3) 代入式 (23.1) 整理得到

$$d = \left\| \underset{\text{Scale}}{\Lambda^{-\frac{1}{2}}} \underset{\text{Rotate}}{V^{\mathrm{T}}} \left(\underset{\text{Centralize}}{x - \mu} \right) \right\| \tag{23.4}$$

其中：μ 完成**中心化** (centralize)；V 矩阵完成**旋转** (rotate)；$\Lambda^{-\frac{1}{2}}$ 矩阵完成**缩放** (scale)。整个几何变换过程如图23.1所示。观察式 (23.4)，大家应该已经发现马氏距离本身也是个范数。

> 对这部分内容感到陌生的读者，请参考第11章。大家如果忘记特征值分解、谱分解的相关内容，请回顾《矩阵力量》一册第13、14章。

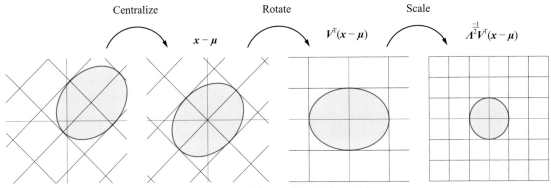

图23.1　几何变换：平移 → 旋转 → 缩放

马氏距离将协方差矩阵 Σ 纳入距离度量计算。马氏距离相当于是对欧氏距离的一种修正，马氏距离完成数据**正交化** (orthogonalization)，解决特征之间的相关性问题。同时，马氏距离内含**标准化** (standardization)，解决了特征之间尺度和单位不一致的问题。

单特征

特别地，当特征数 $D = 1$ 时，有

$$x = \begin{bmatrix} x \end{bmatrix}, \quad \mu = \begin{bmatrix} \mu \end{bmatrix}, \quad \Sigma = \begin{bmatrix} \sigma^2 \end{bmatrix} \tag{23.5}$$

代入式 (23.1) 得到

$$d = \sqrt{(x - \mu) \frac{1}{\sigma^2} (x - \mu)} = \left| \frac{x - \mu}{\sigma} \right| \tag{23.6}$$

大家是不是觉得眼前一亮，这正是Z分数的绝对值，d 的单位正是标准差。如图23.2 (a) 所示，比如 $d = 3$，意味着马氏距离为"3个标准差"。

当特征数 $D = 2$ 时，如图23.2 (b) 所示，马氏距离的几何形态是同心椭圆。当特征数 $D = 3$ 时，如图 23.2 (c) 所示，马氏距离的几何形态是同心椭球。

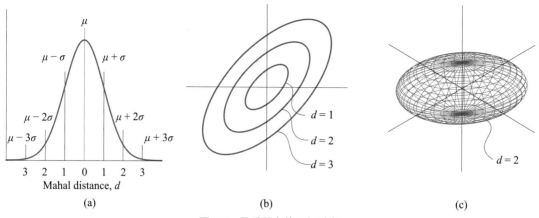

图23.2 马氏距离的几何形态

本章后文先比较三种常见距离：① 欧氏距离；② 标准化欧氏距离；③ 马氏距离。

23.2 欧氏距离：最基本的距离

欧几里得距离 (Euclidean distance)，也称欧氏距离，是最"自然"的距离，是多维空间中两个点之间的绝对距离度量。

欧氏距离

x和质心μ的欧氏距离定义为

$$d = \sqrt{(x-\mu)^{\mathrm{T}}(x-\mu)} = \|x-\mu\| \tag{23.7}$$

欧氏距离本质上是L^2范数。

以鸢尾花花萼长度和花瓣长度两个特征数据为例，数据质心所在位置为

$$\mu = \begin{bmatrix} \mu_1 \\ \mu_3 \end{bmatrix} = \begin{bmatrix} 5.843 \\ 3.758 \end{bmatrix} \tag{23.8}$$

注意：式 (23.8) 的两个特征单位为厘米。

如图23.3所示，平面上任意一点x到质心μ的欧氏距离解析式为

$$d = \sqrt{(x-\mu)^{\mathrm{T}}(x-\mu)} = \sqrt{\left(\begin{bmatrix} x_1 \\ x_3 \end{bmatrix} - \begin{bmatrix} 5.843 \\ 3.758 \end{bmatrix}\right)^{\mathrm{T}}\left(\begin{bmatrix} x_1 \\ x_3 \end{bmatrix} - \begin{bmatrix} 5.843 \\ 3.758 \end{bmatrix}\right)}$$

$$= \sqrt{(x_1 - 5.843)^2 + (x_3 - 3.758)^2} \tag{23.9}$$

图23.3所示的三个同心圆距离质心μ的距离为1 cm、2 cm、3 cm。此外，请大家注意图23.3中的网格，这个网格每个格子"方方正正"，边长都是1 cm。

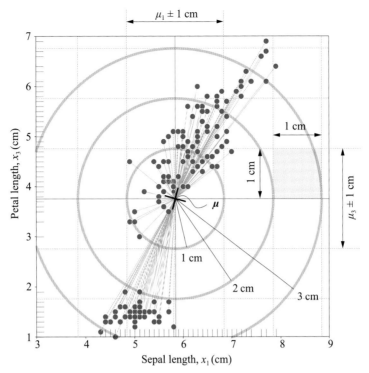

图23.3 花萼长度、花瓣长度平面上的欧氏距离等距线和网格

23.3 标准化欧氏距离：两个视角

第一视角：正椭圆

标准化欧氏距离 (standardized Euclidean distance) 定义为

$$d = \sqrt{\left(x - \mu\right)^{\mathrm{T}} D^{-1} D^{-1} \left(x - \mu\right)} \tag{23.10}$$

其中：D为对角方阵，对角线元素为标准差，运算为

$$D = \mathrm{diag}\left(\mathrm{diag}\left(\Sigma\right)\right)^{\frac{1}{2}} = \begin{bmatrix} \sigma_1 & & & \\ & \sigma_2 & & \\ & & \ddots & \\ & & & \sigma_D \end{bmatrix} \tag{23.11}$$

特别地，当$D = 2$时，标准化欧氏距离为

$$d = \sqrt{\frac{\left(x_1 - \mu_1\right)^2}{\sigma_1^2} + \frac{\left(x_2 - \mu_2\right)^2}{\sigma_2^2}} = \sqrt{z_1^2 + z_2^2} \tag{23.12}$$

其中：z_1和z_2为两个特征的Z分数。可以说，z_1的单位是σ_1，z_2的单位是σ_2。

如图23.4所示，x_1x_3平面上任意一点$\boldsymbol{x}$到质心$\boldsymbol{\mu}$的标准化欧氏距离为

$$d = \sqrt{\frac{(x_1 - 5.843)^2}{0.685} + \frac{(x_3 - 3.758)^2}{3.116}} \tag{23.13}$$

其中：鸢尾花花萼长度数据的方差为0.685 cm²；标准差σ_1为0.827 cm；花瓣长度数据的方差为3.116 cm²；标准差σ_3为1.765 cm。

图23.4所示为在花萼长度、花瓣长度平面上标准化欧氏距离为1、2、3的三个正椭圆。1、2、3的单位可以理解为标准差。

大家注意图23.4中的网格，网格的格子为矩形。矩形的宽度为$\sigma_1 = 0.827$ cm，矩形的长度为$\sigma_3 = 1.765$ cm。

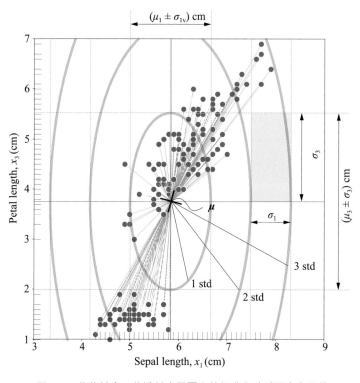

图23.4　花萼长度、花瓣长度平面上的标准化欧氏距离和网格

第二视角：正圆

先计算花萼长度、花瓣长度的Z分数z_1、z_3为

$$z_1 = \frac{x_1 - 5.843}{0.827}, \quad z_3 = \frac{x_3 - 3.758}{1.765} \tag{23.14}$$

从几何视角看，式 (23.14) 经过了中心化、缩放两步。

然后再计算标准化欧氏距离，有

$$d = \sqrt{z_1^2 + z_3^2} \tag{23.15}$$

图23.5所示花萼长度Z分数、花瓣长度Z分数平面上的标准化欧氏距离等距线。不难发现，在这个平面上，等距线为正圆，圆心位于原点。

图23.5中的网格为正方形，这是因为数据已经标准化。

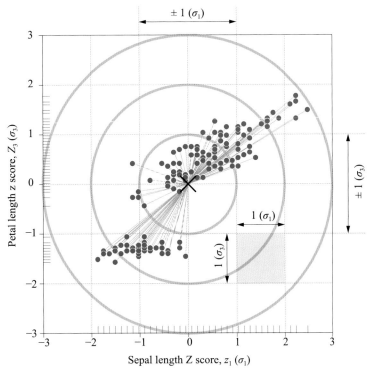

图23.5　花萼长度Z分数、花瓣长度Z分数平面上的标准化欧氏距离

23.4 马氏距离：两个视角

第一视角：旋转椭圆

鸢尾花花萼长度、花瓣长度协方差矩阵$\boldsymbol{\Sigma}$为

$$\boldsymbol{\Sigma} = \begin{bmatrix} 0.685 & 1.274 \\ 1.274 & 3.116 \end{bmatrix} \tag{23.16}$$

协方差$\boldsymbol{\Sigma}$的逆为

$$\boldsymbol{\Sigma}^{-1} = \begin{bmatrix} 6.075 & -2.484 \\ -2.484 & 1.336 \end{bmatrix} \tag{23.17}$$

代入式 (23.1)，得到马氏距离的解析式为

$$
\begin{aligned}
d &= \sqrt{(\boldsymbol{x}-\boldsymbol{\mu})^{\mathrm{T}}\begin{bmatrix} 6.075 & -2.484 \\ -2.484 & 1.336 \end{bmatrix}(\boldsymbol{x}-\boldsymbol{\mu})} \\
&= \sqrt{\left(\begin{bmatrix} x_1 \\ x_3 \end{bmatrix}-\begin{bmatrix} 5.843 \\ 3.758 \end{bmatrix}\right)^{\mathrm{T}}\begin{bmatrix} 6.075 & -2.484 \\ -2.484 & 1.336 \end{bmatrix}\left(\begin{bmatrix} x_1 \\ x_3 \end{bmatrix}-\begin{bmatrix} 5.843 \\ 3.758 \end{bmatrix}\right)} \\
&= \sqrt{6.08x_1^2 - 4.97x_1x_3 + 1.34x_3^2 - 52.32x_1 + 18.99x_3 + 117.21}
\end{aligned} \tag{23.18}
$$

图23.6中三个椭圆分别代表马氏距离为1、2、3。这个旋转椭圆的长轴就是第25章要介绍的**第一主成分** (first principal component) 方向，而旋转椭圆的短轴就是**第二主成分** (second principal component) 方向。

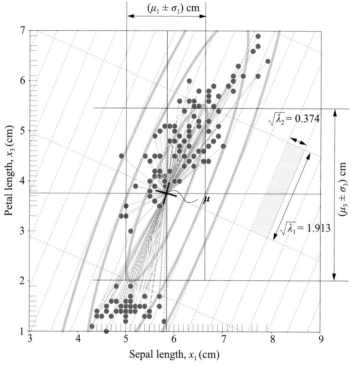

图23.6 花萼长度、花瓣长度平面上的马氏距离等距线和网格

对协方差矩阵特征值分解得到的特征值方阵为

$$
\varLambda = \begin{bmatrix} \lambda_1 & \\ & \lambda_2 \end{bmatrix} = \begin{bmatrix} 3.661 & \\ & 0.140 \end{bmatrix} \tag{23.19}
$$

两个特征值实际上就是数据投影在第一、第二主成分方向上的结果的方差，也叫主成分方差。式 (23.19) 的单位也都是平方厘米 (cm²)。

而这两个特征值的平方根就是主成分标准差，即

$$
\sqrt{\lambda_1} = 1.913 \text{ cm}, \quad \sqrt{\lambda_2} = 0.374 \text{ cm} \tag{23.20}
$$

它们分别是旋转椭圆的半长轴、半短轴长度。

如图23.6所示，图中的网格就是度量马氏距离的坐标系。网格矩形倾斜角度与主成分方向相同。矩形的长度为 $\sqrt{\lambda_1}$，宽度为 $\sqrt{\lambda_2}$。

第二视角：正圆

令

$$z = \underset{\text{Scale}}{\boldsymbol{\Lambda}^{-\frac{1}{2}}} \underset{\text{Rotate}}{\boldsymbol{V}^{\mathrm{T}}} \underset{\text{Centralize}}{\left(\boldsymbol{x} - \boldsymbol{\mu}\right)} \tag{23.21}$$

将式 (23.21) 代入式 (23.4)，得到马氏距离为 z 的 L^2 范数为

$$d = \sqrt{z^{\mathrm{T}} z} = \|z\| \tag{23.22}$$

如图23.7所示，在第一、第二主成分平面上，马氏距离为正圆。

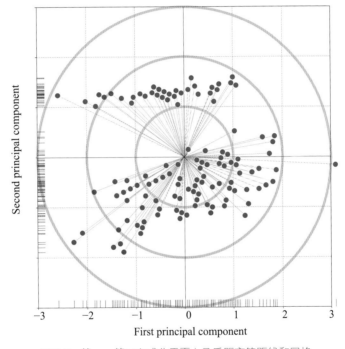

图23.7　第一、第二主成分平面上马氏距离等距线和网格

Bk5_Ch23_01.py代码绘制图23.3、图23.4、图23.6。

成对特征图

马氏距离椭圆也可以画在成对特征图上。图23.8和图23.9所示分别展示了不考虑标签和考虑标签的马氏距离椭圆。这些图像可以帮助我们分析理解数据，比如解读相关性、发现离群值等。

《数据有道》一册将专门讲解如何发现离群值。

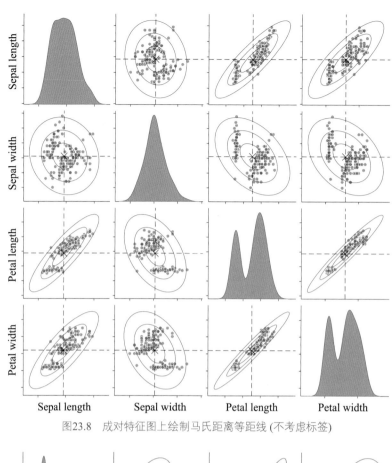

图23.8 成对特征图上绘制马氏距离等距线 (不考虑标签)

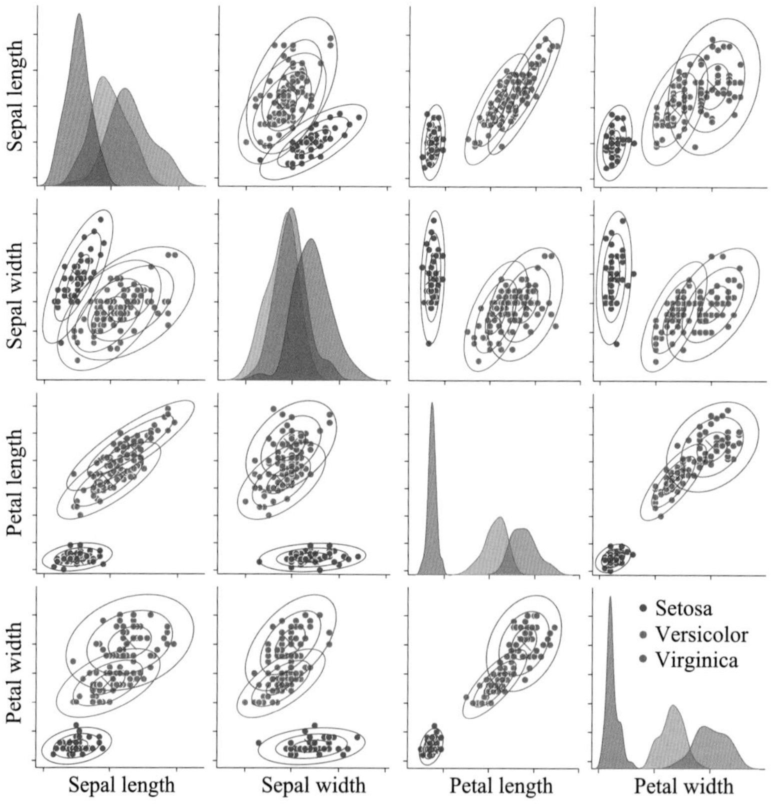

图23.9 成对特征图上绘制马氏距离等距线 (考虑标签)

Bk5_Ch23_02.py绘制图23.8和图23.9。

23.5 马氏距离和卡方分布

本书第9章介绍过一元高斯分布的"68-95-99.7法则"。这个法则具体是指，如果数据近似服从一元高斯分布$N(\mu, \sigma)$，则约68.3%、95.4%和99.7%的数据分布在距均值(μ) 1个$(\mu \pm \sigma)$、2个$(\mu \pm 2\sigma)$和3个$(\mu \pm 3\sigma)$正负标准差范围之内。

而68.3%、95.4%和99.7%这三个数实际上与卡方分布直接相关。当$D = 1$时，X_1服从正态分布$N(\mu_1, \sigma_1)$，经过标准化得到的随机变量Z_1则服从标准正态分布，即

$$Z_1 = \frac{X_1 - \mu_1}{\sigma_1} \sim N(0,1) \tag{23.23}$$

也就是说，Z_1的平方服从自由度为1的卡方分布，即

$$Z_1^2 \sim \chi^2_{(df=1)} \tag{23.24}$$

> ⚠ 注意：实际上Z_1的平方再开方，即Z_1的绝对值，就是马氏距离。

$D = 2$时，马氏距离平方d^2服从df = 2的卡方分布，即

$$d^2 \sim \chi^2_{(df=2)} \tag{23.25}$$

D维马氏距离的平方则服从自由度为D的卡方分布，即

$$d^2 = (x - \mu)^{\mathrm{T}} \Sigma^{-1} (x - \mu) \sim \chi^2_{(df=D)} \tag{23.26}$$

也就是说，距离为d的马氏距离超椭圆围成的几何图形内部的概率α可以用卡方分布CDF查表获得。

比如，SciPy中卡方分布的对象为scipy.stats.distributions.chi2，计算$D = 2$，马氏距离$d = 3$条件下，马氏距离椭圆围成的图形的概率α为scipy.stats.distributions.chi2.cdf($d^2 = 9$, df = 2)。

这实际上也回答了本书第10章的问题，具体如图23.10所示。请大家查表回答这个问题。

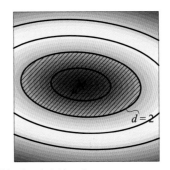

图23.10　求阴影区域对应的概率 (来自第10章)

相反，如果给定概率值α和自由度，可以用卡方分布的百分点函数PPF，即CDF的逆函数 (inverse CDF)反求马氏距离的平方值d^2。这个值开方就是马氏距离d。

比如，给定概率值为0.9，自由度为2，利用scipy.stats.distributions.chi2.ppf(0.9, df=2) 可以求得马氏距离的平方值d^2，开方就是马氏距离d。

如图23.11 (a) 所示，自由度为2，给定一系列概率值 (0.90 ~ 0.99)，利用卡方分布的百分点函数PPF，我们便获得一系列马氏距离椭圆。图23.11 (b) 对照马氏距离取值为1 ~ 5。

这些椭圆中，马氏距离3几乎对应99%这个概率值。也就是说，如果二元随机数近似服从二元高斯分布，则约有99%的随机数落在马氏距离为3的椭圆内。

用卡方分布将马氏距离转换为概率时，有些文献错误地将自由度给定为$D-1$，即特征数D减1。下面这篇文章详尽地解释了如何正确设定自由度，建议大家参考。
https://peerj.com/articles/6678/

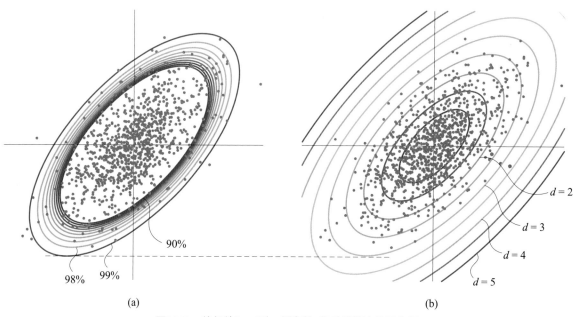

(a)   (b)

图23.11 特征数$D = 2$时，概率值α和马氏距离椭圆位置

Bk5_Ch23_03.py绘制图23.11。

图23.12所示为马氏距离d、自由度df、概率值α三者的关系曲线。

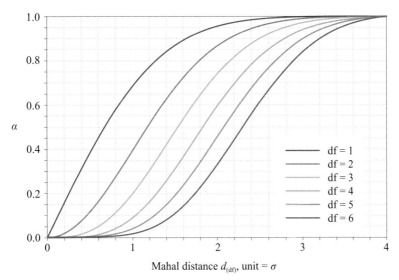

图23.12　马氏距离d、自由度df、概率值α三者的关系

　　为了方便查表，大家可以参考图23.13和图23.14。图23.13中，给定马氏距离d、自由度df，查表得到α。这张表中，我们可以看到一元高斯分布的68-95-99.7法则。

　　而自由度df = 2时，这个法则变为马氏距离为1、2、3的椭圆对应39%、86%、98.9%，我们也可以管它叫39-86-98.9法则。

　　图23.14中，给定概率值α、自由度df，查表即可得到马氏距离d。

| | Mahal distance, d | | | | | | | | | | | | |
	1	1.25	1.5	1.75	2	2.25	2.5	2.75	3	3.25	3.5	3.75	4
1	0.6827	0.7887	0.8664	0.9199	0.9545	0.9756	0.9876	0.9940	0.9973	0.9988	0.9995	0.9998	0.9999
2	0.3935	0.5422	0.6753	0.7837	0.8647	0.9204	0.9561	0.9772	0.9889	0.9949	0.9978	0.9991	0.9997
3	0.1987	0.3321	0.4778	0.6179	0.7385	0.8327	0.8999	0.9440	0.9707	0.9857	0.9934	0.9972	0.9989
4	0.0902	0.1845	0.3101	0.4526	0.5940	0.7191	0.8188	0.8910	0.9389	0.9681	0.9844	0.9929	0.9970
5	0.0374	0.0943	0.1864	0.3096	0.4506	0.5917	0.7174	0.8179	0.8909	0.9392	0.9685	0.9848	0.9932
6	0.0144	0.0448	0.1047	0.1990	0.3233	0.4642	0.6042	0.7281	0.8264	0.8971	0.9434	0.9711	0.9862

（左侧纵轴标签：Degree of freedom, df）

图23.13　给定马氏距离d、自由度df，查表得到概率值α

| | Probability α that the random value will fall inside the ellipsoid | | | | | | | | | | | | |
	0.9	0.91	0.92	0.93	0.94	0.95	0.96	0.97	0.98	0.99	0.993	0.996	0.999
1	1.6449	1.6954	1.7507	1.8119	1.8808	1.9600	2.0537	2.1701	2.3263	2.5758	2.6968	2.8782	3.2905
2	2.1460	2.1945	2.2475	2.3062	2.3721	2.4477	2.5373	2.6482	2.7971	3.0349	3.1502	3.3231	3.7169
3	2.5003	2.5478	2.5997	2.6571	2.7216	2.7955	2.8829	2.9912	3.1365	3.3682	3.4806	3.6492	4.0331
4	2.7892	2.8361	2.8873	2.9439	3.0074	3.0802	3.1663	3.2729	3.4158	3.6437	3.7542	3.9199	4.2973
5	3.0391	3.0856	3.1363	3.1923	3.2552	3.3272	3.4124	3.5178	3.6590	3.8841	3.9932	4.1568	4.5293
6	3.2626	3.3088	3.3591	3.4147	3.4770	3.5485	3.6329	3.7373	3.8773	4.1002	4.2083	4.3702	4.7390

（左侧纵轴标签：Degree of freedom, df）

图23.14　给定概率值α、自由度df，查表得到马氏距离d

Bk5_Ch23_04.py绘制图23.12。

　　马氏距离是一种基于统计学的距离度量方法，用于衡量两个样本之间的相似度或距离。马氏距离考虑了各个特征之间的相关性。相比于欧氏距离或曼哈顿距离等传统距离度量方法，马氏距离更适合用于高维数据集合。马氏距离被广泛应用于分类、聚类、异常检测等领域，特别是在高维数据集合的分析和处理中，由于它考虑了各个特征之间的相关性，因此在某些情况下比传统距离度量方法更为有效和准确。

　　本册《统计至简》中椭圆无处不在，希望大家日后看到椭圆，就能想到协方差矩阵、多元高斯分布、相关性、旋转、缩放、特征值分解、置信区间、离群值、马氏距离、线性回归、主成分分析等内容，更能"看到"日月所属、天体运转、星辰大海。

24 Linear Regression
线性回归
以概率统计、几何、矩阵分解、优化为视角

我们必须承认，有多少数字，就有多少正方形。

We must say that there are as many squares as there are numbers.

—— 伽利略·伽利莱 (Galilei Galileo) | 意大利物理学家、数学家及哲学家 | 1564—1642年

◄ `matplotlib.pyplot.quiver()` 绘制箭头图
◄ `numpy.cov()` 计算协方差矩阵
◄ `seaborn.heatmap()` 绘制热图
◄ `seaborn.jointplot()` 绘制联合分布/散点图和边际分布
◄ `seaborn.kdeplot()` 绘制KDE核概率密度估计曲线
◄ `seaborn.pairplot()` 绘制成对分析图
◄ `statsmodels.api.add_constant()` 线性回归增加一列常数1
◄ `statsmodels.api.OLS()` 最小二乘法函数

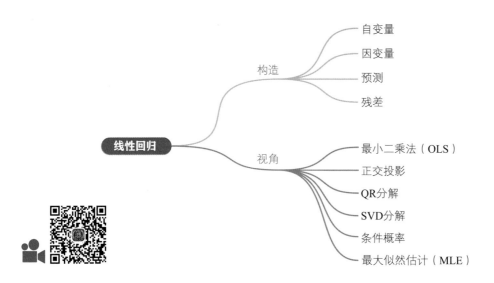

构造
├── 自变量
├── 因变量
├── 预测
└── 残差

线性回归

视角
├── 最小二乘法（OLS）
├── 正交投影
├── QR分解
├── SVD分解
├── 条件概率
└── 最大似然估计（MLE）

24.1 再聊线性回归

线性回归 (linear regression) 是最为常用的回归建模技术。它是利用线性关系建立因变量与一个或多个自变量之间的联系。线性回归模型相对简单，可解释性强，应用广泛。

"鸢尾花书"从不同视角介绍过线性回归。比如，《数学要素》一册从代数、几何、优化角度讲过线性回归，《矩阵力量》一册则从线性代数、正交投影、矩阵分解视角分析线性回归。本章一方面总结这几个视角，另一方面以条件概率、MLE为视角再谈线性回归。

有监督学习

《矩阵力量》一册提到过，线性回归是一种**有监督学习** (supervised learning)。有监督学习是一种机器学习方法，它利用已知的标签或输出值来训练模型，并用于预测未知的标签或输出值。在有监督学习中，我们通常会提供一组已知的训练样本，每个样本都包含一组输入特征和相应的输出标签。模型通过分析这些训练样本来学习如何将输入特征映射到输出标签，从而能够用于预测未知的输出值。

有监督学习通常分为两个主要的子类别：**分类** (classification) 和**回归** (regression)。在分类问题中，目标是将输入特征映射到有限的离散类别。在回归问题中，目标是将输入特征映射到连续的输出值。

《数据有道》一册将介绍更多有关回归算法，而《机器学习》一册将关注常见分类算法。

简单线性回归

简单线性回归 (simple linear regression, SLR) 也叫**一元线性回归** (univariate linear regression)，是指

模型中只含有一个自变量和一个因变量，表达式为

$$y = \underbrace{b_0 + b_1 x}_{\hat{y}} + \varepsilon \tag{24.1}$$

其中：b_0 为**截距项** (intercept)；b_1 为**斜率** (slope)。

x 常被称作**自变量** (independent variable)、**解释变量** (explanatory variable) 或**回归元** (regressor)、**外生变量** (exogenous variables)、**预测变量** (predictor variables)。

y 常被称作**因变量** (dependent variable)、**被解释变量** (explained variable)或**回归子** (regressand)、**内生变量** (endogenous variable)、**响应变量** (response variable) 等。

ε 为**残差项** (residuals)、**误差项** (error term)、**干扰项** (disturbance term)或**噪声项** (noise term)。

图24.1所示为平面上的一个线性回归关系。

预测

利用式 (24.1) 作预测，预测值 $\hat{y}$ 为

$$\hat{y} = b_0 + b_1 x \tag{24.2}$$

式 (24.2) 对应图24.1中的红色直线。

⚠ 注意："戴帽子"的 $\hat{y}$ 表示预测值。

对于第 i 个数据点，预测值 $\hat{y}^{(i)}$ 可以通过下式计算得到，即

$$\hat{y}^{(i)} = b_0 + b_1 x^{(i)} \tag{24.3}$$

残差

式 (24.1) 中残差项为

$$\varepsilon = y - \left(b_0 + b_1 x \right) = y - \hat{y} \tag{24.4}$$

如图24.2所示，在平面上，残差项是 y 与 $\hat{y}$ 之间在纵轴上的高度差。

⚠ 注意：平面上，线性回归和主成分分析的结果看上去都是一条直线，但是两者差距甚远。线性回归是有监督学习，而主成分分析是无监督学习。从距离角度来看，线性回归关注的是沿纵轴的高度差，而主成分分析则是聚焦点到直线的距离。此外，从椭圆的角度来看，主成分分析对应椭圆的长轴、短轴，而线性回归则与椭圆相切的矩形有关。"鸢尾花书"的《编程不难》一册聊过这个话题，请大家回顾。

真实观察值 $y^{(i)}$ 和预测值 $\hat{y}^{(i)}$ 之差为第 i 个数据点的残差为

$$\varepsilon^{(i)} = y^{(i)} - \hat{y}^{(i)} \tag{24.5}$$

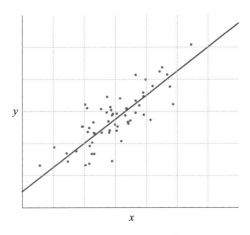

图24.1 平面上的一元线性回归

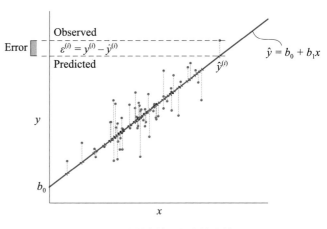

图24.2 简单线性回归中的残差项

矩阵形式

使用矩阵运算表达一元线性回归，有

$$\boldsymbol{y} = b_0 \boldsymbol{1} + b_1 \boldsymbol{x} + \boldsymbol{\varepsilon} \tag{24.6}$$

$\boldsymbol{1}$为与$\boldsymbol{x}$形状相同的全1列向量；自变量数据$\boldsymbol{x}$、因变量数据$\boldsymbol{y}$和残差项$\boldsymbol{\varepsilon}$包括n个样本对应的列向量分别为

$$\boldsymbol{x} = \begin{bmatrix} x^{(1)} \\ x^{(2)} \\ \vdots \\ x^{(n)} \end{bmatrix}, \quad \boldsymbol{y} = \begin{bmatrix} y^{(1)} \\ y^{(2)} \\ \vdots \\ y^{(n)} \end{bmatrix}, \quad \boldsymbol{\varepsilon} = \begin{bmatrix} \varepsilon^{(1)} \\ \varepsilon^{(2)} \\ \vdots \\ \varepsilon^{(n)} \end{bmatrix} \tag{24.7}$$

图24.3所示为解释式 (24.6) 给出的矩阵运算。

预测值构成的列向量$\hat{\boldsymbol{y}}$为

$$\hat{\boldsymbol{y}} = b_0 \boldsymbol{1} + b_1 \boldsymbol{x} \tag{24.8}$$

如图24.4所示，$\hat{\boldsymbol{y}}$是$\boldsymbol{1}$和$\boldsymbol{x}$的线性组合。

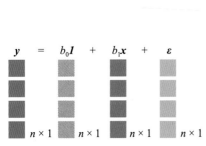

图24.3 用矩阵运算表达一元回归

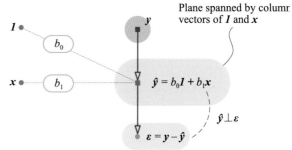

图24.4 一元最小二乘法线性回归数据关系

残差项列向量$\boldsymbol{\varepsilon}$为

$$\boldsymbol{\varepsilon} = \boldsymbol{y} - \hat{\boldsymbol{y}} \tag{24.9}$$

图24.5所示为可视化求解残差项列向量$\boldsymbol{\varepsilon}$的过程。

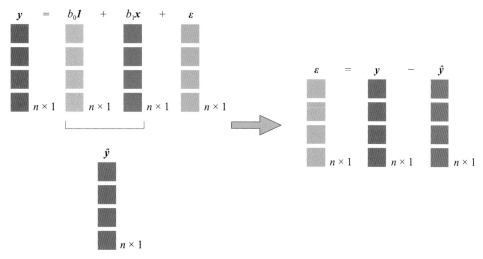

图24.5　求解残差项列向量

问题来了，如何确定参数b_0、b_1呢？

24.2 最小二乘法

最小二乘法 (ordinary least squares, OLS) 通过**最小化残差值平方和** (sum of squared estimate of errors, SSE)计算得到最佳的拟合回归线参数，即

$$\underset{b_0,b_1}{\arg\min}\,\mathrm{SSE} = \underset{b_0,b_1}{\arg\min}\sum_{i=1}^{n}\left(\varepsilon^{(i)}\right)^2 \tag{24.10}$$

残差平方和为

$$\mathrm{SSE} = \sum_{i=1}^{n}\left(\varepsilon^{(i)}\right)^2 = \sum_{i=1}^{n}\left(y^{(i)} - \hat{y}^{(i)}\right)^2 \tag{24.11}$$

从几何角度看，图24.6中的每一个正方形的边长为$\varepsilon^{(i)}$，该正方形的面积代表一个残差平方项$\left(\varepsilon^{(i)}\right)^2$；图24.6中所有正方形面积之和便是残差平方和。

⚠️ 注意："鸢尾花书"用SSE表示残差值平方和；也有很多文献使用RSS (residual sum of squares) 表示残差值平方和。

➡️

我们在《数学要素》一册第24章聊过残差平方和可以写成一个二元函数$f(b_0, b_1)$。$f(b_0, b_1)$对应的图像如图24.7所示。

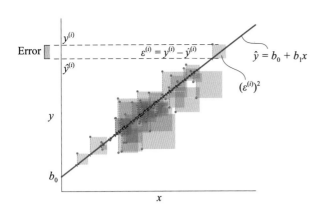

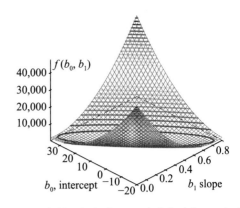

图24.6 残差平方和的几何意义

图24.7 误差平方和随 b_0、b_1 变化构造的开口向上抛物曲面 (图片来自《数学要素》第24章)

24.3 优化问题

用线性代数工具构造OLS优化问题

$$\arg\min_{\boldsymbol{b}} \|\boldsymbol{y} - \boldsymbol{Xb}\| \tag{24.12}$$

也可以写成

$$\arg\min_{\boldsymbol{b}} \|\boldsymbol{\varepsilon}\|^2 = \boldsymbol{\varepsilon}^{\mathrm{T}} \boldsymbol{\varepsilon} \tag{24.13}$$

令

$$\boldsymbol{b} = \begin{bmatrix} b_0 \\ b_1 \end{bmatrix}, \quad \boldsymbol{X} = \begin{bmatrix} \boldsymbol{1} & \boldsymbol{x} \end{bmatrix} \tag{24.14}$$

其中：$\boldsymbol{X}$ 又叫**设计矩阵** (design matrix)。

$\hat{\boldsymbol{y}}$ 可以写成

$$\hat{\boldsymbol{y}} = \boldsymbol{Xb} \tag{24.15}$$

残差向量 $\boldsymbol{\varepsilon}$ 可以写成

$$\boldsymbol{\varepsilon} = \boldsymbol{y} - b_0 \boldsymbol{1} - b_1 \boldsymbol{x} = \boldsymbol{y} - \boldsymbol{Xb} \tag{24.16}$$

定义 $f(\boldsymbol{b})$ 为

$$f(\boldsymbol{b}) = \boldsymbol{\varepsilon}^{\mathrm{T}} \boldsymbol{\varepsilon} = (\boldsymbol{y} - \boldsymbol{Xb})^{\mathrm{T}} (\boldsymbol{y} - \boldsymbol{Xb}) \tag{24.17}$$

$f(\boldsymbol{b})$ 对 $\boldsymbol{b}$ 求一阶导为 $\boldsymbol{0}$，得到等式

$$\frac{\partial f(\boldsymbol{b})}{\partial \boldsymbol{b}} = 2\boldsymbol{X}^{\mathrm{T}} \boldsymbol{Xb} - 2\boldsymbol{X}^{\mathrm{T}} \boldsymbol{y} = \boldsymbol{0} \tag{24.18}$$

如果$X^{\mathrm{T}}X$可逆，则b为

$$b = \left(X^{\mathrm{T}}X\right)^{-1} X^{\mathrm{T}} y \tag{24.19}$$

24.4 投影视角

如图24.8所示，在$\mathbf{1}$和x撑起的平面H上，向量y的投影为$\hat{y}$，而残差ε垂直于这个平面，即有

$$\begin{aligned}\varepsilon \perp \mathbf{1} \;&\Rightarrow\; \mathbf{1}^{\mathrm{T}} \varepsilon = 0 \;\Rightarrow\; \mathbf{1}^{\mathrm{T}}\left(y - \hat{y}\right) = 0 \\ \varepsilon \perp x \;&\Rightarrow\; x^{\mathrm{T}} \varepsilon = 0 \;\Rightarrow\; x^{\mathrm{T}}\left(y - \hat{y}\right) = 0\end{aligned} \tag{24.20}$$

《矩阵力量》一册特别强调过OLS的投影视角。

以上两式合并为

$$\underbrace{\begin{bmatrix} \mathbf{1} & x \end{bmatrix}}_{X}^{\mathrm{T}}\left(y - \hat{y}\right) = \mathbf{0} \tag{24.21}$$

整理得到

$$X^{\mathrm{T}} y = X^{\mathrm{T}} X b \tag{24.22}$$

这与式 (24.18) 一致。

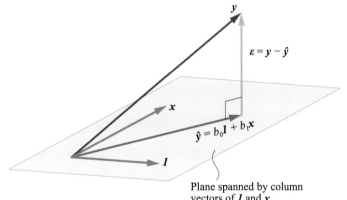

图24.8　几何角度解释一元最小二乘结果 (二维平面)

24.5 线性方程组：代数视角

实际上，下式就是一个**超定方程组** (overdetermined system)，即

$$y = Xb \tag{24.23}$$

QR分解

对X进行QR分解得到

$$X = QR \tag{24.24}$$

这样求得b为

$$b = R^{-1}Q^{\mathrm{T}}y \tag{24.25}$$

奇异值分解

对X进行完全型SVD分解得到

$$X = USV^{\mathrm{T}} \tag{24.26}$$

这样求得b为

$$b = VS^{-1}U^{\mathrm{T}}y \tag{24.27}$$

《矩阵力量》介绍过$VS^{-1}U^{\mathrm{T}}$是X的**摩尔-彭若斯广义逆** (Moore–Penrose inverse)。S^{-1}的主对角线非零元素为S的非零奇异值倒数，S^{-1}其余对角线元素均为0。

24.6 条件概率

条件期望

本书第12章介绍过，线性回归还可以从条件概率视角来看。

如图24.9所示，如果随机变量 (X, Y) 服从二元高斯分布，给定$X = x$条件下，Y的条件期望为

$$\mu_{Y|X=x} = \mathrm{cov}(X,Y)\left(\sigma_X^2\right)^{-1}(x-\mu_X) + \mu_Y = \rho_{X,Y}\frac{\sigma_Y}{\sigma_X}(x-\mu_X) + \mu_Y \tag{24.28}$$

这条回归直线的斜率为$\rho_{X,Y}\sigma_Y/\sigma_X$，且通过点 (μ_X, μ_Y)，即质心。

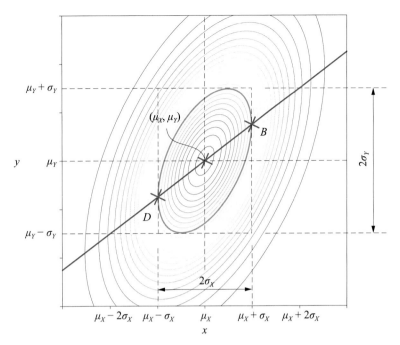

图24.9　给定 $X = x$ 的条件期望

图24.10所示为不同相关性系数条件下，回归直线与椭圆的关系。

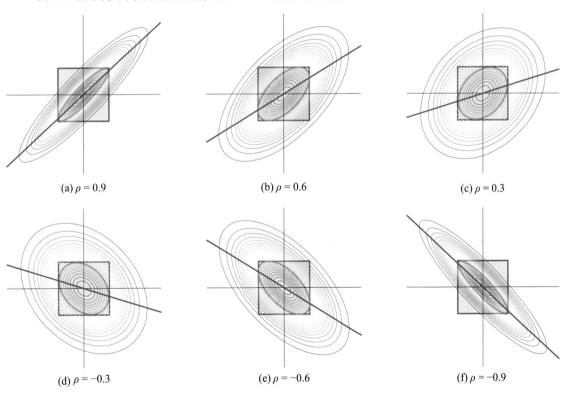

(a) $\rho = 0.9$　　　　　　　　(b) $\rho = 0.6$　　　　　　　　(c) $\rho = 0.3$

(d) $\rho = -0.3$　　　　　　　　(e) $\rho = -0.6$　　　　　　　　(f) $\rho = -0.9$

图24.10　条件期望直线位置和相关性系数关系，$\sigma_X = \sigma_Y$

以鸢尾花为例

定义鸢尾花花萼长度为x，花瓣长度为y。鸢尾花样本数据x和y的关系为

$$y = \underbrace{3.758}_{\mu_Y} + \underbrace{1.858}_{\rho_{X,Y}\frac{\sigma_Y}{\sigma_X}}\left(x - \underbrace{5.843}_{\mu_X}\right) \tag{24.29}$$

图24.11中的散点为样本数据，其中直线代表花瓣长度、花萼长度之间的回归关系。这幅图中，我们还绘制了马氏距离为1的椭圆。这个椭圆代表了花瓣长度、花萼长度的协方差矩阵。

图24.12所示为不考虑标签情况下，鸢尾花的成对特征图以及特征之间的回归关系。图24.13所示为考虑标签情况下，鸢尾花的成对特征图以及特征之间的回归关系。

⚠️ 特别值得注意的是：两个随机变量之间的线性回归关系不代表两者存在"因果关系"。

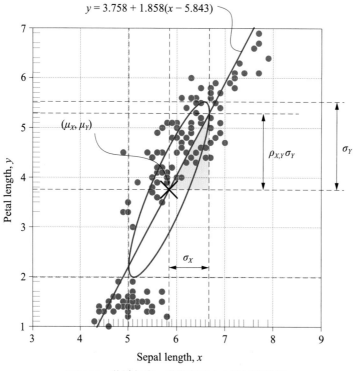

图24.11 花瓣长度、花萼长度之间的回归关系

Bk5_Ch24_01.py绘制图24.11。

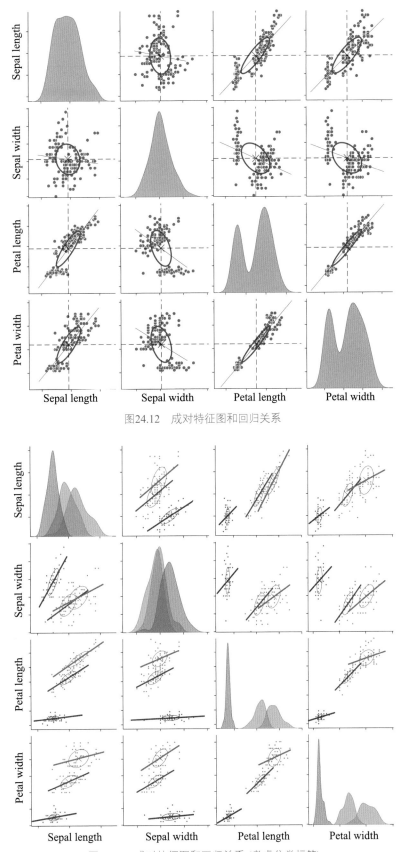

图24.12　成对特征图和回归关系

图24.13　成对特征图和回归关系 (考虑分类标签)

Bk5_Ch24_02.py绘制图24.12和图24.13。

24.7 最大似然估计（MLE）

为了方便和本书前文有关最大似然估计内容对照阅读，本节中，线性回归解析式改写成

$$y = \underbrace{\theta_0 + \theta_1 x}_{\hat{y}} + \varepsilon \tag{24.30}$$

对应的超定方程组写成

$$\boldsymbol{y} = \boldsymbol{X}\boldsymbol{\theta} \tag{24.31}$$

残差向量$\boldsymbol{\varepsilon}$为

$$\boldsymbol{\varepsilon} = \boldsymbol{y} - \boldsymbol{X}\boldsymbol{\theta} \tag{24.32}$$

假设残差项服从正态分布，即

$$\varepsilon \sim N\left(0, \sigma^2\right) \tag{24.33}$$

根据线性关系，也就是说$Y_i|X_i$服从

$$Y_i|X_i \sim N\left(\theta_1 X_i + \theta_0, \sigma^2\right) \tag{24.34}$$

对应的概率密度函数为

$$\frac{\exp\left(-\dfrac{\left(y_i - \left(\theta_1 x_i + \theta_0\right)\right)^2}{2\sigma^2}\right)}{\sqrt{2\pi}\sigma} \tag{24.35}$$

似然函数可以写成

$$L\left(\theta_0, \theta_1\right) = \prod_{i=1}^{n} \frac{\exp\left(-\dfrac{\left(y_i - \left(\theta_1 x_i + \theta_0\right)\right)^2}{2\sigma^2}\right)}{\sqrt{2\pi}\sigma} \tag{24.36}$$

对数似然函数为

$$\ln L\left(\theta_0, \theta_1\right) = -n\ln\left(\sqrt{2\pi}\sigma\right) - \frac{\displaystyle\sum_{i=1}^{n}\left(y_i - \left(\theta_1 x_i + \theta_0\right)\right)^2}{2\sigma^2} \tag{24.37}$$

假设σ已知，最大化对数似然函数，等价于最小化$\sum_{i=1}^{n}\left(y_i - \left(\theta_1 x_i + \theta_0\right)\right)^2$，这和式 (24.13) 的优化问题一致。则有

$$\hat{\theta}_1 = \frac{\sum_{i=1}^{n}\left(x^{(i)} - \mu_X\right)\left(y^{(i)} - \mu_Y\right)}{\sum_{i=1}^{n}\left(x^{(i)} - \mu_X\right)^2} \tag{24.38}$$

$$\hat{\theta}_0 = \mu_Y - \hat{\theta}_1 \mu_X$$

矩阵运算

假设残差服从正态分布 $N(0, \sigma^2)$，残差 $\varepsilon^{(i)}$ 对应的概率密度为

$$f\left(\varepsilon^{(i)}\right) = \frac{1}{\sigma\sqrt{2\pi}}\exp\left(-\frac{\left(\varepsilon^{(i)}\right)^2}{2\sigma^2}\right) \tag{24.39}$$

似然函数则可以写成

$$L\left(\theta_0, \theta_1\right) = \prod_{i=1}^{n}\left\{\frac{1}{\sigma\sqrt{2\pi}}\exp\left(-\frac{\left(\varepsilon^{(i)}\right)^2}{2\sigma^2}\right)\right\} = \left(2\pi\sigma^2\right)^{-\frac{n}{2}}\exp\left(-\frac{\sum_{i=1}^{n}\left(\varepsilon^{(i)}\right)^2}{2\sigma^2}\right) \tag{24.40}$$

用矩阵运算表达式 (24.40) 得到

$$L\left(\theta_0, \theta_1\right) = \left(2\pi\sigma^2\right)^{-\frac{n}{2}}\exp\left(-\frac{\boldsymbol{\varepsilon}^{\mathrm{T}}\boldsymbol{\varepsilon}}{2\sigma^2}\right) \tag{24.41}$$

对数似然函数则可以写成

$$\ln L\left(\theta_0, \theta_1\right) = -\frac{n}{2}\cdot\ln\left(2\pi\sigma^2\right) - \frac{\boldsymbol{\varepsilon}^{\mathrm{T}}\boldsymbol{\varepsilon}}{2\sigma^2} \tag{24.42}$$

对数似然函数进一步整理为

$$\ln L\left(\theta_0, \theta_1\right) = -\frac{n}{2}\cdot\ln\left(2\pi\sigma^2\right) - \frac{1}{2\sigma^2}\left(\boldsymbol{y} - \boldsymbol{X}\boldsymbol{\theta}\right)^{\mathrm{T}}\left(\boldsymbol{y} - \boldsymbol{X}\boldsymbol{\theta}\right) \tag{24.43}$$

对数似然函数对 $\boldsymbol{\theta}$ 求导为 $\boldsymbol{0}$，得到等式

$$\frac{1}{2\sigma^2}\left(2\boldsymbol{X}^{\mathrm{T}}\boldsymbol{X}\boldsymbol{\theta} - 2\boldsymbol{X}^{\mathrm{T}}\boldsymbol{y}\right) = 0 \tag{24.44}$$

整理得到

$$\boldsymbol{X}^{\mathrm{T}}\boldsymbol{X}\boldsymbol{\theta} = \boldsymbol{X}^{\mathrm{T}}\boldsymbol{y} \tag{24.45}$$

如果$\boldsymbol{X}^{\mathrm{T}}\boldsymbol{X}$可逆，则$\boldsymbol{\theta}$的优化解

$$\hat{\boldsymbol{\theta}}_{\mathrm{MLE}} = \left(\boldsymbol{X}^{\mathrm{T}}\boldsymbol{X}\right)^{-1}\boldsymbol{X}^{\mathrm{T}}\boldsymbol{y} \tag{24.46}$$

这和本章前文的优化解一致。

此外，线性回归还可以从最大后验概率估计MAP角度理解，这是《数据有道》一册要介绍的内容之一。

在代数、线性代数、优化、投影、QR分解、SVD分解几个视角基础上，这一章又提供了理解线性回归两个新视角——条件概率、最大似然估计MLE。

为了保证线性回归模型的有效性和精度，通常需要满足下列假设条件：①线性关系：自变量和因变量之间的关系必须是线性的；②独立性：观测值之间必须是独立的；③方差齐性：每个自变量的方差大小相近；④误差服从正态分布；⑤自变量之间不能有高度相关性或共线性，因为这将导致模型出现多重共线性，从而使得参数估计变得不稳定。

如果这些假设条件得到满足，那么线性回归模型将会给出较为准确和可靠的结果，否则模型的效果可能会受到影响。

"鸢尾花书"有关线性回归的内容并没有完全结束。图24.14所示为某个线性回归结果。给大家留个悬念，本系列丛书《数据有道》一册将讲解如何理解图24.14中的结果。

此外，《数据有道》将铺开介绍更多回归算法，如多元回归分析、正则化、岭回归、套索回归、弹性网络回归、贝叶斯回归、多项式回归、逻辑回归，以及基于主成分分析的正交回归、主元回归等算法。

```
                         OLS Regression Results
==============================================================================
Dep. Variable:                   AAPL   R-squared:                       0.687
Model:                            OLS   Adj. R-squared:                  0.686
Method:                 Least Squares   F-statistic:                     549.7
Date:                 XXXXXXXXXXX       Prob (F-statistic):           4.55e-65
Time:                 XXXXXXXXXXX       Log-Likelihood:                 678.03
No. Observations:                 252   AIC:                            -1352.
Df Residuals:                     250   BIC:                            -1345.
Df Model:                           1
Covariance Type:            nonrobust
==============================================================================
                 coef    std err          t      P>|t|      [0.025      0.975]
------------------------------------------------------------------------------
const          0.0018      0.001      1.759      0.080      -0.000       0.004
SP500          1.1225      0.048     23.446      0.000       1.028       1.217
==============================================================================
Omnibus:                       52.424   Durbin-Watson:                   1.864
Prob(Omnibus):                  0.000   Jarque-Bera (JB):              210.803
Skew:                           0.777   Prob(JB):                     1.68e-46
Kurtosis:                       7.203   Cond. No.                         46.1
==============================================================================
```

图24.14　线性回归结果

Principal Component Analysis
主成分分析
以概率统计、几何、矩阵分解、优化为视角

掌握我们的命运的不是星象，而是我们自己。
It is not in the stars to hold our destiny but in ourselves.

—— 威廉·莎士比亚 (William Shakespeare) | 英国剧作家 | 1564—1616年

◀ `numpy.cov()` 计算协方差矩阵
◀ `numpy.linalg.eig()` 特征值分解
◀ `numpy.linalg.svd()` 奇异值分解
◀ `numpy.random.multivariate_normal()` 产生多元正态分布随机数
◀ `seaborn.heatmap()` 绘制热图
◀ `seaborn.jointplot()` 绘制联合分布 / 散点图和边际分布
◀ `seaborn.kdeplot()` 绘制KDE核概率密度估计曲线
◀ `seaborn.pairplot()` 绘制成对分析图
◀ `sklearn.decomposition.PCA()` 主成分分析函数

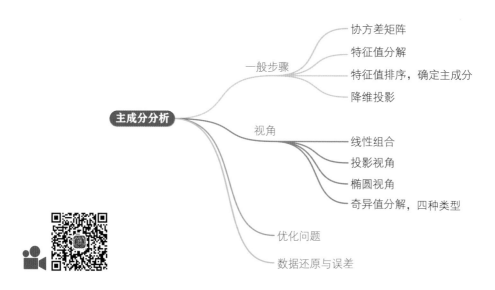

25.1 再聊主成分分析

　　主成分分析 (Principal Component Analysis, PCA) 是重要的降维工具。PCA可以显著降低数据的维数，同时保留数据中对方差贡献最大的成分。简单来说，PCA的核心思想是通过线性变换将高维数据映射到低维空间中，使得映射后的数据能够尽可能地保留原始数据的信息，同时去除噪声和冗余信息，从而更好地描述数据的本质特征。

PCA还可以用于构造回归模型，这是《数据有道》一册要介绍的内容。

　　另外，对于多维数据，PCA可以作为一种数据可视化的工具。

　　本章将以概率统计、几何、矩阵分解、优化为视角，给大家全景展示主成分分析。此外，大家可以把这一章看成丛书"数学"板块的一个总结。

无监督学习

　　主成分分析是重要的**无监督学习** (unsupervised learning) 算法。无监督学习是一种机器学习方法，它处理没有标签或输出值的数据。在无监督学习中，模型只能通过分析输入数据的内部结构、模式和相似性来发现数据的特征，从而自动学习数据的潜在结构和规律。

　　无监督学习通常用于**聚类** (clustering)、**降维** (dimensionality reduction)、**异常检测** (outlier detection) 和**关联规则挖掘** (association rule learning) 等问题的处理过程。

　　在聚类问题中，目标是将相似的数据点分组到不同的簇中，从而将数据分割为具有内在结构的不同子集。

　　在降维问题中，目标是从高维数据中提取出具有代表性的低维特征，从而降低计算复杂度、提高数据可视化效果和去除噪声。主成分分析就是常用的降维算法。

在异常检测问题中，目标是检测数据集中的异常数据点，这些数据点与其他数据点存在显著的差异。本书第23章介绍的马氏距离就常用来发现数据中的离群值。

在关联规则挖掘问题中，目标是在大规模数据集中寻找频繁出现的关联项集，从而发现数据中的相关性和关联性。

《数据有道》一册将介绍异常检测、降维、关联规则挖掘等话题，而《机器学习》将关注常见的聚类算法。

一般步骤

如图25.1所示，PCA的一般步骤如下。

① 计算原始数据$X_{n \times D}$的协方差矩阵$\Sigma_{D \times D}$。
② 对Σ特征值分解，获得特征值λ_i与特征向量矩阵$V_{D \times D}$。
③ 对特征值λ_i从大到小排序，选择其中特征值最大的p个特征向量。
④ 将原始数据(中心化数据)投影到这p个正交向量构建的低维空间中，获得得分$Z_{n \times p}$。

很多时候，在第一步中，我们先**标准化** (standardization) 原始数据，即计算X的Z分数。标准化是为了防止不同特征上方差差异过大。而有些情况，对原始数据$X_{n \times D}$进行中心化 (去均值) 就足够了，即将数据质心移到原点。

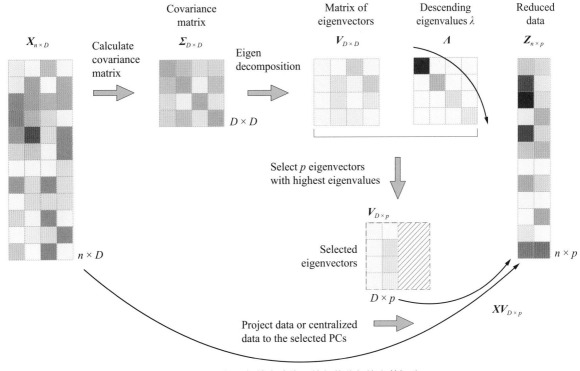

图25.1 主成分分析一般技术路线：特征值分解协方差矩阵

图25.1所示为通过分解协方差矩阵进行主成分分析的过程；当然，也可以通过奇异值分解中心化数据X_c进行主成分分析。

我们在《矩阵力量》一册第25章看到的就是利用标准化数据进行PCA分析的技术路线。标准化数据的协方差矩阵实际上就是原数据的相关性系数矩阵。

《矩阵力量》一册介绍过，样本数据矩阵X可以分别通过行和列来解释。矩阵X每一列代表一个特征向量，即

$$X = \begin{bmatrix} x_1 & x_2 & x_3 & x_4 \end{bmatrix} \tag{25.1}$$

X矩阵每一行代表一个样本。比如，X矩阵第一行对应是第一个数据点，写成一个行向量$x^{(1)}$，有

$$x^{(1)} = \begin{bmatrix} x_{1,1} & x_{1,2} & x_{1,3} & x_{1,4} \end{bmatrix} \tag{25.2}$$

图25.2所示为原始数据矩阵X热图，红色色系代表正数，蓝色色系代表负数，黄色接近于0。X矩阵有12行，即12个样本；X矩阵有4列，即4个特征。

 注意：本例中假设X已经中心化$E(X) = \mathbf{0}^T$，即质心位于原点。

分布特征

图25.3所示为矩阵X每一列特征数据的分布情况。我们可以发现它们之间的标准差区别不大。但是经过主成分分解之后，大家可以发现每一列新特征数据标准差大小差异明显。一般情况，数据矩阵的每一列为一个特征；单一列向量也叫特征向量，不同于特征值分解中的特征向量。

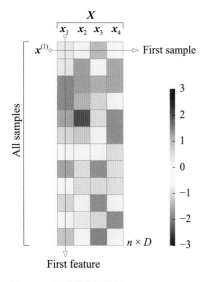

图25.2 原始数据X热图 ($D = 4$，$n = 12$，X已经去均值)

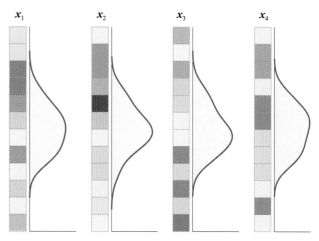

图25.3 X四个特征数据分布

25.3 特征值分解协方差矩阵

如图25.4所示，本书第13章介绍过，X的协方差矩阵Σ可以通过下式计算得到，即

$$\Sigma = \frac{\left(X - \mathrm{E}(X)\right)^{\mathrm{T}}\left(X - \mathrm{E}(X)\right)}{n-1} = \frac{X_{\mathrm{c}}^{\mathrm{T}} X_{\mathrm{c}}}{n-1} \tag{25.3}$$

其中：$\mathrm{E}(X)$也常被称作原始数据X的质心；$X - \mathrm{E}(X)$相当于数据中心化。当n足够大时，式 (25.3) 的分母可以用n替换。本例设定$\mathrm{E}(X) = \mathbf{0}^{\mathrm{T}}$，即$X = X_{\mathrm{c}}$。

如图25.5所示，Σ为实数对称矩阵，它的特征值分解 (谱分解) 可以写作

$$\Sigma = V\Lambda V^{\mathrm{T}} \tag{25.4}$$

其中：V为正交矩阵。V与自己转置V^{T}的乘积为单位阵I，即

$$V^{\mathrm{T}}V = I \tag{25.5}$$

特征值方阵Λ主对角线元素为特征值λ，特征值从大到小排列为

$$\Lambda = \begin{bmatrix} \lambda_1 & & & \\ & \lambda_2 & & \\ & & \ddots & \\ & & & \lambda_D \end{bmatrix}, \quad \lambda_1 \geq \lambda_2 \geq \cdots \geq \lambda_D \tag{25.6}$$

本书前文介绍过，从统计学角度来讲，λ_j是第j个主成分所贡献的方差。

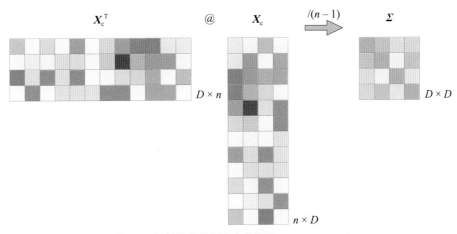

图25.4　计算原始数据协方差矩阵 ($D = 4$，$n = 12$)

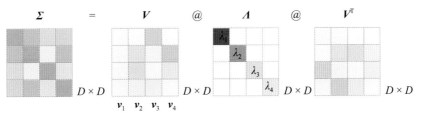

图25.5　协方差矩阵特征值分解 ($D = 4$)

主成分、载荷

V为特征向量构造的$D \times D$的方阵为

$$V = \begin{bmatrix} \underbrace{v_1}_{PC1} & \underbrace{v_2}_{PC2} & \cdots & v_D \end{bmatrix} = \begin{bmatrix} v_{1,1} & v_{1,2} & \cdots & v_{1,D} \\ v_{2,1} & v_{2,2} & \cdots & v_{2,D} \\ \vdots & \vdots & \ddots & \vdots \\ v_{D,1} & v_{D,2} & \cdots & v_{D,D} \end{bmatrix} \tag{25.7}$$

其中：v_1被称作**第一主成分** (first principal component)，本书常记作PC1；v_2被称作**第二主成分** (second principal component)，记作PC2；以此类推。

V的列向量也叫**载荷** (loadings)。注意，有些文献中载荷定义为

$$V\sqrt{\Lambda} = \begin{bmatrix} v_1 & v_2 & \cdots & v_D \end{bmatrix} \begin{bmatrix} \sqrt{\lambda_1} & & & \\ & \sqrt{\lambda_2} & & \\ & & \ddots & \\ & & & \sqrt{\lambda_D} \end{bmatrix} = \begin{bmatrix} \sqrt{\lambda_1}v_1 & \sqrt{\lambda_2}v_2 & \cdots & \sqrt{\lambda_D}v_D \end{bmatrix} \tag{25.8}$$

迹，总方差

本书前文介绍过，协方差矩阵Σ的迹trace(Σ) 等于特征值方阵Λ的迹trace(Λ)：

$$\text{trace}(\Sigma) = \sigma_1^2 + \sigma_2^2 + \cdots + \sigma_D^2 = \sum_{j=1}^{D} \sigma_j^2 = \text{trace}(\Lambda) = \lambda_1 + \lambda_2 + \cdots + \lambda_D = \sum_{j=1}^{D} \lambda_j \tag{25.9}$$

第j个特征值λ_j 对**方差总和** (total variance) 的贡献百分比为

$$\frac{\lambda_j}{\sum\limits_{i=1}^{D} \lambda_i} \times 100\% \tag{25.10}$$

前p个特征值，即p个主成分**总方差解释** (total variance explained) 的百分比为

$$\frac{\sum\limits_{j=1}^{p} \lambda_j}{\sum\limits_{i=1}^{D} \lambda_i} \times 100\% \tag{25.11}$$

"total variance" 指的是原始数据中所有变量的总方差，"explained" 意味着这个方差被 PCA 模型中所选的主成分所解释。因此，"total variance explained" 表示通过 PCA 转换后的主成分所解释的原始数据中总方差的比例。这个值通常以百分比的形式给出，可以帮助我们了解每个主成分对数据的解释程度，以及所有主成分的总体效果。

主成分分析中，我们常用**陡坡图** (scree plot) 可视化这个百分比，如图25.6所示。

《数据有道》一册中大家会看到很多陡坡图实例。

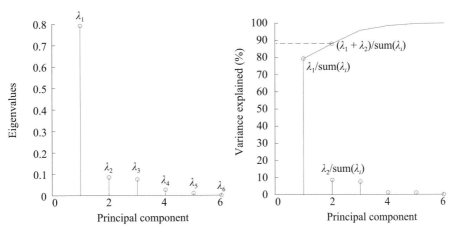

图25.6 PCA分析主元方差和陡坡图

25.4 投影

本节从投影角度介绍PCA。数据矩阵X投影到矩阵V正交系 $(v_1, v_2, \cdots, v_D)$ 得到新特征数据矩阵 Z，即

$$Z = XV \tag{25.12}$$

其中：V常被称作**载荷** (loadings)；Z常被称作**得分** (scores)。图25.7所示为$Z = XV$矩阵运算原理图。

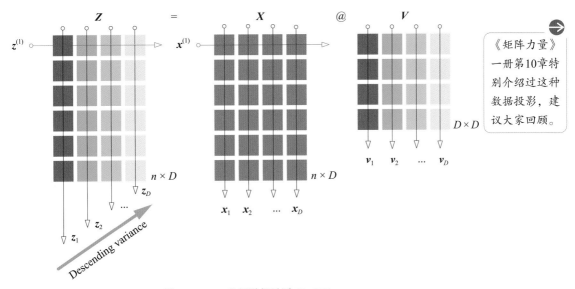

《矩阵力量》一册第10章特别介绍过这种数据投影，建议大家回顾。

图25.7 PCA分解数据关系 $Z = XV$

图25.8所示为将图25.2给出数据矩阵X投影到矩阵V得到的得分Z。

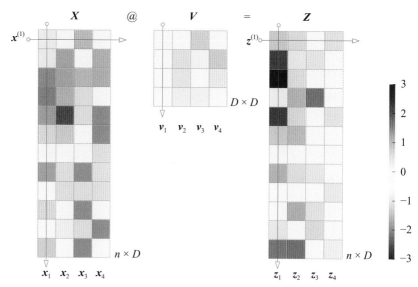

图25.8　Z、X和V这三个矩阵关系和热图

Z的列向量

前文讨论过，矩阵X每一列特征数据的方差区别不大 (见图25.3)；而图25.9告诉我们，经过PCA分解得到的矩阵Z四个新特征数据分布差异显著。

如图25.9所示，第一列z_1数据分布最为分散，也就是**第一主成分** (first principal component) 解释了数据中的最多方差。第一列z_1到第四列z_4数据分散情况逐渐降低，热图对应的色差从明显到模糊。

将式 (25.12) 展开得到

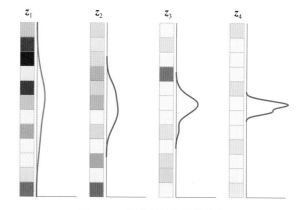

图25.9　Z四个新特征数据分布

$$\begin{bmatrix} z_1 & z_2 & \cdots & z_D \end{bmatrix} = X \begin{bmatrix} \underbrace{v_1}_{PC1} & \underbrace{v_2}_{PC2} & \cdots & v_D \end{bmatrix} \tag{25.13}$$

由此，得到图25.10所示主成分分析运算的数据关系为

$$\begin{cases} z_1 = Xv_1 \\ z_2 = Xv_2 \\ \quad\vdots \\ z_D = Xv_D \end{cases} \tag{25.14}$$

值得强调的一点是：把原始数据X或中心化数据X_c投影到V中结果不一样。从统计角度来看，差异主要体现在质心位置，而投影得到的数据协方差矩阵相同。

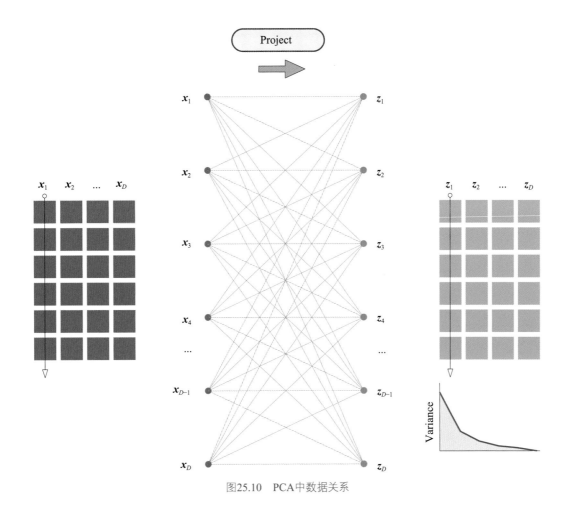

图25.10 PCA中数据关系

线性组合

　　如图25.11所示，以列向量v_1为例，它的每个元素相当于$[x_1, x_2, \cdots, x_D]$线性组合对应系数。将X向v_1投影，有

$$z_1 = Xv_1 \tag{25.15}$$

式 (25.15) 展开得到

$$z_1 = \begin{bmatrix} x_1 & x_2 & \cdots & x_D \end{bmatrix} \underbrace{\begin{bmatrix} v_{1,1} \\ v_{2,1} \\ \vdots \\ v_{D,1} \end{bmatrix}}_{v_1, \textbf{PC1}} = v_{1,1}x_1 + v_{2,1}x_2 + \cdots + v_{D,1}x_D \tag{25.16}$$

　　简单来讲，z_1相当于$[x_1, x_2, \cdots, x_D]$的某种特殊线性组合。

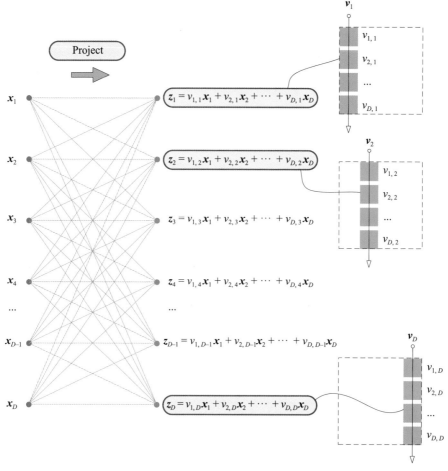

图25.11　线性组合角度看PCA

朝向量投影

　　图25.12～图25.15分别展示了数据矩阵X向v_1、v_2、v_3和v_4向量的投影。

　　图25.12所示的$z_1 = Xv_1$运算相当于数据X向v_1向量（第一主成分）投影获得z_1；图25.13展示的$z_2 = Xv_2$运算等价于数据X向v_2（第二主成分）投影获得z_2；以此类推。

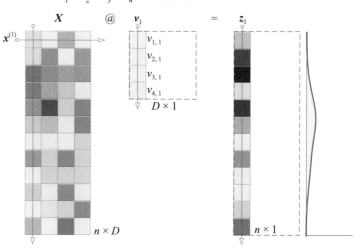

图25.12　数据X向v_1向量投影

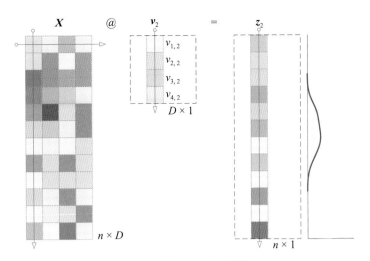

图25.13 数据X向v_2向量投影

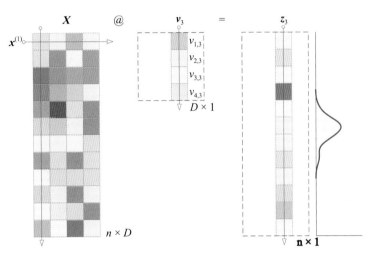

图25.14 数据X向v_3向量投影

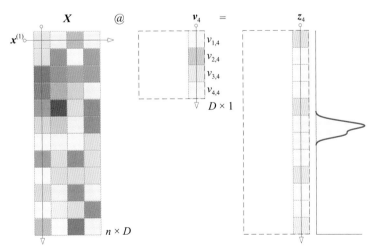

图25.15 数据X向v_4向量投影

朝平面投影

同样，$[z_1, z_2]$ 是X向 $[v_1, v_2]$ 投影的结果，即四维数据X向二维空间投影。运算过程为

$$\begin{bmatrix} z_1 & z_2 \end{bmatrix} = X\begin{bmatrix} v_1 & v_2 \end{bmatrix} \tag{25.17}$$

图25.16所示为式 (25.17) 的运算过程及结果热图。

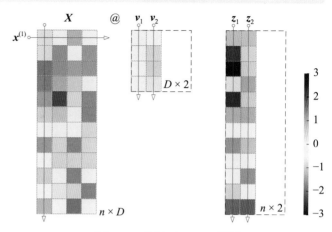

图25.16　数据X向 $[v_1, v_2]$ 投影

Z的协方差矩阵

前文假设X已经中心化，因此z_1的期望值为0。对z_1求方差，可以得到

$$\mathrm{var}(z_1) = \frac{(Xv_1)^{\mathrm{T}}(Xv_1)}{n-1} = \frac{v_1^{\mathrm{T}}X^{\mathrm{T}}Xv_1}{n-1} = v_1^{\mathrm{T}}\underbrace{\frac{X^{\mathrm{T}}X}{n-1}}_{\Sigma}v_1 = v_1^{\mathrm{T}}\Sigma v_1 \tag{25.18}$$

类似地，有

$$\mathrm{var}(z_2) = v_2^{\mathrm{T}}\Sigma v_2, \quad ..., \quad \mathrm{var}(z_D) = v_D^{\mathrm{T}}\Sigma v_D \tag{25.19}$$

这样，Z的协方差矩阵可以通过下式计算得到，即

$$\begin{aligned} \mathrm{var}(Z) &= \frac{(XV)^{\mathrm{T}}(XV)}{n-1} = \frac{V^{\mathrm{T}}X^{\mathrm{T}}XV}{n-1} \\ &= V^{\mathrm{T}}\underbrace{\frac{X^{\mathrm{T}}X}{n-1}}_{\Sigma}V = V^{\mathrm{T}}\Sigma V = \begin{bmatrix} v_1^{\mathrm{T}}\Sigma v_1 & & & \\ & v_2^{\mathrm{T}}\Sigma v_2 & & \\ & & \ddots & \\ & & & v_D^{\mathrm{T}}\Sigma v_D \end{bmatrix} = \Lambda = \begin{bmatrix} \lambda_1 & & & \\ & \lambda_2 & & \\ & & \ddots & \\ & & & \lambda_D \end{bmatrix} \end{aligned} \tag{25.20}$$

观察式 (25.20) 所示的协方差矩阵，可以发现主对角线以外元素均为0，也就是Z的列向量两两正交 (前提是其质心位于原点)，线性相关系数为0。

$Z_{n \times p}$的协方差矩阵为

$$\mathrm{var}(Z_{n \times p}) = \frac{(XV_{D \times p})^{\mathrm{T}}(XV_{D \times p})}{n-1} = V_{D \times p}^{\mathrm{T}}\underbrace{\frac{X^{\mathrm{T}}X}{n-1}}_{\Sigma}V_{D \times p} = V_{D \times p}^{\mathrm{T}}\Sigma V_{D \times p} = \Lambda_{p \times p} = \begin{bmatrix} \lambda_1 & & \\ & \ddots & \\ & & \lambda_p \end{bmatrix} \tag{25.21}$$

对于投影数据的方差计算，我们已经在第14章详细介绍过，记忆模糊的读者请自行回顾复习。

25.5 几何视角看PCA

如图25.17所示，椭圆中心对应质心 $\boldsymbol{\mu}$，椭圆与 $\pm\sigma$ 标准差构成的矩形相切，四个切点分别为A、B、C和D，对角切点两两相连得到两条直线AC、BD。

本书前文介绍过，AC相当于在给定 X_2 条件下 X_1 的条件概率期望值；BD相当于在给定 X_1 条件下 X_2 的条件概率期望值。

图25.17中，EG为椭圆长轴；FH为椭圆短轴。而EG就相当于PCA的第一主成分，FH为第二主成分。

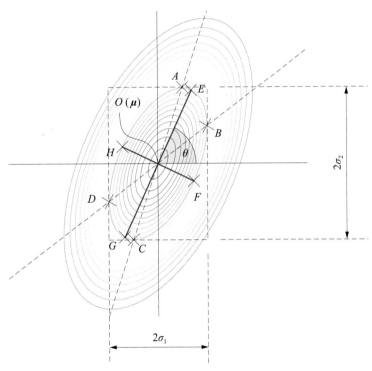

图25.17 主成分分析和椭圆的关系

图25.18则从椭圆视角解释了主成分分析。假设图25.18中的原始数据已经标准化，计算得到协方差矩阵 $\boldsymbol{\Sigma}$，找到 $\boldsymbol{\Sigma}$ 对应椭圆的半长轴所在方向 $\boldsymbol{v}_1$。$\boldsymbol{v}_1$ 对应的便是第一主成分PC1。原始数据朝 $\boldsymbol{v}_1$ 投影得到的数据对应最大方差。

整个过程实际上用到了"鸢尾花书"《矩阵力量》一册中介绍的平移、缩放、正交化、投影、旋转等数学工具。

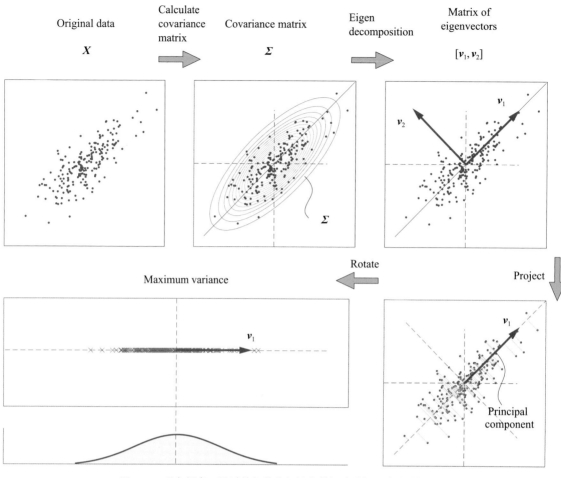

Original data
X

Calculate covariance matrix

Covariance matrix
Σ

Eigen decomposition

Matrix of eigenvectors
$[\boldsymbol{v}_1, \boldsymbol{v}_2]$

$\boldsymbol{v}_2$
$\boldsymbol{v}_1$

Rotate

Project

Maximum variance

$\boldsymbol{v}_1$

$\boldsymbol{v}_1$

Principal component

图25.18　几何视角下通过特征值分解协方差矩阵进行主成分分析

　　如图25.19所示，从线性变换角度来看，主成分分析无非就是在不同的坐标系中看同一组数据。数据朝不同方向投影会得到不同的投影结果，对应不同的分布；朝椭圆长轴方向投影，得到的数据标准差最大；朝椭圆短轴方向投影得到的数据标准差最小。

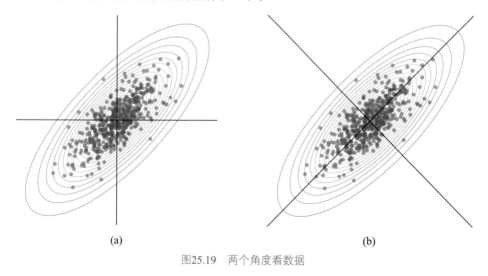

(a)

(b)

图25.19　两个角度看数据

举个例子

图25.20 (a) 所示为原始二维数据X的散点图，可以发现数据的质心位于 $[1, 2]^{\mathrm{T}}$。分析数据X，可以发现数据的两个特征的分布分散情况相似，也就是方差大小几乎相同。

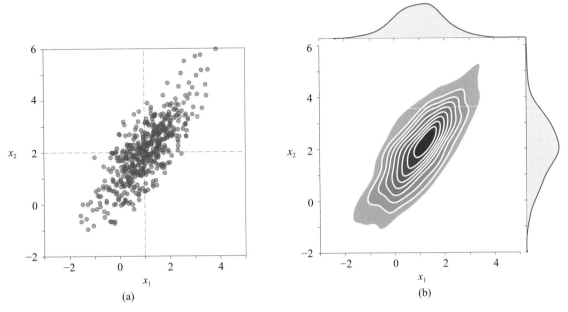

(a)

图25.20　原始二维数据X

利用sklearn.decomposition.PCA() 函数，我们可以通过pca.components_获得主成分向量。利用pca.transform(X) 可以获得投影后的数据Y。图25.21对比Y的两列数据分布。图25.22所示为数据Y在 $[v_1, v_2]$ 中的散点图。

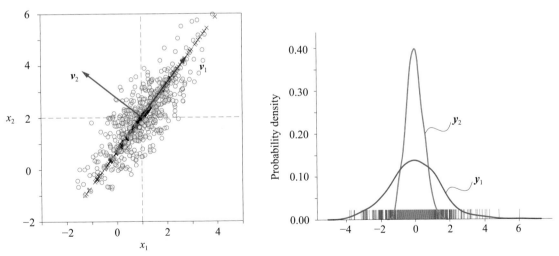

图25.21　主成分数据分布

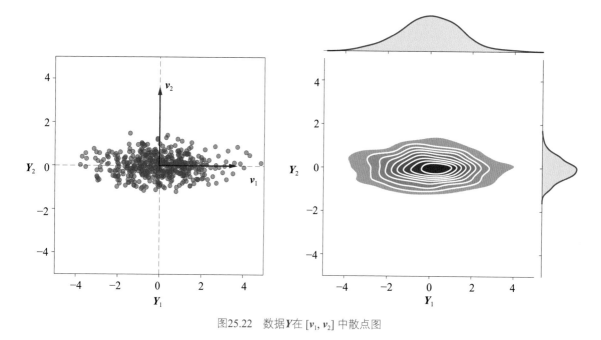

图25.22 数据 Y 在 $[v_1, v_2]$ 中散点图

Bk5_Ch25_01.py代码绘制图25.20～图25.22。

25.6 奇异值分解

四种奇异值分解

奇异值分解 (singular value decomposition, SVD) 也可以用于进行主成分分析。丛书在《矩阵力量》一册中系统讲解过奇异值分解的四种类型。

◀ **完全型** (full)。

◀ **经济型** (economy-size, thin)。

◀ **紧凑型** (compact)。

◀ **截断型** (truncated)。

如图25.23所示，完全型奇异值分解中，U 为方阵，S 矩阵并非方阵。

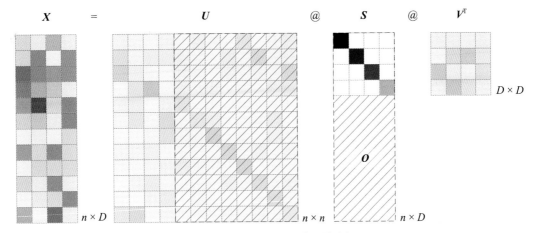

图25.23 完全 (full) 奇异值分解

去掉图25.23中这个全0矩阵O，便得到经济型奇异值分解，具体如图25.24所示。经济型SVD中，U的形状与X相同，S矩阵为对角方阵，形状为$D \times D$。

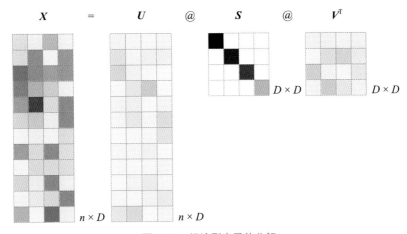

图25.24 经济型奇异值分解

当X非满秩，即rank(X) = $r < D$时，图25.24所示的经济型奇异值分解可以进一步简化为如图25.25所示的紧凑型SVD分解。

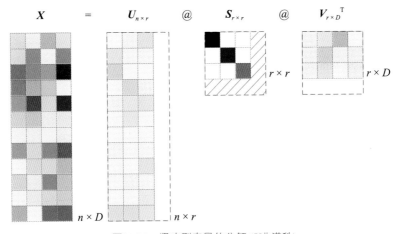

图25.25 紧凑型奇异值分解 (X非满秩)

在线性代数中，矩阵的秩指的是其列向量或行向量线性无关的数量。如果矩阵的秩等于它的行数或列数中的较小值，则称该矩阵为满秩矩阵。如果矩阵的秩小于它的行数或列数中的较小值，则称该矩阵为非满秩矩阵。

在机器学习中，非满秩的矩阵通常表示存在冗余或线性相关的特征或样本。这些冗余或线性相关的特征或样本可能会导致算法的过拟合，降低模型的准确性和稳定性。因此，在许多机器学习算法中，对于非满秩矩阵，通常需要进行一些特殊的处理，如降维或正则化，以减少冗余或相关性，并提高模型的效果。

图25.26所示为截断型奇异值分解，$S_{p \times p}$仅使用图25.24中S矩阵p个主成分特征值，形状为$p \times p$。注意，图25.26中使用的是约等号"≈"；这是因为，约等号右侧矩阵运算仅仅还原了X矩阵的部分数据，并非还原全部信息。本章后续将会展开讲解数据还原和误差。

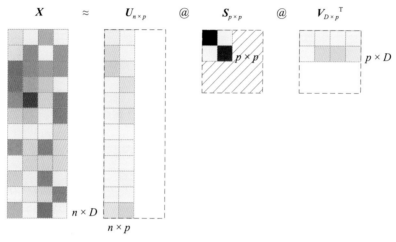

图25.26 截断型奇异值分解

SVD完成主成分分析

首先中心化(去均值)数据矩阵。对已经去均值的矩阵$X_{n \times D}$进行完全型SVD分解，得到

$$X = USV^{\mathrm{T}} \tag{25.22}$$

V和U均为正交矩阵，即满足

$$
\begin{aligned}
UU^{\mathrm{T}} &= U^{\mathrm{T}}U = I \\
VV^{\mathrm{T}} &= V^{\mathrm{T}}V = I
\end{aligned} \tag{25.23}
$$

Python中常用奇异值分解函数为numpy.linalg.svd()。

由于X已经中心化，因此其协方差矩阵可以通过下式计算获得，即

$$\Sigma = \frac{X^{\mathrm{T}}X}{n-1} \tag{25.24}$$

将式(25.22)代入式(25.24)得到

$$\Sigma = \frac{\left(USV^{\mathrm{T}}\right)^{\mathrm{T}} USV^{\mathrm{T}}}{n-1} = \frac{VS^{\mathrm{T}}SV^{\mathrm{T}}}{n-1} \tag{25.25}$$

对协方差矩阵进行特征值分解，有

$$\boldsymbol{\Sigma} = \boldsymbol{V\Lambda V}^{\mathrm{T}} \tag{25.26}$$

联立式 (25.25) 和式 (25.26)，得

$$\frac{\boldsymbol{VS}^{\mathrm{T}}\boldsymbol{SV}^{\mathrm{T}}}{n-1} = \boldsymbol{V\Lambda V}^{\mathrm{T}} \tag{25.27}$$

对于经济型SVD分解，$\boldsymbol{S}$为对角方阵，式 (25.27) 整理得到

$$\frac{\boldsymbol{S}^2}{n-1} = \boldsymbol{\Lambda} \tag{25.28}$$

即

$$\frac{1}{n-1}\begin{bmatrix} s_1^2 & & & \\ & s_2^2 & & \\ & & \ddots & \\ & & & s_D^2 \end{bmatrix} = \begin{bmatrix} \lambda_1 & & & \\ & \lambda_2 & & \\ & & \ddots & \\ & & & \lambda_D \end{bmatrix} \tag{25.29}$$

注意：$\lambda_1 \geqslant \lambda_2 \geqslant \cdots \geqslant \lambda_D$。

奇异值和特征值存在如下关系，即

$$\frac{s_j^2}{n-1} = \lambda_j \tag{25.30}$$

其中：s_j为第j个主成分的**奇异值** (singular value)；λ_j为协方差矩阵的第j个特征值。

理解$\boldsymbol{U}$

$\boldsymbol{Z}$可以还原$\boldsymbol{X}$，即

$$\boldsymbol{X} = \boldsymbol{ZV}^{-1} = \boldsymbol{ZV}^{\mathrm{T}} \tag{25.31}$$

对比式 (25.31) 和$\boldsymbol{X} = \boldsymbol{USV}^{\mathrm{T}}$，可以发现

$$\boldsymbol{Z} = \boldsymbol{US} \tag{25.32}$$

也就是

$$\begin{bmatrix} \boldsymbol{z}_1 & \boldsymbol{z}_2 & \cdots & \boldsymbol{z}_D \end{bmatrix} = \begin{bmatrix} \boldsymbol{u}_1 & \boldsymbol{u}_2 & \cdots & \boldsymbol{u}_D \end{bmatrix}\begin{bmatrix} s_1 & & & \\ & s_2 & & \\ & & \ddots & \\ & & & s_D \end{bmatrix} = \begin{bmatrix} s_1\boldsymbol{u}_1 & s_2\boldsymbol{u}_2 & \cdots & s_D\boldsymbol{u}_D \end{bmatrix} \tag{25.33}$$

即

$$s_1\boldsymbol{u}_1 = \boldsymbol{z}_1, \quad s_2\boldsymbol{u}_2 = \boldsymbol{z}_2, \ \ldots \tag{25.34}$$

对z_1求方差，得

$$\mathrm{var}(z_1) = \frac{z_1^\mathrm{T} z_1}{n-1} = \frac{(s_1 u_1)^\mathrm{T} (s_1 u_1)}{n-1} = \frac{s_1^2 \|u_1\|^2}{n-1} = \frac{s_1^2}{n-1} = \lambda_1 \tag{25.35}$$

可以发现矩阵U每一列数据相当于Z对应列向量的标准化，即

$$U = \begin{bmatrix} u_1 & u_2 & \cdots & u_D \end{bmatrix} = \begin{bmatrix} \dfrac{z_1}{s_1} & \dfrac{z_2}{s_2} & \dots & \dfrac{z_D}{s_D} \end{bmatrix} \tag{25.36}$$

也就是

$$U = \begin{bmatrix} u_1 & u_2 & \cdots & u_D \end{bmatrix} = ZS^{-1} \tag{25.37}$$

至此，我们理解了SVD分解中矩阵U的内涵。

张量积

用张量积来展开SVD分解，有

$$\begin{aligned}
X &= USV^\mathrm{T} \\
&= \begin{bmatrix} u_1 & u_2 & \cdots & u_D \end{bmatrix} \begin{bmatrix} s_1 & & & \\ & s_2 & & \\ & & \ddots & \\ & & & s_D \end{bmatrix} \begin{bmatrix} v_1^\mathrm{T} \\ v_2^\mathrm{T} \\ \vdots \\ v_D^\mathrm{T} \end{bmatrix} \\
&= s_1 u_1 v_1^\mathrm{T} + s_2 u_2 v_2^\mathrm{T} + \cdots + s_D u_D v_D^\mathrm{T} \\
&= s_1 u_1 \otimes v_1 + s_2 u_2 \otimes v_2 + \cdots + s_D u_D \otimes v_D
\end{aligned} \tag{25.38}$$

图25.27所示为式 (25.38) 还原原始数据的过程。

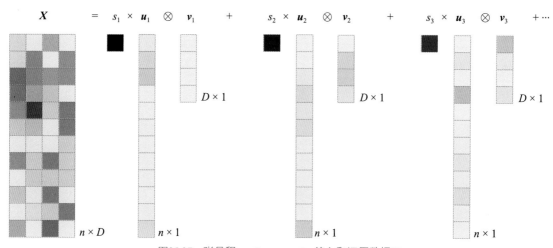

图25.27　张量积$s_1 u_1 \otimes v_1$、$s_2 u_2 \otimes v_2$等之和还原数据X

25.7 优化问题

下面我们从优化角度理解PCA。如图25.28所示，X为中心化数据，即X质心零向量，v为单位向量。数据X在v上投影结果为z，即$z = Xv$。

主成分分析中，选取v的标准是——z方差最大化。这便是构造PCA优化问题的第一个角度。

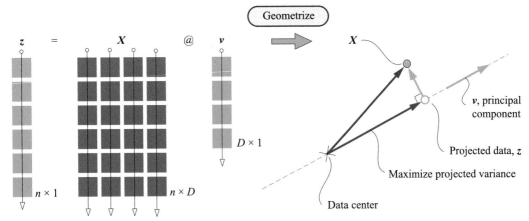

图25.28 主成分分析优化问题

由于X为中心化数据，因此z的均值也为0，因此z的方差为

$$\mathrm{var}(z) = \frac{z^\mathrm{T} z}{n-1} = v^\mathrm{T} \overbrace{\frac{X^\mathrm{T} X}{n-1}}^{\text{Covariance matrix}} v \tag{25.39}$$

发现式 (25.39) 隐藏着数据X协方差矩阵，因此$\mathrm{var}(z)$ 为

$$\mathrm{var}(z) = v^\mathrm{T} \Sigma v \tag{25.40}$$

v为单位列向量，即满足约束条件

$$v^\mathrm{T} v = 1 \tag{25.41}$$

有了以上分析，我们便可以构造主成分分析优化问题，优化目标为数据在v方向上数据投影方差最大化，有

$$\underset{v}{\arg\max} \quad v^\mathrm{T} \Sigma v$$
$$\text{subject to:} \ \ v^\mathrm{T} v - 1 = 0 \tag{25.42}$$

式 (25.42) 最大化优化问题等价于如下最小化优化问题，即

$$\underset{v}{\arg\min} \quad -v^\mathrm{T} \Sigma v$$
$$\text{subject to:} \ \ v^\mathrm{T} v - 1 = 0 \tag{25.43}$$

构造拉格朗日函数 $L(v, \lambda)$，有

$$L(v, \lambda) = -v^{\mathrm{T}} \Sigma v + \lambda (v^{\mathrm{T}} v - 1) \qquad (25.44)$$

其中：λ 为拉格朗日乘子。$L(x, \lambda)$ 对 v 求偏导，最优解必要条件为

$$\nabla_v L(v, \lambda) = \frac{\partial L(v, \lambda)}{\partial v} = (-2\Sigma v + 2\lambda v)^{\mathrm{T}} = \boldsymbol{0} \qquad (25.45)$$

有关拉格朗日乘子法，请大家回顾
《矩阵力量》一册第18章相关内容。

整理式 (25.45) 得到

$$\Sigma v = \lambda v \qquad (25.46)$$

由此，v 为数据 X 协方差矩阵 Σ 特征向量。$\mathrm{var}(z)$ 整理为

$$\mathrm{var}(z) = v^{\mathrm{T}} \Sigma v = v^{\mathrm{T}} \lambda v = \lambda v^{\mathrm{T}} v = \lambda \qquad (25.47)$$

也就是说，$\mathrm{var}(z)$ 最大值对应 Σ 最大特征值。这一节从优化角度解释了为什么特征值分解能够完成主成分分析。

25.8 数据还原和误差

还原

前文介绍过，Z 可以反向通过 $X = ZV^{\mathrm{T}}$ 还原 X。图25.29所示为还原得到 X 的过程。图25.30所示为热图，矩阵 Z 还原转化为原始数据矩阵 X。

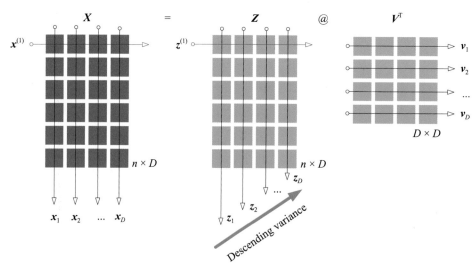

图25.29　反向还原数据 $X = ZV^{\mathrm{T}}$

再次强调：图25.29这种还原计算成立的条件是 X 的质心位于原点。

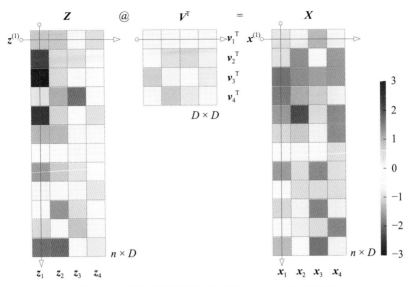

图25.30　新特征数据矩阵 Z 还原转化为原始数据矩阵 X

$X = ZV^{\mathrm{T}}$ 展开得到

$$X = \begin{bmatrix} z_1 & z_2 & z_3 & z_4 \end{bmatrix} \begin{bmatrix} v_1^{\mathrm{T}} \\ v_2^{\mathrm{T}} \\ v_3^{\mathrm{T}} \\ v_4^{\mathrm{T}} \end{bmatrix} = \underbrace{z_1 v_1^{\mathrm{T}}}_{\hat{X}_1} + \underbrace{z_2 v_2^{\mathrm{T}}}_{\hat{X}_2} + \underbrace{z_3 v_3^{\mathrm{T}}}_{\hat{X}_3} + \underbrace{z_4 v_4^{\mathrm{T}}}_{\hat{X}_4} \tag{25.48}$$

式 (25.48) 所示的运算过程如图25.31所示。

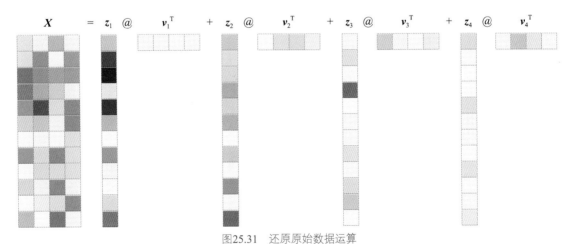

图25.31　还原原始数据运算

图25.32所示为 z_1 还原 X 部分数据，对应运算为

$$X_1 = z_1 v_1^{\mathrm{T}} \tag{25.49}$$

展开式 (25.49) 得到

$$
\begin{aligned}
\boldsymbol{X}_1 &= \boldsymbol{z}_1 \boldsymbol{v}_1^{\mathrm{T}} \\
&= \boldsymbol{z}_1 \begin{bmatrix} v_{1,1} & v_{2,1} & \cdots & v_{D,1} \end{bmatrix} \\
&= \begin{bmatrix} v_{1,1}\boldsymbol{z}_1 & v_{2,1}\boldsymbol{z}_1 & \cdots & v_{D,1}\boldsymbol{z}_1 \end{bmatrix}
\end{aligned}
\tag{25.50}
$$

观察图25.32所示的热图可以发现一些有意思的特点。还原得到的数据每一列热图模式高度相似，解释了 $\boldsymbol{X}_1$ 的每一列均是标量乘以向量 $\boldsymbol{z}_1$ 的结果。显然，$\boldsymbol{X}_1$ 的秩为1，即 $\mathrm{rank}(\boldsymbol{X}_1) = 1$。

图25.33 ~ 图25.35所示分别展示了 $\boldsymbol{z}_2$、$\boldsymbol{z}_3$ 和 $\boldsymbol{z}_4$ 还原 $\boldsymbol{X}$ 部分数据。

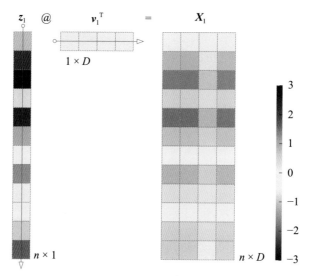

图25.32　$\boldsymbol{z}_1$ 还原 $\boldsymbol{X}$ 部分数据

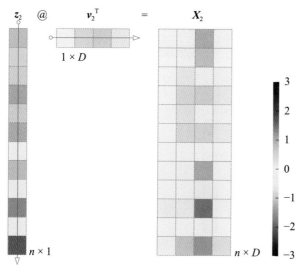

图25.33　$\boldsymbol{z}_2$ 还原 $\boldsymbol{X}$ 部分数据

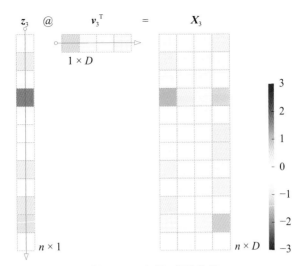

图25.34 z_3 还原 X 部分数据

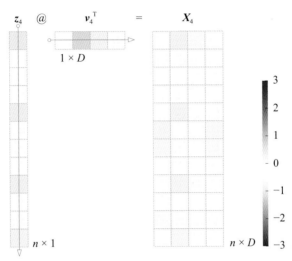

图25.35 z_4 还原 X 部分数据

图25.36所示为原始数据矩阵 X 热图相当于四层热图叠加的结果。观察图25.36，发现随着主成分次数降低，每个主成分各自对数据 X 的还原力度不断降低，看到还原热图颜色越来越浅；但是，把这些主成分各自还原生成热图不断叠加，获得的热图就不断逼近原始热图。

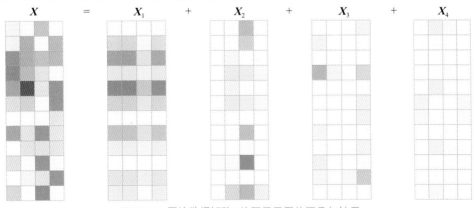

图25.36 原始数据矩阵 X 热图于四层热图叠加结果

另外，式 (25.48) 可以用张量积表达为

$$
X = \underbrace{z_1 \otimes v_1}_{\hat{X}_1} + \underbrace{z_2 \otimes v_2}_{\hat{X}_2} + \underbrace{z_3 \otimes v_3}_{\hat{X}_3} + \underbrace{z_4 \otimes v_4}_{\hat{X}_4} \tag{25.51}
$$

利用式 (25.14)，式 (25.48) 可以整理为

$$
X = X v_1 v_1^{\mathrm{T}} + X v_2 v_2^{\mathrm{T}} + \cdots + X v_D v_D^{\mathrm{T}} = \sum_{j=1}^{D} X v_j v_j^{\mathrm{T}} = X \left(\sum_{j=1}^{D} v_j v_j^{\mathrm{T}} \right) \tag{25.52}
$$

式 (25.52) 可以用张量积表达为

$$
X = X \left(v_1 \otimes v_1 \right) + X \left(v_2 \otimes v_2 \right) + \cdots + X \left(v_D \otimes v_D \right) = \sum_{j=1}^{D} X v_j \otimes v_j = X \left(\sum_{j=1}^{D} v_j \otimes v_j \right) \tag{25.53}
$$

图25.37所示为通过主成分 v_1、v_2、v_3、v_4 和其自身转置乘积计算张量积。

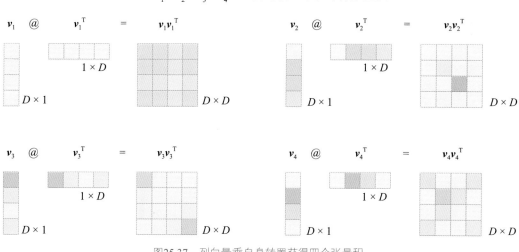

图25.37　列向量乘自身转置获得四个张量积

图25.38所示为张量积运算，与图25.37所示结果完全一致。

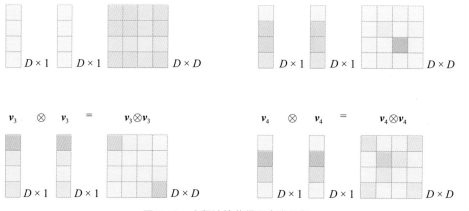

图25.38　内积计算获得四个张量积

容易推导得到，式 (25.53) 中张量积相加得到单位矩阵，即

$$\boldsymbol{v}_1 \otimes \boldsymbol{v}_1 + \boldsymbol{v}_2 \otimes \boldsymbol{v}_2 + \ldots + \boldsymbol{v}_D \otimes \boldsymbol{v}_D = \left(\sum_{j=1}^{D} \boldsymbol{v}_j \otimes \boldsymbol{v}_j\right) = \boldsymbol{I} \tag{25.54}$$

式 (25.54) 如图25.39热图所示。

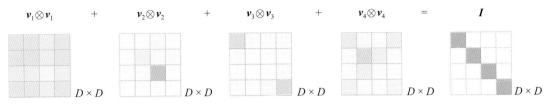

图25.39　张量积相加得到单位矩阵

联立式 (25.15) 和式 (25.49)，利用张量积 $\boldsymbol{v}_1 \otimes \boldsymbol{v}_1$ 还原部分原始数据，即

$$\boldsymbol{X}_1 = \boldsymbol{z}_1 \boldsymbol{v}_1^{\mathrm{T}} = \boldsymbol{X} \boldsymbol{v}_1 \boldsymbol{v}_1^{\mathrm{T}} = \boldsymbol{X} \underbrace{\left(\boldsymbol{v}_1 \otimes \boldsymbol{v}_1\right)}_{\text{Tensor product}} \tag{25.55}$$

类似地，张量积 $\boldsymbol{v}_2 \otimes \boldsymbol{v}_2$ 也可以还原部分原始数据，即

$$\boldsymbol{X}_2 = \boldsymbol{z}_2 \boldsymbol{v}_2^{\mathrm{T}} = \boldsymbol{X} \boldsymbol{v}_2 \boldsymbol{v}_2^{\mathrm{T}} = \boldsymbol{X} \underbrace{\left(\boldsymbol{v}_2 \otimes \boldsymbol{v}_2\right)}_{\text{Tensor product}} \tag{25.56}$$

图25.40所示为张量积 $\boldsymbol{v}_1 \otimes \boldsymbol{v}_1$ 和 $\boldsymbol{v}_2 \otimes \boldsymbol{v}_2$ 还原部分数据 $\boldsymbol{X}$；图25.41所示为张量积 $\boldsymbol{v}_3 \otimes \boldsymbol{v}_3$ 和 $\boldsymbol{v}_4 \otimes \boldsymbol{v}_4$ 还原部分数据 $\boldsymbol{X}$。

《矩阵力量》一册第10章给这种投影一个特别的名字——二次投影，建议大家进行回顾。

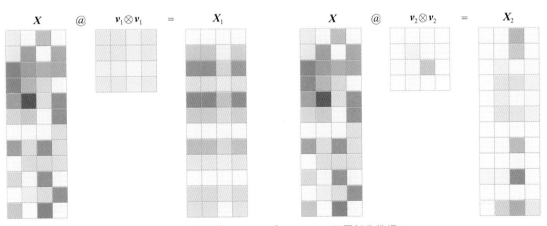

图25.40　张量积 $\boldsymbol{X}(\boldsymbol{v}_1 \otimes \boldsymbol{v}_1)$ 和 $\boldsymbol{X}(\boldsymbol{v}_2 \otimes \boldsymbol{v}_2)$ 还原部分数据 $\boldsymbol{X}$

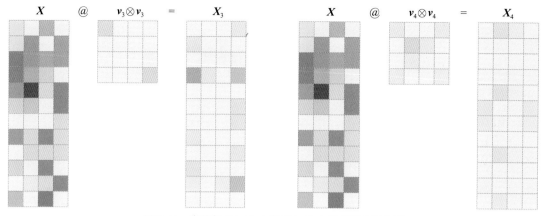

图25.41 张量积 $X(v_3 \otimes v_3)$ 和 $X(v_4 \otimes v_4)$ 还原部分数据X

误差

图25.42所示为两个主成分v_1和v_2还原获得原始数据热图，具体计算为

$$\hat{X} = \begin{bmatrix} z_1 & z_2 \end{bmatrix}\begin{bmatrix} v_1 & v_2 \end{bmatrix}^{\mathrm{T}} \tag{25.57}$$

相当于

$$
\begin{aligned}
\hat{X} &= X_1 + X_2 = z_1 v_1^{\mathrm{T}} + z_2 v_2^{\mathrm{T}} \\
&= X\left(v_1 v_1^{\mathrm{T}} + v_2 v_2^{\mathrm{T}}\right) = X\left(v_1 \otimes v_1 + v_2 \otimes v_2\right)
\end{aligned} \tag{25.58}
$$

图25.43所示为通过叠加图25.32和图25.33两个热图还原原始数据矩阵。

从张量积角度来看图25.43，有

$$X \approx X\left(v_1 \otimes v_1 + v_2 \otimes v_2\right) = s_1 u_1 \otimes v_1 + s_2 u_2 \otimes v_2 \tag{25.59}$$

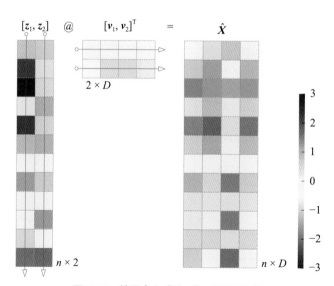

图25.42 前两个主成分z_1和z_2还原X数据

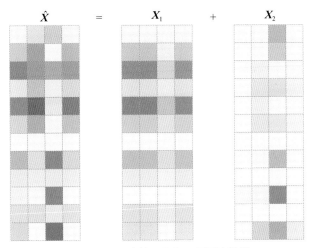

图25.43 两个热图叠加还原原始数据

残差数据矩阵 E_ε，即原始热图和还原热图色差，利用下式计算获得，即

$$E_\varepsilon = X - \hat{X} \tag{25.60}$$

图25.44所示为比较原始数据X、拟合数据$\hat{X}$和残差数据矩阵 E_ε 的热图，发现原始数据X和拟合数据$\hat{X}$已经相差无几。从图片还原角度来看，如图25.44所示，PCA降维用更少维度、更少数据获得了几乎一样画质图片。

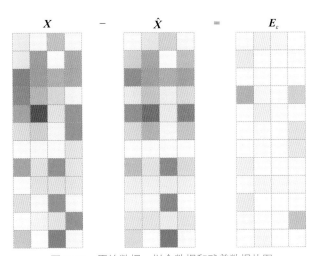

图25.44 原始数据、拟合数据和残差数据热图

六条技术路径

相信大家对表25.1并不陌生，大家都在《矩阵力量》一册第25章中见过这六条PCA技术路线。本章介绍的实际上是：① 特征值分解协方差矩阵；② 奇异值分解中心化数据矩阵。

总结来说，通过PCA降维，我们可以降低数据的维度，从而简化模型和算法的复杂度，同时可以去除噪声和冗余信息，提高数据的可解释性和可视化效果，从而更好地理解数据和发现数据中的规律。PCA广泛应用于数据挖掘、模式识别、图像处

《数据有道》一册将比较表25.1这六种方法的异同。

理、信号处理等领域。

表25.1　六条PCA技术路线(来自《矩阵力量》一册第25章)

对象	方法	结果
原始数据矩阵 X	奇异值分解	$X = U_X S_X V_X^{\mathrm{T}}$
格拉姆矩阵 $G = X^{\mathrm{T}} X$ 本章中用"修正"的格拉姆矩阵 $G = \dfrac{X^{\mathrm{T}} X}{n-1}$	特征值分解	$G = V_X \varLambda_X V_X^{\mathrm{T}}$
中心化数据矩阵 $X_{\mathrm{c}} = X - \mathrm{E}(X)$	奇异值分解	$X_{\mathrm{c}} = U_{\mathrm{c}} S_{\mathrm{c}} V_{\mathrm{c}}^{\mathrm{T}}$
协方差矩阵 $\varSigma = \dfrac{\left(X - \mathrm{E}(X)\right)^{\mathrm{T}} \left(X - \mathrm{E}(X)\right)}{n-1}$	特征值分解	$\varSigma = V \varLambda_{\mathrm{c}} V_{\mathrm{c}}^{\mathrm{T}}$
标准化数据 (z分数) $Z_X = \left(X - \mathrm{E}(X)\right) D^{-1}$ $D = \mathrm{diag}\left(\mathrm{diag}(\varSigma)\right)^{\frac{1}{2}}$	奇异值分解	$Z_X = U_Z S_Z V_Z^{\mathrm{T}}$
相关性系数矩阵 $P = D^{-1} \varSigma D^{-1}$ $D = \mathrm{diag}\left(\mathrm{diag}(\varSigma)\right)^{\frac{1}{2}}$	特征值分解	$P = V_Z \varLambda_Z V_Z^{\mathrm{T}}$

　　人类思维天然具备概率统计属性。概率统计背后的思想更贴近"生活常识"。大脑涉及可能性判断时，就不自觉进入"贝叶斯推断"模式。

　　看着天上云层很厚，可能两小时就会下雨。昨晚淋了雨，估计今天要感冒。根据以往经验，估计这次考试通过率为80%以上。这种"先验 + 数据 → 后验"的思维模式比比皆是。

　　可惜的是，当数学家将这些生活常识"翻译成"数学语言之后，它们就变成了冷冰冰的"火星文"。

　　与其说概率统计是工具，不如说是方法论、世界观。大家常说的"一命，二运，三风水，四读书"，体现的也是概率统计的思维。

　　天意从来高难问，命中没有莫强求。"小概率事件"能发生，得之我幸，不得我命。风水轮流转，玄而又玄。

　　目不转睛地盯着社会财富分布曲线的"右尾"，对巨贾兜售的"成功学"布道言听计从，从统计角度来看都是痴人说梦。科技巨头退学创业的成功"典范"对应的概率也不比"买彩票中头奖"高多少。

　　知识改变命运的先见之明，加之身边真实案例数据，算来算去只有读书成才对应"最大后验"优化解。大家捧起"鸢尾花书"的时候，就依靠统计思维作出了"优化"选择。

　　《统计至简》是"鸢尾花书"数学板块三册中的最后一册，其中大家看到了代数、几何、线性代数、概率统计、优化等数学板块的合流。

　　读到这里，大家便完成了整个数学板块的修炼。希望大家日后再看到任何公式的时候，闭上眼睛，都能在脑中"看见"各种几何图形。

　　还有，让我们和鸡、兔、猪这三个伙伴说声感谢！感谢它们在学习数学路上的陪伴！再见，是为了下次更好的遇见！

　　下面，让我们一起踏上《数据有道》《机器学习》的"实践"之旅！

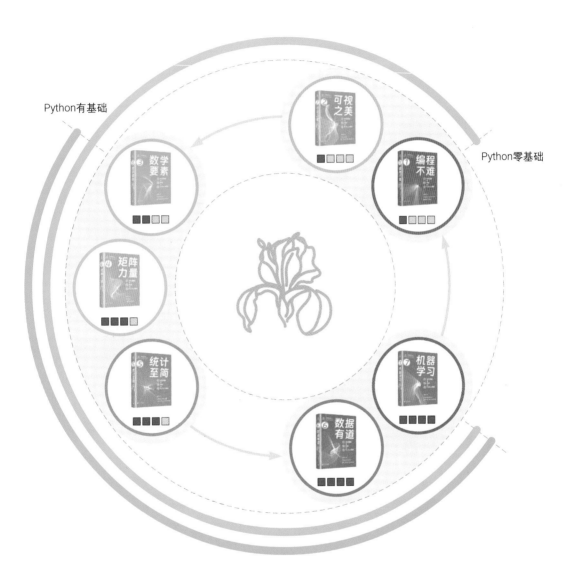

Python有基础

Python零基础